中国国家标准汇编

2008年修订-72

中国标准出版社　编

中国标准出版社
北京

图书在版编目（CIP）数据

中国国家标准汇编：2008年修订.72/中国标准出版社编.—北京：中国标准出版社，2010

ISBN 978-7-5066-5609-2

Ⅰ.中…　Ⅱ.中…　Ⅲ.国家标准-汇编-中国-2008
Ⅳ.T-652.1

中国版本图书馆CIP数据核字（2009）第224858号

中国标准出版社出版发行
北京复兴门外三里河北街16号
邮政编码：100045

网址 www.spc.net.cn
电话：68523946　68517548
中国标准出版社秦皇岛印刷厂印刷
各地新华书店经销

*

开本 880×1230　1/16　印张 38.25　字数 1 131 千字
2010年1月第一版　2010年1月第一次印刷

*

定价 200.00 元

ISBN 978-7-5066-5609-2

出 版 说 明

1.《中国国家标准汇编》是一部大型综合性国家标准全集。自1983年起，按国家标准顺序号以精装本、平装本两种装帧形式陆续分册汇编出版。它在一定程度上反映了我国建国以来标准化事业发展的基本情况和主要成就，是各级标准化管理机构，工矿企事业单位，农林牧副渔系统，科研、设计、教学等部门必不可少的工具书。

2.《中国国家标准汇编》收入我国每年正式发布的全部国家标准，分为“制定”卷和“修订”卷两种编辑版本。

“制定”卷收入上年度我国发布的、新制定的国家标准，顺延前年度标准编号分成若干分册，封面和书脊上注明“20××年制定”字样及分册号，分册号一直连续。各分册中的标准是按照标准编号顺序连续排列的，如有标准顺序号缺号的，除特殊情况注明外，暂为空号。

“修订”卷收入上年度我国发布的、被修订的国家标准，视篇幅分设若干分册，但与“制定”卷分册号无关联，仅在封面和书脊上注明“20××年修订-1,-2,-3,……”字样。“修订”卷各分册中的标准，仍按标准编号顺序排列（但不连续）；如有遗漏的，均在当年最后一分册中补齐。需提请读者注意的是，个别非顺延前年度标准编号的新制定的国家标准没有收入在“制定”卷中，而是收入在“修订”卷中。

读者配套购买《中国国家标准汇编》“制定”卷和“修订”卷则可收齐上一年度我国制定和修订的全部国家标准。

3. 由于读者需求的变化，自1996年起，《中国国家标准汇编》仅出版精装本。

4. 2008年制修订国家标准共5946项。本分册为“2008年修订-72”，收入新制修订的国家标准46项。

中国标准出版社

2009年10月

出版说明

目　　录

ICS 25.100.99
J 41

中华人民共和国国家标准

GB/T 14329—2008
代替 GB/T 14329.1～14329.4—1993

STANDARDS PRESS OF CHINA

键槽拉刀

Keyway broaches

2008-06-03 发布　　2009-01-01 实施

中华人民共和国国家质量监督检验检疫总局
中国国家标准化管理委员会　发布

前 言

本标准是对 GB/T 14329.1—1993《平刀体键槽拉刀　型式与尺寸》、GB/T 14329.2—1993《加宽平刀体键槽拉刀　型式与尺寸》、GB/T 14329.3—1993《带倒角齿键槽拉刀　型式与尺寸》、GB/T 14329.4—1993《键槽拉刀　通用技术条件》的修订。

本标准与 GB/T 14329.1～14329.4—1993 相比有下列技术差异：

——将 4 个标准合成为 1 个标准，名称改为“键槽拉刀”；

——删除了原第 4 部分中性能试验一章；

——原第 2 部分中，“加宽平刀体键槽拉刀”改为“宽刀体键槽拉刀”。

本标准代替 GB/T 14329.1～14329.4—1993。

本标准的附录 A、附录 B 均为资料性附录。

本标准由中国机械工业联合会提出。

本标准由全国刀具标准化技术委员会(SAC/TC 91)归口。

本标准起草单位：哈尔滨第一工具制造有限公司。

本标准主要起草人：宋铁福、王家喜、陈克天、董英武、邢义。

本标准所代替标准的历次版本发布情况为：

——GB/T 14329.1—1993；

——GB/T 14329.2—1993；

——GB/T 14329.3—1993；

——GB/T 14329.4—1993。

键 槽 拉 刀

1 范围

本标准规定了键槽拉刀的型式尺寸、技术要求、标志和包装的基本要求。

本标准适用于拉削 GB/T 1095 中，轮毂键槽宽度基本尺寸为 3 mm～40 mm，公差带为 P9、Js9、D10 键槽用拉刀。

2 规范性引用文件

下列文件中的条款通过本标准的引用而成为本标准的条款。凡是注日期的引用文件，其随后所有的修改单(不包括勘误的内容)或修订版均不适用于本标准，然而，鼓励根据本标准达成协议的各方研究是否可使用这些文件的最新版本。凡是不注日期的引用文件，其最新版本适用于本标准。

GB/T 1095 平键 键槽的剖面尺寸

GB/T 3832.1 拉刀柄部 第1部分：矩形柄

3 型式和尺寸

3.1 型式

本标准规定的键槽拉刀的结构型式分三种：平刀体键槽拉刀(见图1)，宽刀体键槽拉刀(见图2)，带倒角齿键槽拉刀(见图3)。

3.2 尺寸

平刀体键槽拉刀的规格尺寸按表1及附录A中表A.1，宽刀体键槽拉刀的规格尺寸按表2及附录A中表A.2，带倒角齿键槽拉刀的规格尺寸按表3及附录A中表A.3，拉刀导套截面尺寸见附录B。

3.3 标记示例：

键槽宽度基本尺寸为 20 mm，公差带为 P9，拉削长度为 50 mm～80 mm，前角为 15°的平刀体键槽拉刀：

平刀体键槽拉刀 20P9 15° 50～80 GB/T 14329—2008

键槽宽度基本尺寸为 5 mm，公差带为 P9，拉削长度为 10 mm～18 mm，前角为 10°的宽刀体键槽拉刀：

宽刀体键槽拉刀 5P9 10° 10～18 GB/T 14329—2008

键槽宽度基本尺寸为 5 mm，公差带为 P9，拉削长度为 10 mm～18 mm，前角为 10°的带倒角齿键槽拉刀：

带倒角齿键槽拉刀 5P9 10° 10～18 GB/T 14329—2008

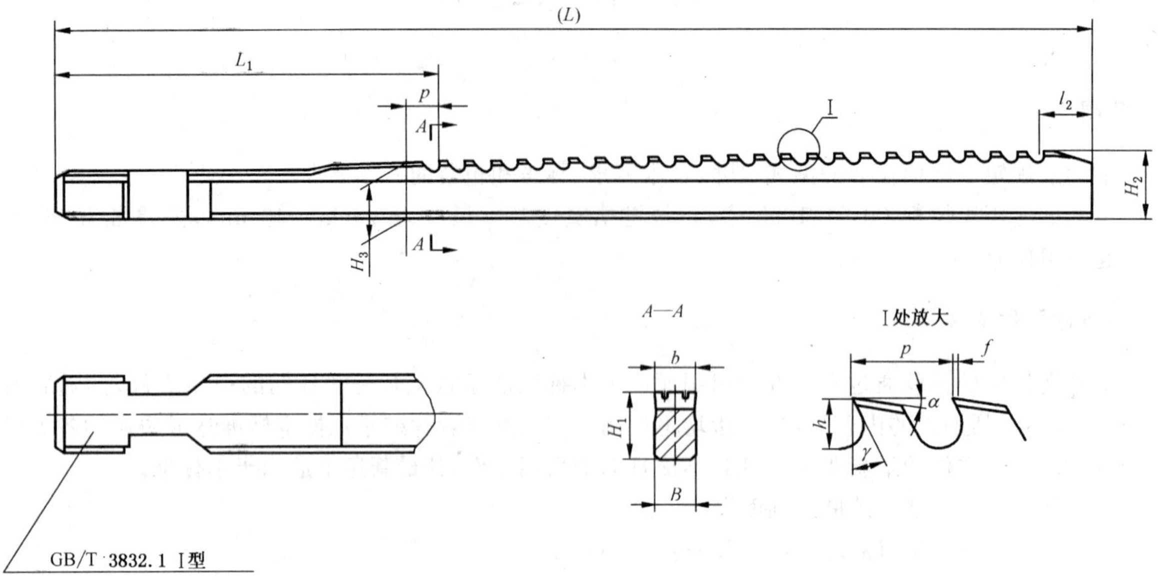

图 1

表 1 平刀体键槽拉刀

单位为毫米

工件规格与拉削参数					拉刀主要结构尺寸					
键槽宽度基本尺寸	拉削长度 L_0	拉削余量 A	垫片厚度 S	拉削次数	$b=B$ 键槽宽公差带 P9	Js9	D10	H_1	H_2	(L)
12	30～50	4.48	—	1	11.973	12.012	12.108	28	32.48	930
	50～80									1 220
	80～120									1 385
14	50～80	5.15	2.55	2	13.973	14.012	14.108	30	32.60	880
	80～120									1 000
	120～180									1 220
16	50～80	5.81	2.89		15.973	16.012	16.108	35	37.92	940
	80～120									1 065
	120～180									1 300
18	50～80	6.03	3.01		17.973	18.012	18.108	40	43.02	950
	80～120									1 080
	120～180									1 320
20	50～80	6.68	3.32		19.969	20.017	20.137	45	48.36	1 030
	80～120									1 185
	120～180									1 450

表 1（续）

单位为毫米

工件规格与拉削参数					拉刀主要结构尺寸					
键槽宽度基本尺寸	拉削长度 L_0	拉削余量 A	垫片厚度 S	拉削次数	$b=B$ 键槽宽公差带 P9	Js9	D10	H_1	H_2	(L)
22	80～120	7.25	2.40	3	21.969	22.017	22.137	45	47.45	975
	120～180									1 190
	180～260									1 495
25	80～120	7.48	2.48		24.969	25.017	25.137	50	52.52	990
	120～180									1 210
	180～260									1 520
28	80～120	8.71	2.89		27.969	28.017	28.137	55	57.93	1 070
	120～180									1 310.
	180～260									1 650
32	120～180	9.98	2.48	4	31.962	32.019	32.168		62.54	1 215
	180～260									1 530
	260～360		1.99	5					62.02	1 625
36	120～180	11.24	2.24		35.962	36.019	36.168	60	62.28	1 035
	180～260									1 295
	260～360									1 695
40	120～180	12.42	2.06	6	39.962	40.019	40.168		62.12	1 015
	180～260									1 270
	260～360									1 660

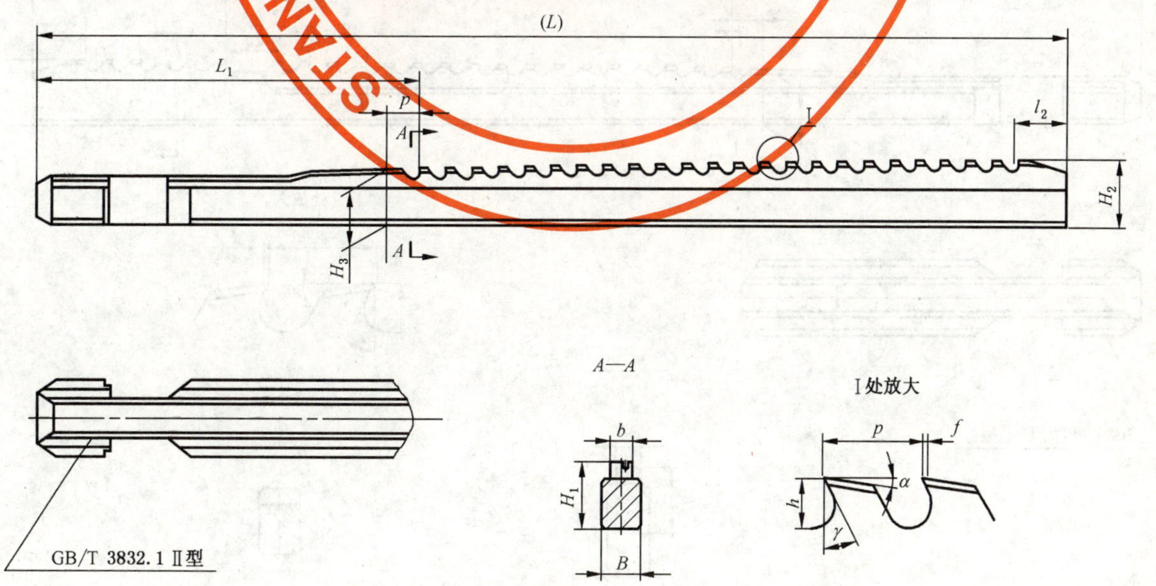

图 2

表 2　宽刀体键槽拉刀

单位为毫米

键槽宽度基本尺寸	拉削长度 L_0	拉削余量 A	b 键槽宽公差带 P9	b 键槽宽公差带 Js9	b 键槽宽公差带 D10	B	H_1	H_2	(L)
3	10～18	1.79	2.991	3.009	3.055	4	6.5	8.29	475
	18～30								565
4	10～18	2.33	3.984	4.011	4.074	6	7.0	9.33	485
	18～30								580
	30～50								760
5	10～18	2.97	4.984	5.011	5.074	8	8.5	11.47	585
	18～30								710
	30～50								845
6	18～30	3.47	5.984	6.011	6.074	10	13.0	16.47	720
	30～50								850
	50～80								1 055
8	18～30	4.25	7.978	8.011	8.090	12	16.0	20.25	805
	30～50								960
	50～80								1 265
10	30～50	4.36	9.978	10.011	10.090	15	22.0	26.36	900
	50～80								1 180
	80～120								1 345

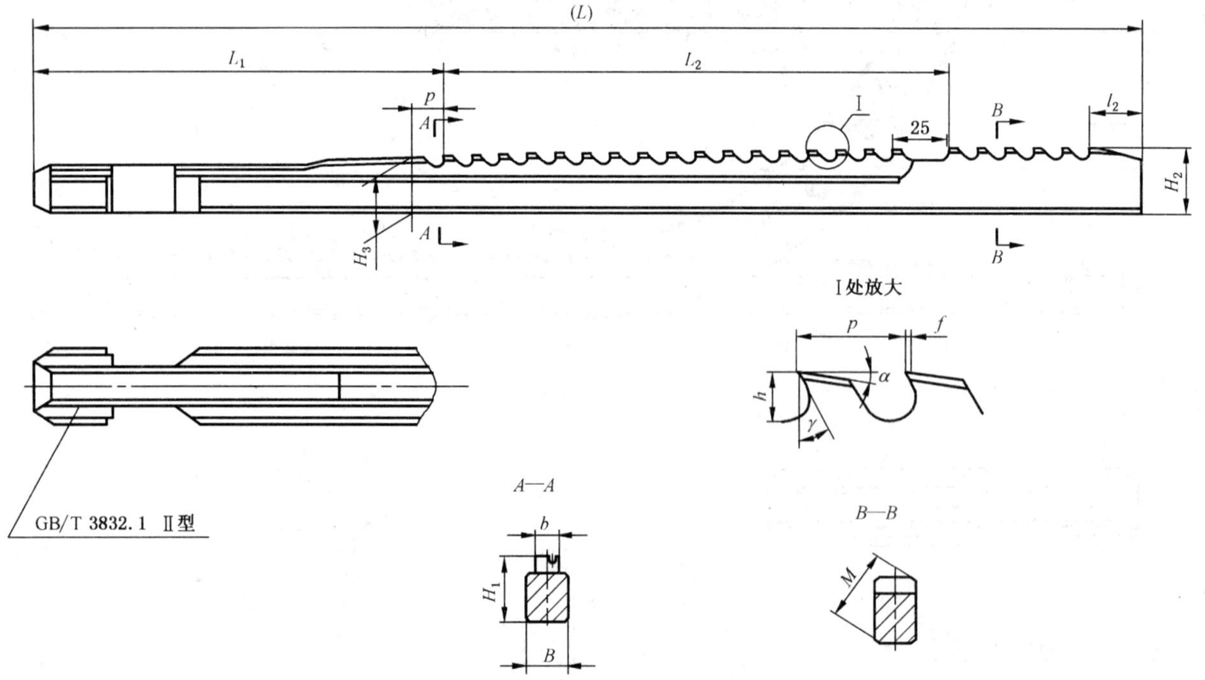

图 3

表 3 带倒角齿键槽拉刀

单位为毫米

键槽宽度基本尺寸	拉削长度 L_0	拉削余量 A	b 键槽宽公差带 P9	b 键槽宽公差带 Js9	b 键槽宽公差带 D10	B	H_1	H_2	(L)
3	10～18	1.79	2.991	3.009	3.055	4	6.5	8.29	515
	18～30								610
4	10～18	2.33	3.984	4.011	4.074	6	7.0	9.33	525
	18～30								620
	30～50								810
5	10～18	2.97	4.984	5.011	5.074	8	8.5	11.47	625
	18～30								760
	30～50								900
6	18～30	3.47	5.984	6.011	6.074	10	13.0	16.47	765
	30～50								905
	50～80								1 115
8	18～30	4.25	7.978	8.011	8.090	12	16.0	20.25	855
	30～50								1 015
	50～80								1 330
10	30～50	4.36	9.978	10.011	10.090	15	22.0	26.36	955
	50～80								1 245
	80～120								1 415

4 技术要求

4.1 拉刀表面不得有裂纹、碰伤、锈迹及其他影响使用性能的缺陷。

4.2 拉刀切削刃应锋利，不得有毛刺、崩刃及磨削烧伤。

4.3 拉刀容屑槽应连接圆滑不允许有台阶。

4.4 拉刀主要表面粗糙度的最大允许值按以下规定：

a) 刀齿刃带表面：Rz1.6 μm；

b) 刀齿侧面：Rz3.2 μm；

c) 刀齿前面和后面：Rz3.2 μm；

d) 刀体侧面及底面：Ra0.63 μm。

4.5 拉刀各部高度尺寸的极限偏差

4.5.1 切削齿齿高极限偏差按表 4。

表 4

单位为毫米

齿升量	极限偏差	相邻齿齿升量差
～0.05	±0.020	0.020
>0.05～0.08	±0.025	0.025
>0.08	±0.035	0.035

4.5.2 校准齿及与其尺寸相同的切削齿齿高极限偏差为±0.015 mm，且尺寸一致性不大于0.007 mm。

4.6 拉刀各部宽度的极限偏差

4.6.1 刀齿宽度尺寸的极限偏差按表5。

表 5

单位为毫米

<table>
<tr><th rowspan="3">键槽宽度
基本尺寸</th><th colspan="3">键槽宽公差带</th></tr>
<tr><th>P9</th><th>Js9</th><th>D10</th></tr>
<tr><th colspan="3">极限偏差</th></tr>
<tr><td>3～10</td><td colspan="2">0
−0.012</td><td>0
−0.015</td></tr>
<tr><td>12～18</td><td colspan="2" rowspan="2">0
−0.015</td><td>0
−0.018</td></tr>
<tr><td>20～28</td><td>0
−0.021</td></tr>
<tr><td>32～40</td><td colspan="2">0
−0.018</td><td>0
−0.025</td></tr>
</table>

4.6.2 刀体宽度尺寸极限偏差：带倒角齿键槽拉刀和宽刀体键槽拉刀刀体宽度尺寸偏差带按h7；平刀体键槽拉刀刀体宽度尺寸极限偏差同刀齿宽度尺寸极限偏差。

4.7 拉刀全长尺寸的极限偏差：

拉刀全长小于或等于1 000 mm　　±3 mm；

拉刀全长大于1 000 mm　　±5 mm。

4.8 拉刀刀齿几何角度的极限偏差：

a) 前角：$^{+2^\circ}_{-1^\circ}$；

b) 切削齿后角：$^{+1^\circ 30'}_{0}$；

c) 校准齿后角：$^{+1^\circ}_{0}$。

4.9 拉刀各部位形位公差

4.9.1 拉刀前导至后导的底面及侧面直线度，在每300 mm长度上其值按表6。

表 6

单位为毫米

键槽宽度基本尺寸	直线度公差
3～5	0.30
6～10	0.15
12～16	0.10
＞16	0.06

4.9.2 刀齿侧面对刀体同一侧面的平行度公差等于其刀齿宽度公差值。

4.9.3 刀齿中心面对刀体中心面的对称度公差等于其刀齿宽度公差值。

4.9.4 拉刀柄部型式和基本尺寸按GB/T 3832.1，柄部卡槽处各部形位公差按图4。

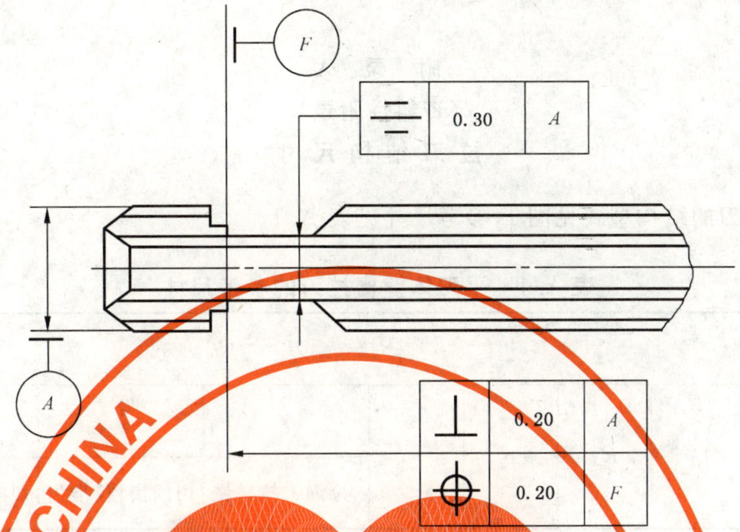

图 4

4.10 拉刀用高速工具钢制造。

4.11 用普通高速钢制造的拉刀热处理硬度：

a) 刃部、后导部：63HRC～66HRC；

b) 前导部：60HRC～66HRC；

c) 柄部：45HRC～52HRC。

允许进行表面处理。

5 标志和包装

5.1 标志

5.1.1 拉刀上应清晰标志：

a) 制造厂商标；

b) 键槽宽度及公差带；

c) 拉削长度；

d) 前角；

e) 拉刀材料：(普通高速钢不标)；

f) 制造年月。

5.1.2 拉刀包装盒上应标志：

a) 制造厂的名称、地址和商标；

b) 产品名称；

c) 键槽宽度及公差带；

d) 拉削长度；

e) 前角；

f) 拉刀材料：(普通高速钢不标)；

g) 标准号；

h) 件数；

i) 制造年月。

5.2 包装

拉刀包装前应经防锈处理，包装必须牢固并应采取措施防止在运输过程中的损伤。

附 录 A
（资料性附录）
拉 刀 结 构 尺 寸

A.1 平刀体键槽拉刀的结构型式见图 1，参考尺寸见表 A.1。

表 A.1 平刀体键槽拉刀的参考尺寸

单位为毫米

<table>
<tr><th colspan="2">工件参数</th><th colspan="11">拉 刀 尺 寸</th></tr>
<tr><th rowspan="2">键槽宽度基本尺寸</th><th rowspan="2">拉削长度 L_0</th><th rowspan="2">L_1</th><th rowspan="2">H_3</th><th rowspan="2">p</th><th rowspan="2">h</th><th colspan="2">γ</th><th colspan="2">α</th><th colspan="2">f</th><th rowspan="2">齿升量 f_z</th></tr>
<tr><th>拉钢</th><th>拉铸铁</th><th>切削齿</th><th>校准齿</th><th>切削齿</th><th>校准齿</th></tr>
<tr><td rowspan="3">12</td><td>30～50</td><td>278</td><td rowspan="3">27.92</td><td>10</td><td>4.0</td><td rowspan="26">10°～20°</td><td rowspan="26">5°～10°</td><td rowspan="26">3°</td><td rowspan="26">1°30′</td><td rowspan="26">0.05～0.15</td><td rowspan="26">第一校准齿0.2，其后各齿递增0.2</td><td rowspan="26">0.08</td></tr>
<tr><td>50～80</td><td>312</td><td>14</td><td>5.5</td></tr>
<tr><td>80～120</td><td>349</td><td>16</td><td>6.0</td></tr>
<tr><td rowspan="3">14</td><td>50～80</td><td>308</td><td rowspan="3">29.92</td><td>14</td><td>5.5</td></tr>
<tr><td>80～120</td><td>348</td><td>16</td><td>6.0</td></tr>
<tr><td>120～180</td><td>408</td><td>20</td><td>8.0</td></tr>
<tr><td rowspan="3">16</td><td>50～80</td><td>312</td><td rowspan="3">34.92</td><td>14</td><td>5.5</td></tr>
<tr><td>80～120</td><td>349</td><td>16</td><td>6.0</td></tr>
<tr><td>120～180</td><td>408</td><td>20</td><td>8.0</td></tr>
<tr><td rowspan="3">18</td><td>50～80</td><td>308</td><td rowspan="3">39.92</td><td>14</td><td>5.5</td></tr>
<tr><td>80～120</td><td>348</td><td>16</td><td>6.0</td></tr>
<tr><td>120～180</td><td>408</td><td>20</td><td>8.0</td></tr>
<tr><td rowspan="3">20</td><td>50～80</td><td>318</td><td rowspan="6">44.92</td><td>14</td><td>5.5</td></tr>
<tr><td>80～120</td><td>357</td><td>16</td><td>6.0</td></tr>
<tr><td>120～180</td><td>418</td><td>20</td><td>8.0</td></tr>
<tr><td rowspan="3">22</td><td>80～120</td><td>355</td><td>16</td><td>7.0</td></tr>
<tr><td>120～180</td><td>418</td><td>20</td><td>8.0</td></tr>
<tr><td>180～260</td><td>495</td><td>26</td><td>10.0</td></tr>
<tr><td rowspan="3">25</td><td>80～120</td><td>354</td><td rowspan="3">49.92</td><td>16</td><td>7.0</td></tr>
<tr><td>120～180</td><td>418</td><td>20</td><td>8.0</td></tr>
<tr><td>180～260</td><td>494</td><td>26</td><td>10.0</td></tr>
<tr><td rowspan="3">28</td><td>80～120</td><td>354</td><td rowspan="3">54.92</td><td>16</td><td>7.0</td></tr>
<tr><td>120～180</td><td>418</td><td>20</td><td>8.0</td></tr>
<tr><td>180～260</td><td>494</td><td>26</td><td>10.0</td></tr>
<tr><td rowspan="2">32</td><td>120～180</td><td>423</td><td rowspan="2">59.92</td><td>20</td><td>8.0</td></tr>
<tr><td>180～260</td><td>504</td><td>26</td><td>10.0</td></tr>
</table>

表 A.1（续）

单位为毫米

工件参数		拉刀尺寸										
键槽宽度基本尺寸	拉削长度 L_0	L_1	H_3	p	h	γ		α		f		齿升量 f_z
						拉钢	拉铸铁	切削齿	校准齿	切削齿	校准齿	
32	260～360	605	59.90	36	12.0	10°～20°	5°～10°	3°	1°30′	0.05～0.15	第一校准齿0.2，其后各齿递增0.2	0.10
36	120～180	423		20	9.0							
	180～260	503		26	10.0							
	260～360	603		36	12.0							
40	120～180	423		20	9.0							
	180～260	504		26	10.0							
	260～360	604		36	12.0							

A.2 宽平刀体键槽拉刀的结构型式见图 2，参考尺寸见表 A.2。

表 A.2 宽平刀体键槽拉刀的参考尺寸

单位为毫米

工件参数		拉刀尺寸										
键槽宽度基本尺寸	拉削长度 L_0	L_1	H_3	p	h	γ		α		f		齿升量 f_z
						拉钢	拉铸铁	切削齿	校准齿	切削齿	校准齿	
3	10～18	229	6.46	4.5	2.0	10°～20°	5°～10°	3°	1°30′	0.05～0.15	第一校准齿0.2，其后各齿递增0.2	0.04
	18～30	241		6.0	2.2							
4	10～18	230	6.95	4.5	2.0							0.05
	18～30	244		6.0	2.5							
	30～50	262		9.0	3.2							
5	10～18	231	8.44	6.0	2.2							0.06
	18～30	242		8.0	2.8							
	30～50	263		10.0	3.6							
6	18～30	252	12.93	8.0	3.2							0.07
	30～50	268		10.0	4.0							
	50～80	302		13.0	5.0							
8	18～30	249	15.93	8.0	3.5							
	30～50	268		10.0	4.0							
	50～80	301		14.0	5.5							
10	30～50	268	21.93	10.0	4.0							0.08
	50～80	300		14.0	5.5							
	80～120	341		16.0	6.0							

A.3 带倒角齿键槽拉刀的结构型式见图3参考尺寸见表A.3。

表A.3 带倒角齿键槽拉刀的参考尺寸

单位为毫米

工件参数			拉刀尺寸						
键槽宽度基本尺寸	拉削长度 L_0	倒角值 c	倒角齿测值 M	L_1	L_2	p	h	H_3	齿升量 f_z
3	10～18	0.2	7.18	230	254.5	4.5	2.0	6.46	0.04
	18～30			243	331.0	6.0	2.2		
4	10～18	0.3	8.65	232	263.5	4.5	2.0	6.95	0.05
	18～30			241	343.0	6.0	2.5		
	30～50			260	502.0	9.0	3.2		
5	10～18		10.77	228	361.0	6.0	2.2	8.44	0.06
	18～30			243	473.0	8.0	2.8		
	30～50			263	585.0	10.0	3.6		
6	18～30	0.5	15.10	248	473.0	8.0	3.2	12.93	0.07
	30～50			268	585.0	10.0	4.0		
	50～80			298	753.0	13.0	5.0		
8	18～30	0.6	18.66	250	561.0	8.0	3.5	15.93	
	30～50			268	695.0	10.0	4.0		
	50～80			299	963.0	14.0	5.5		
10	30～50		24.69	268	635.0	10.0	4.0	21.93	0.08
	50～80			298	879.0	14.0	5.5		
	80～120			338	1 001.0	16.0	6.0		
注：拉刀参数 γ、α、f 见表A.1。									

附 录 B
（资料性附录）
拉刀导套截面尺寸

$$e = H_1 + A - (D/2 + t_{1\max}) \quad \text{(B.1)}$$

式中：

H_1——拉刀第一齿齿高；

A——拉刀设计拉削余量；

D——轮毂孔直径；

$t_{1\max}$——键槽深最大极限尺寸。

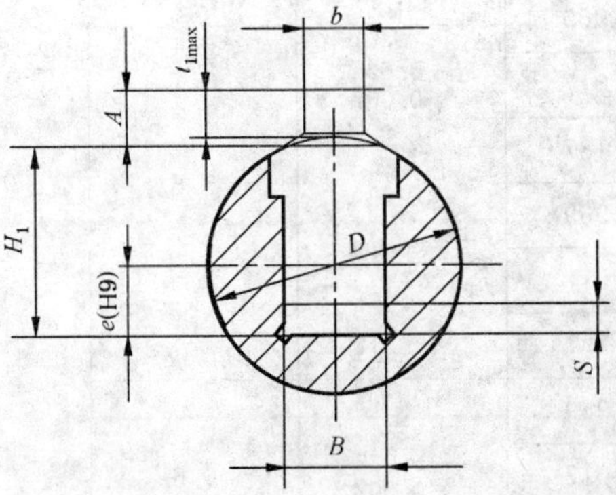

表 B.1

单位为毫米

键槽宽度基本尺寸	D	B 尺寸	B 偏差 G7	$t_{1\max}$	拉削次数	拉削行程	垫片厚度 S
3	>8～10	4	+0.016 +0.004	1.5	1	—	—
4	>10～12	6		1.9			
5	>12～17	8	+0.020 +0.005	2.4			
6	>17～22	10		2.9			
8	>22～30	12	+0.024 +0.006	3.5			
10	>30～38	15					
12	>38～44	11.973				1	
		12.012					
		12.108					
14	>44～50	13.973		4.0	2		
		14.012				2	2.55
		14.108					
16	>50～58	15.973		4.5		1	—
		16.012				2	2.89

表 B.1（续） 单位为毫米

键槽宽度基本尺寸	D	B 尺寸	B 偏差 G7	t_{1max}	拉削次数	拉削行程	垫片厚度 S
16	>50～58	16.108		4.5	2	2	2.89
18	>58～65	17.973	+0.024 +0.006	4.6		1	—
		18.012					
		18.108				2	3.01
20	>65～75	19.969		5.1		1	—
		20.017					
		20.137				2	3.32
22	>75～85	21.969		5.6	3	1	—
		22.017	+0.028 +0.007			2	2.40
		22.137				3	4.80
25	>85～95	24.969				1	—
		25.017				2	2.48
		25.137				3	4.96
28	>95～110	27.969		6.6		1	—
		28.017	+0.028 +0.007			2	2.89
		28.137				3	5.78
32	>110～130	31.962		7.6	4	1	—
						2	2.48
						3	4.96
						4	7.44
		32.019			5	1	—
						2	1.99
						3	3.98
		32.168	+0.034 +0.009			4	5.97
						5	7.96
36	>130～150	35.962		8.7		1	—
						2	2.24
		36.019				3	4.48
		36.168				4	6.72
						5	8.96

表 B.1（续） 单位为毫米

键槽宽度基本尺寸	*D*	*B* 尺寸	*B* 偏差 G7	t_{1max}	拉削次数	拉削行程	垫片厚度 *S*
40	>150～170	39.962	+0.034 +0.009	9.7	6	1	—
						2	2.06
		40.019				3	4.12
						4	6.18
		40.168				5	8.24
						6	10.30

ICS 25.100.20
J 41

中华人民共和国国家标准

GB/T 14330—2008
代替 GB/T 14330—1993

硬质合金机夹三面刃铣刀

Machanically clamped carbide side milling cutters

2008-11-04 发布 2009-04-01 实施

中华人民共和国国家质量监督检验检疫总局
中国国家标准化管理委员会 发布

前　　言

本标准代替 GB/T 14330—1993《硬质合金机夹三面刃铣刀》。

本标准与 GB/T 14330—1993 相比主要变化如下：

——修改了原标准中表 1(取消了基本尺寸 d、D、L 的极限偏差值和部分参考值 γ、λ_s)；

——修改了原标准中的 3.4(将刀片分组代号修改为：刀片用途代号)；

——修改了原标准中的 4.2(将刀体内孔表面和两支承端面的表面粗糙度上限值 Ra 1.25 μm 修改为：Ra 0.8 μm)；

——修改了原标准中的 4.4(将夹紧件用 45 号钢，其硬度不低于 HRC40 修改为：夹紧件硬度不低于 40HRC)；

——取消了原标准中的性能试验部分。

本标准的附录 A 为资料性附录。

本标准由中国机械工业联合会提出。

本标准由全国刀具标准化技术委员会(SAC/TC 91)归口。

本标准起草单位：成都工具研究所。

本标准主要起草人：刘玉玲。

本标准所代替标准的历次版本发布情况为：

——GB/T 14330—1993。

硬质合金机夹三面刃铣刀

1 范围

本标准规定了硬质合金机夹三面刃铣刀的型式和尺寸、外观、表面粗糙度、位置公差、材料和硬度、标志和包装等基本要求。

本标准适用于直径 63 mm～160 mm、宽度 6 mm～12 mm 硬质合金机夹三面刃铣刀(以下简称铣刀)。

2 规范性引用文件

下列文件中的条款通过本标准的引用而成为本标准的条款。凡是注日期的引用文件，其随后所有的修改单(不包括勘误的内容)或修订版均不适用于本标准，然而，鼓励根据本标准达成协议的各方研究是否可使用这些文件的最新版本。凡是不注日期的引用文件，其最新版本适用于本标准。

GB/T 2075 切削加工用硬切削材料的分类和用途 大组和用途小组的分类代号(GB/T 2075—2007,ISO 513:2004,IDT)

GB/T 6119.2 三面刃铣刀技术条件

GB/T 6132 铣刀和铣刀刀杆的互换尺寸(GB/T 6132—2006,ISO 240:1994,IDT)

3 型式和尺寸

3.1 硬质合金机夹三面刃铣刀的型式和尺寸按图 1 和表 1。

图 1 硬质合金机夹三面刃铣刀

表 1

单位为毫米

d js16	D H7	L k11	参考值		
			d_1	L_1	齿数
63	22	6	33	8	8
		8		10	
		10		12	
		12		14	
80	27	6	40	8	10
		8		10	
		10		12	
		12		14	
100	32	6	50	8	12
		8		10	
		10		12	
		12		14	
125	40	8	65	10	14
		10		12	
		12		14	
160	40	8	—	10	18
		10		12	
		12		14	

3.2　键槽尺寸和偏差按 GB/T 6132 规定。

3.3　铣刀刀片的型式和尺寸参照本标准附录 A。

3.4　标记示例：

铣刀外径 d=80 mm，宽度 L=10 mm，刀片用途代号为 P30 的硬质合金机夹三面刃铣刀为：

硬质合金机夹三面刃铣刀　80×10　P30　GB/T 14330—2008

4　技术要求

4.1　外观和表面粗糙度

4.1.1　铣刀刀片不得有裂纹、崩刃，其余零件不得有裂纹、刻痕和锈迹等影响使用性能的缺陷。

4.1.2　铣刀表面粗糙度的上限值：

——刀体内孔表面和两支承端面：*Ra* 0.8 μm；

——刀片前面和后面：*Ra* 0.63 μm。

4.2 位置公差

铣刀的位置公差按表2。

表 2

单位为毫米

项目		铣刀直径 d		
		～80	>80～125	>125
主切削刃对内孔轴线的径向圆跳动	相邻齿	0.03	0.04	
	一转	0.05	0.06	
端刃对内孔轴线的端面圆跳动		0.03	0.04	0.05
支承端面对内孔轴线的端面圆跳动		0.02		
注：圆跳动的检测方法按 GB/T 6119.2 附录 A 的规定。				

4.3 材料和硬度

4.3.1 铣刀刀体材料为合金结构钢，其硬度不低于 40 HRC。

4.3.2 夹紧件硬度不低于 40 HRC。

4.3.3 铣刀刀片材料按 GB/T 2075 推荐选用 P30、K20 硬质合金。

5 标志和包装

5.1 标志

5.1.1 铣刀产品上应标志：

——制造厂或销售商的商标；

——铣刀外径 d 和宽度 L；

——刀片材料(硬质合金牌号或用途代号)。

5.1.2 包装盒上应标志：

——制造厂或销售商的名称、地址和商标；

——产品名称；

——标准编号；

——铣刀外径 d 和宽度 L；

——刀片材料(硬质合金牌号或用途代号)；

——件数；

——制造年月。

5.2 包装

铣刀在包装前应经防锈处理。包装应牢固，防止运输过程中损伤。

附　录　A
（资料性附录）
铣刀刀片的型式尺寸

单位为毫米

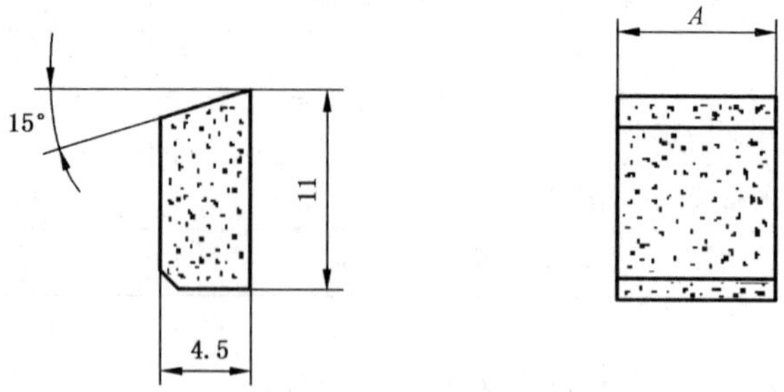

图 A.1

表 A.1

单位为毫米

铣刀宽度	A
6	5.0
8	6.8
10	8.8
12	10.8

ICS 25.100.99
J 41

GB

中华人民共和国国家标准

GB/T 14333—2008
代替 GB/T 14333—1993

盘形轴向剃齿刀

Rotary axial shaving cutters

2008-06-03 发布 2009-01-01 实施

中华人民共和国国家质量监督检验检疫总局
中国国家标准化管理委员会 发布

前　　言

本标准代替 GB/T 14333—1993《盘形剃齿刀》。

本标准与 GB/T 14333—1993 相比有下列技术差异：

——标准名称改为“盘形轴向剃齿刀”；

——修订了内孔的倒角尺寸；

——修订了齿距偏差精度要求；

——增加了对小齿齿侧表面粗糙度的要求。

本标准的附录 A 为规范性附录，附录 B 为资料性附录。

本标准由中国机械工业联合会提出。

本标准由全国刀具标准化技术委员会(SAC/TC 91)归口。

本标准起草单位：重庆工具厂有限责任公司。

本标准主要起草人：李建谊、刘勇。

本标准所替代标准的历次版本发布情况为：

——GB/T 14333—1993。

盘形轴向剃齿刀

1 范围

本标准规定了A级加工圆柱齿轮(按GB/T 10095)用盘形轴向剃齿刀的结构型式、主要尺寸、技术要求和标志、包装的基本要求。

本标准适用于加工法向模数1 mm～8 mm圆柱齿轮的盘形轴向剃齿刀。

2 规范性引用文件

下列文件中的条款通过本标准的引用而成为本标准的条款。凡是注日期的引用文件,其随后所有的修改单(不包括勘误的内容)或修订版均不适用于本标准,然而,鼓励根据本标准达成协议的各方研究是否可使用这些文件的最新版本。凡是不注日期的引用文件,其最新版本适用于本标准。

GB/T 10095(所有部分) 圆柱齿轮 精度制(GB/T 10095—2008,ISO 1328:1995/1997,IDT)

3 型式和尺寸

3.1 盘形轴向剃齿刀的结构型式和尺寸按图1和表1至表3的规定。

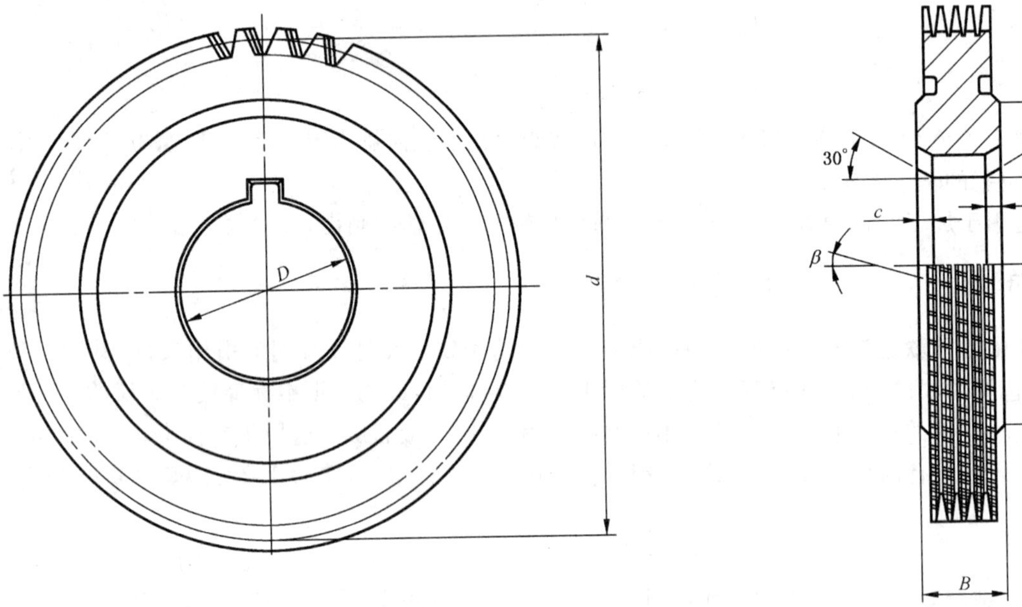

Ⅰ 型

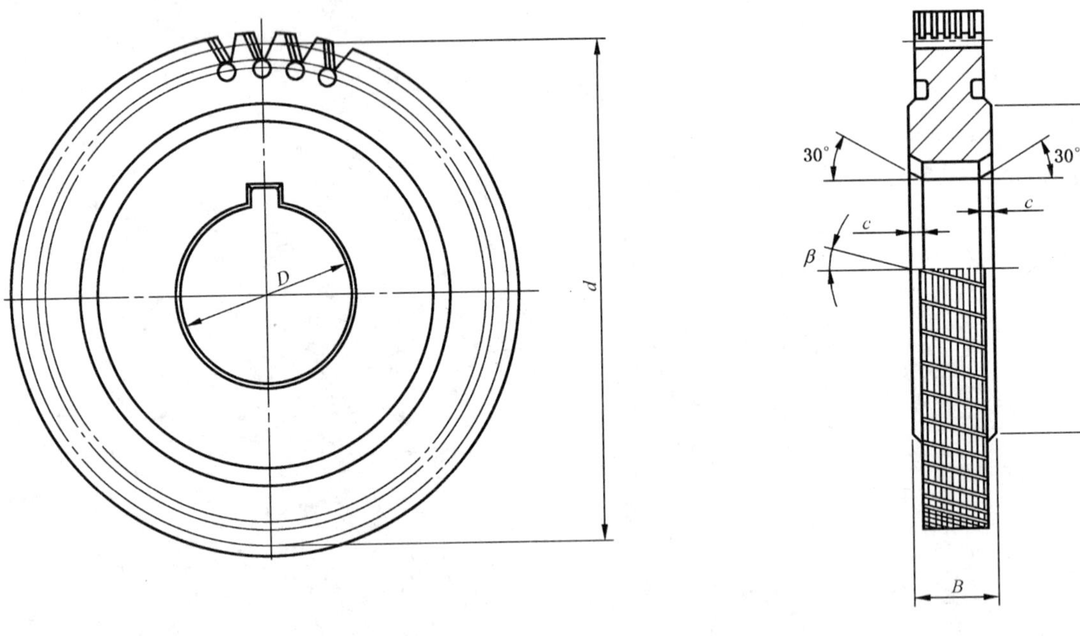

Ⅱ 型

注：β 通常采用 5°和 15°；c 尺寸由各制造厂家自行决定。

图 1

表 1　公称分圆直径 d=85 mm 的剃齿刀

单位为毫米

法向模数 m_n		齿数 Z	B	D	d_1
第一系列	第二系列				
1		86			
1.25		67	16	31.743	60
1.5		58			

表 2　公称分圆直径 d=180 mm 的剃齿刀

单位为毫米

法向模数 m_n		齿数 Z	B	D	d_1
第一系列	第二系列				
1.25		115			
1.5		115			
	1.75	100			
2		83			
	2.25	73			
2.5		67			
	2.75	61			
3		53			
	(3.25)	53	20	63.5	120
	3.5	47			
	(3.75)	43			
4		41			
	4.5	37			
5		31			
	5.5	29			
6		27			

3.2　标记示例

法向模数 m_n=2 mm、公称分圆直径 d=240 mm、螺旋角 β=15°右旋、A 级盘形轴向剃齿刀的标记为：盘形轴向剃齿刀　m_n2×240×15°　A　GB/T 14333—2008

法向模数 m_n=2 mm、公称分圆直径 d=240 mm、螺旋角 β=15°左旋、A 级盘形轴向剃齿刀的标记为：盘形轴向剃齿刀　m_n2×240×15°　左 A　GB/T 14333—2008

表 3　公称分圆直径 d=240 mm 的剃齿刀

单位为毫米

法向模数 m_n		齿数 Z	B	D[a]	d_1
第一系列	第二系列				
2		115	25	63.5	120
	2.25	103			
2.5		91			
	2.75	83			
3		73			
	(3.25)	67			
	3.5	61			
	(3.75)	61			
4		53			
	4.5	51			
5		43			
	5.5	41			
6		37			
	(6.5)	35			
	7	31			
8		27			

[a] 按用户要求,内孔直径可做成 100 mm,此时内孔可不做键槽。

4　技术要求

4.1　盘形轴向剃齿刀用普通高速钢制造,也可用高性能高速钢制造。

4.2　盘形轴向剃齿刀工作部分硬度:普通高速钢为 63 HRC～66 HRC;高性能高速钢为 64 HRC 以上。

4.3　盘形轴向剃齿刀表面不得有裂纹,切削刃不得有崩刃、烧伤及其他影响使用性能的缺陷。

4.4　盘形轴向剃齿刀表面粗糙度最大允许值按以下规定:

——内孔表面:Ra0.16 μm;

——两支承端面:Ra0.32 μm;

——齿侧表面:Rz1.6 μm;

——小齿齿侧表面:Ra3.2 μm;

——外圆表面:Ra1.25 μm;

——刀齿两端面:Ra1.25 μm。

4.5　盘形轴向剃齿刀主要制造精度应符合表 4 规定。

4.6　盘形轴向剃齿刀的键槽尺寸按附录 A。

4.7　盘形轴向剃齿刀的切削刃的沟槽型式和尺寸参见附录 B。

表 4

单位为微米

序号	检验项目及示意图	公差代号	精度等级	法向模数 m_n/mm		
				1～2	>2～3.5	>3.5～8
1	孔径偏差 注:内孔配合表面两端超出公差的喇叭口长度的总和应小于配合表面全长的 25%。键槽两侧超出公差部分的宽度,每侧应小于键宽的一半。	δD	A	H3		
			B	H4		
2	两支承端面对内孔轴线的端面全跳动 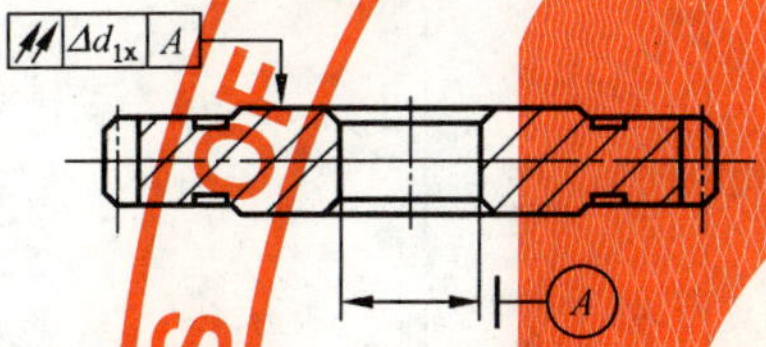	δd_{1x}	A	7		
			B	10		
3	外圆直径偏差 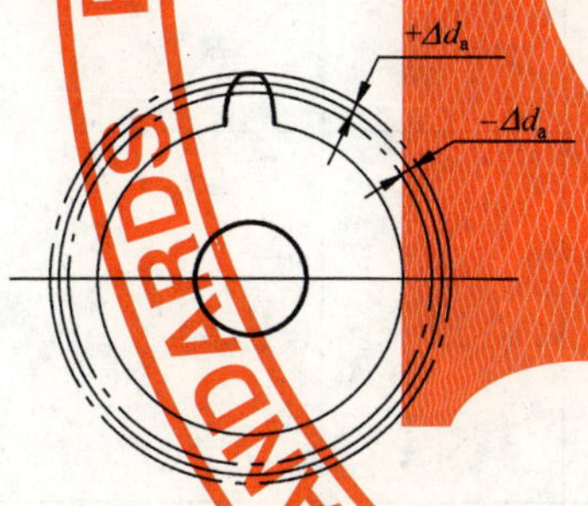	δd_a	A	±400		
			B	±400		
4	齿形误差 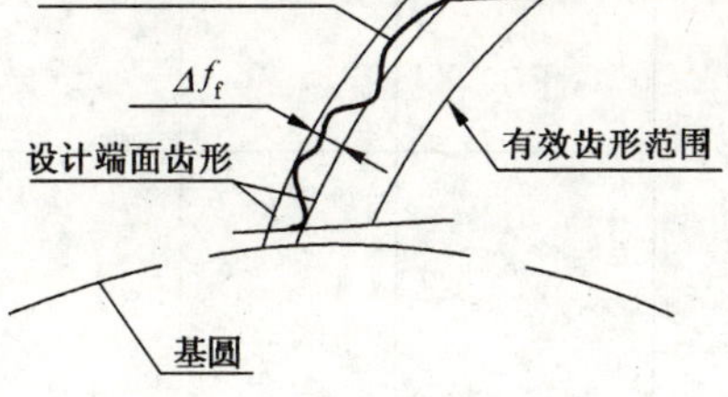 包容剃齿刀实际有效端面齿形的两条最近的设计齿形的法向距离	δf_f	A	4	5	6
			B	5	6	8

表 4（续）

单位为微米

序号	检验项目及示意图	公差代号	精度等级	法向模数 m_n/mm 1～2	＞2～3.5	＞3.5～8
5	齿向误差 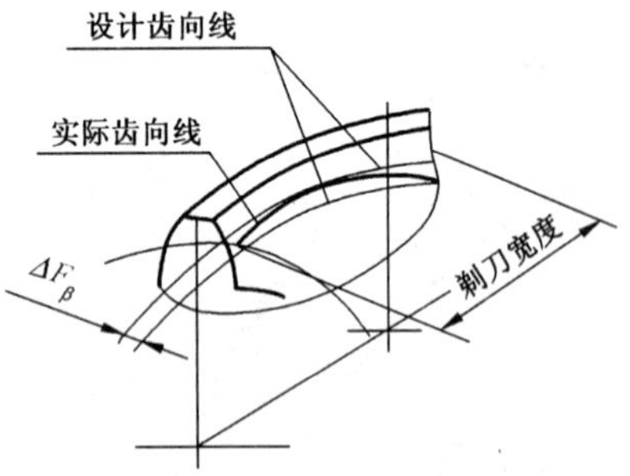 在盘形轴向剃齿刀齿高中部齿宽范围内，包容实际齿向线的两条最近的设计齿向线之间的端面距离	δF_β	A	±9		
			B	±11		
6	刀齿两侧面齿向的对称度 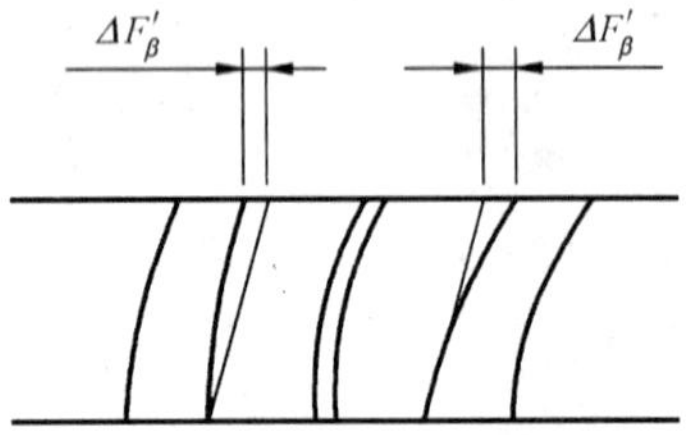 在一个刀齿不同齿侧上测量的齿向误差的代数差	$\delta F'_\beta$	A	6		
			B	8		
7	齿顶高偏差 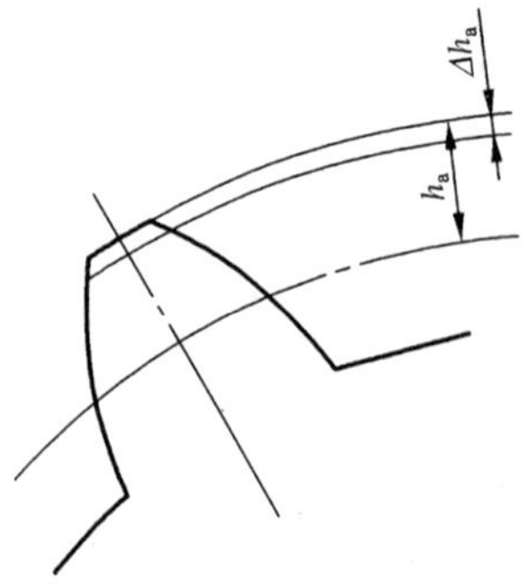 与一定齿厚相适应的齿顶高偏差	δh_a	A	$^{+25}_{0}$	$^{+25}_{0}$	$^{+35}_{0}$
			B	$^{+25}_{0}$	$^{+25}_{0}$	$^{+35}_{0}$

表 4（续）

单位为微米

序号	检验项目及示意图	公差代号	精度等级	法向模数 m_n/mm		
				1～2	>2～3.5	>3.5～8
8	齿距偏差 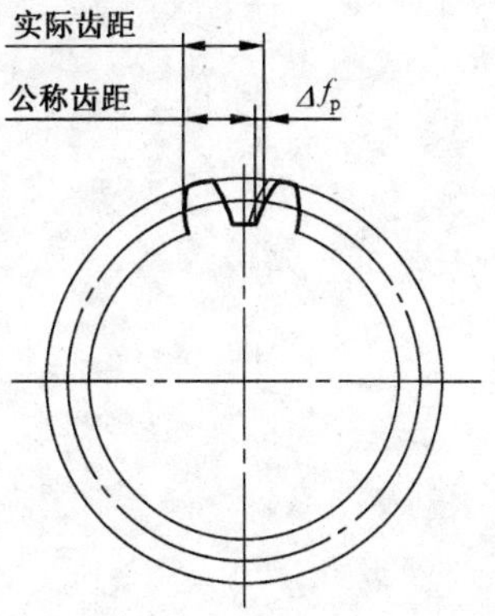	δf_p	A	±3		
			B	±5		
9	齿距累积误差 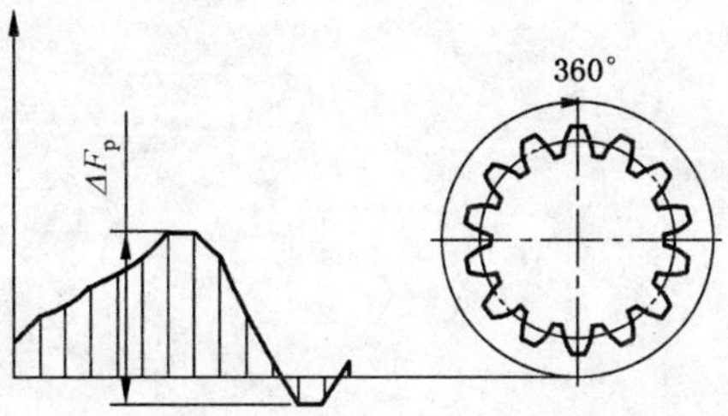	δF_p	A	12		
			B	20		
10	齿圈径向跳动 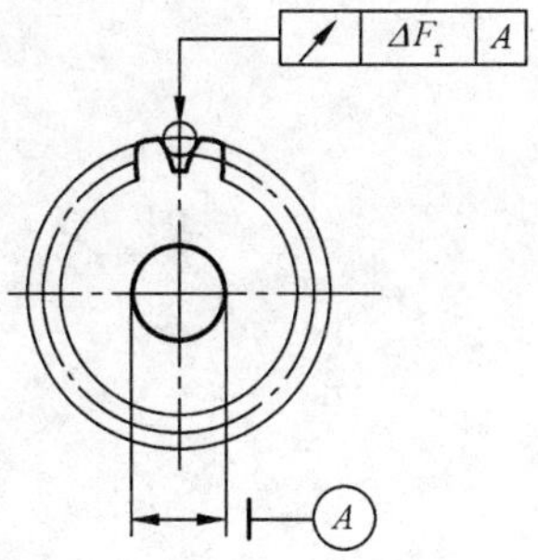	δF_r	A	10		
			B	20		

5 标志和包装

5.1 标志

5.1.1 在盘形轴向剃齿刀端面上应标志：

a) 制造厂商标；

b) 法向模数；

c) 基准齿形角；

d) 公称分圆直径；

e) 齿数；

f) 螺旋角；

g) 螺旋方向(右旋不标)；

h) 精度等级；

i) 材料(普通高速钢不标)；

j) 制造年月。

5.1.2 在包装盒上应标志：

a) 制造厂或销售商名称、地址和商标；

b) 标记示例内容；

c) 制造年月。

5.2 包装

盘形轴向剃齿刀包装前应经防锈处理，并应采取措施防止在包装、运输过程中产生损伤。

附　录　A
（规范性附录）
盘形轴向剃齿刀的键槽尺寸

A.1　盘形轴向剃齿刀的键槽尺寸应按图 A.1 和表 A.1 的规定。

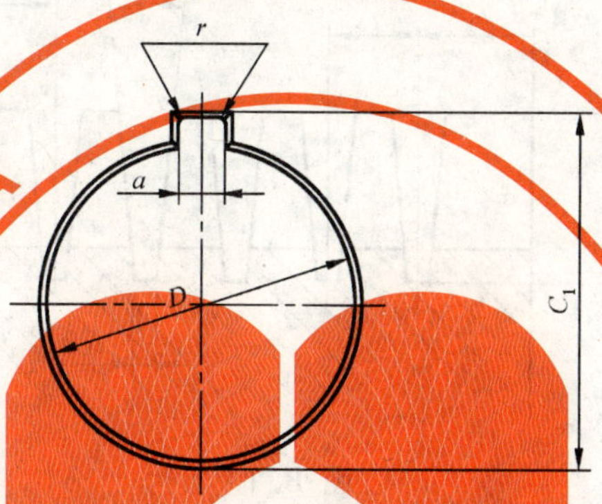

图 A.1

表 A.1

单位为毫米

D	a		C_1		r	
	基本尺寸	极限偏差	基本尺寸	极限偏差	基本尺寸	极限偏差
31.743	8	+0.170 +0.080	34.60	+0.2 0	1.2	0 −0.3
63.5			67.50			

附　录　B
（资料性附录）
盘形轴向剃齿刀切削刃的沟槽型式和尺寸

B.1　环形通槽的型式和尺寸应按图 B.1 和表 B.1 的规定。

单位为毫米

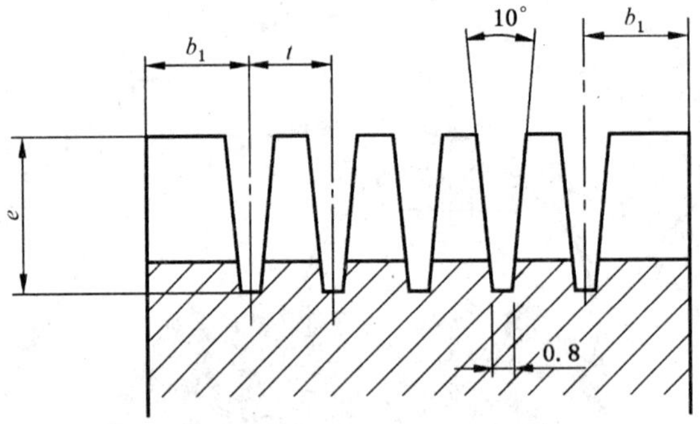

图 B.1

表 B.1

单位为毫米

法向模数 m_n	公称分圆直径 d	e	t	b_1	切削刃沟槽数 Z_1
1	85	3.0	2.1	2.50	6
1.25		4.5	2.7	2.35	5
1.5		5.0			
1.25	180	4.5	3.0	3.75	
1.5		5.0			
1.75		5.6			

B.2　不通槽的型式和尺寸按图 B.2 和表 B.2 的规定。

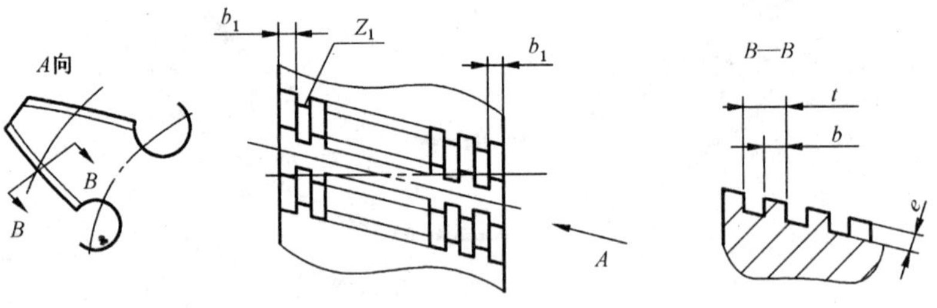

Ⅰ型

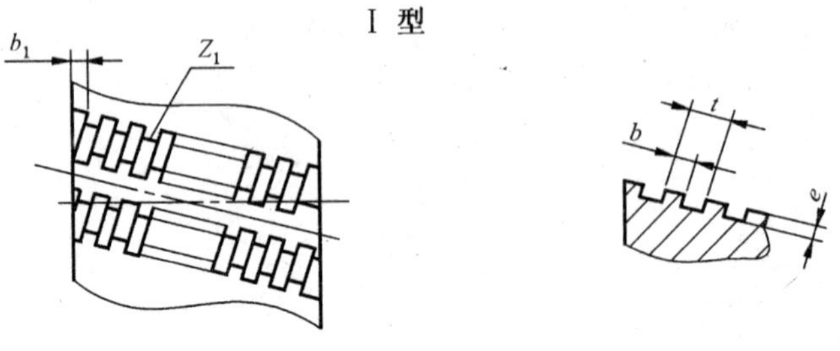

Ⅱ型

图 B.2

表 B.2

单位为毫米

法向模数 m_n	e	b		t		b_1				切削刃沟槽数 Z_1			
						$d=180$		$d=240$		$d=180$		$d=240$	
		Ⅰ型	Ⅱ型	Ⅰ型	Ⅱ型	Ⅰ型	Ⅱ型	Ⅰ型	Ⅱ型	Ⅰ型	Ⅱ型	Ⅰ型	Ⅱ型
>1.75～2.5	0.6												
>2.5～3	0.8	0.9	1.1	2.0	2.2	1.2	1.4	1.45	1.70	9	7	11	8
>3～8	1.0												

ICS 59.060.01
W 50

中华人民共和国国家标准

GB/T 14335—2008
代替 GB/T 14335—1993

化学纤维　短纤维线密度试验方法

Testing method for linear density of man-made staple fibres

(BISFA—1998, Testing methods for polyester staple fibres,
BISFA—2000, Testing methods for acrylic staple fibres,
BISFA—2004, Testing methods viscose, modal, lyocell and
acetate staple fibers and tows, NEQ)

2008-06-18 发布　　　　2009-03-01 实施

中华人民共和国国家质量监督检验检疫总局
中国国家标准化管理委员会　发布

前　言

本标准与国际人造纤维标准化局标准 BISFA 1998《涤纶短纤维试验方法》、BISFA 2000《腈纶短纤维试验方法》和 BISFA 2004《粘胶、莫代尔、莱塞尔、醋酸短纤维及丝束试验方法》中的线密度测试部分的一致性程度为非等效。

本标准代替 GB/T 14335—1993《合成纤维线密度试验方法》。

本标准与 GB/T 14335—1993 相比主要变化如下：

——扩大了适用范围，由原来的合成纤维扩大到化学纤维。

——增加了规范性引用文件，GB/T 15000.8《标准样品工作导则(8)有证标准样品的使用》，不表述标准样品和有证标准样品的定义。

——修改了涤纶、腈纶、丙纶纤维的调湿和试验用标准大气的相对湿度，由原来的(65±3)%修改为(65±5)%。

——修改了实验室样品的调湿时间，增加了附录 A 快速调湿时间；

——修改了取样量，根据 2000 版 BISFA 对纤维取样量的要求，由原来的 1 500 根～2 000 根，修改为 2 000 根左右，增加了根据纤维的规格计算出具体的取样量。

——增加了中段切断长度 10 mm。根据纤维的长度，规定切取不同的中段长度及与中段长度相对应的计算根数。

——增加了线密度偏差率的计算公式。

——增加了振动法测试线密度的方法。

——增加了附录 B　振动式细度仪校验法。

——增加了附录 C　统计：术语与计算。

本标准的附录 C 为规范性附录，附录 A、附录 B 为资料性附录。

本标准由中国纺织工业协会提出。

本标准由上海市纺织工业技术监督所归口。

本标准起草单位：中国石化上海石油化工股份有限公司、仪征化纤股份有限公司、山东海龙股份有限公司、丹东吉丹化纤有限责任公司、上海市纤维检验所。

本标准主要起草人：王永梅、管晓燕、宋铮、冷维彦、娄善好、徐云。

本标准所代替标准的历次版本发布情况为：

——GB/T 14335—1993。

化学纤维　短纤维线密度试验方法

1　范围

本标准规定了化学纤维线密度的两种试验方法，束纤维中段称量法(方法A)和单纤维振动仪法(方法B)。

本标准适用于聚酯(涤纶)、聚酰胺(锦纶)、聚丙烯腈(腈纶)、聚丙烯(丙纶)、聚乙烯醇缩甲醛(维纶)、再生纤维素纤维等化学短纤维的线密度测定。丝束可参照使用。以上两种方法试验时均应对纤维施加一定的张力，使纤维伸直卷曲消失，保证测试结果的有效性。方法A和方法B的采用，根据具体条件由有关双方协商确定。

2　规范性引用文件

下列文件中的条款通过本标准的引用而成为本标准的条款。凡是注日期的引用文件，其随后所有的修改单(不包括勘误的内容)或修订版均不适用于本标准，然而，鼓励根据本标准达成协议的各方研究是否可使用这些文件的最新版本。凡是不注日期的引用文件，其最新版本适用于本标准。

GB/T 3291.1　纺织　纺织材料性能和试验术语　第1部分:纤维和纱线

GB/T 6529　纺织品的调湿和试验用标准大气

GB/T 8170　数值修约规则

GB/T 14334　化学纤维　短纤维取样方法

GB/T 15000.8　标准样品工作导则(8)有证标准样品的使用

3　术语和定义

GB/T 3291.1 和 GB/T 15000.8 确立的术语和定义适用于本标准。

4　试验通则

4.1　预调湿，调湿和试验用标准大气

4.1.1　回潮率在公定回潮率以下的实验室样品，可不必进行预调湿。

4.1.2　回潮率在公定回潮率以上的实验室样品的预调湿规定

——温度不超过 50 ℃；

——相对湿度 5%～25%；

——时间大于 30 min。

4.1.3　实验室样品的试验用标准大气按 GB/T 6529 规定执行。

涤纶、腈纶和丙纶纤维试样的调湿和试验用标准大气：

——温度(20±2)℃；

——相对湿度(65±5)%；

——调湿时间 4 h。

其他化学纤维试样的调湿和试验用标准大气：

——温度(20±2)℃；

——相对湿度(65±2)%；

——推荐调湿时间 16 h。

双方约定试样调湿时间可参见附录A。

4.2 试样及其制备

4.2.1 按 GB/T 14334 规定抽取试样。

不要在货批中抽取有受损的、在运输途中意外受潮或已被打开过迹象的任何包装件。

4.2.2 从试样中随机取出 10 g 左右作为线密度测定样品，按 4.1 规定进行预调湿和调湿。使线密度测定样品达到吸湿平衡(每隔 30 min 连续称量的质量递变量不超过 0.1 %)。

4.2.3 对丝束试样，从批样中取得代表性样品后，剪取 10 段适宜长度的试验样品，随机取出 10 g 左右的试样作为线密度测定样品。

5 试验方法

5.1 方法 A——束纤维中段称量法

5.1.1 原理

在试验用标准大气条件下，从伸直的纤维束上切取一定长度的纤维束，测定该中段纤维束的质量和根数，计算线密度的平均值。线密度用分特克斯(dtex)表示。

5.1.2 仪器及工具

5.1.2.1 天平：最小分度值 0.01 mg。

5.1.2.2 切断器：10 mm 、20 mm 或 30 mm，允许误差±0.01 mm。

5.1.2.3 梳子：10 针/cm、20 针/cm。

5.1.2.4 投影仪：放大倍数 50 倍～100 倍。

5.1.2.5 绒板：绒板颜色与试验纤维颜色成对比色。

5.1.2.6 镊子，玻璃片。

5.1.3 试验步骤

5.1.3.1 从已调湿平衡的线密度测定样品中取一定根数的纤维束，手扯整理几次，使之成为一端平齐、伸直且不延伸的试样束。

5.1.3.2 纤维束取样根数的规定：纤维名义线密度<10.00 dtex，取 2 000 根左右；纤维名义线密度≥10.00 dtex，可适当减少取样根数。共整理 3 束～5 束平行试样，当中段长度为 10 mm 时，平行试样应为 5 束。根据试样的规格，按式(1)计算出每束纤维的取样量。

$$M = \frac{T_{tm} \times L_m}{5} \qquad \cdots\cdots(1)$$

式中：

M——试样质量，单位为毫克(mg)；

T_{tm}——试样的名义线密度，单位为分特(dtex)；

L_m——名义长度，单位为毫米(mm)。

5.1.3.3 在能消除卷曲所需要的最小张力下，用切断器从经整理的试样束的中部，切下一定长度的试样束中段，切下的中段试样中不得有游离纤维。切断时试样束应与刀口垂直。

5.1.3.4 切取中段长度规定见表 1。

表 1 切取中段长度规定

纤维长度 L_m/mm	$25 \leqslant L_m < 38$	$38 \leqslant L_m < 65$	$L_m \geqslant 65$
切取中段长度 L/mm	10	20	30

5.1.3.5 用镊子夹取一小束中段试样，平行排列在玻璃片上，盖上玻璃片，用橡皮筋扎紧，在投影仪上逐根计数，也可以用其他方法准确计数。纤维计量根数规定：切 10 mm 时，每片不少于 400 根；切 20 mm 时，每片不少于 350 根；切 30 mm 时，每片不少于 300 根。

5.1.3.6 数好的试样束放在试验用标准大气下进行调湿，平衡后将试样逐束称量(精确至 0.01 mg)。

5.1.4 结果计算

5.1.4.1 线密度

线密度按式(2)计算：

$$T_{ti} = 10\ 000 \times \frac{m}{n \times L} \quad \cdots\cdots(2)$$

式中：

T_{ti}——线密度，单位为分特(dtex)；

m——所数根数试样的质量，单位为毫克(mg)；

n——试样根数；

L——中段切断长度，单位为毫米(mm)。

5.1.4.2 平均线密度

试验结果以平行试验次数的算术平均值表示，见式(3)。

$$T_t = \frac{\sum_{i=1}^{n} T_{ti}}{n} \quad \cdots\cdots(3)$$

式中：

T_t——平均线密度，单位为分特(dtex)；

T_{ti}——实测线密度，单位为分特(dtex)。

5.1.4.3 线密度偏差率

线密度偏差率按式(4)计算：

$$D_T = \frac{T_t - T_{tm}}{T_{tm}} \quad \cdots\cdots(4)$$

式中：

D_T——线密度偏差率，%；

T_t——平均线密度，单位为分特(dtex)；

T_{tm}——名义线密度，单位为分特(dtex)。

5.2 方法B——单纤维振动仪法

5.2.1 原理

一定长度的单根纤维在规定的张力下以谐振频率振动。在谐振条件下，根据谐振频率、纤维振弦长度和预加张力值，自动计算并显示纤维试样的线密度。本方法假设纤维在测试长度上的线密度是不变的。

5.2.2 仪器和校准

5.2.2.1 振动式细度仪

振动式细度仪应具有以下精度：

a) 施加的张力应在规定值的±0.5%范围内；

b) 谐振频率的测量误差不超过±0.5%；

c) 纤维振弦长度的误差不超过±1%。

5.2.2.2 振动式细度仪的校准

按本标准附录B校准振动式细度仪。

5.2.3 预加张力

涤纶、腈纶、丙纶、氯纶、维纶、锦纶、再生纤维素纤维：(0.15±0.02) cN/dtex。

如果上述预张力不能满足振动式细度仪的使用要求，可用经过纤维生产单位与用户双方商定的预张力。也可用仪器生产厂提供的预张力。

5.2.4 **试验步骤**

5.2.4.1 从已调湿平衡的线密度测定样品中取 2 000 根左右试样，可根据纤维的规格，按式(1)计算出试样的取样量。

5.2.4.2 将这些数量的试样分别横铺在一块绒板上。用镊子逐根取出纤维，每 10 根纤维中 9 根放在一边，只有第 10 根纤维用作下一步试验。继续这种过程，直至从每个实验室样品取得所需的试样根数。

5.2.4.3 张力夹大小的选取按 5.2.3 确定。

5.2.4.4 用张力夹随机夹持纤维一端，取出后用镊子夹持另一端，将试样夹入振动式细度仪的夹持器中。在这个过程中，避免意外拉伸纤维。

5.2.4.5 纤维起振后，显示线密度值，确认该根试样的线密度值。

5.2.4.6 每个实验室样品试验 50 次。

5.2.4.7 打印测试结果。

5.2.5 **结果计算**

5.2.5.1 **平均线密度**

平均线密度以 50 根单根纤维的线密度值的算术平均值表示。

5.2.5.2 **增加试验根数的计算**

对确定 95 %的置信水平时，除已经规定的试验根数外，当置信区间半宽值超过算术总平均值±3%，按附录 C 的规定增加试验根数。

5.3 **数据修约**

各项试验结果按 GB/T 8170 规定修约，线密度修约到小数点后两位；线密度偏差、线密度变异系数修约到小数点后一位。

6 试验报告

试验报告应包括以下内容：

a) 样品的名称和规格；

b) 被选作批量样品包装件的号码标识；

c) 采用的试验方法及所有的试验参数；

d) 实验室样品的个项性能测试结果，如果有计算标准偏差和变异系数，则要写入报告；

e) 经协商后对试验步骤的修改提示及其他与本标准不一致的部分；

f) 观察到的异常现象；

g) 试验人员和试验日期。

附 录 A
（资料性附录）
快速调湿时间

A.1 本方法规定了试样快速调湿的时间。

A.2 在有争议的情况下，本方法需经有关各方协商之后方能采用。

A.3 调湿时间见表 A.1。

表 A.1 快速调湿时间表

试样的标准回潮率/%	最少调湿时间/h
2 以上～13	4
2 及以下	2

附 录 B
（资料性附录）
振动式细度仪校验法

振动仪校验可以采用标准样品校验法或单丝称重校验法。

B.1 标准样品校验法

B.1.1 记下振动仪校准拨盘上的读数 K_1。对无校准拨盘的振动仪，其 $K_1=1$。

B.1.2 从标准样品或有证标准样品中，按 5.2.4.1 规定取出所需试样样品。

B.1.3 由该标准样品的线密度值，按 5.2.3 规定确定张力夹的大小，用振动仪测试 100 根纤维，得平均线密度 T_{t0}。

B.2 单丝称重校验法

B.2.1 记下振动仪校准拨盘上的读数 K_1。对无校准拨盘的振动仪，其 $K_1=1$。

B.2.2 取 5 根 1 000 mm 长的单丝，用十万分之一的天平称出其质量（单位为 mg），用本标准的式(2)计算出该单丝的线密度 T_{ts}。

B.2.3 将每根单丝剪成长度为 50 mm 的纤维段，得到共 100 根短纤维试样。

B.2.4 由线密度 T_{ts} 值按 5.2.3 规定确定张力夹大小，用振动仪测试所有 100 根纤维，得平均线密度 T_{t0}。

B.3 校准拨盘与试验结果的修正

B.3.1 校准拨盘的调整

按式(B.1)计算修正系数

$$K=\frac{K_1 T_{ts}}{T_{t0}} \qquad \cdots\cdots(B.1)$$

式中：

K——修正系数；

K_1——校准前振动仪校准拨盘的修正系数；

T_{ts}——标准样品线密度值或单丝称重线密度值，单位为分特（dtex）；

T_{t0}——由振动仪所测平均线密度，单位为分特（dtex）。

将校准拨盘的读数拨至 K，振动仪校准完毕。

K 值应在 0.900～1.100 之间。如超过此范围，应对振动仪进行检查。特种纤维不受此限制。

B.3.2 试样测试结果的修正

对拨盘已校准的振动仪，其测试结果不再修正。

对无校准拨盘的振动仪，按式(B.2)修正试验结果。

$$T_{tA}=K\times T_t \qquad \cdots\cdots(B.2)$$

式中：

T_{tA}——试验样品修正后的结果，单位为分特（dtex）；

T_t——试验样品的测试值，单位为分特（dtex）。

附 录 C
（规范性附录）
统计：术语和计算

C.1 单值

在一系列试验中任何依次观测值称为单值。在一系列 n 次观测中，第 i 次观测的单值，以 x_i 表示。

C.2 算术平均值

单值 $x_1, x_2, x_3, \ldots x_n$ 的算术平均值是单值的总和除以它们的个数(n)，见式(C.1)：

$$\bar{x} = \frac{x_1 + x_2 + \cdots + x_n}{n} = \frac{\sum_{i=1}^{n} x_i}{n} \quad \cdots\cdots(C.1)$$

C.3 方差和标准偏差

单值的方差(s^2)是各单值与算术平均值之差的平方和除以($n-1$)，见式(C.2)：

$$s^2 = \frac{\sum_{i=1}^{n} (x_i - \bar{x})^2}{n-1} \quad \cdots\cdots(C.2)$$

单值的标准偏差是方差的平方根，见式(C.3)：

$$s = \sqrt{\frac{\sum_{i=1}^{n} (x_i - \bar{x})^2}{n-1}} \quad \cdots\cdots(C.3)$$

式中：

n——样品的个数；

x_i——单值；

$\bar{x}$——实验室样品的算术平均值。

C.4 变异系数

标准偏差与算术平均值之比值，用百分率表示，见式(C.4)：

$$CV_b = \frac{s}{\bar{x}} \times 100 \quad \cdots\cdots(C.4)$$

式中：

CV_b——变异系数，%。

C.5 置信界限

一组单值的 n 次试验值近似正态分布。在实验室样品的算术平均值($\bar{x}$)左右，对称地划定一个区间，使所试验的真实算术平均值以给定的百分率(本标准要求95%)落在该区间中。

注：该百分率称为置信水平，置信水平有时以0和1之间的数字表示，但通常以百分率表示。

从($\bar{x}-c$)到($\bar{x}+c$)的区间称为置信区间，($\bar{x}-c$)和($\bar{x}+c$)称为置信界限。

在规定的置信水平下，置信区间的半宽值 c 是由算术平均值来估计批量样品的真实算术平均值，所产生误差的最大值。置信区间的半宽值由式(C.5)得出：

$$c = t\frac{s}{\sqrt{n}} \tag{C.5}$$

式中：

t——系数(在所要求的 95%置信水平下，可从与 n 成函数关系的表 C.1 得到)；

s——标准偏差；

n——单值的个数。

注：当对仪器方面的精度要求足够严格时，系统误差可以忽略不计。通常以算术总平均值的百分率 C 来表示半宽值 c，见式(C.6)或式(C.7)。

$$C(\%) = \frac{c}{x} \times 100 \tag{C.6}$$

或

$$C(\%) = t\frac{CV_b(\%)}{\sqrt{n}} \tag{C.7}$$

表 C.1　n 与 t 的函数关系表

n	t	n	t	n	t
4	3.18	15	2.14	26	2.06
5	2.78	16	2.13	27	2.06
6	2.57	17	2.12	28	2.05
7	2.45	18	2.11	29	2.05
8	2.36	19	2.10	30	2.04
9	2.31	20	2.09	31～40	2.03
10	2.26	21	2.09	41～60	2.01
11	2.23	22	2.08	61～120	1.99
12	2.20	23	2.07	121～230	1.97
13	2.18	24	2.07	＞230	1.96
14	2.16	25	2.06		

试验中个别试样总是不会得到正态分布的数据。因此需要从批量样品中取得的一系列实验室样品进行独立的试验。每个实验室样品试验多个试样，按第 C.2 章计算该实验室样品一系列单值的算术平均值。按第 C.3 章计算每个实验室样品的单值对算术平均值的标准偏差。算术平均值的置信界限可由该标准偏差计算，此处 n 为所测试的实验室样品个数。

C.6　试验数量的再确定

按 GB/T 14334 规定抽取实验室样品经测试后，若未能达到规定的置信区间，就有必要增加试验次数。如果已经作了 n 次测试，计算标准偏差 s 或变异系数 CV_b。如超过规定的置信区间，为了到达所要求的置信区间半宽值 c^* 或 C^*，试验次数应增加 m 次，m 按式(C.8)或式(C.9)计算：

$$m = t^2 \times \frac{s^2}{c^2} - n \tag{C.8}$$

或

$$m = t^2 \times \frac{CV_b^2}{C^2} - n \qquad \text{(C.9)}$$

式中：

t——表 C.1 中与 n 值相对应的值。

在这种情况下，用$(m+n)$次试验结果计算平均值和置信区间，且检查新的置信区间是否满足要求。

ICS 59.060.01
W 50

中华人民共和国国家标准

GB/T 14336—2008
代替 GB/T 14336—1993

化学纤维　短纤维长度试验方法

Testing method for length of man-made staple fibres

(BISFA—1998, Testing methods for polyester staple fibers,
BISFA—2002, Testing methods for nylon staple fibers,
BISFA—2004, Testing methods for viscose, modal, lyocell and
acetate staple fibers and tows, NEQ)

2008-06-18 发布　　　　2009-03-01 实施

中华人民共和国国家质量监督检验检疫总局
中国国家标准化管理委员会　发布

前　言

本标准与 BISFA《涤纶短纤维试验方法》(1998 版)、BISFA《锦纶短纤维试验方法》(2002 版)、BISFA《粘胶、莫代尔、莱赛尔、三醋酯短纤维和丝束试验方法》(2004 版)中纤维长度的测定部分的一致性程度为非等效。

本标准代替 GB/T 14336—1993《合成短纤维长度试验方法》。

本标准与 GB/T 14336—1993 相比主要变化如下：

——将标准名称改为《化学纤维　短纤维长度试验方法》,适用范围包含了纤维素纤维；

——规定了争议时采用束纤维中段称量法；

——修改了超长纤维和过短纤维界限的定义；

——增加了散件实验室样品和试样的抽取,明确了试验数量的确定方法；

——修改了实验室样品的调湿时间,增加了附录 C 快速调湿时间；

——修改了化学纤维调湿和试验用标准大气的相对湿度；

——增加了长度偏差率的计算公式；

——增加了附录 A“单纤维仪器测量法”；

——增加了附录 B“单纤维手工测量法”；

——增加了附录 D“预加张力的求取方法”；

——增加了附录 E“统计:术语和计算”；

——增加了试验报告的内容。

本标准的附录 E 为规范性附录,附录 A、附录 B、附录 C、附录 D 均为资料性附录。

本标准由中国纺织工业协会提出。

本标准由上海市纺织工业技术监督所归口。

本标准起草单位:中国石化仪征化纤股份有限公司、中国石化上海石化股份有限公司、山东海龙股份有限公司、上海联吉合纤有限公司。

本标准主要起草人：管晓燕、龚蔚、邢春花、石荣科、许晔峰。

本标准所代替标准的历次版本发布情况为：

——GB/T 14336—1993。

化学纤维　短纤维长度试验方法

1　范围

本标准规定了化学纤维短纤维长度试验方法:束纤维中段称量法、单纤维仪器测量法(附录 A)和单纤维手工测量法(附录 B)。有争议时采用束纤维中段称量法,该法不适用时相关方商定相应的试验方法。

本标准适用于聚酯(涤纶)、聚酰胺(锦纶)、聚丙烯腈(腈纶)、聚丙烯(丙纶)、聚乙烯醇缩甲醛(维纶)、纤维素纤维等化学纤维短纤维平均长度、长度偏差率、超长纤维率和倍长纤维含量的测定。

2　规范性引用文件

下列文件中的条款通过本标准的引用而成为本标准的条款。凡是注日期的引用文件,其随后所有的修改单(不包括勘误的内容)或修订版均不适用于本标准,然而,鼓励根据本标准达成协议的各方研究是否可使用这些文件的最新版本。凡是不注日期的引用文件,其最新版本适用于本标准。

GB/T 3291.1　纺织　纺织材料性能和试验术语　第 1 部分:纤维和纱线

GB/T 6529　纺织品的调湿和试验用标准大气

GB/T 8170　数值修约规则

GB/T 14334　化学纤维　短纤维取样方法

3　术语和定义

GB/T 3291.1 确立的以及下列术语和定义适用于本标准。

3.1

超长纤维　overlength fibre

名义长度在 30 mm 以下的纤维超过名义长度 5 mm 并小于名义长度 2 倍者;名义长度在 31 mm～50 mm 的纤维超过名义长度 7 mm 并小于名义长度 2 倍者;名义长度在 51 mm～70 mm 的纤维超过名义长度 10 mm 并小于名义长度 2 倍者。

3.2

过短纤维　over short fibre

名义长度在 31 mm～50 mm 的纤维,小于 20 mm 者;名义长度在 51 mm 以上的纤维,小于 30 mm 者。

4　试验通则

4.1　取样

——散件实验室样品和试样按需取出,不得低于 50 g;

——批量样品中实验室样品和试样抽取按 GB/T 14334 规定。

不要抽取在运输途中意外受潮、污染、擦伤或包装已经打开的包装件。

4.2　预调湿、调湿和试验用标准大气

4.2.1　预调湿

当试样回潮率超过公定回潮率时,需要进行预调湿:

——温度不超过 50℃;

——相对湿度 5%～25%;

——时间大于 30 min。

4.2.2 调湿和试验用标准大气

采用 GB/T 6529 规定的纺织品的调湿和试验用标准大气。

涤纶、腈纶和丙纶纤维试样的调湿和试验用标准大气：

——温度(20±2)℃；

——相对湿度(65±5)%；

——调湿时间 4 h。

其他化学纤维试样的调湿和试验用标准大气为：

——温度(20±2)℃；

——相对湿度(65±2)%；

——推荐调湿时间 16 h。

双方约定试样调湿时间可参见附录 C。

5 试验方法——束纤维中段称量法

5.1 原理

将纤维梳理整齐，切取一定长度的中段纤维，在过短纤维极少的情况下，纤维的平均长度与中段纤维长度成正比，比例系数为总质量与中段纤维质量之比。

5.2 仪器

——天平：最小分度值 0.01 mg、0.1 mg、0.1 g 各一台；

——切断器：10 mm、20 mm、30 mm，允许误差±0.01 mm；

——钢梳：10 针/厘米、20 针/厘米；

——绒板：其颜色与试验纤维颜色成对比色；

——限制器绒板、压板、一号夹子、钢尺及镊子等。

5.3 试样制备

5.3.1 从已调湿平衡的样品中随机均匀地抽取纤维 W_z 50 g，精确到 0.1 g。

5.3.2 从上述样品中抽取相当于 5 000 根纤维质量的试样，作平均长度和超长纤维试验用，均匀地铺放在绒板上，取出纤维的质量可按式(1)计算，精确到 0.1 mg。

$$W = \frac{T_m \times L_m \times 5\,000}{10\,000} \qquad \cdots\cdots(1)$$

式中：

W——纤维的质量，单位为毫克(mg)；

L_m——纤维的名义长度，单位为毫米(mm)；

T_m——纤维的名义线密度，单位为分特(dtex)。

5.4 试验步骤

5.4.1 将 5.3.2 剩余的试样用手扯松，放在绒板上，用手将倍长纤维(包括漏切纤维)挑出。

5.4.2 称取一份平均长度和超长纤维试验用的样品 W_0，精确到 0.01 mg，进行手扯整理，用钢梳将游离纤维梳下。

5.4.3 将梳下的纤维加以整理，长于过短纤维界限的纤维仍归入纤维束中，再手扯一次，使纤维束一端较为整齐。

5.4.4 将手扯后的纤维束在限制器绒板上整理，使其成为一端整齐的纤维束，并梳去游离纤维。

5.4.5 将梳下的游离纤维整理后仍归入纤维束中，并对过短纤维进行整理，量出最短纤维的长度 L_{SS}(mm)，并称量过短纤维质量 W_s，精确到 0.01 mg。

5.4.6 从纤维束中取出超长纤维 W_{op} 称量，精确到 0.01 mg，仍并入纤维束中。

5.4.7 操作者双手各持纤维束的一端，对纤维束施加适当的力，使纤维伸直但不伸长，将纤维束放在切断器上，纤维束应与切断器刀口垂直，并保证纤维束整齐的一端靠近切断器刀口，操作切断器切取中段纤维，切取中段纤维长度 L_c 规定见表 1。

注：切断纤维时，操作者应先用下颚下压切断器的上刀柄，确认纤维压紧后松开握持纤维的双手，用一手压紧切断器的上刀柄，抬起下颚，再用手操作切断器的手柄，切断纤维。

表 1 切取中段纤维长度取值表

名义长度 L_m/mm	$25 \leqslant L_m < 38$	$38 \leqslant L_m < 65$	$L_m \geqslant 65$
切取中段长度 L_c/mm	10	20	30
注：有过短纤维时切取长度建议为 10 mm。			

5.4.8 称量切下的中段纤维质量 W_c 和两端纤维质量 W_t，精确到 0.1 mg。

5.4.9 测试长度时发现倍长纤维，拣出后并入倍长纤维一起称量 W_{sz}，精确到 0.01 mg。

6 结果计算

6.1 平均长度

平均长度按式(2)计算：

$$L = \frac{W_0}{\dfrac{W_c}{L_c} + \dfrac{2W_s}{L_s + L_{ss}}} \quad \cdots\cdots (2)$$

式中：

L——纤维的平均长度，单位为毫米(mm)；

W_0——长度试样质量，单位为毫克(mg)；

W_c——中段纤维质量，单位为毫克(mg)；

L_c——中段纤维长度，单位为毫米(mm)；

W_s——过短纤维界限以下的纤维质量，单位为毫克(mg)；

L_s——过短纤维界限，单位为毫米(mm)；

L_{ss}——最短纤维长度，单位为毫米(mm)。

当无过短纤维或过短纤维含量极少，可以忽略不计时，平均长度按式(3)计算：

$$L = \frac{L_c W_0}{W_c} = \frac{L_c(W_c + W_t)}{W_c} \quad \cdots\cdots (3)$$

式中：

W_t——两端纤维质量，单位为毫克(mg)。

6.2 长度偏差率

长度偏差率按式(4)计算：

$$D_L = \frac{L - L_m}{L_m} \times 100 \quad \cdots\cdots (4)$$

式中：

D_L——长度偏差率，%；

L_m——纤维的名义长度，单位为毫米(mm)。

6.3 超长纤维率

超长纤维率按式(5)计算：

$$Z = \frac{W_{op}}{W_0} \times 100 \quad \cdots\cdots (5)$$

式中：

Z——超长纤维率，%；

W_{op}——超长纤维质量，单位为毫克(mg)。

6.4 **倍长纤维含量**

倍长纤维含量按式(6)计算：

$$B = \frac{W_{sz}}{W_z} \times 100 \qquad \cdots\cdots(6)$$

式中：

B——倍长纤维含量，单位为毫克每百克(mg/100 g)；

W_{sz}——倍长纤维质量，单位为毫克(mg)；

W_z——试样总质量，单位为克(g)。

7 数据修约

试验结果按 GB/T 8170 规定修约至小数点后一位。

8 试验报告

试验报告包括：

a) 样品的名称和规格；

b) 被选作批量样品包装件的号码标识；

c) 采用的试验方法及所有的试验参数；

d) 实验室样品的个项性能测试结果，如果计算标准偏差和变异系数，则要写入报告；

e) 经协商后对试验步骤的修改提示及其他与本标准不一致的部分；

f) 观察到的异常现象；

g) 试验日期。

附 录 A
（资料性附录）
单纤维仪器测量法

A.1 范围

本方法适用于聚酯（涤纶）、聚酰胺（锦纶）、聚丙烯腈（腈纶）、聚丙烯（丙纶）、聚乙烯醇缩甲醛（维纶）、纤维素纤维等化学纤维短纤维平均长度的测定。

A.2 原理

在单纤维长度测量仪上对纤维施加规定的预加张力，使其伸直而不伸长，自动测量纤维的长度。

A.3 仪器

——长度测量装置：最小分度值 0.1 mm；

——天平：最小分度值 0.1 mg；

——预加张力负荷：张力夹；

——绒板：其颜色与试验纤维颜色成对比色；

——镊子等。

A.4 试验条件

A.4.1 预置夹持距离

预置夹持距离为 20 mm，纤维名义长度较小时可调整为 10 mm。

A.4.2 预加张力

试样的预加张力按式（A.1）计算：

$$F = P \times T \quad \cdots\cdots(A.1)$$

式中：

F——预加张力负荷，单位为厘牛（cN）；

P——单位线密度的预加张力，单位为厘牛每分特（cN/dtex）；

- 涤纶、锦纶、丙纶、维纶等标准预加张力：0.05 cN/dtex～0.20 cN/dtex；

  推荐：

  涤纶：(0.15±0.03)cN/dtex；

  锦纶：(0.10±0.03)cN/dtex；

  丙纶：(0.10±0.03)cN/dtex；

  维纶：(0.10±0.03)cN/dtex；

- 腈纶标准预加张力：(0.10±0.03)cN/dtex；
- 纤维素纤维标准预加张力：(0.060±0.006)cN/dtex，湿态(0.025±0.003)cN/dtex；
- 中空涤纶短纤维采用(0.014 7±0.001 5)cN/dtex；
- 对于不适合以上预加张力的纤维，可以参见附录 D 规定其他值。

T——试样的名义线密度，单位为分特（dtex）。

A.4.3 试验根数

——每个实验室样品试验 25 根纤维；

——对确定 95%的置信水平时，除已经规定的试验根数外，当置信区间半宽值超过算术总平均值的±3%，按附录E的规定增加试验根数。

A.5 试样制备

A.5.1 从已调湿平衡的样品中随机抽取相当于2 000根纤维质量的试样，取出纤维的质量可用式(A.2)计算，精确到0.1 mg。

$$W=\frac{T_m\times L_m\times 2\ 000}{10\ 000} \quad \cdots\cdots(A.2)$$

式中：

W——纤维的质量，单位为毫克(mg)；

L_m——纤维的名义长度，单位为毫米(mm)；

T_m——纤维的名义线密度，单位为分特(dtex)。

A.5.2 将试样平铺在绒板上，用镊子逐根取出纤维。每10根试样中9根放在一边，只有第10根试样用作下一步试验，剔除长度明显异常的纤维试样。继续这种过程，直至从每个实验室样品取得所需的试样根数。

A.6 试验步骤

A.6.1 用夹持器夹取一根纤维悬挂于单纤维长度测量仪的平衡臂上，然后用预张力夹镊子将纤维的另一端置于下夹持器中(上、下夹持器中的夹持长度各为1 mm)。

A.6.2 开启扭力天平，按下降键，平衡后记下读数L_i，精确到0.1 mm。

A.6.3 关闭天平，按上升键，平衡灯亮后取下废丝。

A.6.4 重复上述试验，直至规定的试验根数。

A.7 结果计算

纤维的平均长度按式(A.3)计算：

$$\bar{L}=\frac{\sum_{i=1}^{n}L_i}{n} \quad \cdots\cdots(A.3)$$

式中：

$\bar{L}$——纤维的平均长度，单位为毫米(mm)；

L_i——单纤维的长度，单位为毫米(mm)；

n——试验根数。

A.8 数据修约

试验结果按GB/T 8170规定修约成小数点后一位。当需要对该实验室样品进行变异系数等统计分析时见附录E。

附 录 B
（资料性附录）
单纤维手工测量法

B.1 范围

同第 A.1 章。

B.2 原理

将单根纤维拉直而不伸长，逐根测量长度。

B.3 仪器

——长度测量装置：带长度测定尺，最小分度值 1 mm；
——天平：最小分度值 0.1 mg；
——两把常闭镊子：用手揿压时才张开，钳口宽度不超过 0.5 mm；
——绒板：其颜色与试验纤维颜色成对比色。

B.4 试验根数

同 A.4.3。

B.5 试样制备

同第 A.5 章。

B.6 试验步骤

B.6.1 用两把镊子分别夹持纤维的两端，保证纤维的两端在镊子的钳口以外刚好被看到。
B.6.2 将左手握持的镊子钳口处露出的纤维同长度测量装置上尺子的零线处对齐。
B.6.3 将右手握持的镊子沿尺将纤维在绒板上拉直，直到卷曲刚好消失。

注：在拉直纤维时要小心，不要用力过猛。

B.6.4 右手握持的镊子钳口处刚能看到的纤维端所对准的尺上刻度即为该根纤维的长度 L_i，精确到 1 mm。
B.6.5 重复上述试验，直至规定的试验根数。

B.7 结果计算

同第 A.7 章。

B.8 数据修约

同第 A.8 章。

附　录　C
（资料性附录）
快速调湿时间

C.1　本方法规定了试样快速调湿的时间。

C.2　在有争议的情况下，本方法需经有关各方协商之后方能采用。

C.3　调湿时间见表 C.1。

表 C.1　快速调湿时间表

试样的标准回潮率/%	最少调湿时间/h
2 以上～13	4
2 及以下	2

附　录　D
（资料性附录）
预加张力的求取方法

D.1　当某些试样不适应正文中规定的预加张力时，可用本方法求取预加张力。

D.2　本附录规定预加张力的求取试验应在 CRE 单纱强伸仪上进行。

D.3　在试验仪上对试样作拉伸试验得到负荷-伸长曲线，见图 D.1。

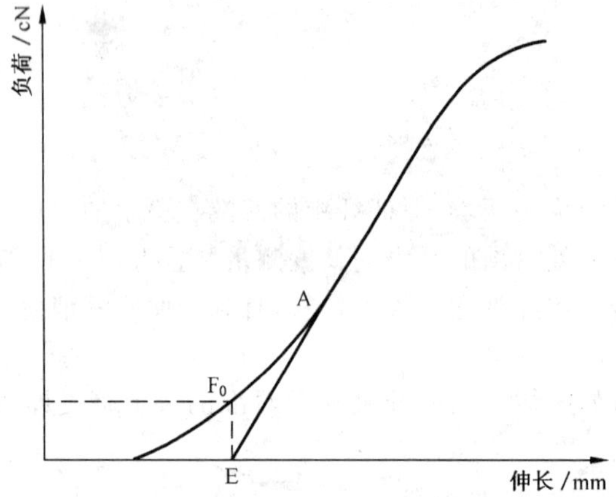

图 D.1　负荷-伸长曲线

D.4　从图上零负荷附近取负荷变化随伸长变化最大的 A 点作切线与伸长轴相交于 E，再由 E 作垂线与负荷-伸长曲线相交于 F_0，F_0 所表示的就是试样的预加张力负荷值。

附 录 E
（规范性附录）
统计：术语和计算

E.1 单值

每一次测定的结果称为试验单值。由一个样品的每一次测定值计算得到的算术平均值，称为该样品的单值。以各样品的单值参加计算实验室样品的算术总平均值，这些样品单值称为一组单值。

E.2 频数

每个实验室样品中一组单值的数目称频数。在第 j 组中单值的数目用 n_j 表示。k 表示组的数目。

单值总数 n 按式(E.1)计算：

$$n=\sum_{j=1}^{k}n_j \qquad \text{(E.1)}$$

E.3 算术平均值

单值 x_1，x_2，x_3，…x_n 的算术平均值 $\bar{x}_i$ 是单值的总和除以它们的个数(n)，见式(E.2)：

$$\bar{x}_i=\frac{x_1+x_2+\cdots+x_n}{n}=\frac{\sum_{i=1}^{n}x_i}{n} \qquad \text{(E.2)}$$

在由 k 组组成的频数表中，算术平均值 $\bar{y}_j$ 按式(E.3)计算：

$$\bar{y}_j=\frac{n_1y_1+n_2y_2+\cdots+n_ky_k}{n}=\frac{\sum_{j=1}^{k}n_jy_j}{n} \qquad \text{(E.3)}$$

E.4 算术总平均值

不论如何分组(见单值)，一组单值的总平均即为算术总平均值($\bar{x}$ 和 $\bar{y}$)。只有在各组所含的单值个数相同时，算术总平均值 $\bar{\bar{x}}_i$ 可由各组的算术平均值计算得到，见式(E.4)。

$$\bar{\bar{x}}_i=\frac{\bar{x}_1+\bar{x}_2+\cdots+\bar{x}_g}{g}=\frac{\sum_{i=1}^{g}\bar{x}_i}{g} \qquad \text{(E.4)}$$

E.5 方差和标准偏差

一组单值的方差(s^2)是各单值与算术总平均值之差的平方和除以单值个数减一，即($n-1$)，见式(E.5)：

$$s^2=\frac{\sum_{i=1}^{n}(\bar{x}_i-\bar{x})^2}{n-1} \qquad \text{(E.5)}$$

一组单值的标准偏差(s)是方差的平方根，见式(E.6)：

$$s=\sqrt{\frac{\sum_{i=1}^{n}(\bar{x}_i-\bar{x})^2}{n-1}} \qquad \text{(E.6)}$$

式中：

n——样品的个数；

$\bar{x}_i$——单个样品的算术平均值；

$\bar{x}$——实验室样品的算术总平均值。

在频数分布的情况下，按式(E.7)或式(E.8)计算：

$$s^2=\frac{\sum_{i=1}^{n}\eta_j(\bar{y}_j-\bar{y})^2}{n-1} \qquad \cdots\cdots(E.7)$$

或

$$s=\sqrt{\frac{\sum_{i=1}^{n}\eta_j(\bar{y}_j-\bar{y})^2}{n-1}} \qquad \cdots\cdots(E.8)$$

E.6 变异系数

变异系数(CV_b)为标准偏差与算术平均值之比值，见式(E.9)或(E.10)：

$$CV_b=\frac{s}{x}\times 100 \qquad \cdots\cdots(E.9)$$

或

$$CV_b=\frac{s}{y}\times 100 \qquad \cdots\cdots(E.10)$$

式中：

CV_b——变异系数，%。

E.7 置信界限

一组单值的 n 次试验值近似正态分布。在实验室样品的算术总平均值($\bar{x}$)左右，对称地划定一个区间，使所试验的真实算术平均值以给定的百分率(本标准要求 95%)落在该区间中。

注：该百分率称为置信水平，置信水平有时以 0 和 1 之间的数字表示，但通常以百分率表示。

从($\bar{x}-c$)到($\bar{x}+c$)的区间称为置信区间，($\bar{x}-c$)和($\bar{x}+c$)称为置信界限。

在规定的置信水平下，置信区间的半宽值 c 是由算术总平均值来估计批量样品的真实算术平均值所产生误差的最大值。置信区间的半宽值按式(E.11)计算：

$$c=t\frac{s}{\sqrt{n}} \qquad \cdots\cdots(E.11)$$

式中：

t——系数(在所要求的 95%置信水平下，可从与 n 成函数关系的表 E.1 得到)；

s——标准偏差；

n——单值的个数。

注：当对仪器方面的精度要求足够严格时，系统误差可以忽略不计。通常以算术总平均值的百分率 C 来表示半宽值 c 见式(E.12)或式(E.13)。

$$C(\%)=\frac{c}{x}\times 100 \qquad \cdots\cdots(E.12)$$

或

$$C(\%)=t\frac{CV_b(\%)}{\sqrt{n}} \qquad \cdots\cdots(E.13)$$

表 E.1　n 与 t 的函数关系表

n	t	n	t	n	t
4	3.18	15	2.14	26	2.06
5	2.78	16	2.13	27	2.06
6	2.57	17	2.12	28	2.05
7	2.45	18	2.11	29	2.05
8	2.36	19	2.10	30	2.04
9	2.31	20	2.09	31～40	2.03
10	2.26	21	2.09	41～60	2.01
11	2.23	22	2.08	61～120	1.99
12	2.20	23	2.07	121～230	1.97
13	2.18	24	2.07	＞230	1.96
14	2.16	25	2.06		

试验中个别试样不符合正态分布。因此需要从批量样品中取得的一系列实验室样品进行独立的试验。每个实验室样品试验多个试样，按式(E.3)计算该实验室样品一系列单值的算术平均值。按式(E.6)计算每个实验室样品的每组单值算术平均值对算术总平均值的标准偏差。算术总平均值的置信界限可由该标准偏差计算，此处 n 为所测试的实验室样品个数。

E.8　试验数量的再确定

按 GB/T 14334 规定抽取实验室样品经测试后，若未能达到规定的置信区间，就有必要增加试验次数。如果已经作了 n 次测试，计算标准偏差 s 或变异系数 CV_b，超过规定的置信区间。为了到达所要求的置信区间半宽值 c^* 或 C^*，试验次数应增加 m 次，m 按式(E.14)或式(E.15)计算：

$$m = t^2 \times \frac{s^2}{c^{*2}} - n \qquad \text{(E.14)}$$

或

$$m = t^2 \times \frac{{CV_b}^2}{C^{*2}} - n \qquad \text{(E.15)}$$

式中：

t——表 E.1 中与 n 值相对应的值。

在这种情况下，用 $m+n$ 次试验结果计算平均值和置信区间，且检查新的置信区间是否满足要求。

ICS 59.060.01
W 50

中华人民共和国国家标准

GB/T 14337—2008
代替 GB/T 14337—1993,GB/T 9997—1988

化学纤维　短纤维拉伸性能试验方法

Testing method for tensile properties of man-made staple fibres

(BISFA—1998,Testing methods for polyestr staple fibers,
BISFA—2002,Testing methods for nylon staple fibers,
BISFA—2004,Testing methods for viscose,modal,lyocell and
acetate staple fibers and tows,NEQ)

2008-06-18 发布　　　　2009-03-01 实施

中华人民共和国国家质量监督检验检疫总局
中国国家标准化管理委员会　发布

前　言

本标准与 BISFA—1998《涤纶短纤维试验方法》、BISFA—2002《锦纶短纤维试验方法》、BISFA—2004《粘胶、莫代尔、莱赛尔、醋酯短纤维和丝束试验方法》中拉伸性能试验部分的一致性程度为非等效。

本标准代替 GB/T 14337—1993《合成短纤维断裂强力及断裂伸长试验方法》和 GB/T 9997—1988《化学纤维单纤维断裂强力及断裂伸长的测定》。

本标准是对 GB/T 14337—1993、GB/T 9997—1988 进行合并修改。与原标准相比，主要在以下几方面作了修改：

——将标准名称改为《化学纤维　短纤维拉伸性能试验方法》，适用范围包含了纤维素纤维；

——修改了原规定的预张力，并增加了预张力的精度要求；

——增加了附录 A“快速调湿时间”；

——修改了涤纶等调湿和试验用标准大气的相对湿度；

——增加了湿态定伸长强力的测定方法；

——依据 BISFA，修改了定伸长强力的测定和结果计算方法；

——增加了模量的计算方法；

——增加了重复性要求和计算结果有效位数的规定；

——增加了结果置信区间的计算方法；

——增加了附录 B“预加张力的求取方法”；

——增加了附录 C“统计术语和计算”；

——增加了试验报告的内容。

本标准的附录 C 为规范性附录，附录 A、附录 B 为资料性附录。

本标准由中国纺织工业协会提出。

本标准由上海市纺织工业技术监督所归口。

本标准起草单位：山东海龙股份有限公司、上海市纤维检验所、中国纺织科学研究院、上海石化股份有限公司、仪征化纤股份有限公司、东华大学。

本标准主要起草人：邢春花、徐云、徐华、宋铮、许晔峰、凌峥、娄善好。

本标准所代替标准的历次版本发布情况为：

——GB/T 14337—1993，GB/T 9997—1988。

化学纤维　短纤维拉伸性能试验方法

1　范围

本标准规定了化学纤维短纤维的单根纤维拉伸性能的试验。

本标准适用于聚酯(涤纶)、聚酰胺(锦纶)、聚丙烯腈(腈纶)、聚丙烯(丙纶)、聚乙烯醇缩甲醛(维纶)、纤维素纤维等化学纤维短纤维拉伸性能的试验。纤维长度应能满足所规定名义隔距长度要求。

2　规范性引用文件

下列文件中的条款通过本标准的引用而成为本标准的条款。凡是注日期的引用文件,其随后所有的修改单(不包括勘误的内容)或修订版均不适用于本标准,然而,鼓励根据本标准达成协议的各方研究是否可使用这些文件的最新版本。凡是不注日期的引用文件,其最新版本适用于本标准。

GB/T 3291.1　纺织　纺织材料性能和试验术语　第1部分:纤维与纱线

GB/T 6529　纺织品　调湿和试验用标准大气

GB/T 8170　数值修约规则

GB/T 14334　化学纤维　短纤维取样方法

GB/T 14335　化学纤维　短纤维线密度试验方法

3　术语和定义

GB/T 3291.1确立的以及下列术语和定义适用于本标准。

3.1

湿模量　wet modulus

当材料在水中完全浸没时,在负荷-伸长曲线上规定两点之间的强度变化与伸长率变化的比值。

注:该术语一般用于属名“modal”的粘胶纤维,湿模量由完全浸湿的纤维在伸长5%时所需的强度计算得到。

4　原理

单根纤维在规定条件下,在等速伸长型拉伸仪上将纤维拉伸至断裂,从负荷-伸长曲线或数据显示采集系统中得到试样的断裂强力、断裂伸长、定伸长强力、初始模量等拉伸性能的测定值。

5　装置和材料

5.1　等速伸长型单纤维拉伸仪(CRE)

5.1.1　拉伸仪应配备下列装置:

a)　能指示或记录施加到试样上的负荷和相应伸长值的装置;

b)　能作出负荷-伸长曲线的装置;

c)　适当的在所需的名义隔距长度处夹持单根纤维的夹持器;

d)　具有变换不同拉伸速度的装置;

e)　用于湿态试验的纤维浸湿装置,使纤维在试验过程中浸没而不影响测试;

f)　具有用于精确校正仪器的装置。

5.1.2　仪器技术要求:

a)　施加力的指示误差不超过1%;

b)　伸长的指示误差不超过0.1 mm;

c) 夹持长度的误差不超过0.2 mm；

d) 仪器应保持等速伸长。在强力仪启动1 s后，下夹持器速度与规定速度的差异不超过5%；

e) 夹持器应具有调节装置，使其在夹持纤维时需给予纤维恰当的夹持力，以防止纤维滑移或轧伤；夹持器钳口与试样接触的表面可有一层衬面，使试样在夹持区域内的滑移或损伤降低到最小程度；

f) 仲裁时应采用可调节的自动夹持器；

g) 预张力夹质量误差不超过名义值的10%。

5.2 其他试验工具

a) 试验所需的镊子、绒板、刷子、秒表等；

b) 容器：用于水中浸渍试样。

5.3 材料

a) 蒸馏水或去离子水，温度为(20±2)℃；

b) 非离子型表面活性剂。

6 试验通则

6.1 取样

——散件实验室样品和试样按需取出。

——批量样品中实验室样品和试样抽取按GB/T 14334规定。

不要抽取在运输途中意外受潮、污染、擦伤或包装已经打开的包装件。

6.2 预调湿、调湿和试验用标准大气

6.2.1 预调湿

当试样回潮率超过公定回潮率时，需要进行预调湿：

——温度不超过50℃；

——相对湿度5%～25%；

——时间大于30 min。

6.2.2 调湿和试验用标准大气

涤纶、丙纶和腈纶试样的调湿和试验用标准大气为：

——温度(20±2)℃；

——相对湿度(65±5)%；

——调湿时间4 h。

其他试样调湿和试验用标准大气为：

——温度(20±2)℃；

——相对湿度(65±2)%；

——推荐调湿时间16 h。

其他规定按GB/T 6529执行。快速调湿时间可参见附录A。

6.3 试验条件

6.3.1 预加张力

6.3.1.1 试样的预加张力按式(1)计算：

$$F = p \times T \qquad (1)$$

式中：

F——预加张力负荷，单位为厘牛(cN)；

T——试样的名义线密度，单位为分特(dtex)；

p——单位线密度的预加张力，单位为厘牛每分特(cN/dtex)。

6.3.1.2　试样的单位线密度预加张力

——涤纶、锦纶、丙纶、维纶等标准预加张力：0.05 cN/dtex～0.20 cN/dtex。

推荐：

涤纶：(0.15±0.03)cN/dtex；

锦纶：(0.10±0.03)cN/dtex；

丙纶：(0.10±0.03)cN/dtex；

维纶：(0.10±0.03)cN/dtex。

——腈纶标准预加张力：(0.10±0.03)cN/dtex。

——纤维素纤维标准预加张力：(0.060±0.006)cN/dtex，湿态(0.025±0.003)cN/dtex。

——测试湿态下拉伸性能时，预加张力为上述规定值的二分之一。

——钩接断裂强力的预加张力：按单纤维名义线密度的两倍计算。

——对于不适用以上标准预加张力的短纤维，可以参见附录B规定其他值。

6.3.2　**拉伸速度**

——当试样的平均断裂伸长率小于8%时，拉伸速度为每分钟50%名义隔距长度；

——当试样的平均断裂伸长率大于或等于8%，小于50%时，拉伸速度为每分钟100%名义隔距长度；

——当试样的平均断裂伸长率大于或等于50%时，拉伸速度为每分钟200%名义隔距长度。

6.3.3　**名义隔距长度**

——纤维名义长度大于或等于38 mm时为20 mm；

——纤维名义长度小于38 mm时为10 mm；

——当纤维的名义长度小于15 mm时，可采取协议双方提供认可的夹持长度。但必须说明的是，此时的测试结果会有偏离，检验结果仅供参考。

注：采用10 mm的隔距长度时，测量结果的精度会降低。

6.3.4　**试验次数**

每个实验室样品测试50根纤维。

注：除规定的试验根数外，对确定95%的置信水平时，若置信区间超出允许值，则按附录C计算需要增加的试验次数，直到置信区间满足允许值，各种纤维的置信区间见表1。

表1　置信区间参照表

纤维种类	置信区间半宽值	
	断裂强力	断裂伸长率
涤纶、锦纶	5%	10%
腈纶、丙纶	5%	5%
纤维素纤维	5%	5%
	3%(5%定伸长强力)	—

7　试验步骤

7.1　干断裂强力和断裂伸长的测定

7.1.1　从已达平衡的样品中随机取出约500根纤维，均匀铺放于绒板上以备测定。

7.1.2　用镊子从待测试样中随机取出一根纤维，用上述规定的张力夹夹持纤维一端，将纤维置于仪器的夹持器中，保证纤维沿着轴向伸长，然后进行拉伸试验，得出试样断裂时的负荷及伸长值。

注：对于脆性较大的试样，试验前须将纤维粘贴在纸框上，用合适的张力夹夹在纸框一端，另一端夹紧在上夹持器中。然后剪掉纸框侧边，夹紧下夹持器，进行拉伸。若需进行湿态拉伸，试样框应选用耐水的材料。

7.1.3　试样测试时纤维断裂在钳口(纤维断裂时看不出断裂端)或在夹持头中滑移的数量不应超过试

验根数的10%，若超过则应检查夹持器是否有异常，并予以修理或调换后重新进行试验；若不超过10%，则将纤维断裂在钳口或在夹持头中滑移的试样所得的结果剔除。

7.1.4 按GB/T 14335测定该试样的平均线密度。

7.2 湿断裂强力和断裂伸长的测定

7.2.1 将单根纤维浸入温度为(20±2)℃的蒸馏水或去离子水中，水中加入非离子表面活性剂的浓度最大不超过0.1%，将试样全部浸没，浸润2 min。

7.2.2 用镊子取出纤维，用上述规定的张力夹夹持纤维一端，将纤维置于仪器的上夹持器内，保证纤维沿着轴向伸长。然后关闭下夹持器，推上水杯使纤维在浸没状态下进行拉伸试验，得出试样湿态断裂时的负荷及伸长值。若试样断裂异常，按7.1.3规定进行处理。

注：纤维浸没时，水液面不能与上夹持器接触，但离上夹持器下端面的距离应不大于1 mm。

7.2.3 按GB/T 14335测定该试样的平均线密度。

7.3 钩接断裂强力的测定

7.3.1 用镊子从待测试样中随机取出两根纤维，按图1所示形状相互钩接，其上端用镊子夹持，下端用张力夹夹持，将已钩接好的纤维置于夹持器中，钩接处为夹持长度的二分之一处，纤维两端的距离约2 mm。然后按7.1.2和7.1.3规定进行拉伸试验，得出试样断裂时的负荷值。在钩接处以外断裂者不计。

7.3.2 按GB/T 14335测定该试样的平均线密度。

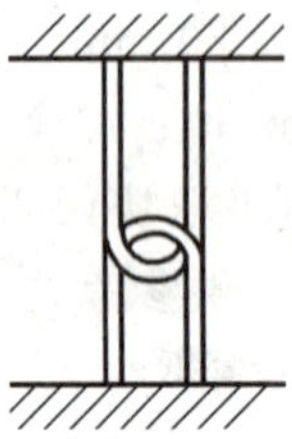

图1 钩接强力试验

7.4 打结断裂强力的测定

7.4.1 用镊子从待测试样中随机取出一根纤维，用镊子打成如图2所示的小结，将纤维置于夹持器中，小结应在夹持长度的二分之一处，然后按7.1.2和7.1.3规定进行拉伸试验，得出试样断裂时的负荷值。在打结处以外断裂者不计。

7.4.2 按GB/T 14335测定该试样的平均线密度。

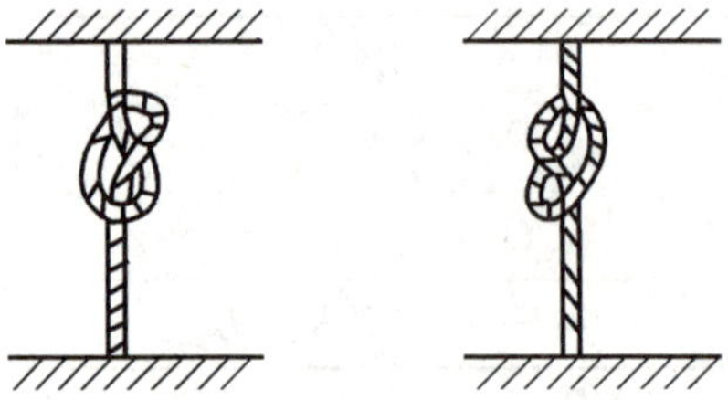

图2 打结强力试验

7.5 干定伸长强力的测定

7.5.1 按GB/T 14335测定并记录试样中单根纤维的线密度。

7.5.2 用镊子取出已知线密度的单根纤维，按7.1.2规定进行拉伸试验，仪器自动记录出负荷-伸长曲线，按图3所示方法得出定伸长负荷值(图中所示为试样夹持距离为20 mm时，10%定伸长l所对应的强力f)。若强伸度仪上有专门测定定伸长负荷或能预置该项目程序的，则可直接得出规定伸长的负荷值。

注：若需要计算模量，则要记录试样整个拉伸过程中负荷-伸长曲线。

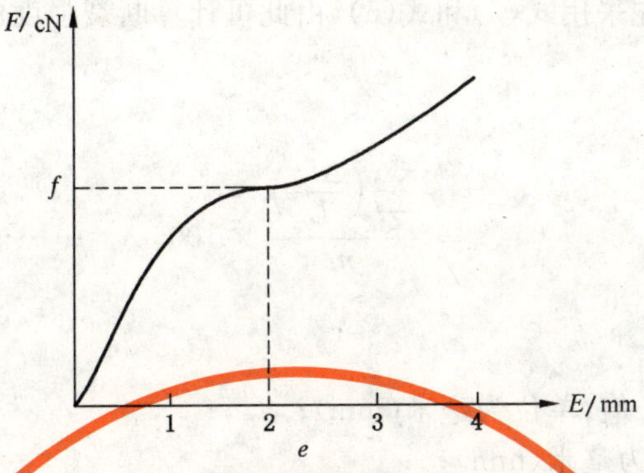

图 3　l 伸长时对应的负荷值 f

7.6　湿定伸长强力的测定

7.6.1　按 GB/T 14335 测定并记录试样中单根纤维的线密度。

7.6.2　试验前单根纤维浸湿同 7.2.1 规定。

7.6.3　用镊子取出已知线密度的单根纤维，按 7.2.2 规定在浸没状态下进行拉伸试验，得到试样湿态拉伸时的负荷-伸长曲线。然后按 7.5.2 规定方法得出规定伸长的负荷值。

8　结果计算

8.1　平均断裂强力

按式(2)计算。

$$F = \frac{\sum_{i=1}^{n} F_i}{n} \quad \cdots\cdots\cdots\cdots (2)$$

式中：

F——平均断裂强力，单位为厘牛(cN)；

F_i——单根纤维的断裂强力，单位为厘牛(cN)；

n——试验根数。

8.2　平均断裂强度

按式(3)或式(4)计算。

$$\sigma_t = \frac{\sum_{i=1}^{n}\left(\frac{F_i}{T_i}\right)}{n} \quad \cdots\cdots\cdots\cdots (3)$$

$$\sigma_t = \frac{F}{T} \quad \cdots\cdots\cdots\cdots (4)$$

平均钩接断裂强度，采用式(5)或式(6)：

$$\sigma_t = \frac{\sum_{i=1}^{n}\left(\frac{F_i}{T_i}\right)}{2n} \quad \cdots\cdots\cdots\cdots (5)$$

$$\sigma_t = \frac{F}{2T} \quad \cdots\cdots\cdots\cdots (6)$$

式中：

σ_t——平均断裂强度，单位为厘牛每分特(cN/dtex)；

F_i——单根纤维的断裂强力，单位为厘牛(cN)；

T_i——同根纤维的线密度，单位为分特(dtex)；

n——试验根数；

F——试样平均断裂强力，单位为厘牛(cN)；

T——试样平均线密度，单位为分特(dtex)。

在条件允许的情况下，优先采用式(3)和式(5)，由此可计算断裂强度的变异系数。

8.3 平均断裂伸长率

按式(7)计算。

$$\varepsilon=\frac{\sum_{i=1}^{n}\left(\frac{\Delta L_i}{L}\right)}{n}\times 100 \qquad \cdots\cdots(7)$$

式中：

ε——平均断裂伸长率，%；

ΔL_i——单根试样的断裂伸长值，单位为毫米(mm)；

L——名义隔距长度，单位为毫米(mm)；

n——试验根数。

8.4 平均定伸长强度

按式(8)计算。

$$\sigma_e=\frac{\sum_{i=1}^{n}\left(\frac{F_{ei}}{T_i}\right)}{n} \qquad \cdots\cdots(8)$$

式中：

σ_e——平均定伸长强度，单位为厘牛每分特(cN/dtex)；

F_{ei}——单根试样的定伸长力值，单位为厘牛(cN)；

T_i——同根纤维的线密度，单位为分特(dtex)；

n——试验根数。

8.5 平均初始模量

在按7.5或7.6测得的负荷-伸长曲线上取初始接近直线部分，做切线与坐标轴相交于T点，在直线上取点1和2，如图4所示。按式(9)计算平均初始模量。

$$M=\frac{\sum_{i=1}^{n}\left[\frac{(F_{e_2 i}-F_{e_1 i})}{(\varepsilon_{e_2 i}-\varepsilon_{e_1 i})\cdot T_i}\right]}{n} \qquad \cdots\cdots(9)$$

式中：

M——平均初始模量，单位为厘牛每分特(cN/dtex)；

$F_{e_2 i}$——与点2相应的力值，单位为厘牛(cN)；

$F_{e_1 i}$——与点1相应的力值，单位为厘牛(cN)；

$\varepsilon_{e_2 i}$——与点2相应的伸长率，%；

$\varepsilon_{e_1 i}$——与点1相应的伸长率，%；

T_i——同根纤维的线密度，单位为分特(dtex)；

n——试验根数。

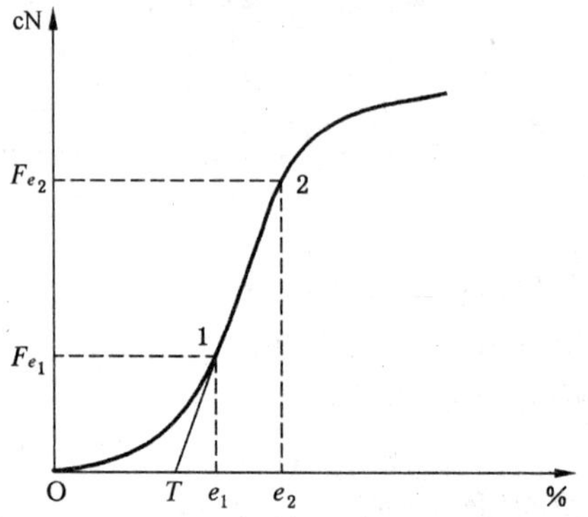

图4 负荷-伸长率曲线的初始模量示意图

8.6 平均湿模量

按式(10)计算。

$$M=\frac{\sum_{i=1}^{n}\left(\frac{F_{ei}}{T_i\times\varepsilon_e}\right)}{n} \qquad \cdots\cdots(10)$$

式中：

M——平均湿模量，单位为厘牛每分特(cN/dtex)；

F_{ei}——单根试样的定伸长力值，单位为厘牛(cN)；

T_i——同根纤维的线密度，单位为分特(dtex)；

ε_e——固定的伸长率(粘胶纤维采用5%)，%；

n——试验根数。

注：湿模量也可直接由定伸长率下的强度表示，但需注明定伸长率数值，如表示为0.62 cN/dtex/5%。

9 数值修约

结果修约按GB/T 8170规定，断裂强力、断裂强度、定伸长强度、初始模量、湿模量修约到小数点后两位；断裂伸长率、变异系数修约到小数点后一位。

10 试验报告

试验报告包括：

a) 样品的名称和规格；

b) 被选作批量样品包装件的号码标识；

c) 采用的试验方法及所有的试验参数；

d) 实验室样品的各项性能测试结果，如果计算标准偏差和变异系数，则要写入报告；

e) 经协商后对试验步骤的修改提示及其他与本标准不一致的部分；

f) 观察到的异常现象；

g) 试验日期。

附　录　A
（资料性附录）
快速调湿时间

A.1　本附录规定了试样快速调湿的时间。

A.2　在有争议的情况下，本方法需经有关各方协商之后方能采用。

A.3　快速调湿时间见表A.1。

表 A.1

试样的标准回潮率/%	最少调湿时间/h
2以上～13	4
2及以下	2

附 录 B
（资料性附录）
预加张力的求取方法

B.1 对于某些纤维，如6.3.1规定的预张力不适用时，可由有关各方协商按以下方法确定。

B.2 试验在等速伸长型(CRE)强伸仪上进行。

B.3 试验时纤维不加预张力，在松弛状态下进行拉伸试验，得出强力-伸长曲线如图B.1所示。

在强力-伸长曲线原点附近取负荷变化随伸长变化最大点A，作切线求得与伸长轴的交点E，过E作垂线与强力-伸长曲线相交于F_0，F_0所示的负荷值即为所求预张力。

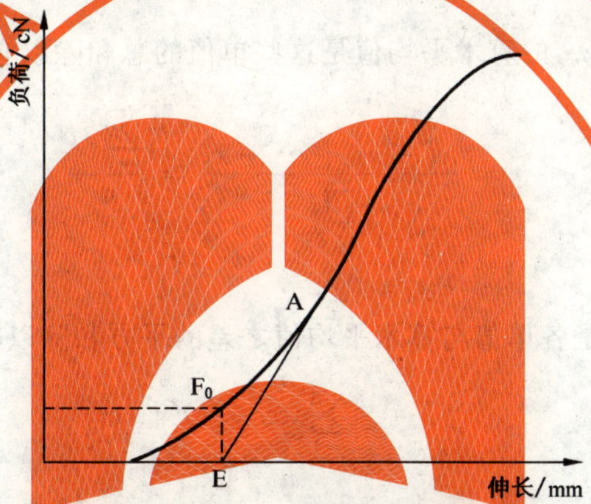

图 B.1 在负荷-伸长曲线上求预张力的示意图

附 录 C
（规范性附录）
统计术语和计算

C.1 单值

在一系列试验中，任何一次观测的结果(如断裂强力、线密度等)称为单值。在一系列 n 次观测中，第 i 次观测的单值，以 x_i 表示。

C.2 算术平均值

一组单值 x_1，x_2，x_3，…，x_n，的算术平均值是这些单值的总和除以它们的个数(n)：

$$\bar{x} = \frac{x_1 + x_2 + \cdots + x_n}{n} = \frac{\sum_{i=1}^{n} x_i}{n} \qquad \text{(C.1)}$$

C.3 方差和标准偏差

一组 n 个单值的方差(s^2)是各单值与算术平均值之差的平方和除以($n-1$)：

$$s^2 = \frac{\sum_{i=1}^{n}(x_i - \bar{x})^2}{n-1} \qquad \text{(C.2)}$$

一组单值的标准偏差是方差的平方根：

$$s = \sqrt{\frac{\sum_{i=1}^{n}(x_i - \bar{x})^2}{n-1}} \qquad \text{(C.3)}$$

C.4 变异系数

变异系数(CV)为标准偏差与算术平均值之比值，用百分率表示：

$$CV = \frac{s}{\bar{x}} \times 100 \qquad \text{(C.4)}$$

C.5 置信界限

对于若干单次测量值近似成正态分布的一个批量样品来说，有可能在样品的算术平均值($\bar{x}$)左右，对称地划定一个区间，使所测试的真实算术平均值以给定的百分率(本标准要求 95%)落在该区间中。

注：该百分率称为置信水平，置信水平有时以 0 和 1 之间的数字表示，但通常以百分率表示。

从($\bar{x}-c$)到($\bar{x}+c$)的区间称为置信区间，($\bar{x}-c$)和($\bar{x}+c$)称为置信界限。

在给定的置信水平下，置信区间的半宽值 c 是由算术平均值来估计批量样品的真实算术平均值时所产生误差的最大值。置信区间的半宽值由下式得出：

$$c = t\frac{s}{\sqrt{n}} \qquad \text{(C.5)}$$

式中：

t——系数(在所要求的 95%置信水平下，可从与 n 成函数关系的表 C.1 得到)；

s——标准偏差；

n——单值的个数。

注：当对仪器方面的精度要求足够严格时，系统误差可以忽略不计。

通常以算术平均值的百分率 C 来表示半宽值 c：

$$C(\%)=\frac{c}{x}\times 100 \qquad \text{(C.6)}$$

或

$$C(\%)=t\frac{CV(\%)}{\sqrt{n}} \qquad \text{(C.7)}$$

表 C.1

n	t	n	t	n	t
4	3.18	15	2.14	26	2.06
5	2.78	16	2.13	27	2.06
6	2.57	17	2.12	28	2.05
7	2.45	18	2.11	29	2.05
8	2.36	19	2.10	30	2.04
9	2.31	20	2.09	31～40	2.03
10	2.26	21	2.09	41～60	2.01
11	2.23	22	2.08	61～120	1.99
12	2.20	23	2.07	121～230	1.97
13	2.18	24	2.07	＞230	1.96
14	2.16	25	2.06		

C.6 试验数量的再确定

按本标准规定抽取实验室样品经测试后，若未能达到规定的置信区间，则有必要增加试验次数。如果已经作了 n 次测试，计算标准偏差 s 或变异系数 CV_b，得到的置信区间可能太大。为了得到所要求的置信区间半宽值 c^* 或 C^*，试验次数应增加 m 次：

$$m=t^2\times\frac{s^2}{c^{*2}}-n \qquad \text{(C.8)}$$

或

$$m=t^2\times\frac{{CV_b}^2}{C^{*2}}-n \qquad \text{(C.9)}$$

式中：

t——表 C.1 中与 n 值相对应的值。

在这种情况下，由所有$(m+n)$次试验结果计算平均值和置信区间，且检查新的置信区间是否满足要求。

ICS 59.060.01
W 50

中华人民共和国国家标准

GB/T 14338—2008
代替 GB/T 14338—1993

化学纤维　短纤维卷曲性能试验方法

Testing method for crimping performance of man-made staple fibres

2008-06-18 发布　　2009-03-01 实施

中华人民共和国国家质量监督检验检疫总局
中国国家标准化管理委员会　发布

前　言

本标准与 JIS L 1015《化学纤维短纤维试验方法》中卷曲部分的一致性程度为非等效。

本标准代替 GB/T 14338—1993《合成短纤维卷曲性能试验方法》。

本标准与 GB/T 14338—1993 相比，主要变化如下：

——增加了卷曲弹性仪技术要求(见 5.1.1)；

——增加了散件实验室样品的抽取和试验数量的确定(见 6.1)；

——增加了实验室样品的调湿时间(见 6.2.1)；

——修改了调湿和试验用标准大气的相对湿度(见 6.2.2)；

——增加了预加张力的求取方法(见 6.2.4)；

——增加了置信区间的半宽值(±3%)(见 6.3)；

——增加了快速调湿方法(见附录 A)。

本标准的附录 C 为规范性附录，附录 A、附录 B、附录 D 均为资料性附录。

本标准由中国纺织工业协会提出。

本标准由上海市纺织工业技术监督所归口。

本标准起草单位：纺织工业化纤产品质量监督中心、石油工业合成纤维质量监督检验中心、仪征化纤股份有限公司、江苏三房巷集团有限公司、上海联吉合纤有限公司。

本标准主要起草人：陆秀琴、张语石、许美英、张玲霞、霍玲、杨艳。

本标准所代替标准的历次版本发布情况为：

——GB/T 14338—1993。

化学纤维　短纤维卷曲性能试验方法

1　范围

本标准规定了化学纤维短纤维卷曲性能的试验方法。

本标准适用于聚酯(涤纶)、聚酰胺(锦纶)、聚丙烯腈(腈纶)、聚丙烯(丙纶)、聚乙烯醇缩甲醛(维纶)、纤维素纤维等化学纤维短纤维卷曲性能的测定。

2　规范性引用文件

下列文件中的条款通过本标准的引用而成为本标准的条款。凡是注日期的引用文件,其随后所有的修改单(不包括勘误的内容)或修订版均不适用于本标准,然而,鼓励根据本标准达成协议的各方研究是否可使用这些文件的最新版本。凡是不注日期的引用文件,其最新版本适用于本标准。

GB/T 3291.1　纺织材料性能和试验术语　第1部分:纤维和纱线

GB/T 6529　纺织品的调湿和试验用标准大气

GB/T 8170　数值修约规则

GB/T 14334　化学纤维　短纤维取样方法

3　术语和定义

GB/T 3291.1确立的术语和定义适用于本标准。

4　原理

在规定的负荷下,在一定的受力时间内,测定纤维的长度变化,确定纤维的卷曲数、卷曲率、卷曲回复率和卷曲弹性率等性能。

5　仪器和工具

5.1　卷曲弹性仪和卷曲数仪。

卷曲弹性仪技术要求:

a)　力值精度:

——量程范围为5 mN,其最小分度值为0.01 mN;

——量程范围为10 mN,其最小分度值为0.02 mN;

——量程范围为10 mN以上,其最小分度值为0.05 mN。

b)　长度分辨率0.01 mm。

c)　力值测量误差≤1%。

5.2　绒板:与纤维成对比色。

5.3　镊子等。

6　试验通则

6.1　取样

——散件的实验室样品按需取出;最低不得小于10 g。

——批量样品中的实验室样品抽取按GB/T 14334规定。

注:不要抽取在运输途中意外受潮、包装破损、或是已经被打开的包装件。

6.2 预调湿、调湿和试验用标准大气

6.2.1 预调湿

当试样回潮率超过公定回潮率时，需要进行预调湿：

——温度不超过 50 ℃；

——相对湿度 5%～25%；

——时间大于 30 min。

6.2.2 调湿和试验用标准大气

按照 GB/T 6529 规定的纺织品的调湿和试验用标准大气，选择如下参数：

a) 涤纶、腈纶和丙纶纤维试样的调湿和试验用标准大气：

——温度(20±2)℃；

——相对湿度(65±5)%；

——调湿时间 4 h。

b) 其他化学纤维试样的调湿和试验用标准大气为：

——温度(20±2)℃；

——相对湿度(65±2)%；

——推荐调湿时间 16 h。

双方约定试样调湿时间可参见附录 A。

6.2.3 预置夹持距离

预置夹持距离为 20 mm，纤维名义长度较小时可调整为 10 mm。

6.2.4 预加张力

试样的预加张力按式(1)计算：

$$F = P \times T \quad \cdots\cdots (1)$$

式中：

F——预加张力负荷，单位为厘牛(cN)；

T——试样的名义线密度，单位为分特(dtex)；

P——单位线密度预加张力，单位为厘牛每分特(cN/dtex)。

- 轻预加张力：(0.002 0±0.000 2)cN/dtex；
- 重预加张力：维纶、锦纶、丙纶、氯纶、纤维素纤维(0.050±0.005)cN/dtex；涤纶、腈纶(0.075 0±0.007 5)cN/dtex；
- 对于不适合以上标准预加张力的纤维，可以参见附录 B，规定其他值。

6.3 试验根数

——每个实验室样品试验 20 根纤维。

——对确定 95%的置信水平时，除已经规定的试验根数外，当置信区间半宽值超过算术总平均值的±3.0%，按附录 C 的规定增加试验根数。

7 试验步骤

7.1 从已达平衡的样品中随机取出 20 束纤维(卷曲未被破坏)，置于绒板上以备测定。

7.2 从每束纤维中随机用张力夹夹取一根纤维悬挂于卷曲弹性仪的测力挂钩上，然后用镊子将纤维另一端置于下夹持器中。当夹持长度为 20 mm 时，纤维的松弛长度尽可能在 25 mm 以上；当夹持长度为 10 mm 时，纤维的松弛长度尽可能长。

7.3 加轻负荷平衡后读取 L_0(精确至 0.01 mm)，夹持距离为 20 mm 时，读取 25 mm 内全部卷曲峰和卷曲谷数 J_{Ai}，夹持距离为 10 mm 时，读取 L_0 内全部卷曲峰和卷曲谷数 J_{Ai}。计数准则参见附录 D。

7.4 加重负荷平衡后记下读数 L_1（精确至 0.01 mm）。

7.5 保持 30 s 后，去除重负荷，恢复至预置夹持距离，保持 2 min 后，加轻负荷平衡后读取 L_2。（精确至 0.01 mm）。

8 结果计算

8.1 卷曲数按式(2)计算：

$$J_{ni} = \frac{J_{Ai}}{L_i \times 2} \times 25 \qquad \cdots\cdots(2)$$

式中：

J_{ni}——单根纤维的卷曲数，单位为个每 25 毫米(个/25mm)；

L_i——读取卷曲数的长度，单位为毫米(mm)；

J_{Ai}——单根纤维在 L_i 内全部卷曲峰和卷曲谷个数。

8.2 卷曲度按式(3)计算：

$$J_i = \frac{L_1 - L_0}{L_1} \times 100 \qquad \cdots\cdots(3)$$

式中：

J_i——单根纤维的卷曲度，%；

L_0——纤维在轻负荷下测得的长度，单位为毫米(mm)；

L_1——纤维在重负荷下测得的长度，单位为毫米(mm)。

8.3 卷曲回复率按式(4)计算：

$$J_{Wi} = \frac{L_1 - L_2}{L_1} \times 100 \qquad \cdots\cdots(4)$$

式中：

J_{Wi}——单根纤维的卷曲回复率，%；

L_2——重负荷释放后，纤维经 2 min 回复，再在轻负荷下测得的长度，单位为毫米(mm)。

8.4 卷曲弹性率按式(5)计算：

$$J_{di} = \frac{L_1 - L_2}{L_1 - L_0} \times 100 \qquad \cdots\cdots(5)$$

式中：

J_{di}——单根纤维的卷曲弹性率，%。

8.5 各项试验结果均以 20 次测定值的算术平均值表示。

9 数据修约

各项结果均按 GB/T 8170 规定修约到小数点后一位。当需要对该实验室样品进行变异系数分析等统计分析时见附录 C。

10 试验报告

试验报告包括：

a) 样品的名称和规格；

b) 被选作批量样品包装件的号码标识；

c) 采用的试验方法及所有的试验参数；

d) 实验室样品的各项性能测试结果，如果计算标准偏差和变异系数，则要写入报告；

e) 经协商后对试验步骤的修改提示；

f) 试验中所观察到的异常现象。

附 录 A
（资料性附录）
快速调湿时间

A.1 本方法规定了试样快速调湿的时间。

A.2 在有争议的情况下，本方法需经有关各方协商之后方能采用。

A.3 调湿时间见表A.1。

表A.1 快速调湿时间表

试样的标准回潮率/%	最少调湿时间/h
2以上～13	4
2及以下	2

附 录 B
（资料性附录）
预加张力的求取方法

B.1 当某些试样不适应正文中规定的预加张力时，可用本方法求取预加张力。

B.2 本附录规定预加张力的求取试验应在 CRE 单纱强伸仪上进行。

B.3 在试验仪上对试样作拉伸试验得到负荷-伸长曲线见图 B.1。

B.4 从图上零负荷附近取负荷变化随伸长变化最大的 A 点作切线与伸长轴相交于 E，再由 E 作垂线与负荷-伸长曲线相交于 F_0，F_0 所表示的就是试样的预加张力负荷值。

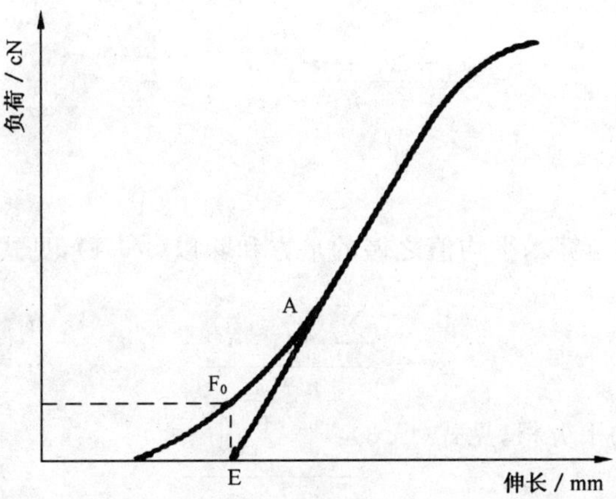

图 B.1 负荷-伸长曲线

附　录　C
（规范性附录）
统计：术语和计算

C.1　单值

在一系列试验中任何依次观测值称为单值。在一系列 n 次观测中，第 i 次观测的单值，以 x_i 表示。

C.2　算术平均值

单值 $x_1, x_2, x_3, \cdots x_n$，的算术平均值是单值的总和除以它们的个数($n$)见式(C.1)：

$$\bar{x} = \frac{x_1 + x_2 + \cdots + x_n}{n} = \frac{\sum_{i=1}^{n} x_i}{n} \qquad \text{(C.1)}$$

C.3　方差和标准偏差

单值的方差(s^2)是各单值与算术平均值之差的平方和除以($n-1$)，见式(C.2)：

$$s^2 = \frac{\sum_{i=1}^{n}(x_i - \bar{x})^2}{n-1} \qquad \text{(C.2)}$$

单值的标准偏差是方差的平方根，见式(C.3)：

$$s = \sqrt{\frac{\sum_{i=1}^{n}(x_i - \bar{x})^2}{n-1}} \qquad \text{(C.3)}$$

式中：

n——样品的个数；

x_i——单值；

$\bar{x}$——实验室样品的算术平均值。

C.4　变异系数

标准偏差与算术平均值之比值，用百分率表示，见式(C.4)：

$$CV_b = \frac{s}{\bar{x}} \times 100 \qquad \text{(C.4)}$$

式中：

CV_b——变异系数，%。

C.5　置信界限

一组单值的 n 次试验值近似正态分布。在实验室样品的算术平均值($\bar{x}$)左右，对称地划定一个区间，使所试验的真实算术平均值以给定的百分率(本标准要求 95%)落在该区间中。

注：该百分率称为置信水平，置信水平有时以 0 和 1 之间的数字表示，但通常以百分率表示。

从($\bar{x}-c$)到($\bar{x}+c$)的区间称为置信区间，($\bar{x}-c$)和($\bar{x}+c$)称为置信界限。

在规定的置信水平下，置信区间的半宽值 c 是由算术平均值来估计批量样品的真实算术平均值，所产生误差的最大值。置信区间的半宽值由式(C.5)得出：

$$c = t\frac{s}{\sqrt{n}} \quad \cdots\cdots(\text{C.5})$$

式中：

t——系数(在所要求的95%置信水平下,可从与 n 成函数关系的表C.1得到)；

s——标准偏差；

n——单值的个数。

注：当对仪器方面的精度要求足够严格时,系统误差可以忽略不计。通常以算术总平均值的百分率 C 来表示半宽值 c 见式(C.6)或式(C.7)。

$$C(\%) = \frac{c}{\bar{x}} \times 100 \quad \cdots\cdots(\text{C.6})$$

或

$$C(\%) = t\frac{CV_b(\%)}{\sqrt{n}} \quad \cdots\cdots(\text{C.7})$$

表C.1　n 与 t 的函数关系表

n	t	n	t	n	t
4	3.18	15	2.14	26	2.06
5	2.78	16	2.13	27	2.06
6	2.57	17	2.12	28	2.05
7	2.45	18	2.11	29	2.05
8	2.36	19	2.10	30	2.04
9	2.31	20	2.09	31～40	2.03
10	2.26	21	2.09	41～60	2.01
11	2.23	22	2.08	61～120	1.99
12	2.20	23	2.07	121～230	1.97
13	2.18	24	2.07	>230	1.96
14	2.16	25	2.06		

试验中个别试样总是不会得到正态分布的数据。因此需要从批量样品中取得的一系列实验室样品进行独立的试验。每个实验室样品试验多个试样,按第C.2章计算该实验室样品一系列单值的算术平均值。按第C.3章计算每个实验室样品的单值对算术平均值的标准偏差。算术平均值的置信界限可由该标准偏差计算,此处 n 为所测试的实验室样品个数。

C.6　试验数量的再确定

按GB/T 14334规定抽取实验室样品经测试后,若未能达到规定的置信区间,就有必要增加试验次数。如果已经作了 n 次测试,计算标准偏差 s 或变异系数 CV_b。如超过规定的置信区间,为了到达所要求的置信区间半宽值 c^* 或 C^*，试验次数应增加 m 次,m 按式(C.8)或式(C.9)计算：

$$m = t^2 \times \frac{s^2}{c^{*2}} - n \quad \cdots\cdots(\text{C.8})$$

或

$$m = t^2 \times \frac{CV_b^2}{C^{*2}} - n \quad \cdots\cdots(\text{C.9})$$

式中：

t——表C.1中与 n 值相对应的值。

在这种情况下,用($m+n$)次试验结果计算平均值和置信区间,且检查新的置信区间是否满足要求。

附 录 D

（资料性附录）

卷曲数计数

为了便于统一卷曲数计数方法，如碰到以下情况，可以参考以下规则计数：

1） 大卷曲内有小卷曲，则不计[见图 D.1a)]。

2） 小卷曲纤维按谷和峰计数[见图 D.1b)]。

3） 碰到圈状纤维时，应解除后再计数[见图 D.1c)]。

4） 两端如超过峰或谷的顶点时，以一个计[见图 D.1d)]。

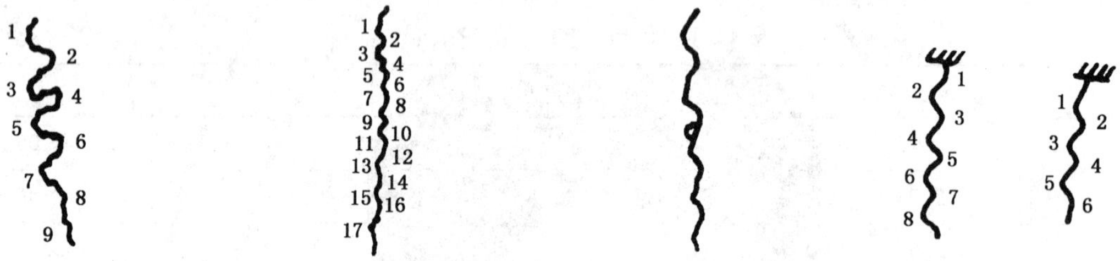

a) b) c) d)

图 D.1 各种形状的卷曲计数

ICS 59.060.01
W 50

中华人民共和国国家标准

GB/T 14339—2008
代替 GB/T 14339—1993

化学纤维　短纤维疵点试验方法

Testing method for defect of man-made staple fibres

2008-06-18 发布　　2009-03-01 实施

中华人民共和国国家质量监督检验检疫总局
中国国家标准化管理委员会　发布

前　　言

本标准代替 GB/T 14339—1993《合成短纤维疵点试验方法》。

本标准与 GB/T 14339—1993 相比主要变化如下：

——适用范围：适用范围包含了纤维素纤维；

——增加了散件实验室样品和试样的抽取；

——取消了手工法的适用范围；

——增加了油污黄纤维的试验方法及计算公式；

——增加了试验报告的内容。

本标准由中国纺织工业协会提出。

本标准由上海市纺织工业技术监督所归口。

本标准起草单位：纺织工业化纤产品质量监督中心、石油工业合成纤维质量监督检验中心、南京化纤股份有限公司、中国石化洛阳分公司、中国石化仪征化纤股份有限公司。

本标准主要起草人：杨艳、张语石、王宏元、韩宏囤、陆云芳。

本标准所代替标准的历次版本发布情况为：

——GB/T 14339—1993。

化学纤维　短纤维疵点试验方法

1　范围

本标准规定了化学纤维短纤维疵点的试验方法——原棉分析机法(A法)和手拣法(B法),有争议时采用原棉分析机法;同时也规定了油污黄纤维的试验方法。

本标准适用于聚酯(涤纶)、聚酰胺(锦纶)、聚丙烯腈(腈纶)、聚丙烯(丙纶)、聚乙烯醇缩甲醛(维纶)、纤维素纤维等化学短纤维疵点含量的测定。

2　规范性引用文件

下列文件中的条款通过本标准的引用而成为本标准的条款。凡是注日期的引用文件,其随后所有的修改单(不包括勘误的内容)或修订版均不适用于本标准,然而,鼓励根据本标准达成协议的各方研究是否可使用这些文件的最新版本。凡是不注日期的引用文件,其最新版本适用于本标准。

GB/T 4146　纺织名词术语(化纤部分)

GB/T 8170　数值修约规则

GB/T 14334　化学纤维　短纤维取样方法

3　术语和定义

GB/T 4146 确立的以及下列术语和定义适用于本标准。

3.1

疵点　defect

包括僵丝、并丝、硬丝、注头丝、未牵伸丝、胶块、硬板丝、粗纤维等异状纤维。

3.2

僵丝　ossified filament

脆而硬的丝。

3.3

并丝　closed filament

粘合在一起不易分开的数根纤维。

3.4

硬丝　hard filament

由于纺丝不正常而产生的比未牵伸丝更粗的丝。

3.5

注头丝　spot filament

由于纺丝不正常,中段或一端呈硬块的丝。

3.6

未牵伸丝　undrawn filament

未经牵伸或牵伸不足而产生的粗而硬的丝。

3.7

胶块　blob of viscose

没有形成纤维的小块聚合体。

3.8

硬板丝 hard lump

因卷曲机挤压形成的纤维硬块。

3.9

粗纤维 stuck fiber

直径为正常纤维4倍及以上的单纤维。

3.10

油污黄纤维 oiled yellowish fiber

由于粘胶生产工艺不当而形成的带黄色或沾有油污的纤维。

4 仪器和工具

4.1 原棉分析机

原棉分析机主要技术参数：

a) 刺辊与给棉板间距：0.18 mm～0.23 mm；

b) 刺辊与除尘刀间距：0.56 mm；

c) 刺辊与流线刀间距：0.18 mm；

d) 刺辊与剥面刀间距：0.13 mm；

e) 尘笼和隔风板间距：1.98 mm～3.48 mm；

f) 给棉板和罗拉间距：0.13 mm；

g) 刺辊转速：900 r/min。

4.2 天平：最小分度值0.1 g，0.1 mg各一台。

4.3 镊子及绒板等。

5 取样

——散件实验室样品按需取出，不得低于50 g；

——批量样品中的实验室样品抽取按GB/T 14334规定。

不要抽取在运输途中意外受潮、包装破损、或是已经被打开的包装件。

6 疵点试验方法

6.1 方法A(原棉分析机法)

6.1.1 适用范围

本方法适用于名义长度51 mm以下的聚酯(涤纶)、聚酰胺(锦纶)、聚丙烯腈(腈纶)、聚乙烯醇缩甲醛(维纶)、纤维素纤维等化学短纤维疵点含量的测定。

6.1.2 原理

根据空气动力学原理，利用风扇高速旋转产生负压，使试样疏松后，在气流离心力和机械的作用下，由于纤维和疵点比重不同，而使纤维和疵点分离。

6.1.3 原棉分析仪的工作环境

温度(20±5)℃；湿度(65±10)%。

6.1.4 试验步骤

6.1.4.1 从实验室样品的正反两面，在20个不同点上共取100 g纤维，精确到0.1 g。

6.1.4.2 取样时，如发现疵点，应称量按实验室样品量折算成疵点含量计入试验结果中。

6.1.4.3 把试样稍加扯松，均匀(大约20 mm左右)地铺在给棉板上。

6.1.4.4 开启电源开关，使给棉罗拉转动，把试样送进给棉罗拉，大约10 min处理完。

6.1.4.5 经过第一次开松后的试样再送入给棉罗拉处理一遍。杂质盘中的纤维不能重复处理。

6.1.4.6 经过二次开松后，将杂质盘中的纤维放在绒板上，用镊子把各种疵点拣出（把胶块周围的正常纤维剪去），然后在天平上称量，精确到0.1 mg。

6.2 方法B（手拣法）

6.2.1 原理

用人工手拣的方法，将试样中的疵点挑出。

6.2.2 试验步骤

6.2.2.1 同6.1.4.1，取样量为50 g，精确到0.1 g。

6.2.2.2 同6.1.4.2。

6.2.2.3 把试样放在绒板上，用手将试样逐一扯松，从中拣出各种疵点，然后在天平上称量，精确到0.1 mg。

7 油污黄纤维试验方法

7.1 原理

用人工手拣的方法，将试样中的油污黄纤维挑出。

7.2 试验步骤

7.2.1 同6.2.2.1。

7.2.2 取样时，如发现油污黄纤维，应称量按实验室样品量折算成油污黄纤维含量计入试验结果中。

7.2.3 把试样放在绒板上，用手拣出油污黄纤维，然后在天平上称量，精确到0.1 mg。

8 结果计算

8.1 疵点含量按式(1)计算：

$$Q = \frac{m_1}{m} \times 100 \qquad \cdots\cdots(1)$$

式中：

Q——疵点含量，单位为毫克每百克(mg/100 g)；

m_1——疵点质量，单位为毫克(mg)；

m——试样质量，单位为克(g)。

8.2 油污黄纤维含量按式(2)计算：

$$Q_y = \frac{m_2}{m} \times 100 \qquad \cdots\cdots(2)$$

式中：

Q_y——油污黄纤维含量，单位为毫克每百克(mg/100 g)；

m_2——油污黄纤维质量，单位为毫克(mg)；

m——试样质量，单位为克(g)。

9 数据修约

试验结果按GB/T 8170修约到小数点后一位。

10 试验报告

试验报告包括：

a) 样品的名称和规格；

b) 被选作批量样品包装件的号码标识；

c） 采用的试验方法及所有的试验参数；

d） 实验室样品的个项性能测试结果，如果计算标准偏差和变异系数，则要写入报告；

e） 经协商后对试验步骤的修改提示及其他与本标准不一致的部分；

f） 观察到的异常现象；

g） 试验日期。

ICS 59.060.01
W 50

中华人民共和国国家标准

GB/T 14343—2008
代替 GB/T 14343—2003

化学纤维　长丝线密度试验方法

Testing method for linear density of man-made filament yarns

(BISFA—2004, Testing methods for polyester filament yarns, BISFA—2004, Testing methods for polyamide filament yarns, BISFA—1997, Testing methods for viscose, cupro, acetate, triacetate and lyocell filament yarns, NEQ)

2008-06-18 发布　　2009-03-01 实施

中华人民共和国国家质量监督检验检疫总局
中国国家标准化管理委员会　发布

前　言

本标准与 BISFA 标准《涤纶长丝纱试验方法 》(2004)、《锦纶长丝纱试验方法 》(2004)《粘胶、铜氨、醋酸、三醋酯、莱赛尔长丝纱试验方法》(1997)中线密度部分的一致性程度为非等效。

本标准代替 GB/T 14343—2003《合成纤维长丝线密度试验方法》。

本标准与 GB 14343—2003 相比,主要变化如下:

——修改了适用范围,由合成纤维长丝扩大至纤维素化学纤维长丝(见第 1 章);

——修改了取样规定,分散件或批量样品取样(见 4.3.1);

——增加了预调湿温度、相对湿度和时间(见 4.3.2.1);

——修改了调湿和试验用标准大气条件和时间(见 4.3.2.2);

——增加了预加张力负荷的计算(见 4.3.3.1);

——增加了置信区间的半宽值(±1.5%)(见 4.3.5);

——增加单丝线密度以及复丝内根数测定的试验方法和计算(见第 5 章);

——修改了计算结果的数字修约(见第 7 章)。

本标准的附录 C 为规范性附录,附录 A、附录 B 均为资料性附录。

本标准由中国纺织工业协会提出。

本标准由上海市纺织工业技术监督所归口。

本标准起草单位:上海市纺织工业技术监督所、保定天鹅化纤股份有限公司、新乡化纤股份有限公司、中国石化洛阳分公司、江苏盛虹化纤有限公司。

本标准主要起草人:陈敏、贾素芬、刘初峰、张峰、康金洋、杨艳。

本标准所代替标准的历次版本发布情况为:

——GB/T 14343—1993、GB/T 14343—2003。

化学纤维　长丝线密度试验方法

1　范围

本标准规定了聚酯(涤纶)、聚酰胺(锦纶)、聚丙烯(丙纶)、纤维素化学纤维等长丝(复丝和单丝)线密度试验方法。

本标准适用于卷装或织物中抽出的长丝线密度测试,股线和缆绳可参照使用。

本标准不适用于张力自 0.05 cN/dtex 增加到 0.1 cN/dtex 时,伸长率大于 0.5%的长丝。

2　规范性引用文件

下列文件中的条款通过本标准的引用而成为本标准的条款。凡是注日期的引用文件,其随后所有的修改单(不包括勘误的内容)或修订版均不适用于本标准,然而,鼓励根据本标准达成协议的各方研究是否可使用这些文件的最新版本。凡是不注日期的引用文件,其最新版本适用于本标准。

GB/T 3291.3　纺织　纺织材料性能和试验术语　第 3 部分:通用

GB/T 6502　合成纤维长丝取样方法

GB/T 6529　纺织品的调湿和试验用标准大气

GB/T 8170　数值修约规则

3　术语和定义

GB/T 3291.3 确立的以及下列术语和定义适用于本标准。

3.1

名义线密度　nominal linear density

在销售合同、发票或包装上注明的产品线密度。

4　复丝线密度试验

4.1　原理

在规定的试验条件下,测定已知长度试样的质量,计算线密度。

线密度用特克斯制表示,推荐的单位为分特(dtex)。

4.2　装置

4.2.1　缕纱测长仪

4.2.1.1　带有可以调节张力的装置和往复导丝装置。

4.2.1.2　带有可以调节速度的装置以保证张力波动在许可范围。

4.2.1.3　纱框周长为(1.000±0.002)m。

4.2.1.4　计数摇纱圈数的装置:转动一周回复到初始位置,误差不超过±1%。

4.2.2　单根长度测量架

4.2.2.1　立式量尺:测量范围 1 m,最小分度值 1 mm。

4.2.2.2　施加预张力的装置:施加预张力精度为 10%。

4.2.3　张力测量仪。

4.2.4　天平:具有适宜的称量范围。绞丝法最小分度值为 1 mg;单根法最小分度值为 0.1 mg。

4.2.5　烘箱:工作温度 40 ℃～150 ℃。

4.2.6　辅助用具:试样盛盘、秒表、剪刀、黑绒板等。

4.3 试验通则

4.3.1 实验室样品的抽取

——散件实验室样品按需取出；

——批量样品中实验室样品抽取按GB/T 6502规定；

——从织物中拆取的长丝试样应充分满足试样数量和长度的要求。拆取试样的过程中，应小心避免捻度的损失和使试样受意外张力。

1) 机织物：经向试样应取自不同的经纱，纬向试样应尽量从不同的区域中随机拆取有代表性的试样；

2) 针织物：试样应尽量代表不同的纱线。

注：不要抽取在运输途中意外受潮、擦伤或包装已经打开的卷装。

4.3.2 预调湿、调湿和试验用标准大气

采用GB/T 6529规定的纺织品的调湿和试验用标准大气。

4.3.2.1 预调湿

当试样回潮率超过公定回潮率时，需要进行预调湿：

——温度不超过50 ℃；

——相对湿度5%～25%；

——时间大于30 min。

4.3.2.2 调湿和试验用标准大气

涤纶、丙纶长丝调湿和试验用标准大气：

——温度(20±2)℃；

——相对湿度(65±5)%；

——调湿时间4 h。

其他化学纤维长丝调湿和试验用标准大气：

——温度(20±2)℃；

——相对湿度(65±2)%；

——推荐调湿时间16 h。

双方约定试样调湿时间可参见附录A。

4.3.3 试样的预加张力

4.3.3.1 试样的预加张力按式(1)计算：

$$F = P \times T \qquad \cdots\cdots (1)$$

式中：

F——预加张力负荷，单位为厘牛(cN)；

T——试样的名义线密度，单位为分特(dtex)；

P——单位线密度的预加张力，单位为厘牛每分特(cN/dtex)。

4.3.3.2 试样的单位线密度预加张力

——合成纤维牵伸丝、预取向丝、双收缩丝、空气膨体变形丝、纤维素化学纤维的标准预加张力为(0.05±0.005)cN/dtex；

——变形丝的标准预加张力：(0.20±0.02)cN/dtex；

——对于不适合以上标准预加张力的长丝，可以参见附录B规定其他值。

4.3.4 试样长度

4.3.4.1 绞纱法

不同规格名义线密度所采用的试样长度见表1。

表 1 不同规格名义线密度所采用的试样长度

名义线密度/dtex	试样长度/m
小于或等于 500	100
小于或等于 2 000	50
2 000 以上	10

4.3.4.2 **单根法**

每个试样长度(1.000±0.001)m。

4.3.5 **试验次数**

——散件实验室样品,每个卷装试验两次以上,且每批样品的试验总次数不低于 20 次;

——批量实验室样品,每个卷装试验两次;

——除规定的实验室样品卷装数,对确定为 95%置信水平时,当置信区间半宽值与线密度算术总平均值的差异超过±1.5%,需按附录 C 规定增加卷装数。

4.4 **试验步骤**

4.4.1 **试样的长度测量**

本标准提供了绞丝(适用于可支撑的卷装)和单根(适用于不可支撑的卷装)两种形式的长度测量。

4.4.1.1 **绞丝法**

将卷装的丝头引出,拉去表层丝数米,经加张力装置引入缕纱测长仪的夹片上。加规定的预张力负荷(用张力测量仪校验),摇取规定的试样长度,在头尾相接处剪断,取下成绞,依次放在试样盘内。

4.4.1.2 **单根法**

将卷装的丝头引出,拉去表层丝数米,然后取单根长度合适的松弛态试样。将试样一端夹入量尺上端夹持器中,另一端加规定的预张力,手托张力夹,使试样沿轴线缓缓伸直,并使试样与量尺呈铅垂位置,待 30 s 后,准确剪取规定长度的试样。

4.4.2 **试样的称量**

试样在标准大气中调湿后称量,绞丝精确至 1 mg,单根精确至 0.1 mg。

4.5 **数据的收集**

分别对每个试样收集测量长度和质量。绞丝的长度以纱框长度乘圈数求得。

5 单丝线密度试验(复丝根数测定)

5.1 **原理**

目测计数复丝内单丝根数,再以复丝线密度除以根数得到单丝线密度。

线密度用特克斯制表示,推荐的单位为分特(dtex)。

5.2 **单丝根数**

5.2.1 **试验工具**

——黑绒板(或与试样颜色反差色);

——挑针;

——不锈钢压板:2 cm×3 cm。

5.2.2 **试验步骤**

剥去实验室样品的表层丝,取一段适当长度的试样,用压板压住试样一端,用挑针将另一端挑松,计数试样中单丝根数,并记录。

5.3 **单丝线密度**

以实测复丝线密度除以复丝内单丝根数得到。

5.4 **数据的收集**

分别对每个试样收集试样根数，测量长度和质量。绞丝的长度以纱框长度乘圈数求得。

6 结果计算

6.1 线密度按式(2)计算：

$$T = \frac{x_i}{L} \times 10\ 000 \qquad \cdots\cdots (2)$$

式中：

T——线密度，单位为分特(dtex)；

x_i——第 i 个试样调湿质量，单位为克(g)；

L——试样长度，单位为米(m)。

6.2 单丝线密度按式(3)计算：

$$T_d = T/N \qquad \cdots\cdots (3)$$

式中：

T_d——实测单丝线密度，单位为分特(dtex)；

T——复丝线密度，单位为分特(dtex)；

N——复丝根数。

6.3 线密度偏差率按式(4)计算：

$$D_d(\%) = \frac{A-B}{B} \times 100 \qquad \cdots\cdots (4)$$

式中：

D_d——线密度偏差率，%；

A——线密度测定值，单位为分特(dtex)；

B——线密度名义值，单位为分特(dtex)。

6.4 单丝根数偏差率按式(5)计算：

$$D_N(\%) = \frac{N_A - N_B}{N_B} \times 100 \qquad \cdots\cdots (5)$$

式中：

D_N——单丝根数偏差率，%；

N_A——单丝根数测定值，单位为根；

N_B——单丝根数名义值，单位为根。

6.5 当要对每个试样统计分析时见附录 C。

7 数据修约

各项试验结果按 GB/T 8170 规定修约，线密度、线密度偏差率修约到小数点后一位；变异系数修约到小数点后两位。

8 允差

如果需要，生产厂应确定批量产品线密度的允差。

9 试验报告

试验报告包括：

a) 样品的名称和规格；

b) 被选作批量样品包装件的号码标识；

c) 采用的试验方法及所有的试验参数；

d) 实验室样品的个项性能测试结果，如果计算标准偏差和变异系数，则要写入报告；

e) 经协商后对试验步骤的修改提示及其他与本标准不一致的部分；

f) 观察到的异常现象；

g) 试验人员，试验日期。

附　录　A
（资料性附录）
快速调湿方法

A.1　本方法规定了试样快速调湿的时间。

A.2　在有争议的情况下，需经有关各方协商之后方能采用。

A.3　绞状或单根试样的快速调湿时间见表A.1。

表 A.1　快速调湿时间表

试样的标准回潮率/%	最少调湿时间/h
2以上～13	4
2及以下	2

附 录 B
（资料性附录）
预加张力的求取方法

B.1 当某些试样不适应正文中规定的预加张力时，可用本方法求取预加张力。

B.2 预加张力的求取试验在 CRE 单纱强伸仪进行。

B.3 在试验仪上用试样作拉伸试验得到负荷-伸长曲线，见图 B.1。

B.4 从图上负荷零点附近取负荷变化随伸长变化最大的 A 点作切线与伸长轴相交于 E，再由 E 作垂线与负荷-伸长曲线相交于 F_o，F_o 所表示的负荷值就是试样的预加张力值。

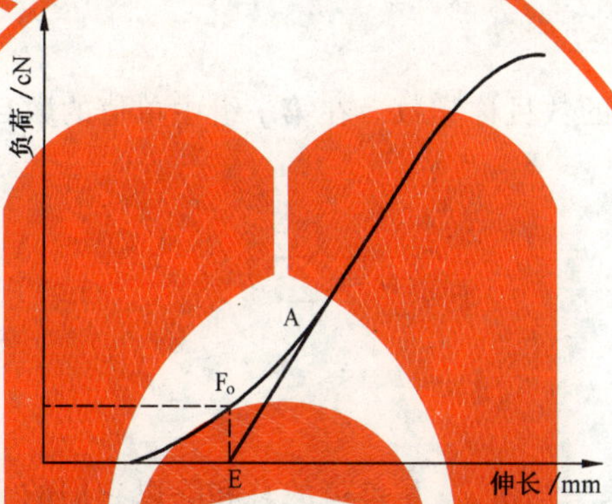

图 B.1 负荷-伸长曲线

附 录 C
（规范性附录）
统计：术语和计算

C.1 单值

每一次测定的结果称为试验单值。由一个样品的每一次测定值计算得到的算术平均值，称为该样品的单值。以各样品的单值参加计算实验室样品的算术总平均值，这些样品单值称为一组单值。

C.2 频数

每个实验室样品中一组单值的数目称频数。在第 j 组中单值的数目用 n_j 表示。k 表示组的数目。

单值总数 n 按式(C.1)计算：

$$n = \sum_{j=1}^{k} n_j \qquad \text{(C.1)}$$

C.3 算术平均值

单值 $x_1, x_2, x_3, \cdots, x_n$ 的算术平均值 $\bar{x}_i$ 是单值的总和除以它们的个数(n)，见式(C.2)：

$$\bar{x}_i = \frac{x_1 + x_2 + \cdots + X_n}{n} = \frac{\sum_{i=1}^{n} x_i}{n} \qquad \text{(C.2)}$$

在由 k 组组成的频数表中。算术平均值 $\bar{y}_i$ 按式(C.3)计算：

$$\bar{y}_j = \frac{n_1 y_1 + n_2 y_2 + \cdots + n_k y_k}{n} = \frac{\sum_{j=1}^{k} n_j y_j}{n} \qquad \text{(C.3)}$$

C.4 算术总平均值

不论如何分组(见单值)，一组单值的总平均即为算术总平均值($\bar{x}$ 和 $\bar{y}$)。只有在各组所含的单值个数相同时，算术总平均值 $\bar{\bar{x}}_i$ 可由各组的算术平均值计算得到，见式(C.4)：

$$\bar{\bar{x}}_i = \frac{\bar{x}_1 + \bar{x}_2 + \cdots + \bar{x}_g}{g} = \frac{\sum_{i=1}^{g} \bar{x}_i}{g} \qquad \text{(C.4)}$$

C.5 方差和标准偏差

一组单值的方差(s^2)是各单值与算术总平均值之差的平方和除以单值个数减一，即($n-1$)，见式(C.5)：

$$s^2 = \frac{\sum_{i=1}^{n} (\bar{x}_i - \bar{x})^2}{n-1} \qquad \text{(C.5)}$$

一组单值的标准偏差 s 是方差的平方根，见式(C.6)：

$$s=\sqrt{\frac{\sum_{i=1}^{n}(\bar{x}_i-\bar{x})^2}{n-1}} \qquad \text{(C.6)}$$

式中：

n——样品的个数；

$\bar{x}_i$——单个样品的算术平均值；

$\bar{x}$——实验室样品的算术总平均值。

在频数分布的情况下，按式(C.7)或式(C.8)进行计算：

$$s^2=\frac{\sum_{i=1}^{n}\eta_j(\bar{y}_j-\bar{y})^2}{n-1} \qquad \text{(C.7)}$$

或

$$s=\sqrt{\frac{\sum_{i=1}^{n}\eta_j(\bar{y}_j-\bar{y})^2}{n-1}} \qquad \text{(C.8)}$$

C.6 变异系数

变异系数(CV_b)为标准偏差与算术平均值之比值，按式(C.9)或式(C.10)计算：

$$CV_b=\frac{s}{x}\times 100 \qquad \text{(C.9)}$$

或

$$CV_b=\frac{s}{y}\times 100 \qquad \text{(C.10)}$$

式中：

CV_b——变异系数，%。

C.7 置信界限

一组单值的 n 次试验值近似正态分布。在实验室样品的算术总平均值($\bar{x}$)左右，对称地划定一个区间，使所试验的真实算术平均值以给定的百分率(本标准要求 95%)落在该区间中。

注：该百分率称为置信水平，置信水平有时以 0 和 1 之间的数字表示，但通常以百分率表示。

从($\bar{x}-c$)到($\bar{x}+c$)的区间称为置信区间，($\bar{x}-c$)和($\bar{x}+c$)称为置信界限。

在规定的置信水平下，置信区间的半宽值 c 是由算术总平均值来估计批量样品的真实算术平均值，所产生误差的最大值。置信区间的半宽值由式(C.11)得出：

$$c=t\frac{s}{\sqrt{n}} \qquad \text{(C.11)}$$

式中：

t——系数(在所要求的 95%置信水平下，可从与 n 成函数关系的表 C.1 得到)；

s——标准偏差；

n——单值的个数。

注：当对仪器方面的精度要求足够严格时，系统误差可以忽略不计。通常以算术总平均值的百分率 C 来表示半宽值 c，见式(C.12)或式(C.13)：

$$C(\%)=\frac{c}{\bar{x}}\times 100 \qquad \text{(C.12)}$$

或

$$C(\%) = t\frac{CV_b(\%)}{\sqrt{n}} \qquad \cdots\cdots(C.13)$$

表 C.1　n 与 t 的函数关系表

n	t	n	t	n	t
4	3.18	15	2.14	26	2.06
5	2.78	16	2.13	27	2.06
6	2.57	17	2.12	28	2.05
7	2.45	18	2.11	29	2.05
8	2.36	19	2.10	30	2.04
9	2.31	20	2.09	31～40	2.03
10	2.26	21	2.09	41～60	2.01
11	2.23	22	2.08	61～120	1.99
12	2.20	23	2.07	121～230	1.97
13	2.18	24	2.07	>230	1.96
14	2.16	25	2.06		

试验中个别试样不符合正态分布。因此需要从批量样品中取得的一系列实验室样品进行独立的试验。每个实验室样品试验多个试样，按第 C.3 章计算该实验室样品一系列单值的算术平均值。按第 C.5 章计算每个实验室样品的每组单值算术平均值对算术总平均值的标准偏差。算术总平均值的置信界限可由该标准偏差计算，此处 n 为所测试的实验室样品个数。

C.8　试验数量的再确定

按 GB/T 6502 规定抽取实验室样品经测试后，若未能达到规定的置信区间，就有必要增加试验次数。如果已经作了 n 次测试，计算标准偏差 s 或变异系数 CV_b，超过规定的置信区间。为了到达所要求的置信区间半宽值 c^* 或 C^*，试验次数应增加 m 次，m 按式(C.14)或式(C.15)计算：

$$m = t^2 \times \frac{s^2}{c^{*2}} - n \qquad \cdots\cdots(C.14)$$

或

$$m = t^2 \times \frac{CV_b^2}{C^{*2}} - n \qquad \cdots\cdots(C.15)$$

式中：

t——表 C.1 中与 n 值相对应的值。

在这种情况下，用$(m+n)$次试验结果计算平均值和置信区间，且检查新的置信区间是否满足要求。

ICS 59.060.01
W 50

中华人民共和国国家标准

GB/T 14344—2008
代替 GB/T 14344—2003

化学纤维　长丝拉伸性能试验方法

Testing method for tensile of man-made filament yarns

(BISFA—2004, Testing methods For polyester filament yarns, BISFA—2004, Testing methods for polyamide filament yarns, BISFA—1997, Testing methods for viscose, copro, acetate, triacetate and lyocell filament yarns, NEQ)

2008-06-18 发布　　　　2009-03-01 实施

中华人民共和国国家质量监督检验检疫总局
中国国家标准化管理委员会　发布

前　言

本标准与 BISFA—2004《涤纶长丝纱试验方法》、BISFA—2004《锦纶长丝纱试验方法 》、BISFA—1997《粘胶、铜氨、醋酸、三醋酯、莱赛尔长丝纱试验方法》中拉伸性能部分的一致性程度为非等效。

本标准代替 GB/T 14344—2003《合成纤维长丝拉伸性能试验方法》。

本标准与 GB/T 14344—2003 相比主要变化如下：

——修改了适用范围，由合成纤维长丝扩大至纤维素纤维长丝(见第 1 章)；

——修改了计算结果的数字修约(2003 年版的 8.1、8.9；本版的 8.8) ；

——修改了调湿和试验用标准大气条件和时间：(2003 年版的第 6 章；本版的 6.2)；

——增加了散件样品的取样要求(见 6.1.1)；

——增加了预加张力负荷的计算(见 6.3.1)；

——将原标准中的统计部分调整为本标准的附录 C。

本标准的附录 C 为规范性附录，附录 A、附录 B 为资料性附录。

本标准由中国纺织工业协会提出。

本标准由上海市纺织工业技术监督所归口。

本标准起草单位：江苏恒力化纤有限公司、纺织工业化纤产品质量监督中心、石油工业合成纤维质量监督检验中心、江苏盛虹化纤有限公司、保定天鹅化纤股份有限公司、新乡化纤股份有限公司。

本标准主要起草人：丁建中、陆秀琴、张语石、程前、陈洁龄、刘初峰、雷鸣。

本标准所代替标准的历次版本发布情况为：

——GB/T 14344—1993、GB/T 14344—2003。

化学纤维 长丝拉伸性能试验方法

1 范围

本标准规定了聚酯(涤纶)、聚酰胺(锦纶)、聚丙烯(丙纶)、纤维素纤维等化学长丝拉伸性能的试验方法。

本标准适用于化学纤维长丝(预取向丝、牵伸丝、变形丝等)。从织物中抽出来的化学纤维长丝可参照使用。

本标准不适用于张力自 0.05 cN/dtex 增加到 0.1 cN/dtex 时,伸长率大于 0.5%的长丝。

2 规范性引用文件

下列文件中的条款通过本标准的引用而成为本标准的条款。凡是注日期的引用文件,其随后所有的修改单(不包括勘误的内容)或修订版均不适用于本标准,然而,鼓励根据本标准达成协议的各方研究是否可使用这些文件的最新版本。凡是不注日期的引用文件,其最新版本适用于本标准。

GB/T 3291.1 纺织 纺织材料性能和试验术语 第1部分:纤维与纱线

GB/T 3291.3 纺织 纺织材料性能和试验术语 第3部分:通用

GB/T 6502 合成纤维长丝取样方法

GB/T 6529 纺织品的调湿和试验用标准大气

GB/T 8170 数值修约规则

GB/T 14343 合成纤维长丝线密度试验方法

3 术语和定义

GB/T 3291.1 和 GB/T 3291.3 中确立的以及下列术语和定义适用于本标准。

4 原理

在规定条件下,在等速拉伸仪上将纤维拉至断裂,从强力-伸长曲线或数据显示或数据采集系统中得到试样的断裂强力、断裂伸长、定负荷伸长、定伸长负荷、初始模量和断裂功等拉伸性能的测定值。

5 装置和材料

5.1 等速伸长型试验仪(CRE),装载试样可以手动或使用自动装载装置。仪器应配备如下装置:

a) 电子测力装置。

b) 能绘出强力-伸长曲线的自动记录仪或数据收集系统。数据收集系统的数据采集速率应足够高,以满足实际强力和指示强力之间的最大允许差异小于实际强力的1%和实际伸长与指示伸长之间的最大允许差异小于 0.5 mm 的要求。

c) 夹持器。夹持器应满足以下要求:

1) 夹持器可以在规定的隔距长度处夹住试样;

2) 夹持器可以把隔距长度设定到至少 250 mm;

3) 动夹持器以恒定的速度移动,速度变异小于 4%;

4) 在连续试验期间,动夹持器回复到不同起始位置的最大允许差异小于 0.25 mm;

5) 夹持器应能夹住试样且没有滑移,也不能损伤试样而造成在钳口处断裂。

注1:夹持器标准型的钳口应是平面无衬垫的,但如果不能防止试样的滑移,根据协议可以使用其他形式的夹

持器。例如,有衬垫夹面的夹持器或缆柱型夹持器。

注 2:由于夹持器的型式对试样的断裂伸长率可能会产生一定的影响,有关各方应使用同类型的夹持器。

5.2 其他试验工具和材料:

a) 缕纱测长仪:用于将实验室样品制备成试验丝缕;

b) 纱框或类似的装置:用于零张力下支撑试验丝缕,使长丝顺利地转移到拉伸试验仪上;

c) 旋转筒子架:用于支撑实验室样品,使试样易于在低张力下转移;

d) 可伸缩筒:对于加捻长丝,为了避免在调湿或松弛过程中退捻,要有可伸缩筒;

e) 容器:用于在水中浸渍试样;

f) 蒸馏水、软水或去离子水等;

g) 0.1%非离子型表面活性剂水溶液。

6 试验通则

6.1 取样

6.1.1 实验室样品抽取

——散件实验室样品按需取出;

——批量样品中实验室样品抽取按 GB/T 6502 规定。

6.1.2 试样制备

a) 对于无支撑卷装,按 GB/T 6502 规定取出实验室样品(卷装),为了试样能顺利地转移到拉伸试验仪上,可用 5.2a)规定的缕纱测长仪制成丝缕。

b) 从织物中拆取的长丝试样(不适合使用自动试验)。织物样品应充分满足试样数量和长度的要求。在拆取试样的过程中,应小心避免捻度的损失和使试样受意外张力。

1) 机织物:经向试样应取自不同的经纱,纬向试样应尽量从不同的区域中随机拆取有代表性的纱线。

2) 针织物:试样应尽量代表不同的纱线。

不要抽取在运输途中意外受潮、擦伤或包装已经打开的卷装。

6.2 调湿和试验用标准大气

采用 GB/T 6529 规定的纺织品的调湿和试验用标准大气。

6.2.1 预调湿

当试样回潮率超过公定回潮率时,需要进行预调湿:

a) 温度不超过 50 ℃;

b) 相对湿度 5%~25%;

c) 时间大于 30 min。

6.2.2 调湿和试验用标准大气

6.2.2.1 涤纶、丙纶长丝

a) 温度(20±2)℃;

b) 相对湿度(65±5)%;

c) 调湿时间 4 h。

6.2.2.2 其他纤维长丝

a) 温度(20±2)℃;

b) 相对湿度(65±2)%;

c) 推荐调湿时间 16 h。

双方约定调湿时间可参见附录 A。

6.3 试验条件

6.3.1 预加张力

6.3.1.1 试样的预加张力按式(1)计算：

$$F = P \times T \quad \cdots\cdots\cdots\cdots(1)$$

式中：

F——预加张力负荷，单位为厘牛(cN)；

T——试样的名义线密度，单位为分特(dtex)；

P——单位线密度的预加张力，单位为厘牛每分特(cN/dtex)。

6.3.1.2 单位线密度的预加张力：

a) 牵伸丝、预取向丝、双收缩丝、空气变形丝为(0.05±0.005)cN/dtex；

b) 变形丝为(0.20±0.02)cN/dtex；

c) 纤维素纤维类为(0.05±0.005)cN/dtex，测定湿态断裂强力和伸长时为干态时二分之一。

对于不适合以上规定的标准预张力的长丝，可按附录B求取后规定其他值。在所有情况下，预张力都按名义线密度计算。

6.3.2 夹持距离

当试样的平均断裂伸长率小于50%时为(500±1.0)mm；

当试样的平均断裂伸长率大于等于50%时为(250±1.0)mm。

注：如有关各方同意也可以采用其他夹持距离。

6.3.3 拉伸速度

按表1规定选择动夹持器的位移速度。

表1 试验速度

断裂伸长率/%	隔距长度/mm	动夹持器的速度	
		每分钟移动的距离（以隔距长度的百分率表示）/%	动夹持器速度/(mm/min)
<3	500	10	50
≥3～<8	500	50	250
≥8～<50	500	100	500
≥50	250	400	1 000
注：如相关方同意也可以采用其他拉伸速度。			

6.3.4 强力量程

选择强力量程，应使断裂强力落在所选满量程的20%～90%范围内。

6.3.5 伸长量程

选择伸长量程，应使断裂伸长落在所选满量程的20%～90%范围内。

6.3.6 隔距调整

夹持试样前，应检查钳口是否相互对齐和平行，应确保受力后夹钳不歪斜。

6.4 试验次数

试验的次数根据不同情况规定如下：

a) 散件实验室样品：每个卷装试验两次以上且每批样品的试验总次数不低于20次；

b) 批量实验室样品：每个卷装试验两次；

c) 除规定的实验室样品卷装数，对确定为95 %置信水平时，当置信区间半宽值与总平均值的差异超出±2.5%(对于断裂强力)或±5 %(对于断裂伸长率)，则需按附录C规定增加卷装数；

d) 仲裁检验时对按6.1所取的每个实验室样品各试验5份试样。

7 试验步骤

7.1 干态断裂强力和断裂伸长的测定

7.1.1 操作条件

同6.3。

7.1.2 装样方法

7.1.2.1 手动装样

7.1.2.1.1 预张力起动

把经调湿平衡的实验室样品，去掉表层数十米以后，将一端引入上夹持器的钳口中并拧紧，小心地防止丝的捻度变化或意外拉伸。把试样的另一端引入下夹持器的钳口中并在未拧紧端加上一个预张力砝码或拖动丝端以施加一个规定的预张力。确保长丝定位于夹持器的钳口中心位置，拧紧下夹持器。

注：除采用静负荷加载法——加预加张力砝码外，也可以采用弹簧或气动机构等预加张力装置。

7.1.2.1.2 松弛起动

把调湿平衡的实验室样品，去掉表层数十米以后，将试样的一端引入夹持器的一个钳口中并拧紧，再把试样的另一端引入在第二个钳口中，并保持试样正好处在松弛状态(张力正好为零)。确保长丝处在夹持器钳口的中心位置，拧紧夹持器。

注：采用松弛起动时，起始长度不是确切的500 mm，但当拧紧夹持器时，由于试样是松弛的，其长度总是稍长一些。如果伸长率是按8.1.2规定计算，这个附加的长度不影响试验结果。

7.1.2.2 自动装样

把经调湿平衡的实验室样品，去掉表层数十米后，放在自动强力机的筒子架上，并把丝端装入拉伸试验仪的夹持装置里，设定试验程序。

7.1.3 试验

起动拉伸试验仪，并让其在规定的条件下运行。

7.1.4 注意事项

操作者应查明在试验过程中不会因滑移而产生虚假的增长。废弃因打滑或在离夹持器边缘10 mm内断裂的所有测定值，如废弃次数超过总次数的10%，应检修或调换夹持器，并重新进行试验。

7.2 钩接强力测定

7.2.1 操作条件

同6.3，但预加张力为其规定的两倍。

7.2.2 装样方法

7.2.2.1 预张力起动

把经调湿平衡的实验室样品，去掉表层数十米以后，取出两根试样，每根长60 cm以上，按图1相互钩接，将一根试样的两端夹入上夹持器的钳口中并拧紧，把另一根试样的两端引入下夹持器钳口中并在未拧紧端加上规定的预张力砝码或拖动丝端以施加一个规定的预张力。确保试样钩接处在上、下夹持器之间的中间位置和试样定位于夹持器钳口的中心位置，拧紧下夹持器。

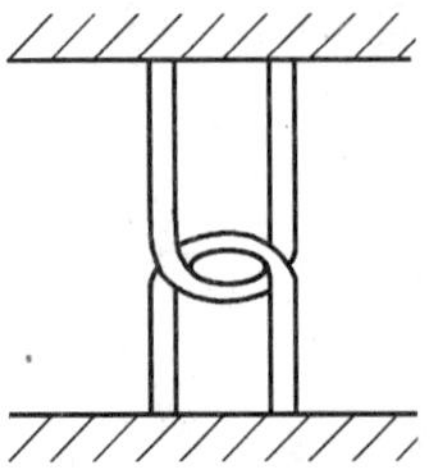

图1 试样钩接图

7.2.2.2 松弛起动

把经调湿平衡的实验室样品，去掉表层数十米以后，取出两根试样，每根长度 60 cm 以上，按图 1 相互钩接，将一根试样的两端引入夹持器的一个钳口中并拧紧，把另一根试样的两端引入第二个钳口中，并保持试样正好处在松弛状态(张力正好为零)。确保试样钩接处在上、下夹持器之间的中间位置和试样定位于夹持器之间的中间位置，拧紧夹持器。

7.2.3 试验

同 7.1.3。

7.2.4 注意事项

在钩接处以外断裂数据应剔除。计算钩接强度时线密度为实测线密度的两倍。

7.3 打结强力测定

7.3.1 操作条件

同 6.3。

7.3.2 装样方法

按 7.1.2.1 规定的手动程序装样。其中：每根试样的长度在 60 cm 以上，并按图 2 规定打结，装样时将打结处定位于上、下夹持器之间的中间位置。

a) "Z"捻打结法　　b) "S"捻打结法

图 2 试样打结方法图

7.3.3 试验

同 7.1.3。

7.3.4 注意事项

不在打结处断裂数据应剔除。

7.4 湿态断裂强力和断裂伸长的测定

7.4.1 操作条件

同 6.3。

7.4.2 装样方法

按 7.1.2.1 规定的手动程序装样。但试样制备方法如下：

a) 按 6.2 规定所取的实验室样品，不需要进行调湿平衡。

b) 废弃实验室样品表层的数十米丝后，取一根试样(长度 60 cm 以上)，夹住两端以防捻度损失，将它浸入温度为(20±2)℃的蒸馏水或去离子水中(纤维素纤维浸入蒸馏水中约 2 min 即可)。

c) 对于抗润湿的试样，可以用浓度不超过 0.1%的非离子型表面活性剂水溶液使之充分浸透。整个浸湿操作期间，应避免捻度损失和试样受意外拉伸。

7.4.3 试验

同 7.1.3。

7.4.4 注意事项

7.4.4.1 应注意试样从浸渍槽中取出至试样断裂不得超过 2 min。

7.4.4.2 浸渍槽中的蒸馏水或去离子水至少在一周内更换一次。

7.5 数据收集

从强力-伸长曲线或数据显示或数据采集系统中确定每次试验的断裂强力、断裂伸长、定负荷伸长、定伸长负荷、模量等各项性能指标测定值，以及有关各方协议中规定的所有其他参数。

8 结果计算

8.1 断裂伸长率

8.1.1 预张力起动时，断裂伸长率按式(2)计算：

$$\varepsilon = \frac{E}{L_0} \times 100 \qquad \cdots\cdots(2)$$

式中：

ε——断裂伸长率，%；

E——伸长值，单位为毫米(mm)；

L_0——起始长度，单位为毫米(mm)。

8.1.2 在松弛起动情况下起始长度按式(3)计算：

$$L_0 = (L_s + D) \qquad \cdots\cdots(3)$$

式中：

L_s——起动时的隔距长度，单位为毫米(mm)；

D——动夹持器从起始位置到强力等于标准预张力时的位移，单位为毫米(mm)。

8.2 断裂强度

断裂强度按式(4)计算：

$$\sigma = \frac{F}{T} \qquad \cdots\cdots(4)$$

式中：

σ——断裂强度，单位为厘牛每分特(cN/dtex)；

F——试样的断裂强力，单位为厘牛(cN)；

T——同一实验室样品测得的平均线密度，单位为分特(dtex)。

8.3 模量

模量按式(5)计算：

$$CM = \frac{(F_1 - F_2) \times 10^3}{(E_1 - E_2) \times T} \qquad \cdots\cdots(5)$$

式中：

CM——模量，单位为牛每特(N/tex)；

F_1——强力-伸长曲线上点1处的强力，单位为牛(N)；

F_2——强力-伸长曲线上点2处的强力，单位为牛(N)；

E_1——对应于 F_1 处的伸长率，%；

E_2——对应于 F_2 处的伸长率，%；

T——同一实验室样品上测得的线密度，单位为分特(dtex)。

注：点 F_1，F_2，或者 E_1，E_2 应加以规定，并经有关各方商定。

8.4 断裂功

断裂功按式(6)计算：

$$\bar{\omega} = A \times B \times C \times 10^{-1} \qquad \cdots\cdots(6)$$

式中：

$\bar{\omega}$——断裂功，单位为牛·厘米(N·cm)；

A——强力-伸长曲线下面所包含的面积(可用求积仪或积分仪求得)，单位为平方毫米(mm^2)；

B——强力刻度系数，单位为牛每毫米(N/mm)；

C——伸长率刻度系数[图上单位长度(1 mm)代表的试样伸长长度]，单位为毫米(mm)。

8.5 断裂韧度(断裂比功)

断裂韧度(断裂比功)按式(7)计算：

$$EM = \frac{A \times B \times C}{L_0 \times T} \times 10^4 \quad \cdots\cdots(7)$$

式中：

EM——断裂韧度，单位为焦耳每克(J/g)；

A——强力-伸长曲线下所包含的面积，单位为平方毫米(mm^2)；

B——强力刻度系数，单位为牛每毫米(N/mm)；

C——伸长刻度系数[图上单位长度(1 mm)代表的试样伸长长度]，单位为毫米(mm)；

L_0——在规定预加张力下试样的起始长度，单位为毫米(mm)；

T——同一实验室样品测得的线密度，单位为分特(dtex)。

8.6 测定线密度

按 GB/T 14343 规定，测定同一实验室样品的线密度。

8.7 统计分析

当要对每个试样统计分析时见附录 C。

8.8 数据修约

各项试验结果按 GB/T 8170 规定修约，断裂强力、断裂强度、模量、变异系数等修约到小数点后两位，断裂伸长率修约到小数点后一位。如果仪器受限，以仪器的最高有限位数为准。

8.9 结果计算

计算每个实验室样品测定值的算术平均值，并用这些算术平均值计算货批的算术总平均值。

9 允差

如果需要，生产厂应规定货批断裂强度、断裂伸长率和其他参数的允差。

10 试验报告

试验报告包括：

a) 样品的名称和规格；

b) 被选作批量样品包装件的号码标识；

c) 采用的试验方法及所有的试验参数；

d) 实验室样品的个项性能测试结果，如果计算标准偏差和变异系数，则要写入报告；

e) 经协商后对试验步骤的修改提示及其他与本标准不一致的部分；

f) 观察到的异常现象；

g) 试验人员，试验日期。

附　录　A
（资料性附录）
快速调湿方法

A.1　本方法规定了试样快速调湿的时间。

A.2　在有争议的情况下，本方法需经有关各方协商之后方能采用。

A.3　调湿时间见表 A.1。

表 A.1　快速调湿时间

试样的标准回潮率/%	最少调湿时间/h
2 以上～13	4
2 及以下	2

附　录　B
（资料性附录）
预加张力求取方法

B.1　对某些试样，如 6.3.1 规定的预加张力不适用时，可由有关各方协商按下列方法确定。

B.2　试验在等速伸长(CRE)试验仪上进行。

B.3　按 7.1.2.1.2 手动装样的松弛启动程序，在试样呈松弛状态下进行拉伸试验，得出的强力-伸长曲线如图 B.1 所示。

在强力-伸长曲线原点附近取强力变化随伸长变化最大点 A，作切线与伸长轴相交于 E，由 E 作垂线与强力-伸长曲线相交于 F_0，F_0 所示的强力值即为所求的预加张力。

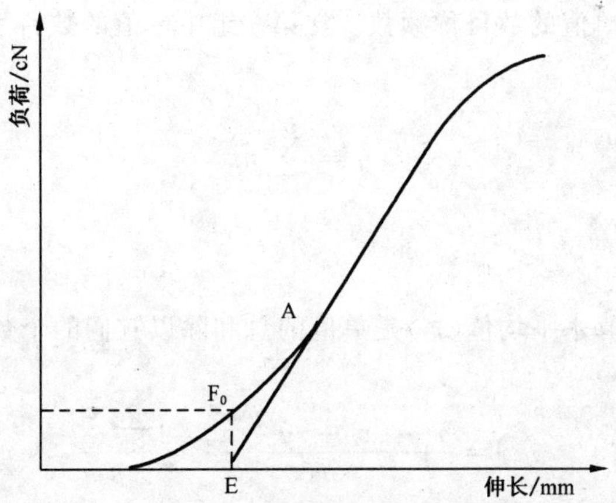

图 B.1　负荷-伸长曲线

附　录　C
（规范性附录）
统计：术语和计算

C.1　单值

每一次测定的结果称为试验单值。由一个样品的每一次测定值计算得到的算术平均值，称为该样品的单值。以各样品的单值参加计算实验室样品的算术总平均值，这些样品单值称为一组单值。

C.2　频数

每个实验室样品中一组单值的数目称频数。在第 j 组中单值的数目用 n_j 表示。k 表示组的数目。单值总数 n 按式(C.1)计算：

$$n = \sum_{j=1}^{k} n_j \qquad \text{(C. 1)}$$

C.3　算术平均值

单值 $x_1, x_2, x_3, \cdots x_n$ 的算术平均值($\bar{x}_i$)是单值的总和除以它们的个数(n)，见式(C.2)。

$$\bar{x}_i = \frac{x_1 + x_2 + \cdots + x_n}{n} = \frac{\sum_{i=1}^{n} x_i}{n} \qquad \text{(C. 2)}$$

在由 k 组组成的频数表中，算术平均值($\bar{y}_j$)按式(C.3)计算：

$$\bar{y}_j = \frac{n_1 y_1 + n_2 y_2 + \cdots + n_k y_k}{n} = \frac{\sum_{j=1}^{k} n_j y_j}{n} \qquad \text{(C. 3)}$$

C.4　算术总平均值

不论如何分组(见单值)，一组单值的总平均即为算术总平均值($\bar{x}$ 和 $\bar{y}$)。只有在各组所含的单值个数相同时，算术总平均值($\bar{\bar{x}}_i$)可由各组的算术平均值计算得到，见式(C.4)。

$$\bar{\bar{x}}_i = \frac{\bar{x}_1 + \bar{x}_2 + \cdots + \bar{x}_g}{g} = \frac{\sum_{i=1}^{g} \bar{x}_i}{g} \qquad \text{(C. 4)}$$

C.5　方差和标准偏差

一组单值的方差(s^2)是各单值与算术平均值之差的平方和除以单值个数减一，即($n-1$)，见式(C.5)。

$$s^2 = \frac{\sum_{i=1}^{n} (\bar{x}_i - \bar{x})^2}{n = 1} \qquad \text{(C. 5)}$$

一组单值的标准偏差(s)是方差的平方根：

$$s = \sqrt{\frac{\sum_{i=1}^{n} (\bar{x}_i - \bar{x})^2}{n - 1}} \qquad \text{(C. 6)}$$

式中：

n——样品的个数；

$\bar{x}_i$——单个样品的算术平均值；

$\bar{x}$——实验室样品的算术总平均值。

在频数分布的情况下，按式(C.7)或式(C.8)进行计算：

$$s^2=\frac{\sum_{i=1}^{n}\eta_j(\bar{y}_j-\bar{y})^2}{n-1} \qquad \text{(C.7)}$$

或

$$s=\sqrt{\frac{\sum_{i=1}^{n}\eta_j(\bar{y}_j-\bar{y})^2}{n-1}} \qquad \text{(C.8)}$$

C.6　变异系数

标准偏差与算术平均值之比值，见式(C.9)或式(C.10)。

$$CV_b=\frac{s}{\bar{x}}\times 100 \qquad \text{(C.9)}$$

或

$$CV_b=\frac{s}{\bar{y}}\times 100 \qquad \text{(C.10)}$$

式中：

CV_b——变异系数，%。

C.7　置信界限

一组单值的 n 次试验值近似正态分布。在实验室样品的算术总平均值($\bar{x}$)左右，对称地划定一个区间，使所试验的真实算术平均值以给定的百分率(本标准要求 95%)落在该区间中。

注：该百分率称为置信水平，置信水平有时以 0 和 1 之间的数字表示，但通常以百分率表示。

从($\bar{x}-c$)到($\bar{x}+c$)的区间称为置信区间，($\bar{x}-c$)和($\bar{x}+c$)称为置信界限。

在规定的置信水平下，置信区间的半宽值 c 是由算术总平均值来估计批量样品的真实算术平均值，所产生误差的最大值。置信区间的半宽值由式(C.11)得出：

$$c=t\frac{s}{\sqrt{n}} \qquad \text{(C.11)}$$

式中：

t——系数(在所要求的 95%置信水平下，可从与 n 成函数关系的表 C.1 得到)；

s——标准偏差；

n——单值的个数。

注：当对仪器方面的精度要求足够严格时，系统误差可以忽略不计。通常以算术总平均值的百分率 C 来表示半宽值 c，见式(C.12)或式(C.13)。

$$C=\frac{c}{\bar{x}}\times 100 \qquad \text{(C.12)}$$

或

$$C=t\frac{CV_b(\%)}{\sqrt{n}} \qquad \text{(C.13)}$$

表 C.1 *n* 与 *t* 的函数关系表

n	*t*	*n*	*t*	*n*	*t*
4	3.18	15	2.14	26	2.06
5	2.78	16	2.13	27	2.06
6	2.57	17	2.12	28	2.05
7	2.45	18	2.11	29	2.05
8	2.36	19	2.10	30	2.04
9	2.31	20	2.09	31～40	2.03
10	2.26	21	2.09	41～60	2.01
11	2.23	22	2.08	61～120	1.99
12	2.20	23	2.07	121～230	1.97
13	2.18	24	2.07	＞230	1.96
14	2.16	25	2.06		

试验中个别试样不符合正态分布。因此需要从批量样品中取得的一系列实验室样品进行独立的试验。每个实验室样品试验多个试样，按第 C.3 章计算该实验室样品一系列单值的算术平均值。按第 C.5 章计算每个实验室样品的每组单值算术平均值对算术总平均值的标准偏差。算术总平均值的置信界限可由该标准偏差计算，此处 n 为所测试的实验室样品个数。

C.8 试验数量的再确定

按 GB/T 6502 规定抽取实验室样品经测试后，若未能达到规定的置信区间，就有必要增加试验次数。如果已经作了 n 次测试，计算标准偏差 s 或变异系数 CV_b。如超过规定的置信区间，为了到达所要求的置信区间半宽值 c^* 或 C^*，试验次数应增加 m 次，m 按式(C.14)或式(C.15)计算：

$$m = t^2 \times \frac{s^2}{c^{*2}} - n \qquad \text{(C.14)}$$

或

$$m = t^2 \times \frac{CV_b^2}{C^{*2}} - n \qquad \text{(C.15)}$$

式中：

t——表 C.1 中与 n 值相对应的值。

在这种情况下，用$(m+n)$次试验结果计算平均值和置信区间，且检查新的置信区间是否满足要求。

ICS 59.060.01
W 50

中华人民共和国国家标准

GB/T 14345—2008
代替 GB/T 14345—2003

化学纤维　长丝捻度试验方法

Testing method for twist of man-made filament

(BISFA—2004, Testing methods for polyester filament yarns,
BISFA—2004, Testing methods for polyamide filament yarns,
BISFA—1997, Testing methods for viscose, cupro, acetate,
triacetate and lyocell filament yarns, NEQ)

2008-06-18 发布　　2009-03-01 实施

中华人民共和国国家质量监督检验检疫总局
中国国家标准化管理委员会　发布

前　言

本标准与 BISFA《涤纶长丝纱试验方法 》(2004 年)、BISFA《锦纶长丝纱试验方法 》(2004 年)、BISFA《粘胶、铜氨、醋酸、三醋酯、莱赛尔长丝纱试验方法》(1997 年)中捻度部分的一致性程度为非等效。

本标准代替 GB/T 14345—2003《合成纤维长丝捻度试验方法》。

本标准与 GB/T 14345—2003 相比主要变化如下：

——修改了适用范围，由合成纤维长丝扩大至纤维素化学纤维长丝；

——修改了调湿和试验用标准大气条件和时间；

——增加了预调湿温度、相对湿度和时间；

——增加了预加张力负荷的计算；

——增加了散件样品的取样要求；

——修改了计算结果的数值修约；

——将原标准中的统计部分调整为本标准的附录 C。

本标准的附录 C 为规范性附录，附录 A 和附录 B 均为资料性附录。

本标准由中国纺织工业协会提出。

本标准由上海市纺织工业技术监督所归口。

本标准起草单位：纺织工业化纤产品质量监督中心、保定天鹅化纤股份有限公司、新乡化纤股份有限公司。

本标准主要起草人：杨艳、贾素芬、刘初峰、陈敏。

本标准所代替标准的历次版本发布情况为：

——GB/T 14345—1993、GB/T 14345—2003。

化学纤维　长丝捻度试验方法

1　范围

本标准规定了聚酯(涤纶)、聚酰胺(锦纶)、聚丙烯(丙纶)、纤维素纤维等化学纤维长丝捻度的试验方法。

本标准适用于具有捻度的化学纤维长丝捻度的测定。从织物中抽出的化学纤维长丝可参照使用。

本标准不适用于张力自 0.05 cN/dtex 增加到 0.1 cN/dtex 时,伸长率大于 0.5%的长丝。

2　规范性引用文件

下列文件中的条款通过本标准的引用而成为本标准的条款。凡是注日期的引用文件,其随后所有的修改单(不包括勘误的内容)或修订版均不适用于本标准,然而,鼓励根据本标准达成协议的各方研究是否可使用这些文件的最新版本。凡是不注日期的引用文件,其最新版本适用于本标准。

GB/T 3291.1　纺织　纺织材料性能和试验术语　第 1 部分:纤维与纱线

GB/T 3291.3　纺织　纺织材料性能和试验术语　第 3 部分:通用

GB/T 6502　合成纤维长丝取样方法

GB/T 6529　纺织品的调湿和试验用标准大气

GB/T 8170　数值修约规则

3　术语和定义

GB/T 3291.1、GB/T 3291.3 确立的术语和定义适用于本标准。

4　原理

在一定张力下,固定试样的一端,旋转另一端退除规定长度内的丝条捻度,直至复丝中的单丝或股线中的各组分达到平行,观察捻度方向和计算捻度。

捻度:以规定预张力下退捻前的每米纱线捻回数表示。

捻向:以 S 或 Z 标记表示。

5　仪器和工具

5.1　捻度仪

5.1.1　两个夹持器,其中一个可以顺、逆两个方向旋转、可调整规定起始长度位置的夹持器。

5.1.2　旋转计数器,其旋转数应精确至最接近的一转。

5.1.3　捻向指示器。

5.1.4　测量退捻前、后试样的量尺,精度为 1.0 mm。

5.1.5　给试样施加预张力的装置,精度为 10%。

5.1.6　分析针。

5.2　用于试验不同组分股线的粘带。

6　试验通则

6.1　实验室样品的抽取

——散件的实验室样品按需取出;

——批量样品中的实验室样品抽取按 GB/T 6502 规定；

——从织物中抽取的试样应充分满足试样长度的要求。拆取试样的过程中，应避免捻度的损失和试样的意外受力。

注：不要抽取在运输途中意外受潮、擦伤或包装已经打开的卷装。

6.2 预调湿、调湿和试验用标准大气

采用 GB/T 6529 规定的纺织品的调湿和试验用标准大气。

6.2.1 预调湿

当试样回潮率大于公定回潮率时，须进行预调湿：

——温度不超过 50 ℃；

——相对湿度 5%～25%；

——时间大于 30 min。

6.2.2 调湿和试验用标准大气

涤纶、丙纶长丝采用的调湿用标准大气：

——温度(20±2)℃；

——相对湿度(65±5)%；

——调湿时间为 4 h。

其他化学纤维长丝采用的调湿和试验用标准大气：

——温度(20±2)℃；

——相对湿度(65±2)%；

——推荐调湿时间为 16 h。

双方约定调湿时间可参见附录 A 规定。

6.3 预加张力

6.3.1 试样的预加张力按式(1)计算：

$$F = P \times T \qquad (1)$$

式中：

F——预加张力负荷，单位为厘牛(cN)；

T——试样的名义线密度，单位为分特(dtex)；

P——单位线密度的预加张力，单位为厘牛每分特(cN/dtex)。

6.3.2 试样的单位线密度预加张力：

——合成纤维牵伸丝、预取向丝、双收缩丝、空气膨体变形丝、纤维素纤维的标准预加张力为(0.05±0.005)cN/dtex；

——变形丝的标准预加张力为(0.20±0.02)cN/dtex。

对某一特种样品，如以上规定的标准预加张力不适用，双方可以规定其他值，或按附录 B 求取。在任何情况下，预加张力都按名义线密度计算。对于股线，采用各组分的名义线密度之和计算。

6.4 试验长度

6.4.1 变形丝的试验长度为 500 mm。

6.4.2 其他化学纤维长丝：

——名义捻度≤1 250 捻/m 时，试验长度为 500 mm；

——名义捻度>1 250 捻/m 时，试验长度为 250 mm。

6.5 试验次数

——散件实验室样品，每个卷装试验两次以上，且每批样品的试验总次数不低于 20 次；

——批量样品，合成纤维每个实验室样品测 2 次，纤维素纤维每个实验室样品测 5 次，仲裁检验每个实验室样品测 5 次；

——除规定的实验室样品卷装数，对确定95%置信水平时，如置信界限与捻度算术总平均值的差值(即置信区间)超出±1.5%，按附录C规定增加实验室样品数。

7 试验步骤

7.1 捻向的测定

取长约100 mm的试样，握持一端使其悬垂，观察此垂直的螺旋线倾斜方向。与字母“S”中间部分一致的为“S”捻，与字母“Z”中间部分一致的为“Z”捻。

7.2 复丝试验

试验前先拉去表面可能受伤的丝数米。把试样的一端夹入固定夹持器，经加张力装置加上规定的预加张力，把试样的另一端夹入旋转夹持器后，退除试样捻度，直至复丝各组分相互平行，或用分析针从固定夹持器一端的试样通到旋转夹持器的试样端，测定其捻度，并核实捻向。

7.3 股线试验

7.3.1 股线试验按7.2复丝的方法进行。

7.3.2 测定股线各组分的捻度，可将各组分作为新的试样按7.2进行测定。

每个要测定的组分应按各组分的名义线密度计算预加张力。在测定捻回数之前，重新设定起始长度。

7.3.2.1 相同组分

如股线的各组分相同，通过第一次退捻操作已分离的复丝，除留一根复丝外，在接近夹持器处切断已分开的其他各组分，留下的一根用于测定捻度。

7.3.2.2 不同组分

股线按7.2所述的方法退捻后将各组分的末端用粘带固定住，给每个组分做上标记，使接下来测定时可以辨别。然后把它们从夹持器间剪下，由于这样的结果不会保持原样长度，所以复丝各组分捻度应在300 mm起始长度上测定。

按7.2的方法测定每个带有标记的组分的捻度。

7.4 注意事项

7.4.1 同一卷装试验时，试样之间应间隔2 m以上。

7.4.2 由于加捻工艺的关系，在内层与外层的捻度可能有系统性误差，因此，在有争议的情况下，应在内层和外层分别取样。

7.4.3 取样时用力要比标准预加张力小，取比起始长度稍长的试样且避免发生摩擦。

7.5 数据收集

对每一个试样，记录捻向及捻回数。精确至最接近的整圈数。

8 结果计算

计算每个实验室样品测定值的算术平均值，并用这些算术平均值计算货批的算术总平均值。

8.1 捻度按式(2)计算：

$$TL_i = \frac{T_i}{L_0} \times 1\,000 \qquad \cdots\cdots(2)$$

式中：

TL_i——单个试样实测捻度值，单位为捻每米(捻/m)；

T_i——单个试样捻回数，单位为捻；

L_0——起始长度，单位为毫米(mm)。

8.2 捻度偏差率按式(3)计算：

$$D_T = \frac{TL - T_0}{T_0} \times 100 \qquad \cdots\cdots(3)$$

式中：

D_T——捻度偏差率，%；

T_0——捻度名义值，单位为捻每米（捻/m）。

8.3 当需要对该实验室样品进行变异系数计算等统计分析时见附录C。

8.4 数据修约：各项试验结果按GB/T 8170规定修约。捻度、偏差率修约到小数点后一位；捻度变异系数修约到小数点后两位。

9 允差

货批及各单一卷装的平均捻度同名义捻度相比较，在表1规定的允差范围内商定。

表1 货批及实验室样品的捻度允差

单丝，股线的名义捻度/（捻/m）	货批	实验室样品
50～600以下	±10%	±15%
600～1 600以下	±7.5%	±11%
1 600及以上	±6%	±9%

10 捻度和捻向的表示

按下列标记来表示丝条的捻度和捻向：

a) 复丝

84dtex f30 S200；

b) 股线

1) 组分相同的双股长丝

133dtex f40 S200×2Z300；

2) 组分不同的双股长丝

(300dtex f60 Z30×235dtex f34 S360)S200。

11 试验报告

试验报告包括：

a) 样品的名称和规格；

b) 被选作批量样品包装件的号码标识；

c) 采用的试验方法及所有的试验参数；

d) 实验室样品的个项性能测试结果，如果计算标准偏差和变异系数，则要写入报告；

e) 经协商后对试验步骤的修改提示及其他与本标准不一致的部分；

f) 观察到的异常现象；

g) 试验人员，试验日期。

附　录　A
（资料性附录）
快速调湿方法

A.1　本方法规定了试样的快速调湿时间。

A.2　在有争议的情况下，需经有关各方协商之后方能采用。

A.3　调湿时间见表 A.1。

表 A.1　快速调湿时间表

试样的标准回潮率/%	最少调湿时间/h
2 以上～13	4
2 及以下	2

附　录　B
（资料性附录）
预加张力的求取方法

B.1　本附录给出了不适用正文中规定预加张力的试样，其预加张力的求取方法。

B.2　本附录规定预加张力的求取试验应在 CRE 单纱强伸仪上进行。

B.3　在试验仪上对试样作拉伸试验得到负荷-伸长曲线见图 B.1。

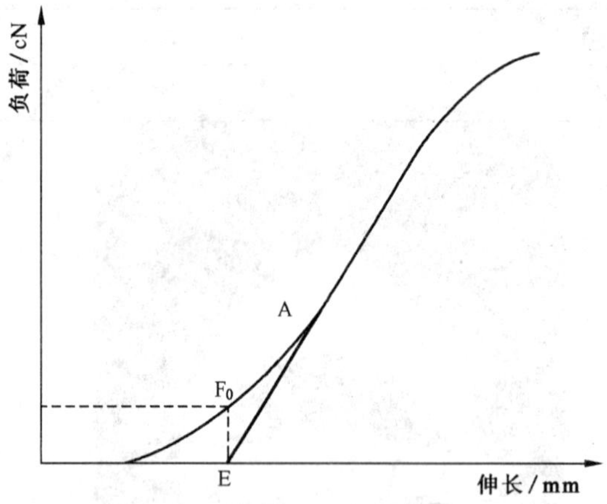

图 B.1　负荷-伸长曲线

B.4　从图上零负荷附近取负荷变化随伸长变化最大的 A 点作切线与伸长轴相交于 E，再由 E 作垂线与负荷-伸长曲线相交于 F_0，F_0 所表示的就是试样的预加张力负荷值。

附 录 C
（规范性附录）
统计：术语和计算

C.1 单值

在一系列试验中任何一次观测值称为单值。在一系列 n 次观测中，第 i 次观测的单值，以 x_i 表示。

C.2 频数

每个实验室样品中一组单值的个数为频数。在第 j 组中单值的数目用 n_j 表示。k 表示组的数目。

单值总数 n 按式(C.1)计算：

$$n=\sum_{j=1}^{k}n_j \qquad \text{(C.1)}$$

C.3 算术平均值

单值 $x_1,x_2,x_3,\cdots,x_n$ 的算术平均值($\bar{x}$)是单值的总和除以它们的个数(n)，见式(C.2)。

$$\bar{x}=\frac{x_1+x_2+\cdots+x_n}{n}=\frac{\sum_{i=1}^{n}x_i}{n} \qquad \text{(C.2)}$$

在由 k 组组成的频数表中，算术平均值($\bar{y}$)按式(C.3)计算：

$$\bar{y}=\frac{n_1y_1+n_2y_2+\cdots+n_ky_k}{n}=\frac{\sum_{j=1}^{k}n_jy_j}{n} \qquad \text{(C.3)}$$

C.4 算术总平均值

不论如何分组，一系列单值的总平均即为算术总平均值，当各组所含的单值个数相同时，算术总平均值可由各组算术平均值计算得到。

C.5 方差和标准偏差

单值的方差(s^2)是各单值与算术平均值之差的平方和除以($n-1$)，见式(C.4)。

$$s^2=\frac{\sum_{i=1}^{n}(x_i-\bar{x})^2}{n-1} \qquad \text{(C.4)}$$

单值的标准偏差(s)是方差的平方根，见式(C.5)。

$$s=\sqrt{\frac{\sum_{i=1}^{n}(x_i-\bar{x})^2}{n-1}} \qquad \text{(C.5)}$$

式中：

n——样品的个数；

x_i——单值；

$\bar{x}$——实验室样品的算术平均值。

C.6 变异系数

变异系数(CV_b)为标准偏差与算术平均值之比值，见式(C.6)。

$$CV_b = \frac{s}{\bar{x}} \times 100 \qquad \cdots\cdots(C.6)$$

式中：

CV_b——变异系数，%。

C.7 置信界限

一组单值的 n 次试验值近似正态分布。在实验室样品的算术平均值($\bar{x}$)左右，对称地划定一个区间，使所试验的真实算术平均值以给定的百分率(本标准要求95%)落在该区间中。

注：该百分率称为置信水平，置信水平有时以0和1之间的数字表示，但通常以百分率表示。

从($\bar{x}-c$)到($\bar{x}+c$)的区间称为置信区间，($\bar{x}-c$)和($\bar{x}+c$)称为置信界限。

在规定的置信水平下，置信区间的半宽值 c 是由算术平均值来估计批量样品的真实算术平均值所产生误差的最大值。置信区间的半宽值按式(C.7)计算：

$$c = t\frac{s}{\sqrt{n}} \qquad \cdots\cdots(C.7)$$

式中：

t——系数(在所要求的95%置信水平下，可从与 n 成函数关系的表C.1得到)；

s——标准偏差；

n——单值的个数。

注：当对仪器方面的精度要求足够严格时，系统误差可以忽略不计。通常以算术总平均值的百分率 C 来表示半宽值 c，见式(C.8)、式(C.9)。

$$C(\%) = \frac{c}{\bar{x}} \times 100 \qquad \cdots\cdots(C.8)$$

或

$$C(\%) = t\frac{CV_b(\%)}{\sqrt{n}} \qquad \cdots\cdots(C.9)$$

表C.1 n 与 t 的函数关系表

n	t	n	t	n	t
4	3.18	15	2.14	26	2.06
5	2.78	16	2.13	27	2.06
6	2.57	17	2.12	28	2.05
7	2.45	18	2.11	29	2.05
8	2.36	19	2.10	30	2.04
9	2.31	20	2.09	31—40	2.03
10	2.26	21	2.09	41—60	2.01
11	2.23	22	2.08	61—120	1.99
12	2.20	23	2.07	121—230	1.97
13	2.18	24	2.07	>230	1.96
14	2.16	25	2.06		

试验中个别试样总是不会得到正态分布的数据，因此需要从批量样品中取得的一系列实验室样品进行独立的试验。每个实验室样品试验多个试样，按第C.3章计算该实验室样品一系列单值的算术平

均值。按第C.5章计算每个实验室样品的单值对算术平均值的标准偏差。算术平均值的置信界限可由该标准偏差计算，此处 n 为所测试的实验室样品个数。

C.8 补充试验量的确定

按GB/T 6502规定抽取实验室样品经测试后，若未能达到规定的置信区间，就有必要增加试验次数。如果已经作了 n 次测试，计算标准偏差 s 或变异系数 CV_b，超过规定的置信区间。为了到达所要求的置信区间半宽值 c^* 或 C^*，试验次数应增加 m 次，m 按式(C.10)或式(C.11)计算：

$$m = t^2 \times \frac{s^2}{c^{*2}} - n \qquad \text{(C.10)}$$

或

$$m = t^2 \times \frac{CV_b^2}{C^{*2}} - n \qquad \text{(C.11)}$$

式中：

t——表C.1中与 n 值相对应的值。

在这种情况下，用 $(m+n)$ 次试验结果计算平均值和置信区间，且检查新的置信区间是否满足要求。

ICS 83.120
Q 23

中华人民共和国国家标准

GB/T 14354—2008
代替 GB/T 14354—1993

玻璃纤维增强不饱和聚酯树脂食品容器

Food containers of glass fiber reinforced unsaturated polyester resin

2008-06-30 发布　　　　2009-04-01 实施

中华人民共和国国家质量监督检验检疫总局
中国国家标准化管理委员会　发布

前言

本标准代替 GB/T 14354—1993《玻璃纤维增强不饱和聚酯树脂食品容器》。

本标准与 GB/T 14354—1993 相比主要变化如下：

——增加部分规范性引用文件(见第 2 章)；

——原材料、结构、工艺特定要求单独列为一章(见第 3 章)；

——原材料中增加使用的橡胶条必须是食品级的规定(见 3.1.3)；

——卫生要求中重金属指标改为 1.0%(GB/T 14354—1993 中的 3.2.1，本标准的 4.1)；

——卫生指标检验中苯乙烯残余量测定方法由 GB 13117 改为 GB/T 5009.98(GB/T 14354—1993 中的 4.1，本标准的 5.1)；

——修改了检验规则(GB/T 14354—1993 年版的第 6 章，本标准的第 6 章)。

本标准的附录 A 为规范性附录。

本标准由中国建筑材料联合会提出。

本标准由全国纤维增强塑料标准化技术委员会归口。

本标准主要起草单位：上海玻璃钢研究院。

本标准主要起草人：张小苹、王中林。

本标准于 1993 年首次发布，2008 年第一次修订。

玻璃纤维增强不饱和聚酯树脂食品容器

1 范围

本标准规定了手糊成型玻璃纤维增强不饱和聚酯树脂食品容器(简称聚酯玻璃钢食品容器)的原材料、结构和工艺、要求、试验方法、检验规则及标志包装运输等。

本标准适用于聚酯玻璃钢制作的盛装食品(肉类、蔬菜、水产和饮料等)的容器、贮罐和冷库等。其他成型方法的聚酯玻璃钢食品容器也可参照采用。

2 规范性引用文件

下列文件中的条款通过本标准的引用而成为本标准的条款。凡是注日期的引用文件,其随后所有的修改单(不包括勘误的内容)或修订版均不适用于本标准,然而,鼓励根据本标准达成协议的各方研究是否可使用这些文件的最新版本。凡是不注日期的引用文件,其最新版本适用于本标准。

GB/T 1449 纤维增强塑料弯曲性能试验方法

GB/T 2576 纤维增强塑料树脂不可溶分含量试验方法

GB/T 2577 玻璃纤维增强塑料树脂含量试验方法

GB/T 3854 增强塑料巴柯尔硬度试验方法

GB/T 5009.98 食品容器及包装材料用不饱和聚酯树脂及其玻璃钢制品卫生标准分析方法

GB/T 8237—2005 纤维增强塑料用液体不饱和聚酯树脂

GB 9685 食品容器、包装材料用助剂使用卫生标准

GB/T 10703 玻璃纤维增强塑料耐水性加速试验方法

GB 13115 食品容器及包装材料用不饱和聚酯树脂及其玻璃钢制品卫生标准

3 原材料、结构和工艺

3.1 原材料

3.1.1 不饱和聚酯树脂和胶衣树脂

应符合 GB 13115 规定的要求,并符合 GB/T 8237—2005 规定的通用 IG 型树脂的技术要求。

3.1.2 增强材料

采用增强型浸润剂的无碱或中碱玻璃纤维制品,如表面毡、玻璃纤维毡、无捻粗纱和方格布等。

3.1.3 辅助材料

所用的交联剂、引发剂、促进剂和颜料等应符合 GB 9685 中规定的要求。使用的橡胶条应是食品级。

3.2 结构和工艺

聚酯玻璃钢食品容器的结构和工艺要求见附录 A。

4 要求

4.1 卫生要求

聚酯玻璃钢食品容器卫生要求应符合表 1 的规定。

表 1 聚酯玻璃钢食品容器卫生要求

项　目	指　标
高锰酸钾消耗量/(mg/L) 蒸馏水,60 ℃,2 h	≤10
蒸发残渣/(mg/L) 4%乙酸,60 ℃,2 h 65%乙醇,室温,2 h 正己烷,室温,2 h	≤30
重金属(以 Pb 计)/(mg/L) 4%乙酸,60 ℃,2 h	≤1.0
苯乙烯残余量/%	≤0.1

4.2 外观和物理性能

4.2.1 表面平整,无明显气泡,无裂纹,无纤维裸露或分层等缺陷。

4.2.2 容器应无气味和无渗漏现象。

4.2.3 树脂含量按附录 A 的要求。

4.2.4 固化度不小于 90%。

4.2.5 巴氏硬度不小于 40。

4.2.6 承载层弯曲强度不小于 150 MPa。

4.2.7 沸水浸泡承载层弯曲强度保留率不小于 80%。

5 试验方法

5.1 卫生指标

高锰酸钾消耗量、蒸发残渣、重金属和苯乙烯残余量按 GB/T 5009.98 测定。

5.2 外观和物理性能

5.2.1 外观:目测。

5.2.2 气味:5 人中,3 人以上不感到有气味作为无气味。

5.2.3 渗漏检验:容器加满水,放置 24 h 后无渗漏。

5.2.4 树脂含量:按 GB/T 2577 测定。

5.2.5 固化度:按 GB/T 2576 测定。

5.2.6 巴氏硬度:按 GB/T 3854 测定。

5.2.7 弯曲强度:按 GB/T 1449 测定。

5.2.8 沸水浸泡承载层弯曲强度:按 GB/T 10703 测定。

6 检验规则

6.1 出厂检验

6.1.1 检验项目

高锰酸钾消耗量、4%乙酸蒸发残渣、外观、气味、渗漏、固化度和巴氏硬度。

6.1.2 抽样方案

6.1.2.1 每个产品必须进行外观、气味、渗漏和巴氏硬度检验。

6.1.2.2 按照表 2 的规定,对产品或随炉试样进行高锰酸钾消耗量、4%乙酸蒸发残渣和固化度的检验。

表 2 抽样方案

批量范围/件	样本大小/件	判定数组	
		Ac	*Re*
2～8	2	0	1
9～25	3	0	1
26～90	5	0	1
91～150	8	1	2
151～280	13	1	2
281～500	20	2	3

6.2 型式检验

6.2.1 检验条件

有下列情况之一时，应进行型式检验：

a) 首制产品试制定型时；

b) 原材料或工艺有较大改变时；

c) 正常生产时，每年至少进行一次；

d) 停产时间超过 3 个月，恢复生产时；

e) 出厂检验结果与上次型式检验有较大差异时；

f) 供需双方合同有要求时；

g) 国家质量监督机构提出型式检验要求时。

6.2.2 检验项目

第 4 章规定的所有项目。

6.2.3 抽样方案

同 6.1.2.2。

7 标志、包装、运输与存放

7.1 产品标志

出厂产品必须标有“食品包装级”的标志、商标、规格、生产厂名和出厂日期等项目。

7.2 包装

7.2.1 容器一般不包装，但容器口应包装，防止污染。

7.2.2 产品应附有合格证，合格证包括：

a) 卫生合格证及发出日期；

b) 产品的规格、使用范围和生产日期；

c) 生产厂的名称、地址及检验人员签章。

7.3 运输与存放

7.3.1 不论食品容器或原材料，在生产、贮存、运输过程中均应防止损坏及有毒化学品的污染。

7.3.2 食品容器应与工业产品分开存放。

附 录 A
（规范性附录）
结构和工艺要求

A.1 结构

A.1.1 盛装液体食品、饮料、饮用水的聚酯玻璃钢食品容器，自内向外各层结构应符合表 A.1 的规定。

表 A.1 聚酯玻璃钢食品容器自内向外各层结构

序号	结构层次	厚度/mm	树脂	增强材料	树脂含量/%
1	同食品接触的胶衣层或富树脂层	0.3～0.7	食品级胶衣树脂或食品级不饱和聚酯树脂	玻璃纤维表面毡	≥80
2	防渗透层	≥1.0	食品级不饱和聚酯树脂	玻璃纤维毡或玻璃纤维毡加方格布	≥60
3	承载层	符合设计厚度		方格布、玻璃纤维毡和无捻粗纱等	45～55
4	外层	0.5	见 A.1.3	薄布或玻璃纤维毡	≥55

A.1.2 盛装固体食品等聚酯玻璃钢食品容器的结构，可根据使用条件，适当减少结构层次。

A.1.3 壁厚大于 10 mm 的聚酯玻璃钢食品容器，自内向外超过 10 mm 的部分，也可使用通用型不饱和聚酯树脂。

A.1.4 胶衣层和富树脂层，除作触变剂用的气相二氧化硅外，不得加入其他无机填料。

A.1.5 聚酯玻璃钢食品容器接触食品的部位，不允许有纤维裸露的现象。

A.2 工艺要求

A.2.1 食品级不饱和聚酯树脂的固化体系应采用过氧化甲乙酮为引发剂，环烷酸钴为促进剂。活性氧含量为(9±0.5)%的过氧化甲乙酮用量不得超过树脂量的 2%；钴离子含量为 0.6%的环烷酸钴溶液用量不得超过树脂量的 1.5%。

A.2.2 手糊成型时，成型温度应在 15 ℃～32 ℃之间，相对湿度小于 80%。成型 24 h 后，需经后固化处理。

A.2.3 经过后处理的产品，与食品接触的表面必须用水蒸气或 80 ℃水冲洗 2 次以上。

ICS 47.020.05
U 48

中华人民共和国国家标准

GB/T 14364—2008
代替 GB/T 14364—1993

船舶轴系滑动式中间轴承

Sliding intermediate shaft bearing of marine shafting

2008-07-30 发布　　2009-02-01 实施

中华人民共和国国家质量监督检验检疫总局
中国国家标准化管理委员会　发布

前　言

本标准代替 GB/T 14364—1993《船舶轴系滑动式中间轴承》。

本标准与 GB/T 14364—1993 相比主要有下列技术变化：

——修改范围中“单位压力为 0.6 MPa”为“单位压力不大于 1.0 MPa”；

——取消了 C 型产品；

——增加了图 1 中定位尺寸 L_2；

——增加了表 2 中 L_2 及其相应尺寸；

——增加了表 3 中 850～1 000 系列，增加了定位尺寸 L_2 及相应尺寸；

——修改“3.5　轴承工作温度为 65 ℃”为“4.6.4　轴承工作时相关部件的温度为：轴瓦工作温度应不大于 70 ℃，或油温应不大于 65 ℃。”。

本标准由中国船舶工业集团公司提出。

本标准由全国船用机械标准化技术委员会归口。

本标准起草单位：中国船舶工业集团公司第七〇八研究所。

本标准主要起草人：曹鸿、袁金永。

本标准所代替标准的历次版本发布情况为：

——GB/T 14364—1993。

船舶轴系滑动式中间轴承

1 范围

本标准规定了滑动式中间轴承(以下简称轴承)的分类、要求、试验方法、检验规则、包装、运输和贮存。

本标准适用于其线速度为 1.5 m/s～8 m/s,单位压力不大于 1.0 MPa 的船舶轴系滑动式中间轴承的设计、制造和验收。

2 规范性引用文件

下列文件中的条款通过本标准的引用而成为本标准的条款。凡是注日期的引用文件,其随后所有的修改单(不包括勘误的内容)或修订版均不适用于本标准,然而,鼓励根据本标准达成协议的各方研究是否可使用这些文件的最新版本。凡是不注日期的引用文件,其最新版本适用于本标准。

GB/T 1804—2000 一般公差 未注公差的线性和角度尺寸的公差(eqv ISO 2768-1:1989)

GB/T 699—1999 优质碳素结构钢

GB/T 1173—1995 铸造铝合金

GB/T 1174—1992 铸造轴承合金(neq ISO 4381:1981)

GB/T 9439—1988 灰铸铁件

GB/T 11352—1989 一般工程用铸造碳钢件(neq ISO 3755:1975)

3 分类

3.1 轴承型式分类按表 1。

表 1 轴承型式分类

单位为毫米

型 式	名 称	轴 径 D
A	单油楔滑动式中间轴承	80～220
B	多油楔滑动式中间轴承	250～1 000

3.2 A 类轴承的结构和尺寸按图 1 及表 2。

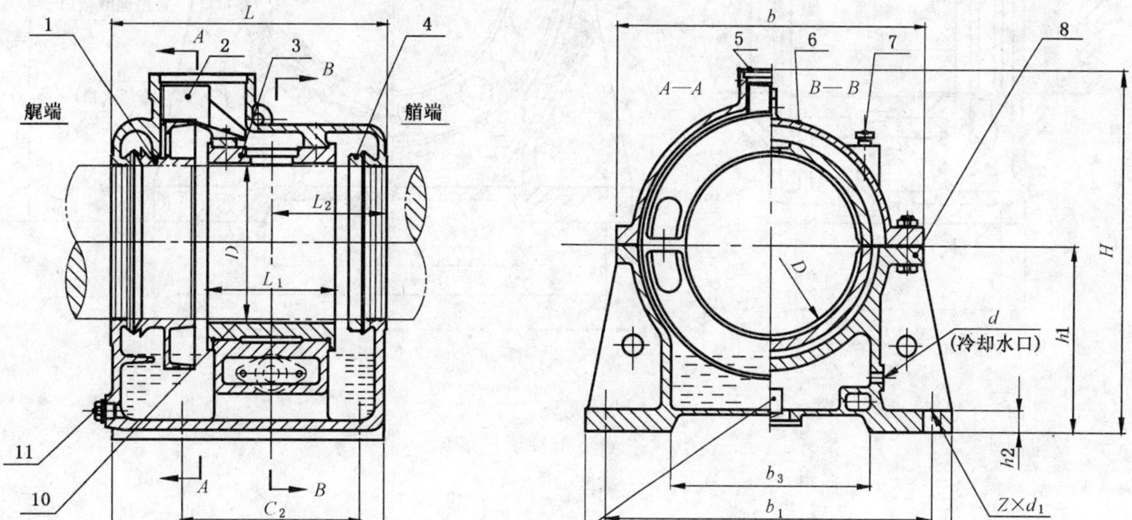

1——甩油盘；4——挡油圈；7——油尺；10——下轴瓦；
2——注油斗；5——观察盖板；8——轴承座；11——螺塞。
3——上轴瓦；6——轴承盖；9——封头附锌块；

图 1 A 类轴承

表 2 A 类轴承尺寸

单位为毫米

轴颈 D	L	L_1	L_2	H	h_1	h_2	b	b_1	b_2	b_3	C_1	C_2	d	$Z\times d_1$	质量 kg	冷却水量 m^3/h
80	190	65	79.5	262	135	23	220	250	300	115	185	135	G3/4″	4×21	35	0.5
100	200	80	85.0	270	145	23	240	270	320	120	195	145			40	
120	225	100	97.0	312	160	25	270	300	350	150	220	170			50	
140	250	115	107.5	370	190	28	300	330	380	170	245	195			63	
160	280	130	119.0	400	205	28	330	360	410	200	275	225			75	1.0
180	335	145	130.0	485	265	30	360	400	460	220	330	270	25	4×25	124	
200	350	160	150.0	496	275	35	390	430	490	250	345	285			136	1.5
220	380	180	164.0	544	292	38	430	470	530	280	375	315			165	
注：表中数值为参考值，准确尺寸按生产厂提供的认可图纸。																

3.3 B 类轴承的结构和尺寸按图 2 及表 3。

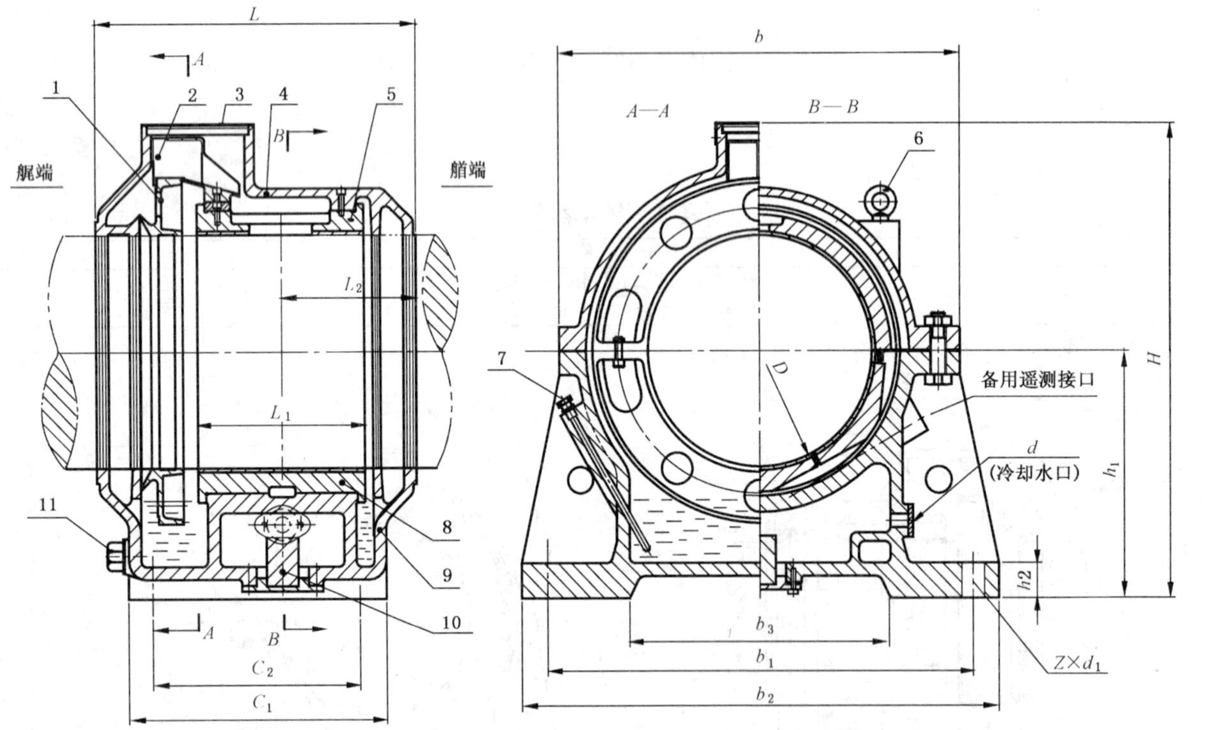

1——甩油盘；
2——注油斗；
3——观察盖；
4——轴承盖；
5——上轴瓦；
6——吊环；
7——油尺；
8——下轴瓦；
9——轴承座；
10——封头附锌块；
11——螺塞。

图 2 B 类轴承

表 3　B 类轴承尺寸

单位为毫米

轴颈 D	L	L_1	L_2	H	h_1	h_2	b	b_1	b_2	b_3	C_1	C_2	d	$Z\times d_1$	质量 kg	冷却水量 m^3/h
250	420	195	187	580	300	40	490	530	610	320	320	250	25	4×32	187	2
280	450	215	199	620	310		520	560	630	340	340	270			191	
300	480	230	209	635	320		550	590	660	360	370	300			223	
320	500	250	220	690	350	50	590	640	710	380	390	320			265	3
350	530	270	233	780	400		640	690	770	420		340		4×38	360	
380	560	290	240	790	420	55	690	740	820	430	460	380			474	
400	590	300	260	830	440		730	780	860	440	480	400			530	4
420	620	320	265	900	460	65	770	820	920	450	500			4×44	650	
450	660	340	280	930	480		810	860	960	460	530	430	32		1 090	
480	680	360	298	960	500		850	910	1 020	480	560	450		4×50	1 100	
500	710	380	305	1 060	570	70	890	950	1 060	520	590	480			1 200	5
530	730	410	315	1 090	580		930	990	1 100	550	620	510			1 320	
560	780	430	355	1 140	620	75	970	1 030	1 140	600	650	540			1 590	
600	820	460	380	1 180	650		1 010	1 070	1 180	640	680	570			—	6
630	860	480	[illegible]	1 220	670	80	1 050	1 110	1 220	670	710	600				
670	920	510	421	1 260	690	85	1 100	1 160	1 270	710	750	640		6×50	2 000	
710	960	540	435	1 330	710		1 150	1 210	1 320	750	800	690			—	7
750	1 050	570	455	1 400	750	90	1 210	1 280	1 400	800	850	730		6×60		
800	1 100	610	500	1 480	800		1 270	1 340	1 460	850	900	780				
850	1 150	640	—	1 560	850	95	1 330	1 400	1 520	900	950	830	40			8
900	1 200	680		1 640	900		1 390	1 460	1 580	940	1 000	880				
950	1 250	720		1 720	950		1 450	1 520	1 640	980	1 050	930				
1 000	1 300	750		1 800	1 000		1 510	1 580	1 700	1 020	1 100	980				

注：表中数值为参考值，准确尺寸按生产厂提供的认可图纸。

3.4　标记

3.4.1　产品标记

轴承的标记由型式和轴径组成，其表示形式如下：

□ □

轴径

型式 {单油楔滑动式中间轴承，用 A 表示；多油楔滑动式中间轴承，用 B 表示}

3.4.2　标记示例

轴径为 450 mm 的多油楔滑动式中间轴承标记为：

中间轴承　GB/T 14364—2008　B450

4 要求

4.1 设计

轴承应能在环境温度为－10 ℃～ 45 ℃下符合 4.6 规定的性能要求。

4.2 标识

每个轴承都应具有一块铜质铭牌，并标识如下内容：

a） 制造厂名；

b） 类型、规格；

c） 制造年、月；

d） 实际质量。

4.3 表面质量

轴承外表面应无裂缝、毛刺等缺陷。

4.4 尺寸公差

4.4.1 未标注公差尺寸的公差等级应不低于 GB/T 1804—2000 规定的 m 级。

4.4.2 轴承与轴装配间隙按表 4。

表 4 轴承与轴装配间隙表

单位为毫米

轴颈直径	装配间隙	轴颈直径	装配间隙
80～100	0.13～0.18	350～400	0.42～0.52
120～140	0.15～0.21	420～480	0.54～0.64
140～160	0.20～0.26	500～600	0.65～0.75
180～200	0.23～0.30	630～710	0.75～0.86
220～250	0.27～0.35	750～850	0.85～0.96
280～320	0.36～0.44	900～1 000	0.95～1.08

4.5 材料

轴承主要材料按表 5。

表 5 轴承主要材料表

零件名称	材料		
	名称	牌号	标准号
轴承座、轴承盖	铸铁或 铸钢[a]	HT200 或 ZG230-450	GB/T 9439—1988 或 GB/T 11352—1989
轴瓦底	锻钢	20＃	GB/T 699—1999
轴瓦衬	巴氏合金	ZChSnSb11-6	GB/T 1174—1992
甩油盘、注油斗	铝合金	ZL108	GB/T 1173—1995

[a] 军用船可提供铸钢，一般均为铸铁。

4.6 性能

4.6.1 轴承润滑油一般与主柴油机使用的润滑油相同。

4.6.2 轴承冷却水腔应能经受 0.4 MPa 的水压试验，5 min 内应无泄漏。

4.6.3 轴承贮油腔作灌煤油试验，10 min 内应无泄漏。

4.6.4 轴承工作时相关部件的温度为：

——轴瓦应不大于 70 ℃；或

——油温应不大于 65 ℃。

5 试验方法

5.1 标识

目测检查轴承的铭牌,结果应符合 4.2 的要求。

5.2 表面质量

目测检查轴承的外表面,结果应符合 4.3 的要求。

5.3 尺寸公差

5.3.1 用量具测量轴承各联接尺寸,结果应符合 4.4.1 的要求。

5.3.2 用卡尺测量轴承与轴装配间隙,结果应符合 4.4.2 的要求。

5.4 材料

查看轴承各零部件的材料和材质证明,结果应符合 4.5 的要求。

5.5 性能

5.5.1 轴承润滑油的使用,应符合 4.6.1 的要求。

5.5.2 向轴承冷却水腔灌水并泵压至 0.4 MPa 压力,5 min 后结果应符合 4.6.2 的要求。

5.5.3 向轴承贮油腔灌满煤油,10 min 后结果应符合 4.6.3 的要求。

6 检验规则

6.1 检验分类

检验分类如下:

a) 型式检验;

b) 出厂检验。

6.2 型式检验

6.2.1 检验时机

轴承在下列情况下应进行型式检验:

a) 系列首制产品;

b) 产品结构、材料、工艺有较大改变,可能影响产品性能;

c) 检验部门提出需要进行型式检验。

6.2.2 检验项目和顺序

轴承型式检验的项目和顺序见表 6。

表 6 检验项目和顺序

序号	检验项目	检验类别		要求章节号	检验方法章节号
		型式检验	出厂检验		
1	标识	●	●	4.2	5.1
2	表面质量	●	●	4.3	5.2
3	尺寸公差	●	●	4.4	5.3
4	材料	●	●	4.5	5.4
5	密性试验	●	●	4.6.2～4.6.3	5.5.2～5.5.3
注:●为必检项目。					

6.2.3 检验数量

轴承型式检验的数量为一台。

6.2.4 **合格判据**

轴承型式检验的项目全部符合要求时判为型式检验合格;若有不符合要求的项目,允许修复后复验。复验符合要求,则判型式检验合格,若复验仍不符合要求,则判型式检验不合格。

6.3 **出厂检验**

6.3.1 **检验数量**

每台轴承出厂前均应进行出厂检验。

6.3.2 **检验项目和顺序**

出厂检验的项目和顺序见表6。

6.3.3 **合格判据**

轴承出厂检验的项目全部符合要求时判为出厂检验合格;若有不符合要求的项目,允许修复后复验。复验符合要求,则判出厂检验合格,若复验仍不符合要求,则判出厂检验不合格。

7 包装、运输和贮存

7.1 轴承应进行防锈油封处理。

7.2 轴承外部未加工表面应修磨整洁,涂底漆及灰色磁漆。

7.3 包装箱应坚固,箱内应有防衬防潮纸;轴承的两端口应用木板或塑料盖封住,轴承在箱内应固定,防止受冲击后窜动。

7.4 包装箱内还应装入下列文件:

a) 产品合格证;

b) 产品总图。

7.5 轴承应保存在清洁、干燥和通风良好的仓库中,油封保养有效期为出厂后12个月。

ICS 23.040.60
J 15

GB

中华人民共和国国家标准

GB/T 14382—2008
代替 GB/T 14382—1993

管道用三通过滤器

Tee strainers for fluids for pipes

2008-08-25 发布　　　　2009-04-01 实施

中华人民共和国国家质量监督检验检疫总局
中国国家标准化管理委员会　发布

前　言

本标准是 GB/T 14382—1993《管道用三通过滤器》的修订版。

本标准与 GB/T 14382－1993 相比主要变化如下：

——增加了术语；

——在直流式 T 型过滤器中，增加了加长型；

——对承插孔径尺寸进行了修改；

——在直流式 T 型过滤器中，增加了 PN16、PN25 和 PN40 三个压力级；

——增加了过滤器的主要尺寸公差及形状公差；

——增加了对接焊缝的无损检测要求；

——增加了在明确设计温度与设计压力条件下的水压强度试验压力值；

——取消了水压密封试验。

本标准自实施之日起代替 GB/T 14382—1993。

本标准由中国机械工业联合会提出。

本标准由全国管路附件标准化技术委员会归口。

本标准起草单位：中机生产力促进中心、启东混合器厂有限公司、无锡华尔泰机械制造有限公司、河南省高山阀门有限公司。

本标准主要起草人：黄维贤、李俊英、冯峰、李忠云、杨全庆。

本标准所代替标准的历次版本发布情况为：

——GB/T 14382—1993。

管道用三通过滤器

1 范围

本标准规定了管道用三通过滤器(以下简称过滤器)的分类、要求、试验方法及检验规则等。

本标准适用于公称尺寸 DN400 及其以下,公称压力 PN16～PN40 和 Class150～Class300,工作温度范围为－196℃～540℃的管道过滤器。

2 规范性引用文件

下列文件中的条款通过本标准的引用而成为本标准的条款。凡是注日期的引用文件,其随后所有的修改单(不包括勘误的内容)或修订版均不适用于本标准,然而,鼓励根据本标准达成协议的各方研究是否可使用这些文件的最新版本。凡是不注日期的引用文件,其最新版本适用于本标准。

GB/T 191 包装储运图示标志(GB/T 191—2008,ISO 780:1997,MOD)

GB/T 699 优质碳素结构钢

GB/T 700 碳素结构钢(GB/T 700—2006,ISO 630:1995,NEQ)

GB 713 锅炉和压力容器用钢板(GB 713—2008,ISO 9328-2:2004,NEQ)

GB/T 1220 不锈钢棒

GB/T 1221 耐热钢棒

GB/T 1591 低合金高强度结构钢(GB/T 1591—1994,neq ISO 4950:1981)

GB/T 3280 不锈钢冷轧钢板和钢带

GB/T 4237 不锈钢热轧钢板和钢带

GB/T 4238 耐热钢钢板和钢带

GB/T 4879 防锈包装

GB/T 4892 硬质直方体运输包装尺寸系列(GB/T 4892—2008,ISO 3394:1984,NEQ)

GB/T 5330 工业用金属丝编织方孔筛网

GB/T 6388 运输包装收发货标志

GB/T 7306.2 55°密封管螺纹 第2部分:圆锥内螺纹与圆锥外螺纹(GB/T 7306.2—2000,eqv ISO 7-1:1994)

GB/T 9115(所有部分) 对焊钢制管法兰

GB/T 9116(所有部分) 带颈平焊钢制管法兰

GB/T 9119 平面、突面板式平焊钢制管法兰

GB/T 9124 钢制管法兰 技术条件

GB/T 10612 工业用筛板 板厚<3 mm 的圆孔和方孔筛板(GB/T 10612—2003,ISO 7805-2:1987,MOD)

GB/T 12459 钢制对焊无缝管件

GB/T 12716 60°密封管螺纹

GB/T 13306 标牌

GB/T 14383 锻制承插焊和螺纹管件

JB/T 4730.2 承压设备无损检测 第2部分:射线检测

3 术语和定义

下列术语和定义适用于本标准。

3.1

接口端面 connection face

过滤器与相邻管道或管件连接的配合面。

3.2

过滤面积 filtration area

滤网过滤表面上总的开孔面积。

4 分类

4.1 型式

三通过滤器的结构型式为：

a) Y型过滤器；

b) T型过滤器。

T型过滤器又分为：

——侧流式过滤器(基本型及加长型)；

——直流式过滤器(基本型及加长型)。

4.2 代号

4.2.1 过滤器结构型式代号按表1规定。

表1 过滤器结构型式代号

结构型式			代号
Y型			SRY
T型	侧流式	基本型	SRT1
		加长型	SRT2
	直流式	基本型	SRS1
		加长型	SRS2

4.2.2 过滤器接口端面型式代号按表2规定。

表2 过滤器接口端面型式代号

接口端面型式	代号
内螺纹连接	Rc或NPT
承插焊连接	SW
对焊连接	BW
法兰连接	F

4.2.3 壳体材料代号按表3规定。

表3 壳体材料代号

材料	代号
碳钢	C
低合金钢	A
不锈钢	S

4.3 标记

4.3.1 标记方法

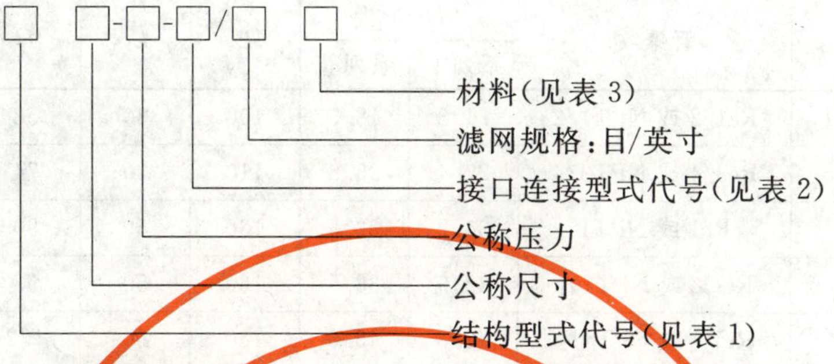

4.3.2 标记示例

公称尺寸 DN50、公称压力 PN16、接口连接型式为螺纹连接、主体材料 20 钢、滤网规格 30 目/英寸的 Y 型过滤器：

SRY50-16-Rc/30C

5 结构尺寸

5.1 Y 型过滤器

5.1.1 螺纹连接和承插焊连接 Y 型过滤器的结构尺寸按图 1、图 2 和表 4、表 5 的规定。

图 1 螺纹连接 Y 型过滤器

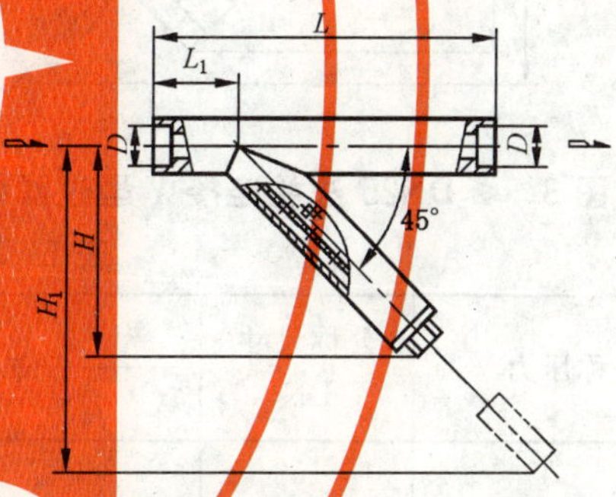

图 2 承插焊连接 Y 型过滤器

表 4 Class150、Class300 螺纹连接和承插焊连接 Y 型过滤器尺寸

公称压力	公称尺寸 DN	接口尺寸		安装尺寸/mm				过滤面积/cm²
		管螺纹	D/mm	L	L_1	H	H_1	
Class150(PN20)及 Class300(PN50)	15	Rc1/2 或 NPT1/2	21.8	100	30	58	99	18
	20	Rc3/4 或 NPT3/4	27.4	110	30	74	127	26
	25	Rc1 或 NPT1	34.2	130	50	90	150	34
	32	Rc1¼ 或 NPT1¼	42.9	160	50	98	163	48
	40	Rc1½ 或 NPT1½	48.8	180	60	122	203	76
	50	Rc2 或 NPT2	60.8	200	70	146	243	116

表 5 PN16～PN40 螺纹连接和承插焊连接 Y 型过滤器尺寸

公称压力	公称尺寸 DN	接口尺寸			安装尺寸/mm				过滤面积/ cm^2
		管螺纹	D/mm		L	L_1	H	H_1	
			系列Ⅰ	系列Ⅱ					
PN16～PN40	15	Rc1/2 或 NPT1/2	21.8	18.5	100	30	58	99	18
	20	Rc3/4 或 NPT3/4	27.4	25.5	110	30	74	127	26
	25	Rc1 或 NPT1	34.2	32.5	130	50	90	150	34
	32	Rc1¼或 NPT1¼	42.9	38.5	160	50	98	163	48
	40	Rc1½或 NPT1½	48.8	45.6	180	60	122	203	76
	50	Rc2 或 NPT2	60.8	57.8	200	70	146	243	116

5.1.2 法兰连接 Y 型过滤器的结构尺寸按图 3、图 4 和表 6 的规定。

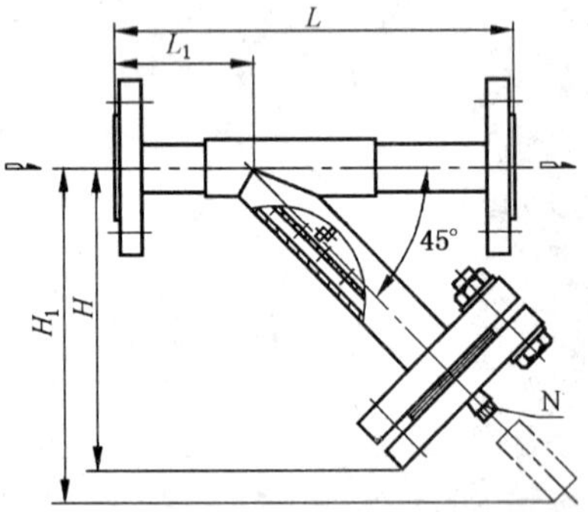

图 3 ≤DN25 法兰连接 Y 型过滤器

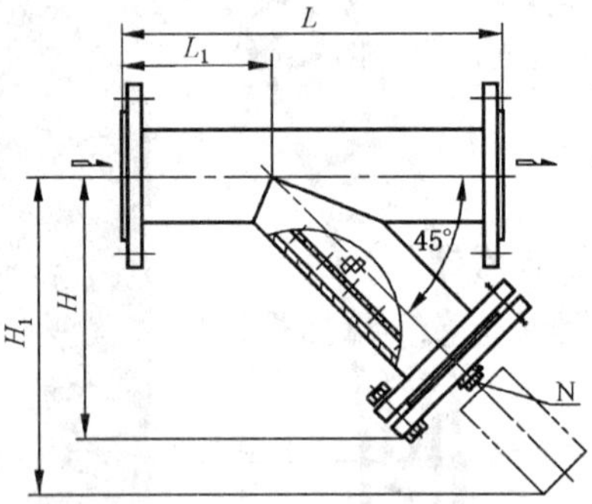

图 4 ≥DN32 法兰连接 Y 型过滤器

表 6 法兰连接 Y 型过滤器尺寸

公称压力	公称尺寸 DN	安装尺寸/mm				过滤面积/ cm^2	排污口 N
		L	L_1	H	H_1		管螺纹
PN16～PN40、Class150(PN20)、Class300(PN50)	15	260	96	180	270	33	R1/4
	20	270	96	190	280	62	
	25	270	96	190	280	79	
	32	270	45	230	330	79	
	40	270	50	230	330	95	
	50	290	50	245	350	156	R3/8
	65	320	70	280	400	216	
	80	350	85	315	450	297	
	100	425	115	360	520	448	
	125	480	140	390	560	563	
	150	540	160	460	660	891	R3/4
	200	700	190	540	770	1 587	
	250	800	200	660	945	2 340	
	300	950	310	750	1 080	3 260	
	350	1 050	370	845	1 210	4 415	
	400	1 250	420	920	1 320	5 553	

5.2 T型过滤器

5.2.1 基本型侧流式T型过滤器的结构尺寸按图5和表7的规定。

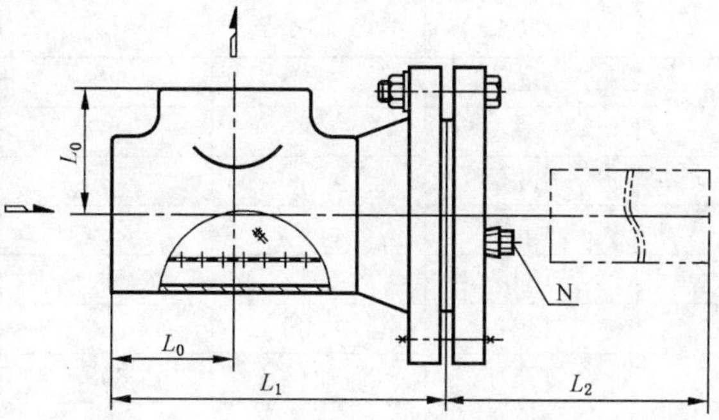

图5 基本型侧流式T型过滤器

表7 基本型侧流式T型过滤器尺寸

公称尺寸 DN	安装尺寸/mm											过滤面积/ cm^2	排污口 N
	L_0	PN16		PN25		PN40		Class150 (PN20)		Class300 (PN50)			管螺纹
		L_1	L_2	L_1	L_2	L_1	L_2	L_1	L_2	L_1	L_2		
50	64	176	164	176	164	176	164	192	180	198	186	120	R3/8
65	76	197	182	204	189	204	189	222	207	228	213	160	
80	86	222	207	230	215	230	215	242	227	251	236	220	
100	105	262	244	275	255	275	255	286	268	296	276	329	
125	124	303	283	316	296	316	296	337	320	346	326	486	R3/4
150	143	341	321	361	341	361	341	375	358	384	364	685	
200	178	418	396	436	411	444	419	458	439	467	445	1 152	
250	216	502	480	520	495	537	512	534	513	549	527	1 737	
300	254	586	561	600	575	623	598	622	599	638	613	2 357	
350	279	640	615	658	633	683	658	685	660	701	676	3 077	
400	305	695	670	720	695	745	720	737	711	756	730	3 839	

5.2.2 加长型侧流式T型过滤器的结构尺寸按图6和表8的规定。

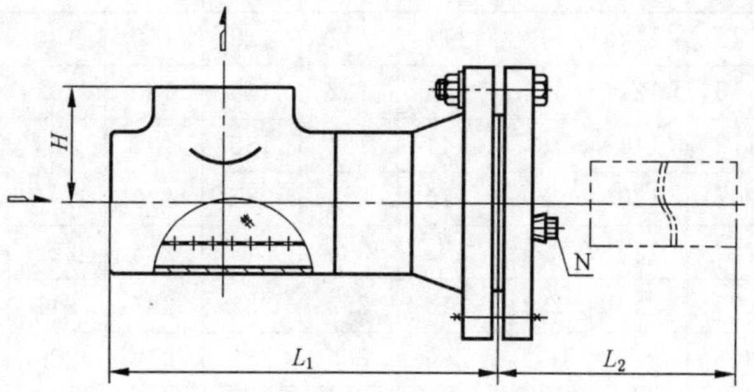

图6 加长型侧流式T型过滤器

表 8 加长型侧流式 T 型过滤器尺寸

公称压力	公称尺寸 DN	安装尺寸/mm			过滤面积/ cm^2	排污口 N
		H	L_1	L_2		管螺纹
PN16～PN40、Class150(PN20)、Class300(PN50)	50	64	338	326	210	R3/8
	65	76	408	393	295	
	80	86	451	436	406	
	100	105	556	532	520	
	125	124	602	584	870	R3/4
	150	143	633	600	940	
	200	178	731	698	1 600	
	250	216	817	784	2 400	
	300	254	915	882	3 000	
	350	279	1 043	1 010	4 000	
	400	305	1 106	1 073	5 000	

5.2.3 基本型直流式 T 型过滤器的结构尺寸按图 7 和表 9 的规定。

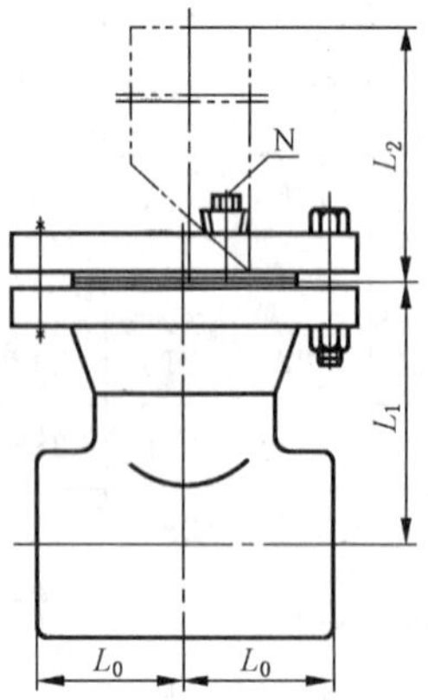

图 7 基本型直流式 T 型过滤器

表 9 基本型直流式 T 型过滤器尺寸

公称尺寸 DN	安装尺寸/mm											过滤面积/ cm^2	排污口 N
	L_0	PN16		PN25		PN40		Class150 (PN20)		Class300 (PN50)			管螺纹
		L_1	L_2	L_1	L_2	L_1	L_2	L_1	L_2	L_1	L_2		
50	64	112	142	112	142	112	142	128	158	134	164	72	R3/8
65	76	121	155	128	162	128	162	146	180	152	186	108	
80	86	136	176	144	184	144	184	156	196	165	205	148	
100	105	157	207	170	220	170	220	181	220	191	230	190	
125	124	179	242	192	255	192	255	213	265	222	276	320	R3/4
150	143	198	273	218	293	218	293	232	297	241	306	408	
200	178	240	341	258	359	266	367	280	370	289	379	899	
250	216	280	415	296	425	304	433	318	433	333	448	1 290	
300	254	332	486	346	500	359	513	368	508	384	524	1 954	
350	279	361	531	379	549	404	574	406	561	422	577	2 445	
400	305	390	585	415	610	440	625	432	610	451	629	3 092	

5.2.4 加长型直流式 T 型过滤器的结构尺寸按图 8 和表 10 的规定。

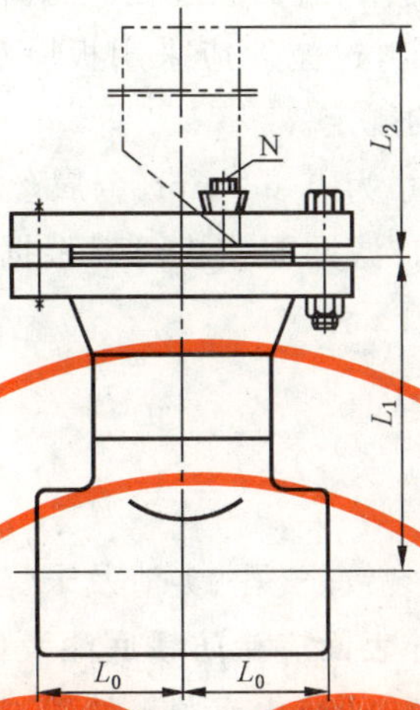

图 8 加长型直流式 T 型过滤器

表 10 加长型直流式 T 型过滤器尺寸

公称压力	公称尺寸 DN	安装尺寸/mm			过滤面积/ cm^2	排污口 N 管螺纹
		L_0	L_1	L_2		
PN16～PN40、Class150(PN20)、Class300(PN50)	50	64	235	260	126	R3/8
	65	76	265	295	153	
	80	86	300	340	190	
	100	105	355	405	290	
	125	124	400	465	463	R3/4
	150	143	455	530	606	
	200	178	510	615	1 209	
	250	216	590	725	1 698	
	300	254	675	830	2 517	
	350	279	740	915	3 135	
	400	305	795	1 005	3 908	

6 材料

6.1 过滤器壳体允许采用表 11 以外的其他材料，但必须满足所在管道中工作介质的压力及腐蚀性等要求。

表 11 常用材料

材 料 牌 号	标 准 编 号
Q235-B	GB/T 700
20	GB/T 699
Q345R(16MnR)	GB 713、GB/T 1591
12Cr5Mo(1Cr5Mo) 06Cr19Ni10(0Cr18Ni9) 06Cr17Ni12Mo2(0Cr17Ni12Mo2) 022Cr17Ni12Mo2(00Cr17Ni14Mo2)	GB/T 1220、GB/T 1221、GB/T 3280、GB/T 4237、GB/T 4238

6.2 滤筒及滤网

6.2.1 过滤器滤筒应采用不锈钢材料制作，当工艺过程对滤筒材料或者对允许通过的固体粒度有特殊要求时，可选用其他材料。若无特殊规定，过滤筒应采用板厚小于或等于 3 mm 的圆孔或方孔筛板制成，其尺寸和技术要求按 GB/T 10612 的规定。

6.2.2 本标准过滤器是以网孔基本尺寸为 0.63 mm，金属丝直径为 0.224 mm，筛分面积为 54% 的 30 目/英寸的不锈钢丝网作为标准滤网。滤网规格也可以根据用户需要选定，滤网规格及其技术要求按 GB/T 5330 的规定。

7 要求

7.1 外观

7.1.1 所有焊缝应平整，焊缝表面应无裂纹、气孔、夹渣及未焊缝等缺陷。

7.1.2 碳钢与低合金钢制造的过滤器外表面应涂防锈底漆及面漆，漆膜应光滑平整，无流痕、鼓泡、皱纹和裂纹。不锈钢过滤器外表面应进行酸洗钝化或抛光处理，其 $Ra \leqslant 1.6\ \mu m$。

7.2 尺寸

7.2.1 承插焊连接过滤器承口内径的极限偏差按 GB/T 14383 的规定。

7.2.2 对焊连接过滤器接口外径的极限偏差按 GB/T 12459 的规定。

7.2.3 内螺纹连接过滤器接口螺纹尺寸公差按 GB/T 7306.2 或 GB/T 12716 的规定。

7.2.4 法兰连接过滤器法兰尺寸及公差按下列规定：

a) 板式平焊法兰尺寸按 GB/T 9119 等相关标准的规定；

b) 带颈平焊法兰尺寸按 GB/T 9116 等相关标准的规定；

c) 对焊法兰尺寸按 GB/T 9115 等相关标准的规定；

d) 法兰尺寸的公差按 GB/T 9124 等相关标准的规定。

7.2.5 过滤器主要尺寸公差及位置公差应符合表 12 的规定。

表 12 过滤器主要尺寸公差及位置公差

单位为毫米

公称尺寸 DN	结构型式								
	SRY		SRT1、SRT2				SRS1、SRS2		
	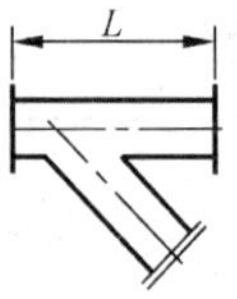		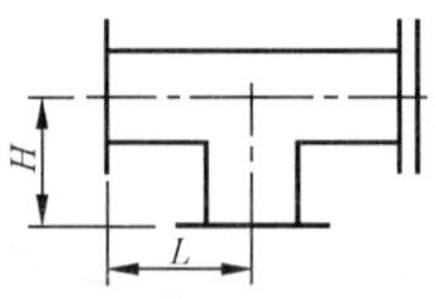				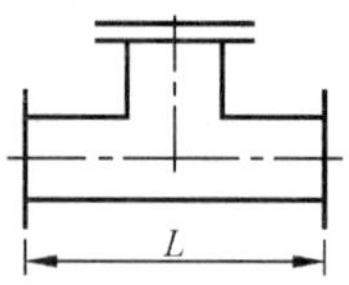		
	位置公差种类： a)连接端面垂直度 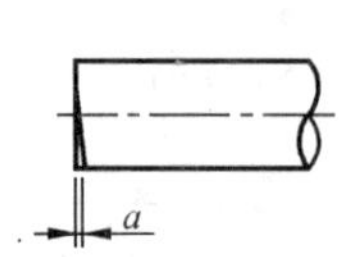 b)接管垂直度 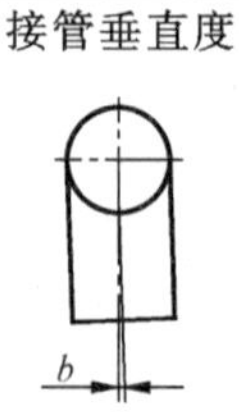								
	总长度 L	a	接管长度 L	接管高度 H	a	b	总长度 L	a	b
15～40	±2	1							
50	±2	1	±2	±2	1	2	±3	1	2
65	±3	1	±2	±2	1	2	±3	1	2
80	±3	1	±2	±2	1	2	±3	1	2

表 12（续）

单位为毫米

公称尺寸 DN	结构型式								
	SRY		SRT1、SRT2				SRS1、SRS2		
	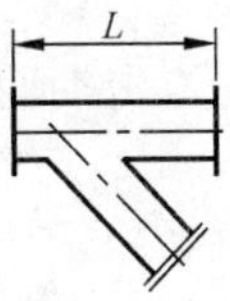		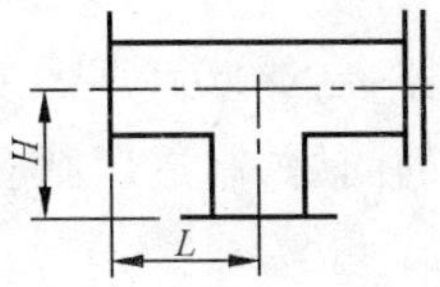				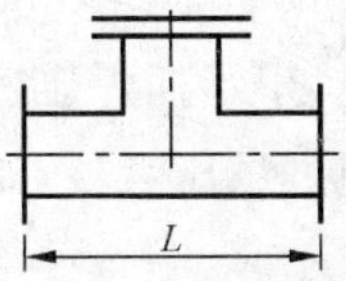		
	位置公差种类：		a)连接端面垂直度 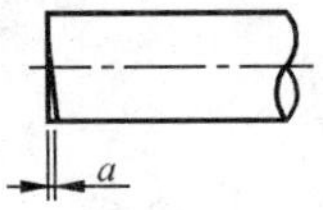				b)接管垂直度 		
	总长度 L	a	接管长度 L	接管高度 H	a	b	总长度 L	a	b
100	±3	1	±2	±2	1	2	±3	1	2
125	±4	2	±3	±2	2	4	±4	2	3
150	±4	2	±3	±2	2	4	±4	2	3
200	±4	2	±3	±3	2	4	±4	2	3
250			±3	±3	3	5	±5	3	4
300			±4	±3	3	6	±5	3	4
350			±4	±4	3	7	±5	3	5
400			±4	±4	3	7	±6	3	5

7.3 对接焊缝无损检测

7.3.1 下列对接焊缝应进行100%长度的射线检测，射线检测应符合JB/T 4730.2的规定，Ⅱ级为合格。

a) 输送剧毒流体的过滤器；

b) 设计温度小于－29 ℃的过滤器；

c) 承插焊连接及对焊连接且无法进行压力试验的过滤器；

d) 设计文件规定焊缝系数为1的过滤器；

e) 设计或用户要求进行100%射线检测的过滤器。

7.3.2 输送设计压力≤1 MPa，且设计温度≤400 ℃的非可燃流体管道及管道元件、无毒流体管道元件的焊缝，可不进行射线检测。

7.3.3 输送其他介质的过滤器应进行抽样射线检测，抽查比例不得低于5%。射线检测应符合JB/T 4730.2的规定，Ⅲ级为合格。

7.4 耐压试验

7.4.1 过滤器组装后应进行水压强度试验，当用户或设计无特殊要求时，取试验压力为公称压力的1.5倍，当用户或设计已明确设计温度与设计压力时，试验压力按下式计算，保压3 min，壳体应无渗漏及永久变形。

$$P_s = 1.5\, P[\sigma]_1/[\sigma]_2$$

式中：

P_s——试验压力（表压），单位为兆帕（MPa）；

P ——设计压力(表压),单位为兆帕(MPa);

$[\sigma]_1$——试验温度下,管材的许用应力,单位为兆帕(MPa);

$[\sigma]_2$——设计温度下,管材的许用应力,单位为兆帕(MPa);

当$[\sigma]_1/[\sigma]_2>6.5$时,取6.5。

7.4.2 对于承插焊连接及对焊连接的过滤器,制造厂可不做上述试验,但工程施工期间应保证其与管道系统通过试压考核,如试压结果属制造上的问题,制造厂则应负责处理。

8 检验方法

8.1 外观

用目视法和手感进行检查。

8.2 尺寸

在常温下,用精度符合尺寸偏差要求的通用量具进行检查。

8.3 对接焊缝无损检测

按JB/T 4730.2要求对需无损检测的对接焊缝进行X射线照相,质量要求应符合7.3要求。

8.4 耐压试验

8.4.1 试验在常温下进行,水压试验介质为洁净的自来水。

8.4.2 试验时应缓慢升压,达到规定试验压力后保压至少3 min。

8.4.3 试验压力下,目视检查有无渗漏及永久变形。

9 检验规则

9.1 过滤器的检验分出厂检验和型式检验两种。

9.2 出厂检验按本标准8.1、8.2及8.4中所规定的项目进行,检验合格方准出厂。

9.3 型式检验按本标准第6章及第8章所规定的全部项目进行。

9.3.1 有下列情况之一时,过滤器应做型式检验:

a) 新设计试制的产品;

b) 产品结构、材料有重大改变;

c) 产品定期(每年至少进行一次)考核。

9.3.2 型式试验的产品数量按批量的3%~5%抽取,但不少于2台。

9.4 在型式检验中,如发现有不合格项目,则应在该批产品中抽取两倍数量的过滤器进行复检,如仍有不合格项目,则该批产品应为不合格品。

10 标志、包装、运输及贮存

10.1 标志

10.1.1 每台过滤器必须在显著位置打印字迹清晰的标牌,且应符合GB/T 13306的规定。

10.1.2 过滤器标牌上应注明下列内容:

a) 结构型式代号;

b) 制造厂名或商标;

c) 公称压力及公称尺寸;

d) 以箭头表示的介质流向;

e) 出厂日期或批号;

f) 本标准编号。

10.2 包装

10.2.1 过滤器应按 GB/T 4879 的规定进行防锈包装，并对连接端面进行保护。

10.2.2 过滤器内包装应采用透明塑料薄膜，外包装箱宜采用木箱。外包装箱尺寸应符合 GB/T 4892 的规定。

10.2.3 过滤器外包装箱上的标志应符合 GB/T 191 和 GB/T 6388 的规定。

10.2.4 包装箱内应附有产品装箱单、产品质量合格证和产品说明书。

10.2.4.1 装箱单应包括以下内容：

a) 制造厂名称；

b) 出厂编号及日期；

c) 该包装箱的产品名称、型号、数量及净重；

d) 用户名称及合同号；

e) 随箱所附文件及数量；

f) 制造厂装箱部门公章、装箱日期及装箱检验员的代号。

10.2.4.2 产品质量合格证至少应包括以下内容：

a) 制造厂名称及日期；

b) 制造厂技术(质量)检验部门的公章；

c) 质量检验员的代号及检验日期；

d) 产品名称、型号、规格及材料。

10.3 运输和贮存

10.3.1 过滤器在运输中应防止雨淋、受潮，搬运时应注意轻放。

10.3.2 过滤器应贮存于干燥、通风良好的场所，不得与酸、碱等腐蚀性的物品共同储存。

10.3.3 过滤器应置于仓库内保管，避免露天堆放。

ICS 23.040.60
J 15

中华人民共和国国家标准

GB/T 14383—2008
代替 GB/T 14383—1993,GB/T 14626—1993

锻制承插焊和螺纹管件

Forged fittings, socket-welding and threaded

2008-05-07 发布　　2008-11-01 实施

中华人民共和国国家质量监督检验检疫总局
中国国家标准化管理委员会　发布

前　言

本标准修改采用 ASME B16.11:2005《锻制承插焊和螺纹管件》(英文版)。

本标准根据 ASME B16.11:2005 重新起草。为了方便比较，在资料性附录 A 中列出了本标准与 ASME B16.11:2005 条款的对照一览表。

根据我国工业管道的发展情况及产品的使用、制造情况，本标准在采用 ASME B16.11:2005 时进行了修改。这些技术性差异及其原因主要有：

——根据我国工业管道产品标准的现状，将 ASME B16.11:2005 中引用相关标准的技术要求及检验试验内容列入本标准中；

——在 ASME B16.11:2005 原有品种之外，保留了 GB/T 14383—1993 中的承插焊 45°三通；

——为了保证安装，根据我国现行钢管外径偏差，本标准修订了承插孔径尺寸，如:DN15 本标准承插孔径为 21.9，ASME B16.11:2005 中为 21.8；DN20 本标准承插孔径为 27.3，ASME B16.11:2005中为 27.2；

——在接管外径方面，考虑到 GB/T 14383—1993 中的 B 系列外径还有少量使用，故保留了这种接管外径，在本标准中列为不推荐使用的Ⅱ系列；

——为避免产品名称的混淆和方便采购信息的电子化应用，增加了每种产品的代号；

——为了使用方便，在附录 B 中列出了与管件连接的管子外径及壁厚表。

按照我国产品标准编写规定，本标准与 ASME B16.11:2005 相比，还作了以下编辑性修改：

——主要技术内容与 ASME B16.11 基本一致，但编写格式不同；

——对图表中的个别符号进行了修订。

本标准代替 GB/T 14383—1993《锻钢制承插焊管件》和 GB/T 14626—1993《锻钢制螺纹管件》，因为随着工业管道技术的发展和生产实践的情况，这两项标准的部分条款和参数已不适用。

本标准与 GB/T 14383—1993、GB/T 14626—1993 相比主要变化如下：

——修订了承插孔径尺寸；

——采用了与 ASME B16.11 相同的管件级别代号；

——增加了订货内容的条款和选择性的附加要求；

——在品种上，增加了内外螺纹弯头，并扩大了管件的规格；

——对制造、热处理、检验、试验、标志和产品质量证明书等要求进行了修订。

本标准实施之日起代替 GB/T 14383—1993、GB/T 14626—1993。

本标准的附录 A 为资料性附录，附录 B、附录 C 为规范性附录。

本标准由中国机械工业联合会提出。

本标准由全国管路附件标准化技术委员会归口。

本标准负责起草单位：江苏海达管件有限公司、江阴市南方管件制造有限公司。

本标准参加起草的单位：中机生产力促进中心、江阴金童石化管件有限公司、盐城福吉特管件有限公司。

本标准主要起草人：郭顺显、李俊英、李之海、姚明文、李乃明、黄国洪、李建、姚明华、李锦喜、王粉兰。

本标准所代替标准的历次版本发布情况为：

——GB/T 14383—1993；

——GB/T 14626—1993。

锻制承插焊和螺纹管件

1 范围

本标准规定了锻制承插焊和螺纹管件的订货内容、尺寸、材料、制造、检验、试验以及标志等要求。

本标准适用于工业管道系统中公称尺寸不大于DN100的金属材料锻制的承插焊和螺纹管件。

2 规范性引用文件

下列文件中的条款通过本标准的引用而成为本标准的条款。凡是注日期的引用文件，其随后所有的修改单(不包括勘误的内容)或修订版均不适用于本标准，然而，鼓励根据本标准达成协议的各方研究是否可使用这些文件的最新版本。凡是不注日期的引用文件，其最新版本适用于本标准。

GB/T 222　钢的成品化学成分允许偏差

GB/T 223(所有部分)　钢铁及合金化学分析方法

GB/T 228　金属材料　室温拉伸试验方法(GB/T 228—2002,eqv ISO 6892:1998)

GB/T 229　金属材料　夏比摆锤冲击试验方法(GB/T 229—2007,ISO 148-1:2006,MOD)

GB/T 699　优质碳素结构钢

GB/T 1591　低合金高强度结构钢

GB/T 1220　不锈钢棒

GB/T 1221　耐热钢棒

GB/T 2975　钢及钢产品力学性能试验取样位置及试样制备(GB/T 2975—1998,eqv ISO 377:1997)

GB/T 3077　合金结构钢

GB/T 4334(所有部分)　不锈钢　腐蚀试验方法

GB/T 4338　金属材料高温拉伸试验方法(GB/T 4338—2006,ISO 783:1999,MOD)

GB/T 6394　金属平均晶粒度测定法

GB/T 10561—2005　钢中非金属夹杂物含量的测定　标准评级图显微检验法(ISO 4967:1998,IDT)

GB/T 12716　60°密封管螺纹

GB/T 17394　金属里氏硬度试验方法

GB/T 18253　钢及钢产品　检验文件的类型(GB/T 18253—2000,eqv ISO 10474:1991)

GB/T 20066—2006　钢和铁　化学成分测定用试样的取样和制样方法(ISO 14284:1996,IDT)

JB/T 4730.3　承压设备无损检测　第3部分:超声检测

JB/T 4730.4　承压设备无损检测　第4部分:磁粉检测

JB/T 4730.5　承压设备无损检测　第5部分:渗透检测

ASME B36.10M　焊接和无缝轧制钢管

3 品种与代号

管件的品种与代号见表1。

表 1 管件的品种与代号

连接型式	品　　种	代号	连接型式	品　　种	代号
承插焊	承插焊 45°弯头	S45E	螺纹	螺纹 45°弯头	T45E
	承插焊 90°弯头	S90E		螺纹 90°弯头	T90E
	承插焊三通	ST		内外螺纹 90°弯头	T90SE
	承插焊 45°三通	S45T		螺纹三通	TT
	承插焊四通	SCR		螺纹四通	TCR
	双承口管箍(同心)	SFC		双螺口管箍(同心)	TFC
	双承口管箍(偏心)	SFCR		双螺口管箍(偏心)	TFCR
	单承口管箍	SHC		单螺口管箍	THC
	单承口管箍(带斜角)[a]	SHCB		单螺口管箍(带斜角)[a]	THCB
	承插焊管帽	SC		螺纹管帽	TC
	—	—		四方头管塞	SHP
	—	—		六角头管塞	HHP
	—	—		圆头管塞	RHP
	—	—		六角头内外螺纹接头	HHB
	—	—		无头内外螺纹接头	FB

[a] 当要求与主管焊接相连的端部加工成带 45°斜角的形状时,在代号后加“B”;即一端带斜角的单承口管箍的代号为 SHCB,一端带斜角的单螺口管箍的代号为 THCB。

4 管件级别

承插焊管件的级别(Class)分为 3 000、6 000 和 9 000,螺纹管件的级别分为 2 000、3 000 和 6 000;与之适配的管子壁厚等级见表 2。

表 2 管件级别和与之适配的管子壁厚等级的关系

连接型式	级别代号	适配的管子壁厚等级	连接型式	级别代号	适配的管子壁厚等级
承插焊	3 000	Sch80、XS	螺纹	2 000	Sch80、XS
	6 000	Sch160		3 000	Sch160
	9 000	XXS		6 000	XXS

注:本表并未限制与管件连接时使用更厚或更薄的管子。实际使用的管子可以比表 2 所示的更厚或更薄。当使用更厚的管子时,管件的强度决定承压能力;当使用更薄的管子时,管子的强度决定承压能力。

5 特殊的连接型式

5.1 管件可以制成承插焊和螺纹组合的端部连接型式。对于这种组合的端部连接型式,应按表 2 中低级别的一端确定管件级别。

5.2 经供需双方同意，可制成带其他螺纹型式或其他连接型式的管件；除此之外，管件应符合本标准其他条款的规定。

6 接管尺寸

与管件连接的管子尺寸见附录 B。管子外径分为Ⅰ、Ⅱ两个系列，Ⅰ系列外径为推荐使用的管子外径，Ⅱ系列外径不推荐使用。当选用附录 B 以外的接管尺寸时，按 8.5 规定。

7 订货内容

采购方应在订单中提供采购货物所需的全部信息，这些信息包括但不限于以下内容：

a) 管件的品种或代号(包括特殊的连接型式要求)；

b) 材料牌号；

c) 管件级别代号；

d) 公称尺寸(Ⅰ系列外径省略，Ⅱ系列外径或特殊尺寸要求的应标明)；

e) 本标准号；

f) 件数；

g) 需要的附加要求(见附录 C)或补充规定。

8 形状、尺寸与公差

8.1 承插焊管件

8.1.1 承插焊管件端部凸缘的锻造圆角在经过端部平面的加工后，所要求的焊接平面宽度及要求的焊接间隙见图 1。

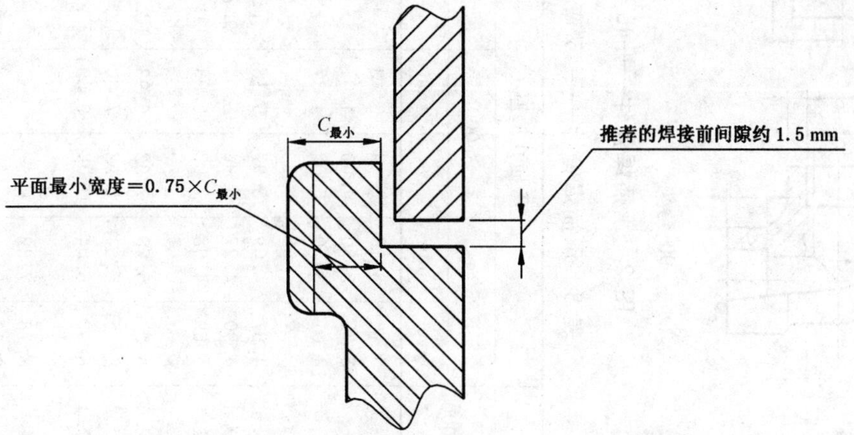

图 1 要求的焊接间隙和最小平面宽度

8.1.2 承插焊管件的形状和尺寸应符合图 2、图 3 及表 3、表 4 的规定，尺寸偏差应符合表 9 的规定。

8.1.3 承插焊管件的端部平面应与承插孔轴向垂直。

8.2 螺纹管件

8.2.1 螺纹管件的形状和尺寸应符合图 4～图 7 及表 5～表 8 的规定，尺寸偏差应符合表 9 的规定。

8.2.2 螺纹管件的螺纹应符合 GB/T 12716 标准中的 60°圆锥管螺纹(NPT)的规定。

当采购方指定采用其他螺纹型式时应在订单中注明螺纹型式和标准编号。

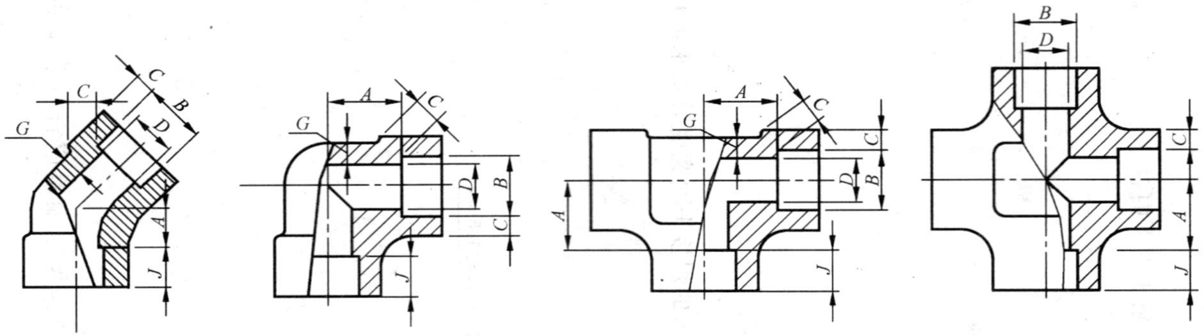

45°弯头　　90°弯头　　三通　　四通

图 2　承插焊管件——45°弯头、90°弯头、三通和四通

表 3　承插焊管件——45°弯头、90°弯头、三通和四通尺寸

单位为毫米

公称尺寸		承插孔径 B^a	流通孔径 D^a			承插孔壁厚 C^b						本体壁厚 G_{min}			承插孔深度 J_{min}	中心至承插孔底 A					
DN	NPS		3 000	6 000	9 000	3 000		6 000		9 000		3 000	6 000	9 000		90°弯头、三通、四通			45°弯头		
						ave	min	ave	min	ave	`min					3 000	6 000	9 000	3 000	6 000	9 000
6	1/8	10.9	6.1	3.2	—	3.18	3.18	3.96	3.43	—	—	2.41	3.15	—	9.5	11.0	11.0	—	8.0	8.0	—
8	1/4	14.3	8.5	5.6	—	3.78	3.30	4.60	4.01	—	—	3.02	3.68	—	9.5	11.0	13.5	—	8.0	8.0	—
10	3/8	17.7	11.8	8.4	—	4.01	3.50	5.03	4.37	—	—	3.20	4.01	—	9.5	13.5	15.5	—	8.0	11.0	—
15	1/2	21.9	15.0	11.0	5.6	4.67	4.09	5.97	5.18	9.53	8.18	3.73	4.78	7.47	9.5	15.5	19.0	25.5	11.0	12.5	15.5
20	3/4	27.3	20.2	14.8	10.3	4.90	4.27	6.96	6.04	9.78	8.56	3.91	5.56	7.82	12.5	19.0	22.5	28.5	13.0	14.0	19.0
25	1	34.0	25.9	19.9	14.4	5.69	4.98	7.92	6.93	11.38	9.96	4.55	6.35	9.09	12.5	22.5	27.0	32.0	14.0	17.5	20.5
32	1¼	42.8	34.3	28.7	22.0	6.07	5.28	7.92	6.93	12.14	10.62	4.85	6.35	9.70	12.5	27.0	32.0	35.0	17.5	20.5	22.5
40	1½	48.9	40.1	33.2	27.2	6.35	5.54	8.92	7.80	12.70	11.12	5.08	7.14	10.15	12.5	32.0	38.0	38.0	20.5	25.5	25.5
50	2	61.2	51.7	42.1	37.4	6.93	6.04	10.92	9.50	13.84	12.12	5.54	8.74	11.07	16.0	38.0	41.0	54.0	25.5	28.5	28.5
65	2½	73.9	61.2	—	—	8.76	7.62	—	—	—	—	7.01	—	—	16.0	41.0	—	—	28.5	—	—
80	3	89.9	76.4	—	—	9.52	8.30	—	—	—	—	7.62	—	—	16.0	57.0	—	—	32.0	—	—
100	4	115.5	100.7	—	—	10.69	9.35	—	—	—	—	8.56	—	—	19.0	66.5	—	—	41.0	—	—

[a] 当选用Ⅱ系列的管子时，其承插孔径和流通孔径应按Ⅱ系列管子尺寸配制，其余尺寸应符合本标准规定。

[b] 沿承插孔周边的平均壁厚不应小于平均值，局部允许达到最小值。

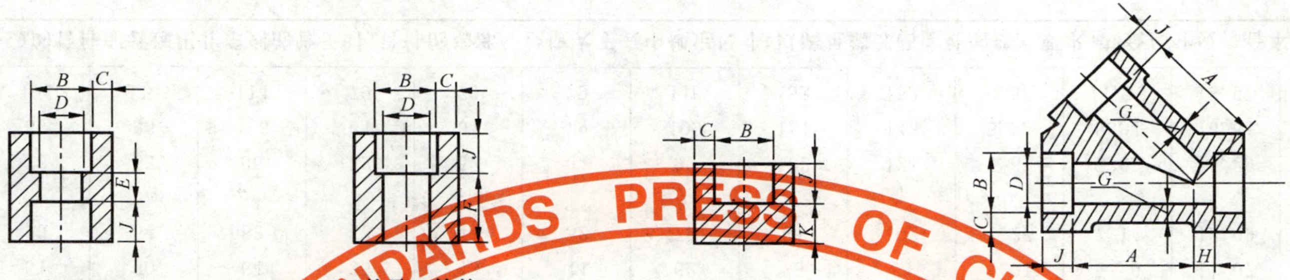

图 3 承插焊管件——双承口管箍、单承口管箍、管帽和 45° 三通

表 4 承插焊管件——双承口管箍、单承口管箍、管帽和 45° 三通尺寸

单位为毫米

公称尺寸		承插孔径 B^a	流通孔径 D^a			承插孔壁厚 C^b						本体壁厚 G_{min}			承插孔深度 J_{min}	承插孔底距离 E	承插孔底至端面 F	顶部厚度 K_{min}			中心至承插孔底			
						3 000		6 000		9 000											A		H	
DN	NPS		3 000	6 000	9 000	ave	min	ave	min	ave	min	3 000	6 000	9 000				3 000	6 000	9 000	3 000	6 000	3 000	6 000
6	1/8	10.9	6.1	3.2	—	3.18	3.18	3.96	3.43	—	—	2.41	3.15	—	9.5	6.5	16.0	4.8	6.4	—	—	—	—	—
8	1/4	14.3	8.5	5.6	—	3.78	3.30	4.60	4.01	—	—	3.02	3.68	—	9.5	6.5	16.0	4.8	6.4	—	—	—	—	—
10	3/8	17.7	11.8	8.4	—	4.01	3.50	5.03	4.37	—	—	3.20	4.01	—	9.5	6.5	17.5	4.8	6.4	—	37	—	9.5	—
15	1/2	21.9	15.0	11.0	5.6	4.67	4.09	5.97	5.18	9.53	8.18	3.73	4.78	7.47	9.5	9.5	22.5	6.4	7.9	11.2	41	51	9.5	11
20	3/4	27.3	20.2	14.8	10.3	4.90	4.27	6.96	6.04	9.78	8.56	3.91	5.56	7.82	12.5	9.5	24.0	6.4	7.9	12.7	51	60	11	13
25	1	34.0	25.9	19.9	14.4	5.69	4.98	7.92	6.93	11.38	9.96	4.55	6.35	9.09	12.5	12.5	28.5	9.6	11.2	14.2	60	71	13	16
32	1¼	42.8	34.3	28.7	22.0	6.07	5.28	7.92	6.93	12.14	10.62	4.85	6.35	9.70	12.5	12.5	30.0	9.6	11.2	14.2	71	81	16	17
40	1½	48.9	40.1	33.2	27.2	6.35	5.54	8.92	7.80	12.70	11.12	5.08	7.14	10.15	12.5	12.5	32.0	11.2	12.7	15.7	81	98	17	21
50	2	61.2	51.7	42.1	37.4	6.93	6.04	10.92	9.50	13.84	12.12	5.54	8.74	11.07	16.0	19.0	41.0	12.7	15.7	19.0	98	151	21	30
65	2½	73.9	61.2	—	—	8.76	7.62	—	—	—	—	7.01	—	—	16.0	19.0	43.0	15.7	19.0	—	151	—	30	—
80	3	89.9	76.4	—	—	9.52	8.30	—	—	—	—	7.62	—	—	16.0	19.0	44.5	19.0	22.4	—	184	—	57	—
100	4	115.5	100.7	—	—	10.69	9.35	—	—	—	—	8.56	—	—	19.0	19.0	48.0	22.4	28.4	—	201	—	66	—

[a] 当选用Ⅱ系列的管子时，其承插孔径和流通孔径应按Ⅱ系列管子尺寸配制，其余尺寸应符合本标准规定。

[b] 沿承插孔周边的平均壁厚不应小于平均值，局部允许达到最小值。

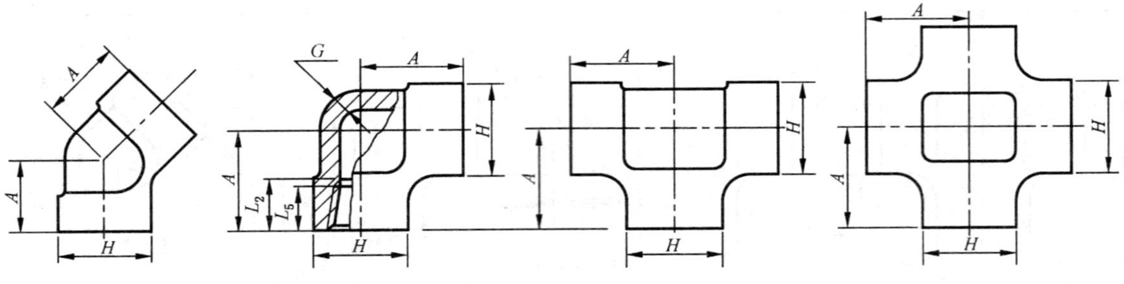

图 4 螺纹管件——45°弯头、90°弯头、三通和四通

表 5 螺纹管件——45°弯头、90°弯头、三通和四通尺寸

单位为毫米

公称尺寸 DN	螺纹尺寸代号 NPT	中心至端面 A						端部外径 H[a]			本体壁厚 G_{min}			完整螺纹长度 L_{5min}	有效螺纹长度 $L_{2\ min}$
		90°弯头、三通和四通			45°弯头										
		2 000	3 000	6 000	2 000	3 000	6 000	2 000	3 000	6 000	2 000	3 000	6 000		
6	1/8	21	21	25	17	17	19	22	22	25	3.18	3.18	6.35	6.4	6.7
8	1/4	21	25	28	17	19	22	22	25	33	3.18	3.30	6.60	8.1	10.2
10	3/8	25	28	33	19	22	25	25	33	38	3.18	3.51	6.98	9.1	10.4
15	1/2	28	33	38	22	25	28	33	38	46	3.18	4.09	8.15	10.9	13.6
20	3/4	33	38	44	25	28	33	38	46	56	3.18	4.32	8.53	12.7	13.9
25	1	38	44	51	28	33	35	46	56	62	3.68	4.98	9.93	14.7	17.3
32	1¼	44	51	60	33	35	43	56	62	75	3.89	5.28	10.59	17.0	18.0
40	1½	51	60	64	35	43	44	62	75	84	4.01	5.56	11.07	17.8	18.4
50	2	60	64	83	43	44	52	75	84	102	4.27	7.14	12.09	19.0	19.2
65	2½	76	83	95	52	52	64	92	102	121	5.61	7.65	15.29	23.6	28.9
80	3	86	95	106	64	64	79	109	121	146	5.99	8.84	16.64	25.9	30.5
100	4	106	114	114	79	79	79	146	152	152	6.55	11.18	18.67	27.7	33.0

[a] 当 DN65(NPS 2½)的管件配管选用Ⅱ系列的管子时,管件的端部外径应大于表中规定尺寸,以满足端部凸缘处的壁厚要求,其余尺寸应符合本标准规定。

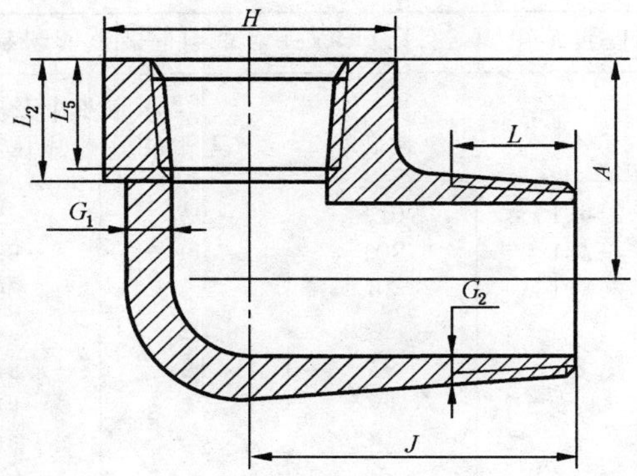

图 5 螺纹管件——内外螺纹 90°弯头

表 6 螺纹管件——内外螺纹 90°弯头尺寸

单位为毫米

公称尺寸 DN	螺纹尺寸代号 NPT	中心至内螺纹端面 A[a]		中心至外螺纹端面 J		端部外径 H[b]		本体壁厚 G_{1min}		本体壁厚 G^{c}_{2min}		内螺纹完整长度 L_{5min}	内螺纹有效长度 L_{2min}	外螺纹长度 L_{min}
		3 000	6 000	3 000	6 000	3 000	6 000	3 000	6 000	3 000	6 000			
6	1/8	19	22	25	32	19	25	3.18	5.08	2.74	4.22	6.4	6.7	10
8	1/4	22	25	32	38	25	32	3.30	5.66	3.22	5.28	8.1	10.2	11
10	3/8	25	28	38	41	32	38	3.51	6.98	3.50	5.59	9.1	10.4	13
15	1/2	28	35	41	48	38	44	4.09	8.15	4.16	6.53	10.9	13.6	14
20	3/4	35	44	48	57	44	51	4.32	8.53	4.88	6.86	12.7	13.9	16
25	1	44	51	57	66	51	62	4.98	9.93	5.56	7.95	14.7	17.3	19
32	1¼	51	54	66	71	62	70	5.28	10.59	5.56	8.48	17.0	18.0	21
40	1½	54	64	71	84	70	84	5.56	11.07	6.25	8.89	17.8	18.4	21
50	2	64	83	84	105	84	102	7.14	12.09	7.64	9.70	19.0	19.2	22

a 制造商也可以选择使用表 5 中 90°弯头的 A 尺寸。

b 制造商也可以选择使用表 5 中的 H 尺寸。

c 为加工螺纹前的壁厚。

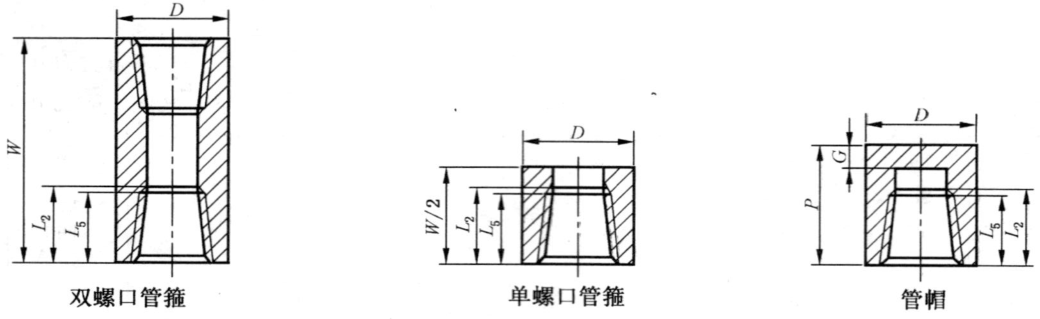

图 6　螺纹管件——双螺口管箍、单螺口管箍和管帽

表 7　螺纹管件——双螺口管箍、单螺口管箍和管帽尺寸

单位为毫米

公称尺寸 DN	螺纹尺寸代号 NPT	端面至端面 W	端面至端面 P		外径 D^a		顶部厚度 G_{min}		完整螺纹长度 L_{5min}	有效螺纹长度 L_{2min}
		3 000 和 6 000	3 000	6 000	3 000	6 000	3 000	6 000		
6	1/8	32	19	—	16	22	4.8	—	6.4	6.7
8	1/4	35	25	27	19	25	4.8	6.4	8.1	10.2
10	3/8	38	25	27	22	32	4.8	6.4	9.1	10.4
15	1/2	48	32	33	28	38	6.4	7.9	10.9	13.6
20	3/4	51	37	38	35	44	6.4	7.9	12.7	13.9
25	1	60	41	43	44	57	9.7	11.2	14.7	17.3
32	1¼	67	44	46	57	64	9.7	11.2	17.0	18.0
40	1½	79	44	48	64	76	11.2	12.7	17.8	18.4
50	2	86	48	51	76	92	12.7	15.7	19.0	19.2
65	2½	92	60	64	92	108	15.7	19.0	23.6	28.9
80	3	108	65	68	108	127	19.0	22.4	25.9	30.5
100	4	121	68	75	140	159	22.4	28.4	27.7	33.0

注 1：螺纹端部以外的最小壁厚应符合表 5 中相应公称尺寸和级别的规定。
注 2：2 000 级别的双螺口管箍、单螺口管箍和管帽不包括在本标准中。

[a] 当 DN65(NPS 2½)的管件配管选用Ⅱ系列的管子时，管件的端部外径应大于表中规定尺寸，以满足端部凸缘处的壁厚要求，其余尺寸应符合本标准规定。

图 7 螺纹管件——方头管塞、六角头管塞、圆头管塞、六角头内外螺纹接头和无头内外螺纹接头

表 8 螺纹管件——方头管塞、六角头管塞、圆头管塞、六角头内外螺纹接头和无头内外螺纹接头尺寸

单位为毫米

公称尺寸 DN	螺纹尺寸代号 NPT	螺纹长度 A_{min}	方头高度 B_{min}	方头对边宽度 C_{min}	圆头直径 E	总长 D_{min}	六角头厚度 H_{min}	六角头厚度 G_{min}	六角头对边宽度 F
6	1/8	10	6	7	10	35	6	—	11
8	1/4	11	6	10	14	41	6	3	16
10	3/8	13	8	11	18	41	8	4	18
15	1/2	14	10	14	21	44	8	5	22
20	3/4	16	11	16	27	44	10	6	27
25	1	19	13	21	33	51	10	6	36
32	1¼	21	14	24	43	51	14	7	46
40	1½	21	16	28	48	51	16	8	50
50	2	22	18	32	60	64	18	9	65
65	2½	27	19	36	73	70	19	10	75
80	3	28	21	41	89	70	21	10	90
100	4	32	25	65	114	76	25	13	115

表 9 极限偏差

单位为毫米

公称尺寸		承插焊管件					螺纹管件		
		所有管件		弯头、三通和四通	双承口管箍	单承口管箍	弯头、三通和四通	双螺口管箍	单螺口管箍
DN	NPS	承插孔径 *B*	流通孔径 *D*	中心至承插孔底 *A*、*H*	承插孔底距离 *E*	承插孔底至端面 *F*	中心至端面 *A*、*J*	端面至端面 *W*	端面至端面 *W*/2
6～8	1/8～1/4	$^{+0.4}_{0}$	$^{+1.5}_{0}$	±1.0	±1.5	±1.0	±1.0	±1.0	±1.0
10～20	3/8～3/4	$^{+0.4}_{0}$	$^{+1.5}_{0}$	±1.5	±3.0	±1.5	±1.5	±1.5	±1.5
25～40	1～1½	$^{+0.4}_{0}$	$^{+1.5}_{0}$	±2.0	±4.0	±2.0	±2.0	±2.0	±2.0
50	2	$^{+0.5}_{0}$	$^{+1.5}_{0}$	±2.0	±4.0	±2.0	±2.0	±2.0	±2.0
65～100	2½～4	$^{+0.5}_{0}$	$^{+3.0}_{0}$	±2.5	±5.0	±2.5	±2.5	±2.5	±2.5

8.2.3 管件的螺纹端部应进行倒角，以便于连接和保护螺纹。对于内螺纹，倒角直径不应大于螺纹大径，深度不应小于螺距的二分之一，并与螺纹轴向呈约为45°的夹角；对于外螺纹，倒角应与螺纹轴向呈30°～45°的夹角。所有倒角应与螺纹同轴。相关表格中规定的螺纹测量长度包括了倒角的深度。

8.3 端部凸缘

如图2～图4的简图所示，承插焊和螺纹管件中的弯头、三通和四通的端部凸缘应在分叉处部分重叠。

8.4 异径管件的尺寸

8.4.1 对于异径管件，除明确规定以外，应具有与等径管件相同的外形尺寸。异径管件小端的承插孔径、承插孔深度和螺纹长度应按小端公称尺寸对应的尺寸规定。异径管件的流通孔径应按小端公称尺寸对应的尺寸规定。

8.4.2 异径管件尺寸的表示方法如下：

a) 对于有两个接管尺寸的管件，首先给出大端的公称尺寸，然后给出小端的公称尺寸；

b) 对于三通，首先给出主管大端的公称尺寸，其次给出与主管大端相对一端的公称尺寸，最后给出支管端的公称尺寸，见图8a)所示；

c) 对于四通，首先给出最大端的公称尺寸，其次给出与最大端相对一端的公称尺寸，第三给出另外两端中较大一端的公称尺寸，最后给出剩余一端的公称尺寸，见图8b)所示。

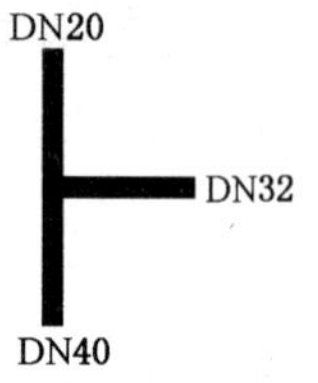

a) 三通 DN40×20×32

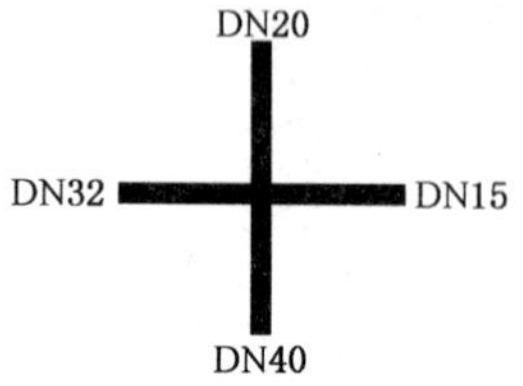

b) 四通 DN40×20×32×15

图8 异径三通和四通公称尺寸的表示方法

8.5 特殊的接管尺寸

当选用附录B以外的接管外径时，应在订货内容中明确规定接管尺寸要求。制造商按需要的接管尺寸确定加工承插孔径和流通孔径；除此之外，管件的其余尺寸应符合本标准的规定。

8.6 形位公差

8.6.1 同轴度

承插焊管件的承插孔径和流通孔径应同轴，其同轴度公差为0.8 mm。水平相对的两承插孔径应同轴，其同轴度公差为1.5 mm。

8.6.2 直线度

承插焊管件的承插孔径和流通孔径的轴线应重合，其直线度的最大允许值为200 mm内1 mm。螺纹管件的流通孔径与螺纹的轴线应重合，其直线度的最大允许值为200 mm内1 mm。

9 材料

9.1 管件的材料包括锻件、棒材或无缝管等金属材料。制造商应对所用材料进行验证，以确定材料符合订货技术要求和相关材料标准规定的冶炼工艺、化学成分和力学性能等要求。

9.2 为了选用方便，管件的常用材料列于表10。除表10中所列常用材料外，本标准并不限制采用表10材料以外的其他材料。

表10 常用的材料牌号及材料标准

材料牌号(旧牌号)	标准编号	材料牌号(旧牌号)	标准编号
20	GB/T 699	06Cr19Ni10(0Cr18Ni9) 06Cr17Ni12Mo2(0Cr17Ni12Mo2) 06Cr18Ni11Ti(0Cr18Ni10Ti)	GB/T 1220 GB/T 1221
Q295、Q345	GB/T 1591		
15CrMo、 12Cr1MoV	GB/T 3077		
		022Cr19Ni10(00Cr19Ni10) 022Cr17Ni12Mo2(00Cr17Ni14Mo2)	GB/T 1220
12Cr5Mo(1Cr5Mo)	GB/T 1221		

10 制造

10.1 应把材料锻制成尽量接近规定的形状和尺寸。

10.2 圆柱形产品可由热轧或锻制的棒材或无缝管切削加工制成，产品的轴向应与金属坯料的轧制方向大致平行。弯头、三通和四通不应用棒材直接切削加工制造。

11 热处理

11.1 通常情况下，对于冷成形或热成形的碳素钢、低合金钢和不锈钢等铁基材料的管件，应按不同的材料要求进行退火、正火、正火加回火、固溶或固溶加稳定化等方式的热处理。当制造条件满足下列要求时，可不进行热处理。

a) 碳素钢管件的终锻温度不低于700℃，且不高于980℃，并置于静止的空气中冷却的条件下；

b) 直接用棒材或无缝管切削加工制造的管件，且材料出厂时已经过热处理或碳素钢材料为热轧状态。

11.2 对于需要进行热处理的管件，如果订货技术要求或相关材料标准对热处理有规定的，应按订货技术要求或相关材料标准的规定进行；如果订货技术要求或相关材料标准没有对热处理做出规定，制造商应制定相应的热处理工艺。不论何种情况，制造商均应对所采用的热处理工艺进行评定，以验证所采用的热处理工艺满足材料的性能要求；并且制造商应保存热处理工艺评定文件，需要时提供给采购方查验，以证明所采用的热处理工艺的正确性。

11.3 对于除11.1以外的金属材料制造的管件，其热处理由供需双方商定。

11.4 如果没有另外规定，常用材料的热处理要求可按表 11。

表 11 常用材料的热处理要求

材料牌号(旧牌号)	热处理要求	材料牌号(旧牌号)	热处理要求
20	退火或正火	06Cr19Ni10(0Cr18Ni9) 06Cr17Ni12Mo2(0Cr17Ni12Mo2) 06Cr18Ni11Ti(0Cr18Ni10Ti) 022Cr19Ni10(00Cr19Ni10) 022Cr17Ni12Mo2(00Cr17Ni14Mo2)	固溶
Q295、Q345	退火或正火＋回火		
15CrMo、12Cr1MoV、12Cr5Mo(1Cr5Mo)	退火或正火＋回火		
注：对含 Ti 的不锈钢管件，制造商可在固溶处理后进行稳定化热处理。			

12 检验

12.1 力学性能

12.1.1 力学性能试样

12.1.1.1 在尺寸允许的情况下，试样应从热处理后的管件上制取。当管件尺寸过小，无法制取试样时，按 12.1.1.2 规定锻制单独的样坯制取试样。

12.1.1.2 如果采用锻制单独样坯的方式制取试样，应满足以下要求：

a) 样坯与所代表的管件为同一熔炼炉号的材料；

b) 样坯应有与所代表的管件相似的锻造工艺；

c) 样坯厚度应与所代表的管件的最大热处理厚度相同；

d) 样坯应与所代表的管件同炉热处理，当碳素钢管件满足 11.1 a)规定的制造条件时除外。

12.1.1.3 当管件是按 10.2 规定用棒材或无缝管直接切削加工制成时，力学性能试样可在材料上制取，试样应与管件具有相同的热处理状态。

12.1.1.4 试样的取样位置按订货技术要求或相关材料标准规定。如果订货技术要求或相关材料标准没有规定的，按 GB/T 2975 的规定。

12.1.2 拉伸试验

12.1.2.1 拉伸试验按 GB/T 228 的规定进行。

12.1.2.2 对于碳素钢、奥氏体不锈钢和铁素体-奥氏体不锈钢材料制造的管件，如果管件的热处理工艺相同、炉温控制在±14℃的范围并通过自动的温度-时间记录装置可获得完整记录，则同一材料熔炼炉号的管件应进行一次拉伸试验。如果不能满足上述条件，则每一材料熔炼炉号、每一热处理炉次的管件均应进行一次拉伸试验。

12.1.2.3 对于低合金钢、铁素体不锈钢和马氏体不锈钢材料制造的管件，如果管件的热处理工艺相同、炉温控制在±14℃的范围并通过自动的温度-时间记录装置可获得完整记录，则同一材料熔炼炉号的不同类型及不同截面尺寸的管件应进行一次拉伸试验。如果不能满足上述条件，则每一材料熔炼炉号、每一热处理炉次的不同类型及不同截面尺寸的管件均应进行一次拉伸试验。

注：这里的“类型”是指锻件的形状，例如弯头、三通等。

12.1.2.4 对于除 12.1.2.2 和 12.1.2.3 以外的金属材料制造的管件，其拉伸要求由供需双方商定。

12.1.2.5 如果拉伸试验结果不符合规定，允许再取两个拉伸试样进行复验，复验结果均符合规定时为合格。

12.1.3 冲击试验

12.1.3.1 当订货技术要求或相关材料标准对冲击试验有规定时，应进行冲击试验，试验按 GB/T 229 的规定进行。

12.1.3.2 如果管件的热处理工艺相同、炉温控制在±14℃的范围并通过自动的温度-时间记录装置可获得完整记录，则同一材料熔炼炉号的管件应至少取三个试样构成一组进行冲击试验。如果不能满足上述条件，则每一材料熔炼炉号、每一热处理炉次的管件均应进行一组冲击试验。

12.1.3.3 如果试验的平均冲击吸收功符合规定，但其中一个试样的冲击吸收功低于对单个试样规定的最小值，允许从样坯的邻近不合格试样取样部位的两侧再取两个试样进行复验，每一个试样的复验结果均应符合规定的最小冲击吸收功时为合格。

12.1.4 **硬度试验**

12.1.4.1 硬度试验应在管件本体上进行。当订货技术要求或相关材料标准对硬度试验有规定时，应进行硬度试验，试验按 GB/T 17394 的规定进行。

12.1.4.2 如进行硬度试验，对每一材料熔炼炉号、每一热处理炉次的管件应按 3%且不少于两件进行试验。如有一件不合格，应加倍抽样试验；若仍有一件不合格，则应逐件进行硬度试验。

12.1.4.3 常用材料的硬度值应符合表 12 规定。

表 12 常用材料的硬度值

材料牌号(旧牌号)	硬度值，≤	材料牌号(旧牌号)	硬度值，≤
20	160HB	06Cr19Ni10(0Cr18Ni9)	187HB
Q295、Q345	170HB	06Cr17Ni12Mo2(0Cr17Ni12Mo2)	
15CrMo、12Cr1MoV	180HB	06Cr18Ni11Ti(0Cr18Ni10Ti) 022Cr19Ni10(00Cr19Ni10)	
12Cr5Mo(1Cr5Mo)	230HB	022Cr17Ni12Mo2(00Cr17Ni14Mo2)	

12.2 **形状和尺寸**

12.2.1 管件的形状和尺寸应进行检验，并应符合本标准第 8 章的规定。

12.2.2 应使用螺纹量规对管件的螺纹进行检验，测量的参照平面为内螺纹件的外端面或外螺纹件的小端面，极限偏差为正负一个螺距。

12.3 **表面质量**

12.3.1 管件表面应逐件进行检验，应无裂纹、夹层等缺陷，并应无毛刺、氧化皮及其他附着物。

12.3.2 管件表面允许有零星而不是大面积出现的疤痕、皱折、凹坑、发纹、划痕等，但其深度不应大于壁厚的 5%且不大于 0.8 mm。

12.3.3 超过 12.3.2 规定深度的表面疤痕、皱折、凹坑、发纹、划痕等应打磨去除，打磨处的壁厚不应小于规定的最小值。

13 试验

13.1 水压试验

本标准不要求对管件进行水压试验。但按本标准制造的管件应能通过与管件级别相适应的水压试验。

13.2 验证试验

对于使用标准材料制造的管件，本标准不要求进行验证试验。

14 标志

14.1 每个管件均应采用锻出凸字、钢印、雕刻或电蚀等永久性标志的方法，在管件的端部凸缘或凸出位置标出清晰可见的标志；圆筒形管件应标志在外径或在焊接安装后标志不会消失的端部。当采用钢印标志时，不应使印迹侵入管件最小壁厚。

14.2 管件标志应包括下列内容：

a) 制造商名称或商标；

b) 材料牌号；

c) 材料熔炼炉号；

d) 管件级别；

e) 公称尺寸；

f) 本标准编号(可不包括年代号)；

g) 合同要求的其他标志内容。

因管件尺寸原因无法标出全部标志内容时，可按上述相反的顺序省略，但永久性标志至少应标出制造商名称或商标和材料牌号两项内容，同时应以附加标牌的方式标出全部标志内容。

14.3 作为例外，对于螺纹管件中的六角头内外螺纹接头和无头内外螺纹接头的标志，可采用拴挂产品标牌的方式完成。

14.4 标志示例：

例 1：材料牌号为 20、级别为 3 000、公称尺寸为 DN40×40 的弯头标志为：

制造商名称或商标　20　材料熔炼炉号　3 000　DN40×40　GB/T 14383

例 2：材料牌号为 15CrMo、级别为 3 000、公称尺寸为 DN40×40×25 的三通标志为：

制造商名称或商标　15CrMo　材料熔炼炉号　3 000　DN40×40×25　GB/T 14383

例 3：材料牌号为 0Cr18Ni9、级别为 6 000、公称尺寸为 DN40×20×32×15 的四通标志为：

制造商名称或商标　0Cr18Ni9　材料熔炼炉号　6 000　DN40×20×32×15　GB/T 14383

15 表面防护与包装

15.1 产品表面应清洁，无锈迹、毛刺及附着物。外表面为锻制表面的产品宜喷砂或抛丸处理。不锈钢类管件的非切削加工表面应酸洗、钝化处理；其余材料的管件可采用表面发黑、涂防锈油漆或可焊性油漆等方法进行表面防护。

15.2 按采购方要求，可对管件进行镀锌处理。对要求热浸镀锌的管件，应在热浸镀锌后再加工管件的承插孔或螺纹部分。

15.3 管件应按不同材料分别包装，并注意防潮。包装箱内应附有装箱单。

16 产品质量证明书

按本标准生产的管件，应提供产品质量证明书。产品质量证明书按 GB/T 18253 中的 5.1B 证书类型（同 ISO 10474 中的 3.1.B 证书类型）的规定。产品质量证明书至少应包括以下内容：

a) 制造商名称和地址；

b) 产品名称、规格、数量和本标准编号；

c) 材料牌号和熔炼炉号；

d) 化学成分、力学性能和其他检验、试验结果；

e) 独立于生产部门的制造商授权代表的签字。

附　录　A
（资料性附录）
本标准与 ASME B16.11:2005 章条编号对照表

A.1　表 A.1 给出了本标准章条编号与 ASME B16.11:2005 章条编号对照表一览表。

表 A.1　本标准章条编号与 ASME B16.11:2005 章条编号对照

本标准章条编号	对应的 ASME B16.11:2005 章条编号
1	1.1
2	附录Ⅱ
3	—
4	2.1
5.1	1.1.1 和 2.1.3
5.2	1.1.2
—	1.1.3
6	2.1.2 中的部分内容
7	1.2.1 中引用标准的部分内容
—	1.2.2 和 1.3～1.5
8.1	6.1、6.2 和 7 的部分内容
8.2	6.1、6.3 和 7 的部分内容
8.3	6.4
—	3.1
8.4	3.2 和 6.5
8.5	—
8.6	7
9	5.1 的部分内容
10.1	1.2.1 中引用标准的部分内容
10.2	5.1 的部分内容
11	1.2.1 中引用标准的部分内容
12	1.2.1 中引用标准的部分内容
13	2.2 和 8
14	4
15	1.2.1 中引用标准的部分内容
16	1.2.1 中引用标准的部分内容
附录 A	—
附录 B	2.1.1 的部分内容和 2.1.2
附录 C	1.2.1 中引用标准的部分内容
—	附录Ⅰ
—	附录 A

附 录 B
（规范性附录）
与管件连接的管子尺寸

B.1 表B.1列出了与管件连接的Ⅰ系列的管子外径及壁厚，供使用者选用。

表B.1 Ⅰ系列的管子外径和壁厚

单位为毫米

公称尺寸		外　径	公　称　壁　厚			
DN	NPS		XS	Sch80	Sch160	XXS
6	1/8	10.3	2.41	2.41	3.15	4.83
8	1/4	13.7	3.02	3.02	3.68	6.05
10	3/8	17.1	3.20	3.20	4.01	6.40
15	1/2	21.3	3.73	3.73	4.78	7.47
20	3/4	26.7	3.91	3.91	5.56	7.82
25	1	33.4	4.55	4.55	6.35	9.09
32	1¼	42.2	4.85	4.85	6.35	9.70
40	1½	48.3	5.08	5.08	7.14	10.15
50	2	60.3	5.54	5.54	8.74	11.07
65	2½	73.0	7.01	7.01	9.53	14.02
80	3	88.9	7.62	7.62	11.13	15.24
100	4	114.3	8.56	8.56	13.49	17.12

注1：除DN6～DN10(NPS 1/8～NPS3/8)Sch160和XXS的管子壁厚值为本标准规定外，其余数值与ASME B36.10M相同。

注2：本标准并不限制采用表B.1以外的接管壁厚；当采用表B.1以外的接管壁厚时，见表2中的表注。

B.2 表B.2列出了与管件连接的Ⅱ系列的管子外径，供使用者参考。

表B.2 Ⅱ系列的管子外径

单位为毫米

公　称　尺　寸		外　径
DN	NPS	
6	1/8	—
8	1/4	—
10	3/8	—
15	1/2	18
20	3/4	25
25	1	32
32	1¼	38
40	1½	45
50	2	57
65	2½	76
80	3	89
100	4	108

附录 C
（规范性附录）
附加要求

本附录规定的附加要求仅在订货合同中规定时才适用，可采用其中的一项或几项。附加要求中的细节由供需双方协商确定。

C.1 成品化学分析

对交货的同一材料熔炼炉号的管件应进行一次成品化学分析，取样方法按 GB/T 20066 的规定，分析方法按 GB/T 223 的规定，允许偏差按 GB/T 222 的规定；或采用由供需双方商定的方法，如光谱分析方法等。

化学分析结果应符合订货技术要求或相关材料标准规定。如果成品分析的任何一个结果不符合规定，则应从同一材料熔炼炉号的管件中另取两个管件或其代表性试样重新进行分析，复验结果符合相应规定时为合格。

C.2 拉伸试验

C.2.1 除满足 12.1.2 规定外，每一材料熔炼炉号、每一热处理炉次的管件均应进行一次拉伸试验；试样的制取由供需双方商定。

C.2.2 除满足 12.1.2 规定外，每一材料熔炼炉号、每一热处理炉次的不同类型及不同截面尺寸的管件均应进行一次拉伸试验；试样的制取由供需双方商定。

C.2.3 对管件进行高温拉伸试验，试验按 GB/T 4338 的规定。试验温度、试样的制取及拉伸的次数等由供需双方商定。

C.3 硬度试验

对管件逐件进行硬度试验，每个管件的硬度值应符合订货技术要求或相关标准规定。

C.4 热处理

C.4.1 所有经过锻制变形加工的管件均应进行热处理。

C.4.2 管件的热处理要求由采购方指定。

C.5 碳当量

C.5.1 碳素钢材料的最大碳当量(CE)规定为：在锻件截面厚度不大于 50 mm 时为 0.47，在锻件截面厚度大于 50 mm 时为 0.48。碳当量按下式计算(式中各元素的含量为重量百分比)：

$$CE = C + Mn/6 + (Cr + Mo + V)/5 + (Ni + Cu)/15$$

C.5.2 当要求的最大碳当量(CE)低于 C.5.1 规定时，由供需双方商定。

C.6 超声检测

对管件进行超声检测，检测按 JB/T 4730.3 的规定。检测的时机、比例、评定级别等由供需双方商定。

C.7 磁粉检测

对管件进行磁粉检测，检测按 JB/T 4730.4 的规定。检测比例、评定级别等由供需双方商定。

C.8 渗透检测

对管件进行渗透检测，检测按JB/T 4730.5的规定。检测比例、评定级别等由供需双方商定。

C.9 水压试验

对管件进行水压试验，采用的方法和试验压力由供需双方商定。

C.10 腐蚀试验

C.10.1 对不锈钢管件进行腐蚀试验，试验按GB/T 4334.5的规定。取样方法由供需双方商定。

C.10.2 当采用GB/T 4334中的其他试验方法或采用其他标准的试验方法时，由供需双方商定。

C.11 非金属夹杂物检验

对管件进行非金属夹杂物的检验，检验方法按GB/T 10561的规定。取样方法和非金属夹杂物等级由供需双方商定。

C.12 晶粒度测定

对管件进行平均晶粒度测定，测定方法按GB/T 6394的规定。取样方法和晶粒度等级由供需双方商定。

C.13 材料确认(PMI)

为了保证管件在加工和标志的过程中不发生材料混批，在管件的全部制造工序完成之后，在包装之前使用光谱检验的方法对管件进行材料确认。使用的仪器、检测的元素、检测比例和检测后的标志等要求由供需双方商定。

ICS 79.120.10
J 65

中华人民共和国国家标准

GB/T 14385—2008/ISO 7568:1986
代替 GB/T 14385—1993

木工机床　单面压刨床
术语和精度

Woodworking machines—Thickness planing machines with rotary cutterblock for one-side dressing—Nomenclature and acceptance conditions

（ISO 7568:1986，IDT）

2008-04-22 发布　　2008-10-01 实施

中华人民共和国国家质量监督检验检疫总局
中国国家标准化管理委员会　发布

前　言

本标准等同采用ISO 7568 :1986:《木工机床　单面压刨床　术语和验收条件》(英文版)。

为便于使用,本标准作了下列编辑性修改:

——“本国际标准”一词改为“本标准”;

——用小数点“.”代替作为小数点的逗号“,”;

——删除了法语术语和附录A;

——删除了国际标准的前言;

——增加了规范性引用文件的导语;

——对ISO 7568引用的其他国际标准,用已被采用为我国的标准代替对应的国际标准;

——对表2中的允差做了个别调整。

本标准是对GB/T 14385—1993《单面木工压刨床　精度》的修订。

本标准与GB/T 14385—1993相比主要内容变化如下:

——增加了术语;

——G2检验项目作了调整;

——将几何精度检验表中的“公差”改为“允差”;

——删除了工作精度检验。

本标准由中国机械工业联合会提出。

本标准由全国木工机床与刀具标准化技术委员会归口。

本标准起草单位:福州木工机床研究所、福建莆田张铁机械有限公司。

本标准主要起草人:肖晓晖、张胜兴。

本标准所代替标准的历次版本发布情况为:

——GB/T 14385—1993。

木工机床　单面压刨床　术语和精度

1　范围

本标准规定了单面压刨床(以下简称机床)各部分的术语,同时参照GB/T 17421.1—1998,规定了机床的几何精度检验,并给定了相应的允差,适用于一般用途、普通精度的机床。

本标准只规定机床的精度检验,不适用于机床的运转试验(如振动、异常噪声、零部件的爬行等检验),也不适用于机床的特性检验(如速度、进给量等),这些检验一般宜在机床精度检验前进行。

本标准对机床的工作精度检验不作硬性规定。其应在用户与制造商之间预先的协议中另行规定。

本标准适用于ISO 7984:1989中第12.212指示的那些机床。

2　规范性引用文件

下列文件中的条款通过本标准的引用而成为本标准的条款。凡是注日期的引用文件,其随后所有的修改单(不包括勘误的内容)或修订版均不适用于本标准,然而,鼓励根据本标准达成协议的各方研究是否可使用这些文件的最新版本。凡是不注日期的引用文件,其最新版本适用于本标准。

GB/T 17421.1—1998　机床检验通则　第1部分:在无负荷或精加工条件下机床的几何精度(eqv ISO 230-1:1996)

ISO 7984:1989　木工机床　木工机床及木工辅机的技术分类

3　简要说明

3.1　本标准中的所有尺寸和允差的单位均为毫米。

3.2　使用本标准时应参照GB/T 17421.1—1998,尤其是检验前机床的安装,主轴和其他运动部件的温升,以及检验方法。检具误差不得超过被检项目公差的1/3。

3.3　本标准中几何精度检验的顺序是按机床装配顺序给定的,其不限制实际检验时的顺序。为了便于检具的安装和检验的进行,可按任意顺序检验。

3.4　检验机床时本标准给定的检验项目未必总能或必须逐项检验。

3.5　检验项目的选择由用户决定,并与制造商达成一致意见,于机床定货时明确规定。被选择检验的项目往往是与用户感兴趣的机床性能有关。

3.6　在工件加工方向上的运动称为纵向运动。

3.7　当确定测量范围不同于本标准规定的测量范围上的公差时,应考虑公差的最小折算值为0.01 mm(见GB/T 17421.1—1998　2.3.1.1)。

4　术语

机床术语见图1和表1。

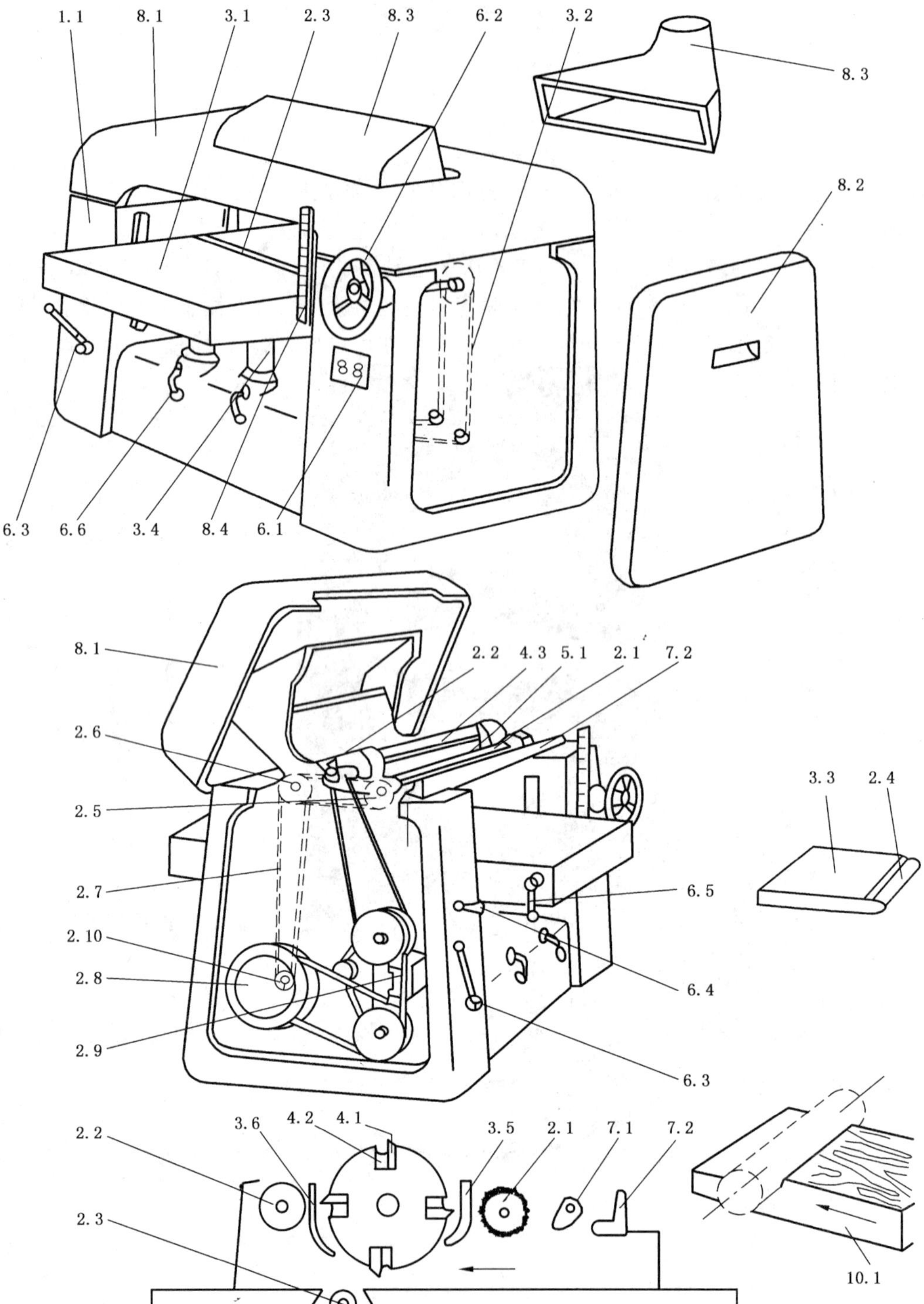
1.1
8.1
3.1
2.3
8.3
6.2
3.2
8.3
8.2
6.3
6.6
3.4
8.4
6.1
8.1
2.2
4.3
5.1
2.1
7.2
2.6
2.5
2.7
2.10
2.8
2.9
3.3
2.4
6.5
6.4
6.3
2.2
3.6
4.2
4.1
3.5
2.1
7.1
7.2
2.3
10.1

图 1

表 1　机床术语一览表

序　号	中文术语	英文术语
	单面压刨床	thickenessing planing machines with rotary cutterblock for one-side dressing
1	机身部分	framework
1.1	床身	main frame
2	工件和/或刀具的进给部分	feed of workpiece and/or tools
2.1	前进给辊	infeed feed roller
2.2	后进给辊	outfeed feed roller
2.3	工作台托辊	table roller
2.4	延伸工作台托辊	table extension roller
2.5	前进给辊传动链轮	infeed roller drive sprocket
2.6	后进给辊传动链轮	outfeed roller drive sprocket
2.7	进给辊传动链	feed roller drive chain
2.8	减速箱	speed reduction gearbox
2.9	调速齿轮	variable speed gear
2.10	张紧链轮	tensioning idler sprocket
3	工件的支承、夹紧和导向部分	workpiece support,clamp and guide
3.1	工作台	table
3.2	工作台升降链传动	chain transmission for table rise and fall movement
3.3	延伸工作台	table extension
3.4	工作台升降螺母	table elevating screw
3.5	前进给压紧器	infeed pressure bar
3.6	后进给压紧器	outfeed pressure bar
4	刀夹和刀具部分	toolholders and tools
4.1	刨刀片	blades
4.2	刨刀楔形块	cutterblock wedge
4.3	刨刀体	cutterblock
5	加工头和刀具的传动部分	workheads and tool drives
5.1	刀体轴承	cutterblock bearing
6	操纵部分	controls
6.1	起动按钮	starting switch
6.2	工作台上下调节装置	table vertical adjustment
6.3	进给速度调节装置	feed speed adjustmemt
6.4	进给机构离合手柄	feed engagement lever
6.5	工作台托辊调节装置	table roller adjustment
6.6	工作台上下调节锁紧器	table vertical adjustment lock

表 1（续）

序　号	中文术语	英文术语
	单面压刨床	thicknessing planing machines with rotary cutterblock for one-side dressing
7	安全防护装置	safety devices
7.1	止逆爪	anti-kick-back fingers
7.2	切削深度限位器	depth cut limiter
8	其他	miscellaneous
8.1	吸尘口	hood
8.2	检修门	access door to control gear
8.3	吸尘口	dust extraction outlet
8.4	压刨刻度尺	scale for thicknessing
9	预留部分	free
10	加工实例	examples of work
10.1	压刨	thicknessing

5 验收条件和允差——几何精度检验

机床几何精度检验按表 2 的规定。

表 2 几何精度检验

序号	简图	检验项目	允差	检具	参照 GB/T 17421.1—1998 的有关条文
G1	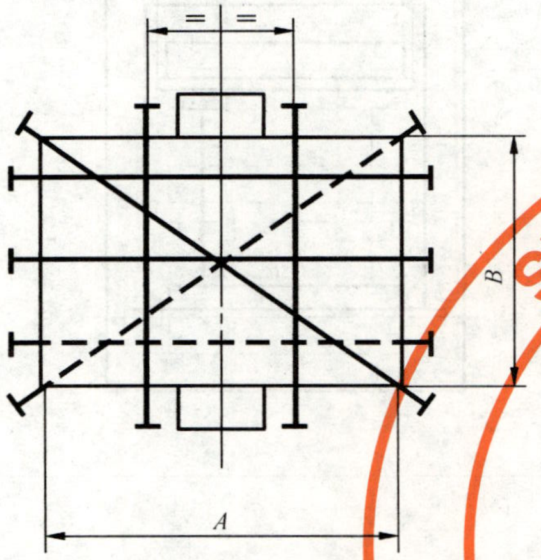	工作台面的平面度： a)纵向直线度； b)对角线方向直线度； c)横向直线度	a)和 b)： $A^{a}\leqslant$1 000:0.20 $A>$1 000:0.30 c)： $B^{b}\leqslant$400:0.10 $400<B\leqslant$1 000: 0.15 $B>$1 000:0.20	平尺 塞尺	5.2.1.2 5.3.2.2 检测 c)项时，在距离刀体两侧各 50 mm 处检测。 从平到凸
G2	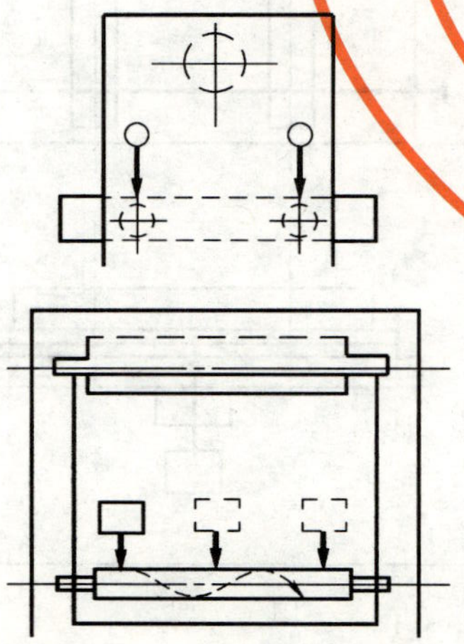	工作台托辊的径向圆跳动	0.15	指示器	5.6.1.2.2 (在托辊两端和中间检测)

表 2（续）

序号	简　图	检验项目	允　差	检　具	参照 GB/T 17421.1—1998 的有关条文
G3	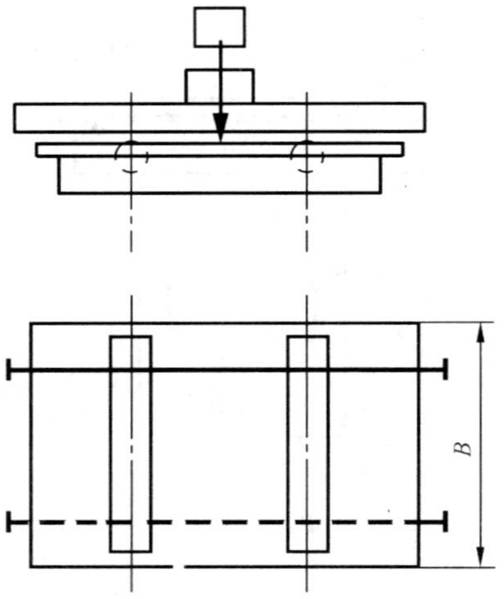	工作台托辊对工作台面的平行度	$B \leqslant 400$:0.10 $400 < B \leqslant 1\ 000$:0.15 $B > 1\ 000$:0.20	平尺 指示器	5.4.1.2.4
G4	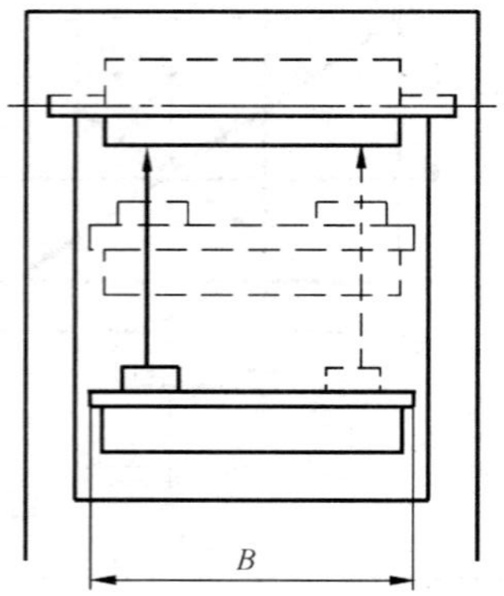	工作台对刨刀体在上下两位置的平行度	$B \leqslant 400$:0.10 $400 < B \leqslant 1\ 000$:0.15 $B > 1\ 000$:0.20	指示器	5.4.1.2.4

表 2（续）

序号	简　　图	检验项目	允　差	检　具	参照 GB/T 17421.1—1998 的有关条文
G5	a）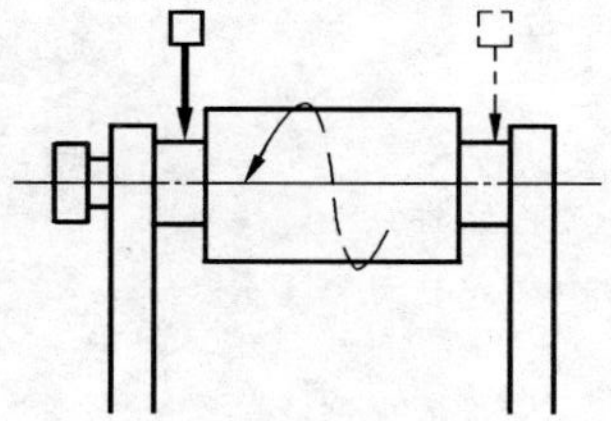 b）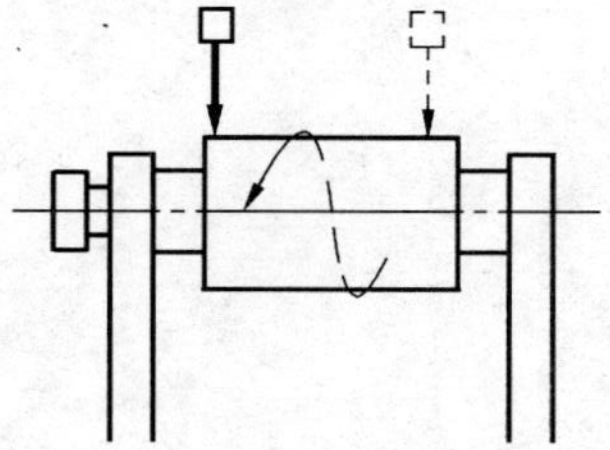	刀体的径向圆跳动	0.03	指示器	5.6.1.2.2 a)当刀体带刀片时，检查轴肩的径向圆跳动； b)当刀体未带刀片时，检查刀体的径向圆跳动

[a] 为工作台长度。

[b] 为工作台宽度。

ICS 79.120.10
J 65

GB

中华人民共和国国家标准

GB/T 14386—2008/ISO 7570:1986
代替 GB/T 14386—1993

木工机床　平压两用刨床
术语和精度

**Woodworking machines—Surface planing and thickening machines—
Nomenclature and acceptance conditions**

(ISO 7570:1986,IDT)

2008-04-22 发布　　　　2008-10-01 实施

中华人民共和国国家质量监督检验检疫总局
中国国家标准化管理委员会　发布

前　言

本标准等同采用 ISO 7570:1986:《木工机床　平压两用刨床　术语和验收条件》(英文版)。

为便于使用,本标准作了下列编辑性修改:

——“本国际标准”一词改为“本标准”;

——用小数点“.”代替作为小数点的逗号“,”;

——删除法文术语和附录 A;

——删除了国际标准的前言;

——增加了规范性引用文件的导语;

——对 ISO 7570 引用的其他国际标准,用已被采用为我国的标准代替对应的国际标准。

本标准是对 GB/T 14386—1993《平压两用木工刨床　精度》的修订。

本标准与 GB/T 14386—1993 相比有如下差异:

——增加了术语;

——G2、G4、G5、G6、G9 和 G10 项精度检验项目作了调整;

——将几何精度检验表中的“公差”改为“允差”;

——删除了工作精度检验。

本标准由中国机械工业联合会提出。

本标准由全国木工机床与刀具标准化技术委员会归口。

本标准由福州木工机床研究所负责起草。

本标准起草人:郑莉、肖晓晖。

本标准所代替标准的历次版本发布情况为:

——GB/T 14386—1993。

木工机床　平压两用刨床 术语和精度

1　范围

本标准规定了平压两用木工刨床(以下简称机床)各部分的术语,同时参照GB/T 17421.1—1998,规定了机床的几何精度检验,并给定了相应的允差,适用于一般用途、普通精度的机床。

本标准只规定机床的精度检验,不适用于机床的运转试验(如振动、异常噪声、零部件的爬行等检验),也不适用于机床的特性检验(如速度、进给量等),这些检验一般宜在机床精度检验前进行。

本标准对机床的工作精度检验不作硬性规定。其应在用户与制造商之间预先的协议中另行规定。

本标准适用于ISO 7984:1989中第12.81指示的那些机床。

2　规范性引用文件

下列文件中的条款通过本标准的引用而成为本标准的条款。凡是注日期的引用文件,其随后所有的修改单(不包括勘误的内容)或修订版均不适用于本标准,然而,鼓励根据本标准达成协议的各方研究是否可使用这些文件的最新版本。凡是不注日期的引用文件,其最新版本适用于本标准。

GB/T 17421.1—1998　机床检验通则　第1部分:在无负荷或精加工条件下机床的几何精度(eqv ISO 230-1:1996)

ISO 7984:1989　木工机床　木工机床及木工辅机的技术分类

3　简要说明

3.1　本标准中的所有尺寸和允差的单位均为毫米。

3.2　使用本标准时应参照GB/T 17421.1—1998,尤其是检验前机床的安装,主轴和其他运动部件的温升,以及检验方法。检具误差不得超过被检项目允差的1/3。

3.3　本标准中几何精度检验的顺序是按机床装配顺序给定的,其不限制实际检验时的顺序。为了便于检具的安装和检验的进行,可按任意顺序检验。

3.4　检验机床时本标准给定的检验项目未必总能或必须逐项检验。

3.5　检验项目的选择由用户决定,并与制造商达成一致意见,于机床定货时明确规定。被选择检验的项目往往是与用户感兴趣的机床性能有关。

3.6　在工件加工方向上的运动称为纵向运动。

3.7　当确定测量范围不同于本标准规定的测量范围上的允差时,应考虑允差的最小折算值为0.01 mm(见GB/T 17421.1—1998第2.3.1.1条)。

4　术语

机床术语见图1和表1。

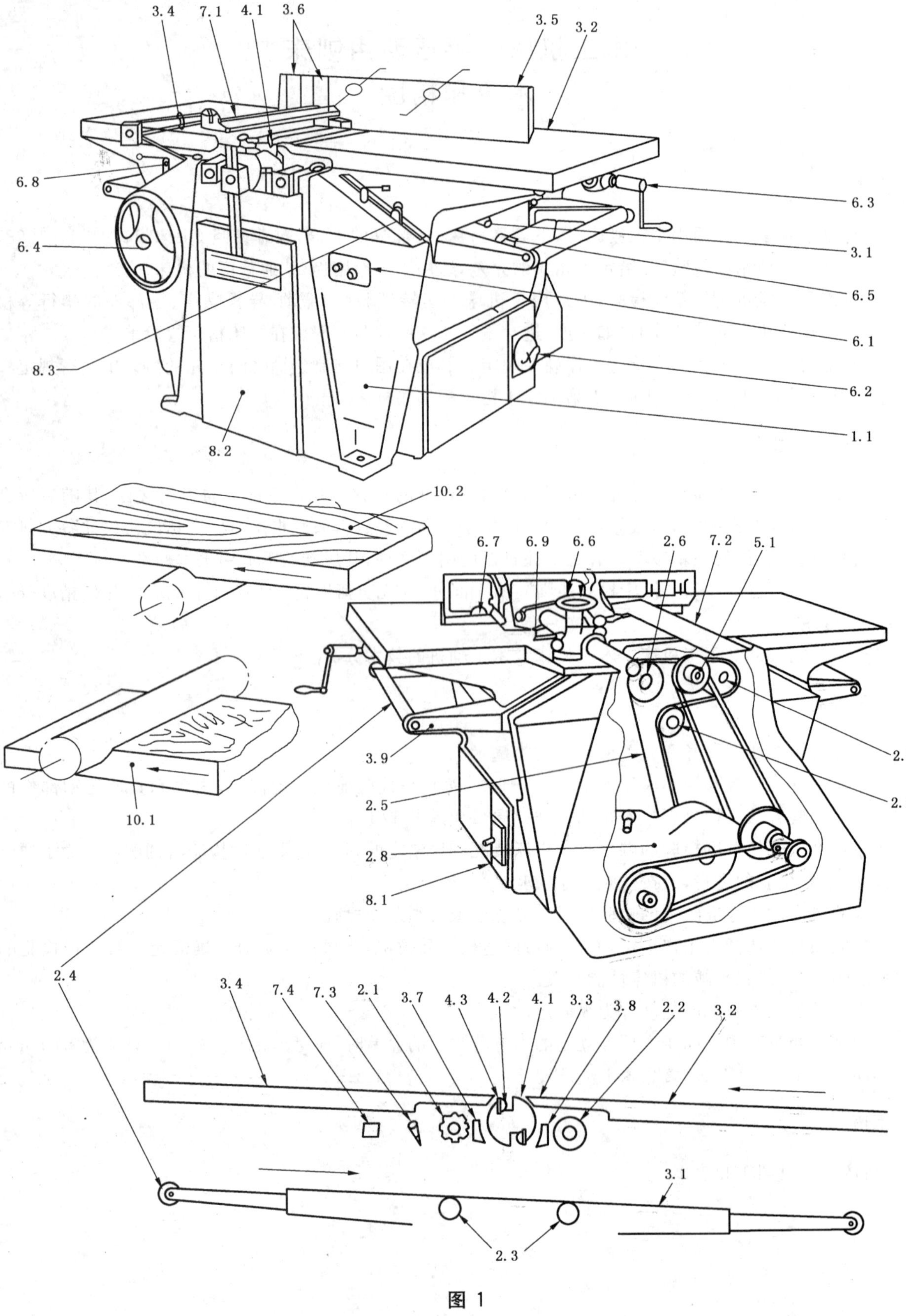
3.4
7.1
4.1
3.6
3.5
3.2
6.8
6.3
6.4
3.1
6.5
6.1
8.3
6.2
1.1
8.2
10.2
6.7
6.9
6.6
2.6
7.2
5.1
2.8
3.9
2.7
2.5
10.1
2.8
8.1
2.4
3.4
7.4
7.3
2.1
3.7
4.3
4.2
4.1
3.3
3.8
2.2
3.2
3.1
2.3

图 1

表 1 机床术语一览表

序号	中文术语	英文术语
	平压两用刨床	surface planing and thicknessing machines
1	机身部分	framework
1.1	床身	main frame
2	工件和/或刀具的进给部分	feed of workpiece and/or tools
2.1	前进给辊	infeed feed roller
2.2	后进给辊	outfeed feed roller
2.3	压刨工作台托辊	thicknessing table rollers
2.4	延伸工作台托辊	table extension roller
2.5	进给辊传动链	feed roller drive chain
2.6	进给辊传动链轮	feed roller drive sprockets
2.7	张紧辊传动链轮	tensioning roller sprockets
2.8	减速齿轮箱或调速齿轮箱	speed reduction gearbox or variable speed gear
2.9	后进给辊传动链轮	outfeed roller drive sprockets
3	工件的支承、夹紧和导向部分	workpiece support, clamp and guide
3.1	压刨工作台	thicknessing table
3.2	平刨前工作台	infeed surfacing table
3.3	平刨工作台唇板	surfacing table lip plates
3.4	平刨后工作台	outfeed surfacing table
3.5	可倾斜导向板	canting fence
3.6	导向板定位板	fence gauge plates
3.7	前压紧器	infeed pressure bar
3.8	后压紧器	outfeed pressure bar
3.9	延伸工作台支臂	table extension support arm
4	刀夹和刀具部分	tool-holders and tools
4.1	刨刀体	cutterblock
4.2	刨刀楔形块	cutterblock wedge

表 1（续）

序号	中文术语	英文术语
	平压两用刨床	surface planing and thicknessing machines
4.3	刨刀片	blade
5	加工头和刀具的传动部分	workhead and tool drives
5.1	刀头轴承	cutterblock bearing
6	操纵部分	controls
6.1	起动按钮	starting switch
6.2	切断开关	isolating switch
6.3	平刨工作台上下调节装置	surfacing table vertical adjustment
6.4	压刨工作台上下调节装置	thicknessing table vertical adjustment
6.5	压刨工作台托辊上下调节装置	thicknessing table rollers vertical adjustment
6.6	导向板微调装置	fence fine adjustment
6.7	导向板角度调节装置	fence canting adjustment
6.8	平刨工作台锁紧装置	surfacing table drawback lock
6.9	导向板横向锁紧装置	fence transverse lock
7	安全防护装置	safety devices
7.1	刀头防护罩(桥式防护罩)	cutterblock guard (bridge guard)
7.2	刀体后部防护罩	cutterblock rear guard
7.3	止逆爪	anti-kick-back fingers
7.4	切削深度限位器	cut depth limiter
8	其他	miscellaneous
8.1	吸尘口	dust extraction outlet
8.2	检修门	access door to control gear
8.3	压刨刻度尺	scale for thicknessing
9	预留部分	(free)
10	加工实例	examples of work
10.1	压刨	thicknessing
10.2	平刨	planing

5 验收条件和允差-几何精度检验

机床几何精度检验按表 2 的规定。

表 2 几何精度检验

序号	简 图	检验项目	允差	检具	参照 GB/T 17421.1—1998
G1	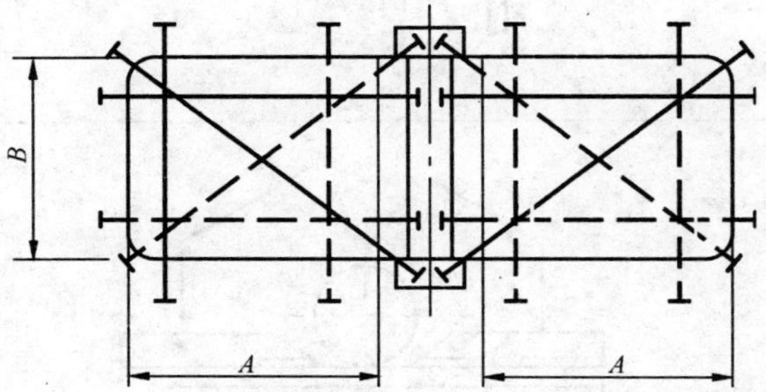	工作台面的平面度： a) 纵向直线度； b) 对角线方向直线度； c) 横向直线度	a)和 b)： $A\leqslant 630$ 0.10 $630<A\leqslant 1\ 250$ 0.20 $A>1\ 250$ 0.30 c)： $B\leqslant 400$ 0.10 $B>400$ 0.15	平尺 塞尺	5.2.1.2 5.3.2.2
G2	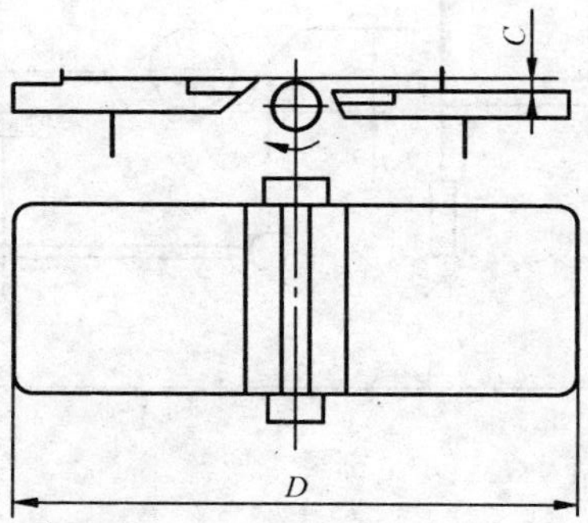	在纵向检验平刨两工作台的平行度	$C=5$ $D\leqslant 1\ 250$ 0.10 $1\ 250<D\leqslant 2\ 500$ 0.25 $D>2\ 500$ 0.40	平尺 塞尺 量块	平到凸

表 2（续）

序号	简图	检验项目	允差	检具	参照 GB/T 17421.1—1998
G3	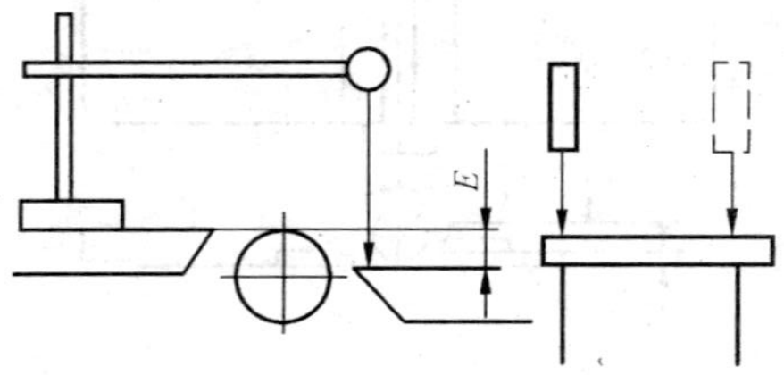	在横向检验平刨工作台唇板的平行度	$E=5$ 0.10	指示器	5.4.1.2.2
G4	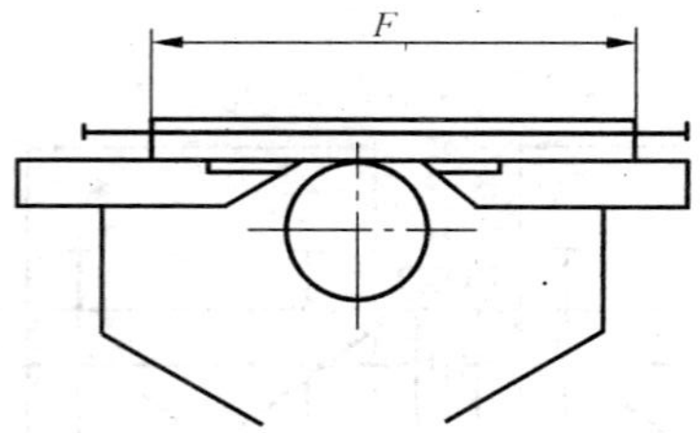	可倾斜式导向板的直线度	$F\leqslant 800$ 0.30 $F>800$ 0.40	直尺 塞尺	5.2.1.2
G5	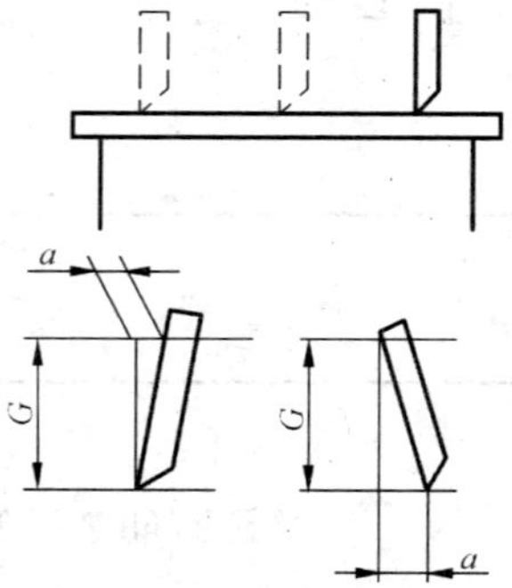	可倾斜式导向板对工作台的垂直度	a/G 0.10/100	角尺 塞尺	

表 2（续）

序号	简　图	检验项目	允差	检具	参照 GB/T 17421.1—1998
G6	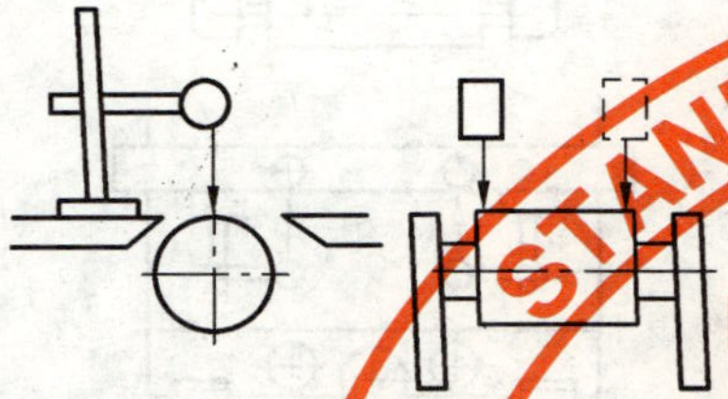	刀体对平刨工作台的平行度	当刀片在刀体上时： 0.10 当刀片不在刀体上时： 0.05	指示器	5.4.1.2.4
G7	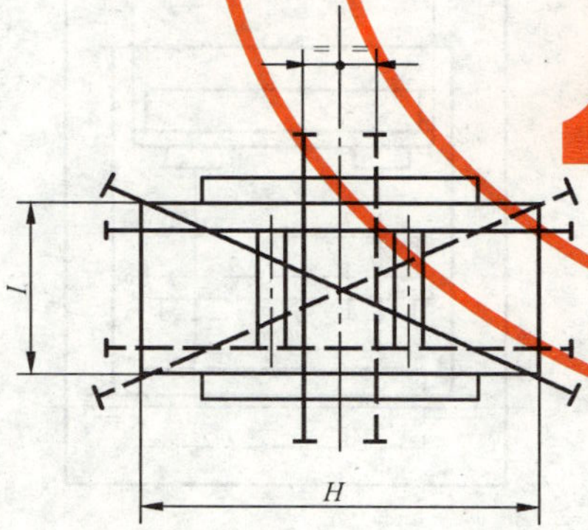	压刨工作台面的平面度： a）纵向直线度； b）对角线方向直线度； c）横向直线度	a)和 b)： $H \leqslant 1\ 000$ 0.20 $H > 1\ 000$ 0.30 c)： $l \leqslant 400$ 0.10 $l > 400$ 0.15	平尺 塞尺	5.2.1.2 5.3.2.2 ［c)项在刀体两边距轴线 50 mm 处检测］

表 2（续）

序号	简　　图	检验项目	允差	检具	参照 GB/T 17421.1—1998
G8	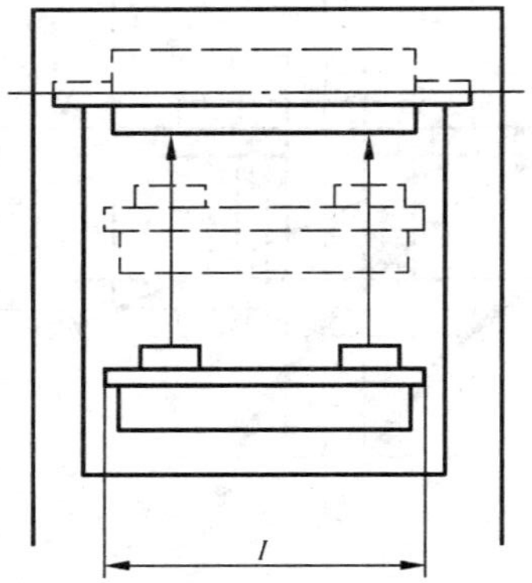	压刨工作台上下位置对刀体的平行度	$I \leqslant 400$ 0.10 $I > 400$ 0.15	指示器	5.4.1.2.4
G9	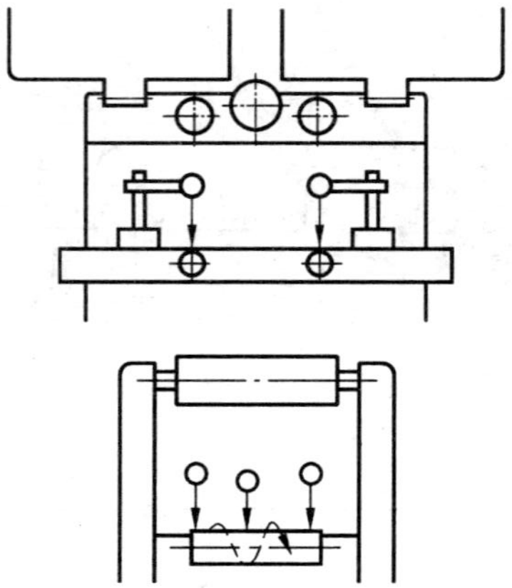	压刨工作台托辊的径向圆跳动	0.15	指示器	5.6.1.2.2 （每个托辊两端和中间检测）

表 2（续）

序号	简　　图	检验项目	允差	检具	参照 GB/T 17421.1—1998
G10	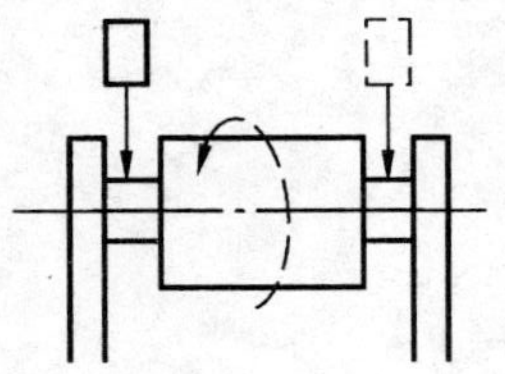 a) 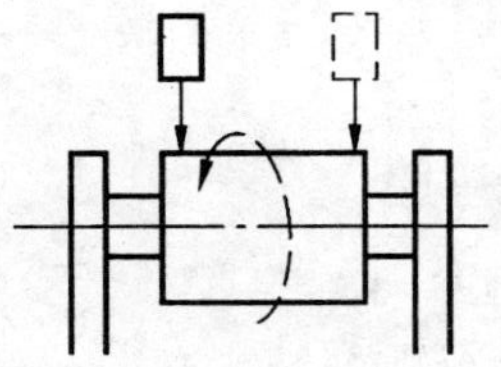 b)	刀体的径向圆跳动	0.03	指示器	5.6.1.2.2 a) 当刀体带刀片时，检查轴肩的径向圆跳动； b) 当刀体未带刀片时，检查刀体的径向圆跳动

ICS 81.060.30
Q 32

中华人民共和国国家标准

GB/T 14390—2008/ISO 17565:2003
代替 GB/T 14390—1993

精细陶瓷高温弯曲强度试验方法

Fine ceramics (advanced ceramics, advanced technical ceramics)—Test method for flexural strength of monolithic ceramics at elevated temperature

(ISO 17565:2003, IDT)

2008-09-18 发布　　2009-05-01 实施

中华人民共和国国家质量监督检验检疫总局
中国国家标准化管理委员会　发布

前　言

本标准等同采用 ISO 17565:2003《精细陶瓷(先进陶瓷,先进技术陶瓷)——高温下块体陶瓷的弯曲强度试验方法》。

本标准与 ISO 17565:2003 相比做了下列编辑性修改:

——“ISO 7500-1”、“IEC 60584-1”改为“GB/T 16825.1”、“GB/T 16839.1”;

——小数点“.”代替作为小数点的逗号“,”;

——删除了国际标准的附录 E。

本标准代替 GB/T 14390—1993《工程陶瓷高温弯曲强度试验方法》。

本标准与 GB/T 14390—1993 相比主要变化如下:

——标题“工程陶瓷”一词修改为“精细陶瓷”;

——增加了名词术语(见 3);

——增加了原理(见 4);

——试样尺寸修改为“对于跨距 30 mm 的试验夹具,试样长度≥35 mm;对于跨距 40 mm 的试验夹具,试样长度≥45 mm”(1993 版的 5.1;本版的 6.1.1);

——删除图 2(1993 版的图 2);

——删除图 3 增加图 1(1993 版的 2.2;本版的 3.2);

——增加辊棒描述以及三点弯曲和四点弯曲的设备(见 5.4.2～5.4.8);

——增加试样加工处理(见 6.2);

——增加试验步骤详细内容以及说明(见 7);

——增加了计算结果的准确度和精度及强度换算系数(见 9、11);

——取消了异常数据取舍方法,增加了附录 A(资料性附录)说明、附录 B(规范性附录)倒角修正系数、附录 C(规范性附录)热膨胀的修正、附录 D(资料性附录)weibull 尺度系数。

本标准附录 B 和附录 C 是规范性附录,附录 A 和附录 D 是资料性附录。

本标准由中国建筑材料联合会提出。

本标准由全国工业陶瓷标准化技术委员会归口。

本标准起草单位:中国建筑材料科学研究总院。

本标准参加起草单位:武汉大学、中国科学院上海硅酸盐研究所。

本标准主要起草人:包亦望、宋一乐、万德田、蒋丹宇、陈调娣、张伟、胡云林、吕学良、邱岩、仇沱。

本标准于 1993 年首次发布。

精细陶瓷高温弯曲强度试验方法

1 适用范围

本标准规定了精细陶瓷和晶须或颗粒增强陶瓷复合材料的高温弯曲强度试验方法。

本标准适用于材料开发、质量控制、性能表征以及设计数据采集等用途。

2 规范性引用文件

下列文件中的条款通过本部分的引用而构成本部分的条款。凡注明日期的引用文件，其随后所有的修改单(不包括勘误的内容)或修订版均不适用于本部分，然而，鼓励根据本标准达成协议的各方研究是否可使用这些文件的最新版本。凡不注日期的引用文件，其最新版本适用于本部分。

GB/T 16825.1—2002　静力单轴试验机的检验　第1部分：拉力和(或)压力试验机测力系统的检验与校准(idt ISO 7500-1:1999)

GB/T 16839.1　热电偶，第1部分：分度表(GB/T 16839.1—1997，idt IEC 60584-1:1995)

ISO 3611　外径千分尺

ISO 14704　精细陶瓷室温弯曲强度试验方法

3 术语和定义

下列术语和定义适用于本标准。

3.1

弯曲强度　flexural strength

试样受弯曲载荷作用下断裂时的最大应力。

3.2

四点弯曲　four-point bending

一种测量弯曲强度的加载方式，试样被定位在两个下辊棒和两个上辊棒之间，上下辊棒在竖直方向相对运动使试样产生弯曲[见图1(a)和(b)]。

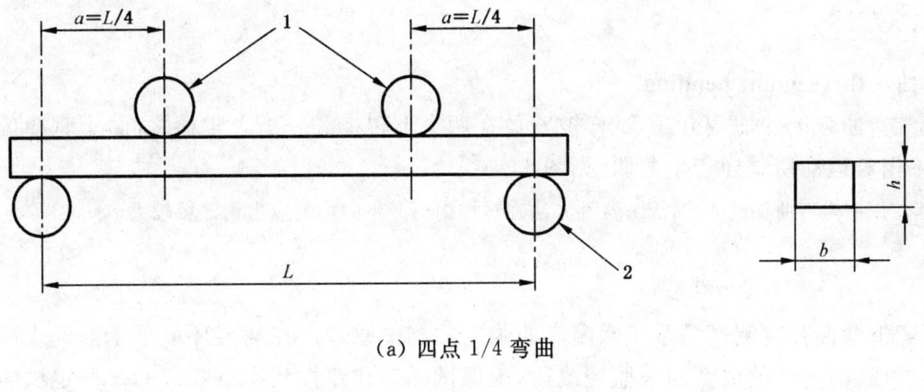

(a) 四点1/4弯曲

图1　弯曲加载方式

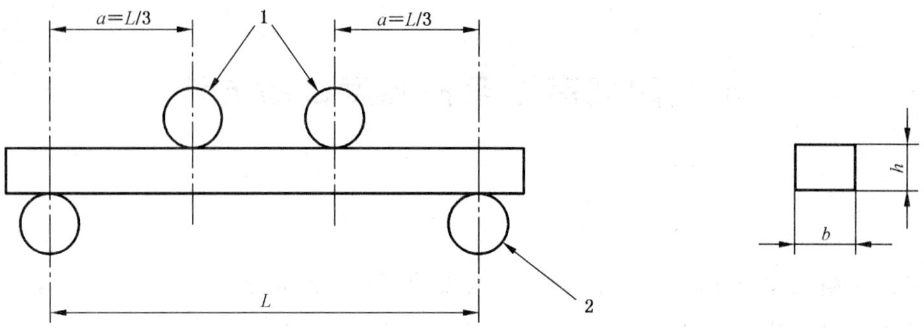

(b) 四点 1/3 弯曲

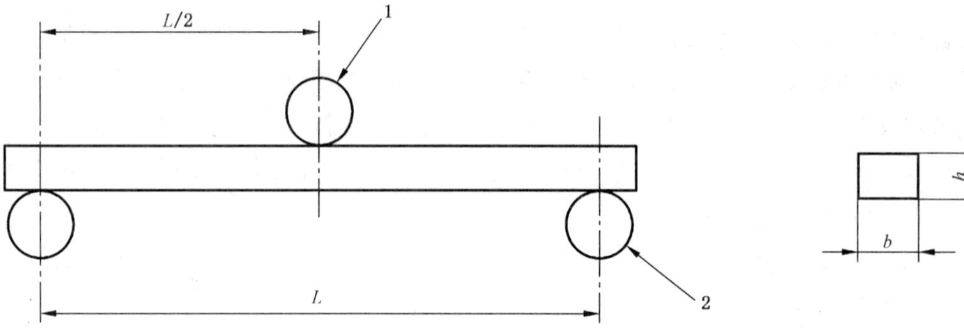

(c) 三点弯曲

1——上压辊棒；

2——支撑辊棒。

注：辊棒可以是耐高温的刚性圆柱棒。

图 1(续)

3.2.1

四点弯曲－1/4 弯曲　four-point－1/4 point bending

四点弯曲的加载方式之一，指试样同一端的下辊棒与上辊棒的距离为跨距的四分之一[见图 1(a)]。

3.2.2

四点弯曲－1/3 弯曲　four-point－1/3 point bending

四点弯曲的加载方式之一，指试样同一端的下辊棒与上辊棒的距离为跨距的三分之一[见图 1(b)]。

3.3

三点弯曲　three-point bending

一种测量弯曲强度的加载方式，试样被安放在两个下辊棒和一个上辊棒之间，上辊棒位于下辊棒中间，上下辊棒相对运动使试样产生弯曲[见图 1(c)]。

注：推荐使用四点弯曲加载方式，因为这种方法在试样内部产生的均匀应力场区域较大。

4　原理

高温环境下弯曲强度测试是基于常温弯曲强度的测试原理。在高温环境下于空气或惰性气氛中进行试验，通过位移与时间的关系图来监控载荷，确保试样是在弹性状态下断裂的。假定试样材料为各向同性和线弹性，对横截面为矩形的长条试样施加弯曲载荷直到试样断裂，通过试样断裂时的临界载荷、跨距和试样尺寸计算出试样的弯曲强度。

5 仪器设备

5.1 试验机

材料试验机应具有均匀的横梁位移速度。应符合 GB/T 16825.1—2002 的规定，显示断裂载荷的误差小于 1%。

5.2 加热装置

5.2.1 概述

加热炉应可控制升温和保温。加热炉内可以是空气气氛、惰性气体气氛或真空气氛。若采用惰性气体气氛或真空气氛，则需要通过密封圈、真空管或相关装置来传输载荷，确保载荷损失或载荷测量误差小于临界载荷的 1%。

5.2.2 试样温度稳定性

加热炉保持恒温状态时温度变化应小于±2 ℃，以确保试样从加载直至断裂时都处在工作温度范围内。

5.2.3 试样温度均匀性

试样在加热炉内能均匀受热，保持恒温 15 min 后，试样各部位的温度差别不大于 10 ℃。

5.2.4 加热炉升温速度

可以自动控制并调节升温速度，防止温度到达试验温度点后惯性升温过高。

5.2.5 加热炉稳定性

达到试验温度下的热平衡所需时间应可控。

5.3 温度测量和显示装置

5.3.1 概述

使用热电偶测温计时，应具有 1 ℃的分辨率和 5 ℃的精度。若使用光学高温计，至少有 5 ℃的分辨率和精度。

注：勿将分辨率与精度混淆。注意有些仪器分辨率为 1 ℃(可直接读出)，但精度却仅为 10 ℃。例如，精度为 1% 的仪器在 1 200 ℃时精度为±12 ℃。

5.3.2 热电偶

采用符合 GB/T 16839.1 的热电偶。热电偶应具有低的热惯性(金属丝的直径应不大于 0.5 mm)。在加热炉中的长度应该足够长以使热电偶测温计的探头尽可能接近试样或与试样接触。

注 1：有些加热炉为便于控制，安装一个反馈控制热电偶。另外在靠近试样的地方安置测试热电偶。

注 2：若试样位置可能偏移，热电偶不要太靠近试样。

注 3：若可能与试样发生化学反应，热电偶不能与其接触。

5.3.3 热电偶测温系统的校正

热电偶测温系统应定期校正。

5.3.4 红外测温计

对于使用热电偶测温计不适合的情况，可采用红外测温计，尤其是在 1 600 ℃以上的高温。隐丝式、自动式、单波段光谱工作、双波段光谱工作、综合波长的高温计均可。红外测温计使用时要特别小心，以确保试验结果的准确度和精度。若加热炉有窗口，应对辐射的吸收或反射进行修正。窗口要足够大，以便发射的热辐射全部填充高温计的物镜，但不宜过大以免导致明显的热损失或者炉内的热梯度。

注：参考 ASTM(美国材料试验学会)E 452，E 639，E 1256 和 BS 1041 标准测试方法的第 5 部分。

5.4 试验夹具

5.4.1 概述

三点弯曲或四点弯曲测试采用图 1 和图 2 所示的加载方式，推荐使用四点 1/4 弯曲加载方式。根据试样的条件，采用加载方式可以是ISO 14704中规定的半可调或全可调的夹具。如果试样的平行度满足6.1.1和图3要求，可以选用半可调和全可调任一种夹具。否则应使用全可调夹具。

注1：加工过的试样具有平整和平行的表面，半可调的夹具就足够了。对于自然烧结、热处理或氧化后不经冷加工的试样不符合平行的要求，试样的扭曲会严重影响强度计算，所以一定要选用全可调的夹具。使用全可调夹具能确保辊棒均匀平滑地与试样表面接触。

注2：全可调夹具具有可以自由消除摩擦的辊棒。辊棒连接可以自由地与试样表面相接触。

注3：半可调夹具含可以自由滑动的辊棒。一对辊棒可以均匀地与试样表面相接触。实际情况会使测试装置的设计受到限制，氧化也会影响它的功能。在这种情况下要进行选择，功能性的偏差在试验报告中注明。

5.4.2 辊棒

试样由辊棒支撑和加载。辊棒的长度应不小于12 mm。辊棒的直径约为试样厚度的1.5倍，建议直径4.5 mm～5 mm。辊棒表面应光滑，直径的均匀性误差为±0.015 mm。除了三点弯曲中间的辊棒外，其他辊棒都可以自由滚动以消除摩擦(见图2)。在四点弯曲中，两个内侧辊棒可以往内自由滚动，两个外侧辊棒可以往外自由滚动。在三点弯曲中，两个外侧辊棒可以往外自由滚动，而中间的辊棒则固定不动。

注1：摩擦会影响到强度计算。圆柱辊棒放在光滑的平面上来完成夹具在高温下的滚动。辊棒可以在平面上自由滚动，如图2所示。

注2：要求中规定了辊棒的直径尺寸。辊棒不应太大，以免试样弯曲时接触点沿切线变化使弯曲力臂[图1中(a)]产生过多的变化。同时也不能太小，以免在样品表面产生楔型压力或产生损害夹具的接触应力。另外由于试样的缺陷，也会因为切点偏移产生误差。

5.4.3 四点弯曲设备：半可调夹具

四个辊棒均可自由滚动。内侧的两个平行辊棒的距离误差不大于0.015 mm(5.4.2中规定辊棒长度不小于12 mm)。外侧的两个平行辊棒距离误差不大于0.015 mm。内侧的辊棒与外侧的辊棒独立地支撑。所有辊棒应与试样表面保持均匀的接触。外侧两个辊棒上所受的压力应相同。

注：通过控制试验夹具尺寸来满足平行要求。

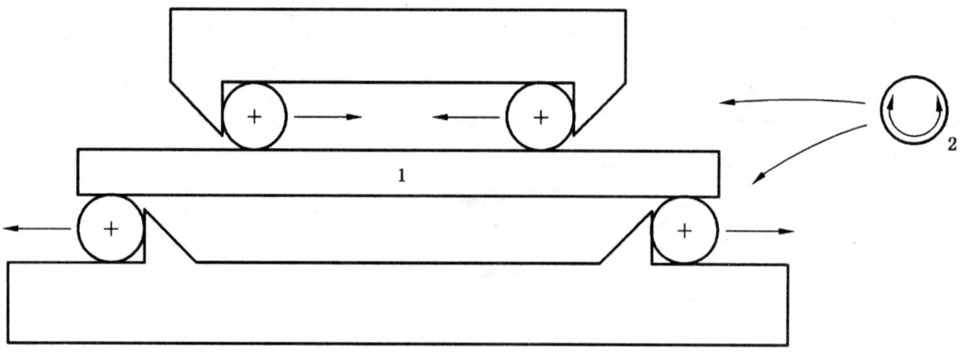

四个辊棒都能自由滚动

(a) 四点弯曲

图2 半可调夹具示意图

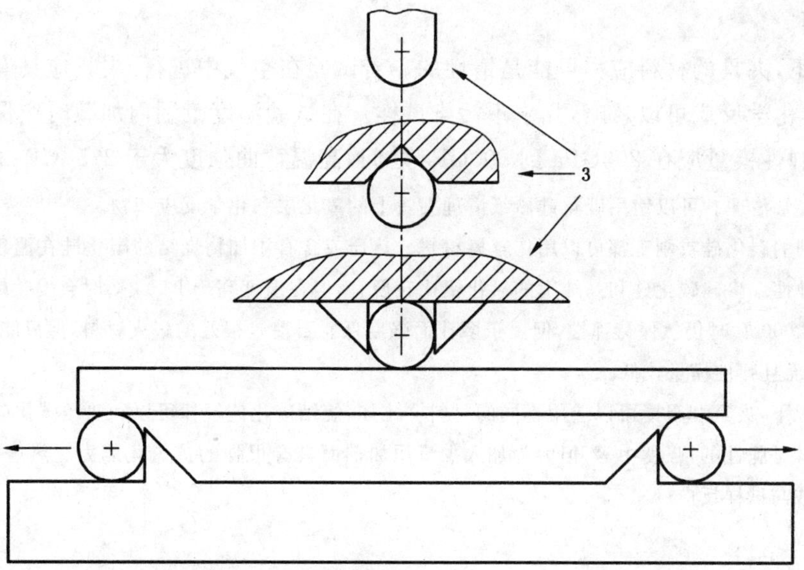

外侧的两个辊棒可以自由往外滚动,中间的辊棒不能滚动

(b) 三点弯曲

1——试样;

2——可滚动的辊棒;

3——可滚动的加载压头。

图 2(续)

5.4.4 四点弯曲设备:全可调夹具

四个辊棒都能自由滚动。三个辊棒独立可调与试样表面相匹配。第四个辊棒固定。四个辊棒应均匀一致地与试样表面接触,受相同压力。

5.4.5 三点弯曲设备:半可调夹具

外侧的两个支撑辊棒可以自由往外滚动,中间的辊棒应该置于中间位置,且不需要滚动。外侧互相平行,两个辊棒之间的距离误差应小于 0.015 mm(5.4.2 中规定辊棒长度应不小于 12 mm)。外侧的两个辊棒要可调,均匀接触试样下表面,中间的辊棒接触试样上表面。三个辊棒应平行且均匀地横跨长条试样表面。夹具要能保证外侧的两个辊棒受到相同压力。

注:可以通过控制夹具尺寸来满足平行要求。

5.4.6 三点弯曲设备:全可调夹具

外侧的两个支撑辊棒可以向外滚动。中间的辊棒固定。辊棒中任意两个相互独立可调并与试样表面配合。三个辊棒与试样表面保持一致均匀的接触。夹具设计时要使外侧的两个辊棒受到的压力相等。

5.4.7 辊棒的定位

辊棒的定位应精确到±0.10 mm。三点弯曲装置中的中间辊棒应安放在另外两个辊棒中间位置,误差为±1.00 mm。四点弯曲装置中的两个中间辊棒应在另外两个中间,误差为±0.10 mm。

注 1:辊棒的位置可由最后定位的平行线确定,必要时在开始加载时停止试验来确定辊棒的位置。也可用移动的显微镜或其他设备来测量跨距,精确到 0.10 mm。跨距同样可以通过测量定位装置之间的距离然后加上(外侧)或减去(内侧)辊棒的半径来确定。

注 2:一些夹具的辊棒可以与正方形槽间隙配合。辊棒与槽的间隙应足够小以确保跨距在本标准规定的范围内。通常不确定辊棒是与正方形槽内侧接触还是与外侧接触,因此有的辊棒可以自由滚动而有的则不能。这将导致不可预测的摩擦误差。使用类似的夹具时应引起注意。

5.4.8 **夹具材料**

在试验条件下，夹具的材料应尽可能是惰性的。若试验在空气中进行，夹具应具有较好的抗氧化性能，夹具与试样的化学反应可以忽略，几乎不污染试样。在试验温度范围内加载时应保证夹具处于弹性状态。辊棒可由弹性模量应在200GPa到500GPa之间，高温弯曲强度大于275 MPa的陶瓷材料制成。

注1：辊棒应经常清理。可以使用碳化硅砂纸清理夹具上的氧化层和化学反应产物。

注2：各种级别的碳化硅或刚玉都可以用作辊棒材料。热压或含有添加物烧结的碳化硅在温度高于1 500 ℃时仍然保持弹性。渗硅碳化硅和高纯度的氧化铝比较便宜，但在温度高于1 200 ℃时会发生蠕变。重结晶碳化硅在高温2 000 ℃时仍然保持弹性，但由于多孔而强度低。石墨是很好的耐火材料，但只能用于惰性气体环境，硬度低，而且弹性模量较低。

注3：有些情况下，夹具和辊棒可以选用不同的材料。比如，烧结碳化硅辊棒可以和热压碳化硅夹具配合使用。烧结碳化硅是脆性的，强度中等，但因为加入少量添加剂而具有很强的抗氧化能力。热压碳化硅强度高，但容易氧化或与试样反应。

5.4.9 **夹具**

夹具应能够适合试验载荷和试验温度。将一个大陶瓷块放入夹具代替小试样，在试验温度下加载至预期临界载荷测到的位移作为系统误差。加载系统和夹具必须有足够高的刚度。总的位移的70%以上应该是由于试验样品的变形所导致的。

注：总的位移由样品变形量和系统误差两部分组成。

5.5 千分尺

使用符合ISO 3611中所规定的分辨率为0.002 mm的千分尺测量试样尺寸。测量时，千分尺与样品表面接触部分不应有球状的或者尖锐的端部，否则会损坏样品。也可使用其他分辨率为0.002 mm或更高的测量仪器。

6 试样

6.1 试样尺寸

6.1.1 试样机械加工

依据标准ISO 14704准备试样。试样尺寸如图3所示。横截面公差为±0.5 mm。对应的长度方向的平行度公差为±0.015 mm。

6.1.2 自然烧制或热处理的试样

试样尺寸可以根据要求有所变化。试样尺寸如图3所示。四点弯曲加载时试样的初始弯曲要足够小，如图3(c)所示，样品的弯曲挠度应小于0.4 mm。三点弯曲测试中，夹具跨距为30 mm时，最大弯曲挠度应小于0.8 mm；夹具跨距为40 mm时，最大弯曲挠度应小于1.3 mm。另外，与辊棒接触的宽为4 mm的样品表面的平面度应小于0.15 mm。如果与6.1.1和图3中的规定有偏差要在试验报告中注明。若试样扭曲，要特别注明沿着试样长度方向的扭曲度估计值。

注1：自然烧制试样指烧结后未经任何加工处理的试样。

注2：严重扭曲[图3(b)]或弯曲的[图3(c)]试样会影响相应夹具的准确度和精度。正常情况下试样的固有误差和初始弯曲很小，通常远小于1%。试样表面反应层或不规则也会影响夹具上的力的分布。

注3：通过把试样的一端固定在平面上，观察另一端来估计试样的弯曲程度。如果试样弯曲，试样的一边棱将翘起脱离平面。通过插入不同厚度的垫片来估计试样翘起端与平面之间距离。试样弯曲度为 $\sin^{-1}$(间隙距离1/4)，见图3(c)。

注4：全可调夹具在测试扭曲试样时会有一定的局限。用户应该了解这些局限性，并避免使用过度扭曲的试样。

单位为毫米

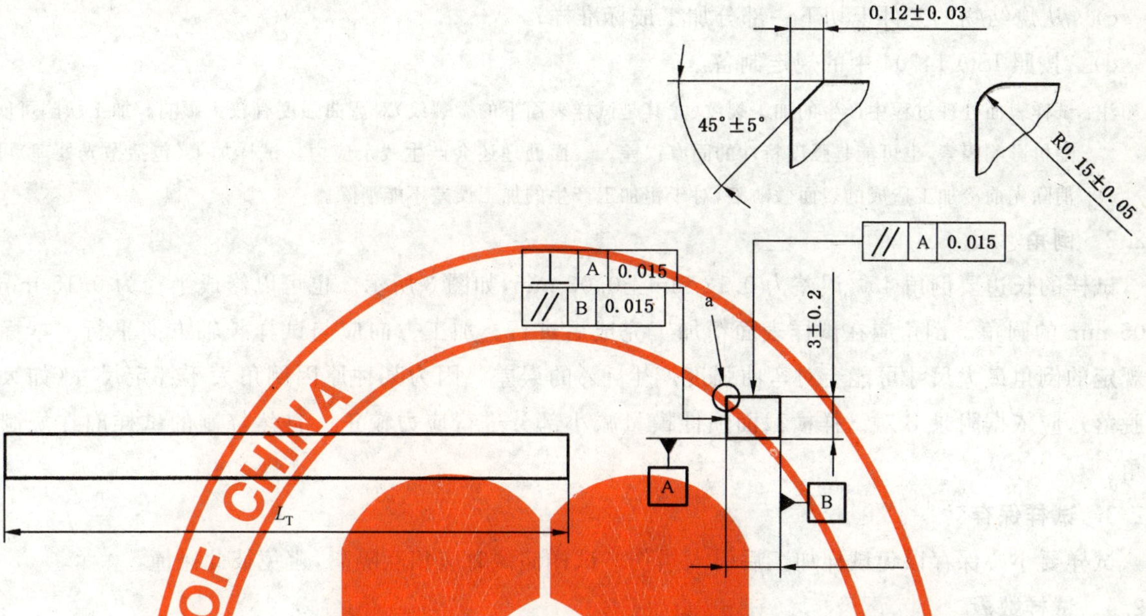

(a) 标准试样

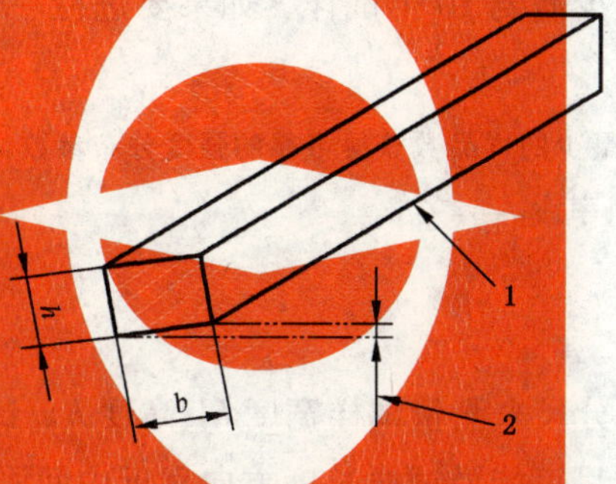

(b) 自然烧制或热处理后的试样(扭转示意图),见 6.1.2

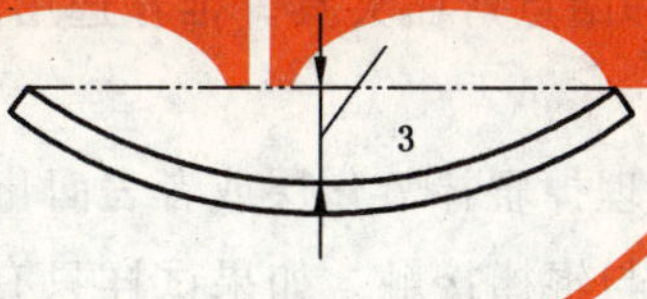

(c) 自然烧制或热处理后的试样(弯曲示意图),见 6.1.2

1——表面棱边;
2——偏移距离;
3——挠度,倒角或圆角。

图 3 试样

6.2 试样制备

6.2.1 概述

本标准允许制备试样选用几种不同的方法。一般来讲,样品的末端表面不需要做特殊的处理。宽为 4 mm 的表面上的两个长边缘要按图 3 所示倒角或修成圆角。建议最好四个长边都能倒角或修为圆角。本标准没有表面光洁度要求,但建议能够注明表面光洁度并写进试验报告。

试样可以通过以下方法制备:

a) 自然烧制;

b） 一般的烧结后冷加工制备试样；

c） 从烧结物的工件上切下一部分加工成标准样；

d） 按照 ISO 14704 中的规定制备。

注：试样表面处理过程中产生的加工裂纹(尤其是试样表面下的微裂纹)对弯曲强度有较大影响。加工缺陷可能是随机影响因素，也可能是强度特性的固有误差。表面处理还会产生残余应力。试样加工(包括抛光处理)可能消除先前冷加工造成的表面微缺陷，对于粗加工产生的加工误差不能消除。

6.2.2 倒角

试样的长边要倒角 45°，误差为 0.12 mm±0.03 mm，如图 3 所示。也可以修成半径为 0.15 mm±0.05 mm 的圆角。倒角应在试样表面精加工完成后进行。加工方向应与试样长轴方向平行。本标准中规定的倒角最大尺寸可能会对弯曲强度产生 1%的误差。因为某种原因倒角大于规定尺寸(如大块的脱落)，应依据附录 B 对试样横截面惯性模量减小部分进行应力校正。自然烧制的试样应在烧制前倒角。

6.2.3 试样保存

试样要小心保存以免试样加工后引入损伤。试样储藏时应相互隔离，避免彼此碰撞。

6.2.4 试样数量

评价试样平均弯曲强度时，最少需要 10 个试样。如果要进行一个统计强度分析(例如，Weibull 统计分析)，则至少需要 30 个试样。

注：使用 30 个以上试样有助于以最少的样品数获得可靠的强度分布参数，例如 Weibull 模数。使用 30 个试样同样有助于检测可能存在的缺陷概率。

7 试验步骤

7.1 用分辨率为 0.002 mm 的千分尺来测量试样宽度 b，高度 h。试样尺寸测量可以在试验前或试验后进行。试验前测量试样尺寸，应尽可能沿试样长度方向靠近中间测量，并注意避免千分尺损伤试样表面。在试验后测量试样尺寸，则应在试样的断口处或在靠近断口处测量。

7.2 根据样品状态选择合适的三点和四点弯曲夹具。推荐选用四点弯曲夹具。当试样不符合平行度的要求时，必须使用全可调的夹具。

7.3 应确保测试辊棒的清洁，确保清理掉辊棒氧化层或者表面化学反应产物。确保辊棒能自由滚动。

7.4 试样安放时，使 4 mm 宽的表面与辊棒接触。如果试样只有两个长边有倒角，应把这两个长边所在面放在受拉面。避免损伤试样并小心调整试样。确保试样和夹具的对中。试样悬在外辊棒两端的部分应大致相等。试样的摆放要确保 4 mm 宽的表面上偏移量 ε 小于 0.1 mm，以保证载荷对中，如图 4 所示。

注 1：建议使用定位块定位试件。在全连接夹具中尤为重要，因为全连接夹具可能会导致试件的偏移。设计夹具时不能有过大的偏移。

注 2：如果加热炉的布局不便于通过夹取试件来调整试件，可以采用调准夹具。也可以在加热炉外面调准试件。必须小心以确保试件在这个过程中不移动。如果可能移动，可以使用类似聚苯乙烯的暂时粘接剂把试件和轴承固定在合适的位置。粘接剂会在炉中烧掉，确保其他部分位置的准确。

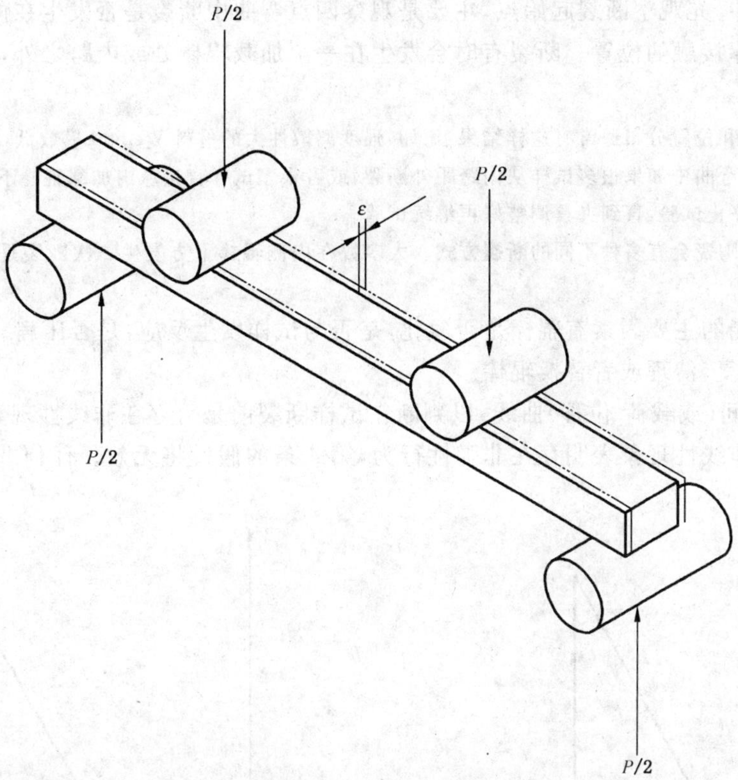

依据 7.4 中说明，偏移量 ε 应小于 0.1 mm。

图 4　试样与载荷对中

7.5　加热到 200 ℃～300 ℃时，向试样施加不超过标准预期破坏压力 10%的微小载荷。条件允许时检查所有辊棒和试样的接触线确保均匀线性加载。若加载不均匀，则卸掉试样调整夹具直到加载均匀。确保辊棒处在正确的起始位置，然后卸载并使压头与夹具之间留一点空隙。

注：标记试样按室温下按标准 ISO 14704 中规定。否则标记材料可能污染试样或加热炉。

7.6　可在试样下面放置软的陶瓷垫片，以防试样破坏后撞击而产生的碎片损伤夹具。必须确保垫片在试验温度下不与试样或夹具发生化学反应。陶瓷垫片不能影响试样的调整及夹具连接和辊棒滚动，也不要对试样或夹具产生额外压力。

注：陶瓷垫片有利于保护一次破裂的碎片，便于后续的显微分析。

7.7　试样要加热到试验温度后再加载。注意确保夹具的热膨胀不会使试样承受的预加载荷超过平均断裂应力的 10%。

7.8　达到试验温度后，试样应在该温度下保温一段时间直到温度稳定。保温时间要在试验报告中注明。试验过程中，热电偶或者其他测温仪器测得的温度变化范围不大于±2 ℃。

7.9　试验机横梁位移速度为 0.5 mm/min，以确保达到断裂的时间在 3 s～30 s 之间。若试样断裂的时间不在这个范围内可调整横梁位移速度。

注 1：横梁位移速度对试样产生的应变速率大约为 1.0×10^{-4} s^{-1}。

注 2：测量弯曲强度时，应力腐蚀或裂纹慢扩展等这些时间相关现象对一些敏感材料的影响非常重要。

7.10　按设定的速度对试样加载，记录临界载荷，精确到±1%或更高。

7.11　每次试验结束后，保存断裂的碎片以便后续检验。

注：只有少数残片需要保存。很小的碎片通常是二次碎裂的结果，不包含断裂原始的信息。根据经验来确定哪些碎片是重要的并应保存的。建议试验后使用镊子拾取碎片，或者试验者戴上手套以免引入污染物影响后续的裂纹显微观察分析。

7.12 在一组试验中，先观察断裂起始点，主要是观察四点弯曲中断裂是否发生在内跨之间。通常能在试样表面确定与辊棒接触的位置。断裂有时会发生在一个加载辊棒处或内跨之外，分析数据时，这样的试样应包括在内。

注1：断裂点尺寸和位置分布通常有这样结果：比如，强度离散性大的材料 Weibull 模数低，断裂很容易发生在内跨之外。四点弯曲中如果很多试样从内跨距外断裂，或者很多试样直接从内加载辊棒下开始断裂，说明夹具存在偏移，应停止试验，直到夹具调整好再继续试验。

注2：通常高强度陶瓷会有多种不同的断裂方式。大多数在内侧辊棒下方发生二次断裂是正常的，强度结果也会令人满意。

7.13 影响夹具性能的主要因素有辊棒是否氧化，是否与试样发生反应，是否压扁。辊棒不能自由滚动时，根据需要进行修复，清理或者替换辊棒。

7.14 观察载荷-时间(或载荷-位移)曲线，以判断在试样断裂前是否存在非线性现象[如图5(b)所示]。试样断裂前的任何非线性现象表明存在非弹性行为，第4条的假设将无效。任何非弹性行为应在报告中注明。

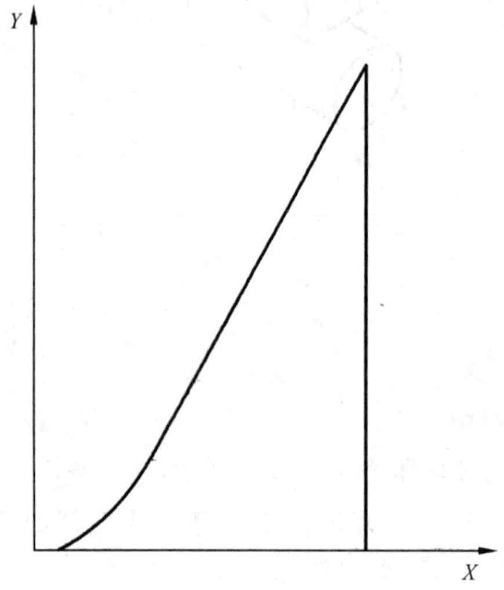

(a) 表示线弹性行为

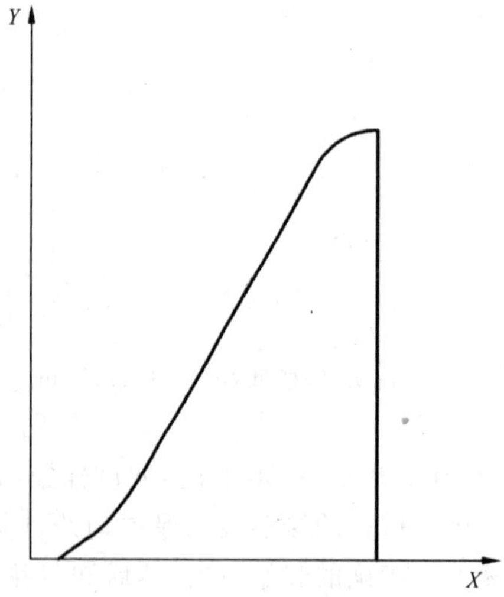

(b) 表示试样非线性行为或夹具变形或偏移

X——时间(或位移)

Y——载荷。

注：初始小载荷加载阶段的非线性现象[如图5(a)所示]，可能仅仅代表夹具的安装误差或初始加载效果，大多是可忽略的。

图5 载荷与时间(或位移)关系图

7.15 如果试验不是在真空或惰性气体气氛中进行，应测量并记录试验过程中试验室环境的相对湿度。

8 计算

8.1 四点弯曲强度的计算

四点弯曲强度按公式(1)计算：

$$\sigma_f = \frac{2Pa}{bh^2} \qquad \cdots\cdots(1)$$

式中：

σ_f——弯曲强度，单位为兆帕(MPa)；

P——断裂载荷，单位为牛顿(N)；

a——试样所受弯曲力臂的长度，单位为毫米(通常为10 mm)；

b——试样宽度，单位为毫米(mm)；

h——与载荷方向平行的试样厚度，单位为毫米(mm)。

注：依据本标准两种夹具的力臂，a 通常为 10 mm。对四点 1/4 弯曲夹具，$a=L/4$；对四点 1/3 弯曲夹具，$a=L/3$。力臂也等于$(L_2-L_1)/2$，其中，L_2，L_1 分别为外跨距和内跨距的长度，参见图 1 和 8.2 中注 2。

8.2 三点弯曲强度的计算

三点弯曲强度按公式(2)计算：

$$\sigma_f = \frac{3PL}{2bh^2} \qquad \cdots\cdots(2)$$

式中：

σ_f——弯曲强度，单位为兆帕(MPa)；

P——断裂载荷，单位为牛顿(N)；

L——夹具的下跨距，单位为毫米(mm)；

b——试样宽度，单位为毫米(mm)；

h——与载荷方向平行的试样厚度，单位为毫米(mm)。

注 1：本标准中规定，三点弯曲的夹具跨距为 40.0 mm 或 30.0 mm。

注 2：公式(1)和公式(2)是常用的计算试样弯曲强度的公式。利用它们可以算出试样断裂瞬间的最大应力。这个公式不能算出直接施加在导致试样断裂的裂纹上的应力。在一些情况下，例如计算断裂强度时，若在四点弯曲中断裂发生在内跨距之外或者三点弯曲中断裂不是在中间辊棒的下方，都应根据断裂起始点位置对断裂应力进行修正。

8.3 倒角尺寸的修正

如果倒角尺寸大于 6.2.2 和图 3 中的规定，应依据附录 B 对弯曲强度进行修正。

8.4 热膨胀的修正

热膨胀会改变试样和夹具的物理尺寸。如采用公式(1)和(2)计算弯曲强度将会引入 1%～3% 的偏差。热膨胀修正方法参见附录 C。如果进行了修正，要在试验报告中注明。

8.5 平均强度和标准偏差

平均强度 $\bar{\sigma}_f$ 和标准偏差 S，分别由公式(3)和公式(4)计算得出：

$$\bar{\sigma}_f = \frac{\sum_{i=1}^{n} \sigma_{f,i}}{n} \qquad \cdots\cdots(3)$$

$$S = \left[\frac{\sum_{i=1}^{n} (\sigma_{f,i}) - \bar{\sigma}_f)^2}{n-1}\right]^{1/2} \qquad \cdots\cdots(4)$$

式中：

$\sigma_{f,i}$——第 i 个试样的强度，单位为兆帕(MPa)；

S——标准差，单位为兆帕(MPa)；

n——试样总数目。

9 准确度和精度

9.1 如果所有测试条件都满足要求，单一试样的弯曲强度误差应该小于 3%～5%。

注：因为选用不同的公差，单一误差应该为 0.5%或更小。但是倒角误差可能达到 1%。

9.2 自然烧制没有冷加工的试样是否具有较大的误差，取决于试样表面状况(平整性，均匀性)，试样尺寸的一致性，截面的一致性，以及试样的扭曲和弯曲。

10 试验报告

试验报告应包含以下信息：

a) 试验温度；
b) 加热炉气氛：空气，真空或惰性气体气氛；
c) 加热元件的类型；
d) 测温装置；
e) 试样放进加热炉的方式；(热或冷)
f) 加热速度和达到试验温度的时间；
g) 加载方式(四点或三点弯曲)，夹具尺寸和连接方式(半可调或全可调)，确保辊棒自由滚动；
h) 试样数目；
i) 在条件允许下，注明材料的所有相关信息，包括材料的制造日期，组分等；
j) 试样制备程序，包括机械加工的所有细节；可能的话也应包括试样受拉面的表面光洁度；
k) 是热处理还是时效处理；
l) 弯曲测试环境，包括湿度和温度；
m) 加载横梁位移的速度以及近似的平均断裂时间；
n) 试样的弯曲强度，保留到三位有效数字，例如：537 MPa；
o) 平均强度，标准的偏差。

采用下面的表示方法来表示试样的平均强度：

——$\sigma(N,L)$——表示加载方式为($N=4$ 或 3)点弯曲和下夹具跨距($L=40$ mm 或 30 mm)的弯曲强度。

例如：

——$\sigma(4,40)=537$ MPa 表示采用四点弯曲，夹具跨距为 40 mm 时，测得试样平均强度为 537 MPa。

——$\sigma(3,30)=580$ MPa 表示采用三点弯曲，夹具跨距为 30 mm 时，测得试样平均强度为 580 MPa。

建议把试验相对湿度或试验环境按照下面的方法表示：

——$\sigma(N,L)=$ ×××[湿度 RH% 或环境因素]——表示在 RH%的空气湿度下或其他环境条件下测得的试样强度。

例如：

——$\sigma(4,40)=600$ MPa [45%]——表示试验室空气湿度 45%下，四点弯曲，夹具跨距为 40 mm 时测得试样平均强度为 600 MPa；

——$\sigma(3,30)=575$ MPa [干燥 氮气]——表示在干燥氮气环境中，三点弯曲，夹具跨距为 30 mm 时测得试样平均强度为 575 MPa；

——$\sigma(3,30)=520$ MPa [真空]——表示在真空环境中，三点弯曲，夹具跨距为 30 mm 时测得试样平均强度为 520 MPa。

p) 注明是否对热膨胀进行了修正；
q) 注明倒角是否在规定的尺寸范围内；如果超过规定尺寸，应注明是否对倒角尺寸进行了修正；
r) 相关说明，如夹具的损坏或粘结，试样烧结或氧化状况，试样表面状况，以及断裂面状况等；
s) 所有的非弹性行为的记录；
t) 试验过程中出现的偏差，以及引起偏差的原因；
u) 测试的试验室名称，试验时间，试验人员，试验机型号。

11 强度换算系数

采用本标准中规定的不同尺寸的试样和夹具可能会测得不同的平均强度。附录 D 中的 Weibull 强度换算系数有助于对试验结果进行比较。

附 录 A
（资料性附录）
说 明

陶瓷的弯曲强度取决于材料本身固有的抵抗断裂的能力以及陶瓷本身存在裂纹源的特点。这些因素造成了陶瓷强度试验结果的自然离散性，需要进行抽样测试。尽管对断裂表面的显微观察分析超出了本标准的范围，但是我们强烈推荐进行显微分析，尤其是测试数据要应用于设计时。弯曲强度同样受许多测试工序条件的影响。包括试验环境，试样尺寸，测试夹具以及试样的表面处理。高温下弯曲强度依赖于加载速率，蠕变程度，应力侵蚀以及裂纹慢扩展。本试验方法在快速加载条件下测量弯曲强度是为了尽量减小这些因素的影响。如果蠕变现象比较明显就会出现压力松弛，这时用强度的弹性公式计算就会有误差。表面处理尤为重要，因为最大断裂应力是作用在试样表面的。通过仔细的测试以及良好的加工工序，可以得到材料本身自然裂纹缺陷导致断裂的情况，否则只能测到加工损伤引起断裂情况。详细信息参见 ISO 14704。本标准的有关规定兼顾考虑了对试验误差的控制，试验的适用性以及试验效率。采用本标准对一个试样弯曲强度的误差估计小于 3%～5%。

本标准中的夹具尺寸以及对应的试样尺寸与室温下 ISO 14704 标准一致。较大的夹具-试样组合（3 mm×4 mm×45 mm）相比较小的夹具试样-组合（3 mm×4 mm×35 mm）测得的强度偏小。这对于内部或表面存在不同尺寸的裂纹或裂纹分布比较宽的陶瓷是正常的。Weibull 统计通常与强度有关，例如，Weibull 模数为 10，在一个体内分布裂纹的材料，用四点弯曲测试，较大试样强度会比较小试样强度低 6%。附录 D 提供了换算系数。

三点弯曲加载方式使得试样很小的部分承受最大载荷。这样测得的强度可能比四点弯曲结构测得的强度高很多。三点弯曲有它的优点，比如，使用的夹具简单，试验误差小，适应于高温环境，易于测量断裂刚度，有利于 Weibull 统计的研究。但建议最好采用四点弯曲测试。

关于弯曲测试的理论、设计的信息以及陶瓷弯曲强度试验误差的信息可参考本标准的参考文献[5]和[6]。

附　录　B
（规范性附录）
倒角修正系数

如果倒角尺寸过大，必须对弯曲强度进行修正。倒角或圆角边使受力面积微量减少会使低估陶瓷材料的最大弯曲强度。弯曲试样的最大应力通常是按简单的梁理论计算的（其中假设试样横截面为矩形）。试样的倒角使横截面对于中轴线的惯性矩 I 减小。对于完整的矩形横截面，$I=(bh^3)/12$，对于四个边都有尺寸为 C 的倒角的矩形截面，参考文献[6]中的校正公式为：

$$I=\frac{bh^3}{12}-\frac{C^2}{9}\left(C^2+\frac{1}{2}(3h-2C)^2\right) \qquad \cdots\cdots\cdots\cdots(\text{B.1})$$

其中右边第二项，表示倒角引起的惯性矩的减小。对圆角边参考文献[6]中有类似的公式。

如果倒角或圆角大于图 3 中规定的尺寸（倒角 $C_{max}=0.15$ mm，圆角 $R_{max}=0.20$ mm），就需要对弯曲强度进行修正。通常采用平均倒角尺寸。通过测量每个试样可以得到最精确的结果，但通常大多数试验中，5 个样本试样的平均值就可以满足要求了。

用一个修正系数 F 乘以测得的弯曲强度 σ'_f，就得到修正后的弯曲强度 σ_f，假设横截面为简单矩形。

$$\sigma_f = F\sigma'_f \qquad \cdots\cdots\cdots\cdots(\text{B.2})$$

对于四个倒角或圆角的修正系数 F 的值列于表 B.1 和表 B.2：

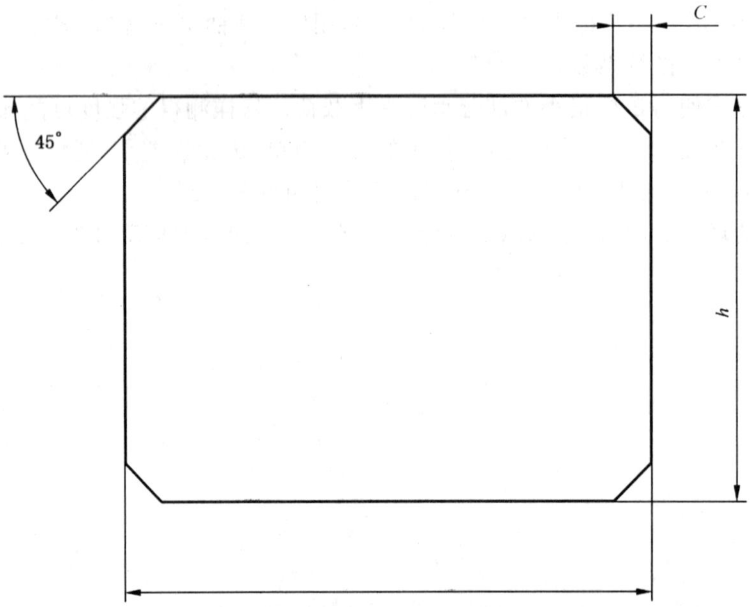

图 B.1　倒角结构

表 B.1　四个倒角的修正系数 F 的值

C/mm	修正系数 F b=4 mm，h=3 mm
0.080	1.003 1
0.090	1.003 9
0.100	1.004 8
0.110	1.005 8
0.120	1.006 9

表 B.1（续）

C/ mm	修正系数 F b=4 mm,h=3 mm
0.130	1.008 0
0.140	1.009 3
0.150	1.010 6
0.160	1.012 1
0.170	1.013 6
0.180	1.015 2
0.190	1.016 9
0.200	1.018 6
0.210	1.020 6
0.220	1.022 4

注：C=0.150 下面的双横线，表示 6.2.2 和图 3 中规定的倒角极限尺寸。

图 B.2　圆角结构

表 B.2　四个圆角的修正系数 F 的值

R/ mm	修正系数 F b=4 mm,h=3 mm
0.080	1.001 3
0.090	1.001 7
0.100	1.002 1
0.110	1.002 5
0.120	1.003 0
0.130	1.003 5
0.140	1.004 1

表 B.2（续）

R/ mm	修正系数 F b=4 mm,h=3 mm
0.150	1.004 6
0.160	1.005 3
0.170	1.005 9
0.180	1.006 8
0.190	1.007 4
0.200	1.008 2
0.210	1.009 0
0.220	1.009 8
0.230	1.010 7
0.240	1.011 6
0.250	1.012 6
0.260	1.013 6
0.270	1.014 6
注：R=0.200 下面的双横线表示 6.2.2 和图 3 中规定的圆角极限尺寸。	

附 录 C
（规范性附录）
热膨胀的修正

C.1 温度升高时，试样和夹具会发生膨胀。根据夹具和试样材料的不同，对弯曲强度公式带来的误差可能到0.5%甚至百分之几。如果夹具和试样的热膨胀是已知的，可以用下面的公式(C.1)和(C.2)替代公式(1)和(2)。

C.2 四点弯曲中弯曲强度的修正公式为：

$$\sigma_f = \frac{3Pa}{bh^2}\frac{(1.0+\alpha_{fix}\Delta T)}{(1.0+\alpha_{spec}\Delta T)^3} \quad \cdots\cdots (C.1)$$

式中：

σ_f——弯曲强度，单位为兆帕(MPa)；

P——临界载荷，单位为牛顿(N)；

a——夹具力臂，单位为毫米(通常取10.0 mm)；

b——试样宽度，单位为毫米(mm)；

h——与载荷方向平行的高度，单位为毫米(mm)；

α_{fix}——从室温到试验温度，夹具材料平均热膨胀系数，单位为每摄氏度(/℃)；

α_{spec}——从室温到试验温度，试样材料平均热膨胀系数，单位为每摄氏度(/℃)；

ΔT——从室温到试验温度的温度差，单位为摄氏度(℃)。

注：对于本标准规定的两种测试结构，a 均等于10.0 mm。(对四点1/4弯曲，$a=L/4$；对四点1/3弯曲，$a=L/3$；见图1。)

C.3 三点弯曲强度修正公式为：

$$\sigma_f = \frac{3PL}{2bh^2}\frac{(1.0+\alpha_{fix}\Delta T)}{(1.0+\alpha_{spec}\Delta T)^3} \quad \cdots\cdots (C.2)$$

式中：

σ_f——弯曲强度，单位为兆帕(MPa)；

P——断裂载荷，单位为牛顿(N)；

L——夹具跨距，单位为毫米(mm)；

b——试样宽度，单位为毫米(mm)；

h——与载荷方向平行的高度，单位为毫米(mm)；

α_{fix}——从室温到试验温度，夹具材料平均热膨胀系数，单位为每摄氏度(/℃)；

α_{spec}——从室温到试验温度，试样材料平均热膨胀系数，单位为每摄氏度(/℃)；

ΔT——从室温到试验温度的温度差，单位为摄氏度(℃)。

注：本标准中规定三点弯曲夹具跨距为40 mm或30 mm。

附 录 D
（资料性附录）
Weibull 尺寸效应

本标准包括几种不同类型的夹具和不同尺寸的试样。利用 Weibull 强度尺寸效应理论，不同尺寸的试样和不同测试装置所测得的强度可以相互转换。小尺寸试样（3 mm×4 mm×35 mm）在内跨距为 10 mm 外跨距为 30 mm 的夹具上测量，比大尺寸试样（3 mm×4 mm×45 mm）在内跨距为 20 mm 外跨距为 40 mm 的夹具上测量所测得的强度要高。如果强度是由体内分布的单一裂纹决定的，强度分布就可以用两个参数的 Weibull 分布来模拟，这时：

$$\frac{\sigma_1}{\sigma_2}=\left(\frac{V_{E2}}{V_{E1}}\right)^{\frac{1}{m}} \quad \cdots\cdots\cdots\cdots(D.1)$$

式中：

σ_1——第一类试验条件下的平均强度，单位为兆帕（MPa）；

σ_2——第二类试验条件下的平均强度，单位为兆帕（MPa）；

V_{E1}——第一类试验条件下的有效体积，单位为立方毫米（mm^3）；

V_{E2}——第二类试验条件下的有效体积，单位为立方毫米（mm^3）。

本标准中对于四点弯曲测试装置，试样的有效体积为：

$$V_{E,4,30}=V\frac{(m+3)}{6(m+1)^2} \quad \cdots\cdots\cdots\cdots(D.2)$$

$$V_{E,4,40}=V\frac{(m+2)}{4(m+1)^2} \quad \cdots\cdots\cdots\cdots(D.3)$$

式中：

V——处于外跨距之间的试样体积之和，（V=3 mm×4 mm×30 mm=360 mm^3 或 V=3 mm×4 mm×40 mm=480 mm^3）；

m——Weibull 模数。

这时：

$$\frac{\sigma_{4,30}}{\sigma_{4,40}}=\left(\frac{V_{E,4,40}}{V_{E,4,30}}\right)^{\frac{1}{m}}=W \quad \cdots\cdots\cdots\cdots(D.4)$$

表 D.1 列出了典型 Weibull 模数对应的 W 值。

表 D.1 W 值与 Weibull 模数的对应关系

Weibull 模数，m	5	6	7	8	9	10	12	15	20	25	30
W	1.118	1.101	1.088	1.078	1.070	1.063	1.053	1.043	1.033	1.027	1.022

如果强度是由表面分布的缺陷决定的，可以用两个参数的 Weibull 分布来模拟强度分布，这时：

$$\frac{\sigma_1}{\sigma_2}=\left(\frac{S_{E2}}{S_{E1}}\right)^{\frac{1}{m}} \quad \cdots\cdots\cdots\cdots(D.5)$$

式中：

σ_1——第一类试验条件下的平均强度，单位为兆帕（MPa）；

σ_2——第二类试验条件下的平均强度，单位为兆帕（MPa）；

S_{E1}——第一类试验条件下的有效表面积，单位为立方毫米（mm^3）；

S_{E2}——第二类试验条件下的有效表面积，单位为立方毫米（mm^3）。

本标准中对于四点弯曲测试装置的有效表面积为：

$$S_{E,4,30} = L\{h + b(m+1)\} \frac{m+3}{3(m+1)^2} \qquad \text{(D.6)}$$

$$S_{E,4,40} = L\{h + b(m+1)\} \frac{m+2}{2(m+1)^2} \qquad \text{(D.7)}$$

式中：

L——外跨距，单位为毫米(通常为 30 mm 或 40 mm)；

b——试样宽度，单位为毫米(通常为 4 mm)；

h——试样宽度，单位为毫米(通常为 3 mm)；

m——Weibull 模数。

因此有：

$$\frac{\sigma_{4,30}}{\sigma_{4,40}} = \left(\frac{S_{E,4,40}}{S_{E,4,30}}\right)^{\frac{1}{m}} = W \qquad \text{(D.8)}$$

表面积换算系数 W 与表 D.1 中的体积换算系数 W 一致。

注 1：这个结果可以通过上面公式的推导得出，只适用于类似本标准规定的特殊试样-夹具组合。

注 2：当采用本标准规定的试样-夹具组合进行强度转换时，不需知道裂纹是沿表面分布还是体内分布。

参考文献

[1] ASTM E 452-02, *Standard Test Method for Calibration of Refractory Metal Thermocouples Using a Radiation Thermometer*

[2] ASTM E 639-78, *Standard Test Method for Measuring Total-Radiance Temperature of Heated Surfaces Using a Radiation Pyrometer*

[3] ASTM E 1256-95, *Standard Test Methods for Radiation Thermometers (Single Waveband Type)*

[4] BS 1041:Part 5 1989, *Temperature Measurement. Guide to Selection and Use of Radiation Pyrometers*

[5] QUINN, G. D. and MORRELL, R., *Design Data for Engineering Ceramics: A Review of the Flexure* Test, J. Am. Ceram. Soc., 74[9](1991) pp. 2037-2066

[6] BARATTA, F. I., QUINN, G. D. and MATTHEWS, W. T., *Errors Associated With Flexure Testing of BrittleMaterials*, U. S. Army Technical Report, MTL TR 87-35, U. S. Army Materials Technology Laboratory, USA, 1987, (available from G. Quinn, NIST-Ceramics Division, Gaithersburg, MD 20899 USA)

[7] OKADA, A. and MIZUNO, M., *VAMAS Round Robin on Flexural Strength of Silicon Nitride at High Temperature*, Versailles Advanced Materials and Standards Report 39 ISSN 1016-2186, Japan Fine Ceramic Center, Nagoya, Japan, September 2000

ICS 01.140.30
A 13

中华人民共和国国家标准

GB/T 14393—2008/ISO 8440:1986
代替 GB/T 14393—1993

贸易单证中代码的位置

Location of codes in trade documents

(ISO 8440:1986;Cor.1:2000,IDT)

2008-06-18 发布

2008-11-01 实施

中华人民共和国国家质量监督检验检疫总局
中国国家标准化管理委员会 发布

前　言

本标准等同采用ISO 8440:1986《贸易单证中代码的位置》(英文版)，包括其技术勘误ISO 8440:1986/Cor 1:2000。

为便于使用，本标准对ISO 8440:1986做了下列编辑性修改：

——“本国际标准”一词改为“本标准”；

——增加了资料性附录A(贸易单证样式)。

本标准代替GB/T 14393—1993《贸易单证中代码的位置》。

本标准与GB/T 14393—1993的主要变化为：

——增加了前言、ISO前言、引言；

——修改了GB/T 14393—1993中2.2.1“框式数据栏”例2和例3的部分内容(本版本的3.3.1)；

——增加了资料性附录A。

本标准的附录A为资料性附录。

本标准由中国标准化研究院提出。

本标准由全国电子业务标准化技术委员会归口。

本标准由中国标准化研究院负责起草。

本标准主要起草人：张艳琦、张荫芬、胡涵景。

本标准于1993年首次发布。

ISO 前言

国际标准化组织(ISO)是一个世界性的各国标准机构(ISO 成员团体)的联盟。国际标准的制定工作一般通过 ISO 技术委员会完成。每个成员团体如果对某个技术委员会建立的某个项目感兴趣,则有权向该技术委员会表述意见。任何与 ISO 有联络关系的官方和非官方国际组织都可以直接参与该项工作。ISO 与 IEC(国际电工委员会)在电工技术标准的所有领域密切合作。

技术委员会的主要任务是起草国际标准。由技术委员会正式通过的国际标准草案在被 ISO 理事会接受为国际标准之前,须分发到各成员体进行表决。按照 ISO 的工作程序,至少 75%的成员体投票赞成后,该标准草案才成为国际标准。

ISO 8440 由 ISO/TC 154 技术委员会(行政、商业与工业文件及数据元标准化技术委员会)提出。

用户应当注意的是所有国际标准要进行反复的修订,除非另有说明,否则这里参考的国际标准都指的是其最新版本。

引　言

国际贸易中所使用的单证通常用作自动数据处理(ADP)系统的数据输入或从这些系统中获得数据的基础。因此单证中的信息在格式上也适合于ADP的需求。以代码形式表示的信息可满足这种需求,并有助于减少语言障碍。为了在阅读这些信息时消除歧义并避免混淆,应给单证中的代码一个标准位置。

ISO 8440依据联合国欧洲经济委员会(UN/ECE)国际贸易程序简化工作组所采用的推荐性标准。

贸易单证中代码的位置

1 范围

本标准规定了国际贸易所用单证中单证代码标识的位置、栏目代码标识的位置以及代码型数据项的位置。

本标准适用于国际贸易单证制单中的自动数据处理(ADP)系统。

2 术语和定义

下列术语和定义适用于本标准。

2.1

代码框 code box

数据栏中为代码型数据项指定的区域。

2.2

代码型数据项 coded data entry

用代码表示的一个数据项。

2.3

数据载体 data carrier

为存储和/或传输数据指定的数据媒介。

2.4

数据项 data entry

数据载体中所输入的数据。

2.5

数据栏 data field

为特定数据项指定的区域。

2.6

描述性数据项 descriptive data entry

用普通语言以完整或缩略形式表示的数据项。

2.7

单证 document

一种数据载体及其所记录的数据,通常具有永久性并可为人或机器读取。

2.8

单证代码 document code

以代码形式表示的单证标识符。

2.9

单证标识 document identifier

规定了单证功能的文本或代码。

2.10

单证名称　document name

以普通语言形式描述的单证标题。

2.11

栏目代码　field code

以代码形式表示的栏目标识符(见2.17)。

2.12

栏目标题　field heading

用普通语言以完整或缩略形式表示的栏目标识符。

2.13

栏目标识　field identifier

在数据栏中规定了该数据属性的文本或代码。

2.14

格式　form

为传送数据项的可视化记录而指定的一种数据载体。

2.15

序号数据项　ordinal data entry

用于对一单证或一项目进行标识,或进行分类和排序,而不进行数量计算的数据项。

2.16

数量数据项　quantitative data entry

可作为数量计算的数字型数据项。

2.17

标记　tag

标识标记　identification tag

为了简化需要明确标识的过程,用于代替全名而配置的标识符,以节省系统开销(见2.11)。

3　位置

在国际贸易单证中,代码应按以下规则定位。

3.1　单证代码

单证代码应紧靠单证名称前并置于同一行,或紧靠单证名称放置于单证名称的上一行。

示例1:

705 BILL OF LADING(提单)

或

705

BILL OF LADING(提单)

3.2　标记

当使用标记时,它应置于栏目标题前或代替栏目标题。

3.3　代码型数据项

3.3.1　框式数据栏

在框式数据栏中,代码型数据项应置于该数据栏的右部,既可以放在描述性数据项的同一行,也可在空间受限的情况下放在该数据栏的右上角。代码之前应以短竖线进行分隔(见示例2和示例3)。

示例 2：

栏目标题：

单证日期

栏目代码：

描述性数据项：

1999 年 7 月 22 日

代码型数据项：

	19990722

完整栏目框：

单证日期 1999 年 7 月 22 日	19990722

示例 3：

栏目标题：

发盘有效期

栏目代码：

2114

描述性数据项：

1999 年 7 月 22 日至 1999 年 8 月 31 日

代码型数据项：

	19990722—19990831

完整栏目框：

2114 发盘有效期 1999 年 7 月 22 日至 1999 年 8 月 31 日	19990722—19990831

只有以代码型格式表示的数据项才被置于代码区域。

注：上述示例仅作为说明而没有规定不同框的准确尺寸。

3.3.2 分列式数据栏

在分列式数据栏中，代码型数据项应在栏目代码下以纵向顺序排列。必要时前置一顺序编号。

示例 4：

41 行号	42 标志和编号	43 集装箱类型/尺寸	45 件数	49 毛重
001	EACU1234567	1 020	1	8 050
002	EFGU8902345	2 040	1	3 100
003	IJKU6789012	1 540	1	5 200

序号数据项（指向：行号、标志和编号、集装箱类型/尺寸）

数量数据项（指向：件数、毛重）

只有以代码型格式表示的数据项才被置于代码区域。

注：上述示例仅作为说明而没有规定不同列的准确尺寸。

3.4 贸易单证样式

贸易单证样式见附录 A。

附　录　A
（资料性附录）
贸易单证样式

<table>
<tr><td colspan="2">发货人(出口商)
Consigner(Exporter)</td><td colspan="3">日期和参考号等
Date,Reference No. ,etc</td></tr>
<tr><td colspan="2">收货人
Consignee</td><td colspan="3">买方或其他地址
Buyer(if other than consignee)or other address</td></tr>
<tr><td colspan="2" rowspan="2">通知方地址或交货地址
Notify or delivery address</td><td colspan="2">发货国
Country whence consigned</td><td></td></tr>
<tr><td colspan="2">原产地国
Country of origin</td><td>目的地国
Country of destination</td></tr>
<tr><td colspan="2">运输事项
Transport details</td><td colspan="3">交货和支付条款
Terms of delivery and payment</td></tr>
<tr><td rowspan="2">运输标志和集装箱号码
Shipping marks;Container No.</td><td rowspan="2">包装种类和数量、货物品类
Number and kind of packages;Goods description</td><td rowspan="2">商品编码
Commodity No.</td><td>毛重
Net quantity</td><td>体积
Statistical value</td></tr>
<tr><td>Gross weight</td><td>Cube</td></tr>
<tr><td colspan="5">自由处置区
Free disposal</td></tr>
<tr><td colspan="3"></td><td colspan="2">认证(签署)
Place and date of issue,Authentication</td></tr>
</table>

ICS 35.080
L 77

中华人民共和国国家标准

GB/T 14394—2008
代替 GB/T 14394—1993

计算机软件可靠性和可维护性管理

Computer software reliability and maintainability management

2008-07-18 发布　　2008-12-01 实施

中华人民共和国国家质量监督检验检疫总局
中国国家标准化管理委员会　发布

前　言

本标准代替 GB/T 14394—1993《计算机软件可靠性和可维护性管理》。

本标准与 GB/T 14394—1993 的主要差别是：GB/T 14394—1993 依据 GB/T 8566—1988《计算机软件开发规范》划分软件生存周期，按阶段描述软件可靠性和可维护性要求；本标准依据 GB/T 8566—2007《信息技术　软件生存周期过程》划分软件生存周期，按过程和活动描述软件可靠性和可维护性要求。

本标准由全国信息技术标准化技术委员会(SAC/TC 28)提出并归口。

本标准起草单位：中国电子技术标准化研究所、山东省计算中心。

本标准主要起草人：韩红强、王纬、李刚、周鸣乐、王英龙。

本标准所代替标准的历次版本发布情况为：

——GB/T 14394—1993。

计算机软件可靠性和可维护性管理

1 范围

本标准规定了软件产品在其生存周期内如何选择适当的软件可靠性和可维护性管理要素，并指导软件可靠性大纲和可维护性大纲的制定和实施。

本标准适用于软件产品生存周期的基本过程。

2 规范性引用文件

下列文件中的条款通过本标准的引用而成为本标准的条款。凡是注日期的引用文件，其随后所有的修改单(不包括勘误的内容)或修订版均不适用于本标准，然而，鼓励根据本标准达成协议的各方研究是否可使用这些文件的最新版本。凡是不注日期的引用文件，其最新版本适用于本标准。

GB/T 8566—2007 信息技术 软件生存周期过程

GB/T 11457—2006 信息技术 软件工程术语

GB/T 16260.1—2006 软件工程 产品质量 第1部分：质量模型(ISO/IEC 9126-1:2001,IDT)

3 术语和定义

GB/T 11457—2006 中界定的以及下列术语和定义适用于本标准。

3.1

软件可靠性大纲 software reliability program

描述为保证软件满足规定的可靠性要求所采取的技术和管理方法的文档，典型地描述要做的工作、所需要的资源、使用的方法、采用的过程、要满足的进度表和项目组织方法。

3.2

软件可维护性大纲 software maintainability program

描述为保证软件满足规定的可维护性要求所采取的技术和管理方法的文档，典型地描述要做的工作、所需要的资源、使用的方法、采用的过程、要满足的进度表和项目组织方法。

3.3

软件 FRACAS software failure reporting analysis and corrective action system

软件失效报告、分析和纠正措施系统(FRACAS)是一个闭环控制系统，它将软件的失效加以记录、报告，找出失效原因，采取纠正措施。

4 软件生存周期

4.1 在软件生存周期基本过程中的可靠性和可维护性管理要求

本标准依照 GB/T 8566—2007 将软件生存周期划分为五个基本过程，提出了在这五个基本过程中进行软件可靠性和可维护性管理的要求。表1给出了本标准的活动与 GB/T 8566—2007 软件生存周期过程和活动的映射关系。

表 1　从本标准活动到 GB/T 8566—2007 软件生存周期过程和活动的映射

软件可靠性与可维护性管理	GB/T 8566—2007 软件生存周期	
	过程	活动
获取	获取	——启动 ——招标的准备 ——合同的准备和更新 ——对供方的监督 ——验收和完成
供应	供应	——启动 ——投标准备 ——签订合同 ——策划 ——执行和控制 ——评审和评价 ——交付和完成
概念	开发	——过程实现 ——系统需求分析 ——系统体系结构设计
需求	开发	——软件需求分析
设计	开发	——软件体系结构设计 ——软件详细设计
实现	开发	——软件编码和测试
测试	开发	——软件集成 ——软件合格性测试 ——系统集成 ——系统合格性测试
安装和检验	开发	——软件安装 ——软件验收支持
运作	运作	——过程实现 ——运行测试 ——系统运行 ——用户支持
维护	维护	——过程实现 ——问题和修改分析 ——修改实现 ——维护评审/验收 ——迁移 ——软件退役

4.1.1　在获取过程中的可靠性和可维护性管理要求

需方确定需要获取的软件产品的可靠性和可维护性要求，确保要求是合理的、可行的、可验证的，并有相应的资源保证，进而在制定标书、选择供方过程中加以体现，并且依照要求管理获取过程，最终验收软件产品的可靠性和可维护性是否达到预期要求。

4.1.2　在供应过程中的可靠性和可维护性管理要求

供方在投标书中对可靠性和可维护性进行说明以答复需方要求，并反映在可行性研究报告、合同中，通过评定后确定为管理和保证软件产品的可靠性和可维护性所需的过程、规程和资源，确保在软件开发过程中及时、适当地处理可靠性和可维护性要求，直到软件产品满足要求并交付给需方。

4.1.3 在开发过程中的可靠性和可维护性管理要求

开发者负责实施在软件产品的需求分析、设计、编码、集成、测试以及有关的安装和验收等活动中可靠性和可维护性要求。

4.1.3.1 在概念活动中的可靠性和可维护性管理要求

进行软件可行性分析，制定初步软件开发计划，提出软件可靠性和可维护性分解目标、要求及经费。

4.1.3.2 在需求活动中的可靠性和可维护性管理要求

分析和确定软件可靠性和可维护性的具体设计目标，确保与研制任务书或合同中相应要求的可追踪性，制定实施计划，制定各实施阶段的基本准则，确定各实施阶段的验证方法。

4.1.3.3 在设计活动中的可靠性和可维护性管理要求

进行软件可靠性和可维护性分析和设计，编写相应的设计说明，明确对编码、测试阶段的具体要求，组织设计评审，并验证可靠性和可维护性目标的实施和与需求活动中所提相应要求的可追踪性。

4.1.3.4 在实现活动中的可靠性和可维护性管理要求

按照规定的规则，在软件编码过程中依据需求和设计活动中相应的规定实现可靠性和可维护性要求，进行单元测试，做好后续测试工作的准备，评价或审查代码以验证相应要求的实现。

4.1.3.5 在测试活动中的可靠性和可维护性管理要求

在单元和集成测试阶段，验证相应可靠性和可维护性要求的实现，进行重用软件的可靠性和可维护性管理。

在软件配置项测试和系统集成测试阶段，建立适当的软件可靠性测试环境，组织分析测试和测量的数据，验证软件可靠性和可维护性的实现，进行风险分析，决定交付时机。

4.1.3.6 在安装和验收活动中的可靠性和可维护性管理要求

采取联合评审、审核、软件合格性测试和系统合格性测试等手段对可靠性和可维护性进行最终验证和评定。

4.1.4 在运作过程和维护过程中的可靠性和可维护性管理要求

在软件运作过程和维护过程中，应分析和提高软件可靠性：

a) 制定并实施软件可靠性数据采集规程；

b) 实施软件 FRACAS；

c) 测量可靠性，分析现场可靠性是否达到要求；

d) 跟踪用户满意程度；

e) 用可靠性测量数据指导产品和工程过程的改进；

f) 软件产品维护时执行适当的维护规程并参照 4.1.3 实施适用的管理活动。

4.2 在软件生存周期基本过程中的可靠性和可维护性测量

在软件生存周期的各个基本过程中，应进行与可靠性和可维护性有关的测量。软件可靠性测量包括对成熟性、容错性、易恢复性、可靠性的依从性等要素进行的测量，软件可维护性测量包括对易分析性、易改变性、稳定性、易测试性、维护性的依从性等要素进行的测量。具体测量方法的选择应参照 GB/T 16260.1—2006，考虑软件所处的阶段、测量的内容、测量的角度和其活动而定，其目的在于帮助明确要求，分析达到目标要求的程度，从而更有效地管理，以保证在软件生存周期特定过程的可靠性与可维护性问题能得到及时解决。

5 软件可靠性大纲和可维护性大纲

根据合同或协议书中对软件可靠性和可维护性的要求编制大纲，大纲的制定和修改应按质量保证有关标准规定的程序进行评审和审批；软件可靠性大纲和可维护性大纲应纳入软件开发计划，一并综合实施;软件可靠性大纲和可维护性大纲的实施应由主管机构和软件开发项目各层次负责人分工负责。

5.1 制定大纲应考虑的主要因素

编制大纲,应考虑如下因素:

a) 所处的生存周期过程;

b) 软件生存周期各过程所包含的与可靠性和可维护性相关的要素;

c) 规定的可靠性和可维护性目标;

d) 实现可靠性和可维护性所采取的方法;

e) 实现可靠性和可维护性所进行的活动;

f) 拟采用的开发技术和类似软件的历史状况;

g) 时间进度、经费与其他资源,存储空间与运行时间,程序设计语言,软件运行的软、硬件环境等各种限制条件。

5.2 大纲应包括的主要活动

以下条款给出了软件可靠性大纲和可维护性大纲要素,并对这些要素的应用及任务进行了描述。

5.2.1 制定大纲目标

在需求分析阶段,应建立软件产品的可靠性大纲和可维护性大纲目标,该两项大纲的目标应确保满足合同要求。大纲目标由一系列与每项大纲要素有关的任务组成,应明确每项任务的责任,并提供一个任务实施初步日程表,当情况变化或出现偏差时大纲应根据需要加以修改。

大纲目标应定量和定性地建立,并说明验证所需的判据和条件。

a) 大纲制定和实施所需的组织机构和职责;

b) 定量、定性的可靠性和可维护性目标[如:可靠度 R(T)、失效发生率 ROCOF,等等];

c) 各项任务实施进度表;

d) 确保软件产品可靠性、可维护性的要素;

e) 可靠性和可维护性验证所用的判据;

f) 软件版本控制、配置管理要求;

g) 软件工程标准化要求;

h) 评审的时间表、对象、准则;

i) 测试实施;

j) 文档编制要求;

k) 培训及支持保证。

5.2.2 分析运行环境

在可行性研究与计划和需求分析阶段应分析运行环境,并在概要设计和详细设计阶段进行必要的修改,同时要注意运行环境的变化会对软件可靠性和可维护性的影响。

下列运行环境和最终使用条件应该分析:

a) 运行的系统及体系结构;

b) 运行和维护方式;

c) 负载;

d) 运行和维护环境(如电磁辐射和感应);

e) 运输和安装条件;

f) 操作和维护人员要求;

g) 新版本的发行和升级;

h) 恢复的规程和要求;

i) 终端和通信媒体类型。

5.2.3 软件可靠性和可维护性要求的可行性论证

在可行性研究与计划阶段，应对软件的可靠性和可维护性要求进行可行性论证，对于合同中提出的软件可靠性和可维护性要求应根据软件符合规定标准和规范的能力进行评审和论证。这个论证是整个产品研究的一部分，其目的是：

a） 确定设计工作的起点；

b） 估计可靠性和可维护性特性对技术选择、设计配置以及产品性能的影响。

应该考虑：

a） 软件的功能需求；

b） 新软件的市场潜力；

c） 现有软件的技术状况；

d） 生存周期费用；

e） 开发新软件与改造现有软件所付出的劳动的比较；

f） 类似软件产品可靠性和可维护性状况。

5.2.4 选定或制定规范和准则

在需求分析阶段，应选定适当的软件规范和准则。若没有适当的软件规范和准则可遵循，则应自行制定。其内容包括：

a） 确保软件可靠性和可维护性所必须的软件工程规范；

b） 制定软件开发必须遵循的技术准则；

c） 制定软件的支持和维护要求；

d） 制定质量保证计划中的可靠性和可维护性要求；

e） 必要时制定外购、分包和重用原有软件的可靠性和可维护性控制规范；

f） 确保软件可靠性和可维护性所必须的软件工程管理及人员规范。

5.2.5 软件可靠性和可维护性分析

在软件开发过程中各个阶段进行有关的软件可靠性和可维护性分析并编写分析报告应考虑：

a） 可靠性和可维护性目标分配；

b） 软件使用需求量过载情况；

c） 软件开发过程管理及相关产品配置管理情况；

d） 软件质量保证计划中的可靠性和可维护性保证手段；

e） 软件开发技术对于可靠性和可维护性的保障；

f） 软件系统所涉及业务对于可靠性和可维护性的要求；

g） 可靠性和可维护性对软件产品其他要素的影响和关系；

h） 软件设计中的实现情况；

i） 可靠性和可维护性预测；

j） 故障模式、影响及危害度分析；

k） 根源分析；

l） 关键模块分析；

m） 故障定位和隔离技术的应用；

n） 测试环境、测试数据、测试用例和测试覆盖情况；

o） 软件安全性及安全保障分析；

p） 维护实施简易性。

5.2.6 评审

在软件开发各阶段都要求进行评审，评审管理要求按 GB/T 8566—2007 进行，其中与软件可靠性和可维护性有关的具体评审要求如下：

5.2.6.1 **概念评审**

a) 可靠性和可维护性要求；

b) 可靠性和可维护性的实现可行性；

c) 可靠性和可维护性对于软件产品整体的影响和关系；

d) 可靠性和可维护性对于软件产品相关业务的意义。

5.2.6.2 **需求评审**

a) 可靠性和可维护性目标；

b) 实施计划；

c) 功能降级使用方式下,软件产品最低功能保证的规格说明；

d) 选用或制定的规范和准则；

e) 验证方法。

5.2.6.3 **设计评审**

a) 可靠性和可维护性目标分配；

b) 可靠性和可维护性设计方案；

c) 设计分析,关键成分的时序,估计的运行时间,错误恢复及相关性能要求；

d) 测试原理、要求、文档和工具。

5.2.6.4 **测试评审**

a) 针对可靠性和可维护性的测试目标；

b) 测试方法；

c) 测试用例；

d) 测试工具；

e) 测试通过标准；

f) 测试报告。

5.2.6.5 **安装和验收评审**

a) 软件可靠性和可维护性验证和确认方法；

b) 软件可靠性和可维护性测试(计划、规程、用例和设施)；

c) 验证与确认时所用的其他准则。

5.2.6.6 **软件用户手册评审**

a) 软件产品可靠性和可维护性对于运行环境的要求；

b) 软件产品可靠性和可维护性的管理手段；

c) 软件产品可靠性和可维护性的异常处理；

d) 运作和维护过程中实施软件 FRACAS 的考虑,以及可靠性数据采集规程的考虑。

5.2.7 **文档和数据**

根据合同要求和数据管理目标,确定文档和数据要求的范围。

大纲应建立一个报告事件及其结果的系统。该系统应提供数据可追踪性,并建立相应文档,文档应写明具体数据的采集条件、所作的设想,并注明对数据应用的限制。为保证关键事件得到明确认识,该系统应提供充分的数据,并且系统的输出应适合接受者的需要和分发的要求。

应监视以下关键事项：

a) 大纲目标的建立；

b) 可靠性和可维护性目标分配；

c) 模块一览表的制定；

d) 测试；

e) 故障发生；

f）缺陷和错误的检查；

g）维护活动；

h）恢复活动；

i）数据分析；

j）采取的纠正措施和结果。

5.2.8 培训

要求及时制定培训计划，培训计划应与软件开发计划、维护要求、运行支持策略协调一致。培训对象包括软件开发人员、维护人员、质量控制人员、管理人员、操作人员，针对不同对象进行不同类型、不同级别的培训。培训内容为：

a）一般知识或专门技术；

b）软件系统所涉及业务；

c）软件的复杂性；

d）操作要求；

e）需用的时间和资源；

f）需用的设施和工具。

5.2.9 维护保障要求

对维护保障要求应进行说明并制定计划。需考虑下列因素：

a）维护和后勤保障策略；

b）技术保障职能；

c）维护保障任务；

d）配置管理；

e）操作和修改规程；

f）突发事件和分析；

g）数据采集和现场跟踪；

h）软件系统使用情况跟踪及维护；

i）文档。

5.3 示例

表2说明了大纲的各项活动同软件生存周期各过程的基本关系，它为适当地选择相关大纲任务提供一个示例。

表3说明了大纲的各项活动同软件生存周期开发过程各阶段的基本关系，它为适当地选择相关大纲任务提供一个示例。

表2 软件生存周期过程与软件可靠性大纲和软件可维护性大纲要素对应关系

生存周期过程	5.2.1 制定大纲目标	5.2.2 分析运行环境	5.2.3 软件可靠性和可维护性要求的可行性论证	5.2.4 选定或制定规范和准则	5.2.5 软件可靠性和可维护性分析	5.2.6 评审	5.2.7 文档和数据	5.2.8 培训	5.2.9 维护保障要求
获取过程	√	√	√	√		√			
供应过程				√	√	√			
开发过程	√	√	√	√	√	√	√	√	√
运作过程						√	√	√	
维护过程						√	√	√	√
注：“√”表示该阶段所需考虑的有关任务条款。									

表 3　软件开发过程与软件可靠性大纲和软件可维护性大纲要素对应关系

生存周期过程	5.2.1 制定大纲目标	5.2.2 分析运行环境	5.2.3 软件可靠性和可维护性要求的可行性论证	5.2.4 选定或制定规范和准则	5.2.5 软件可靠性和可维护性分析	5.2.6 评审	5.2.7 文档和数据	5.2.8 培训	5.2.9 维护保障要求
概念		√	√		√		√		
需求	√	√		√	√	√	√		√
设计				√	√	√	√	√	√
实现					√	√	√		√
测试					√	√	√	√	√
安装和检验					√	√	√	√	√
注:“√”表示该阶段所需考虑的有关任务条款。									

5.4　剪裁

大纲内容可根据软件类别、规模和关键程度作适当剪裁。剪裁原则是:所制定大纲能使软件开发以最佳费用效益实现规定的可靠性和可维护性要求。

参 考 文 献

[1] GB/T 5271.1—2000 信息技术 词汇 第1部分:基本术语(eqv ISO/IEC 2382-1:1993).
[2] GB/T 5271.20—1994 信息技术词汇 20部分 系统开发(eqv ISO/IEC 2382-20:1990).
[3] 龚庆祥等. 型号可靠性工程手册[M]. 北京:国防工业出版社,2007.

ICS 35.100.10
L 78

中华人民共和国国家标准

GB/T 14397—2008/ISO/IEC 7480:1991
代替 GB/T 14397—1993

信息技术　系统间远程通信和信息交换 DTE/DCE 接口处起止式传输的信号质量

Information technology—Telecommunication and information exchange between systems—Start-stop transmission signal quality at DTE/DCE interfaces

(ISO/IEC 7480:1991,IDT)

2008-07-28 发布　　　　2009-01-01 实施

中华人民共和国国家质量监督检验检疫总局
中国国家标准化管理委员会　发布

前　言

本标准等同采用国际标准ISO/IEC 7480:1991《信息技术　系统间远程通信和信息交换　DTE/DCE接口处起止式传输的信号质量》(英文版)。

本标准代替GB/T 14397—1993《信息处理　DTE/DCE接口处起止式传输的信号质量》。

本标准与GB/T 14387—1993相比主要变化如下:

——删除了前一版本中的速率特性内容。

本标准的附录A是资料性附录。

本标准由全国信息技术标准化技术委员会提出并归口。

本标准起草单位:中国电子技术标准化研究所。

本标准主要起草人:郭楠、黄家英、徐冬梅、张翠、张晖。

本标准于1993年首次发布。

引　言

本标准的目的是补充在 CCITT V 系列建议中所规定的电气特性，以及提供在上述 CCITT V 系列建议文档中不包括的传输信号质量特性的测量。

起止式传输设备宜满足的信号质量要求一部分取决于应用，一部分取决于设备所使用的定时导出机制。对于早期的起止式传输设备，定时是由机械源导出和控制的，但如今电子源更为普遍。

另外的一个因素是，鉴于多数的起止式传输都固有地在发送设备和接收设备之间的信令内携带了定时信息。起止式设备可以接口到一个转换器，该转换器编码了一个同步传输系统内的信息，在这种情况下，在转换器的接口处要求的信号质量可能需要受到更严格的控制。

为了包括两种类型的应用中的两种类型的设备，本标准所给出的信号质量规范独立成四种性能类别。其中两种(P1 和 P2)用于使用机械定时的 DTE[1)]，另外两种用于使用电子定时的 DTE。通过使用两种机械类别，适应了带有有限信号质量能力(类别 P1)的早期起止式传输设备。至于两种电子类别，更严格的类别 II 适用于按照 CCITT 建议 V.14 连接到以异步方式操作的同步 DCE 的设备。对于 DTE 的发送元素定义了四种类别(I、II、P1 和 P2)中的每种类别，对 DTE 的接收元素定义了四种补充类别(A、B、PA 和 PB)。

尽管补充类别隐含了明显的配对，目的是说明任何一种接收设备都和任何一种发送设备可以一起操作。实际的选择取决于数据通信系统的信道特性和经济考量等因素。当发送设备和接收设备由不同的机构所提供时，本标准的重要性会显得非常明显，因为它为所涉及的各方之间的协定提供了基础。

---

1) 在下一个版本中将会删除机械类型(参考表 1 的脚标[b])。届时，将会考虑修改电子定时的定义，把第一行的“信号”改为“同步信号”，同时对其他的定义进行相应的修改。

信息技术　系统间远程通信和信息交换 DTE/DCE 接口处起止式传输的信号质量

1　范围

1.1　本标准在起止式传输的数据终端设备(DTE)和数据电路终接设备(DCE)之间的接口处,为串行数据传输规定了信号质量要求。本标准所涉及的接口要与 CCITT 建议 V.24(电话网)、CCITT 建议 X.24(数据网)相一致,而所涉及的接口是在下列国标的或 CCITT 建议的 DCE 中规定的:

——与 V.21、V.22、V.22 bis、V.23、V.26 ter、V.32、V.32 bis、X.20、X.20 bis 以及 V.28 电气特性;

——X.20 以及 V.10 和/或 V.11 电气特性。

本标准规定的信号质量要求,局限于在具有异步 DCE 的接口处或具有以异步方式操作的同步 DCE 的接口处,按照 CCITT 建议 V.14 或 V.42 的起止式传输。关于以在同步方式操作进行运行的 DTE 的信号质量不是本标准的组成部分。

当在 CCITT 建议 I.411 定义的并在 CCITT 建议 V.110、V.120 和 X.30 中所规定的 ISDN 参考点 R 处理上述国标或 CCITT 建议中规定的接口时,本标准也是适用的。

1.2　信号质量特性的应用不考虑是否包含复用设备,它们不适用于在互连部分之间存在中间设备以及无信号再生的场合。

1.3　本标准不描述 DCE 或与之关联的线路的信号质量,也不描述可接受的比特差错率的任何要求。

1.4　本标准不规定速率特性。调制速率和符号间隔的标称值与应用相关。

2　规范性引用文件

下列文件中的条款通过本标准的引用而成为本标准的条款。凡是注日期的引用文件,其随后所有的修改单(不包括勘误的内容)或修订版均不适用于本标准,然而,鼓励根据本标准达成协议的各方研究是否可使用这些文件的最新版本。凡是不注日期的引用文件,其最新版本适用于本标准。

CCITT 建议 I.411(1988)　ISDN 用户网络接口-参考配置

CCITT 建议 V.10(1988)　在数据通信领域中通常通集成电路设备一起使用的非平衡双流接口电路的电气特性

CCITT 建议 V.11(1988)　在数据通信领域中通常通集成电路设备一起使用的平衡双流接口电路的电气特性

CCITT 建议 V.14(1988)　同步承载信道上传输起止式字符

CCITT 建议 V.21(1988)　在电话自动交换网上使用的标准化 300 比特/秒双工调制解调器

CCITT 建议 V.22(1988)　在电话自动交换网和点对点二线租用电话型电路上使用的标准化 1 200 比特/秒双工调制解调器

CCITT 建议 V.22 bis(1988)　在普通电话自动交换网和点对点二线租用电话型电路上使用的采用频分技术标准化 2 400 比特/秒双工调制解调器

CCITT 建议 V.23(1988)　在电话自动交换网上使用的标准化 600/1 200 波特调制解调器

CCITT 建议 V.24(1988)　数据终端设备和数据电路终端设备之间的互换电路定义表

CCITT 建议 V.26 ter(1988) 在普通电话自动交换网和点对点二线租用电话型电路上使用标准化的回波抵消技术的2400比特/秒双工调制解调器

CCITT 建议 V.28(1988) 非平衡双流互换电路的电气特性

CCITT 建议 V.32(1988) 在普通电话自动交换网和租用电话型电路上使用的以数据信号速率高达9600比特/秒操作的两线、双工调制解调器系列

CCITT 建议 V.32 bis(1990) 在普通电话自动交换网和租用电话型电路上使用的以数据信号速率高达14400比特/秒的双工调制解调器

CCITT 建议 V.42(1988) 使用同步到异步变换的DCE用的纠错规程

CCITT 建议 V.110(1988) 综合业务数字网(ISDN)对具有V系列类型接口的数据终端设备(DTE)的支持

CCITT 建议 V.120(1988) 综合业务数字网(ISDN)以统计复用的规定支持V系列类型接口的数据终端设备(DTE)

CCITT 建议 X.20(1988) 公用数据网上起/止传输业务使用的数据终端设备(DTE)和数据电路终端设备(DCE)间的接口

CCITT 建议 X.20 bis(1988) 与异步双工V系列调制解调器接口的数据终端设备(DTE)在公用数据网上的用法

CCITT 建议 X.24(1988) 公用数据网上数据终端设备(DTE)与数据电路终接设备(DCE)间的互换电路定义表

CCITT 建议 X.30(1988) 综合业务数字网(ISDN)对基于X.21、X.21 bis 和 X.20 bis 数据终端设备(DTE)的支持

3 术语和定义

下列定义适用于本标准。

3.1

电子定时 electronic timing

用来在传输系统内部确定信号码元的持续时间以及达到同步的信号实现，该信号派生于电子电路。

3.2

机械定时 mechanical timing

用来在传输系统内部确定信号码元的持续时间以及达到同步的信号实现，该信号派生于电动机的角速度(作为定时源用的电源频率也属于这一类别)。

3.3

起止式系统 start-stop system

一种数据传输系统。在该系统中，表示每个字符的信号由一个起始信号开头，它使接收设备准备接收字符信号和记录字符，每个字符的后头跟随一个停止信号，它使接收设备准备接收后续起始信号。

3.4

起止式传输 start-stop transmission

一种异步传输。表示一个字符的一组信号以起始信号开头，以停止信号结尾。

3.5

连续起止式操作 continuous start-stop operation

起止式传输的一种操作方法，在这种方法中，表示一系列字符的信号连续地一个接着一个。

3.6

信号码元 signal element

构成电报或数据信号的每一部分，它们彼此靠其性质、幅度、持续时间和相对位置(或只靠这些特性中的一个或几个)来区分。

3.7

单位时间间隔 unit interval

在使用等长编码或等时调制系统中，电报调制(或解调)的有效间隔的理论持续时间是单位时间间隔的整数倍。

3.8

调制速率 modulation rate

以秒度量的时间间隔的倒数。该速率以波特表示。

3.9

字符间隔 character interval

一个字符的持续时间，它以单位时间间隔的总数(包括信息和奇偶校验)加上起始和停止信号的时间间隔来表示。

3.10

起始信号 start signal

在起止式传输中字符开始时的信号，它使接收设备作好接收码元的准备。

注：起始信号通常限定为一个单位时间间隔周期的信号码元。

3.11

起始跃变 start transition

在按起止式传输的字符中，在起始信号的开始处传号至空号的跃变。

3.12

停止信号 stop signal

在起止式传输中字符最后面的信号，它使接收设备作好接收下一个字符的准备。

注：停止信号通常限定为任何持续时间等于或大于某个特定最小值的信号码元。

3.13

起止畸变度 degree of start-stop distortion

a) 调制(或解调)的任一有效瞬间离开紧处于它前面的起始码元的有效瞬间的实际和理论时间间隔的最大测量差(不考虑正负号)与单位时间间隔之比；

b) 影响起止式调制有效瞬间的各个畸变的最大绝对值。

起止式调制(或解调)的畸变度通常以百分数表示。

注1：测量结果应该通过指明观察周期(通常是有限的)的读数来完成。

注2：可以区别晚(或正)畸变度和早(或负)畸变度。

注3：理论时间间隔与实际平均人调制速率有关，而与标称调制速率无关。

3.14

总起止畸变度 degree of gross start-stop distortion

当假定的单位时间间隔和理论时间间隔都恰好相当于标称调制速率的时间间隔时所确定的畸变度。

注：测量结果应该通过指明观察周期(通常是有限的)的读数来完成。

对与持续时间长的调制(或解调)而言,要考虑到超过畸变度的分配值的可能性。

按照 CCITT 对有效时间间隔的理论持续周期的定义,在实际测量中,假定的单位时间间隔和理论时间间隔都相当于实际平均调制(解调)速率的间隔。

3.15

同步起止畸变度 degree of synchronous start-stop distortion

当假定的单位时间间隔和理论时间间隔都相当于实际平均调制(解调)速率的间隔时所确定的畸变度。

注 1:见 3.14 的注。

注 2:畸变度是信号状态从它们的理想瞬间跃变的时间位移。

3.16

容限 margin

在有关信号和畸变的合成的场合下,当在最不利的情况下提供给接收器的信号时,接收器对其进行正确转换的可兼容的最大畸变度。

在不引用影响信号畸变形式时,导致不正确转换适用的最大畸变度。换句话说,最大畸变度是指引起不正确转换的最不利畸变的最大值,该最大值确定了容限的值。

3.16.1

同步容限 synchronous margin

假定设备包含有发送器和接收器,当施加到设备上的调制的平均单位时间间隔等于被检查设备因传输而形成的平均单位时间间隔时,利用 3.16 中所指示的畸变度所表示的容限。

3.16.2

纯容限 net margin

当施加到设备的调制速率恰好等于标准理论速率时,利用 3.16 中所指出的畸变度来表示的容限。

3.16.3

实际容限 practical margin

信号码元持续时间不小于规定值时的纯容限。

4 发送 DTE 的信号质量

起止式发送 DTE 应在如表 1 所示的四种规定信号质量类别中的一种类别下操作。如果生成符合本标准,则应说明可应用的类别。下面各条的字母名称系指同一表中规定的值。

表 1 信号质量特性

DTE	条号	名称	符号	单位	信号质量类别[a]			
					电子定时		机械定时	
					Ⅰ	Ⅱ	P1[b]	P2[b]
发送 DTE	4.1	同步起止式畸变	$N\leqslant$	%	5[c]	1	8	12
	4.1	总起止式畸变	$P\leqslant$	%	7	3	16	20
	4.1	最小信号码元	Q	%UI	90	98	84	76
	4.2	字符间隔要求						
	4.2.1	平均:标称值减去	$R\leqslant$	%UI	8	—[d]	10	10
	4.2.1	取平均	S	字符	2	—[d]	2	2
	4.2.2	最小:标称值减去	$T\leqslant$	%UI	16	—[d]	20	20
	4.3	调制速率精确度	$M\leqslant$	%	0.2	0.2	0.75	0.75

表 1(续)

DTE	条号	名称	符号	单位	信号质量类别[a] 电子定时 A	电子定时 B	机械定时 PA[b]	机械定时 PB[b]
接收 DTE	5.1	同步容限	$U\geqslant$	%	—	—	38	33
	5.1	实际容限	$V\geqslant$	%	40	40	30	25
	5.1	最小信号码元	W	%UI	30	30	30	34
	5.2	字符间隔要求						
	5.2.1	平均:标称值减去	X	%UI	20	20	25	25
	5.2.1	取平均	S	字符	2	2	2	2
	5.2.2	最小:标称值减去	Y	%UI	40	40	50	50
	5.3	最小持续时间的起始码元	Z	%UI	60	60	50	50

a 当使用该表对 DTE 信号质量分类时,可以指出调制速率、字符间隔、操作模式和环境条件,以确保完整性。

b 在本标准的下一次修订中,打算删除类别 P1,P2,PA 和 PB。

c 本标准第一版中此值规定为 8%,相应的 P 取值为 10%。

d 目前的 CCITT 建议尚不能决定字符间隔要求,这一点待进一步研究。

4.1 发送 DTE 的畸变

如果信号码元的持续时间不小于单位间隔的 Q%,那么,发送 DTE 在电路 103(CCITT 建议 V.24(1988))或电路 T(CCITT 建议 X.24(1988))上提供的信号应具有不大于 N%的同步的起止畸变度,以及不大于 P%的总起止畸变度。

4.2 字符间隔

在连续起止式操作中,电路 103 或电路 T 上的信号,可能具有按照下列要求的小于标称字符间隔的最小平均字符间隔,和可能偶尔出现的称为最小字符间隔的更短持续时间字符间隔。

4.2.1 最小平均字符间隔

在电路 103 或电路 T 上,S 个连续字符的相继起始跃变之间的间隔,不应小于标称字符间隔减去单位时间间隔的 R%。

4.2.2 最小字符间隔

在电路 103 或电路 T 上,相继起始跃变之间的间隔,不应小于标称字符间隔减去单位时间间隔的 T%。

4.3 调制速率准确度

信号的时间平均调制速率和标称调制速率之间的差值不应超过 M%。

5 接收 DTE 的容限

接收 DTE 应在如表 1 所示的四种信号质量类别中的一种类别下操作。如果声称符合本标准,则应该说明可应用的类别。

5.1 接收器的容限

在起止式传输中,当为接收 DTE 规定同步容限时其同步容限应为 U%,接收器的实际容限应为 V%,接收器不应对持续时间小于单位时间间隔 W%的信号码元作出响应。

应当采用适当的一组字符来进行连续重复的测试,还要提供一种方法,以决定测试字符的转换何时开始出错。

5.2 字符间隔

在连续起止式操作中,接收 DTE 应该响应电路 104 或电路 R 上的信号。这样的信号具有按照下列要求的小于标称字符间隔的最小平均字符间隔，和可能偶尔出现的称为最小字符间隔的更短持续时间的字符间隔。

5.2.1 最小平均字符间隔

接收DTE应响应电路104或电路R上的相继起始跃变，这些相继起始跃变均以一个字符间隔紧跟在其前面的其实跃变之后，该字符间隔为S个相邻字符间隔的平均值，而且不小于标称字符间隔减去单位间隔的$X\%$。

5.2.2 最小字符间隔

当满足上述平均值时，接收DTE应响应电路104或电路R上的起始跃变，该起始跃变以一个字符的间隔紧跟在其前面的字符起始跃变之后，该字符间隔不小于标称字符间隔减去单位间隔的$Y\%$。

5.3 最小持续时间的起始码元

在起止式传输中，当电路104或电路R上的空号状态的持续时间小于单位间隔的$Z\%$时，接收DTE不应开始接收该字符。

6 在互换点的测量

信号质量的测量应满足三组要求之一，它们的电气接口特性取决于是否符合CCITT建议V.28或CCITT建议V.10(=X.26)或CCITT建议V.11(=X.27)。

注：针对测量方法中说明的操作条件，定义了信号质量要求。在实际应用中，操作条件有可能是不同的，不同的操作条件会使获得的信号质量有所变化，但这种变化很小。

6.1 CCITT建议V.28发生器特性的测量

6.1.1 标准测试负载的使用

当特定的互换电路用标准测试负载终接时，应在互换电路的发生器一侧测量畸变。该标准测试负载可能是设备的输入阻抗，也可能是一个外部装置，但在所有情况下，互换电路上的总负载应该满足6.1.2中的要求。

6.1.2 标准测试负载的规范

标准测试负载应由3 000 Ω电阻和2 500 pF的电容并联而成，并将它连接到被测信号互换电路和电路102或电路G_a或电路G_b之间，如图1的测试安排所示。

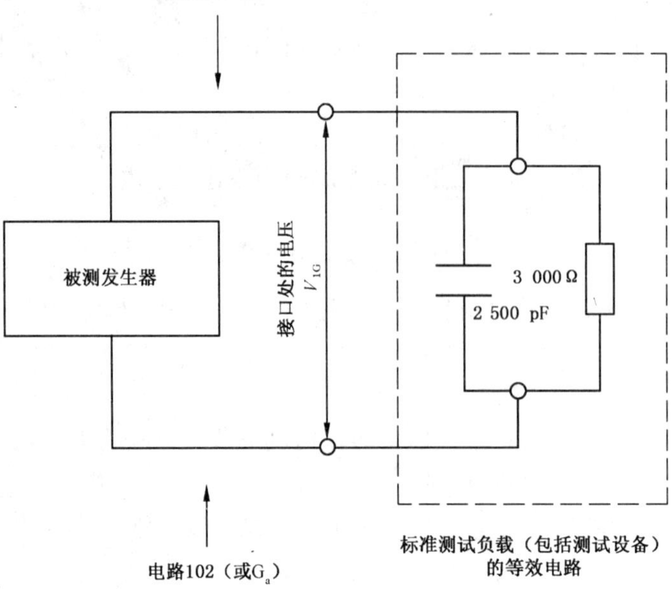

图1 CCITT建议V.28发生器的测试安排

6.1.3 发送 DTE 的畸变

畸变的测量应使用+3.0 V 和−3.0 V 的门限值进行,以决定信号跃变的发生。

传号至空号的跃变,应认为发生在 V_{1G} 正跃变超过+3.0 V 的瞬间。

空号至传号的跃变,应认为发生在 V_{1G} 负跃变超过−3.0 V 的瞬间。

6.2 CCITT 建议 V.28 负载侧的测量

6.2.1 测试安排

接口负载侧的容限测量应使用图 2 所示的测试安排。

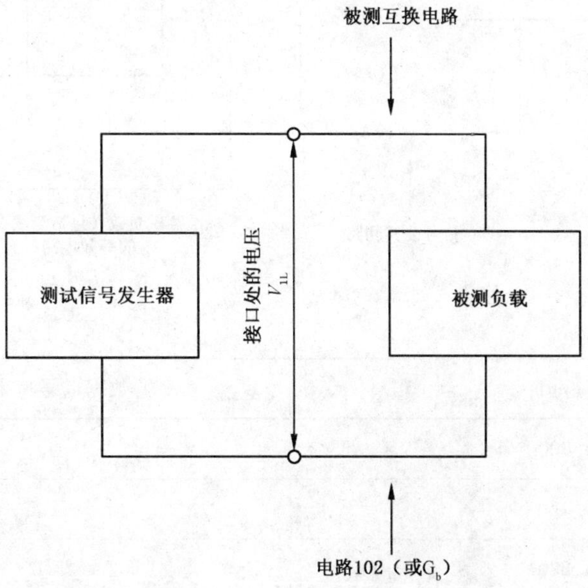

图 2 CCITT 建议 V.28 负载的测试安排

6.2.2 接收 DTE 的容限

当被测负载接入时,容限的测量应使用±3.0 V 的 V_{1L} 信号。测试信号的跃变应按测试容限的方法(见 5.1)偏离它们的理想瞬间。跃变在时间上的偏差应发生在信号越过±3.0 V 的门限值的时刻。

传号至空号的跃变,应认为发生在 V_{1L} 正跃变超过+3.0 V 的瞬间。

空号至传号的跃变,应认为发生在 V_{1L} 负跃变超过−3.0 V 的瞬间。

6.3 CCITT 建议 V.10 发生器特性的测量

6.3.1 标准测试负载的使用

当特定的互换电路的用标准测试负载终接时,应在互换电路的发生器一侧测量畸变。该标准测试负载可能是测试设备的输入阻抗,也可能是一个外部装置,但在所有情况下,互换电路上的总负载应该满足 6.3.2 中的要求。

6.3.2 标准测试负载的规范

标准测试负载应由 450 Ω 电阻和电容 C_W 并联组成,并将它连接到被测信号互换电路和信号公共回路之间,如图 3 测试安排所示。C_W 的值取决于数据信号速率,其值应为图 3 的附表中所列。不过,该电容的数值将减去包括在发生器中用于波形整形的电容值。

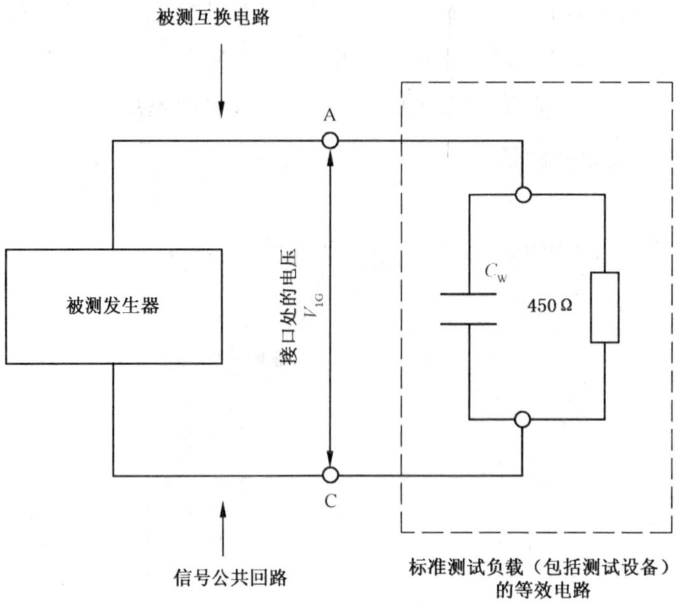

C_W/μF	数据信号速率/(kbit/s)
1.000	0～2.5
0.470	2.5～5.0
0.220	5.0～10.0
0.100	10.0～25.0
0.047	25.0～50.0
0.022	50.0～100.0

图 3　CCITT 建议 V.10 发生器的测试安排及 C_W 的值

6.3.3　发送 DTE 的畸变

畸变测量应使用±0.3 V 范围内的门限值进行，以决定信号跃变的发生。门限值最好选择标称值0 V。

6.4　CCITT 建议 V.10 负载侧的测量

6.4.1　测试安排

接口负载侧的容限测量应使用图 4 所示的测试安排。

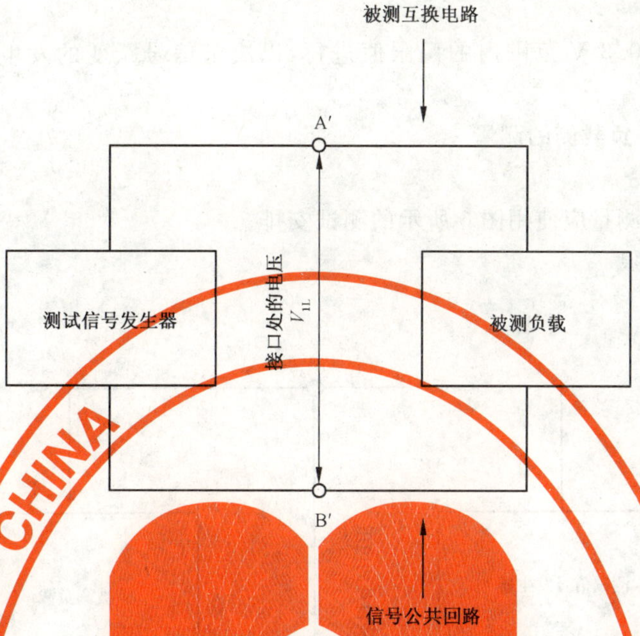

图 4　CCITT 建议 V.10 负载的测试安排

6.4.2　接收 DTE 的容限

当被测负载接入时，容限的测量应使用±4.0 V 的 V_{1L} 信号，测试信号的跃变应按测试容限的方法(见 5.1)偏离它们的理想瞬间。时间上的跃变偏差应发生在信号越过门限值的时刻(见 6.3.3)。

6.5　CCITT 建议 V.11 发生器特性的测量

6.5.1　标准测试负载的使用

当特定的互换电路用标准测试负载终接时，应在互换电路的发生器一侧测量畸变。该标准测试负载可能是测试设备的输入阻抗，也可能是一个外部装置，但在所有情况下，互换电路上的总负载应该满足 6.5.2 中的要求。

6.5.2　标准测试负载的规范

该标准测试负载应由 100 Ω 电阻器组成，并将它连接到被测发生器的输出点 A 和 B 之间，如图 5 中测试安排所示。

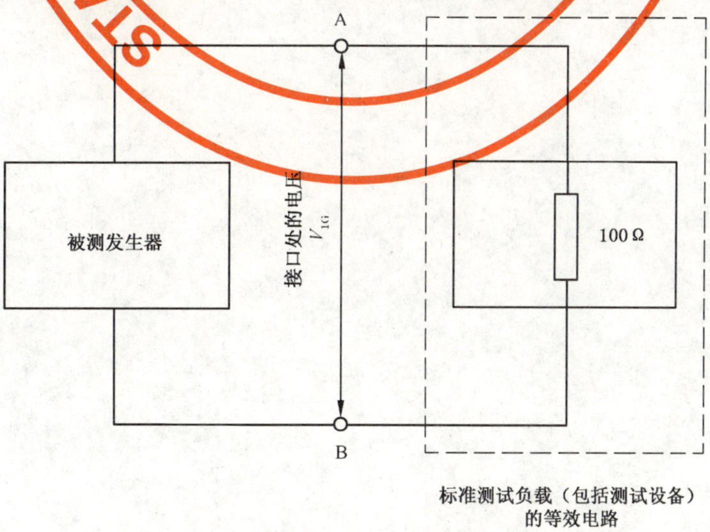

图 5　CCITT 建议 V.11 发生器的测试安排

6.5.3 发送 DTE 畸变

畸变测量应使用±0.3 V 范围内的门限值进行，以决定信号跃变的发生。门限值最好选择标称值0 V。

6.6 CCITT 建议 V.11 负载侧的测量

6.6.1 测试安排

接口负载侧的容限测量应使用图 6 所示的测试安排。

6.6.2 接收 DTE 的容限

见 6.4.2 和图 6。

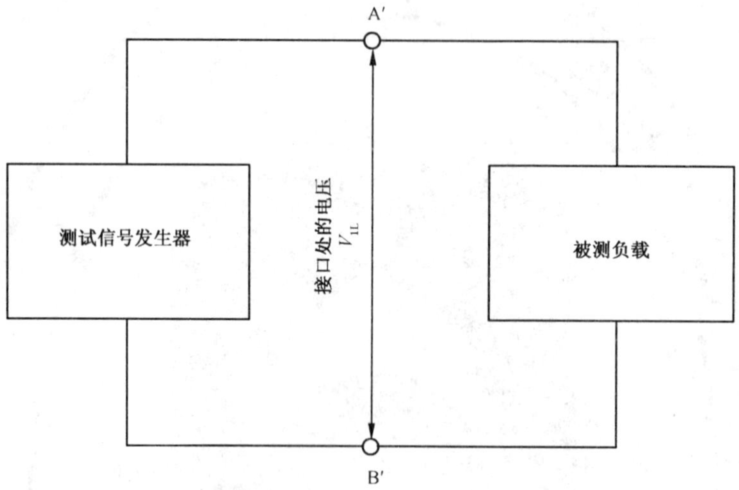

图 6 CCITT 建议 V.11 负载的测试安排

6.7 测量设备的精确度

除非是有规定，否则，标准测试负载应具有不超过 1%的允差，畸变测量设备应具有的精确度不差于单位时间间隔的 1%，测试发生器应具有的精确度至少为 1%。

附 录 A
（资料性附录）
异步传输接口处的信号质量——信号质量参数间的数学关系

为帮助用户解释本标准中所指的各种测量，要注意某些存在的数学关系。表1中所列的几个参数可按照下述方法从其他参数导出。

A.1 发送设备的两个基本参数

——同步起止畸变 N，和

——调制速率精确度 M。

可用来导出总的起止畸变 P、最小信号码元 Q 和字符间隔要求。

在连续起止式操作的电子定时系统中，字符间隔的减少，最小字符间隔中的 T，平均字符间隔中的 R，与由于调制速率精确度而引起的积累时钟误差有关，而与取平均的字符个数 S 无关。

A.1.1 总起止畸变 P 由公式(A.1)给出：

$$P = (N + nM) \quad \cdots\cdots\cdots\cdots (\text{A.1})$$

式中：

N——同步起止畸变；

M——调制速率精确度；

n——字符中的码元数。

A.1.2 最小信号码元 Q 由公式(A.2)给出：

$$Q = \text{单位时间间隔的}(100 - 2N)\% \quad \cdots\cdots\cdots\cdots (\text{A.2})$$

式中：

N——同步起止畸变。

A.2 对于接收设备，其基本参数同步容限 U 可用来导出实际容限 V。V 由公式(A.3)给出：

$$V = (U - nM) \quad \cdots\cdots\cdots\cdots (\text{A.3})$$

式中：

U——同步容限；

M——调制速率精确度(发送器的)；

n——字符中的码元数。

ICS 35.100.20
L 78

中华人民共和国国家标准

GB/T 14399—2008/ISO/IEC 7776:1995
代替 GB/T 14399—1993

信息技术　系统间远程通信和信息交换 高级数据链路控制规程　与 X.25 LAPB 兼容的 DTE 数据链路规程的描述

Information technology—Telecommunications and information exchange between systems—High-level data link control procedures—Description of the X.25 LAPB-compatible DTE data link procedures

(ISO/IEC 7776:1995,IDT)

2008-09-01 发布　　2009-02-01 实施

中华人民共和国国家质量监督检验检疫总局
中国国家标准化管理委员会　发布

前　言

本标准等同采用国际标准 ISO/IEC 7776:1995《信息技术　系统间远程通信和信息交换　高级数据链路控制规程　与 X.25 LAPB 兼容的 DTE 数据链路规程的描述》(英文版)。

本标准代替 GB/T 14399—1993《信息处理系统　数据通信　高级数据链路控制规程　与 X.25LAPB兼容的 DTE 数据链路规程的描述》,与 GB/T 14399—1993 相比主要变化的内容如下:

——增加描述了帧编码的两种方法,即当使用同步传输的时候按比特序列编码,当使用起/止传输时按八位位组序列编码;

——静态一致性需求,动态一致性需求和协议实现一致性声明。

本标准的附录 A 为规范性附录,附录 B 为资料性附录。

本标准由全国信息技术标准化技术委员会提出并归口。

本标准起草单位:信息产业部电子工业标准化研究所。

本标准主要起草人:张晖、张翠、徐冬梅、郭楠、吴东亚。

本标准于 1993 年首次发布。

信息技术 系统间远程通信和信息交换 高级数据链路控制规程 与 X.25 LAPB 兼容的 DTE 数据链路规程的描述

1 范围

本标准定义下述 HDLC 标准的一种应用。HDLC 标准包括 GB/T 15124 和 GB/T 14399—2008。当从其他标准之一解释所需的重新措辞有困难时，则以 GB/T 15124 和 GB/T 14399—2008 的原始要求为准。它还定义了 ITU-T 建议 X. 25 中规定的使用 X.25 LAPB 协议的 DTE 操作的结构、要素和规程。该规程适用于 DTE 和 DCE 间的数据交换，或两个 DTE 间的数据交换。所定义的该规程旨在用于同步全双工链路，用于同步传输或者起/止传输。

第 3 章描述两种帧结构：一种是基本(模 8)操作；另一种是扩充(模 128)操作。基本(模 8)操作是具有可选功能 2 和 8 的平衡异步规程类别(BAC,2,8)。扩充(模 128)操作是具有可选功能 2,8 和 10 的平衡异步规程类别(BAC,2,8,10)。对支持基本(模 8)操作和扩充(模 128)操作的那些 DTE/DCE 连接，其选择仅在预定时进行。对支持基本(模 8)操作和扩充(模 128)操作的那些 DTE/远程 DTE 连接，其选择通过双边协定进行。

注：这里作为基本(模 8)操作所述的规程是唯一可用于公用数据网的规程。

第 3 章还描述了帧编码的两种方法，即当使用同步传输的时候按比特序列编码，当使用起/止传输时按八位位组序列编码。起/止编码为下列环境中的使用规定了可选的机制：包括对八位位组传输敏感的环境，这些八位位组中带有可能被解释为 GB/T 1988—1988 控制字符的值；和/或支持每个起/止字符仅传输七个数据比特的环境。编码的选择通过双边协定或其他合适的手段来进行，以适合此环境中数据传输的特征。

第 4 章描述规程要素。有些内容仅适合基本(模 8)操作，有些内容仅适合扩充(模 128)操作。

第 5 章和第 6 章分别描述单链路规程(SLP)和可选择的多链路规程(MLP)。单链路规程是从帧结构和规程要素引伸出来的。SLP 用于单条数据链路上的数据交换，MLP 用于多条并行 SLP 上的数据交换。如果要使个别 SLP 失效的影响不干扰较高一级操作，则需要 MLP。通过事先双边商定，也可在单个 SLP 上使用 MLP。对 DTE/DCE 连接，是否选择 MLP 仅需在预定时决定。对 DTE/远程 DTE 连接，其选择通过双边商定。

在规程中需要在多种可能动作间进行选择的场合，一般给出了推荐选择。除非特别声明，否则动作选择不影响与本标准其他实施方案的相互操作，尽管操作效率可能受影响。在这种选择影响相互操作的场合，该规程明确指出需要就规程的选择与远程端事先协商。为了和满足广泛应用的需要相一致，已尽量使这样的选择减至最小。本标准所有实施方案的基本要求是，它们能够按规定，对由本标准所允许的远程端所采取的动作作出响应(涉及事先双方商定的规程除外)。

第 7 章包含静态一致性要求，动态一致性要求和协议实现一致性声明(PICS)。

2 规范性引用文件

下列文件中的条款通过本标准的引用而成为本标准的条款。凡是注日期的引用文件，其随后所有的修改单(不包括勘误的内容)或修订版均不适用于本标准。然而，鼓励根据本标准达成协议的各方研究是否可使用这些文件的最新版本。凡是不注日期的引用文件，其最新版本适用于本标准。

GB/T 1988—1998 信息技术 信息交换用 ISO 七位编码字符集(idt ISO/IEC 646:1991)

GB/T 7421—2008 信息技术 系统间远程通信和信息交换 高级数据链路控制(HDLC)规程

(ISO 13239:2002,IDT)

GB/T 15124—1994 信息处理系统 数据通信 多链路规程(idt ISO 7478:1987)

GB/T 17178.1—1997 信息技术 开放系统互连 一致性测试方法和框架 第1部分:基本概念(idt ISO/IEC 9646-1:1994)

ISO/IEC 9646-2:1994 信息技术 开放系统互连 一致性测试方法和框架 第2部分:抽象测试套规范

ITU-T 建议 X.25 以分组方式操作的通过专用电路连接到公用数据网的数据终端设备(DTE)和数据电路终接设备(DCE)间的接口

3 帧结构

表1 帧格式——基本(模8)操作

比特传输顺序

12345678	12345678	12345678	16～1	12345678
标 志	地 址	控 制	FCS	标 志
F 01111110	A 8比特	C 8比特	FCS 16比特	F 01111110

FCS=帧检验序列。

比特传输顺序

12345678	12345678	12345678		16～1	12345678
标 志	地 址	控 制	信 息	FCS	标 志
F 01111110	A 8比特	C 8比特	I *N*比特	FCS 16比特	F 01111110

FCS=帧检验序列。

SLP上的所有传输都以帧格式进行,基本(模8)操作遵循表1所示的格式;扩充(模128)操作遵循表2所示的格式。处于地址字段前面的标志定义为开始标志。处于FCS字段之后的标志定义为结束标志。

DCE /远程DTE的所有传输都应使用这种帧结构。

表2 帧格式——扩充(模128)操作

比特传输顺序

12345678	12345678	1至*	16～1	12345678
标 志	地 址	控 制	FCS	标 志
F 01111110	A 8比特	C *比特	FCS 16比特	F 01111110

FCS=帧检验序列。

比特传输顺序

12345678	12345678	12345678		16～1	12345678
标 志	地 址	控 制	信 息	FCS	标 志
F 01111110	A 8比特	C 8比特	I *N*比特	FCS 16比特	F 01111110

FCS＝帧检验序列。

*　在包括顺序编号的帧格式中为16,在不包括顺序编号帧格式中为8。

3.1　标志序列

所有帧都由1个0比特后跟6个连续1比特和1个0比特组成的标志序列开始和结束。DTE逐比特地不断搜索该序列,以便使用标志序列进行帧同步。DTE/DCE/远程DTE在帧之间可以发送一个或多个完整的标志序列。当DTE发送多个标志序列(见3.10)时,只能发送完整的8比特标志序列。单个标志可兼作一个帧的结束标志和下一个帧的开始标志。

3.2　地址字段

地址字段由1个八位位组组成。地址字段标识命令帧要发往的接收器和响应帧的发送器。地址字段的编码在5.1描述。

3.3　控制字段

对于基本(模8)操作,控制字段由1个八位位组组成。对于扩充(模128)操作,控制字段对包括顺序号的帧格式由2个八位位组组成;对不包括顺序号的帧格式,控制字段由1个八位位组组成。该字段的内容在4.1描述。

3.4　信息字段

当存在帧的信息字段时,它处在控制字段(见3.3)之后帧检验序列之前(见3.6)。关于为使用本标准而定义的各种比特编码和编组,见4.3.9和6.2。除了由较高层本身施加的要求外,从较高层收到的比特编码和编组没有限制。

对于起/止传输,在起始码元和停止码元之间应当有8个信息比特,因此,认为信息字段是八位位组对齐的。

关于信息字段最大长度,见4.3.9和5.7.3。

3.5　透明性

3.5.1　同步传输

当DTE发送时,应检查包括地址、控制、信息和FCS在内的两个标志序列之间的帧内容,所有5个连续1比特序列(包括FCS的最后5个比特)之后应插入1个0比特,以确保不出现假标志序列。当DTE接收时,应检查帧的内容并将紧跟在5个连续1比特后面的任何0比特删除。

3.5.2　起/止传输

在使用起/止传输时规定了两种主要的透明处理级别,分别是3.5.2.1中规定的七比特数据路径透明性(SBDPT),和3.5.2.2中规定的控制转义透明性。控制转义透明性应当总能实现。SBDPT是一个选项,对于一条给定的数据链路,使用或者不使用它是由本标准范围之外的手段来选择的(例如,先验知识、双方协定、启发式实现技术)。控制转义透明性处理可以可选地按照3.5.2.3中规定的两种方法之一在其应用中进行扩展;对于一条给定的数据链路,使用或不使用这两种方法之一也是由本标准范围之外的手段来进行选择。

3.5.2.1　7比特数据路径透明性

当选择SBDPT时,每个帧的内容——从地址字段到FCS字段(含地址字段和FCS字段)——应当在发送者和接收者之间作为从原始帧派生的帧映像来进行传送,如下所述。

组成帧内容的八位位组序列被认为是分成连续的7个八位位组段的序列,最终段的长度可能包含一个长度在1到6个八位位组之间(包括1个八位位组和6个八位位组)的段。这些段被称为原始段。

帧映像包含与原始段一一对应的一系列映像段,如下所述:

a)　映像段出现的顺序与对应的原始段相同;

b)　每个映像段比它的原始段长一个八位位组;

c)　每个映像段的第1部分是它的原始段的副本,但是每个八位位组的最高有效比特(MSB)设置为0;

d) 每个映像段的其余最终八位位组将它的最低有效比特设置为原始段中最后一个八位位组的MSB值，紧邻最低有效比特的比特设置为原始段中紧邻最后一个八位位组（如果有的话）的MSB值，并以此类推；

e) 在每个映像段的最终八位位组中，在原始段中不存在对应八位位组的所有高阶比特被设置为0。

注1：在发送器处，每个映像段的最终八位位组可以利用将原始段中每个八位位组的MSB依次左移到一个初始为0的八位位组中的方法来产生，对于完整的7个八位位组段和帧结尾的任意短段，这种方法可以得到正确的比特定位。

注2：每个映像段八位位组的MSB仅对于映射的唯一性被定义为0，因为其值已知并且在接收器处的原始段重构过程中不起作用，它实际上不需要作为一个0比特值进行传输。这允许映像段通过数据路径传输，比如强制对每个八位位组的MSB进行奇偶校验设置。

3.5.2.2 控制转义透明性

下面的透明性机制应用于每个帧映像：当选择SBDPT时，帧映像按照3.5.2.1中的定义，否则就使用与从地址字段到FCS字段（含地址字段和FCS字段）相同的帧内容作为帧映像。

控制转义八位位组标识了帧映像内一个八位位组的出现，在帧映像内使用下列透明性规程。控制转义八位位组的编码为：

1 2 3 4 5 6 7 8 八位位组中的比特位置

1 0 1 1 1 1 1 0

第1个被发送／接收的低阶比特

发送器应当检查两个标志八位位组之间的帧映像的每个八位位组，并且应当：

a) 在标志序列或控制转义八位位组出现时，对该八位位组的第6个比特求反码，并且

b) 在传输之前，在上述操作产生的八位位组前面立即插入一个控制转义八位位组。

接收器应当检查两个标志八位位组之间的帧映像，并且在收到控制转义八位位组时和进行FCS计算之前应当：

a) 丢弃控制转义八位位组，并且

b) 通过对它的第6个比特求反码的方法恢复紧接着的八位位组。

3.5.2.3 扩展的透明性

发送器可以将上述控制转义透明性规程（3.5.2.2）应用到下面定义组中的八位位组中，也可应用到标志和控制转义八位位组中。

3.5.2.3.1 流量控制透明性

流量控制透明性选项为GB/T 1988—1998中定义的DC1/XON和DC3/XOFF控制字符提供了透明性处理：这两个控制字符分别对于八位位组值1000100x和1100100x，其第8个比特“x”表示“0”或者“1”。这样确保了此八位位组流不包含可能被中间设备解释为流量控制字符的那些值（与奇偶校验无关）。

3.5.2.3.2 控制字符八位位组透明性

控制字符八位位组透明性选项为所有第6个和第7个比特为“0”的八位位组（也就是xxxxx00x，其中每个“x”表示“0”或者“1”），以及DELETE字符八位位组（即1111111x，其中“x”表示“0”或者“1”）提供了透明性处理。这样确保了八位位组流不包含可能被中间设备解释为GB/T 1988—1998定义的控制字符或DELETE字符的那些值（与奇偶校验无关）。

3.6 帧检验序列(FCS)字段

FCS字段是一个16比特的序列。它应该是下面两项和(模2)的反码：

a) $x^k(x^{15}+x^{14}+x^{13}+x^{12}+x^{11}+x^{10}+x^9+x^8+x^7+x^6+x^5+x^4+x^3+x^2+x+1)$除以(模2)生成多项式$x^{16}+x^{12}+x^5+1$所得的余数。

其中k是帧内从开始标志的最后1个比特到FCS的第1个比特(不包括这两个比特)之间的比特个数，但不包括为透明性而插入的起/止码元(起/止式传输)和比特(同步传输)或八位位组(起/止式传输)在内。

b) 把除了为透明性而插入的比特以外的从开始标志的最后一个比特到FCS的第一个比特(不包括这两个比特)之间的帧内容，乘以x^{16}后，再除以(模2)生成多项式$x^{16}+x^{12}+x^5+1$所得的余数。

作为一种典型的实现是，在发送器处，把计算除法余数装置内寄存器的初始内容预置成全1，然后在地址、控制和信息字段的内容，除以上述生成多项式的过程中得到修改，把所得余数求反就作为16比特FCS发送出去。

在接收器处，把计算余数装置内寄存器的初始内容预置成全1，在传输无差错情况下，串行入受保护的比特和FCS，乘以x^{16}再除以(模2)生成多项式$x^{16}+x^{12}+x^5+1$后所得的最终余数将是

0001110100001111(与$x^{15}\sim x^0$相应)。

3.7 传输考虑

3.7.1 比特传输顺序

地址、命令、响应和顺序编号应首先发送低阶比特(例如，顺序编号的首发比特应具有权值2^0)。

信息字段内发送比特的顺序按本标准定义的特定信息字段格式规定。

FCS应从最高项系数开始发送到线路上。最高项系数是在FCS字段的比特位置16(见表1和表2)。

注：按表1～表8的规定，比特1定义为低阶比特。

3.7.2 起/止式传输

对于起/止式传输，每个八位位组由一个起始码元和一个停止码元来定界。如果需要，可以使用传号保持(连续的逻辑“1”状态)对八位位组间的时间进行填充。典型的八位位组传输如图1所示。

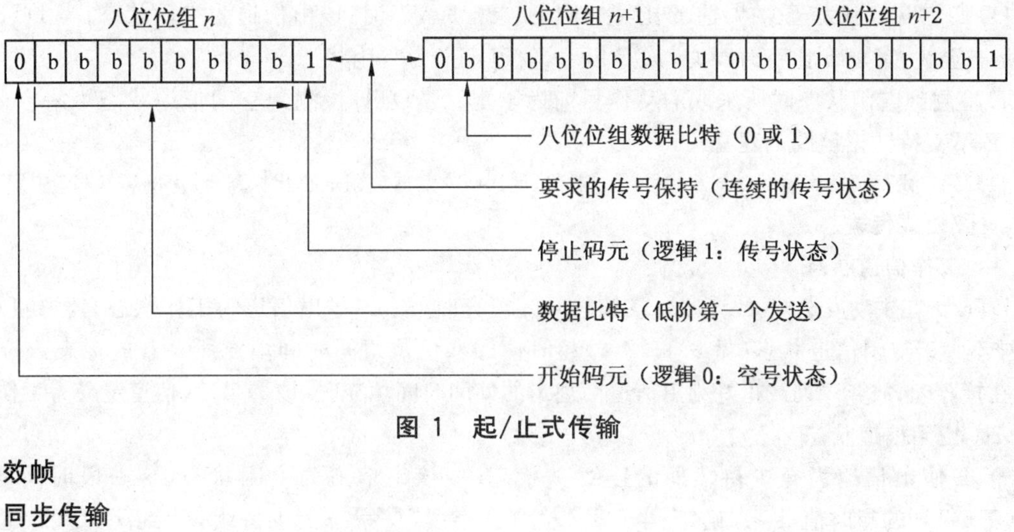

图1 起/止式传输

3.8 无效帧

3.8.1 同步传输

无效帧定义为具有下述特征之一的帧：

a) 未由两个标志正确地定界的帧；

b) 在两个标志之间少于32比特的帧；

c) 包括帧检验序列(FCS)差错的帧；

d) 包括非5.1定义的地址字段编码的帧。

注：对于与八位位组对准的DTE和DCE而言，非八位位组对准的检测可以在数据链路层处或在较高层内进行。在数据链路层检测虽然未要求，但可通过添加帧有效性检验来完成。帧有效性检验要求开始标志和结束标志间的比特数应为八位位组的整数倍，为透明性而插入的比特除外，否则该帧认为无效。

3.8.2 起/止式传输

无效帧定义为具有下述特征之一的帧：

a) 在两个标志之间包含的八位位组数少于4，不含以透明为目的而插入的八位位组；

b) 其中，成帧违规的八位位组（即期待一个停止码元的场合出现了“0”比特）；

c) 以一个控制转义—结束标志序列来结束。

3.9 帧放弃

3.9.1 同步传输

放弃一个帧通过发送至少7个连续1比特（不插入0比特）实现。

3.9.2 起/止式传输

放弃一个帧通过发送两个八位位组的序列“控制转义—结束标志”来实现。

3.10 帧间时间填充

3.10.1 同步传输

帧间时间填充通过在帧之间发送连续标志（即多个8比特标志序列）实现。

3.10.2 起/止式传输

帧间时间填充通过在帧之间发送或者连续的标志（如果需要，使用传号保持用于八位位组间的时间填充）或者一个连续的传号状态（逻辑“1”状态）来实现。

3.11 数据链路信道状态

3.11.1 同步传输

3.11.1.1 工作信道状态

当DTE正在发送帧、放弃序列或帧间时间填充时，该DTE出信道为工作状态；当DTE正在接收帧、放弃序列或帧间时间填充时，该DTE入信道定义为工作状态。

3.11.1.2 空闲信道状态

当DTE使出信道为至少持续15比特时间的连续1状态时，该出信道为空闲状态；当DTE检测到连续1状态至少持续15比特时间时，该DTE入信道定义为空闲状态。

DCE检测到空闲状态时所采取的动作目前尚未定义。DTE检测到空闲信道状态可将空闲状态解释为DCE不支持数据链路的建立。

注：检测到空闲信道状态持续时间至少为T3时，DTE宜认为数据链路是断开状态。T3在5.7.1.3中定义。

3.11.2 起/止式传输

3.11.2.1 工作信道状态

当DTE正在主动发送帧、放弃序列或帧间时间填充时，该DTE出信道为工作状态，其中帧间时间填充包含被不大于空闲信道状态（见3.11.2.2）超时值的八位位组间时间填充所分开的标志八位位组；当DTE正在接收帧、放弃序列或正好为出信道而规定的帧间时间填充时，该DTE入信道定义为工作状态。

3.11.2.2 空闲信道状态

当DTE使出信道为至少持续期的连续1状态时，该出信道为空闲状态，这一段时间的长短由DCE/远程DTE的超时值T5来确定；当DTE检测到连续“1”状态至少持续一段超过DTE超时值T5的时间时，该DTE入信道定义为空闲状态。T5在5.7.1.5中定义。

DCE检测到空闲状态时所采取的动作目前尚未定义。DTE检测到空闲信道状态可将空闲状态解释为DCE不支持数据链路的建立。

注：检测到空闲信道状态持续时间至少为T3时，DTE宜认为数据链路是断开状态。T3在5.7.1.3中定义。

4 规程要素

规程要素按照DTE收到来自DCE/远程DTE的命令后所发生的动作来定义。

下面规定的规程要素包括与第1章所述的数据链路和系统配置相关的命令和响应的选择。

4.1 控制字段格式和状态变量

4.1.1 控制字段格式

控制字段指示命令或响应的类型，并在适用的命令或响应中包括顺序号。

三种类型的控制字段格式用来实现编号的信息传输(I格式)、编号的监控功能(S格式)和无编号的控制功能(U格式)。基本(模8)操作的控制字段格式如表3所示；扩充(模128)操作的控制字段格式如表4所示。

4.1.1.1 信息传输(I)格式

DTE使用I格式实现信息传输。N(S)、N(R)和P位的功能是独立的，即每个I帧都有N(S)和N(R)，N(R)可以确认，也可以不确认由DTE接收的新添加的I帧。P位可以置为“0”或“1”。

4.1.1.2 监控(S)格式

DTE使用S格式实现数据链路监控功能，诸如确认I帧、请求重传I帧以及请求暂停I帧的传输。N(R)和P/F的功能是独立的，即每个监控帧都有N(R)，N(R)可以确认，也可不确认由DTE接收的新添加的I帧。P/F位可以置为“0”或“1”。

4.1.1.3 无编号(U)格式

DTE使用U格式提供附加的数据链路控制功能。这种格式不包括顺序编号，但应包括可以置为“0”或“1”的P/F位。无编号帧在基本(模8)操作和扩充(模128)操作中，应具有相同的控制字段长度。

表3　控制字段格式——基本(模8)操作

控制字段格式	控制字段比特							
	1	2	3	4	5	6	7	8
I格式	0	N(S)			P	N(R)		
S格式	1	0	S	S	P/F	N(R)		
U格式	1	1	M	M	P/F	M	M	M

N(S)——发送器发送顺序编号(比特2为低阶比特)。

N(R)——发送器接收顺序编号(比特6为低阶比特)。

S——监控功能位。

M——修改功能位。

P/F——作为命令发送时为探询位；当作为响应发送时为终结位(1=探询/终结)。

P——探询位(1 = 探询)。

表4　控制字段格式——扩充(模128)操作

控制字段格式	控制字段比特															
	第1个八位位组								第2个八位位组							
	1	2	3	4	5	6	7	8	9	10	11	12	13	14	15	16
I格式	0	N(S)							P	N(R)						
S格式	1	0	S	S	X	X	X	X	P/F	N(R)						
U格式	1	1	M	M	P/F	M	M	M								

N(S)——发送器发送顺序编号(比特2为低阶比特)。

N(R)——发送器接收顺序编号(比特6为低阶比特)。

S——监控功能位。

M——修改功能位。

X——保留并置0。

P/F——作为命令发送时为探询位；作为响应发送时为终结位(1=探询/终结)。

P——探询位(1=探询)。

4.1.2 控制字段参数

与控制字段格式有关的各种参数描述如下。

4.1.2.1 模数

每个I帧都应顺序编号，可具有0～(模数－1)的范围值(其中“模”数是顺序编号的模)。模数等于8或128，顺序编号在该整个范围内循环。

4.1.2.2 帧变量和顺序编号

4.1.2.2.1 发送状态变量V(S)

DTE发送状态变量V(S)表示该DTE下一个按顺序要发送的I帧的顺序编号。发送状态变量可在0～(模数－1)范围内取值。随着每个相继的I帧传输，DTE发送状态变量的值应增加1，但发送状态变量的值超过最后接收到的I帧或S帧的N(R)的值不得大于悬而未决的I帧最大数目(k)，k的值在5.7.4定义。

4.1.2.2.2 发送顺序编号N(S)

只有I帧包括发送顺序号N(S)。在DTE传输按顺序的I帧之前，N(S)的值应置为DTE发送状态变量的值。

4.1.2.2.3 接收状态变量V(R)

DTE接收状态变量表示该DTE期望下一个按顺序要接收的I帧的顺序编号。该接收状态变量可在0～(模数－1)范围内取值。在收到无差错的按顺序的I帧，其发送顺序号N(S)等于DTE接收状态变量时，DTE接收状态变量的值应增加1。

4.1.2.2.4 接收顺序编号N(R)

所有的I帧和监控帧都应包括N(R)，即期望的下一个要接收I帧的顺序编号。DTE传输上述类型的帧之前，N(R)的值应置为等于DTE接收状态变量的现行值。N(R)表示N(R)的发送器已经正确地接收到了编号直到包括[N(R)－1]在内的所有I帧。

4.1.2.2.5 探询/终结位P/F

所有的帧都包括探询/终结位P/F。在命令帧中，P/F位称为P位；在响应帧中，P/F位称为F位。

4.2 探询/终结位的功能

置“1”的探询(P)位由DTE用来请求(探询)DCE/远程DTE的响应。置“1”的终结(F)位由DTE用来指示由于DTE收到来自DCE/远程DTE的请求(探询)命令而发送的响应帧。

P/F位的使用在5.2中描述。

4.3 命令和响应

DTE所支持的命令和响应，对基本(模8)操作列于表5，对扩充(模128)操作列于表6，对本标准，监控功能位编码11以及表5和表6中未标出的表3和表4中的修改功能位的那些编码，都标识为未定义的或不能实现的命令和响应控制字段。表5和表6中的命令和响应定义如下。

表5 命令和响应——基本(模8)操作

格式	命令	响应	编码							
			1	2	3	4	5	6	7	8
信息传送	I(信息)		0		N(S)		P	N(R)		
监控	RR(接收准备好)	RR(接收准备好)	1	0	0	0	P/F	N(R)		
	RNR(接收未准备好)	RNR(接收未准备好)	1	0	1	0	P/F	N(R)		
	REJ(拒绝)	REJ(拒绝)	1	0	0	1	P/F	N(R)		

表 5（续）

格式	命令	响应	编码							
			1	2	3	4	5	6	7	8
无编号	SABM(置异步平衡方式)		1	1	1	1	P	1	0	0
	DISC(断开)		1	1	0	0	P	0	1	0
		UA(无编号确认)	1	1	0	0	F	1	1	0
		DM(断开方式)	1	1	1	1	F	0	0	0
		FRMR(帧拒绝)	1	1	1	0	F	0	0	1

表 6　命令和响应——扩充(模 128)操作

格式	命令	响应	编码									
			1	2	3	4	5	6	7	8	9	10～16
信息传输	I(信息)		0	N(S)							P	N(R)
监控	RR(接收准备好)	RR(接收准备好)	1	0	0	0	0	0	0	0	P/F	N(R)
	RNR(接收未准备好)	RNR(接收未准备好)	1	0	1	0	0	0	0	0	P/F	N(R)
	REJ(拒绝)	REJ(拒绝)	1	0	0	1	0	0	0	0	P/F	N(R)
无编号	SABM(置异步平衡方式)		1	1	1	1	P	1	0	0		
	DISC(断开)		1	1	0	0	P	0	1	0		
		UA(无编号确认)	1	1	0	0	F	1	1	0		
		DM(断开方式)	1	1	1	1	F	0	0	0		
		FRMR(帧拒绝)	1	1	1	0	F	0	0	1		

4.3.1　信息(I)命令

信息(I)命令的功能是通过数据链路顺序地传送含有信息字段的编号帧。

4.3.2　接收准备好(RR)命令和响应

接收准备好(RR)监控帧由 DTE 用来：

a)　指示 DTE 已准备好接收 I 帧；

b)　确认前面接收的编号最大为[N(R)－1]在内的所有 I 帧。

RR 帧可用来指示清除由同一站(DTE 或 DCE/远程 DTE)由前面发送 RNR 帧而建立的忙状态。除了指示 DTE 的状态外，P 位置“1”的 RR 命令可由 DTE 用来询问 DCE/远程 DTE 的状态。

4.3.3　接收未准备好(RNR)命令和响应

接收未准备好(RNR)监控帧由一 DTE 用来指示忙状态，即暂时无能力接受新添加的 I 帧。编号最大到[N(R)－1]而且包括[N(R)－1]在内的 I 帧均认为已被确认。如果有接收的编号为 N(R)的 I 帧和后续的 I 帧，则均不认为被确认。这些 I 帧的接受情况将在后续的文档中表示。

除指示 DTE 状态外，P 位置为“1”的 RNR 命令可用来询问 DCE/远程 DTE 的状态。

4.3.4　拒绝(REJ)命令和响应

拒绝(REJ)监控帧由 DTE 用来请求重传编号从 N(R)开始的 I 帧。编号为[N(R)－1]以及在此之前的 I 帧均认为已被确认。在这些重传的 I 帧之后，可以发送等待初始传输的另外的 I 帧。

对于一个给定的信息传输方向，任何时刻只能建立一个 REJ 异常状态。当收到一个 N(S)等于 REJ 帧的 N(R)的 I 帧时，该 REJ 异常状态应被清除(复位)。然而，如果在确认时限范围 T1 内，REJ 异常状态未被清除，REJ 帧可以重传，见 4.4.2.2。

REJ 可用来指示由同一站前面传输的 RNR 帧而报告的忙状态的清除。除了指示 DTE 状态外，P

位为“1”的 REJ 命令可用来询问 DCE/远程 DTE 的状态。

4.3.5 置异步平衡方式(SABM)命令/置扩充的异步平衡方式(SABME)命令

SABM 无编号命令用来将被寻址的 DCE 或 DTE 置成异步平衡方式(ABM)的信息传输阶段。其中所有命令/响应控制字段的长度均为 1 个八位位组。

SABME 无编号命令用来将被寻址的 DCE 或 DTE 置成异步平衡方式(ABM)的信息传输阶段。其中有编号的命令/响应控制字段的长度均为 2 个八位位组。无编号的命令/响应控制字段的长度为 1 个八位位组。

注：对 DTE/DCE 连接。数据链路操作方式[基本的(模 8)或扩充的(模 128)]应在预定时决定，而且只有经过新的预定过程才能改变。对 DTE/DTE 连接，数据链路操作方式[基本的(模 8)或扩充的(模 128)]应由双边商定。

SABM 或 SABME 命令中不允许有信息字段。传输 SABM/SABME 命令，表示由同一站由于前面传输的 RNR 帧而报告的忙状态被清除。DTE 通过在第一个响应机会传输 UA 响应来证实对 SABM/SABME[基本的(模 8)操作/扩充的(模 128)操作]的接受。DTE 根据接受这种命令，将它的发送状态变量 V(S)和接收状态变量 V(R)置为“0”。

当实现该命令时，尚未确认的前面发送的 I 帧保持未确认(即，链路建立后，它们不重发)。从可能丢失的那些 I 帧内容(数据单元)中恢复是较高级协议(例如网络层或 MLP)的责任。

4.3.6 断开(DISC)命令

DISC 无编号命令由 DTE 用来结束前面设置的方式。它应通知接收 DISC 命令的 DCE/远程 DTE，发送 DISC 命令的 DTE 要暂停操作。DISC 命令中不允许有信息字段。接收 DISC 命令的 DCE/远程 DTE 在实现该命令前，应通过发送 UA 响应确认接受 DISC 命令。发送 DISC 命令的 DTE，在收到确认的 UA 响应时，应进入断开阶段。

当实现该命令时，尚未确认的前面发送的 I 帧保持未确认(即，链路建立后，它们不重发)。从可能丢失的那些 I 帧内容(数据单元)中恢复是较高级协议(例如网络层或 MLP)的责任。

4.3.7 无编号确认(UA)响应

UA 响应由 DTE 用来确认它已收到并接受了 SABM/SABME 和 DISC 无编号命令。UA 响应不允许有信息字段。传输 UA 响应表示同一站由于前面发送 RNR 帧而报告的忙状态被清除。

4.3.8 断开方式(DM)响应

DM 响应由 DTE 用来报告它在逻辑上与链路呈断开状态，并处于断开阶段。在此阶段，可以发送 DM 响应用以请求置方式命令，或者，如果根据收到的置方式命令而发送 DM 响应，用以通知 DCE/远程 DTE，该 DTE 仍处于断开阶段，不能实现该置方式命令。DM 响应中不允许有信息字段。

在断开阶段中，DTE 应监视收到的命令，对 SABM/SABME 命令按 5.3 所述进行动作；对接收的 P 位置“1”的任何其他命令，用 F 位置“1”的 DM 响应来应答。

4.3.9 帧拒绝(FRMR)响应

FRMR 响应由 DTE 用来报告 DCE/远程 DTE 通过重传相同帧而不能恢复的差错状态，即由于收到有效帧引起的下述状态之一：

a) 收到未定义的或不能实现的命令或响应控制字段；

b) 收到信息字段超过设定的最大长度的 I 帧；

c) 收到无效的 N(R)；或

d) 收到不允许具有信息字段但却包括信息字段的帧，或收到具有不正确长度(包括长度为 32～39 比特构成的帧)的监控帧。

未定义或不能实现的控制字段是指表 5 或表 6 未标识出的控制字段的任何编码。

无效 N(R)定义为它所指的 I 帧前面已经发送和确认，或它所指的 I 帧尚未发送而且不是等待发送的按顺序的下一个 I 帧。有效 N(R)应处于仍未确认帧的最低发送顺序号 N(S)到 DTE 当前发送变量之间的范围之内。

紧跟在控制字段后面由3个八位位组[基本(模8)操作]或5个八位位组[扩充(模128)操作]的信息字段应随该响应返回,以提供FRMR响应的原因。这两种格式在表7和表8中给出。

表7 FRMR信息字段格式——基本(模8)操作

信息字段比特

1~8	9	10~12	13	14~16	17	18	19	20	21	22	23	24
被拒绝的帧的控制字段	0	N(S)	C/R	N(R)	W	X	Y	Z	0	0	0	0

表7中字段的功能如下:

a) 被拒绝的帧的控制字段应是所接收的引起帧拒绝的帧的控制字段。

b) N(S)应是报告拒绝状态的DTE或DCE的当前发送状态变量值(比特10为低阶比特)。

c) C/R置"1"表示引起拒绝状态的帧是一响应帧,C/R置"0"表示引起拒绝状态的帧是一命令帧。

d) N(R)是报告拒绝状态的DTE或DCE的当前接收状态变量值(14比特为低阶比特)。

e) W置"1"表示所收到的并在比特1~8内送回的控制字段没有定义或不能实现。

f) X置"1"表示所收到的并在比特1~8内送回的控制字段被认为是无效的,因为该帧包括了不允许的信息字段。W比特应与该比特一起置成"1"。

g) Y置"1"表示收到的任何信息字段超过了报告拒绝状态的DTE或DCE的最大设定容量。

h) Z置"1"表示所收到的并在比特1~8内送回的控制字段包括了无效的N(R)。

i) 比特9和21~24应置成"0"。

FRMR响应的信息字段中W,X,Y和Z比特可都置成"0",用以指示上面未列出的一种或多种状态所引起的帧拒绝。

表8 FRMR信息字段格式——扩充(模128)操作

1~16	17	18~24	25	26~32	33	34	35	36	37	38	39	40
被拒绝的帧的控制字段	0	N(S)	C/R	N(R)	W	X	Y	Z	0	0	0	0

表8中字段的功能如下:

a) 被拒绝的帧的控制字段应是所接收的引起帧拒绝的帧的控制字段。当被拒绝帧为无编号帧时,被拒绝的帧的控制字段应位于比特1~8,而比特9~16置为"0"。

b) N(S)应是报告拒绝状态的DCE或DTE的当前发送状态变量值(比特18为低阶比特)。

c) C/R置为"1"表示被拒绝的帧是响应帧。C/R置为"0"表示被拒绝的帧是命令帧。

d) N(R)是报告拒绝状态的DCE或DTE的当前接收状态变量值(比特26为低阶比特)。

e) W置"1"表示所接收到的并在比特1~16内送回的控制字段没有定义或不能实现。

f) X置"1"表示所收到的并在比特1~16内送回的控制字段被认为是无效的,因为该帧包括了不允许的信息字段,或该帧是具有不正确长度(包含长度32~39比特的帧)的监控帧。W比特与该比特一起置"1"。

g) Y置"1"表示所接收到的信息字段超过了报告拒绝状态的DTE或DCE的最大设定容量。

h) Z置"1"表示所接收到的并在比特1~16内送回的控制字段包括了无效的N(R)。

i) 17和37~40比特应置成"0"。

FRMR响应的信息字段中W、X、Y和Z比特可都置成"0",用以指示上面未列出的一种或多种状态所引起的帧拒绝。

4.4 异常状态的报告和恢复

在链路级检测到/产生了异常状态后,可用下述差错恢复规程恢复。所述异常状态是由于传输差错、站故障或操作情况而产生的那些状态。

4.4.1 忙状态

当 DTE 由于内部限制(例如接收缓冲限制)而暂时不能继续接收 I 帧时,就会产生忙状态。在这种情况下,DTE 应发送 RNR 帧。DTE 可以在 RNR 帧之前或之后发送等待传输的 I 帧。可通过发送 UA(仅响应 SABM/SABME 命令)、RR、REJ 或 SABM/SABME 帧来报告忙状态已清除。

DTE 一旦收到来自 DCE/远程 DTE 的 RNR 帧,该 DTE 应终止进行中的任何 I 帧的传输,并等待 DCE/远程 DTE 忙状态已清除的指示。如果 DTE 收到 RNR 帧时有 I 帧要发送,它应启动超时功能(定时器 T1),或如果在忙状态期间,出现了可用于发送的 I 帧,则在出现第一个 I 帧可用时,该 DTE 应启动定时器 T1。如果在收到忙清除指示之前定时器 T1 超时,DTE 应发送 P 位置"1"的监控命令帧,用以请求 DCE/远程 DTE 的状态。收到的 F 位为"1"的响应,该响应应给出 DCE/远程 DTE 的忙/非忙状态。DTE 以这种方式重复请求状态,直至收到非忙的响应或决定将有关这些信息帧状态的信息返回到较高一级,以便以后处理。

4.4.2 N(S)顺序差错

由 DTE 收到的其 N(S)不等于该 DTE 接收状态变量 V(R)的所有 I 帧的信息字段都应被丢弃。

当收到的 I 帧所包含的 N(S)不等于 DTE 的接收状态变量时,DTE 便产生 N(S)顺序异常状态。DTE 确认(即不增加其接收状态变量)出现顺序差错的 I 帧,也不确认可能跟在它后面的任何 I 帧,直至收到具有正确 N(S)的 I 帧。

收到具有顺序差错的一个或多个 I 帧或后随监控帧(RR,RNR 和 REJ)的 DTE。它应接受包含在 N(R)字段和 P 或 F 位中的控制信息,以便实现链路控制功能。例如,接收对 DTE 前面已发送的 I 帧的确认并进行响应(P 位置为"1")。

4.4.2.1～4.4.2.3 中规定的手段,在产生 N(S)顺序差错状态后可用于启动重传丢失的或有差错的 I 帧。

4.4.2.1 检验点恢复

检验点恢复基于检验点周期。对 DTE,检验点周期从传输 P 位置为"1"的命令帧开始,在下述两种情况之一结束:

a) 收到 F 位置为"1"的响应帧;

b) 当应答超时功能(定时器 T1)超时时。

当 DTE 发送了 P 位置为"1"的 I,RR,RNR 或 REJ 命令帧后而收到 F 位置为"1"的监控响应帧时,它应启动重发顺序编号比发送 P 位置"1"的命令帧时发送状态变量值小的所有未确认的 I 帧。在收到的监控帧为 RNR 响应的情况下,DTE 在启动可能的重发前,应首先等待 DCE/远程 DTE 的忙状态的清除指示。重发应从最低编号的未被确认 I 帧开始。I 帧应顺序地重发。如果有新的 I 帧,DTE 可以发送它们。这样的 I 帧重发称作检验点重传。

当 DTE 检测到需要检验点重传时,重传应在具有 P 位置"1"的下一个命令帧传输之前或与它同时启动。

注:DTE 和 DCE/远程 DTE 每一个都可通过发送 P 位置"1"的命令帧相互独立地启动检验点周期。因此,由于两个独立的检验周期可能同时进行,所以 DTE 收到 F 位置"1"的命令帧时,不启动检验点重传,只有收到 F 位置"1"的响应帧时。即收到对该 DTE 发送的 Y 位置"1"的命令帧的这种响应时,才可启动检验点重传。

为防止重复重传,如果在检验周期期间,DTE 前面已经收到并实现了 P 位为"0"或为"1"或者 F 位为"0"的 REJ 帧,对于当前的检验点周期,应禁止特定 I 帧[同一编号周期中的同一 N(R)帧]的检验点重传。

如果 DTE 发送了 P 位置"1"的命令帧后,在下一个检验点发生之前,该 DTE 收到了对那个帧的确认,也应禁止检验点重传。

4.4.2.2 REJ 恢复

接收 DTE 在检测到 N(S)顺序差错后,用 REJ 帧启动恢复(重传),它可能早于检验点恢复。

来自 DTE 的“发送 REJ”异常状态一次只能建立一个。当收到所要求的 I 帧时，“发送 REJ”异常状态应被清除。如果传输 REJ 帧后，在超时 T1 范围内未清除 REJ 异常状态，REJ 帧可以重发(最大到 N2 次)。

从 DCE/远程 DTE 接收 REJ 帧的 DTE，应该从包含在 REJ 帧中的 N(R)所指示的该 I 帧开始启动 I 帧的顺序(重)传输。重发的 I 帧包含的 N(R)和 P 位可以是更新过的，因而是与原来发送的 I 帧的 N(R)和 P 位不同的 N(R)和 P 位。DTE 可以在发送下一个 P 位置为“1”的命令帧之前或同时启动重发。

如果：

a) 由一特定帧开始的 DTE 重传是由于检验点所引起的(见 4.4.2.1)；和

b) 在完成下一个检验点周期之前，收到的 DCE 的 REJ 帧，也要求从一特定 I 帧[由 REJ 帧中的 N(R)标识]开始重传。

那么，DTE 应禁止由 REJ 帧引起的重传。

4.4.2.3 超时恢复

如果由于传输差错 DCE/远程 DTE 未收到(或收到但丢弃了)单个 I 帧或一系列 I 帧中的最后一帧，它便检测不到 N(S)顺序差错状态，因而也不会发送 REJ 帧。发送了未确认 I 帧的 DTE，在完成了系统规定的超时周期(见 5.7.1)之后，应采取适当的恢复动作，以决定重传从哪一 I 帧开始。重发的 I 帧包含的 N(R)和 P 位可以是更新过的，因而是与原来发送的 I 帧的 N(R)和 P 位不同的 N(R)和 P 位。

4.4.3 无效帧状态

从 DCE/远程 DTE 接收的任何无效帧(见 3.8)应由 DTE 丢弃，不采取动作。

4.4.4 帧拒绝状态

DTE 收到具有 4.3.9 列出的状态之一的无差错帧时应建立帧拒绝状态。

这个帧拒绝异常状态由 DTE 通过 FRMR 响应帧报告，以便 DCE/远程 DTE 采取适当动作，一旦 DTE 建立了这样的异常状态，除了检查 P 位之外，直到由 DCE/远程 DTE 复位该状态为止，不应接受新添加的 I 帧，DTE 在每遇机会时可以按照 5.6.2 的规定重传 FRMR 响应，直到 DCE/远程 DTE 完成恢复和数据链路复位，或直到本地 DTE 启动自己的恢复。

5 规程的描述

5.1 寻址规程

地址字段标识一帧作为命令或响应。命令帧包括该命令要发往的站地址。响应帧包括发送该帧的站的地址。

为了区别单链路操作和可选择的多链路操作，以便诊断和维护，不同的地址配对编码应指派给使用多链路规程操作的数据链路和使用单链路规程操作的数据链路。

从 DCE 向 DTE 传输的包含命令的帧，对单链路操作应包含地址 A，对多链路操作应包含地址 C。

从 DCE 向 DTE 传输的包含响应的帧，对单链路操作应包含地址 B，对多链路操作应包含地址 D。

从 DTE 向 DCE 传输的包含命令的帧，对单链路操作应包含地址 B，对多链路操作应包含地址 D。

从 DTE 向 DCE 传输的包含响应的帧，对单链路操作应包含地址 A，对多链路操作应包含地址 C。

这些地址编码如下：

	地址	比特
		12345678
单链路操作	A	11000000
	B	10000000
多链路操作	C	11110000
	D	11100000

DTE 应丢弃收到的非 A 或非 B(单链路操作)，或非 C 或非 D(多链路操作)地址的全部帧。

当用于 DTE/DTE(点到点非交换应用)时,A/B(单链路操作)或 C/D(多链路操作)地址的指派应在初始化前完成,而且应该在系统生成时能够固定。

注:对 DTE/DCE 和 DTE/DTE 点到点交换应用情况下,确定 DTE 地址指派的机制不包括在本标准中。

5.2 P/F 位的使用规程

接收 P 位置"1"的 SABM /SABME,DISC、监控命令或 P 位置"1"的 I 帧的 DTE,应将它发送的下一个响应帧中的 F 位置"1"。

对 P 位置"1"的 SABM/SABME 或 DISC 命令,由 DTE 返回的响应帧应为 F 位置"1"的 UA 或 DM 响应。对在信息传输阶段收到的 P 位置"1"的 I 帧,DTE 返回的响应帧应为 F 位置"1"的 RR、REJ、RNR 或 FRMR 响应。对在信息传输阶段收到的 P 位置"1"的监控命令帧,DTE 返回的响应帧应为 F 位置"1"的 RR、REJ、RNR 或 FRMR 响应。对在断开阶段收到的 P 位置"1"的监控命令或 P 位置"1"的 I 命令帧,DTE 返回的响应帧应为 F 位置"1"的 DM 响应。

P 位应同定时器恢复状态(见 5.4.9)一起使用。在任何时刻,DTE 也可用 P 位来启动检验点机制(见 4.4.2.1)。

5.3 链路建立和断开规程

5.3.1 链路建立

DCE 通过向 DTE 发送连续标志(工作信道状态)指示能够建立链路。

DTE 或 DCE/远程 DTE 都可启动链路建立。在启动链路建立前,DTE 或 DCE 远程 DTE 可以启动链路断开,以确保 DTE 和 DCE/远程 DTE 处于同一阶段。DTE 也可以发送非请求的 DM 响应来请求 DCE/远程 DTE 启动链路建立。

DCE/远程 DTE 应通过向 DTE 发送 SABM/SABME 命令初始化链路。如果 DTE 正确地收到 SABM/SABME 命令,它能够进入信息传输阶段,则应送回 UA 响应,置其发送和接收状态变量 V(S) 和 V(R)为"0",并认为链路建立。如果 DTE 正确地收到 SABM/SABME 命令,不能进入信息传输阶段,则它应送回 DM 响应,作为对链路建立初始化的否认,并认为链路未建立。

DTE 通过向 DCE/远程 DTE 发送 SABM/SABME 命令和启动定时器 T1 来启动链路建立。启动定时器 T1 是为了决定等待回答何时超时(见 5.7.1.1)。如果 DCE/远程 DTE 能进入信息传输阶段,则应送回 UA 响应,将它的发送和接收状态变量 V(S)和 V(R)复位到"0",并认为链路建立完成。DTE 正确地收到 UA 响应,应停止 T1,使它的发送和接收状态变量 V(S)和 V(R)置"0",并认为链路建立完成。如果 DCE/远程 DTE 不能进入信息传输阶段,应送回 DM 响应,作为对链路建立初始化的否定应答。DTE 正确收到 DM 响应时应停止定时器 T1,并认为链路建立未成功。为避免在链路建立期间误解收到的 DM 响应,DTE 总是发送 P 位置"1"的 SABM/SABME 命令。这样做便有可能区分来自 DCE/远程 DTE 的下述两种 DM 响应:一种是作为对链路建立否定应答的响应(F 位置"1");另一种是在非请求意义下发送的请求置方式命令的响应(F 位置"0")(按 5.5 所述)。DTE 在任何时刻都可以决定重新启动链路建立。

发送了 SABM/SABME 命令的 DTE 应不理睬并丢弃收自 DCE/远程 DTE 的 SABM/SABME、DISC、UA 和 DM 帧以外的任何帧。收到来自 DCE/远程 DTE 的 SABM/SABME 或 DISC 帧将形成碰撞状态,它可根据 5.3.5 来解决。除了为响应 DCE/远程 DTE SABM/SABME 或 DISC 的命令帧而发送的 UA 帧和 DM 帧之外,DTE 的其他的帧只能在链路建立后,而且不存在悬而未决的 SABM/SABME 命令情况下发送。

DTE 发送 SABM/SABME 命令后,如果未正确地收到 UA 或 DM 响应。定时器 T1 将在 DTE 中超时。随后 DTE 可以重发 SABM/SABME 命令并重新启动定时器 T1。N2 次试图建立该链路之后,DTE 将启动适当的较高级恢复动作。N2 值在 5.7.2 中定义。

5.3.2 信息传输阶段

对 SABM/SABME 命令发送了 UA 响应之后,或对已发送的 SABM/SABME 命令收到 UA 响应之后,DTE 按照 5.4 所述规程接受和发送 I 帧和监控帧。

在信息传输阶段,每当数据链路上无活动的时间达到 T4 时,建议 DTE 要发送适当的 P 位置"1"的监控命令帧,以询问 DCE/远程 DTE 的状态。收到 F 位置"1"的响应,则表示物理链路正在工作和作出响应的 DCE/远程 DTE 的逻辑状态。

在信息传输阶段收到 SABM/SABME 命令时,DTE 应遵循 5.6 中所述的复位规程。

在信息传输阶段,DTE 或 DCE/远程 DTE 都可按照 5.3.3 所述规程启动数据链路的断开。

5.3.3 链路断开

DCE/远程 DTE 通过向 DTE 发送 DISC 命令启动断开数据链路。信息传输阶段中的 DTE,正确收到 DISC 命令时,应发送 UA 响应,并进入断开阶段。处于断开阶段中的 DTE,正确收到 DISC 命令时,发送 DM 响应并保持在断开阶段。

DTE 通过向 DCE/远程 DTE 发送 DISC 命令启动断开数据链路,并启动定时器 T1。当 DTE 收到来自 DCE/远程 DTE 的 UA 响应时,它应停止定时器 T1,并进入断开阶段。当 DTE 收到来自 DCE/远程 DTE 的作为 DCE/远程 DTE 早已处于断开阶段指示的 DM 响应时,应停止定时器 T1,并进入断开阶段。为了避免在链路断开阶段误解接收的 DM 响应,DTE 总是在 P 位置为"1"的状态下发送 DISC 命令。这样做便有可能区分来自 DCE/远程 DTE 的下述两种 DM 响应:一种是作为 DCE/远程 DTE 已经处于断开阶段指示而发送的响应(F 位置"1");另一种是在非请求意义下,作为请求置方式命令而发送的响应(F 位置"0")(按 5.5 所述)。

发送了 DISC 命令的 DTE,应不理睬并丢弃接收的来自 DCE/远程 DTE 的除了 SABM/SABME、DISC、UA 或 DM 以外的任何帧。收到来自 DCE/远程 DTE 的 SABM/SABME 或 DISC 命令将形成碰撞状态,它可按照 5.3.5 所述解决。

DTE 发送 DISC 命令后,如果未正确收到 UA 或 DM 响应,定时器 T1 将会在 DTE 中超时。随后,DTE 可以重发 DISC 命令并重新启动定时器 T1。试图断开数据链路 N2 次后,DTE 应启动适当的较高级恢复动作。

5.3.4 断开阶段

DTE 收到 DISC 命令并送回 UA 响应,或对发送的 DISC 命令收到 UA 响应后,便进入断开阶段。

在断开阶段,DTE 或 DCE/远程 DTE 可以启动链路建立。

在断开阶段,DTE 应按照 5.3.1 所述对接受的 SABM/SABME 命令作出反应,并应发送 DM 响应以回答收到的 DISC 命令。当 DTE 收到具有 P 位置"1"的任何其他命令帧时,它应发送 F 位置为"1"的 DM 响应。在断开阶段收到的其他帧应不予理睬。

在检测到 5.5 所列的差错状态之后,或在内部故障之后,当 DTE 进入断开阶段时,它可以发送 DM 响应而不是 DISC 命令来指示这一点。在这些情况下,DTE 发送 DM 响应并启动其定时器 T1,如果该 DTE 在收到 SABM/SABME 或 DISC 命令前,定时器 T1 超时,它可以重发 DM 响应并重新启动定时器 T1, DTE 发送 DM 响应 N2 次后,可以保持在断开阶段。适当的恢复动作可以由较高层启动。另一种方法是,在内部故障之后,在启动链路建立规程(见 5.3.1)前,DTE 可以启动链路复位规程(见 5.6)或断开数据链路(见 5.3.3)。

5.3.5 无编号命令的碰撞

碰撞情况用下述方法解决。

如果发送的和接收的无编号命令相同,DTE 和 DCE/远程 DTE 都在最早可能的机会发送 UA 响应。DTE 在下列条件之一进入所指示的阶段:

a) 收到 UA 响应后;

b) 发送 UA 响应后;

c) 发送了 UA 响应而等待 UA 响应超时后。

在 b)情况下,如果在超时间隔范围内 DTE 对它发送的无编号命令应接受随后的 UA 响应,而不认为该响应是非请求的 UA 响应。

如果发送的和接收的无编号命令不同，DTE 和 DCE/远程 DTE 第一个都进入断开阶段，并在最早可能的机会上发送 DM 响应。

5.3.6 DM 响应与 SABM/SABME 或 DISC 命令的碰撞

当 DCE/远程 DTE 发送 DM 响应，作为非请求的响应来请求 DTE 按照 5.3.4 所述发送置方式命令时，DTE 发送 SABM/SABME 或 DISC 命令和非请求的 DM 响应之间可能产生碰撞。为了避免错误解释收到的 DM 响应，DTE 总是在 P 位置“1”条件下发送 SABM/SABME 或 DISC 命令。

5.3.7 DM 响应的碰撞

当 DTE 和 DCE/远程 DTE 都发送 DM 响应请求置方式命令时，可能产生碰撞情况。此时，DTE 发送 SABM/SABME 命令来解决碰撞情况。

5.4 信息传输规程

在信息传输阶段，每个方向用于传输 I 帧的规程描述如下。

在下面叙述中，“编号高 1”是与连续重复的顺序系列有关。即，对模 8 系列，7 比 6 高 1，0 比 7 高 1；对模 128 系列，127 比 126 高 1，0 比 127 高 1。

5.4.1 发送 I 帧

当 DTE 有 I 帧要发送（即，尚未发送的 I 帧，或按照 5.4.6 所述必须要重发的 I 帧）时，DTE 应该在 N(S) 等于当前发送状态变量 V(S) 和 N(R) 等于当前接收状态变量 V(R) 的条件下发送它。在传输该 I 帧结束时，应将发送状态变量 V(S) 增加 1。

如果 DTE 的定时器 T1 在发送 I 帧时未运行，应该启动它。

如果 DTE 发送状态变量 V(S) 等于接收的 N(R) 的最后值加 *k*（其中 *k* 是悬而未决的 I 帧的最大数目，见 5.7.4）该 DTE 不应发送任何新的 I 帧，但可以按照 5.4.6 或 5.4.9 所述重发老的 I 帧。

为确保信息传输的安全性，如果 DTE 的发送状态变量 V(S) 在基本（模 8）操作中等于它收自 DCE/远程 DTE 的 N(R) 的最后值加 7，或在扩充（模 128）操作中等于最后值加 127，DTE 不应发送任何 I 帧。

当 DTE 处于忙状态而 DCE/远程 DTE 不忙时，DTE 仍可发送 I 帧。当 DTE 处于帧拒绝状态时，应停止发送 I 帧。

5.4.2 接收 I 帧

当 DTE 不处于忙状态而且接收了有效 I 帧，其发送顺序编号等于 DTE 的接收状态变量 V(R) 时，DTE 应接受该帧的信息字段，使它的接收状态变量 V(R) 增加 1，并采取下述动作之一：

a) 如果 DTE 仍未处于忙状态：

   1) 如果有要发送的 I 帧，DTE 可以按照 5.4.1 所述来动作，并通过将下一个发送的 I 帧控制字段中的 N(R) 设置为 DTE 接收状态变量 V(R) 的值来确认已接收的 I 帧，或 DTE 通过发送 N(R) 等于 DTE 接收状态变量 V(R) 值的 RR 帧来确认已接收的 I 帧。

   2) 如果无 I 帧发送，DTE 可以发送 N(R) 等于 DTE 接收状态变量 V(R) 值的 RR 帧。

b) 如果 DTE 现在处于忙状态，则它应发送 N(R) 等于 DTE 接收状态变量 V(R) 值的 RNR 帧（见 5.4.8）。

当 DTE 处于忙状态时，它可以不理睬在任何接收的 I 帧中所包含的信息字段。

5.4.3 无效帧的接收

当 DTE 收到无效帧（见 3.8）时，应丢弃该帧。

5.4.4 失序帧的接收

当 DTE 收到的有效 I 帧，其发送顺序编号不正确，即不等于 DTE 的当前接收状态变量 V(R) 时，应将该帧的信息字段丢弃，并发送 N(R) 设置为比最后正确接收 I 帧的 N(S) 高 1 的 REJ 帧。如果对重传请求需要确认，REJ 帧应为 P 位置“1”的命令帧；否则，REJ 帧既可以是命令帧，也可以是响应帧。然后，DTE 应丢弃已接收的所有 I 帧中的信息字段，直至正确收到期望的 I 帧。当收到期望的 I 帧时，

DTE按照5.4.2所述确认I帧,DTE应按照4.4.2所述使用已丢弃的I帧中的N(R)和P位信息。

5.4.5 接收确认

当DTE正确收到I帧或监控帧(RR、RNR或REJ)时,即使处于忙状态,DTE应将该帧中所包括的N(R)考虑为对已发送的帧的N(S)最大等于N(R)减1,而且包括N(R)减1在内的所有I帧的确认。当DTE正确收到的I帧或监控帧,其N(R)大于上一次接收的N(R)(实际上确认了某些I帧),或正确收到的REJ帧,其N(R)等于上一次接收的N(R)时,DTE应停止定时器T1。

如果定时器T1由于收到I,RR或RNR帧而停止,而且,假如仍有一些悬而未决的I帧未确认,DTE应启动定时器T1。如果定时器T1随后超时,DTE应遵循关于未被确认的I帧的恢复规程(见5.4.9)。如果定时器T1由于接收REJ帧已经复位,DTE应遵循5.4.6中的重传规程。

5.4.6 接收REJ帧

当DTE收到REJ帧时,应将其发送状态变量V(S)置为收到的REJ帧控制字段中的N(R)。按照6.4.1所述规程,一旦相应的I帧可供发送,DTE就立即发送或重发该I帧。传输或重新传输应遵循下述规则:

a) 当DTE正在发送监控命令或响应而收到REJ帧时,在开始传输请求的I帧前,应完成正在传输的帧;

b) 当DTE正在发送无编号命令或响应而收到REJ帧时,应不理睬重传请求;

c) 当DTE正在发送I帧而收到REJ帧时,可以放弃该I帧,而在放弃该帧后立即开始传输请求;

d) 当DTE未发送任何帧而收到REJ帧时,应立即开始传输请求的I帧。

在所有情况下,如果在REJ帧所指示的I帧之后已经发送了其他未被确认的I帧,那么,DTE在重传请求的I帧之后应重发那些I帧。

如果DTE收到的来自DCE/远程DTE的REJ帧为P位置为"1"的命令,它在发送或重发相应的I帧之前,应发送F位置为"1"的RR,RNR或REJ响应中的适当一个。尚未发送的其他I帧可在重发的I帧之后发送。

5.4.7 接收RNR帧

DTE收到RNR帧后,应停止传输或重传I帧,直至收到RR或REJ帧,或直至定时器T1超时,见4.4.1。当定时器T1在收到忙清除指示之前超时,DTE应遵循下述规程。在任何一种情况下,在收到RR或REJ帧或完成链路复位规程前,DTE不应发送任何其他I帧。

定时器T1超时后,DTE应发送P位置"1"的监控命令帧(RR、RNR或REJ),并重新启动T1,以便决定DCE/远程DTE的接收状态有无变化,DCE/远程DTE应使用F位置"1"的监控响应帧(RR、RNR或REJ)对P位置"1"的命令进行响应,以指示忙状态的继续(RNR帧)或忙状态(RR或REJ帧)的清除。当收到ICE/远程DTE的响应时,应停止定时器T1。

a) 如果响应是RR或REJ帧,便认为忙状态清除,DTE可以从接收的响应帧中N(R)所标识的I帧开始发送I帧。

b) 如果响应是RNR帧,便认为忙状态仍然存在。一段时间(例如,定时器T1的长度)后,DTE应重复询问DCE/远程DTE的接收状态。

如果定时器T1在收到状态响应前超时,应重复上述询问过程。如果N2次试图得到状态响应都未成功,DTE应按照5.6所述启动链路复位规程。

如果在询问过程中的任何时刻,收到来自DCE/远程DTE的未请求的RR或REJ帧,应将它考虑为忙状态清除的指示。如果非请求的RR或REJ帧是F位置"1"的命令帧,在DTE可以重新启动传输I帧之前,应首先发送F位置"1"的适当的响应帧。如果定时器T1在运行,DTE应等待F位置"1"的非忙响应,或等待T1超时,然后从收到的RR或REJ帧中的N(R)所标识的I帧开始,重新启动传输I帧。

5.4.8 **DTE 忙状态**

当 DTE 进入忙状态时，它应在最早的机会发送 RNR 帧。如果对忙状态指示需要确认，RNR 帧应是 P 位置“1”的命令帧。否则，RNR 帧既可以是命令帧，也可以是响应帧。

在忙状态期间，DTE 应接受和处理监控帧，接受和处理 I 帧的 N(R)字段内容。如果 DTE 收到 P 位置“1”的监控命令或 I 命令帧时，它应送回 F 位置“1”的 RNR 响应。

为清除忙状态，DTE 应发送 REJ 帧或 RR 帧，而其 N(R)设置为当前接收状态变量 V(R)的值(例如，帧的选择取决于 DTE 是否丢弃了正确接收的 I 帧信息字段)。如果对忙到不忙变化需要确认，REJ 帧或 RR 帧应为 P 位置“1”的命令帧，否则，REJ 帧或 RR 帧既可以是命令帧，也可以是响应帧。

5.4.9 **等待确认**

如果 DTE 对它已发送的 I 帧等待 DCE/远程 DTE 的确认而 T1 超时，它应重新启动定时器 T1，并发送适当的 P 位置“1”的监控命令帧(RR、RNR 或 REJ)。如果 DTE 正确地收到 F 位置“1”的监控响应帧，而其 N(R)在上次收到的 N(R)至上次发送的 N(S)加 1 范围内，该 DTE 应复位定时器 T1，并置它的发送状态变量 V(S)为接收到的 N(R)，然后适当选择重新启动 I 帧传输或重传。另一方面，如果 DTE 正确地收到 F 位置“0”的监控响应帧，或 P 位置“0”或置“1”的 I 帧，或监控命令帧，而其 N(R)在上次接收的 N(R)至上次发送的 N(S)加 1 范围内，该 DTE 不应复位定时器 T1，而使用已接收的 N(R)作为对已发送的直到并包括最大编号为[N(R)－1]的 I 帧在内的确认指示。

如果收到 F 位置“1”的监控响应帧之前，定时器 T1 超时，DTE 应重发 F 位置“1”的适当的监控命令帧(RR，RNR 或 REJ)。为获得来自 DCE/远程 DTE 的 F 位置“1”的监控响应帧而进行 N2 次尝试后，DTE 应按照 5.6 所述启动链路复位规程。

5.5 **链路复位或链路重新初始化(链路建立)的条件**

当在信息传输阶段 DTE 收到非无效帧(见 3.8)为 4.3.9 所列状态之一时，它应通过发送 FRMR 响应报告差错状态(见 5.6.2)并请求 DCE/远程 DTE 启动链路复位规程。

当 DTE 在信息传输期间收到 FRMR 响应时，它应启动链路复位规程(见 5.6.1)，或送回 DM 响应，用以要求 DCE/远程 DTE 启动链路建立(初始化)规程。DTE 发送 DM 响应后，它应进入断开阶段。

当 DTE 在信息传输期间收到 UA 响应，或 F 位置“1”的非请求的响应时，它可以启动链路复位规程或送回 DM 响应，用以要求 DCE/远程 DTE 启动链路建立(初始化)规程。DTE 发送 DM 响应后，应进入断开阶段。

当 DTE 在信息传输阶段收到 DM 响应时，它应启动链路建立(初始化)规程，或送回 DM 响应，用以要求 DCE/远程 DTE 启动链路建立规程。DTE 发送 DM 响应后，应进入断开阶段。

5.6 **链路复位规程**

5.6.1 **链路复位**

链路复位规程按照下述规程用来初始化信息传输的两个方向。链路复位规程仅适用于信息传输阶段。

DTE 或 DCE/远程 DTE 都可启动链路复位规程。链路复位规程应表示 DTE 和/或 DCE/远程 DTE 忙状态(如果存在)的清除。

DCE/远程 DTE 通过向 DTE 发送 SABM/SABME 命令启动链路复位。如果 DTE 正确收到 SABM/SABME 命令，断定其自身可继续处于信息传输阶段，它应将 UA 响应送回到 DCE/远程 DTE，使它的发送状态变量 V(S)和接收状态变量 V(R)复位为“0”并保持在信息传输阶段。如果 DTE 正确地收到 SABM/SABME 命令，断定其自身不能保持在信息传输阶段，它应送回 DM 响应，作为对复位请求的否认，并进入断开阶段。DTE 通过向 DCE/远程 DTE 发送 SABM/SABME 命令和启动它的定时器 T1 来启动链路复位。

DTE 收到 DCE/远程 DTE 的 UA 响应，应将它的发送状态变量 V(S)和接收状态变量 V(R)复位为“0”，停止其定时器 T1，并保持在信息传输阶段。DTE 收到作为对链路复位请求否认的 DCE/远程 DTE 的 DM 响应时，应停止定时器 T1，并进入断开阶段。

DTE 发送 SABM/SABME 命令后，应不理睬并丢弃来自 DCE/远程 DTE 的除了 SABM/SABME

或 DISC 命令，UA 或 DM 响应以外的任何帧。收到来自 DCE/远程 DTE 的 SABM/SABME 或 DISC 命令将形成碰撞状态。该状态可用 5.3.7 所述解决。除为响应收到的 SABM/SABME 或 DISC 命令而发送的 UA 或 DM 响应以外，其他的帧只应在数据链路复位后和不存在悬而未决的 SABM/SABME 命令情况下发送。

DTE 发送 SABM/SABME 命令后，如果未正确地收到 UA 或 DM 响应，在 DTE 中定时器 T1 将超时。然后 DTE 可以再次发送 SABM/SABME 命令并启动定时器 T1，N2 次试图复位链路后，DTE 可启动适当的较高级的恢复动作并进入断开阶段。

5.6.2　链路复位请求

DTE 通过发送 FRMR 响应来请求 DCE/远程 DTE 复位数据链路(见 5.5)。

DTE 发送 FRMR 响应后，应进入帧拒绝状态。当 DTE 接收或发送 SABM/SABME 或 DISC 命令或 DM 响应时，清除帧拒绝状态。在帧拒绝状态期间所收到任何其他命令，将引起 DTE 重发信息字段与原始发送的信息字段相同的 FRMR 响应。

DTE 在传输 FRMR 响应时，可以启动定时器 T1。如果在收到 DCE/远程 DTE 的 SABM/SABME 或 DISC 命令或 DM 响应前，定时器 T1 超时，DTE 应重发 FRMR 响应，并启动定时器 T1，DTE N2 次试图使 DCE/远程 DTE 复位链路后，DTE 应按照 5.6.1 所述自己使链路复位。

在帧拒绝状态中，DTE 不应发送 I 帧和监控帧。另外，收到的 I 帧和监控帧，除了检查置"1"的 P 位外，应由 DTE 予以丢弃。在定时器 T1 运行期间，由于收到 F 位置"1"的命令而必须由 DTE 发送附加的 FRMR 响应时，定时器应继续运行。DTE 在收到 FRMR 响应(即使在帧拒绝状态期间)时，应按照 5.6.1 所述通过发送 SABM/SABME 命令启动复位规程，或按照 5.3.1 所述发送 DM 响应，用以请求 DCE/远程 DTE 启动链路建立规程，并进入断开阶段。

5.7　系统参数表

系统参数应如下。

5.7.1　定时器

5.7.1.1　定时器 T1

DTE 定时器 T1 系统参数的值可以与 DCE/远程 DTE 定时器 T1 系统参数的值不同。这两个参数值应为 DTE 和 DCE/远程 DTE 两者所共知，并就指明的时间周期协商一致。

在定时器 T1 的周期结束时，按照 5.3～5.4 所述规程可以启动帧的重传，定时器 T1 的周期应考虑是在帧传输开始时启动还是在结束时启动。

规程适当的操作，要求发送器的(DTE 或 DCE/远程 DTE)定时器 T1 大于传输帧(SABM/SABME，DM，DISC，FRMR，I、监控命令或 REJ 响应)和收到作为对该帧应答而返回的相应帧 UA，DM 或确认帧之间的最大时间。因此，接收器(DTE 或 DCE/远程 DTE)对上述帧返回响应或返回确认帧的延迟不应大于 T2 值，其中 T2 是系统参数(见 5.7.1.2)。

5.7.1.2　参数 T2

DTE 的参数 T2 值可以与 DCE/远程 DTE 的参数 T2 值不同。

T2 是在 DTE 或 DCE/远程 DTE 中，必须启动确认帧之前可用的时间量。目的是在 DCE/远程 DTE 或 DTE 中的定时器 T1 超时前确保分别由 DCE/远程 DTE 或 DTE 接收确认帧。T2＜T1。

5.7.1.3　定时器 T3

为判定所考虑的数据链路处于断开(未服务)状态，可选定时器 T3 的周期应提供足够的时间间隔。T3≫T4。

5.7.1.4　参数 T4

参数 T4 是系统参数。它代表 DTE 允许链路上无帧交换的最大时间。T4 的值应大于 T1。对不涉及数据链路故障或物理链路状态早期检测的那些应用，T4 的值可以很大。T4≫T1。

5.7.1.5　参数 T5

参数 T5 仅应用于在起/止环境中操作。DTE 参数 T5 的值可以不同于 DCE/远程 DTE 参数 T5 的值。

没有考虑它的入信道为空闲信道状态(见3.11.2.2),DTE或DCE/远程DTE的T5是时间长度将接收到连续码条件(逻辑“1”状态)。

5.7.2 最大传输次数N2

DTE的N2系统参数之值可以与DCE/远程DTE的N2系统参数值不同。这两个值应为DTE和DCE/远程DTE两者所共知,并就指明的时间周期协商一致。

N2值应表示由DTE或DCE/远程DTE所进行的最大尝试次数,旨在完成将帧分别成功地传输到DCE/远程DTE或DTE。

5.7.3 I帧中最大比特数N1

DTE的N1系统参数值可以与DCE/远程DTE的N1系统参数值不同。它们的值应为DTE和DCE/远程DTE两者所共知。

N1的值表示DTE或DCE/远程DTE分别希望接受DCE/远程DTE或DTE的I帧中的最大比特数(不包括标志和为透明性而插入的比特0)。

为支持通用的DCE操作,DTE所支持的DTE N1的值,不应小于1 080个比特(135个八位位组)。DCE应向DTE提供DTE需要的DCE N1的值。该值应大于或等于就呼叫建立和清除包加上DTE/DCE接口处地址、控制和FCS字段长度而商定的最大长度,并大于或等于可以跨过DTE/DCE接口的数据包加上DTE/DCE接口处地址,控制和FCS字段长度的最大长度。

5.7.4 悬而未决I帧的最大数目*k*

在DTE/ DCE操作环境下,DTE的系统参数*k*值应与DCE的系统参数*k*值相同。该值应就规定的时间周期由DTE和DCE协商一致。在DTE/远程DTE操作环境中,DTE的系统参数*k*值可与远程DTE的系统参数*k*值不同。这些值应就指明的时间周期由DTE和远程DTE协商一致。

DTE的*k*值应表示该DTE在任何时刻可能具有的悬而未决的(即未被确认的)顺序编号I帧的最大数目。*k*的值对模8操作决不超过7,对模128操作决不超过127。

注:所有DCE都支持值7,DCE也可能支持其他值(小于和大于7)。

6 多链路规程(MLP)

对DTE /DCE操作,使用多链路规程是预定时的可选件。对DTE/远程DTE操作,使用多链路规程要双边商定。

DTE多链路规程(MLP)实现下述功能:

——将要发送到DCE/远程DTE的包在可用的DTE SLPs上分布;

——将收自DTE SLPs的DCE/远程DTE的包重新排序,以便交付到DTE的较高一级。

6.1 适用范围

下述可选多链路规程(MLP)用于在DTE和DCE/远程DTE之间的一个或多个单链路规程(SLPs)上并行进行数据交换,每个单链路规程都遵循第3、4和第5章的描述。

6.2 多链路帧结构

在SLP上的全部信息传输应遵循图2所示多链路帧格式之一。

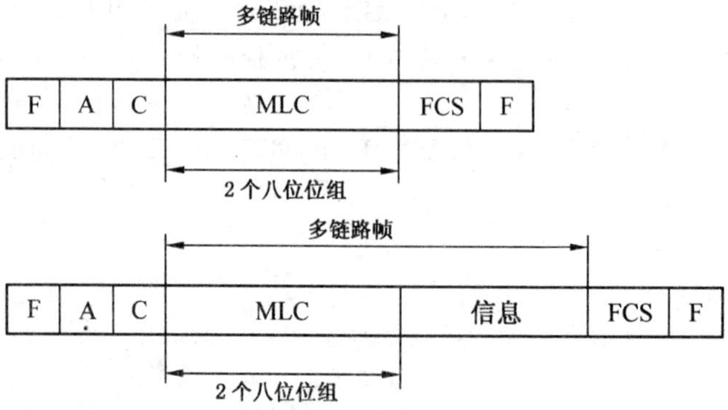

图2 多链路帧格式

6.3中所描述的多链路控制字段(MLC)的内容由2个八位位组构成。当多链路帧的信息字段存在时,它应处于MLC之后(关于本标准采用的多链路帧信息字段中的比特编码和编组,见6.3.2.3)。

6.3 多链路控制字段格式和参数

6.3.1 多链路控制字段格式

在多链路控制字段中,交付到SLP和收自SLP的比特次序以及各字段的编码具有图3所示的关系。

6.3.2 多链路控制字段参数

与多链路控制字段格式相关的各种参数描述见图4。

6.3.2.1 不排序比特(V)

不排序比特(V)指示接收的多链路帧是否遵从排序限制。V置"1"意味着不需要排序。V置"0"意味着需要排序。

注:该比特应置"0"。V置"1"的规程是进一步研究的课题。

6.3.2.2 序列检验选件比特(S)

序列检验选件比特(S)仅当V置为"1"(它表示不需要对接收的多链路帧排序)时有效。S置"1"意味着未指派MN(S)号。S置"0"意味着已经指派了MN(S)号,因此,虽然不需要排序,但可进行重复多链路帧检验以及标识出失去的多链路帧。

注:该比特应置"0"。S置"1"的规程是进一步研究的课题。

图示符号:

MNH(S)——12比特多链路发送顺序编号MN(S)中的比特9~12;

MNL(S)——12比特多链路发送顺序编号MN(S)中的比特1~8;

V——不排序比特;

S——序列检验选件比特;

R——MLP复位请求比特;

C——MLP复位证实比特。

图3 多链路控制字段格式

6.3.2.3 MLP复位请求比特(R)

MLP复位请求比特用来请求对MLP状态变量复位(见6.4.2),R比特置"0"应在正常通信中使用,即未请求复位。R比特置"1"由DTE MLP或DCE/远程DTE MLP分别用来请求复位DCE/远程DTE或DTE MLP状态变量。在R=1的情况下,多链路帧信息字段不包括较高级信息,但可以包括可选的8比特带有复位原因的原因字段。

注:原因字段的编码是进一步研究的课题。

6.3.2.4 MLP复位证实比特(C)

MLP复位证实比特用于回答R比特置"1",以便证实所有MLP状态变量已经复位。C比特置"0"在正常通信中使用。即尚未发起复位请求。C比特置"1"由DTE MLP或DCE/远程DTE MLP在分别回答R比特置"1"的DCE/远程DTE MLP或DTE MLP多链路帧时使用,并指示,DTE MLP或DCE/远程DTE MLP状态变量复位进程已分别由DTE MLP或DCE/远程DTE MLP完成。在C=1的情况下,多链路帧应在无信息字段条件下使用。

6.3.2.5 **多链路发送状态变量 MV(S)**

多链路发送状态变量 MV(S)表示要指派给 SLP 的按顺序的下一个多链路帧的顺序编号。该变量取值为 0～4 095(模 4096)。每相继指派一个多链路帧,MV(S)的值便增加 1。

6.3.2.6 **多链路顺序编号 MN(S)**

多链路帧包括多链路顺序编号 MN(S)。在将按序的多链路帧指派给可用的 SLP 之前,MN(S)的值应置为多链路发送状态变量 MV(S)的值。在接收器端,多链路帧信息字段的内容交付到较高一级之前,多链路顺序编号用来重新排序和检查失去的和重复的多链路帧。

6.3.2.7 **发送多链路帧确认状态变量 MV(T)**

MV(T)是发送 DTE MLP 或 DCE/远程 DTE MLP 的状态变量。该状态变量分别表示等待 DTE SLP 或 DCE/远程 DTE SLP 已经从它的 DCE/远程 DTE SLP 或 DTE SLP 收到确认指示的最早的多链路帧。该变量取值为 0～4 095(模 4096)。顺序编号高于 MV(T)的某些多链路帧可能已被确认。

6.3.2.8 **多链路接收状态变量 MV(R)**

多链路接收状态变量 MV(R)表示接收 DTE MLP 或 DCE/远程 DTE MLP 的要接收并交付到较高一级的下一个按序多链路帧的顺序编号。该变量取值为 0～4 095(模 4096)。MV(R)的值可按 6.4.4 所述修正。在 DTE MLP 或 DCE/远程 DTE MLP 接收窗口中,具有较高顺序编号的多链路帧可能已接收。

6.3.2.9 **多链路窗口尺寸 MW**

MW 是 DTE MLP 或 DCE/远程 DTE MLP 可以传输给其 SLP 的,超过尚未确认的最低编号多链路帧的顺序编号多链路帧的最大数目。MW 是一系统参数,永远不能超过 4 095-MX, MW 的值应与 DCE/远程 DTE 在一段时间内保持一致,而且对 DTE MLP 和 DCE/远程 DTE MLP,就给定信息传输方向,HW 应有相同的值。

注:影响参数 MW 值的因素包括,但不限于单链路传输和传播延迟、链路数目、多链路帧长度范围,以及单链路参数 N2,T1 和 k。

MLP 发送窗口包括的顺序编号范围为 MV(T)～MV(T)+MW－1。

MLP 接收窗口包括的顺序编号范围为 MV(T)～MV(T)+MW－1。在该窗口范围内接收到的任何多链路帧,当它的 MN(S)变得与 MV(R)相同时,应交付到较高一级。

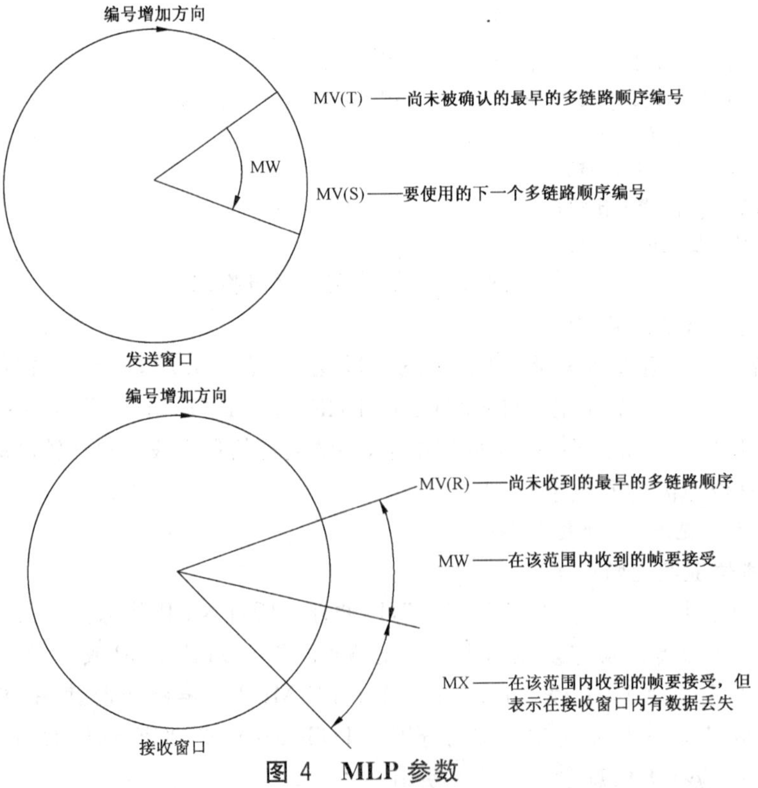

图 4 MLP 参数

6.3.2.10 接收 MLP 窗口保护区 MX

MX 是确定多链路顺序编号保护区的系统参数，具有从 MV(R)＋MW 开始的固定值。MX 的范围对接收 MLP 要足够大，以便接收 MLP 识别在它的接收窗口之外的，多链路帧丢失产生后，它可能为合法接收的最高 MN(S)。

注：在计算保护区 MX 值时可选择多种方法：

a) 发送 MLP 将 h_i 个按顺序的连续的多链路帧一次指派给第 i 个 SLP，在这样的系统中，MX 应大于或等于 $\sum_{i} h_i + 1 - h_{\min}$，其中 $h_{\min}$ 等于所碰到的最小 h_i。在多链路组中存在 L 个 SLP 的场合，MX 应大于或等于

$$\sum_{i=1}^{L} h_i + 1 - h_{\min}$$

b) 在发送 MLP 以旋转为基础将 h 个按顺序的连续的多链路帧一次指派给每个 SLP，在这样的系统中，接收 MLP 的 MX 应大于或等于 $h(L-1)+1$，其中 L 是多链路组中的 SLP 的数目。

c) MX 不大于 MW。

选择 MX 值的另外的方法是需进一步研究的课题。

在该保护区接收的顺序编号 MN(S)＝Y 的多链路帧表示在 MV(R)至 Y－MW 范围中那些缺少的多链路帧已经丢失。然后，MV(R)修改为 Y－MW＋1。

6.4 多链路规程(MLP)描述

下述规程是从 DTE 作为多链路帧发送器和接收器的观点给出的。应该注意到，DCE/远程 DTE 作为多链路帧的发送器和接收器时，可遵循这些相同的通用规程。

该运算按模 4096 进行。

6.4.1 初始化

DTE 首先将 MV(S)，MV(T)和 MV(R)复位到“0”来实现 MLP 的初始化，然后初始化它的每个 SLP。当至少成功地初始化 SLP 之一时，DTE 便可启动多链路帧的交换。SLP 初始化应按照 5.3.1 进行。

注：不能初始化的 SLP 要说明不能提供服务，并应采取适当的恢复动作。

另一种方法是，MLP 初始化可以按 6.4.2 所述实现多链路复位规程来实现。

6.4.2 多链路复位规程

多链路复位规程应提供一种机制，旨在对互连的 MLPs 的多链路顺序编号进行同步。多链路复位规程成功之后，每个方向的多链路顺序编号都从零开始。R＝1 的多链路帧用来请求多链路复位，C＝1 的多链路帧证实多链路复位过程业已完成。MLP 根据传输 R＝1 的多链路帧，应将 MV(S)和 MV(T)复位到“0”，根据收到 R＝1 的多链路帧，应将 MV(R)复位到“0”。

当 DTE MLP 启动复位规程时，它将移去在那个 MLP 中和相关的 SLP 中挂起的所有未确认的多链路帧，并维持对这些帧的控制。此后，发起的 MLP 不传输 R＝C＝0 的多链路帧，直到完成复位过程。移去 SLP 中多链路帧的一种方法是断开该 SLP 的数据链路。随后，启动的 MLP 将它的多链路发送状态变量 MV(S)和确认它的发送多链路帧的状态变量 MV(T)复位到“0”。然后发起的 MLP，在它的 SLP 之一上，传输 R＝1 的多链路帧作为复位请求，并启动定时器 MT3，R＝1 的帧中 MN(S)字段的值可为任何值，因为当 R＝1 时，接收 MLP 不理睬 MN(S)字段。发起的 MLP 应继续接收和处理来自远程 MLP 的多链路帧，直至它从远程 MLP 收到 R＝1 的多链路帧。

在正常通信状态下，收到来自发起 MLP 的 R＝1(复位请求)的多链路帧的 MLP，应按上述那样启动操作。该 MLP 不应接收来自启动 MLP 的 R＝C＝0 的多链路帧，直到复位过程完成。收到的任何这种多链路帧应予以丢弃。在 MLP 已经启动它自己的多链路复位规程，并将 R＝1 的多链路帧传输到它的 SLP 之一以便传输时，那个 MLP 在收到来自另一 MLP 的 R＝1 的多链路帧时，不应重复上述操作。

收到 R=1 的多链路帧(复位请求)。引起接收的 MLP 将业已收到的那些多链路帧信息字段(包)交付到较高一级,并标识指派给 SLP 的但未确认的那些包。

尚未收到的从 MV(R)原始值开始直到且包括任何后继最大编号 MV(R)值的多链路 I 帧内容的丢失。可向较高级报告。然后,接收 MLP 将它的多链路接收状态变量 MV(R)复位到“0”。

MLP 将 R=1 的多链路帧指派给它的 SLP 之一后,它应从该 SLP 接收传输是否成功的指示,作为传输 C=1 的多链路帧的前提条件之一。当发起 MLP 随后收到 R=1 的多链路帧,并完成了上述多链路状态变量复位操作时,发起 MLP 应向另一 MLP 传输 C=1 的多链路帧(复位证实)。当一个 MLP:

a) 收到 R=1 的多链路帧时;

b) 传输了 R=1 的多链路帧时;

c) 完成了上述多链路状态变量复位操作时。

假定传输 R=1 的多链路帧成功与否的指示,已经从该 MLP 的 SLP 收到,那么该 MLP 应尽快向另一 MLP 传输 C=1(复位证实)的多链路帧。C=1 的多链路帧是对 R=1 的多链路帧的回答。上述 C=1的帧中 MN(S)字段的值可为任何值,因为当 C=1 时,接收 MLP 不应理睬 MN(S)字段。多链路复位后,每一方向上收到的多链路顺序编号 MN(S)应从 0 开始。

当 MLP 只使用一个 SLP 来发送 R=1 的多链路帧和 C=1 的多链路帧时,它可以在 R=1 的多链路帧之后,立即传输 C=1 的多链路帧,无须等待 SLP 传输完成的指示。MLP 不应重发 R=1 的或 C=1 的多链路帧,除非定时器 MT3 超时。MLP 可以使用两个不同的 SLP,一个用于发送 R=1 的多链路帧,另一个在收到 R=1 的多链路帧成功传输指示后用于发送 C=1 的多链路帧。永远不能使用 R=C=1的多链路帧。

当 MLP 收到 C=1 的多链路帧时,MLP 应停止它的定时器 MT3。将 C=1 的多链路帧传输到远程 SLP 和收到来自远程 MLP 的 C=1 的多链路帧都可完成 MLP 的多链路复位规程。传输 R=C=0 第一个多链路帧,其顺序编号 MN(S)值为 0。MLP 向一个 SLP 传输了 C=1 的多链路帧后,MLP 可以接收一个或多个 R=C=0 的多链路帧。MLP 收到 C=1 的多链路帧后,该 MLP 可以向它的 SLP 传输一个或多个 R=C=0 的多链路帧。

当 MLP 在收到 R=1 的多链路帧和传输 C=1 的多链路帧间,附加地收到 R=1 的一个或多个多链路帧时,该 MLP 应丢弃 R=1 的额外的多链路帧。

当 MLP 收到 C=1 的多链路帧,而该帧不是对 R=1 的多链路帧的回答时,该 MLP 应丢弃该 C=1 的多链路帧。

MLP 在它的 SLP 之一上,传输了 C=1 的多链路帧后,该 MLP 可以接收来自另一 MLP 的 R=1 的多链路帧。这个 MLP 应将此 R=1 的多链路帧,看成新的复位请求,并从头开始启动多链路复位规程。当 MLP 未收到 R=1 的多链路帧而传输了 R=1 的多链路帧,并因此收到 C=1 的多链路帧时,该 MLP 应从头开始重新启动复位规程。

当定时器 MT3 超时时,MLP 应从头开始重新启动多链路规程。定时器 MT3 的值要足够大,以包括 SLPs 的发送、重发、传播延迟以及接收 R=1 的多链路帧和用 C=1 的多链路帧进行响应的 MLP 的操作时间。

6.4.3 发送多链路帧

当发送的 DTE MLP 从较高一级接受数据单元时,它应将该包置于多链路帧中,置 MN(S)为 MV(S),确保 MN(S)不指派给发送窗口(MW)之外,置 V,S,R 和 C 为“0”,然后使 MV(S)加 1。

下面,发送和接收状态变量增值应根据连续重复顺序系列进行,即对模 4096 系列,4095 比 4094 大 1,0 比 4095 大 1。

注 1:V 和/或 S 比特置“1”的使用是需进一步研究的课题。

如果 MN(S)小于 MV(T)+MW,而且 DCE/远程 DTE MLP 在所有可用的 DCE/远程 DTE SLP 上尚未指示忙状态,发送 DTE MLP 便可向可用的 DTE SLP 指派新的多链路帧。发送 DTE MLP 总是首先指派最低 MN(S)的尚未指派的多链路帧。发送 DTE MLP 还可以将一个多链路帧指派给一个以上的 DTE SLP。当 DTE SLP 由于收到来自 DCE/远程 DTE SLP 的确认,而成功地完成多链路帧的传输时,它应该向发送 DTE MLP 作出指示。然后发送 DTE MLP 可以丢弃已确认的多链路帧。当发送 DTE MLP 收到来自该 DTE SLPs 的确认新指示时,应增加 MV(T),以指示尚未确认的最低编号的多链路帧。

不论何时,只要 DTE SLP 指示了它已发送一个多链路帧 N2 次,DTE MLP 则应将该多链路帧指派给相同的或其他的一个或多个 DTE SLP,除非 MN(S)在某一其他 DTE SLP 上先前已被确认。

DTE MLP 总是首先指派最小 MN(S)的多链路帧。

注 2:如果 DTE MLP 的实现是将一个多链路帧指派给一个以上的 DTE SLP(例如,为提高成功交付的概率),则存在这样一种可能性,即这种多链路帧之一(即重复的多链路帧)可能在前面的一个被确认后才传递到 DCE/远程 DTE MLP[这一前面的多链路帧会使接收 DCE/远程 DTE MLP 增加了它的 MV(R),发送 DTE MLP 增加了它的 MV(T)]。为了确保老的重复的多链路帧不被接收 DCE/远程 DTE MLP 误认为是新的多链路帧,需要发送 DTE MLP 决不将 MN(S)等于 MN(S)'－MW－MX 的新多链路帧指派给 DTE SLPs,直到所有这些 DTE SLP 业已成功发送了 MN(S)'的多链路帧,或这种传输已进行了最大次数。其中 MN(S)'与早期分配给其他 DTE SLP 的重复多链路帧相关。另一种方法是禁止增加 MV(T),直到指派了多链路帧 MN(S)'的所有 DTE SLP 业已成功传输了 MN(S)'的多链路帧,或这样的传输已进行了最大次数。这种方法和其他方法将是进一步研究的课题。

DTE MLP 的流量控制是利用窗口尺寸参数 MW 以及通过 DCE/远程 DTE SLP 所指示的忙状态获得的。

DTE MLP 不指派 MN(S)大于 MV(T)＋MW－1 的多链路帧。当要指派的下一个 DTE 多链路帧具有 MN(S)＝MV(T)＋MW 时,该 DTE MLP 应挂起该帧和后继的多链路帧,直到从 DTE SLP 收到了推进 MV(T)的确认指示。

DCE/远程 DTE MLP 通过在一个或多个 DCE/远程 DTE SLP 上指示忙状态对 DTE MLP 进行流量控制。出现忙状态的 SLP 的数目将决定可实现的 DTE MLP 流量控制的程度。当 DTE MLP 收到来自它的一个或多个 DTE SLP 的 DCE/远程 DTE SLP 忙状态指示时,DTE MLP 可以重新指派曾指派给这些 DTE SLP 的任何未确认的多链路帧。DTE MLP 应按照上述规定,将包括最低 MN(S)的多链路帧指派给可以使用的 DTE SLP。

万一出现电路故障,DTE SLP 复位,或 DTE SLP 或 DCE/远程 DTE SLP 断开,在受影响的 DLE SLP 上未确认的所有 DTE MLP 多链路帧应指派给非忙状态的可运行的 DTE SLP。

注 3:被撤销了未确认多链路帧的 DTE SLP 收到 RNR 帧后所采取的动作是进一步研究的课题。

注 4:检测发送 DTE MLP 故障的方法(例如,发送多于 MW 个多链路帧时)和所采取的动作是进一步研究的课题。

6.4.4 接收多链路帧

长度小于 2 个八位位组的任何多链路帧,应由接收 DTE MLP 丢弃。

注:当 V 和/或 S 等于 1 时,接收 DTE MLP 所遵循的规程是进一步研究的课题。当 R 或 C 等于 1 时,接收 DTE MLP 所遵循的规程应按照 6.4.2 所述规定。

当 DTE MLP 从 DTE SLP 之一收到多链路帧时,DTE MLP 应将接收的多链路帧的多链路顺序编号 MN(S),与它的多链路接收状态变量 MV(R)进行比较,并对该多链路帧进行如下动作:

a) 如果接收的 MN(S)等于 MV(R)的当前值,即是下一个期望的按序的多链路帧,DTE MLP 应将数据单元交付到较高一级。

b) 如果 MN(S)大于 MV(R)的当前值,小于 MV(R)＋MW＋MX,DTE MLP 应保持接收的多链路帧,直到满足上述条件 a),或如果它是重复的帧,就将它丢弃。

c) 如果 MN(S)不是 a)和 b)两种情况,则丢弃该多链路帧。

DTE MLP 收到多链路帧时,它用下述方法增加 MV(R):

1) 如果 MN(S)等于 MV(R)的当前值,MV(R)应增加一个数值,该数值应等于收到的相继按序多链路帧的个数。如果在收到MN(S)等于更新过的MV(R)之前有附加的多链路帧正等待交付,则应重新启动定时器MT1(见6.5.1),否则应停止定时器MT1。

2) 如果MN(S)大于MV(R)的当前值,小于MV(R)+MW,MV(R)则应保持不变。如定时器MT1未运行,则应启动该定时器。

3) 如果MN(S)大于或等于MV(R)+MW,但小于MV(R)+MW+MX,则MV(R)增加到MN(S)-MW+1,然后可将在MV(R)初始值上数据单元的丢失通知较高一级。当增加MV(R)的过程中,如果MN(S)=MV(R)的任何多链路帧尚未收到,也要将数据单元的丢失通知较高一级;如果MN(S)=MV(R)的多链路帧业已收到,则应交付给较高一级。

MV(R)达到MN(S)-MW+1时,MV(R)应按照上述1)进一步增加,直到碰到第一个未确认的MN(S)。

4) 如果MN(S)不为上述1)、2)和3)三种情况,MV(R)应保持不变。

如果定时器MT1超时,MV(R)应增加到等待交付给较高一级的下一个多链路帧的MN(S),然后可将原始MV(R)值上的数据单元的丢失通知较高一级。只要收到了相继、按序的多链路帧,该过程便应遵循上述a)和1)。

当希望对DCE/远程DTE MLP进行流量控制时,可以使一个或多个DTE SLP指示忙状态。DTE SLP所出现的忙状态数目决定可以实现的流量控制程度。

如果DTE MLP在重新排序完成前用完了它的接收缓冲容量,便可采用定时器MT2(见6.5.2)。不论何时,只要忙状态由DTE MLP在所有DTE SLP上示出,以及DTE MLP的多链路帧等待排序,就应启动MT2。当忙状态由DTE MLP在一个或多个DTE SLP上清除时,停止定时器MT2,如果MT2超时,则MN(S)=MV(R)的多链路帧被阻塞,并认为丢失。MV(R)应增加到尚未收到的下一个顺序编号,中间插入的多链路顺序编号的多链路帧中包括的数据单元应交付给较高一级。如果忙状态在所有DTE SLP上保持有效,而且多个多链路帧正等待重新排序,应重新启动定时器MT2。

6.4.5 SLP停止服务

通过断开物理或数据链路级使DTE SLP停止服务。任何悬而未决的DTE MLP多链路帧应重新指派给一个或多个其他DTE SLP,除非MN(S)在某一其他DTE SLP上先前已被确认。在数据链路级通常使DTE SLP停止服务的过程是用RNR帧流量控制DCE/远程DTE SLP,然后在逻辑上断开(见5.3.3)。

DTE SLP可能因为维护、信息流量或性能考虑而停止服务。

如果DTE SLP定时器T1已超时N2次,而且DTE SLP链路复位规程未成功,那么DTE SLP应进入断开阶段,使DTE SLP停止服务(见5.4.9和5.6)。

6.5 多链路系统参数表

6.5.1 丢失帧定时器MT1(多链路)

定时器MT1由接收DTE MLP用来在低信息流量期间,提供鉴别丢失MN(S)等于MV(R)的多链路帧的手段。

6.5.2 组忙定时器MT2(多链路)

为了识别在能完成所要求的重新排序前产生的"阻塞"多链路帧状态(例如,缓冲器用完情况),接收DTE MLP提供定时器MT2。当所有DTE SLP为忙并且多链路帧等待重新排序时,应启动MT2,如果在收到"阻塞"的多链路帧MV(R)前MT2超时,阻塞的多链路帧应宣布丢失。MV(R)应增加到要接收的按序的下一个多链路帧,在中间插入的多链路帧中的任何数据单元应交付给较高一级。

注:MT2可设置为无限值,例如,当接收DTE总具有充分大的存贮容量时。

6.5.3 MLP复位证实定时器MT3(多链路)

定时器MT3应由DTE MLP用来提供一种手段,用以标识传输DTE MLP R比特置为"1"的多链路帧后所期望的C比特置"1"的DCE/远程DTE MLP多链路帧尚未收到。

7 一致性

7.1 静态一致性

7.1.1 一般需求

声称与本标准相一致的 DTE 应实现：

a) 单链路操作；

b) 与 DTE 地址 A 一起操作(即，在响应帧发送 A)；

c) 或者基本(模 8)操作或者扩展(模 128)操作，以及这两种操作都可以实现(第 3 章)；

d) 或者同步传输或者起/止式传输，以及这两种传输都可以实现(3.5.1、3.5.2)；

e) 作为始发者进行链路建立(5.3.1、5.3.4)，以及作为响应者按照由 DCE/远程 DTE 启动的建立来进行链路建立(5.3.1)；

f) 作为响应者按照由 DEC/远程 DTE 启动断开来进行链路断开(5.3.3)；

g) 作为响应者按照由 DEC/远程 DTE 启动复位来进行链路复位(5.6.1)；

h) 在两个方向上的信息传输(5.2、5.4、5.4.1、5.4.2、5.4.3、5.4.4、5.4.5、5.4.6、5.4.7、5.4.9)；

j) 在收到带有通过相同帧重传不可恢复的差错状态的有效帧时，发送 FRMR 帧(4.3.9，5.5)

k) 在信息传送阶段，通过启动链路复位或通过发送 DM 响应并进入断开阶段来对接收到的 FRMR 响应帧进行响应(5.5)；

l) 定时器 T1(5.7.1.1)和参数 N2(5.7.2)；

m) 如果实现同步传输，利用连续的标志进行帧间时间填充(3.10.1)。

注：对启动链路建立的支持是必备的，仅因为在断开阶段，接收到非请求的 DM 响应帧时要求支持，按 5.3.4 的规定。在其他情况下不要求对启动链路建立的支持。

7.1.2 选件

声称与本标准相一致的 DTE 可以实现：

a) 多链路操作(第 6 章)；

b) 对于 DTE/DTE 应用与 DTE 地址 B 一起操作；

c) 如果支持起/止式传输，对于流量控制透明性(3.5.2.3.1)，控制字符八位位组透明性(3.5.2.3.2)和 7 比特数据路径透明性(3.5.2.1)，实现一个或多个透明选项；

d) 作为始发者进行链路断开(5.3.3)；

e) 作为始发者进行链路复位(5.6.1)；

f) DTE 忙状态(5.4.8)；

g) 定时器 T3(5.7.1.3)、T4(5.7.1.4)和 T5(5.7.1.5)；

h) 在断开阶段非请求 DM 响应帧的传输(5.3.4)；

i) 在链路建立之前 DISC 帧的传输(5.3.1)。

注：在选择不实现链路断开时需要注意，上述的 d)，如果一个实现可能用于 DTE/DTE 环境中，用 DTE/DTE 方式彼此通信的两个这样的实现可能不能断开该链路，因为，其中任一个 DTE 都不能启动该断开。

7.2 动态一致性

对于要支持的 PICS 状态的每个功能，所指实现应该呈现出与下列内容的实现相一致的外部行为：

a) 对应的数据链路层规程，和

b) 对于任何传输帧的所有相关字段，在第 3 章、4.1、4.3、4.3.9 和 5.1 中规定编码，PICS 形式表的功能项目引用上述条款规定的内容。

7.3 协议实现一致性声明(PICS)

声称与本标准一致的协议实现的供应者应填写在附录 A 中的 PICS 形式表的一个副本，包括全面标识该供应者和该实现两者所必需的信息。

附 录 A
（规范性附录）
PICS 形式表

A.1 引言

声称与本标准一致的协议实现的供应者应当完成下列的协议实现一致性声明(PICS)形式表。

已填写的 PICS 形式表是对上述实现的 PICS。PICS 是对已实现协议的能力和可选项的声明。PICS 可能有多种用途，包括：

——由协议实现者用作检查列表，以便通过监督来减少与标准不一致的风险；

——由实现的供应者和获得者或潜在的获得者用作实现能力的详细指示，说明了它与标准的 PICS 形式表所提供的公共理解基础的相对有关；

——由实现的用户或潜在用户用作对与另一个实现进行互工作的可能性进行初始检查的基础；

——由协议测试者用作选择合适测试方法的基础，根据这些测试来对实现一致性的声称进行评价。

A.2 缩略语和特殊符号

A.2.1 状态符号

M	必备的
O	可选的
O.*n*	可选的，但是支持要求至少有一组由相同数 *n* 标识的选项
X	禁止的
<item>	有条件的符号，其状态依赖于对< item >标出的支持（见 A.3.4）

A.2.2 一般缩略语

N/A	不适用
PICS	协议实现一致性声明

A.2.3 项目参考

下列是 PICS 形式表中使用的项目参考列表。

主要能力，A.5：	Ls, Lm, Lc, Lt, Lta
基本/扩展操作，A.6.1：	M8, M128
同步和起/止式传输，A.6.1：	Tsy, Tss, Tfc, Tcc, Tsb
链路建立，A.6.2：	LSI1, LSI2, LSI3, LSA, LSD, LSR
链路断开和断开阶段，A.6.2：	LD1, LD2, LDP
链路复位，A.6.2：	LRIa, LRIb, LRIc, LRId, LRRa, LRRb, LRRc, LRRd, LRA, LRD
U 帧的碰撞解析，A.6.2：	LCRa, LCRb, LCRc, LCRd, LCRe
I 帧传输，A.6.3：	IT, ITs, ITCi, ITCs, ITRJ, ITB
I 帧接收，A.6.3：	IR, IRs, IRRJ, IRB
帧拒绝，A.6.3：	FR1, FR2
帧格式，A.6.4：	F1a, F1b, F1c, F2, F2a, F2b, F2c, F2d, F2e, F3, F4, FD, FA, FF
定时器等，A.6.5：	T1a, T1b, T1c, T1d, T1e, T1f, T1g, N2a, N2b, T3, T4, T5a, T5b

系统参数,A.6.6:	SPT1, SPT2, SPT3, SPT4, SPT5a, SPT5b, SPN2, SPN1, SPk
多链路规程,初始化,A.7.1:	ML1
多链路复位,A.7.1:	MLRi, MLRr, MLRCi, MLRCr, MLLNrs
使SLP停止服务的多链路规程,A.7.1	MLSOS
多链路帧传输,A.7.1:	MLFT, MLFTrf, MLFTrb
多链路帧接收,A.7.1:	MLFR, MLFRbs, MLFRfc, MLLNt1, MLMT2
多链路帧,A.7.1:	MLFS, MLFF, MLFVS, MLFSC
多链路系统参数,A.7.2:	SPMT1, SPMT2, SPMT3, SPMWT, SPMWR, SPMWX

A.3 填写PICS形式表须知

A.3.1 PICS形式表的一般结构

PICS形式表的第1部分,即实现标识和协议概要,是按照指出的充分标识供应者和实现两者所必需的信息来填写。

PICS形式表的主要部分是一张具有固定格式的调查表,它被分成若干条,每条包含许多独立的项目。对调查表项目的答案要在最右边一列给出,它或者简单地标记一个答案,以指示一个受限的选择(通常用"是"或"否")或者录入一个值或值的集合或范围(注意,存在某些项目,其中,从一组可能的答案中能适用两种或多种选择:所有相关的选择都要作出标记)。

每个项目通过一个项目引用被标识在第1列中;第2列包含要答复的问题;第3列包含在本标准正文中规定该项目的一个或多个引用材料。其余各列记录该项目的状态——不该支持是必备的,可选的还是有条件的——并提供一定的空格以供答复用,也见下面的A.3.4。

供应者也可以提供(或者被要求提供)进一步的信息,这些信息被分类为附加信息或异常信息。当提供时,每一类进一步的信息要在分别用标以Ai或Xi的项目的进一步条件中提供,以便交叉引用。其中,i是该项目的无歧义标识(例如,简单地是一个数字);对其格式和表示没有其他限制。

包括任何附加信息和异常信息的一份已填写的PICS形式表就是对上述实现的PICS。

注:若一个实现能以一个以上的方法进行配置,则单个PICS就可以能够描述所有这样的配置。然而,如果能使信息的表示更容易和更清晰的话,供应者就有提供一个以上的PICS的选择能力,而每个PICS都包括了该实现的配置能力的某个子集。

A.3.2 附加信息

附加信息的项目允许供应者提供进一步的信息,以预期帮助解释PICS。不预期或期望它供给大量的信息,并且在没有任何这样的信息的情况下,也能认为PICS是完整的。一些例子可能表达若干方法的概括,用这些方法单个实现能够被建立起来,并且能在各种环境和配置下进行操作;或者,这些例子也可能表达排除那些特征(尽管是可选的)的简短基本原理——或许是基于特定应用需求,而这些特征都是在本标准协议实现中仍然公共存在。

附加信息的项目引用可以在该调查中接着任何答案录入,并且可以包括在异常信息的项目内。

A.3.3 异常信息

供应者希望用与指出的要求相矛盾的方法(在任何条件业已施加之后)来答复带有必备状态的项目,这或许是一种偶然发生的情况。在支持列中对此找不到预先写出的答案,而是,该供应者应把遗漏的答复写入该支持列,同时把Xi引用写入异常信息项目,并且该供应者应在异常项目自身中提供合适的基本原理。

用这种方法所要求的异常项目的某个实现不符合本标准。

注:对于上述情况的可能原因是,本标准已经报告的一种缺陷,期望对此进行纠正来更改这种实现所不满足的要求。

A.3.4 有条件的表项

PICS形式表包含许多有条件的项目。这些都是指项目自身的适用性及其状态(它是否适用必备的或可选的状态)的一些项目,这些项目都依赖于某些其他项目是否得到支持。

若一组项目受适用性的相同条件的制约,关于该条件的一个独立预先问题出现在该组的开头处,如果选择了“不适用”答案,则指令跳过该调查表中的后面的点。否则,利用在该状态列中的形式为“<item>:S”的有条件符号来表示各个有条件的项目,其中,<item>是出现在对于某些其他项目的表中的第1列内的一个项目引用,S是状态符号M或O。

如果由条件符号所涉及的项目被标记为得到支持,则该有条件的项目是适用的,并且其状态由S给出:该支持列按通常的方法来填写。否则,该有条件的项目是不相关的,并且要作出不适用(N/A)答案的标记。

在成组有条件的项目的条件符号或预先问题中使用了引用的每个项目都在该项目列中打一个星号来表示。

A.4 PICS形式表——GB/T 14399—2008:标识

A.4.1 实现标识

供应者	
询问有关PICS的联系点	
实现名称和版本	
对整个标识所需的其他信息,例如:机器和/或操作系统的名称和版本,系统名称	

注1:对于所有的实现,仅要求前面三个项目;在满足整个标识的情况下,可以适当地填写其他信息。

注2:对术语“名称”和“版本”宜作出恰当的解释,以便与供应者的术语相对应(例如,类型,系列,模型)。

A.4.2 协议摘要,GB/T 14399—2008

协议规范的标识	GB/T 14399—2008	
对本PICS修正件和勘误表的标识 作为本PICS一部分已填写的形式表	GB/T 14399—2008 修正件: 勘误表: 修正件: 勘误表:	
任何异常项目(见A.3.3)? (答复“是”意味着该实现不符合GB/T 14399—2008)	否 □	是 □

声明日期	

A.5 PICS形式表——GB/T 14399—2008:主要能力

项 目	协议特点	引用条号	状 态	支 持
	该实现支持下列:			
Ls	单个链路规程	1	M	是□
*Lm	多链路规程	6	O	是□ 否□
Lc	DTE/DCE操作	1,5.1	M	是□
*Lt	DTE/DTE操作	1,5.1	O	是□ 否□
Lta	如果支持DTE/DTE操作,指派的A/B或C/D地址似乎是为DCE指派的	1,5.1	Lt:O	N/A□ 是□ 否□

A.6 PICS 形式表——GB/T 14399—2008,单链路规程

对于每个支持的单链路规程类型都应填写本条的一个副本。不同的类型应进行连续编号;以指示不同类型的编号和总编号:

SLP number ________ of ________

A.6.1 PICS 形式表——GB/T 14399—2008,单链路规程:基本/扩展操作和传输环境

实现是否支持下列特征:

项　目	协议特征	引用条号	状　态	支　持
M8	基本(模 8)操作	1,3,4.1.1	O.1	是□　否□
M128	扩展(模 128)操作	1,3,4.1.1	O.1	是□　否□
Tsy	同步传输	3.5.1,3.8.1,3.9.1,3.10.1,3.11.1	O.2	是□　否□
Tss	起/止式传输(包括控制转义透明性)	3.5.2,3.5.2.2,3.7.2,3.8.2,3.9.2,3.10.2,3.11.2	O.2	是□　否□
	如果支持起/止式传输,项目 Tss:			
Tfc	流量控制透明性	3.5.2.3.1	Tss:O	N/A□　是□　否□
Tcc	控制字符八位位组透明性	3.5.2.3.2	Tss:O	N/A□　是□　否□
Tsb	七位数据路径透明性	3.5.2.1	Tss:O	N/A□　是□　否□

A.6.2 PICS 形式表——GB/T 14399—2008,单链路规程:链路建立,断开和复位

实现是否支持下列特征:

项　目	协议特征	引用条号	状　态	支　持
LSI1	启动链路建立,除了在接收非请求 DM 响应时	5.3.1	O	是□　否□
LSI2	在启动链路建立前,启动链路断开	5.3.1	LSI1:O	N/A□　是□　否□
LSI3	接收到非请求 DM 响应时启动链路建立	5.3.4,5.5	M	是□
LSA	通过接收来响应链路建立企图,并进入信息传送阶段	5.3.1	M	是□　否□
LSD	通过 DCE/远程 DTE(即,通过传输 DM 响应)来否定链路建立企图	5.3.1	O	是□　否□
* LSR	传输非请求 DM 响应来请求远程 DTE 启动链路建立	4.3.8,5.3.1,5.5	O	是□　否□
LD1	启动链路断开	5.3.3	O	是□　否□
LD2	通过 DCE/远程 DTE 来响应链路断开	5.3.3	M	是□
LDP	在断开阶段期间,响应接收到的 DISC 命令,并响应收到的 P=1 的其他命令	5.3.4	M	是□

表（续）

项　目	协议特征	引用条号	状　态	支　持
	启动链路复位：	5.6.1		
LRIa	——在收到 FRMR 时	5.5,5.6.1	O.3	是□　否□
LRIb	——在收到非请求的 UA 时	5.5,5.6.1	O	是□　否□
LRIc	——在收到非请求的 F=1 时	5.5,5.6.1	O	是□　否□
LRId	——其他	5.6.1	O	是□　否□
	在信息传输阶段期间，通过传输 DM 响应来请求远程链路复位：			
LRRa	——在收到 FRMR 时	5.5,5.6.1	O.3	是□　否□
LRRb	——在收到非请求的 UA 时	5.5,5.6.1	O	是□　否□
LRRc	——接收到非请求的 F=1	5.5,5.6.1	O	是□　否□
LRRd	——其他	5.6.1	O	是□　否□
LRA	通过 DCE/远程 DTE 来接收链路复位企图	5.6.1	O.4	是□　否□
LRD	通过 DCE/远程 DTE 来否定链路复位企图(即通过传输 DM 响应)	5.6.1	O.4	是□　否□
	通过进入指示的阶段来解决相同非编号命令的碰撞：	5.3.5		
LCRa	——在收到 UA_RSP 之后		O.5	是□　否□
LCRb	——在发送 UA_RSP 之后		O.5	是□　否□
LCRc	——在等待已发送 UA_RSP 的 UA_RSP 超时后		O.5	是□　否□
LCRd	解决不同非编号命令的碰撞	5.3.5	M	是□
LCRe	通过启动链路建立来解决 DM 响应的碰撞	5.3.7	LSR:M	N/A□　是□

A.6.3　PICS 形式表——GB/T 14399—2008，单链路规程：信息传输

实现是否支持下列特征：

项　目	协议特征	引用条号	状　态	支　持
IT	I 帧的传输	5.4.1,5.4.5	M	是□
ITs	处理发送 N(S)和接收 N(R)值中的发送顺序编号		M	是□
	由发送所启动的检验点恢复：	4.4.2.1		
ITCi	—P=1 的 I 帧		O.6	是□　否□
ITCs	—P=1 的监控帧		O.6	是□　否□
ITRJ	在收到 REJ 帧时 I 帧重传	4.4.2.2,5.4.6	M	是□
ITB	在收到 RNR 帧时停止传输 I 帧	4.4.1,5.4.7	M	是□
IR	收到的 I 帧	5.4.2	M	是□
IRs	处理发送 N(S)和接收 N(R)值中的接收顺序编号		M	是□
IRRJ	在收到失序 I 帧时启动 REJ 恢复	4.4.2.2,5.4.4	M	是□
IRB	DTE 忙状态	4.4.1,5.4.8	O	是□　否□
FR1	在信息传输阶段，在收到包含 4.3.9a)～d)中定义的差错状态之一时，进入帧拒绝状态	4.4.4,4.3.9,5.5	M	是□
FR2	对帧拒绝状态的完全支持	5.6.2	M	是□

A.6.4 PICS 形式表——GB/T 14399—2008,单链路规程:帧格式

该实现是否支持下列特征:

项目	协议特征	引用条号	状态	支持
F1a	发送非八位位组对齐的帧	3.4	O	是□ 否□
F1b	把非八位位组对齐的帧当作无效帧丢弃	3.8,5.4.3	O.7	是□ 否□
F1c	把非八位位组对齐的帧当作有效帧接受	3.8,5.4.3	O.7	是□ 否□
F2	支持规定的帧结构	3,表1和表2	M	是□
	构建包含下列字段的发送帧:	3,表1和表2		
F2a	——开始标志		M	是□
F2b	——地址		M	是□
F2c	——控制		M	是□
F2d	——FCS		M	是□
F2e	——结束标志		M	是□
F3	接受作为一个帧的结束标志和下一个帧的开始标志的单个标志	3.1	M	是□
F4	产生上面所述的单个标志	3.1	O	是□ 否□
FD	识别和丢弃所有的无效帧	3.8,4.4.3	M	是□
FA	在发送帧中的帧放弃	3.9	O	是□ 否□
FF	帧间时间填充	3.10	M	是□

A.6.5 PICS 形式表——GB/T 14399—2008,单链路规程:定时器

项目	协议特征	引用条号	状态	支持
	对于发送的下列帧,DTE是否支持定时器T1恢复:			
T1a	——I帧	5.4.1,5.4.5,5.4.9	M	是□
T1b	——SABM/SABME	5.3.1	M	是□
T1c	——DISC	5.3.3	LD1:M	N/A□ 是□ 否□
T1d	——FRMR		O	是□ 否□
T1e	——REJ		O	是□ 否□
T1f	——P=1的监控帧		M	是□
T1g	——F=0的非请求帧		M	是□
N2a	在N2次试图发送DISC之后,DTE是否指示不能恢复到较高的层?		M	是□
N2b	在N2次试图发送SABM/SABME之后,DTE是否指示不能恢复到较高的层?		M	是□
* T3	——定时器T3规程		O	是□ 否□
* T4	——定时器T4规程		O	是□ 否□
	如果支持起/止式传输(项目Tss),DTE是否支持:			
T5a	——DTE空闲信道状态超时T5		Tss:O	N/A□ 是□ 否□
T5b	——与DCE/远程DTE超时T5值的适配		Tss:O	N/A□ 是□ 否□

A.6.6 PICS 形式表——GB/T 14399—2008,单链路规程:系统参数

对于下列系统参数值,所支持的范围:

项目	参　　数	引用条号	状　态	所支持值的范围			
					从 （最小）	到 （最大）	按照 步骤/ 其他
SPT1	定时器参数 T1 的范围	5.7.1.1	M				
SPT2	DTE 参数 T2 的范围	5.7.1.2	M				
SPT3	定时器参数 T3 的范围	5.7.1.3	T3:M	N/A□			
SPT4	定时器参数 T4 的范围	5.7.1.4,5.3.2	T4:M	N/A□			
SPT5a	DTE 超时参数 T5 的范围	5.7.1.5	T5a:M	N/A□			
SPT5b	DCE/远程 DTE 超时 T5 的范围	5.7.1.5	T5b:M	N/A□			
SPN2	完成传输的最大试图次数(N2)	5.7.2	M				
SPN1	I 帧的最大比特数(N1)	5.7.3	见注				
SPk	悬而未决帧的最大数目(k)	5.7.4	M8:$1\leqslant k\leqslant 7$ M128:$1\leqslant k\leqslant 127$				

注：对于单链路规程和基本(模 8)操作,项目 Ls 和 M8:N1≥1 080

对于单链路规程和扩展(模 128)操作,项目 Ls 和 M128:N1≥1 088

对于多链路规程和基本(模 8)操作,项目 Lm 和 M8:N1≥1 096

对于多链路规程和扩展(模 128)操作,项目 Lm 和 M128:N1≥1 104

A.7 PICS 形式表——GB/T 14399—2008,多链路规程

如果不支持多链路规程(项目 Lm),则标记为 N/A,并且不填写任何进一步的问题。N/A□

A.7.1 PICS 形式表——GB/T 14399—2008,多链路规程:协议特征

实现是否支持多链路规程的下列特征:

项目	协议特征	引用条号	状　　态	支　　持
MLI	初始化	6.4.1	M	是 □
MLRi	启动多链路复位	6.4.2,6.3.2.3, 6.3.2.4	M	是□
MLRr	响应多链路复位	6.4.2,6.3.2.3, 6.3.2.4	M	是□
MLRCi	在发送的 MLP 复位请求中原因字段的使用(如果是,提供附加项目内值的信息并填写该引用)	6.3.2.3	O	是□　否□ A ____
MLRCr	接受在收到的 MLP 复位请求中的原因字段	6.3.2.3	M	是□
MLLNrs	向较高层通知在多链路复位时收到帧的丢失	6.4.2	O	是□　否□
MLSOS	使 SLP 停止服务的规程	6.4.5	O	是□　否□
MLFT	传输多链路帧	6.4.3,6.3.2.5, 6.3.2.6,6.3.2.7, 6.3.2.9	M	是□
MLFTrf	在电路故障和 SLP 复位或断开时重新指派帧	6.4.3	M	是□
MLFTrb	在 DCE/远程 DTE 处指示 SLP 忙状态时重新指派帧	6.4.3	O	是□　否□

表（续）

项目	协议特征	引用条号	状　态	支　持
MLFR	接收多链路帧	6.4.4,6.3.2.8, 6.3.2.9, 6.3.2.10	M	是□
* MLFRbs	接收缓存区能力小于需要保证在所有环境下重排序完成的缓存区能力	6.4.4	O	是□　否□
MLFRfc	接收 SLP 的忙状态，进行流量控制	6.4.4	O	是□　否□
MLLNt1	向较高层通知定时器 MT1 满时收到帧的丢失	6.4.4	O	是□　否□
MLMT2	定时器 MT2 规程	6.4.4	MLFRbs:M	N/A□　是□
MLFS	多链路帧结构	6.2	M	是□
MLFF	多链路帧格式	6.3.1,6.3.2.3, 6.3.2.4,6.3.2.6	M	是□
MLFVS	不排序比特置为 1	6.3.2.1	X	否□
MLFSC	序列检验选件比特置为 1	6.3.2.2	X	否□

A.7.2 **PICS 形式表——GB/T 14399—2008，多链路规程：系统参数**

对于下列系统参数值，所支持值的范围：

项目	参　数	引用条号	状　态	所支持值的范围			
					从 （最小）	到 （最大）	按照步骤/其他
SPMT1	丢失帧定时器 MT1（秒）	6.5.1	M				
SPMT2	组忙定时器 MT2（秒）	6.5.2	MLFRbs:M	N/A□			
SPMT3	MLP 复位证实定时器 MT3（秒）	6.5.3	M				
SPMWT	对于传输，多链路窗口尺寸，MW	6.3.2.9	M				
SPMWR	对于接收，多链路窗口尺寸，MW	6.3.2.9	M				
SPMWX	接收 MLP 窗口保护区，MX	6.3.2.10	M				

附 录 B
（资料性附录）
重复其他标准的要求

本标准重复了其他标准的要求。下列清单指出了本标准中重复了一些要求的章条、段和句子，以及这些要求从何处引出。

本标准中的条、段	引自何处：
3～3.8.1 的 b)	GB/T 7496
3.9～ 3.11.2 的第一段	GB/T 7575
4～4.3.5 的第二段	GB/T 7575
4.3.5 的第四段～4.3.9 的 c)	GB/T 7575
4.3.9 的第三段	GB/T 7575
4.4～4.4.1 的第二段	GB/T 7575
4.4.2～4.4.2.2 的第二段	GB/T 7575
4.4.2.2 的第二段～4.4.4	GB/T 7575
5～5.1 的第一段	GB/T 7496
5.2	GB/T 7575
5.3.1 的第二段～第四段	GB/T 7575
5.3.1 的第四段～第六段	GB/T 7421
5.3.1 的第六段～5.3.2 的第一段	GB/T 7421
5.3.2 的第三段～5.3.3 的第一段	GB/T 7421
5.3.3 的第三段	GB/T 7575,GB/T 7421
5.3.4 的第一段～第四段	GB/T 7575,GB/T 7421
5.3.5 的第一段和第二段	GB/T 7421
5.3.5 的第三段～5.3.6 的第一段	GB/T 7421
5.4 的第一段和第二段	GB/T 7575
5.4.1 的第一段	GB/T 7575,GB/T 7421
5.4.1 的第四段～第五段	GB/T 7575,GB/T 7421
5.4.2	GB/T 7421
5.4.3	GB/T 7496,GB/T 7575,GB/T 7421
5.4.4～5.4.5 的第一段	GB/T 7575
5.4.6 的 a)和 b)除外	GB/T 7575
5.4.7 的最后一段	GB/T 7575
5.4.8	GB/T 7575
5.5 的第一段	GB/T 7575
5.5 的第三段～5.6.1 的第三段	GB/T 7421
5.6.1 的第五段	GB/T 7575
5.6.2 的第一段和第二段	GB/T 7575
5.6.2 的第四段	GB/T 7575
6 的第二段～6.3.2.1 的第一段	GB/T 15124
6.3.2.2 的第一段	GB/T 15124
6.3.2.3～6.3.2.10 的第二段	GB/T 15124

本标准中的条、段	引自何处：
6.3.2.10 的第四段～6.4.3 的第二段	GB/T 15124
6.4.3 的第四段～第十段	GB/T 15124
6.4.4 的第一段	GB/T 15124
6.4.4 的第三段～6.4.5 的第一段	GB/T 15124
6.4.5 的第三段～6.5.3	GB/T 15124

本标准中的表	引自何处：
表 1 和表 2	GB/T 7496
表 3 和表 6	GB/T 7496
表 7 的 a)～h)	GB/T 7575
表 8 的 a)～h)	GB/T 7575

本标准中的图	引自何处：
图 1～图 3	GB/T 15124

ICS 49.020
V 04

中华人民共和国国家标准

GB/T 14410.1—2008
代替 GB/T 14410.1—1993

飞行力学 概念、量和符号
第1部分:坐标轴系和运动状态变量

Flight mechanics—Concepts, quantities and symbols—
Part 1: Axis systems and motion state variables

(ISO 1151-1:1988, Flight dynamics—Concepts, quantities and symbols—
Part 1: Aircraft motion relative to the air; ISO 1151-2:1985,
Flight dynamics—Concepts, quantities and symbols—Part 2: Motions of
the aircraft and the atmosphere relative to the Earth, MOD)

2008-07-18 发布 2009-01-01 实施

中华人民共和国国家质量监督检验检疫总局
中国国家标准化管理委员会 发布

前　言

GB/T 14410《飞行力学　概念、量和符号》分为九个部分：

——第1部分：坐标轴系和运动状态变量；

——第2部分：力、力矩及其系数和导数；

——第3部分：飞机稳定性和操纵性；

——第4部分：飞行性能；

——第5部分：飞行测量；

——第6部分：飞机几何形状；

——第7部分：飞行点和飞行包线；

——第8部分：飞机动态特性；

——第9部分：大气扰动模型。

本部分为GB/T 14410的第1部分。

本部分修改采用ISO 1151-1：1988《飞行动力学　概念、量和符号　飞机相对于空气的运动》和ISO 1151-2：1987《飞行动力学　概念、量和符号　飞机和大气相对于地球的运动》。与ISO 1151-1：1988的主要区别为：

a）增加了“航迹坐标轴系相对于机体坐标轴系的角度、座舱操纵装置及其位移”等术语；

b）增加了附录B轴系转换矩阵；

c）调整了附录A考虑大地的球形和自转时补充的坐标轴系和角度。

与ISO 1151-2：1987的主要区别为将全部条款合并入ISO 1151-1：1988的相关条款中，并调整了各章节顺序。

本部分代替GB/T 14410.1—1993《飞行力学　概念、量和符号　第1部分：坐标轴系和运动状态变量》。

本部分与GB/T 14410.1—1993相比主要变化如下：

a）增加了“3.4.11惯性矩阵”、“3.4.12惯性逆矩阵”、“3.9与能量相关的量”，以及“附录C飞行力学主要部分的分类”；

b）删除了原规范中3.3.1.2空速，归并入3.3.1.1飞行速度条文中；

c）将“因次”统一修改为“量纲”，将“音速”统一修改为“声速”，将声速符号“a”统一改为“c”；

d）修改术语和定义有引用其他章条号码的标注；

e）增加了量纲的单位，并在符号栏注明；

f）增加了中英文索引。

本部分中附录A为规范性附录，附录B和附录C为资料性附录。

本部分由中国航空工业第一集团公司提出。

本部分由中国航空工业第一集团公司归口。

本部分起草单位：北京航空航天大学、中国航空综合技术研究所、中国航空工业空气动力研究院、中国航空工业发展研究中心。

本部分主要起草人：洪冠新、邵箭、焦志强、李周复、陈玉、张曙光、王立新、屈香菊、张克军、肖业伦、李益瑞。

本部分所代替标准的历次版本发布情况为：

——GB/T 14410.1—1993。

飞行力学　概念、量和符号
第1部分:坐标轴系和运动状态变量

1　范围

本部分规定了描述飞机运动的坐标轴系和基本运动状态变量的术语和符号。

本部分适用于固定翼飞机,其他飞行器可参照使用。

本部分中将飞机视为刚体。

2　规范性引用文件

下列文件中的条款通过本部分的引用而成为本部分的条款。凡是注日期的引用文件,其随后所有的修改单(不包括勘误的内容)或修订版均不适用于本部分,然而,鼓励根据本部分达成协议的各方研究是否可使用这些文件的最新版本。凡是不注日期的引用文件,其最新版本适用于本部分。

GB/T 14410.2—2008　飞行力学　概念、量和符号　第2部分:力、力矩及其系数和导数

GB/T 14410.6—2008　飞行力学　概念、量和符号　第6部分:飞机几何形状

GB/T 14410.7—2008　飞行力学　概念、量和符号　第7部分:飞行点和飞行包线

3　术语、定义和符号

下列术语、定义和符号适用于本部分。

3.1　坐标轴系　axis　systems

对于不能忽略大地的球形和旋转情况的坐标轴系见附录A。

下面定义的坐标轴系均为三维正交轴系,且遵循右手法则,适用于平面大地情况。这种轴系之间的关系示意图见图1,转换矩阵参见附录B。

飞行力学主要部分的分类参见附录C。

编号	术　语	定义或说明	符号和单位
3.1.1	地面固定坐标轴系 earth-fixed axis system	原点和三个坐标轴均相对于地面固定不动的坐标轴系。	$Ox_0y_0z_0$, 简称 S_0
3.1.2	铅垂地面固定坐标轴系 normal earth-fixed axis system	地面固定坐标轴系(3.1.1)之一,其 z'_g 轴铅垂向下。	$Ox'_gy'_gz'_g$, 简称 S_g'
3.1.3	飞机牵连铅垂地面坐标轴系 aircraft-carried normal earth axis system	原点通常固定于飞机重心、每个坐标轴的方向均与 x'_g,y'_g,z'_g 相同的坐标轴系。 注:在不引起混淆的条件下可以简称为铅垂地面坐标轴系。	$Ox_gy_gz_g$, 简称 S_g
3.1.4	机体坐标轴系 body axis system	固定在飞机上的坐标轴系,其原点通常位于飞机的重心,三个坐标轴由3.1.4.1~3.1.4.3定义。	$Oxyz$, 简称 S_b

编号	术　语	定义或说明	符号和单位
3.1.4.1	纵轴 longitudinal axis	位于飞机参考面(GB/T 14410.6—2008中3.1.1)内指向前方的坐标轴。 注：通常规定纵轴平行于机身轴线或翼根弦线	x
3.1.4.2	横轴 transverse axis	垂直于飞机参考面(GB/T 14410.6—2008 中3.1.1),指向右方的坐标轴。	y
3.1.4.3	竖轴 normal axis	在飞机参考面(GB/T 14410.6—2008中3.1.1)内垂直于纵轴(3.1.4.1)指向下方的坐标轴。	z
3.1.5	气流坐标轴系 air-path axis system	原点通常固定于飞机的重心,其 x_a 轴沿飞行速度的方向,z_a 轴在飞机参考面(GB/T 14410.6—2008 中 3.1.1)内垂直于 x_a 轴指向下方,y_a 轴垂直于 x_a 轴和 z_a 轴,指向右方。	$Ox_a y_a z_a$, 简称 S_a
3.1.6	半机体坐标轴系 intermediate axis system	原点通常固定于飞机的重心,其 x_i 轴沿飞行速度在飞机参考面(GB/T 14410.6—2008 中 3.1.1)上的投影,y_i 轴垂直于参考面指向右方,z_i 轴在参考面内垂直于 x_i 轴指向下方。	$Ox_i y_i z_i$, 简称 S_i
3.1.7	航迹坐标轴系 flight-path axis system	原点通常固定于飞机的重心,其 x_k 轴沿航迹速度(3.3.1.5)的方向,z_k 轴在包含 x_k 轴的铅垂平面内,垂直于 x_k 轴,指向下方,y_k 轴垂直于 $z_k x_k$ 平面,指向右方。	$Ox_k y_k z_k$, 简称 S_k
3.1.8	稳定性坐标轴系 stability axis system	在受扰运动中固连在飞机上的一种机体坐标轴系(3.1.4),其原点通常位于飞机的重心,x_s 轴沿未受扰运动飞机速度在飞机参考面(GB/T 14410.6—2008 中 3.1.1)上的投影,y_s 轴垂直于参考面指向右方,z_s 轴在参考面内,垂直于 x_s 轴,指向下方。	$Ox_s y_s z_s$, 简称 S_s

3.2 角度 angles

3.2.1 飞行速度相对于机体坐标轴系的角度 orientation of the aircraft velocity with respect to the body axis systems（见图2）

编号	术语	定义或说明	符号和单位
3.2.1.1	侧滑角 angle of side-slip	飞行速度与飞机参考面(GB/T 14410.6—2008 中3.1.1)的夹角。当飞行速度沿横轴(3.1.4.2)的分量为正时侧滑角为正。 按习惯，β的范围为 $-\frac{\pi}{2}\leqslant\beta\leqslant\frac{\pi}{2}$	β 单位为度(°)
3.2.1.2	迎角 angle of attack	飞行速度在飞机参考面(GB/T 14410.6—2008 的3.1.1)上的投影与纵轴(3.1.4.1)的夹角。当飞行速度沿竖轴的分量为正时迎角为正。 按习惯，α 的范围为 $-\pi\leqslant\alpha\leqslant\pi$	α 单位为度(°)

3.2.2 机体坐标轴系相对于飞机牵连铅垂地面坐标轴系的角度 transition from the aircraft-carried normal earth axis system to the body axis system（见图3）

编号	术语	定义或说明	符号和单位
3.2.2.1	偏航角 azimuth angle, yaw angle	x_g 轴和 y_g 轴绕 z_g 轴转动，使 x_g 轴与机体纵轴(3.1.4.1)在过原点的水平面上的投影相重合所转过的角度。 或者， 机体纵轴在水平面上的投影与 x_g 轴的夹角。当纵轴正半轴的投影线位于 x_g 轴的右侧时 ψ 为正。	ψ 单位为度(°)
3.2.2.2	俯仰角 pitch angle	按 3.2.2.1x_g 轴转过 ψ 角度后，在铅垂平面内再绕转过 ψ 角度后的 y_g 轴转到与机体纵轴(3.1.4.1)相重合所转过的角度。 或者， 机体纵轴与水平面的夹角。当纵轴的正半轴位于过原点的水平面之上时，θ 为正。按习惯，θ 的范围为 $-\frac{\pi}{2}\leqslant\theta\leqslant\frac{\pi}{2}$	θ 单位为度(°)
3.2.2.3	滚转角 roll angle 倾斜角 bank angle	按 3.2.2.1 和 3.2.2.2 做了 ψ 和 θ 两次转动之后，再绕纵轴(3.1.4.1)转动，使已转过 ψ 角度后的 y_g 轴与机体横轴(3.1.4.2)相重合所转过的角度。 或者， 机体竖轴与过纵轴的铅垂平面的夹角。当竖轴的正半轴位于该铅垂平面之左时，ϕ 为正。	ϕ 单位为度(°)

3.2.3 气流坐标轴系相对于飞机牵连铅垂地面坐标轴系的角度 **transition from the aircraft-carried normal earth axis system to the air-path axis system**(见图 4)

编号	术　语	定义或说明	符号和单位
3.2.3.1	气流偏航角 air-path azimuth angle	x_g 轴和 y_g 轴绕 z_g 轴转动，使 x_g 轴与 x_a 轴在过原点的水平面上的投影相重合所转过的角度。 或者， x_a 轴在水平面上的投影与 x_g 轴的夹角。当 x_a 轴正半轴的投影线位于 x_g 轴之右时，χ_a 为正。	χ_a 或 ψ_a 单位为度(°)
3.2.3.2	气流俯仰角 air-path pitch angle	x_g 轴按 3.2.3.1 转过 χ_a 角度后，在铅垂平面内再绕转过 χ_a 角度后的 y_g 轴转到与 x_a 轴相重合所转过的角度。 或者， x_a 轴与水平面的夹角。当 x_a 轴的正半轴位于过原点的水平面之上时，γ_a 为正。 按习惯，γ_a 的范围为 $-\frac{\pi}{2}\leqslant\gamma_a\leqslant\frac{\pi}{2}$	γ_a 或 θ_a 单位为度(°)
3.2.3.3	气流倾斜角 air-path bank angle	按 3.2.3.1 和 3.2.3.2 做了 χ_a 和 γ_a 两次转动之后，再绕 x_a 轴转动，使已转过 χ_a 角度后的 y_g 轴与 y_a 轴相重合所转过的角度。即在图 7 中由 S_g 到 S_a 的三次转动所确定的第三次转动的角。	μ_a 或 ϕ_a 单位为度(°)

3.2.4 稳定性坐标轴系相对于机体坐标轴系的角度 **transition from the body axis system to the stability axis system**

编号	术　语	定义或说明	符号和单位
3.2.4.1	基准状态迎角 angle of attack in datum status	在飞机未受扰动的基准状态下的迎角。	α_e 单位为度(°)

3.2.5 航迹坐标轴系相对于飞机牵连铅垂地面坐标轴系的角度 **transition from the aircraft-carried normal earth axis system to the flight-path axis system**(见图 5)

编号	术　语	定义或说明	符号和单位
3.2.5.1	航迹方位角 flight-path azimuth angle	x_g 轴绕 z_g 轴转动到与航迹速度(3.3.1.5)在过原点的水平面上的投影相重合所转过的角度。 或者， 航迹速度在水平面上的投影与 x_g 轴的夹度。当航迹速度沿 y_g 轴的分量为正时，χ 为正。	χ 或 ψ_k 单位为度(°)
3.2.5.2	爬升角 angle of climb	航迹速度(3.3.1.5)与水平面的夹角。当航迹速度位于过原点的水平面之上时，γ 为正。 按习惯，γ 的范围为 $-\frac{\pi}{2}\leqslant\gamma\leqslant\frac{\pi}{2}$	γ 或 θ_k 单位为度(°)

3.2.6 航迹坐标轴系相对于机体坐标轴系的角度 transition from the body axis system to the flight-path axis system(见图 6)

编号	术　　语	定义或说明	符号和单位
3.2.6.1	航迹侧滑角 flight-path angle of sideslip	航迹速度(3.3.1.5)与飞机参考面(GB/T 14410.6—2008 中 3.1.1)的夹角。当航迹速度沿机体横轴的分量为正时,β_k 为正。 注:当空气相对于地面静止时,$\beta_k=\beta$。	β_k 单位为度(°)
3.2.6.2	航迹迎角 flight-path angle of attack	航迹速度(3.3.1.5)在飞机参考面(GB/T 14410.6—2008 中 3.1.1)上的投影与机体纵轴的夹角。当航迹速度沿机体竖轴的分量为正时,α_k 为正。 注:当空气相对于地面静止时,$\alpha_k=\alpha$。	α_k 单位为度(°)
3.2.6.3	航迹倾斜角 flight-path bank angle	机体竖轴 z 绕横轴 y 转过 $-\alpha_k$ 角后形成的 z' 轴与航迹坐标轴系的 z_k 轴之间的角度。若 z_k 轴绕 x_k 轴转动后与 z' 轴重合,则角 μ 为正。	μ 单位为度(°)

3.2.7 风速相对于飞机牵连铅垂地面坐标轴系的角度 orientation of the wind velocity with respect to the aircraft-carried normal earth axis systems(见图 7)

编号	术　　语	定义或说明	符号和单位
3.2.7.1	风速方位角 wind azimuth angle	x_g 轴绕 z_g 轴转动到与风速在过原点的水平面上的投影相重合所转过的角度。 或者风速在过原点的水平面上的投影与 x_g 轴的夹角。当风速沿 y_g 轴的分量为正时,χ_w 为正。	χ_w 单位为度(°)
3.2.7.2	风速高低角 wind elevation angle	风速与水平面的夹角。风速向上时 γ_w 为正。 按习惯,γ_w 的范围为 $-\frac{\pi}{2}\leqslant\gamma_w\leqslant\frac{\pi}{2}$	γ_w 单位为度(°)

3.3 速度和角速度 velocities and angular velocities

3.3.1 速度 velocities

编号	术　　语	定义或说明	符号和单位
3.3.1.1	飞行速度(空速) flight velocity(airspeed) 飞机速度 aircraft velocity	气流坐标轴系(3.1.5)的原点相对于未受飞机流场影响的空气的速度。	$\mathbf{V}(\vec{V})$ 单位为米/秒(m/s) 注:印刷用 $\mathbf{V}$, 书写用 $\vec{V}$。
3.3.1.2	声速 speed of sound	声波在未受飞机流场影响的周围空气中的传播速度。	c 单位为米/秒(m/s)
3.3.1.3	马赫数 mach number	飞行速度(3.3.1.1)的标量与当地声速(3.3.1.2)之比,即 $Ma=\frac{V}{c}$	Ma

编号	术　语	定义或说明	符号和单位
3.3.1.4	飞行速度分量 components of flight velocity	飞行速度在各坐标轴系中的分量。在飞机牵连铅垂地面坐标轴系(3.1.3)中： 沿 x_g 轴的分量 沿 y_g 轴的分量 沿 z_g 轴的分量 在机体坐标轴系(3.1.4)中： 沿纵轴的分量 沿横轴的分量 沿竖轴的分量 注：在气流坐标轴系中，沿 x_a 轴的分量等于空速，即 $u_a=V$。	 u_g v_g w_g u v w 单位为米/秒(m/s)
3.3.1.5	航迹速度(地速) flight-path velocity	航迹坐标轴系(3.1.7)的原点相对于地面的速度。	V_k 单位为米/秒(m/s)
3.3.1.6	航迹速度分量 components of flight path velocity	航迹速度在各坐标轴系中的分量。在飞机牵连铅垂地面坐标轴系(3.1.3)中： 沿 x_g 轴的分量 沿 y_g 轴的分量 沿 z_g 轴的分量 在机体坐标轴系(3.1.4)中： 沿纵轴的分量 沿横轴的分量 沿竖轴的分量 注：在航迹坐标轴系中，沿 x_k 轴的分量等于航迹速度。	 u_{kg} v_{kg} w_{kg} u_k v_k w_k 单位为米/秒(m/s)
3.3.1.7	风速 wind velocity	飞机周围未受飞机流场扰动的空气相对于地面的速度。	V_w 单位为米/秒(m/s)
3.3.1.8	风速分量 components of wind velocity	风速在各坐标轴系中的分量。在飞机牵连垂直地面坐标轴系中： 沿 x_g 轴的分量 沿 y_g 轴的分量 沿 z_g 轴的分量 在机体坐标轴系(3.1.4)中： 沿纵轴的分量 沿横轴的分量 沿竖轴的分量	 u_{wg} v_{wg} w_{wg} u_w v_w w_w 单位为米/秒(m/s)

3.3.2 角速度 angular velocities

编号	术 语	定义或说明	符号和单位
3.3.2.1	飞机角速度 aircraft angular velocity	机体坐标轴系(3.1.4)相对于地面惯性系的角速度。	Ω 单位为弧度/秒 (rad/s)
3.3.2.2	飞机角速度分量 components of aircraft angular velocity 滚转角速度 rate of roll 俯仰角速度 rate of pitch 偏航角速度 rate of yaw	飞机角速度在各坐标轴系中的分量。 在飞机牵连铅垂地面坐标轴系(3.1.3)中: 绕 x_g 的分量 绕 y_g 的分量 绕 z_g 的分量 在机体坐标轴系(3.1.4)中: 绕纵轴的分量 绕横轴的分量 绕竖轴的分量	p_g q_g r_g p q r 单位为弧度/秒(rad/s)

3.4 基本参数 aircraft main parameters

编号	术 语	定义或说明	符号和单位
3.4.1	飞机质量 aircraft mass	飞机当时的质量。	m 单位为千克(kg)
3.4.2	惯性矩 moments of inertia	飞机相对于机体坐标轴系(3.1.4)各轴的惯性矩。 绕纵轴的惯性矩 $\int (y^2+z^2)\mathrm{d}m$ 绕横轴的惯性矩 $\int (z^2+x^2)\mathrm{d}m$ 绕竖轴的惯性矩 $\int (x^2+y^2)\mathrm{d}m$	I_x I_y I_z 单位为千克·米^2(kg·m^2)
3.4.3	惯性积 products of inertia	飞机相对于机体坐标轴系(3.1.4)各轴的惯性积。 $\int yz\mathrm{d}m$ $\int zx\mathrm{d}m$ $\int xy\mathrm{d}m$	I_{yz} I_{zx} I_{xy} 单位为千克·米^2(kg·m^2)

编号	术　语	定义或说明	符号和单位
3.4.4	惯性半径 radius of gyration	惯性矩与飞机质量之比值的平方根。 绕纵轴的惯性半径　$\sqrt{I_x/\mathrm{m}}$ 绕横轴的惯性半径　$\sqrt{I_y/m}$ 绕竖轴的惯性半径　$\sqrt{I_z/\mathrm{m}}$	r_x r_y r_z
3.4.5	参考面积 reference area	定义气动力系数和各种无量纲时使用的面积。在一份给定的文件中,应规定一个唯一的值作为参考面积,但对于铰链力矩为例外。 注1:通常取机翼面积作为参考面积。 注2:定义铰链力矩系数时可使用特定的参考面积。	S
3.4.6	参考长度 reference length	定义气动力矩系数和各种无量纲时使用的长度。在一份给定的文件中,对于同一类的量,参考长度的选取应统一。 注1:通常对纵向运动的量取机翼平均气动弦长或其他参考弦长(例如平均几何弦长,根弦长)作为参考长度;对横向运动的量取机翼展长作为参考长度。 注2:定义铰链力矩系数时可使用特定的参考长度。	l
3.4.7	基准速度 datum speed	定义无量纲量和建立扰动运动方程时使用的常值速度,通常取为平衡飞行状态下的空速。	V_e
3.4.8	基准空气密度 datum air density	定义无量纲量和建立扰动运动方程时使用的常值空气密度,通常取为平衡飞行状态所对应的空气密度。	ρ_e
3.4.9	动力时间单位 dynamic unit of time	按下式定义的一个量 $\tau=\dfrac{m}{\frac{1}{2}\rho_e V_e S}$	τ
3.4.10	气动力时间单位 aerodynamic unit of time	按下式定义的一个量 $\tau_A=\dfrac{l}{V_e}$	τ_A
3.4.11	惯性矩阵 inertia matrix	一种如下结构的对称矩阵 $\begin{pmatrix} I_x & -I_{xy} & -I_{zx} \\ -I_{xy} & I_y & -I_{yz} \\ -I_{zx} & -I_{yz} & I_z \end{pmatrix}$	$\boldsymbol{I}$

编号	术　语	定义或说明	符号和单位
3.4.12	惯性逆矩阵 inverse inertia matrix	惯性矩阵的逆矩阵，具有如下对称结构 $$I^{-1}=J=\begin{pmatrix} J_{11} & J_{12} & J_{13} \\ J_{21} & J_{22} & J_{23} \\ J_{31} & J_{32} & J_{33} \end{pmatrix}$$ 式中： $J_{11}=(I_yI_z-I_{yz}^2)/\Delta$ $J_{22}=(I_zI_x-I_{zx}^2)/\Delta$ $J_{33}=(I_xI_y-I_{xy}^2)/\Delta$ $J_{12}=(I_{xy}I_z+I_{yz}I_{zx})/\Delta$ $J_{23}=(I_{yz}I_x+I_{zx}I_{xy})/\Delta$ $J_{31}=(I_{zx}I_y+I_{xy}I_{yz})/\Delta$ $J_{21}=J_{12}$ $J_{32}=J_{23}$ $\Delta=I_xI_yI_z-2I_{xy}I_{yz}I_{zx}-I_xI_{yz}^2-I_yI_{zx}^2-I_zI_{xy}^2$	$\boldsymbol{J}$

3.5　无量纲参数　normalized parameters

编号	术　语	定义或说明	符号和单位
3.5.1	无量纲角速度分量 components of normalized angular velocity	飞机角速度分量的无量纲形式。	
	无量纲滚转角速度 normalized rate of roll	$\bar{p}=p\cdot\frac{l}{V_e}$	$\bar{p}$
	无量纲俯仰角速度 normalized rate of pitch	$\bar{q}=q\cdot\frac{l}{V_e}$	$\bar{q}$
	无量纲偏航角速度 normalized rate of yaw	$\bar{r}=r\cdot\frac{l}{V_e}$	$\bar{r}$
3.5.2	无量纲时间 normalized time	$\bar{t}=\frac{t}{\frac{l}{V_e}}$	$\bar{t}$
3.5.3	无量纲质量 normalized mass	$\bar{m}=\frac{m}{\frac{1}{4}\rho_e Sl}$	$\bar{m}$

编号	术　　语	定义或说明	符号和单位
3.5.4	无量纲惯性矩 normalized moments of inertia	按下式定义的无量纲量 绕纵轴的无量纲惯性矩 $$\bar{I}_x=\frac{I_x}{\frac{1}{8}\rho_e Sl^3}$$ 绕横轴的无量纲惯性矩 $$\bar{I}_y=\frac{I_y}{\frac{1}{8}\rho_e Sl^3}$$ 绕竖轴的无量纲惯性矩 $$\bar{I}_z=\frac{I_z}{\frac{1}{8}\rho_e Sl^3}$$	$\bar{I}_x$ $\bar{I}_y$ $\bar{I}_z$
3.5.5	无量纲惯性积 normalized products of inertia	按下式定义的无量纲量 $$\bar{I}_{yz}=\frac{I_{yz}}{\frac{1}{8}\rho_e Sl^3}$$ $$\bar{I}_{zx}=\frac{I_{zx}}{\frac{1}{8}\rho_e Sl^3}$$ $$\bar{I}_{xy}=\frac{I_{xy}}{\frac{1}{8}\rho_e Sl^3}$$	$\bar{I}_{yz}$ $\bar{I}_{zx}$ $\bar{I}_{xy}$

3.6 操纵器及其偏角　motivators and deflections of motivators

编号	术　　语	定义或说明	符号和单位
3.6.1	操纵器(面) motivator	由飞机操纵系统驱动用于产生操纵飞机运动的力和力矩的一个或一组装置。 操纵器(面)由一个或几个可动部件构成,它们的角位置或线位置由飞机操纵系统决定。 操纵器的类型包括气动操纵器、喷气操纵器、推力操纵器等。 注1:建议操纵器按其改变的合力或合力矩分量来命名,如俯仰操纵器。 注2:同一个可动部件可以是不同操纵器的部件,如升降副翼,既是俯仰操纵器的部件,也是滚转操纵器的部件。	
3.6.2	气动操纵器 aerodynamic motivator	由一个可动的气动力面或一个气动力面的一个或几个可动部件构成的操纵器。它产生的操纵力或操纵力矩是机体气动力(GB/T 14410.2—2008的3.3.2.1)或机体气动力矩(GB/T 14410.2—2008的3.3.2.3)的组成部分。	

编号	术　语	定义或说明	符号和单位
3.6.3	操纵器部件的中立位置 neutral position of a motivator component	对操纵器部件规定的一个特定参考位置。	
3.6.4	操纵器部件的几何偏转 geometric deflection of a motivator component	当操纵器部件的位置可以完全由一个适当选择的几何参数确定时，几何偏转就是相对于部件处于中立位置的该参数的变化量。 偏转可以是角位移或线位移。	δ_i
3.6.5	操纵器部件的铰链线轴 hinge line axis of a motivator component	当操纵器部件的位置变化仅是转动时，铰链线轴就位于部件转动所绕的直线上，其方向按习惯选定。	
3.6.6	操纵器部件的偏角 deflection angle of a motivator component	表示操纵器部件绕铰链线轴转动的几何偏转量，其正向由铰链线轴的方向按右手法则决定。	δ_i
3.6.7	操纵器的偏度 motivator deflection	当操纵器仅由一个部件构成时，其偏度就是该部件的几何偏转；当操纵器由几个部件构成时，可以定义一个当量偏度用在飞机运动方程中。应给出当量偏度的定义。	δ_i
3.6.8	纵向力操纵器的偏度 longitudinal force motivator deflection	主要产生纵轴方向操纵力的操纵器的偏度。 当产生的操纵力沿纵轴的正向时，其偏度为正。	δ_X
3.6.9	横向力操纵器的偏度 transverse force motivator deflection	主要产生横轴方向操纵力的操纵器的偏度。 当产生的操纵力沿横轴的正向时，其偏度为正。	δ_Y
3.6.10	法向力操纵器的偏度 normal force motivator deflection	主要产生竖轴方向操纵力的操纵器的偏度。 当产生的操纵力沿竖轴的正向时，其偏度为正。 注：如果采用与上述相反的定义，则应特别标明。	δ_Z
3.6.11	滚转操纵器的偏度 roll motivator deflection	主要产生绕纵轴力矩的操纵器的偏度。 气动滚转操纵器通常为副翼，其当量偏度定义为： $\delta_a=(\delta_{ar}-\delta_{al})/2$ 式中：δ_{ar} 和 δ_{al} 分别是右副翼和左副翼的偏角，均以后缘向下为正（见图 8）。 注：飞机运动方程和气动导数中的 δ_a 均指当量偏度。	δ_a 或 δ_l
3.6.12	俯仰操纵器的偏度 pitch motivator deflection	主要产生绕横轴力矩的操纵器的偏度。 气动俯仰操纵器通常为升降舵，其偏度以后缘向下为正（见图 8）。	δ_e 和 δ_m
3.6.13	偏航操纵器的偏度 yaw motivator deflection	主要产生绕竖轴力矩的操纵器的偏度。 气动偏航操纵器通常为方向舵，其偏度以后缘向左为正（见图 8）。	δ_r 和 δ_n

3.7 座舱操纵装置及其位移 cockpit controls and displacements of cockpit controls

编号	术　语	定义或说明	符号和单位
3.7.1	座舱操纵装置 cockpit controls	位于座舱内由驾驶员驱动使操纵器产生偏转的一组装置。 注：座舱操纵装置是操纵装置(GB/T 14410.7—2008 的 3.2.1)的一部分。	
3.7.2	座舱操纵装置的中立位置 neutral position of a cockpit control	对座舱操纵装置规定的一个特定参考位置。	
3.7.3	座舱操纵装置的位移 displacement of a cockpit control	座舱操纵装置的位置相对于其中立位置的变化量。 位移可以是角位移或线位移。	d_i
3.7.4	纵向力座舱操纵装置的位移 displacement of longitudinal force cockpit control	使纵向力操纵器产生偏转的座舱操纵装置的位移。 当纵向力操纵器的偏度为正时，位移 d_X 为正。	d_X
3.7.5	侧向力座舱操纵装置的位移 displacement of transverse force cockpit control	使侧向力操纵器产生偏转的座舱操纵装置的位移。 当侧向力操纵器的偏度为正时，位移 d_Y 为正。	d_Y
3.7.6	法向力座舱操纵装置的位移 displacement of normal force cockpit control	使法向力操纵器产生偏转的座舱操纵装置的位移。 当法向力操纵器的偏度为正时，位移 d_Z 为正。	d_Z
3.7.7	滚转座舱操纵装置的位移 displacement of roll cockpit control	使滚转操纵器产生偏转的座舱操纵装置的位移。 当滚转操纵器的偏度为正时，位移 d_{a} 为正(见图 8)。	d_{a} 或 d_l
3.7.8	俯仰座舱操纵装置的位移 displacement of pitch cockpit control	使俯仰操纵器产生偏转的座舱操纵装置的位移。 当俯仰操纵器的偏度为正时，位移 d_{e} 为正(见图 8)。	d_{e} 或 d_m
3.7.9	偏航座舱操纵装置的位移 displacement of yaw cockpit control	使偏航操纵器产生偏转的座舱操纵装置的位移。 当偏航操纵器的偏度为正时，位移 d_{r} 为正(见图 8)。	d_{r} 或 d_n

3.8 座舱操纵力 forces on cockpit controls

编号	术　　语	定义或说明	符号和单位
3.8.1	滚转座舱操纵力 force on the roll cockpit control	作用在滚转座舱操纵装置上的力。此力的正增量 ΔF_a 引起该操纵装置的位移的正增量(见图 8)。 注：对于常规的杆式滚转操纵装置,向左的操纵力增量 ΔF_a 为正。对于常规的盘式滚转操纵装置,逆时针转动的操纵力增量 ΔF_a 为正。	F_a
3.8.2	俯仰座舱操纵力 force on the pitch cockpit control	作用在俯仰座舱操纵装置上的力。此力的正增量 ΔF_a 引起该操纵装置的位移的正增量(见图 8)。 注：对于常规的俯仰操纵装置,向前的操纵力增量 ΔF_e 为正。	F_e
3.8.3	偏航座舱操纵力 force on the yaw cockpit control	作用在偏航座舱操纵装置上的力。此力的正增量 ΔF_r 引起该操纵装置的位移的正增量(见图 8)。 注：对于常规的脚蹬式偏航操纵装置,左脚前蹬的操纵力增量为正。	F_r

3.9 与能量相关的量 quantities related to energy

编号	术　　语	定义或说明	符号和单位
3.9.1	总航迹能量 total air path energy	该能量的定义如下 $E_t = mg_n H + \frac{m}{2}V^2$	E_t
3.9.2	总航迹高度(能量高度) total air path altitude (energy altitude)	定义为总航迹能量(3.9.1)与 mg_n 的比值。 $H_t = H + \left(\frac{1}{2g_n}\right)V^2$	H_t
3.9.3	总航迹爬升速度 total air-path climb speed	该速度定义为总过载矢量与飞机速度的无矢量积。 $V_{Zt} = \boldsymbol{n}_t \cdot \boldsymbol{V}$ 注：如果风是水平常值风，总航迹爬升速度与总航迹高度对时间的微分有关，关系如下 $V_{Zt} = \frac{g_n}{g(h)} \cdot \frac{dH_t}{dt}$	V_{Zt} 或 V_t

编号	术　　语	定义或说明	符号和单位
3.9.4	总航迹爬升角 total air-path climb angel	该角的正弦值等于总航迹爬升速度(3.9.3)与空速的比值。 $\sin\gamma_t = \frac{V_{Zt}}{V}$ 注：当总航迹爬升速度小于或等于空速时，总航迹爬升角定义有效。	γ_t

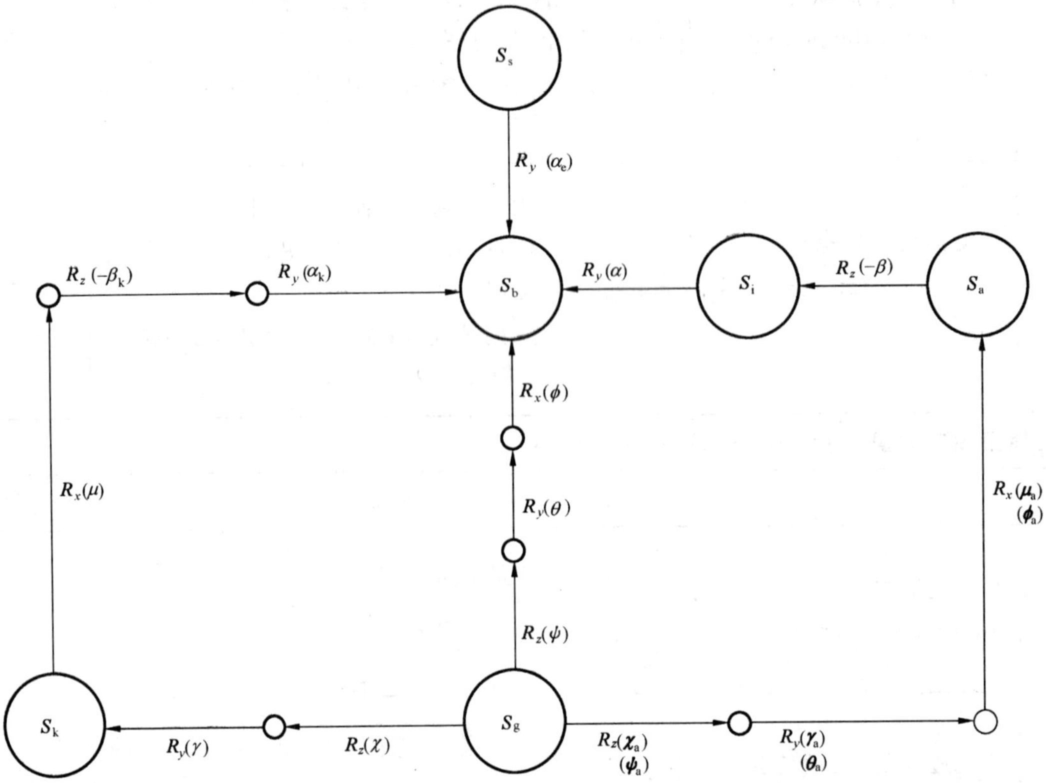

图 1　坐标轴系之间的关系示意图

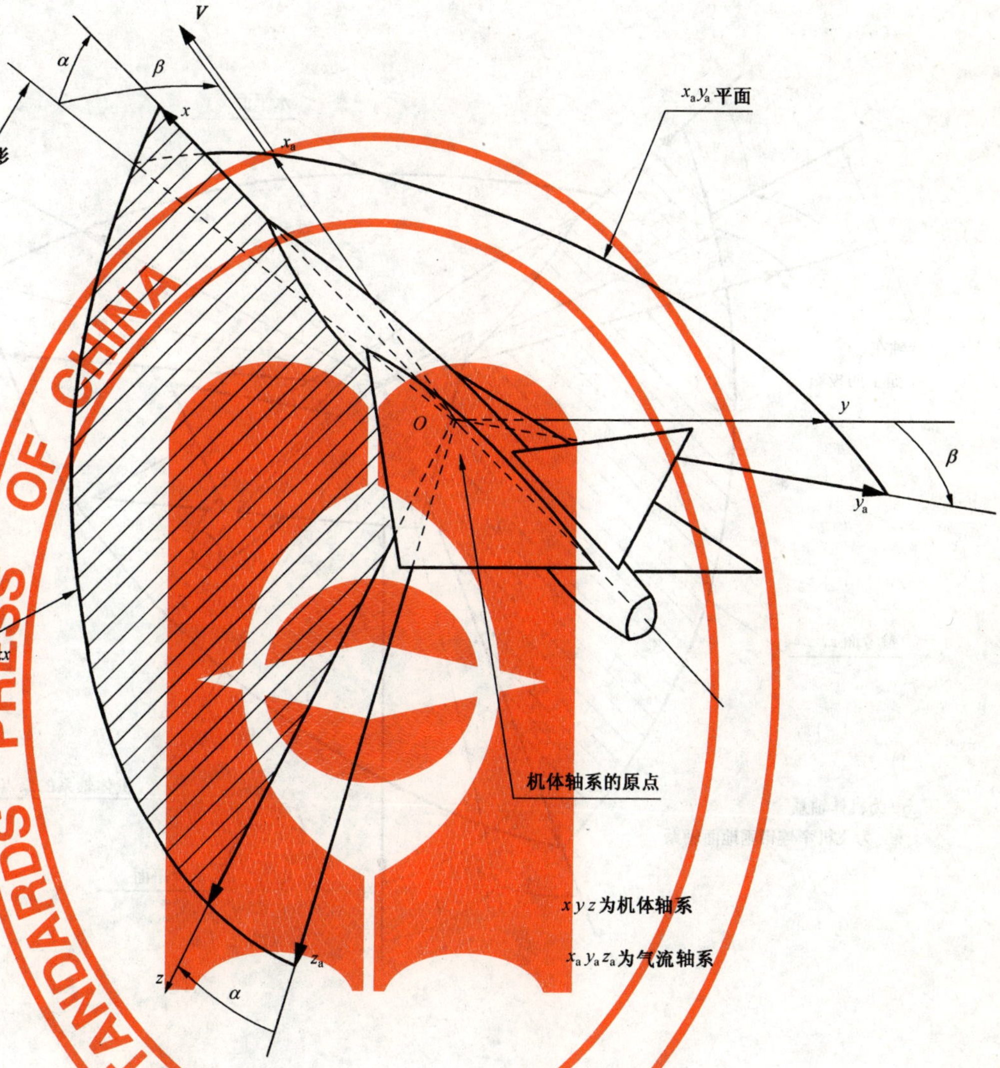

图2　飞机速度相对于机体轴系的方位

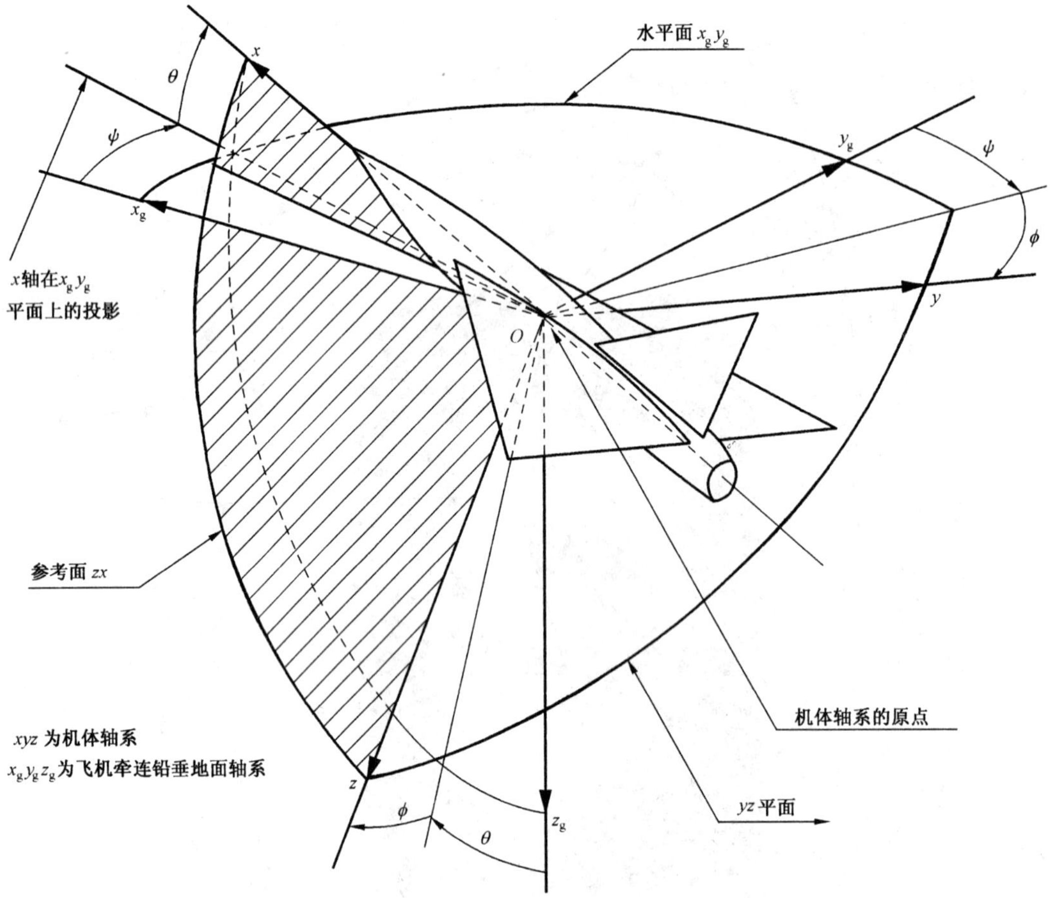

图 3 机体轴系相对于飞机牵连铅垂地面轴系的方位

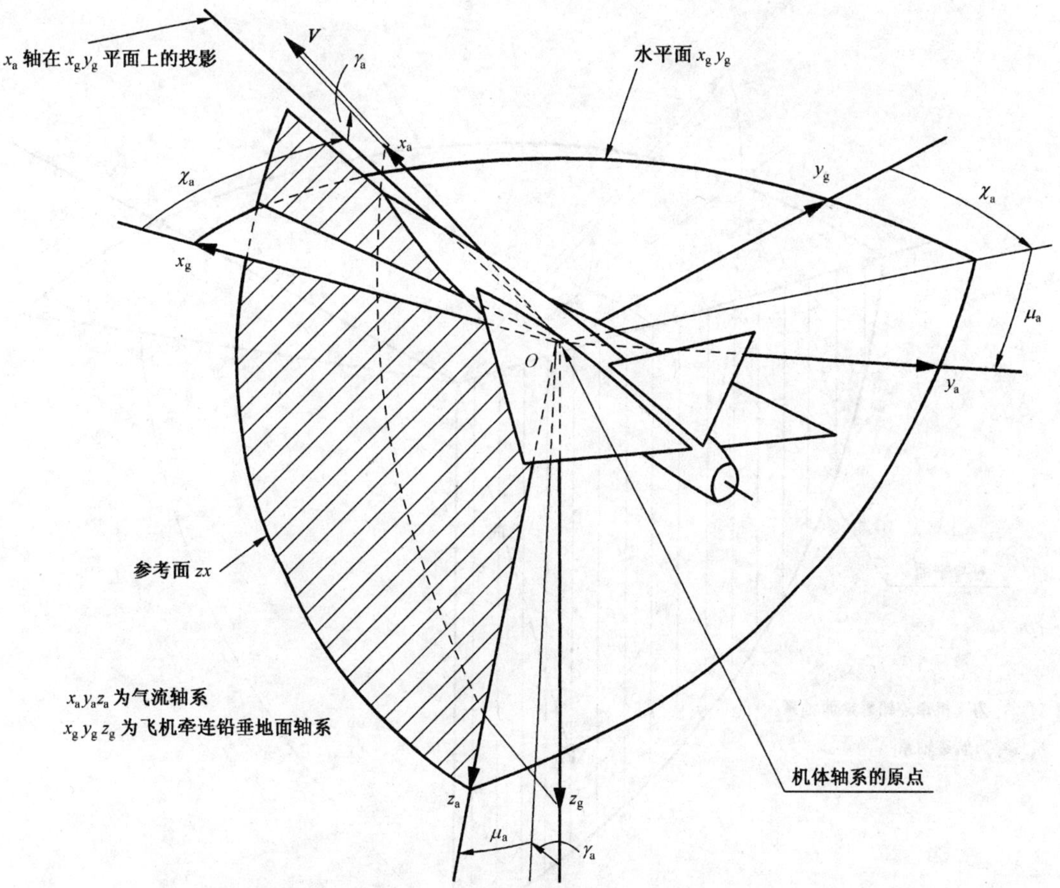

图 4　气流轴系相对于飞机牵连铅垂地面轴系的方位

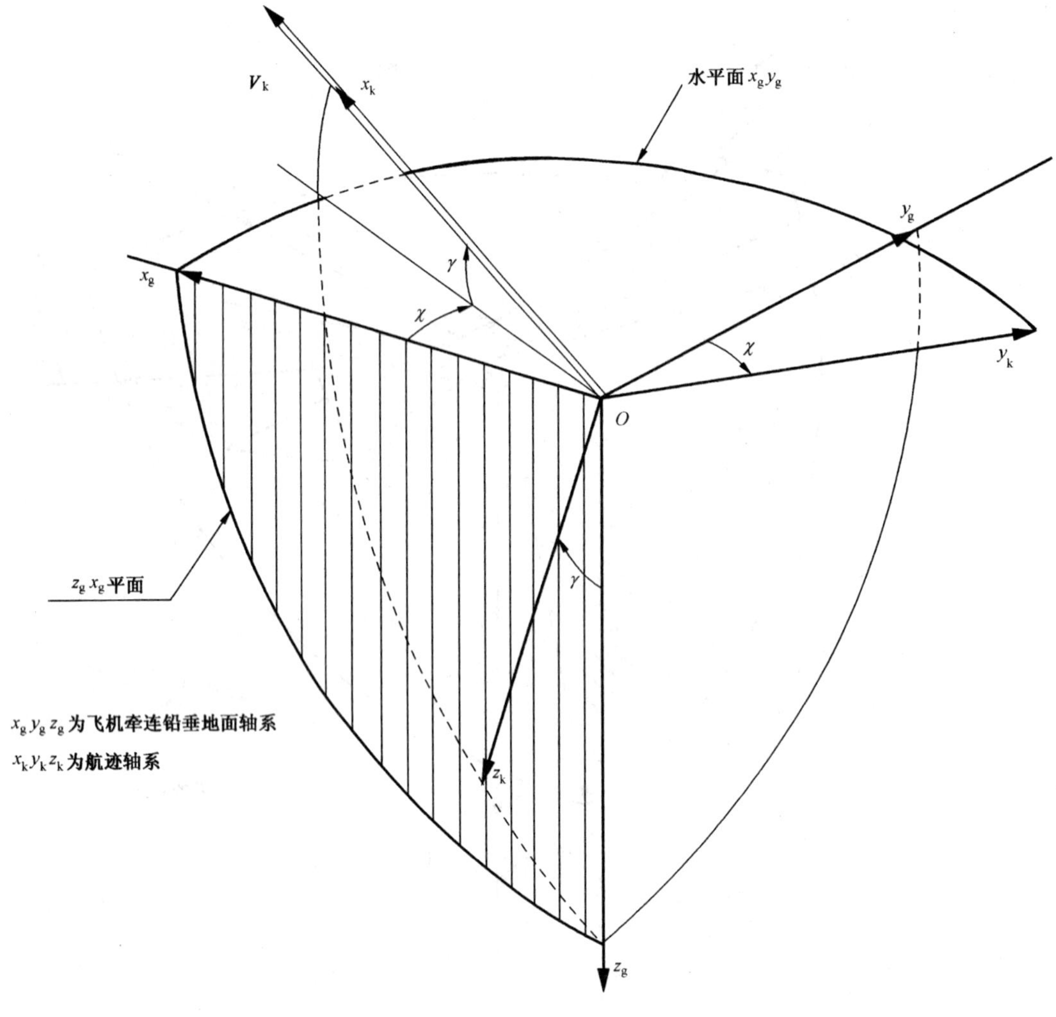

图 5　航迹轴系相对于飞机牵连铅垂地面轴系的方位

图 6　航迹轴系相对于机体轴系的方位

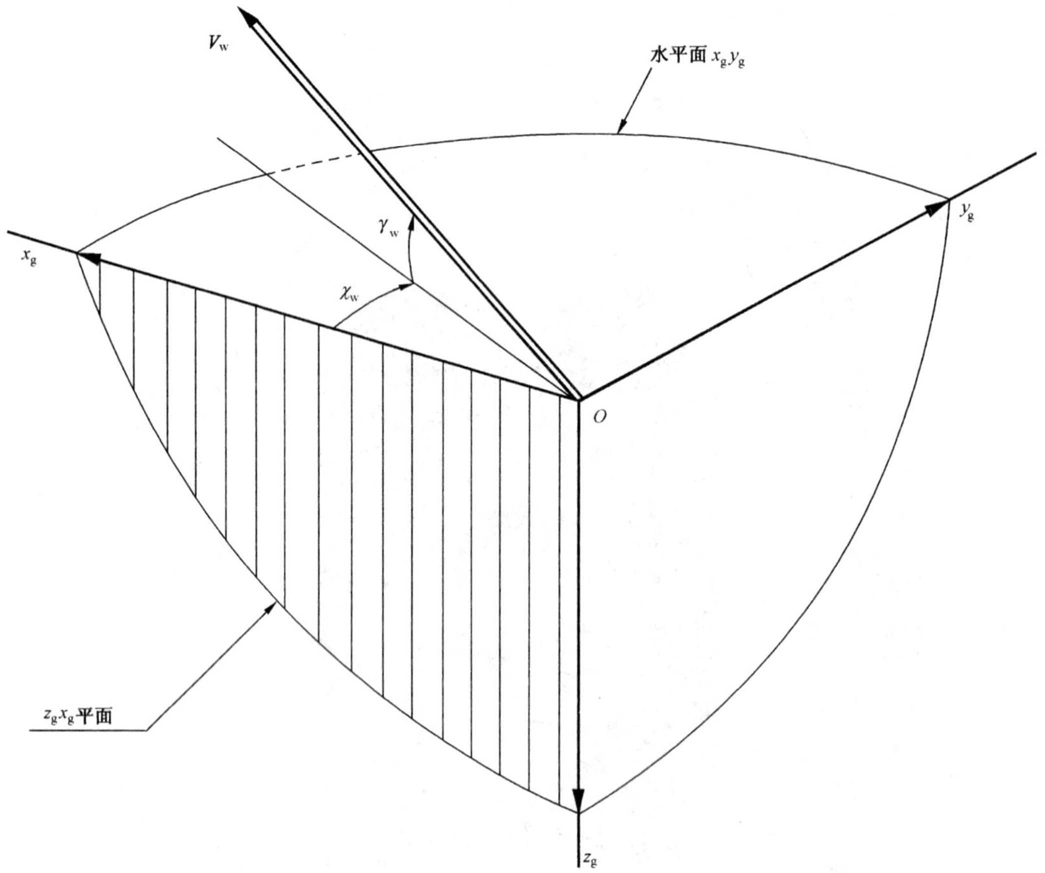

图 7 风向角

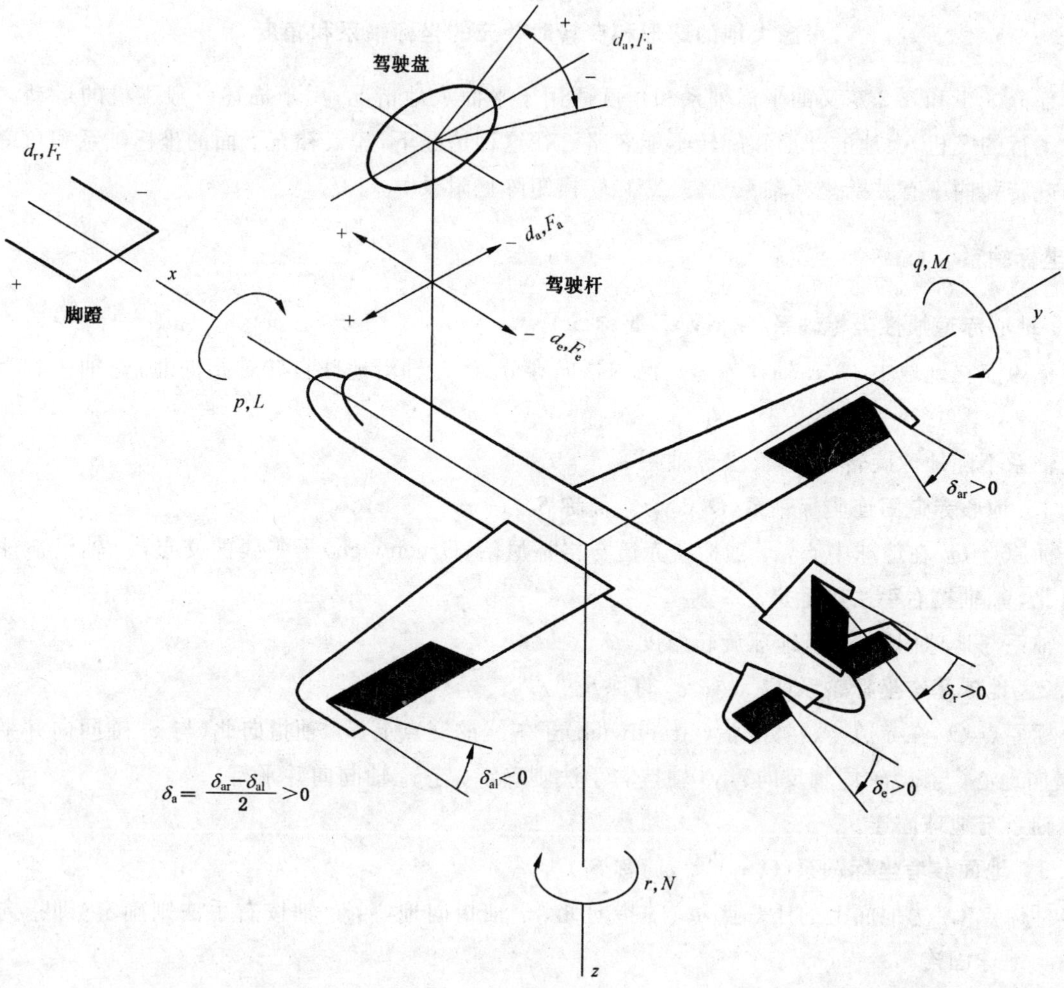

图 8　操纵器偏角，座舱操纵位移和力

附 录 A
（规范性附录）
考虑大地的球形和自转时补充的坐标轴系和角度

本部分 3.1 和 3.2 定义的坐标轴系和角度适用于平面大地情况，用于描述一般飞机的运动。但对超高速飞行的飞机，大地的球形和旋转不能忽略。在这种情况下，建议补充下面的坐标轴系和角度。与地球的旋转和曲率有关的坐标轴系见图 A.1，转换矩阵见附录 B。

A.1 坐标轴系

A.1.1 地心赤道惯性坐标轴系（$O_e x_i y_i z_i$，简称 S_i）

坐标原点在地球中心，x_i 轴在赤道平面内指向春分点，z_i 轴沿地球自转轴指向北，y_i 轴按右手法则确定。

此轴系不随地球旋转，为惯性坐标轴系。

A.1.1.1 地心赤道固连坐标轴系（$O_e x_e y_e z_e$，简称 S_e）

坐标原点 O_e 在地球中心，x_e 轴指向赤道与格林尼治(Greenwich)子午线的交点，z_e 轴沿地球自转轴指向北，y_e 轴按右手法则确定。

此轴系与地球固连，具有地球旋转角度。

A.1.1.2 地球基准坐标轴系（$O_0 x_0 y_0 z_0$，简称 S_0）

坐标原点 O_0 在赤道与格林尼治(Greenwich)子午线的交点上，x_0 轴指向北（与 z_e 轴同向并平行），z_0 轴指向地心（与 x_e 轴同轴反向），y_0 轴按右手法则确定（与 y_e 轴同向并平行）。

此轴系与地球固连。

A.1.1.3 地面参考坐标轴系（$O_r x_r y_r z_r$，简称 S_r）

坐标原点 O_r 为地面上的任一点，x_r 轴指向北，z_r 轴指向地心，y_r 轴按右手法则确定（即指向东）。此轴系与地球固连。

A.1.1.4 当地铅垂坐标轴系（$Ox_g y_g z_g$，简称 S_g）

坐标原点 O 位于飞机的质心，x_g 轴指向当地的北方，z_g 轴沿铅垂线向下（即指向地心），y_g 轴按右手法则确定。

A.2 角度

格林尼治(Greenwich)子午面与 $x_i z_i$ 平面的夹角 ζ 的计算见式(A.1)：

$$\zeta = \zeta_0 + \omega_g t \qquad \cdots\cdots\cdots\cdots(\text{A.1})$$

式中：

ζ_0——初始常数；

ω_g——地球自转角速度。

λ_r——地面参考坐标轴系的原点 O_r 所处的经度，东经为正；

φ_r——地面参考坐标轴系的原点 O_r 所处的纬度，北纬为正；

λ——飞机质心 O 所处的经度，东经为正；

φ——飞机质心 O 所处的纬度，北纬为正。

图 A.1　与地球的旋转和曲率有关的坐标轴系

附 录 B
（资料性附录）
轴系转换矩阵

B.1 飞机牵连垂直地面坐标轴系与机体坐标轴系的转换

	x_g	y_g	z_g
x	$\cos\psi\cos\theta$	$\sin\psi\cos\theta$	$-\sin\theta$
y	$-\sin\psi\cos\phi+\cos\psi\sin\theta\sin\phi$	$\cos\psi\cos\phi+\sin\psi\sin\theta\sin\phi$	$\cos\theta\sin\phi$
z	$\sin\psi\sin\phi+\cos\psi\sin\theta\cos\phi$	$-\cos\psi\sin\phi+\sin\psi\sin\theta\cos\phi$	$\cos\theta\cos\phi$

B.2 飞机牵连垂直地面坐标轴系与气流坐标轴系的转换

	x_g	y_g	z_g
x_a	$\cos\chi_a\cos\gamma_a$	$\sin\chi_a\cos\gamma_a$	$-\sin\gamma_a$
y_a	$-\sin\chi_a\cos\mu_a+\cos\chi_a\sin\gamma_a\sin\mu_a$	$\cos\chi_a\cos\mu_a+\sin\chi_a\sin\gamma_a\sin\mu_a$	$\cos\gamma_a\sin\mu_a$
z_a	$\sin\chi_a\sin\mu_a+\cos\chi_a\sin\gamma_a\cos\mu_a$	$-\cos\chi_a\sin\mu_a+\sin\chi_a\sin\gamma_a\cos\mu_a$	$\cos\gamma_a\cos\mu_a$

B.3 机体坐标轴系与气流坐标轴系的转换

	x	y	z
x_a	$\cos\beta\cos\alpha$	$\sin\beta$	$\cos\beta\sin\alpha$
y_a	$-\sin\beta\cos\alpha$	$\cos\beta$	$-\sin\beta\sin\alpha$
z_a	$-\sin\alpha$	0	$\cos\alpha$

B.4 半机体坐标轴系与机体坐标轴系的转换

	x_i	y_i	z_i
x	$\cos\alpha$	0	$-\sin\alpha$
y	0	1	0
z	$\sin\alpha$	0	$\cos\alpha$

B.5 半机体坐标轴系与气流坐标轴系的转换

	x_i	y_i	z_i
x_a	$\cos\beta$	$\sin\beta$	0
y_a	$-\sin\beta$	$\cos\beta$	0
z_a	0	0	1

B.6 飞机牵连垂直地面坐标轴系与飞机航迹坐标轴系的转换

	x_g	y_g	z_g
x_k	$\cos\chi\cos\gamma$	$\sin\chi\cos\gamma$	$-\sin\gamma$
y_k	$-\sin\chi$	$\cos\chi$	0
z_k	$\cos\chi\sin\gamma$	$\sin\chi\sin\gamma$	$\cos\gamma$

B.7 航迹坐标轴系与机体坐标轴系的转换

	x_k	y_k	z_k
x	$\cos\beta_k\cos\alpha_k$	$-\cos\mu\sin\beta_k\cos\alpha_k+\sin\mu\sin\alpha_k$	$-\sin\mu\sin\beta_k\cos\alpha_k-\cos\mu\sin\alpha_k$
y	$\sin\beta_k$	$\cos\mu\cos\beta_k$	$\sin\mu\cos\beta_k$
z	$\cos\beta_k\sin\alpha_k$	$-\cos\mu\sin\beta_k\sin\alpha_k-\sin\mu\cos\alpha_k$	$-\sin\mu\sin\beta_k\sin\alpha_k+\cos\mu\cos\alpha_k$

B.8 稳定性坐标轴系与机体坐标轴系的转换

	x_s	y_s	z_s
x	$\cos\alpha_e$	0	$-\sin\alpha_e$
y	0	1	0
z	$\sin\alpha_e$	0	$\cos\alpha_e$

B.9 地心赤道惯性轴系与地心赤道固连坐标轴系的转换

	x_i	y_i	z_i
x_e	$\cos\zeta$	$\sin\zeta$	0
y_e	$-\sin\zeta$	$\cos\zeta$	0
z_e	0	0	1

B.10 地心赤道固连坐标轴系与地球基准坐标轴系的转换

	x_e	y_e	z_e
x_0	0	0	1
y_0	0	1	0
z_0-R_E	-1	0	0
注：R_E 是地球半径。			

B.11 地球基准坐标轴系与地面参考坐标轴系的转换

	x_0	y_0	z_0
x_r	$\cos\varphi_r$	$\sin\lambda_r \sin\varphi_r$	$-\cos\lambda_r \sin\varphi_r$
y_r	0	$\cos\lambda_r$	$\sin\lambda_r$
z_r	$\sin\varphi_r$	$-\sin\lambda_r \cos\varphi_r$	$\cos\lambda_r \cos\varphi_r$

B.12 地球基准坐标轴系与当地铅垂坐标轴系的转换

	x_0	y_0	z_0
x_g	$\cos\varphi$	$\sin\lambda\sin\varphi$	$-\cos\lambda\sin\varphi$
y_g	0	$\cos\lambda$	$\sin\lambda$
z_g	$\sin\varphi$	$-\sin\lambda\cos\varphi$	$\cos\lambda\cos\varphi$

附 录 C
（资料性附录）
飞行力学主要部分的分类

C.1 飞行力学 flight mechanics

编号	术 语	定义或说明
C 1	飞行力学 flight mechanics	研究飞行器运动和飞行条件等问题的一门应用科学。

C.2 飞行运动学 flight kinematics

编号	术 语	定义或说明
C 2	飞行运动学 flight kinematics	飞行力学(C1)的分支，研究飞机关于时间和空间的运动，不考虑产生这些运动的力和力矩。

C.3 飞行动力学 flight dynamics

编号	术 语	定义或说明
C 3	飞行动力学 flight dynamics	飞行力学(C1)的分支，研究飞机运动，以及产生运动的力和力矩。 注：飞行动力学研究飞机质心的运动和绕质心的运动。
C 3.1	飞机性能 aircraft performance	描述飞机质心运动和燃料消耗的一系列变量的值。
C 3.1.1	飞机瞬时性能 aircraft point flight performance	飞机瞬时的飞机性能(C3.1)。
C 3.1.2	飞机综合性能 aircraft integral performance	在给定的大气条件下，根据某些变量，如高度、速度、爬升角和过载等之间存在的关系，由飞行开始到结束的燃料消耗、时间、位移变量所描述的飞机性能(C3.1)。
C 3.1.3	极限瞬时性能 aircraft limit point performance	描述飞机质心运动变量的瞬时极限值。 注1：极限瞬时性能存的主要原因：操纵面偏角限制，控制力限制，如失速等气动现象，发动机性能限制，以及飞机结构、振动等安全条件限制。 注2：极限瞬时性能与航迹加速度，爬升角和过载相关。 注3：在极限瞬时性能中，下面这些常被提到： ——在水平直线飞行中，最大升力和最大速度。 ——在水平转弯飞行中，稳定的最大转弯性能和瞬时的最大转弯性能。

编号	术　　语	定义或说明
C 3.1.4	综合极限性能 aircraft limit integral performance	综合性能(C3.1.2)参量的最大值或最小值。 注：在极限性能的描述中，下面这些词常被提到：最大距离，最大自主性，两点之间最短时间，优化动力学操纵得到的最大高度(动升限)。
C 3.2	飞行品质 aircraft flying qualities	由下面一系列特性构成： ——保持航迹和姿态的能力； ——完成机动动作的能力； ——对扰动的响应能力。 以上均要考虑到一些特定要求如飞行安全性和舒适性，以及操纵的精度和容易度。
C 3.2.1	飞行稳定性 aircraft　flight stability	飞机受到扰动之后，在不加人工控制情况下，自动恢复到初始状态的能力，这些初始状态通常都是特定的一系列合适常量。 注：根据控制系统的不同状态，常在两种不同情况下研究稳定性： 1)　操纵面固定或松浮且没有电气伺服控制； 2)　控制器固定或松浮并带有电气伺服控制。 在每种情况下，如果纵向运动和横侧向运动是解耦的，则可以分别独立研究纵向和横侧向稳定性。
C 3.2.2	飞行操纵性 aircraft flight controllability	指飞行员改变或修正飞机状态时，能影响到操纵精度和容易度的一系列飞机及其控制系统的特征。 注：在某些特殊情况下，飞行操纵性定义为在飞行员的主动操纵下飞机改变飞行状态的能力。
C 3.2.3	无控输入下的飞机响应 aircraft response without control input from the pilot	在没有控制输入情况下，描述飞机运动状态的变量的变化过程，也就是对于下列情况的响应 ——改变选定状况(GB/T 14410.7—2008 的 3.3.2)； ——故障状况(GB/T 14410.7—2008 的 3.3.3)； ——环境干扰。

C.4　机动性　manoeuvrability

编号	术　　语	定义或说明
C 4	机动性 manoeuvrability	考虑极限性能(C3.1.3，C3.1.4)和飞行品质(C3.2)要求的情况下，飞机改变其航迹以及(或者)速度的能力。

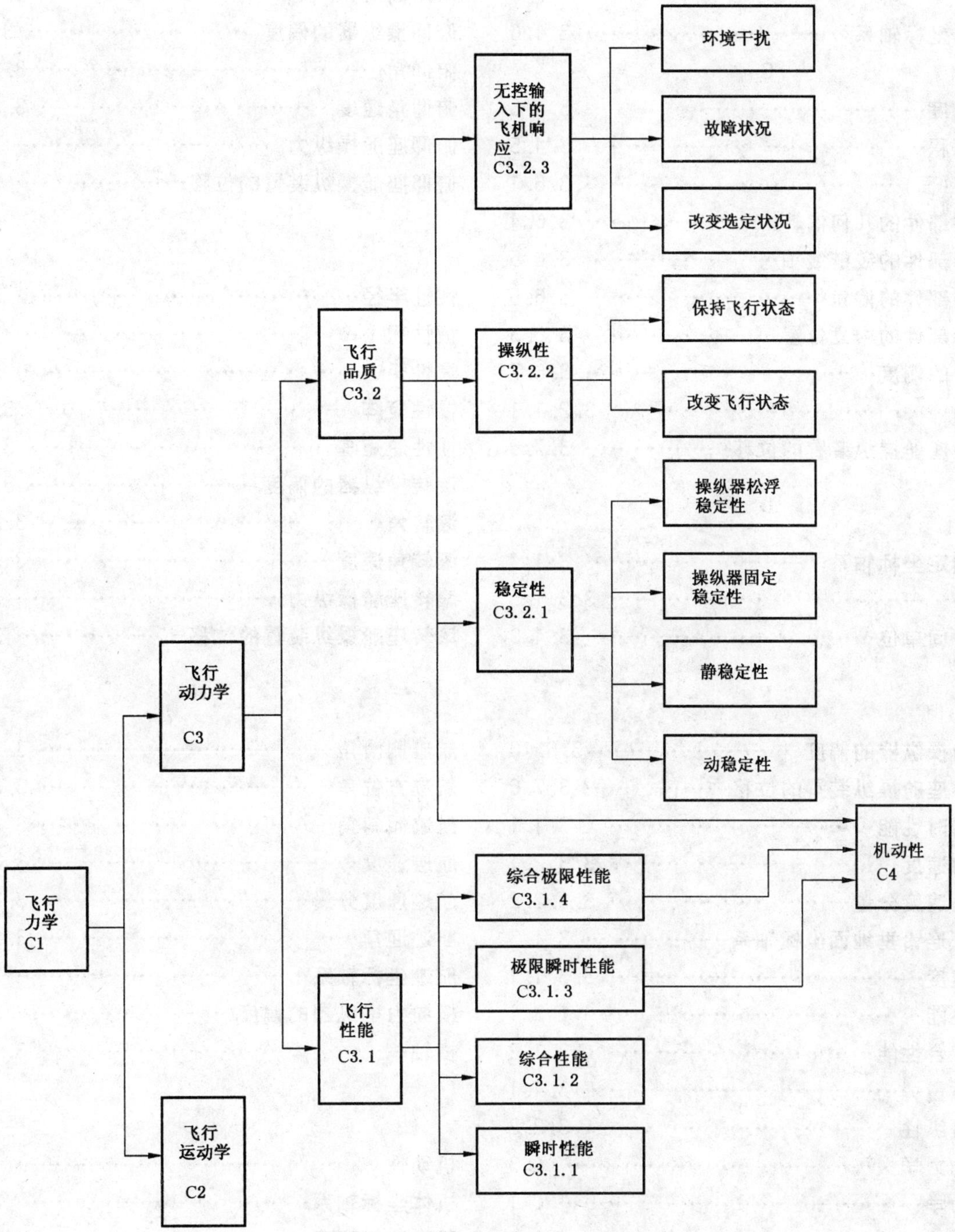

图 C.1 飞行力学主要部分分类示意图

中 文 索 引

英 文 索 引

A

B

C

D

E

F

G

H

I

L

M

N

P

R

S

ICS 49.020
V 04

中华人民共和国国家标准

GB/T 14410.2—2008
代替 GB/T 14410.2—1993

飞行力学 概念、量和符号 第2部分：力、力矩及其系数和导数

Flight mechanics—Concepts, quantities and symbols—
Part 2: Forces, moments, their coefficients and derivatives

(ISO 1151-3:1989, Flight dynamics—Concepts, quantities and symbols—Part 3: Derivatives of forces, moments and their coefficients, MOD)

2008-07-18 发布 2009-01-01 实施

中华人民共和国国家质量监督检验检疫总局
中国国家标准化管理委员会 发布

前　言

GB/T 14410《飞行力学　概念、量和符号》分为九个部分：

——第1部分：坐标轴系和运动状态变量；

——第2部分：力、力矩及其系数和导数；

——第3部分：飞机稳定性和操纵性；

——第4部分：飞行性能；

——第5部分：飞行测量；

——第6部分：飞机几何形状；

——第7部分：飞行点和飞行包线；

——第8部分：飞机动态特性；

——第9部分：大气扰动模型。

本部分为GB/T 14410的第2部分。

本部分修改采用ISO 1151-3:1989(E)《飞行动力学　概念、量和符号　第3部分：力、力矩及其系数和导数》。本标准与ISO 1151-3:1989相比主要增加了“无量纲迎角、侧滑角和空速对时间的导数、升降舵气动铰链力矩、副翼气动铰链力矩”等术语。

本部分代替GB/T 14410.2—1993《飞行力学　概念、量和符号　第2部分：力、力矩及其系数和导数》。

本部分与GB/T 14410.2—1993相比主要变化如下：

a) 增加了比合力、比合力的分量、比合力矩、比合力矩的分量、直接导数、比导数等定义；

b) 将马赫数符号 M 修改为 Ma，将术语“因次”修改为“量纲”、“向量”修改为“矢量”；

c) 修改术语和定义有引用其他章条号码的标注；

d) 增加了量纲的单位，并在符号栏注明；

e) 增加了中英文索引。

本部分中附录A为规范性附录。

本部分由中国航空工业第一集团公司提出。

本部分由中国航空工业第一集团公司归口。

本部分起草单位：北京航空航天大学、中国航空综合技术研究所、中国航空工业空气动力研究院、中国航空工业发展研究中心。

本部分主要起草人：王立新、张曙光、邵箭、洪冠新、屈香菊、焦志强、李周复、陈玉、史景升、肖业伦、李益瑞。

本部分所代替标准的历次版本发布情况为：

——GB/T 14410.2—1993。

飞行力学　概念、量和符号
第2部分:力、力矩及其系数和导数

1　范围

本部分规定了描述飞机运动的力、力矩及其系数和导数的术语和符号。

本部分适用于固定翼飞机,其他飞行器可参照使用。

本部分中将飞机视为刚体。

2　规范性引用文件

下列文件中的条款通过本部分的引用而成为本部分的条款。凡是注日期的引用文件,其随后所有的修改单(不包括勘误的内容)或修订版均不适用于本部分,然而,鼓励根据本部分达成协议的各方研究是否可使用这些文件的最新版本。凡是不注日期的引用文件,其最新版本适用于本部分。

GB/T 14410.1—2008　飞行力学　概念、量和符号　第1部分:坐标轴系和运动状态变量

3　术语、定义和符号

下列术语、定义和符号适用于本部分。

3.1　无量纲迎角、侧滑角和空速对时间的导数　derivatives with respect to the time from the normalized attack angle, sideslip angle and airspeed

编号	术　　语	定义或说明	符号和单位
3.1.1	无量纲迎角变化率 normalized rate of change of the angle of attack	迎角(GB/T 14410.1—2008 的 3.2.1.2)对时间的导数乘以因子 l/V。 $\bar{\dot{\alpha}}=\frac{\dot{\alpha}l}{V}$	$\bar{\dot{\alpha}}$
3.1.2	无量纲侧滑角变化率 normalized rate of change of the angle of sideslip	侧滑角(GB/T 14410.1—2008 的 3.2.1.1)对时间的导数乘以因子 l/V。 $\bar{\dot{\beta}}=\frac{\dot{\beta}l}{V}$	$\bar{\dot{\beta}}$
3.1.3	无量纲切向加速度 normalized tangential acceleration	空速(GB/T 14410.1—2008 的 3.3.1.2)对时间的导数乘以因子 l/V^2。 $\bar{\dot{V}}=\frac{\dot{V}l}{V^2}$	$\bar{\dot{V}}$

3.2　合力、合力矩及分量　forces, moments and their components

编号	术　　语	定义或说明	符号和单位
3.2.1	合力 resultant force	作用在飞机上诸力的合力矢量。包括机体气动力和推力,但不包括重力、惯性力和地面接触时的反作用力。	$\boldsymbol{R}$ ($\vec{R}$)

编号	术　　语	定义或说明	符号和单位
3.2.2	合力分量 components of the resultant force	合力矢量 **R** 的各分量。 在机体坐标轴系(GB/T 14410.1—2008 的 3.1.4)中: 沿纵轴的分量 沿横轴的分量 沿竖轴的分量 在气流坐标轴系(GB/T 14410.1—2008 的 3.1.5)中: 沿 x_a 轴的分量 沿 y_a 轴的分量 沿 z_a 轴的分量	 X^R Y^R Z^R X_a^R Y_a^R Z_a^R
3.2.3	合力分量系数 coefficients of the components of the resultant force	合力分量的无量纲因数。 在机体坐标轴系中: $\frac{X^R}{\frac{1}{2}\rho V^2 S}$ $\frac{Y^R}{\frac{1}{2}\rho V^2 S}$ $\frac{Z^R}{\frac{1}{2}\rho V^2 S}$ 在气流坐标轴系中: $\frac{X_a^R}{\frac{1}{2}\rho V^2 S}$ $\frac{Y_a^R}{\frac{1}{2}\rho V^2 S}$ $\frac{Z_a^R}{\frac{1}{2}\rho V^2 S}$	 C_X^R C_Y^R C_Z^R C_{Xa}^R C_{Ya}^R C_{Za}^R
3.2.4	合力矩 resultant moment	构成合力的诸力对参考点(通常是飞机重心)的合力矩。	
3.2.5	合力矩分量 components of the resultant moment 滚转力矩 rolling moment 俯仰力矩 pitching moment	合力矩的各分量。 在机体坐标轴系中: 绕纵轴的分量 绕横轴的分量	 L^R M^R

编号	术　语	定义或说明	符号和单位
	偏航力矩 vawing moment	绕竖轴的分量	N^R
		在气流坐标轴系中： 绕 x_a 轴的分量 绕 y_a 轴的分量 绕 z_a 轴的分量	 L_a^R M_a^R N_a^R
3.2.6	力矩系数 moment coefficient	合力矩各分量的无量纲因数。 在机体坐标轴系中：	
	滚转力矩系数 rolling moment coefficient	$\dfrac{L^R}{\frac{1}{2}\rho V^2 Sl}$	C_l^R
	俯仰力矩系数 pitching moment coefficient	$\dfrac{M^R}{\frac{1}{2}\rho V^2 Sl}$	C_m^R
	偏航力矩系数 yawing moment coefficient	$\dfrac{N^R}{\frac{1}{2}\rho V^2 Sl}$	C_n^R
		在气流坐标轴系中： $\dfrac{L_a^R}{\frac{1}{2}\rho V^2 Sl}$	 C_{la}^R
		$\dfrac{M_a^R}{\frac{1}{2}\rho V^2 Sl}$	C_{ma}^R
		$\dfrac{N_a^R}{\frac{1}{2}\rho V^2 Sl}$	C_{na}^R
3.2.7	比合力 specific resultant force	合力(3.2.1)$\boldsymbol{R}$除以飞机质量 m (GB/T 14410.1—2008 的 3.4.1)，定义为如下关系式： $\boldsymbol{r}=\dfrac{\boldsymbol{R}}{m}$ 注：类似的比合力可以在起飞和着陆的情况下定义，此时，分子为合力与地面接触力之和。	$\boldsymbol{r}$
3.2.8	比合力分量 component of the specific resultant force	比合力 $\boldsymbol{r}$(3.2.7)的分量，定义如下： 在体轴系中(GB/T 11410.1—2008 的 3.1.4)： 纵轴分量 $r_x=\dfrac{X}{m}$	 r_x

编号	术　语	定义或说明	符号和单位
		横轴分量 $r_y=\frac{Y}{m}$ 竖轴分量 $r_z=\frac{Z}{m}$ 在气流坐标系中(GB/T 11410.1—2008 的 3.1.5)： x_a轴的分量 $r_{xa}=\frac{X_a}{m}$ y_a轴的分量 $r_{ya}=\frac{Y_a}{m}$ z_a轴的分量 $r_{za}=\frac{Z_a}{m}$ 注：类似的比合力分量可以在起飞和着陆的情况下定义，此时，分子为合力(3.2.1)和地面接触力之和的相应分量。	r_y r_z r_{xa} r_{ya} r_{za}
3.2.9	比合力矩 specific resultant moment	引入逆惯性矩阵 ***J***，乘以合力矩 ***Q***(3.2.4)： $\boldsymbol{q}=\boldsymbol{J}\cdot\boldsymbol{Q}$ 注：类似的比合力矩可以在起飞和着陆的情况下定义，此时，应增加地面接触力产生的合力矩 ***Q***。	$\boldsymbol{q}$
3.2.10	比合力矩分量 component of the specific resultant moment	比合力矩 ***q***(3.2.9)的分量，在体轴系中的定义如下 $q_x=J_{11}\cdot L+J_{12}\cdot M+J_{13}\cdot N$ $q_y=J_{21}\cdot L+J_{22}\cdot M+J_{23}\cdot N$ $q_z=J_{31}\cdot L+J_{32}\cdot M+J_{33}\cdot N$ 注：类似的比合力矩分量可以在起飞和着陆的情况下定义，此时，应增加地面接触力引起的合力矩 ***Q*** 分量。	q_x q_y q_z

3.3　推力、推力的合力矩、机体气动力、机体气动力矩及其系数　thrust、resultant moment of propulsive forces、airframe aerodynamic force, airframe aerodynamic moment and their coefficients

3.3.1　推力、推力的合力矩及其分量　thrust、resultant moment of propulsive forces and their components

编号	术　语	定义或说明	符号和单位
3.3.1.1	推力 thrust	推进系统产生的诸力的合力矢量。	$\boldsymbol{T}$

编号	术　语	定义或说明	符号和单位
3.3.1.2	推力分量 components of the thrust	推力在各坐标轴系中的分量。 在机体坐标轴系中： 沿纵轴的分量 沿横轴的分量 沿竖轴的分量 在气流坐标轴系中： 沿 x_a 轴的分量 沿 y_a 轴的分量 沿 z_a 轴的分量	 X^T 或 T_X Y^T 或 T_Y Z^T 或 T_Z X_a^T 或 T_{xa} Y_a^T 或 T_{ya} Z_a^T 或 T_{za}
3.3.1.3	推力合力矩 resultant moment of the thrust	推力对机上一固定点(通常为飞机重心)的合力矩。 注：这个力系统中可能包括推进系统产生的推力中未包括的作用在机体上的力。	
3.3.1.4	推力合力矩分量 components the resultant moment of the thrust	推力合力矩在各坐标轴系中的分量。 在机体坐标轴系中： 绕纵轴的分量 绕横轴的分量 绕竖轴的分量 在气流坐标轴系中： 绕 x_a 轴的分量 绕 y_a 轴的分量 绕 z_a 轴的分量	 L^T M^T N^T L_a^T M_a^T N_a^T

3.3.2　机体气动力、气动力矩及分量　airframe aerodynamic force、airframe aerodynamic moment and their components

编号	术　语	定义或说明	符号和单位
3.3.2.1	机体气动力 airframe aerodynamic force	作用在机体上的气动力的合力矢量。	$\boldsymbol{R}^A$ ($\vec{R^A}$)
3.3.2.2	机体气动力分量 components of the airframe aerodynamic force	机体气动力在各坐标轴系中的分量。 在机体坐标轴系中： 沿纵轴的分量 沿横轴的分量 沿竖轴的分量 在气流坐标轴系中： 沿 x_a 轴的分量 沿 y_a 轴的分量 沿 z_a 轴的分量	 X Y Z X_a Y_a Z_a

编号	术　语	定义或说明	符号和单位
	轴向力 axial force	$\boldsymbol{R}^{A}$ 沿机体坐标轴系纵轴的分量，其方向与纵轴的正向相反，即 $-X$。	A
	横向力 transverse force side force	$\boldsymbol{R}^{A}$ 沿机体坐标轴系横轴的分量，其方向与横轴的正向相同，即 Y。	Y
	法向力 normal force	$\boldsymbol{R}^{A}$ 沿机体坐标轴系竖轴的分量，其方向与竖轴的正向相反，即 $-Z$。	N
	阻力 drag	$\boldsymbol{R}^{A}$ 沿气流坐标轴系 x_a 轴的分量，其方向与 x_a 轴的正向相反，即 $-X_a$。	D
	侧力 cross-stream force	$\boldsymbol{R}^{A}$ 沿气流坐标轴系 y_a 轴的分量，其方面与 y_a 轴的正向相同，即 Y_a。	C 或 Y_a
	升力 lift	$\boldsymbol{R}^{A}$ 沿气流坐标轴系 z_a 轴的分量，其方向与 z_a 轴的正向相反，即 $-Z_a$。	L
3.3.2.3	机体气动力矩 airframe aerodynamic moment	$\boldsymbol{R}^{A}$ 对机上一点(通常是飞机重心)的合力矩。	
3.3.2.4	机体气动力矩的分量 components of the airframe aerodynamic moment	机体气动力矩在各坐标轴系中的分量。	
		在机体坐标轴系中：	
	滚转力矩 rolling moment	绕纵轴的分量	L
	俯仰力矩 pitching moment	绕横轴的分量	M
	偏航力矩 yawing moment	绕竖轴的分量	N
		在气流坐标轴系中：	
		绕 x_a 轴的分量	L_a
		绕 y_a 轴的分量	M_a
		绕 z_a 轴的分量	N_a

3.3.3 机体气动力系数和气动力矩系数　coefficients of the airframe aerodynamic force and the airframe aerodynamic moment

编号	术　语	定义或说明	符号和单位
3.3.3.1	机体气动力系数 coefficients of the airframe aerodynamic forces	机体气动力各分量的无量纲因数。 在机体坐标轴系中： 沿纵轴的分量	

编号	术　语	定义或说明	符号和单位
		$\dfrac{X}{\frac{1}{2}\rho V^2 S}$	C_X
		沿横轴的分量 $\dfrac{Y}{\frac{1}{2}\rho V^2 S}$	C_Y
		沿竖轴的分量 $\dfrac{Z}{\frac{1}{2}\rho V^2 S}$	C_Z
		在气流坐标轴系中： 沿 x_a 轴的分量 $\dfrac{X_a}{\frac{1}{2}\rho V^2 S}$	C_{Xa}
		沿 y_a 轴的分量 $\dfrac{Y_a}{\frac{1}{2}\rho V^2 S}$	C_{Ya}
		沿 z_a 轴的分量 $\dfrac{Z_a}{\frac{1}{2}\rho V^2 S}$	C_{Za}
	轴向力系数 axial force coefficient	$\dfrac{A}{\frac{1}{2}\rho V^2 S}$	C_A
	横向力系数 transverse force coefficient side force coefficient	$\dfrac{Y}{\frac{1}{2}\rho V^2 S}$	C_Y
	法向力系数 normal force coefficient	$\dfrac{N}{\frac{1}{2}\rho V^2 S}$	C_N
	阻力系数 drag coefficient	$\dfrac{D}{\frac{1}{2}\rho V^2 S}$	C_D
	侧力系数 cross-stream force coefficient	$\dfrac{C}{\frac{1}{2}\rho V^2 S}$	C_C 或 C_{Ya}
	升力系数 lift coefficient	$\dfrac{L}{\frac{1}{2}\rho V^2 S}$	C_L
3.3.3.2	机体气动力矩系数 coefficients of the airframe aerodynamic moment	机体气动力矩各分量的无量纲因数。 在机体坐标轴系中： 绕纵轴的分量	

编号	术　　语	定义或说明	符号和单位
	滚转力矩系数 rolling moment coefficient	$\frac{L}{\frac{1}{2}\rho V^2 Sl}$	C_l
	俯仰力矩系数 pitching moment coefficient	绕横轴的分量 $\frac{M}{\frac{1}{2}\rho V^2 Sl}$	C_m
	偏航力矩系数 yawing moment coefficient	绕竖轴的分量 $\frac{N}{\frac{1}{2}\rho V^2 Sl}$	C_n
		在气流坐标轴系中： 绕 x_a 轴的分量 $\frac{L_a}{\frac{1}{2}\rho V^2 Sl}$	C_{la}
		绕 y_a 轴的分量 $\frac{M_a}{\frac{1}{2}\rho V^2 Sl}$	C_{ma}
		绕 z_a 轴的分量 $\frac{N_a}{\frac{1}{2}\rho V^2 Sl}$	C_{na}

3.4　作用在操纵器上的力和力矩　**forces and moments acting on the motivators**

编号	术　　语	定义或说明	符号和单位
3.4.1	铰链力矩 hinge moment	作用在操纵器部件上的诸力(飞机操纵系统来的力除外)绕铰链轴的力矩。使操纵器正向转动的力矩为正。	
3.4.2	气动铰链力矩 aerodynamic hinge moment	作用在操纵器部件上的气动力绕其铰链轴的力矩。	M_h
3.4.2.1	升降舵气动铰链力矩 aerodynamic hinge moment of elevator	作用在升降舵部件上的气动力绕其铰链轴的力矩。	M_{he}
3.4.2.2	副翼气动铰链力矩 aerodynamic hinge moment of aileron	作用在副翼部件上的气动力绕其铰链轴的力矩。	M_{ha}
3.4.2.3	方向舵气动铰链力矩 aerodynamic hinge moment of rudder	作用在方向舵部件上的气动力绕其铰链轴的力矩。	M_{hr}

编号	术　语	定义或说明	符号和单位
3.4.3	气动铰链力矩系数 aerodynamic hinge moment coefficient	气动铰链力矩的无量纲因数： $\frac{M_h}{\frac{1}{2}\rho V^2 Sl}$ 注：S 和 l 可使用特定的参考值。	C_h
3.4.3.1	升降舵气动铰链力矩系数 aerodynamic hinge moment coefficient of elevator	升降舵气动铰链力矩的无量纲因数 $\frac{M_{he}}{\frac{1}{2}\rho V^2 Sl}$	C_{he}
3.4.3.2	副翼气动铰链力矩系数 aerodynamic hinge moment coefficient of aileron	副翼气动铰链力距的无量纲因数 $\frac{M_{ha}}{\frac{1}{2}\rho V^2 Sl}$	C_{ha}
3.4.3.3	方向舵气动铰链力矩系数 aerodynamic hinge moment coefficient of rudder	方向舵气动铰链力矩的无量纲因数 $\frac{M_{hr}}{\frac{1}{2}\rho V^2 Sl}$	C_{hr}

3.5　力和力矩分量的无量纲因数对无量纲量的导数(第一组导数)　derivatives with respect to the normalization from the normalized factors of the components of forces and moments(the first group derivative)

编号	术　语	定义或说明	符号和单位
3.5.1	对迎角的导数 derivatives with respect to angle of attack	力和力矩系数对迎角 α 的偏导数 $\partial C_D/\partial\alpha$ $\partial C_C/\partial\alpha$ $\partial C_L/\partial\alpha$ $\partial C_X/\partial\alpha$ $\partial C_Y/\partial\alpha$ $\partial C_Z/\partial\alpha$ $\partial C_l/\partial\alpha$ $\partial C_m/\partial\alpha$ $\partial C_n/\partial\alpha$	$C_{D\alpha}$ $C_{C\alpha}$ $C_{L\alpha}$ $C_{X\alpha}$ $C_{Y\alpha}$ $C_{Z\alpha}$ $C_{l\alpha}$ $C_{m\alpha}$ $C_{n\alpha}$
3.5.2	对侧滑角的导数 derivatives with respect to angle of sideslip	力和力矩系数对侧滑角 β 的偏导数 $\partial C_D/\partial\beta$ $\partial C_C/\partial\beta$ $\partial C_L/\partial\beta$ $\partial C_X/\partial\beta$ $\partial C_Y/\partial\beta$ $\partial C_Z/\partial\beta$ $\partial C_l/\partial\beta$	$C_{D\beta}$ $C_{C\beta}$ $C_{L\beta}$ $C_{X\beta}$ $C_{Y\beta}$ $C_{Z\beta}$ $C_{l\beta}$

编号	术　语	定义或说明	符号和单位
		$\partial C_m/\partial\beta$ $\partial C_n/\partial\beta$	$C_{m\beta}$ $C_{n\beta}$
3.5.3	对无量纲滚转角速度的导数 derivatives with respect to the normalized rate of roll	力和力矩系数对无量纲滚转角速度 $\bar{p}$(GB/T 14410.1—2008 的 3.5.1)的偏导数 $\partial C_D/\partial\bar{p}$ $\partial C_C/\partial\bar{p}$ $\partial C_L/\partial\bar{p}$ $\partial C_X/\partial\bar{p}$ $\partial C_Y/\partial\bar{p}$ $\partial C_Z/\partial\bar{p}$ $\partial C_l/\partial\bar{p}$ $\partial C_m/\partial\bar{p}$ $\partial C_n/\partial\bar{p}$	 C_{Dp} C_{Cp} C_{Lp} C_{Xp} C_{Yp} C_{Zp} C_{lp} C_{mp} C_{np}
3.5.4	对无量纲俯仰角速度的导数 derivatives with respect to the normalized rate of pitch	力和力矩系数对无量纲俯仰角速度 $\bar{q}$(GB/T 14410.1—2008 的 3.5.1)的偏导数 $\partial C_D/\partial\bar{q}$ $\partial C_C/\partial\bar{q}$ $\partial C_L/\partial\bar{q}$ $\partial C_X/\partial\bar{q}$ $\partial C_Y/\partial\bar{q}$ $\partial C_Z/\partial\bar{q}$ $\partial C_l/\partial\bar{q}$ $\partial C_m/\partial\bar{q}$ $\partial C_n/\partial\bar{q}$	 C_{Dq} C_{Cq} C_{Lq} C_{Xq} C_{Yq} C_{Zq} C_{lq} C_{mq} C_{nq}
3.5.5	对无量纲偏航角速度的导数 derivatives with respect to the normalized rate of yaw	力和力矩系数对无量纲偏航角速度 $\bar{r}$(GB/T 14410.1—2008 的 3.5.1)的偏导数 $\partial C_D/\partial\bar{r}$ $\partial C_C/\partial\bar{r}$ $\partial C_L/\partial\bar{r}$ $\partial C_X/\partial\bar{r}$ $\partial C_Y/\partial\bar{r}$ $\partial C_Z/\partial\bar{r}$	 C_{Dr} C_{Cr} C_{Lr} C_{Xr} C_{Yr} C_{Zr}

编号	术 语	定义或说明	符号和单位
		$\partial C_l/\partial \bar{r}$ $\partial C_m/\partial \bar{r}$ $\partial C_n/\partial \bar{r}$	C_{lr} C_{mr} C_{nr}
3.5.6	对马赫数的导数 derivatives with respect to Mach number	力和力矩系数对马赫数 Ma(GB/T 14410.1—2008的 3.3.1.3)的偏导数 $\partial C_D/\partial Ma$ $\partial C_C/\partial Ma$ $\partial C_L/\partial Ma$ $\partial C_X/\partial Ma$ $\partial C_Y/\partial Ma$ $\partial C_Z/\partial Ma$ $\partial C_l/\partial Ma$ $\partial C_m/\partial Ma$ $\partial C_n/\partial Ma$	 C_{DMa} C_{CMa} C_{LMa} C_{XMa} C_{YMa} C_{ZMa} C_{lMa} C_{mMa} C_{nMa}
3.5.7	对无量纲迎角变化率的导数 derivatives with respect to the normalized rate of change of angle of attack	力和力矩系数对无量纲迎角变化率 $\bar{\dot{\alpha}}$ 的偏导数 $\partial C_D/\partial \bar{\dot{\alpha}}$ $\partial C_C/\partial \bar{\dot{\alpha}}$ $\partial C_L/\partial \bar{\dot{\alpha}}$ $\partial C_X/\partial \bar{\dot{\alpha}}$ $\partial C_Y/\partial \bar{\dot{\alpha}}$ $\partial C_Z/\partial \bar{\dot{\alpha}}$ $\partial C_l/\partial \bar{\dot{\alpha}}$ $\partial C_m/\partial \bar{\dot{\alpha}}$ $\partial C_n/\partial \bar{\dot{\alpha}}$	 $C_{D\dot{\alpha}}$ $C_{C\dot{\alpha}}$ $C_{L\dot{\alpha}}$ $C_{X\dot{\alpha}}$ $C_{Y\dot{\alpha}}$ $C_{Z\dot{\alpha}}$ $C_{l\dot{\alpha}}$ $C_{m\dot{\alpha}}$ $C_{n\dot{\alpha}}$
3.5.8	对无量纲侧滑角变化率的导数 derivatives with respect to the normalized rate of change of angle of sideslip	力和力矩系数对无量纲侧滑角变化率 $\bar{\dot{\beta}}$ 的偏导数 $\partial C_D/\partial \bar{\dot{\beta}}$ $\partial C_C/\partial \bar{\dot{\beta}}$ $\partial C_L/\partial \bar{\dot{\beta}}$ $\partial C_X/\partial \bar{\dot{\beta}}$ $\partial C_Y/\partial \bar{\dot{\beta}}$ $\partial C_Z/\partial \bar{\dot{\beta}}$ $\partial C_l/\partial \bar{\dot{\beta}}$ $\partial C_m/\partial \bar{\dot{\beta}}$ $\partial C_n/\partial \bar{\dot{\beta}}$	 $C_{D\dot{\beta}}$ $C_{C\dot{\beta}}$ $C_{L\dot{\beta}}$ $C_{X\dot{\beta}}$ $C_{Y\dot{\beta}}$ $C_{Z\dot{\beta}}$ $C_{l\dot{\beta}}$ $C_{m\dot{\beta}}$ $C_{n\dot{\beta}}$

编号	术　　语	定义或说明	符号和单位
3.5.9	对无量纲切向加速度的导数 derivatives with respect to the normalized tangential acceleration	力和力矩系数对无量纲切向加速度 $\bar{\dot{V}}$ 的偏导数 $\partial C_D/\partial\bar{\dot{V}}$ $\partial C_C/\partial\bar{\dot{V}}$ $\partial C_L/\partial\bar{\dot{V}}$ $\partial C_X/\partial\bar{\dot{V}}$ $\partial C_Y/\partial\bar{\dot{V}}$ $\partial C_Z/\partial\bar{\dot{V}}$ $\partial C_l/\partial\bar{\dot{V}}$ $\partial C_m/\partial\bar{\dot{V}}$ $\partial C_n/\partial\bar{\dot{V}}$	 $C_{D\dot{V}}$ $C_{C\dot{V}}$ $C_{L\dot{V}}$ $C_{X\dot{V}}$ $C_{Y\dot{V}}$ $C_{Z\dot{V}}$ $C_{l\dot{V}}$ $C_{m\dot{V}}$ $C_{n\dot{V}}$
注：力和力矩分量对运动变量的导数的无量纲形式(第三组导数)见附录 A。			

3.6 力和力矩分量的无量纲因数对操纵器偏度的导数 derivatives with respect to the deflection of the motivator to the normalized factors of the components of forces and moments

编号	术　　语	定义或说明	符号和单位
3.6.1	对操纵器偏度的导数 derivatives with respect to the deflection of the motivator	力和力矩系数对操纵器偏度 δ_i (GB/T 14410.1—2008 的 3.6.7)的偏导数 $\partial C_D/\partial\delta_i$ $\partial C_C/\partial\delta_i$ $\partial C_L/\partial\delta_i$ $\partial C_X/\partial\delta_i$ $\partial C_Y/\partial\delta_i$ $\partial C_l/\partial\delta_i$ $\partial C_m/\partial\delta_i$ $\partial C_n/\partial\delta_i$	 $C_{D\delta_i}$ $C_{C\delta_i}$ $C_{L\delta_i}$ $C_{X\delta_i}$ $C_{Y\delta_i}$ $C_{l\delta_i}$ $C_{m\delta_i}$ $C_{n\delta_i}$
3.6.2	对纵向力操纵器偏度的导数 derivatives with respect to the longitudinal force motivator deflection	力和力矩系数对纵向力操纵器偏度 δ_X(GB/T 14410.1—2008 的 3.6.8)的偏导数 $\partial C_D/\partial\delta_X$ $\partial C_C/\partial\delta_X$ $\partial C_L/\partial\delta_X$ $\partial C_X/\partial\delta_X$ $\partial C_Y/\partial\delta_X$	 $C_{D\delta_X}$ $C_{C\delta_X}$ $C_{L\delta_X}$ $C_{X\delta_X}$ $C_{Y\delta_X}$

编号	术　语	定义或说明	符号和单位
		$\partial C_Z/\partial\delta_X$ $\partial C_l/\partial\delta_X$ $\partial C_m/\partial\delta_X$ $\partial C_n/\partial\delta_X$	$C_{Z\delta_X}$ $C_{l\delta_X}$ $C_{m\delta_X}$ $C_{n\delta_X}$
3.6.3	对横向力操纵器偏度的导数 derivatives with respect to the transverse force motivator deflection	力和力矩系数对横向力操纵器偏度 δ_Y(GB/T 14410.1—2008 的 3.6.9)的偏导数 $\partial C_D/\partial\delta_Y$ $\partial C_C/\partial\delta_Y$ $\partial C_L/\partial\delta_Y$ $\partial C_X/\partial\delta_Y$ $\partial C_Y/\partial\delta_Y$ $\partial C_Z/\partial\delta_Y$ $\partial C_l/\partial\delta_Y$ $\partial C_m/\partial\delta_Y$ $\partial C_n/\partial\delta_Y$	$C_{D\delta_Y}$ $C_{C\delta_Y}$ $C_{L\delta_Y}$ $C_{X\delta_Y}$ $C_{Y\delta_Y}$ $C_{Z\delta_Y}$ $C_{l\delta_Y}$ $C_{m\delta_Y}$ $C_{n\delta_Y}$
3.6.4	对法向力操纵器偏度的导数 derivatives with respect to the normal force motivator deflection	力和力矩系数对法向力操纵器偏度 δ_Z(GB/T 14410.1—2008 的 3.6.10)的偏导数 $\partial C_D/\partial\delta_Z$ $\partial C_C/\partial\delta_Z$ $\partial C_L/\partial\delta_Z$ $\partial C_X/\partial\delta_Z$ $\partial C_Y/\partial\delta_Z$ $\partial C_Z/\partial\delta_Z$ $\partial C_l/\partial\delta_Z$ $\partial C_m/\partial\delta_Z$ $\partial C_n/\partial\delta_Z$	$C_{D\delta_Z}$ $C_{C\delta_Z}$ $C_{L\delta_Z}$ $C_{X\delta_Z}$ $C_{Y\delta_Z}$ $C_{Z\delta_Z}$ $C_{l\delta_Z}$ $C_{m\delta_Z}$ $C_{n\delta_Z}$
3.6.5	对滚转操纵器偏度的导数 derivatives with respect to the roll motivator deflection	力和力矩系数对滚转操纵器偏度 δ_a(δ_l)(GB/T 14410.1—2008 的 3.6.11)的偏导数 $\partial C_D/\partial\delta_a$ $\partial C_C/\partial\delta_a$ $\partial C_L/\partial\delta_a$ $\partial C_X/\partial\delta_a$	$C_{D\delta_a}$ $C_{C\delta_a}$ $C_{L\delta_a}$ $C_{X\delta_a}$

编号	术　语	定义或说明	符号和单位
		$\partial C_Y/\partial\delta_a$ $\partial C_Z/\partial\delta_a$ $\partial C_l/\partial\delta_a$ $\partial C_m/\partial\delta_a$ $\partial C_n/\partial\delta_a$	$C_{Y\delta_a}$ $C_{Z\delta_a}$ $C_{l\delta_a}$ $C_{m\delta_a}$ $C_{n\delta_a}$
3.6.6	对俯仰操纵器偏度的导数 derivatives with respect to the pitch motivator deflection	力和力矩系数对俯仰操纵器偏度 δ_e(δ_m)(GB/T 14410.1—2008 的 3.6.12)的偏导数 $\partial C_D/\partial\delta_e$ $\partial C_C/\partial\delta_e$ $\partial C_L/\partial\delta_e$ $\partial C_X/\partial\delta_e$ $\partial C_Y/\partial\delta_e$ $\partial C_Z/\partial\delta_e$ $\partial C_l/\partial\delta_e$ $\partial C_m/\partial\delta_e$ $\partial C_n/\partial\delta_e$	 $C_{D\delta_e}$ $C_{C\delta_e}$ $C_{L\delta_e}$ $C_{X\delta_e}$ $C_{Y\delta_e}$ $C_{Z\delta_e}$ $C_{l\delta_e}$ $C_{m\delta_e}$ $C_{n\delta_e}$
3.6.7	对偏航操纵器偏度的导数 derivatives with respect to the yaw motivator deflection	力和力矩系数对偏航操纵器偏度 δ_r(δ_n)(GB/T 14410.1—2008 的 3.6.13)的偏导数 $\partial C_D/\partial\delta_r$ $\partial C_C/\partial\delta_r$ $\partial C_L/\partial\delta_r$ $\partial C_X/\partial\delta_r$ $\partial C_Y/\partial\delta_r$ $\partial C_Z/\partial\delta_r$ $\partial C_l/\partial\delta_r$ $\partial C_m/\partial\delta_r$ $\partial C_n/\partial\delta_r$	 $C_{D\delta_r}$ $C_{C\delta_r}$ $C_{L\delta_r}$ $C_{X\delta_r}$ $C_{Y\delta_r}$ $C_{Z\delta_r}$ $C_{l\delta_r}$ $C_{m\delta_r}$ $C_{n\delta_r}$
注：假定力和力矩分量系数仅取决于 3.1 中所列的变量和操纵器偏度。			

3.7 力和力矩分量的有量纲动力学导数(第二组导数) **dimensional dynamic derivatives of the components of forces and moments(the second group derivative)**

3.7.1 力和力矩分量对迎角、侧滑角、角速度、操纵器偏度等的动力学导数 **dynamic derivatives with respect to attack angle、sideslip angle、angular velocity and the deflection of the motivator to the components of forces and moments**

编号	术 语	定义或说明	符号和单位
3.7.1.1	对迎角的动力学导数 dynamic derivatives with respect to angle of attack	动力学方程中,力和力矩分量对迎角 α(GB/T 14410.1—2008 的 3.2.1.2)的偏导数 $(\partial X/\partial \alpha)/m$ $(\partial Y/\partial \alpha)/m$ $(\partial Z/\partial \alpha)/m$ $(\partial L/\partial \alpha)/I_x$ $(\partial M/\partial \alpha)/I_y$ $(\partial N/\partial \alpha)/I_z$	 X_α Y_α Z_α L_α M_α N_α
3.7.1.2	对侧滑角的动力学导数 dynamic derivatives with respect to the sideslip angle	动力学方程中,力和力矩分量对侧滑角 β(GB/T 14410.1—2008 的 3.2.1.1)的偏导数 $(\partial X/\partial \beta)/m$ $(\partial Y/\partial \beta)/m$ $(\partial Z/\partial \beta)/m$ $(\partial L/\partial \beta)/I_x$ $(\partial M/\partial \beta)/I_y$ $(\partial N/\partial \beta)/I_z$	 X_β Y_β Z_β L_β M_β N_β
3.7.1.3	对滚转角速度的动力学导数 dynamic derivatives with respect to the rate of roll	动力学方程中,力和力矩分量对滚转角速度 p(GB/T 14410.1—2008 的 3.3.2.2)的偏导数 $(\partial X/\partial p)/m$ $(\partial Y/\partial p)/m$ $(\partial Z/\partial p)/m$ $(\partial L/\partial p)/I_x$ $(\partial M/\partial p)/I_y$ $(\partial N/\partial p)/I_z$	 X_p Y_p Z_p L_p M_p N_p

编号	术　语	定义或说明	符号和单位
3.7.1.4	对俯迎角速度的动力学导数 dynamic derivatives with respect to the rate of pitch	动力学方程中，力和力矩分量对俯仰角速度 q(GB/T 14410.1—2008 的 3.3.2.2)的偏导数	
		$(\partial X/\partial q)/m$	X_q
		$(\partial Y/\partial q)/m$	Y_q
		$(\partial Z/\partial q)/m$	Z_q
		$(\partial L/\partial q)/I_x$	L_q
		$(\partial M/\partial q)/I_y$	M_q
		$(\partial N/\partial q)/I_z$	N_q
3.7.1.5	对偏航角速度的动力学导数 dynamic derivatives with respect to the rate of yaw	动力学方程中，力和力矩分量对偏航角速度 r(GB/T 14410.1—2008 的 3.3.2.2)的偏导数	
		$(\partial X/\partial r)/m$	X_r
		$(\partial Y/\partial r)/m$	Y_r
		$(\partial Z/\partial r)/m$	Z_r
		$(\partial L/\partial r)/I_x$	L_r
		$(\partial M/\partial r)/I_y$	M_r
		$(\partial N/\partial r)/I_z$	N_r
3.7.1.6	对纵向力操纵器偏度的动力学导数 dynamic derivatives with respect to the longitudinal force motivator deflection	动力学方程中，力和力矩分量对纵向力操纵器偏度 δ_X(GB/T 14410.1—2008 的 3.6.8)的偏导数	
		$(\partial X/\partial \delta_X)/m$	X_{δ_X}
		$(\partial Y/\partial \delta_X)/m$	Y_{δ_X}
		$(\partial Z/\partial \delta_X)/m$	Z_{δ_X}
		$(\partial L/\partial \delta_X)/I_x$	L_{δ_X}
		$(\partial M/\partial \delta_X)/I_y$	M_{δ_X}
		$(\partial N/\partial \delta_X)/I_z$	N_{δ_X}
3.7.1.7	对横向力操纵器偏度的动力学导数 dynamic derivatives with respect to the transverse force motivator deflection	动力学方程中，力和力矩分量对横向力操纵器偏度 δ_Y(GB/T 14410.1—2008 的 3.6.9)的偏导数	
		$(\partial X/\partial \delta_Y)/m$	X_{δ_Y}
		$(\partial Y/\partial \delta_Y)/m$	Y_{δ_Y}
		$(\partial Z/\partial \delta_Y)/m$	Z_{δ_Y}
		$(\partial L/\partial \delta_Y)/I_x$	L_{δ_Y}
		$(\partial M/\partial \delta_Y)/I_y$	M_{δ_Y}
		$(\partial N/\partial \delta_Y)/I_z$	N_{δ_Y}

编号	术　语	定义或说明	符号和单位
3.7.1.8	对法向力操纵器偏度的动力学导数 dynamic derivatives with respect to the normal force motivator deflection	动力学方程中,力和力矩分量对法向力操纵器偏度 δ_Z(GB/T 14410.1—2008 的 3.6.10)的偏导数 $(\partial X/\partial\delta_Z)/m$ $(\partial Y/\partial\delta_Z)/m$ $(\partial Z/\partial\delta_Z)/m$ $(\partial L/\partial\delta_Z)/I_x$ $(\partial M/\partial\delta_Z)/I_y$ $(\partial N/\partial\delta_Z)/I_z$	X_{δ_Z} Y_{δ_Z} Z_{δ_Z} L_{δ_Z} M_{δ_Z} N_{δ_Z}
3.7.1.9	对滚转操纵器偏度的动力学导数 dynamic derivatives with respect to the roll motivator deflection	动力学方程中,力和力矩分量对滚转操纵器偏度 δ_a(GB/T 14410.1—2008 的 3.6.11)的偏导数 $(\partial X/\partial\delta_a)/m$ $(\partial Y/\partial\delta_a)/m$ $(\partial Z/\partial\delta_a)/m$ $(\partial L/\partial\delta_a)/I_x$ $(\partial M/\partial\delta_a)/I_y$ $(\partial N/\partial\delta_a)/I_z$	X_{δ_a} Y_{δ_a} Z_{δ_a} L_{δ_a} M_{δ_a} N_{δ_a}
3.7.1.10	对俯仰操纵器偏度的动力学导数 dynamic derivatives with respect to the pitch motivator deflection	动力学方程中,力和力矩分量对俯仰操纵器偏度 δ_e(GB/T 14410.1—2008 的 3.6.12)的偏导数 $(\partial X/\partial\delta_e)/m$ $(\partial Y/\partial\delta_e)/m$ $(\partial Z/\partial\delta_e)/m$ $(\partial L/\partial\delta_e)/I_x$ $(\partial M/\partial\delta_e)/I_y$ $(\partial N/\partial\delta_e)/I_z$	X_{δ_e} Y_{δ_e} Z_{δ_e} L_{δ_e} M_{δ_e} N_{δ_e}
3.7.1.11	对偏航操纵器偏度的动力学导数 dynamic derivatives with respect to the yaw motivator deflection	动力学方程中,力和力矩分量对偏航操纵器偏度 δ_r(GB/T 14410.1—2008 的 3.6.13)的偏导数 $(\partial X/\partial\delta_r)/m$ $(\partial Y/\partial\delta_r)/m$ $(\partial Z/\partial\delta_r)/m$ $(\partial L/\partial\delta_r)/I_x$ $(\partial M/\partial\delta_r)/I_y$ $(\partial N/\partial\delta_r)/I_z$	X_{δ_r} Y_{δ_r} Z_{δ_r} L_{δ_r} M_{δ_r} N_{δ_r}

3.7.2 **力和力矩分量对速度分量及其变化率的动力学导数 dynamic derivatives with respect to the velocity components and its rate of change from the components of forces and moments**

编号	术　语	定义或说明	符号和单位
3.7.2.1	对沿纵轴速度分量的动力学导数 dynamic derivatives with respect to the velocity component along the longitudinal axis	力和力矩分量对机体坐标轴系中飞机速度分量 u(GB/T 14410.1—2008 的 3.3.1.4)的偏导数 $(\partial X/\partial u)/m$ $(\partial Y/\partial u)/m$ $(\partial Z/\partial u)/m$ $(\partial L/\partial u)/I_x$ $(\partial M/\partial u)/I_y$ $(\partial N/\partial u)/I_z$	 X_u Y_u Z_u L_u M_u N_u
3.7.2.2	对沿横轴速度分量的动力学导数 dynamic derivatives with respect to the velocity component along the transverse axis	力和力矩分量对机体坐标轴系中飞机速度分量 v(GB/T 14410.1—2008 的 3.3.1.5)的偏导数 $(\partial X/\partial v)/m$ $(\partial Y/\partial v)/m$ $(\partial Z/\partial v)/m$ $(\partial L/\partial v)/I_x$ $(\partial M/\partial v)/I_y$ $(\partial N/\partial v)/I_z$	 X_v Y_v Z_v L_v M_v N_v
3.7.2.3	对沿竖轴速度分量的动力学导数 dynamic derivatives with respect to the velocity component along the normal axis	力和力矩分量对机体坐标轴系中飞机速度分量 w (GB/T 14410.1—2008 的 3.3.1.4)的偏导数 $(\partial X/\partial w)/m$ $(\partial Y/\partial w)/m$ $(\partial Z/\partial w)/m$ $(\partial L/\partial w)/I_x$ $(\partial M/\partial w)/I_y$ $(\partial N/\partial w)/I_z$	 X_w Y_w Z_w L_w M_w N_w
3.7.2.4	对沿纵轴速度分量变化率的动力学导数 dynamic derivatives with respect to the rate of change of the velocity component along the longitudinal axis	力和力矩分量对沿纵轴速度分量变化率 $\dot{u}$ 的偏导数 $(\partial X/\partial \dot{u})/m$ $(\partial Y/\partial \dot{u})/m$ $(\partial Z/\partial \dot{u})/m$ $(\partial L/\partial \dot{u})/I_x$ $(\partial M/\partial \dot{u})/I_y$ $(\partial N/\partial \dot{u})/I_z$	 $X_{\dot{u}}$ $Y_{\dot{u}}$ $Z_{\dot{u}}$ $L_{\dot{u}}$ $M_{\dot{u}}$ $N_{\dot{u}}$

编号	术　　语	定义或说明	符号和单位
3.7.2.5	对沿横轴速度分量变化率的动力学导数 dynamic derivatives with respect to the rate of change of the velocity component along the transverse axis	力和力矩分量对沿横轴速度分量变化率 $\dot{v}$ 的偏导数 $(\partial X/\partial \dot{v})/m$ $(\partial Y/\partial \dot{v})/m$ $(\partial Z/\partial \dot{v})/m$ $(\partial L/\partial \dot{v})/I_x$ $(\partial M/\partial \dot{v})/I_y$ $(\partial N/\partial \dot{v})/I_z$	$X_{\dot{v}}$ $Y_{\dot{v}}$ $Z_{\dot{v}}$ $L_{\dot{v}}$ $M_{\dot{v}}$ $N_{\dot{v}}$
3.7.2.6	对沿竖轴速度分量变化率的动力学导数 dynamic derivatives with respect to the rate of change of the velocity component along the normal axis	力和力矩分量对沿竖轴速度分量变化率 $\dot{w}$ 的偏导数 $(\partial X/\partial \dot{w})/m$ $(\partial Y/\partial \dot{w})/m$ $(\partial Z/\partial \dot{w})/m$ $(\partial L/\partial \dot{w})/I_x$ $(\partial M/\partial \dot{w})/I_y$ $(\partial N/\partial \dot{w})/I_z$	$X_{\dot{w}}$ $Y_{\dot{w}}$ $Z_{\dot{w}}$ $L_{\dot{w}}$ $M_{\dot{w}}$ $N_{\dot{w}}$

3.8 铰链力矩系数的导数　derivative of hinge moment coefficients

编号	术　　语	定义或说明	符号和单位
3.8.1	对副翼偏度的铰链力矩导数 hinge moment derivative with respect to the aileron deflection	副翼气动铰链力矩系数对副翼偏度 δ_a(GB/T 14410.1—2008 的 3.6.11)的偏导数 $\partial C_{ha}/\partial \delta_a$	$C_{ha\delta_a}$
3.8.2	对升降舵偏度的铰链力矩导数 hinge moment derivative with respect to the elevator deflection	升降舵气动铰链力矩系数对升降舵偏度 δ_e(GB/T 14410.1—2008 的 3.6.12)的偏导数 $\partial C_{he}/\partial \delta_e$	$C_{he\delta_e}$
3.8.3	对方向舵偏度的铰链力矩系数 hinge moment derivative with respect to the rudder deflection	方向舵气动铰链力矩系数对方向舵偏度 δ_r(GB/T 14410.1—2008 的 3.6.13)的偏导数 $\partial C_{hr}/\partial \delta_r$	$C_{hr\delta_r}$
注：铰链力矩系数对迎角和侧滑角的导数可以参照本条给出类似的定义和符号。			

3.9 过载(载荷因数)　load factors

编号	术　　语	定义或说明	符号和单位
3.9.1	过载矢量 load factor vector	作用在飞机上的除重力以外所有外力的合力矢量 $\boldsymbol{R}$ 与飞机重力之比 $\frac{\boldsymbol{R}}{mg}$ 注：g 为重力加速度。	$\boldsymbol{n}$ $(\vec{n})$

编号	术　语	定义或说明	符号和单位
3.9.2	纵向过载 longitudinal load factor	过载矢量沿机体坐标轴系中纵轴的分量 $$\frac{X^R}{mg}$$	n_x
3.9.3	横向过载 transverse load factor	过载矢量沿机体坐标轴系中横轴的分量 $$\frac{Y^R}{mg}$$	n_y
3.9.4	法向过载 normal load factor	过载矢量沿机体坐标轴系中竖轴的分量 $$\frac{Z^R}{mg}$$	n_z

3.10 直接导数 direct derivatives

编号	术　语	定义或说明	符号和单位
3.10.1	(直接)合力导数矩阵 (direct) resultant force derivative matrix	矩阵由合力各分量(3.2.2)的直接导数组成。 矩阵结构如下： $$\boldsymbol{R}=\begin{pmatrix} R_{11} & R_{12} & R_{13} & \mathrm{L} & R_{1n} \\ R_{21} & R_{22} & R_{23} & \mathrm{L} & R_{2n} \\ R_{31} & R_{32} & R_{33} & \mathrm{L} & R_{3n} \end{pmatrix}$$ 式中： $R_{1n}=X$； $R_{2n}=Y$； $R_{3n}=Z$。 注：对于机体气动力的分量(3.3.2.2)可以定义一个类似的矩阵 $\boldsymbol{R}^A$。	$\boldsymbol{R}$ ($\vec{R}$)
3.10.2	(直接)合力矩导数矩阵 (direct) resultant moment derivative matrix	矩阵由合力矩(3.2.5)各分量的直接导数组成。 矩阵结构如下： $$\boldsymbol{Q}=\begin{pmatrix} Q_{11} & Q_{12} & Q_{13} & \cdots & Q_{1n} \\ Q_{21} & Q_{22} & Q_{23} & \cdots & Q_{2n} \\ Q_{31} & Q_{32} & Q_{33} & \cdots & Q_{3n} \end{pmatrix}$$ 式中： $Q_{1n}=L$； $Q_{2n}=M$； $Q_{3n}=N$。 注：对于机体气动力矩的分量(3.3.2.4)可以定义一个类似的矩阵 $\boldsymbol{Q}^A$。	$\boldsymbol{Q}$ ($\vec{Q}$)

3.11 比导数 specific derivatives

3.11.1 比力导数 specific force derivatives

编号	术语	定义或说明	符号和单位
3.11.1.1	对飞机速度分量的比力导数 specific force derivative with respect to an aircraft velocity component	比合力的分量(3.2.8)对飞机速度分量(GB/T 14410.1—2008 的 3.3.1.5)的偏导数。 例如：$\tilde{Y}_w=\frac{1}{m}\frac{\partial Y}{\partial w}$	$\tilde{Y}_w$
3.11.1.2	对角速度分量的比力导数 specific force derivative with respect to an angular velocity component	比合力的分量(3.2.8)对角速度分量(GB/T 14410.1—2008 的 3.3.2.2)的偏导数。 例如：$\tilde{Y}_r=\frac{1}{m}\frac{\partial Y}{\partial r}$	$\tilde{Y}_r$
3.11.1.3	对线加速度分量的比力导数 specific force derivative with respect to a linear acceleration component	比合力的分量(3.2.8)对飞机速度分量(GB/T 14410.1—2008 的 3.3.1.5)的时间微分偏导数。 例如：$\tilde{Y}_{\dot{w}}=\frac{1}{m}\frac{\partial Y}{\partial \dot{w}}$ 式中：$\dot{w}=\frac{\mathrm{d}w}{\mathrm{d}t}$	$\tilde{Y}_{\dot{w}}$
3.11.1.4	对操纵器偏度的比力导数 specific force derivative with respect to a motivator deflection	比合力的分量(3.2.8)对操纵器偏度(GB/T 14410.1—2008 的 3.6.11～3.6.13)的偏导数。 例如：$\tilde{Y}_{\delta_n}=\frac{1}{m}\frac{\partial Y}{\partial \delta_n}$	$\tilde{Y}_{\delta_n}$

3.11.2 比力矩导数 specific moment derivatives

编号	术语	定义或说明	符号和单位
3.11.2.1	对飞机速度分量的比力矩导数 specific moment derivative with respect to an aircraft velocity component	比合力矩的分量(3.2.10)对飞机速度分量(GB/T 14410.1—2008 的 3.3.1.4)的偏导数。 例如： $\tilde{M}_w=\tilde{Q}_{2w}=J_{21}\frac{\partial L}{\partial w}+J_{22}\frac{\partial M}{\partial w}+J_{23}\frac{\partial N}{\partial w}$	$\tilde{M}_w$
3.11.2.2	对角速度分量的比力矩导数 specific moment derivative with respect to an angular velocity component	比合力矩的分量(3.2.10)对角速度分量(GB/T 14410.1—2008 的 3.3.2.2)的偏导数。 例如： $\tilde{M}_r=\tilde{Q}_{2r}=J_{21}\frac{\partial L}{\partial r}+J_{22}\frac{\partial M}{\partial r}+J_{23}\frac{\partial N}{\partial r}$	$\tilde{M}_r$

编号	术　语	定义或说明	符号和单位
3.11.2.3	对线加速度分量的比力矩导数 specific moment derivative with respect to a linear acceleration component	比合力矩的分量(3.2.10)对飞机速度分量(GB/T 14410.1—2008 的 3.3.1.4)的时间微分偏导数。 例如： $\widetilde{M}_{\dot{w}}=\widetilde{Q}_{2\dot{w}}=J_{21}\frac{\partial L}{\partial \dot{w}}+J_{22}\frac{\partial M}{\partial \dot{w}}+J_{23}\frac{\partial N}{\partial \dot{w}}$ 式中：$\dot{w}=\frac{\mathrm{d}w}{\mathrm{d}t}$	$\widetilde{M}_{\dot{w}}$
3.11.2.4	对操纵器偏度的比力矩导数 specific moment derivative with respect to a motivator deflection	比合力矩的分量(3.2.10)对操纵器偏度的偏导数。 例如： $\widetilde{M}_{\delta_n}=\widetilde{Q}_{2\delta_n}=J_{21}\frac{\partial L}{\partial \delta_n}+J_{22}\frac{\partial M}{\partial \delta_n}+J_{23}\frac{\partial N}{\partial \delta_n}$	$\widetilde{M}_{\delta_n}$

3.12 无量纲导数 normalized derivatives

编号	术　语	定义或说明	符号和单位
3.12.1	对飞机速度分量的无量纲力导数 normalized force derivative with respect to an aircraft velocity component	合力的分量(3.2.2)对飞机速度分量(GB/T 14410.1—2008 的 3.3.1.4)的直接导数除以 E_R/V_R。 例如：$\widetilde{Y}_w=\frac{\partial Y/\partial w}{E_R/V_R}$ $\widetilde{Y}_w=\frac{\partial Y/\partial w}{\frac{1}{2}\rho_R V_R S}$ 式中： E_R为力，$E_R=\frac{1}{2}\rho_R V_R^2 S$； V_R为空速参考值(GB/T 14410.1—2008 的 3.3.1.2)； ρ_R为空气密度参考值(GB/T 14410.5—2008 的 3.1.3)； S 为参考面积(GB/T 14410.1—2008 的 3.4.5)。	$\widetilde{Y}_w$
3.12.2	对角速度分量的无量纲力导数 normalized force derivative with respect to an angular velocity component	合力的分量(3.2.2)对角速度分量(GB/T 14410.1—2008 的 3.3.2.2)的直接导数除以 $E_R/(V_R/l)$。 例如：$\widetilde{Y}_r=\frac{\partial Y/\partial r}{E_R/(V_R/l)}$ $\widetilde{Y}_r=\frac{\partial Y/\partial r}{\frac{1}{2}\rho_R V_R S l}$	$\widetilde{Y}_r$

编号	术　　语	定义或说明	符号和单位
		式中： l 为参考长度(GB/T 14410.1—2008 的 3.4.6)； V_R/l 为角速度。	$\widetilde{Y}_r$
3.12.3	对线加速度分量的无量纲力导数 normalized force derivative with respect to a linear acceleration component	合力的分量(3.2.2)对飞机速度分量(GB/T 14410.1—2008 的 3.3.1.5)的时间微分直接导数除以 $E_R/(V_R^2/l)$。 例如：$\widetilde{Y}_{\dot{w}}=\dfrac{\partial Y/\partial \dot{w}}{E_R/(V_R^2/l)}$ $\widetilde{Y}_{\dot{w}}=\dfrac{\partial Y/\partial \dot{w}}{\frac{1}{2}\rho_R Sl}$ 式中： $\dot{w}=\dfrac{dw}{dt}$； V_R^2/l 为线加速度。	$\widetilde{Y}_{\dot{w}}$
3.12.4	对操纵器偏度的无量纲力导数 normalized force derivative with respect to a motivator deflection	合力的分量(3.2.2)对无量纲操纵器偏度(GB/T 14410.1—2008 的 3.6.11～3.6.13)的直接导数除以 E_R。 非角度的操纵器偏度应无量纲化。 例如：$\widetilde{Y}_{\delta_n}=\dfrac{\partial Y/\partial \delta_n}{E_R}$ $\widetilde{Y}_{\delta_n}=\dfrac{\partial Y/\partial \delta_n}{\frac{1}{2}\rho_R V_R^2 S}$	$\widetilde{Y}_{\delta_n}$
3.12.5	对飞机速度分量的无量纲力矩导数 normalized moment derivative with respect to an aircraft velocity component	合力矩的分量(3.2.5)对飞机速度分量(GB/T 14410.1—2008 的 3.3.1.4)的直接导数除以 Q_R/V_R。 例如：$\widetilde{M}_w=\dfrac{\partial M/\partial w}{Q_R/V_R}$ $\widetilde{M}_w=\dfrac{\partial M/\partial w}{\frac{1}{2}\rho_R V_R Sl}$	$\widetilde{M}_w$
3.12.6	对角速度分量的无量纲力矩导数 normalized moment derivative with respect to an angular velocity component	合力矩的分量(3.2.5)对角速度分量(GB/T 14410.1—2008 的 3.3.2.2)的直接导数除以 $Q_R/(V_R/l)$。 例如：$\widetilde{M}_r=\dfrac{\partial M/\partial r}{Q_R/(V_R/l)}$ $\widetilde{M}_r=\dfrac{\partial M/\partial r}{\frac{1}{2}\rho_R V_R Sl^2}$	$\widetilde{M}_r$

编号	术　语	定义或说明	符号和单位
3.12.7	对线加速度分量的无量纲力矩导数 normalized moment derivative with respect to a linear acceleration component	合力矩的分量(3.2.5)对飞机速度分量(GB/T 14410.1—2008 的 3.3.1.4)的时间微分直接导数除以 $Q_R/(V_R^2/l)$。 例如：$\widetilde{M}_{\dot{w}}=\dfrac{\partial M/\partial \dot{w}}{Q_R/(V_R^2/l)}$ $\widetilde{M}_{\dot{w}}=\dfrac{\partial M/\partial \dot{w}}{\frac{1}{2}\rho_R S l^2}$ 式中： $\dot{w}=\dfrac{dw}{dt}$	$\widetilde{M}_{\dot{w}}$
3.12.8	对操纵器偏度的无量纲力矩导数 normalized moment derivative with respect to a motivator deflection	合力矩的分量(3.2.5)对操纵器偏度(GB/T 14410.1—2008 的 3.6.11～3.6.13)的直接导数除以 Q_R。 非角度的操纵器偏度应无量纲化。 例如：$\widetilde{M}_{\delta_n}=\dfrac{\partial M/\partial \delta_n}{Q_R}$ $\widetilde{M}_{\delta_n}=\dfrac{\partial M/\partial \delta_n}{\frac{1}{2}\rho_R V_R^2 S l}$	$\widetilde{M}_{\delta_n}$

3.13 系数导数　coefficient derivatives

编号	术　语	定义或说明	符号和单位
3.13.1	对迎角(侧滑角)的力系数导数 force coefficient derivative with respect to the angle of attack (the angle of sideslip)	合力分量的系数(3.2.3)对迎角 α(GB/T 14410.1—2008 的 3.2.1.2)(侧滑角 β(GB/T 14410.1—2008 的 3.2.1.1))的偏导数。 例如：$C_{X\alpha}=\dfrac{\partial C_X}{\partial \alpha}$	$C_{X\alpha}$
3.13.2	对角速度的力系数导数 force coefficient derivative with respect to an angular velocity	合力分量的系数(3.2.3)对无量纲角速度(GB/T 14410.1—2008 的 3.5.1)的偏导数。 例如：$C_{X\bar{p}}=\dfrac{\partial C_X}{\partial \bar{p}}$	$C_{X\bar{p}}$
3.13.3	对马赫数的力系数导数 force coefficient derivative with respect to the Mach number	合力分量的系数(3.2.3)对马赫数 Ma(GB/T 14410.1—2008 的 3.3.1.3)的偏导数。 例如：$C_{XMa}=\dfrac{\partial C_X}{\partial Ma}$	C_{XMa}

编号	术　语	定义或说明	符号和单位
3.13.4	对迎角(侧滑角)变化率的力系数导数 force coefficient derivative with respect to the derivative of the angle of attack (the angle of sideslip)	合力分量的系数(3.2.3)对迎角 α(GB/T 14410.1—2008 的 3.2.1.2)(侧滑角 β(GB/T 14410.1—2008 的 3.2.1.1))的时间无量纲导数的偏导数。 例如：　$C_{X\bar{\dot{\alpha}}}=\frac{\partial C_X}{\partial \bar{\dot{\alpha}}}$	$C_{X\bar{\dot{\alpha}}}$
3.13.5	对切向加速度的力系数导数 force coefficient derivative with respect to the tangential acceleration	合力分量的系数(3.2.3)对无量纲切向加速度 $\bar{\dot{V}}$ 的偏导数。 例如：　$C_{X\bar{\dot{V}}}=\frac{\partial C_X}{\partial \bar{\dot{V}}}$	$C_{X\bar{\dot{V}}}$
3.13.6	对操纵器偏度的力系数导数 force coefficient derivative with respect to a motivator deflection	合力分量的系数(3.2.3)对操纵器偏度(GB/T 14410.1—2008 的 3.6.11～3.6.13)的偏导数。 非角度操纵器偏度需无量纲化。 例如：　$C_{X\delta_n}=\frac{\partial C_X}{\partial \delta_n}$	$C_{X\delta_n}$
3.13.7	对迎角(侧滑角)的力矩系数导数 moment coefficient derivative with respect to the angle of attack (the angle of sideslip)	力矩系数(3.2.6)对迎角 α(GB/T 14410.1—2008 的 3.2.1.2)(侧滑角 β(GB/T 14410.1—2008 的 3.2.1.1))的偏导数。 例如：　$C_{m\alpha}=\frac{\partial C_m}{\partial \alpha}$	$C_{m\alpha}$
3.13.8	对角速度的力矩系数导数 moment coefficient derivative with respect to an angular velocity	力矩系数(3.2.6)对无量纲角速度(GB/T 14410.1—2008 的 3.5.1)的偏导数。 例如：　$C_{m\bar{p}}=\frac{\partial C_m}{\partial \bar{p}}$	$C_{m\bar{p}}$
3.13.9	对马赫数的力矩系数导数 moment coefficient derivative with respect to the Mach number	力矩系数(3.2.6)对马赫数 Ma(GB/T 14410.1—2008 的 3.3.1.3)的偏导数。 例如：　$C_{mMa}=\frac{\partial C_m}{\partial Ma}$	C_{mMa}
3.13.10	对迎角(侧滑角)变化率的力矩系数导数 moment coefficient derivative with respect to the derivative of the angle of attack (the angle of sideslip)	力矩系数(3.2.6)对无量纲迎角 α(GB/T 14410.1—2008 的 3.2.1.2)(侧滑角 β(GB/T 14410.1—2008 的 3.2.1.1))变化率的偏导数。 例如：　$C_{m\bar{\dot{\alpha}}}=\frac{\partial C_m}{\partial \bar{\dot{\alpha}}}$	$C_{m\bar{\dot{\alpha}}}$

编号	术　语	定义或说明	符号和单位
3.13.11	对切向加速度的力矩系数导数 moment coefficient derivative with respect to the tangential acceleration	力矩系数(3.2.6)对无量纲切向加速度 $\dot{\bar{V}}$ 的偏导数。 例如：　$C_{m\dot{\bar{V}}}=\frac{\partial C_m}{\partial \dot{\bar{V}}}$	$C_{X\dot{\bar{V}}}$
3.13.12	对操纵器偏度的力矩系数导数 moment coefficient derivative with respect to a motivator deflection	力矩系数(3.2.6)对操纵器偏度(GB/T 14410.1—2008 的 3.6.11～3.3.13)的偏导数。 非角度操纵器偏度需无量纲化。 例如：　$C_{m\delta_n}=\frac{\partial C_m}{\partial \delta_n}$	$C_{m\delta_n}$

附 录 A
（规范性附录）
力和力矩分量对运动变量的导数的无量纲形式（第三组导数）

编号	术 语	定义或说明	符号和单位
A.1	对沿纵轴速度分量的无量纲气动导数 aero-normalized derivatives with respect to the velocity component along the longitudinal axis	力和力矩分量对机体坐标轴系的飞行速度分量 u (GB/T 14410.1—2008 的 3.3.1.4)的偏导数。 $\frac{\partial X/\partial u}{\frac{1}{2}\rho_e V_e S}$ $\frac{\partial Y/\partial u}{\frac{1}{2}\rho_e V_e S}$ $\frac{\partial Z/\partial u}{\frac{1}{2}\rho_e V_e S}$ $\frac{\partial L/\partial u}{\frac{1}{2}\rho_e V_e Sl}$ $\frac{\partial M/\partial u}{\frac{1}{2}\rho_e V_e Sl}$ $\frac{\partial N/\partial u}{\frac{1}{2}\rho_e V_e Sl}$	 X_u Y_u Z_u L_u M_u N_u
A.2	对沿横轴速度分量的无量纲气动导数 aero-normalized derivatives with respect to the velocity component along the transverse axis	力和力矩分量对机体坐标轴系的飞行速度分量 v (GB/T 14410.1—2008 的 3.3.1.4)的偏导数。 $\frac{\partial X/\partial v}{\frac{1}{2}\rho_e V_e S}$ $\frac{\partial Y/\partial v}{\frac{1}{2}\rho_e V_e S}$ $\frac{\partial Z/\partial v}{\frac{1}{2}\rho_e V_e S}$ $\frac{\partial M/\partial v}{\frac{1}{2}\rho_e V_e Sl}$ $\frac{\partial N/\partial v}{\frac{1}{2}\rho_e V_e Sl}$	 X_v Y_v Z_v M_v N_v

编号	术　语	定义或说明	符号和单位
A. 3	对沿竖轴速度分量的无量纲气动导数 aero-normalized derivatives with respect to the velocity component along the normal axis	力和力矩分量对机体坐标轴系的飞行速度分量 w（GB/T 14410.1—2008 的 3.3.1.4）的偏导数。 $\frac{\partial X/\partial w}{\frac{1}{2}\rho_e V_e S}$ $\frac{\partial Y/\partial w}{\frac{1}{2}\rho_e V_e S}$ $\frac{\partial Z/\partial w}{\frac{1}{2}\rho_e V_e S}$ $\frac{\partial L/\partial w}{\frac{1}{2}\rho_e V_e Sl}$ $\frac{\partial M/\partial w}{\frac{1}{2}\rho_e V_e Sl}$ $\frac{\partial N/\partial w}{\frac{1}{2}\rho_e V_e Sl}$	 X_w Y_w Z_w L_w M_w N_w
A. 4	对滚转角速度的无量纲气动导数 aero-normalized derivatives with respect to the rate of roll	力和力矩分量对滚转角速度 p（GB/T 14410.1—2008 的 3.3.2.2）的偏导数。 $\frac{\partial X/\partial p}{\frac{1}{4}\rho_e V_e Sl}$ $\frac{\partial Y/\partial p}{\frac{1}{4}\rho_e V_e Sl}$ $\frac{\partial Z/\partial p}{\frac{1}{4}\rho_e V_e Sl}$ $\frac{\partial L/\partial p}{\frac{1}{4}\rho_e V_e Sl^2}$ $\frac{\partial M/\partial p}{\frac{1}{4}\rho_e V_e Sl^2}$ $\frac{\partial N/\partial p}{\frac{1}{4}\rho_e V_e Sl^2}$	 X_p Y_p Z_p L_p M_p N_p

编号	术　语	定义或说明	符号和单位
A.5	对俯仰角速度的无量纲气动导数 aero-normalized derivatives with respect to the rate of pitch	力和力矩分量对俯仰角速度 q (GB/T 14410.1—2008 的 3.3.2.2)的偏导数。 $\frac{\partial X/\partial q}{\frac{1}{4}\rho_e V_e S l}$ $\frac{\partial Y/\partial q}{\frac{1}{4}\rho_e V_e S l}$ $\frac{\partial Z/\partial q}{\frac{1}{4}\rho_e V_e S l}$ $\frac{\partial L/\partial q}{\frac{1}{4}\rho_e V_e S l^2}$ $\frac{\partial M/\partial q}{\frac{1}{4}\rho_e V_e S l^2}$ $\frac{\partial N/\partial q}{\frac{1}{4}\rho_e V_e S l^2}$	 X_q Y_q Z_q L_q M_q N_q
A.6	对偏航角速度的无量纲气动导数 aero-normalized derivatives with respect to the rate of yaw	力和力矩分量对偏航角速度 r (GB/T 14410.1—2008 的 3.3.2.2)的偏导数。 $\frac{\partial X/\partial r}{\frac{1}{4}\rho_e V_e S l}$ $\frac{\partial Y/\partial r}{\frac{1}{4}\rho_e V_e S l}$ $\frac{\partial Z/\partial r}{\frac{1}{4}\rho_e V_e S l}$ $\frac{\partial L/\partial r}{\frac{1}{4}\rho_e V_e S l^2}$ $\frac{\partial M/\partial r}{\frac{1}{4}\rho_e V_e S l^2}$ $\frac{\partial N/\partial r}{\frac{1}{4}\rho_e V_e S l^2}$	 X_r Y_r Z_r L_r M_r N_r

编号	术　语	定义或说明	符号和单位
A.7	对沿纵轴速度分量变化率的无量纲气动导数 aero-normalized derivatives with respect to the rate of change of the velocity component along the longitudinal axis	力和力矩分量对 $\dot{u}$ 的偏导数。 $\dfrac{\partial X/\partial \dot{u}}{\frac{1}{2}\rho_e Sl}$ $\dfrac{\partial Y/\partial \dot{u}}{\frac{1}{2}\rho_e Sl}$ $\dfrac{\partial Z/\partial \dot{u}}{\frac{1}{2}\rho_e Sl}$ $\dfrac{\partial L/\partial \dot{u}}{\frac{1}{2}\rho_e Sl^2}$ $\dfrac{\partial M/\partial \dot{u}}{\frac{1}{2}\rho_e Sl^2}$ $\dfrac{\partial N/\partial \dot{u}}{\frac{1}{2}\rho_e Sl^2}$	$X_{\dot{u}}$ $Y_{\dot{u}}$ $Z_{\dot{u}}$ $L_{\dot{u}}$ $M_{\dot{u}}$ $N_{\dot{u}}$
A.8	对沿横轴速度分量变化率的无量纲气动导数 aero-normalized derivatives with respect to the rate of change of the velocity component along the transverse axis	力和力矩分量对 $\dot{v}$ 的偏导数。 $\dfrac{\partial X/\partial \dot{v}}{\frac{1}{2}\rho_e Sl}$ $\dfrac{\partial Y/\partial \dot{v}}{\frac{1}{2}\rho_e Sl}$ $\dfrac{\partial Z/\partial \dot{v}}{\frac{1}{2}\rho_e Sl}$ $\dfrac{\partial L/\partial \dot{v}}{\frac{1}{2}\rho_e Sl^2}$ $\dfrac{\partial M/\partial \dot{v}}{\frac{1}{2}\rho_e Sl^2}$ $\dfrac{\partial N/\partial \dot{v}}{\frac{1}{2}\rho_e Sl^2}$	$X_{\dot{v}}$ $Y_{\dot{v}}$ $Z_{\dot{v}}$ $L_{\dot{v}}$ $M_{\dot{v}}$ $N_{\dot{v}}$

编号	术　语	定义或说明	符号和单位
A.9	对沿竖轴速度分量变化率的无量纲气动导数 aero-normalized derivatives with respect to the rate of change of the velocity component along the normal axis	力和力矩分量对 $\dot{w}$ 的偏导数 $\dfrac{\partial X/\partial\dot{w}}{\frac{1}{2}\rho_e Sl}$ $\dfrac{\partial Y/\partial\dot{w}}{\frac{1}{2}\rho_e Sl}$ $\dfrac{\partial Z/\partial\dot{w}}{\frac{1}{2}\rho_e Sl}$ $\dfrac{\partial L/\partial\dot{w}}{\frac{1}{2}\rho_e Sl^2}$ $\dfrac{\partial M/\partial\dot{w}}{\frac{1}{2}\rho_e Sl^2}$ $\dfrac{\partial N/\partial\dot{w}}{\frac{1}{2}\rho_e Sl^2}$	$X_{\dot{w}}$ $Y_{\dot{w}}$ $Z_{\dot{w}}$ $L_{\dot{w}}$ $M_{\dot{w}}$ $N_{\dot{w}}$

中 文 索 引

英 文 索 引

A

C

D

F

H

L

M

N

R

S

T

ICS 49.020
V 04

中华人民共和国国家标准

GB/T 14410.3—2008
代替 GB/T 14410.3—1993

飞行力学　概念、量和符号
第3部分：飞机稳定性和操纵性

Flight mechanics—Concepts, quantities and symbols—
Part 3: Stability and control of aircraft

(ISO 1151-4:1994, Flight dynamics—Concepts, quantities and symbols—
Part 4: Concepts, quantities and symbols used in the study of aircraft
stability and control, MOD)

2008-07-18 发布　　2009-01-01 实施

中华人民共和国国家质量监督检验检疫总局
中国国家标准化管理委员会　发布

前　言

GB/T 14410《飞行力学　概念、量和符号》分为九个部分：

——第1部分：坐标轴系和运动状态变量；

——第2部分：力、力矩及其系数和导数；

——第3部分：飞机稳定性和操纵性；

——第4部分：飞行性能；

——第5部分：飞行测量；

——第6部分：飞机几何形状；

——第7部分：飞行点和飞行包线；

——第8部分：飞机动态特性；

——第9部分：大气扰动模型。

本部分为GB/T 14410的第3部分。

本部分修改采用ISO 1151-4:1994《飞行动力学　概念、量和符号　飞机稳定性和操纵性》。与ISO 1151-4:1994的主要区别为：

a) ISO的4.2.1、4.2.3合并对应于本部分3.1；

b) ISO的4.2.2对应于本部分3.3.6、3.3.7；

c) ISO的4.2.4、4.3分别对应于本部分3.4、3.6；

d) 增加了关于机动点、中性点对、机动裕度、握杆/松杆时静稳定裕度等术语。

本部分代替GB/T 14410.3—1993《飞行力学　概念、量和符号　第3部分：飞机稳定性和操纵性》。

本部分与GB/T 14410.3—1993相比主要变化如下：

a) 新增稳定性、操纵装置、飞机特性评价使用的量等定义；

b) 将原“气动力中心”扩展为“气动力中心和压力中心”；

c) 修改术语和定义有引用其他章号码的标注；

d) 增加了量纲的单位，并在符号和单位栏注明；

e) 增加了中英文索引。

本部分由中国航空工业第一集团公司提出。

本部分由中国航空工业第一集团公司归口。

本部分起草单位：北京航空航天大学、中国航空综合技术研究所、中国航空工业空气动力研究院、中国航空工业发展研究中心。

本部分主要起草人：张曙光、洪冠新、屈香菊、邵箭、焦志强、王立新、李周复、陈玉、范立钦、肖业伦、李益瑞。

本部分所代替标准的历次版本发布情况为：

——GB/T 14410.3—1993。

飞行力学　概念、量和符号
第3部分：飞机稳定性和操纵性

1　范围

本部分规定了研究飞机稳定性和操纵性（不包括动态特性）使用的术语和符号。

本部分适用于固定翼飞机，对其他飞行器也可参照使用。

本部分中所指的机体坐标轴系的 x 方向接近飞机的零升力线。

2　规范性引用文件

下列文件中的条款通过本部分的引用而成为本部分的条款。凡是注日期的引用文件，其随后所有的修改单（不包括勘误的内容）或修订版均不适用于本部分，然而，鼓励根据本部分达成协议的各方研究是否可使用这些文件的最新版本。凡是不注日期的引用文件，其最新版本适用于本部分。

GB/T 14410.1—2008　飞行力学　概念、量和符号和单位　第1部分：坐标轴系和运动状态变量

GB/T 14410.2—2008　飞行力学　概念、量和符号和单位　第2部分：力、力矩及其系数和导数

GB/T 14410.6—2008　飞行力学　概念、量和符号和单位　第6部分：飞机几何形状

3　术语、定义和符号

下列术语、定义和符号和单位适用于本部分。

3.1　气动力中心和压力中心　aerodynamic centres and centre of pressure

编号	术　语	定义或说明	符号和单位
3.1.1	操纵器固定时对迎角的气动力中心 aerodynamic centre for the angle of attack, motivator fixed	沿纵轴（GB/T 14410.1—2008 中 3.1.4.1）的一点 P，当迎角（GB/T 14410.1—2008 中 2.1.2）变化时绕该点的气动俯仰力矩系数（GB/T 14410.2—2008 中 3.3.3.2）$(C_m^A)_P$ 为常值，其中俯仰操纵器（GB/T 14410.1—2008中 3.6.1）固定，即 $\delta_m=$常值时，$\frac{\partial (C_m^A)_P}{\partial \alpha}=0$	
3.1.2	操纵器松浮时对迎角的气动力中心 aerodynamic centre for the angle of attack, motivator free	沿纵轴（GB/T 14410.1—2008 中 3.1.4.1）的一点 P，当迎角（GB/T 14410.1—2008 中 2.1.2）变化时绕该点的气动俯仰力矩系数（GB/T 14410.2—2008 中 3.3.3.2）$(C_m^A)_P$ 为常值，其中俯仰操纵器（GB/T 14410.1—2008中 3.6.1）松浮，即 $\frac{\partial (C_m^A)_P}{\partial \alpha}=0$	

编号	术　语	定义或说明	符号和单位
3.1.3	操纵器固定时对侧滑角的气动力中心 aerodynamic centre for the angle of sideslip, motivator fixed	位于飞机参考面(GB/T 14410.6—2008 中 3.1.1)内的一点 P,当侧滑角(GB/T 14410.1—2008 中 3.2.1.1)变化时绕该点气动滚转力矩系数(GB/T 14410.2—2008 中 3.3.3.2)$(C_l^A)_P$ 和偏航力矩系数(GB/T 14410.2—2008 中 3.3.3.2)$(C_n^A)_P$ 为常值,其中操纵器(GB/T 14410.1—2008 中 3.6.1)固定,即 $\delta_l, \delta_n =$ 常值时,$\frac{\partial (C_l^A)_P}{\partial \beta}=0, \frac{\partial (C_n^A)_P}{\partial \beta}=0$	
3.1.4	对俯仰操纵器的气动力中心 aerodynamic centre for the pitch control deflection	沿纵轴(GB/T 14410.1—2008 中 3.1.4.1)的一点 P,当俯仰操纵器(GB/T 14410.1—2008 中 3.6.1)偏转时绕该点的气动俯仰力矩系数(GB/T 14410.2—2008 中 3.3.3.2)$(C_m^A)_P$ 为常值,其中迎角(GB/T 14410.1—2008 中2.1.2)固定。即 $\alpha=$ 常值时,$\frac{\partial (C_m^A)_P}{\partial \delta_m}=0$	
3.1.5	对偏航操纵器的气动力中心 aerodynamic centre for the yaw control deflection	位于飞机参考面(GB/T 14410.6—2008 中 3.1.1)内的一点 P,当偏航操纵器(GB/T 14410.1—2008 中 3.6.1)偏转时绕该点气动偏航力矩系数(GB/T 14410.2—2008 中 3.3.3.2)$(C_n^A)_P$ 为常值,其中侧滑角(GB/T 14410.1—2008 中 3.2.1.1)固定。即 $\beta=$ 常值时,$\frac{\partial (C_n^A)_P}{\partial \delta_n}=0$	
3.1.6	压力中心 centre of pressure	飞机上一特定点,绕该点气动力矩(GB/T 14410.2—2008 中 3.3.2.3)为零。 对于给定飞行状态,若满足 $Y^A=0, L^A=0, N^A=0$ 则压力中心是沿纵轴(GB/T 14410.1—2008 中 3.1.4.1)的一点 P,其纵坐标为: $x_P=-\frac{M^A}{Z^A}$ 式中: Y^A,Z^A 为机体坐标轴系(GB/T 14410.1—2008 中 3.1.4)中的气动力分量(GB/T 14410.2—2008 中 3.3.2.2); L^A,M^A,N^A 为机体坐标轴系中的气动力矩分量(GB/T 14410.2—2008 中 3.3.2.4)。	

3.2 机动点和中性点 maneuver points and neutral points

编号	术　语	定义或说明	符号和单位
3.2.1	俯仰操纵器固定时的机动点 maneuver point, pitch motivator fixed	飞机纵轴(GB/T 14410.1—2008 中 3.1.4.1)上的一点。假定飞机在铅垂面内作准定常的等速曲线运动，并且俯仰操纵器(GB/T 14410.1—2008 中 3.6.1)固定，当升力系数(GB/T 14410.2—2008 中 3.3.3.1)有微小改变时，绕该点的俯仰力矩(GB/T 14410.2—2008 中 3.3.2.4)保持不变。 注：在上述飞行状态下，如果飞机重心位于该点上，则俯仰操纵器处于同一位置时，可得到不同的过载(GB/T 14410.2—2008 中 3.9.1)，即 $\frac{\Delta\delta_m}{\Delta n}=0$	P_{mc}
3.2.2	俯仰操纵器固定时机动点的无量纲坐标 normalized coordinate of maneuver point, pitch motivator fixed	比值 l_{mc}/l，其中 l_{mc} 为俯仰操纵器固定时的机动点(3.2.1)的位置坐标，从飞机的某个基准点向后度量；l 为俯仰力矩系数(GB/T 14410.2—2008 中 3.3.3.2)定义中的参考长度(GB/T 14410.1—2008 中 3.4.6)。 注：通常上述定义中的基准点选定为参考长度 l 所对应的某个参考弦的前缘。	h_{mc}
3.2.3	俯仰操纵器松浮时的机动点 maneuver point, pitch motivator free	飞机纵轴(GB/T 14410.1—2008 中 3.1.4.1)上的一点。假定飞机在铅垂面内作准定常的等速曲线运动，并且俯仰操纵器(GB/T 14410.1—2008 中 3.6.1)松浮，当升力系数(GB/T 14410.2—2008 中 3.3.3.1)有微小改变时，绕该点的俯仰力矩(GB/T 14410.2—2008 中 3.3.2.4)保持不变。 注：在上述飞行状态下，如果飞机重心位于该点上，则俯仰操纵器的铰链力矩(GB/T 14410.2—2008 中 3.4.1)相同时，可得到不同的过载(GB/T 14410.2—2008 中 3.9.1)，即 $\frac{\Delta M_{he}}{\Delta n}=0$	P_{mcf}
3.2.4	俯仰操纵器松浮时机动点的无量纲坐标 normalized coordinate of maneuver point, pitch motivator free	比值 l_{mcf}/l，其中 l_{mcf} 为俯仰操纵器松浮时的机动点(3.2.3)的位置坐标，从飞机的某个基准点向后度量；l 为俯仰力矩系数(GB/T 14410.2—2008 中 3.3.3.2)定义中的参考长度(GB/T 14410.1—2008 中 3.4.6)。 注：通常上述定义中的基准点选定为参考长度 l 所对应的某个参考弦的前缘。	h_{mcf}

编号	术　语	定义或说明	符号和单位
3.2.5	握杆时的机动点 maneuver point, stick fixed	飞机纵轴(GB/T 14410.1—2008 中 3.1.4.1)上的一点。假定飞机在铅垂面内作准定常的等速曲线运动,且座舱操纵装置(3.5.1,GB/T 14410.1—2008 中 3.7.1)固持,当升力系数(GB/T 14410.2—2008 中 3.3.3.1)有微小改变时,绕该点的俯仰力矩(GB/T 14410.2—2008 中 3.3.2.4)保持不变。 注:在上述飞行状态下,如果飞机重心位于该点上,则座舱操纵装置处于同一位置(3.5.2)时,可得到不同的过载(GB/T 14410.2—2008 中 3.9.1),即 $\frac{\Delta D_m}{\Delta n}=0$	P_{ms}
3.2.6	握杆时机动点的无量纲坐标 normalized coordinate of maneuver point, stick fixed	比值 l_{ms}/l,其中 l_{ms} 为握杆时的机动点(3.2.5)的位置坐标,从飞机的某个基准点向后度量;l 为俯仰力矩系数(GB/T 14410.2—2008 中 3.3.3.2)定义中的参考长度(GB/T 14410.1—2008 中3.4.6)。 注:通常上述定义中的基准点选定为参考长度 l 所对应的某个参考弦的前缘。	h_{ms}
3.2.7	松杆时的机动点 maneuver point, stick free	飞机纵轴(GB/T 14410.1—2008 中 3.1.4.1)上的一点。假定飞机在铅垂面内作准定常的等速曲线运动,且座舱操纵装置(3.5.1,GB/T 14410.1—2008 中 3.7.1)松浮,当升力系数(GB/T 14410.2—2008 中 3.3.3.1)有微小改变时,绕该点的俯仰力矩(GB/T 14410.2—2008 中 3.3.2.4)保持不变。 注:在上述飞行状态下,如果飞机重心位于该点上,则用同样的座舱操纵力(3.5.3,GB/T 14410.1—2008 中 3.8.2),可得到不同的过载(GB/T 14410.2—2008 中 3.9.1),即 $\frac{\Delta F_m}{\Delta n}=0$	P_{msf}
3.2.8	松杆时机动点的无量纲坐标 normalized coordinate of maneuver point, stick free	比值 l_{msf}/l,其中 l_{msf} 为松杆时的机动点(3.2.7)的位置坐标,从飞机的某个基准点向后度量;l 为俯仰力矩系数(GB/T 14410.2—2008 中 3.3.3.2)定义中的参考长度(GB/T 14410.1—2008 中 3.4.6)。 注:通常上述定义中的基准点选定为参考长度 l 所对应的某个参考弦的前缘。	h_{msf}

编号	术　语	定义或说明	符号和单位
3.2.9	俯仰操纵器固定时的中性点 neutral point, pitch motivator fixed	飞机纵轴(GB/T 14410.1—2008 中 3.1.4.1)上的一点。当飞机作定常直线飞行,并且俯仰操纵器(GB/T 14410.1—2008 中 3.6.1)固定,而速度有微小改变时,绕该点的俯仰力矩(GB/T 14410.2—2008 中 3.3.2.4)保持不变。 注 1:如果飞机重心位于该点,则在定常直线飞行中当速度略有改变时,俯仰操纵器位置不变,即 $\frac{\Delta\delta_m}{\Delta V}=0$ 注 2:只有当速度对俯仰力矩系数(GB/T 14410.2—2008 中 3.3.3.2)和升力系数(GB/T 14410.2—2008 中 3.3.3.1)的影响可以忽略不计时,该点才与操纵器固定时对迎角的气动力中心(3.1.2)相重合。	P_{nc}
3.2.10	俯仰操纵器固定时中性点的无量纲坐标 normalized coordinate of neutral point, pitch motivator fixed	比值 l_{nc}/l,其中 l_{nc} 为俯仰操纵器固定时的中性点(3.2.9)的位置坐标,从飞机的某个基准点向后度量。l 为俯仰力矩系数(GB/T 14410.2—2008 中 3.3.3.2)定义中的参考长度(GB/T 14410.1—2008 中 3.4.6)。 注:通常上述定义中的基准点选定为参考长度 l 所对应的某个参考弦的前缘。	h_{nc}
3.2.11	俯仰操纵器松浮时的中性点 neutral point, pitch motivator free	飞机纵轴(GB/T 14410.1—2008 中 3.1.4.1)上的一点。当飞机作定常直线飞行,并且俯仰操纵器(GB/T 14410.1—2008 中 3.6.1)松浮,而速度有微小改变时,绕该点的俯仰力矩(GB/T 14410.2—2008 中 3.3.2.4)保持不变。 注:如果飞机重心位于该点,则在定常直线飞行中当速度略有改变时,俯仰操纵器的铰链力矩(GB/T 14410.2—2008 中 3.4.1)保持不变,即 $\frac{\Delta M_{he}}{\Delta V}=0$	P_{ncf}
3.2.12	俯仰操纵器松浮时中性点的无量纲坐标 normalized coordinate of neutral point, pitch motivator free	比值 l_{ncf}/l,其中 l_{ncf} 为俯仰操纵器松浮时的中性点(3.2.11)的位置坐标,从飞机的某个基准点向后度量。l 为俯仰力矩系数(GB/T 14410.2—2008 中 3.3.3.2)定义中的参考长度(GB/T 14410.1—2008 中 3.4.6)。 注:通常上述定义中的基准点选定为参考长度 l 所对应的某个参考弦的前缘。	h_{ncf}

编号	术　语	定义或说明	符号和单位
3.2.13	握杆时的中性点 neutral point, stick fixed	飞机纵轴(GB/T 14410.1—2008 中 3.1.4.1)上的一点。当飞机作定常直线飞行,座舱操纵装置(3.5.1,GB/T 14410.1—2008 中 3.7.1)固持,而速度有微小改变时,绕该点的俯仰力矩(GB/T 14410.2—2008 中 3.3.2.4)保持不变。 注:如果飞机重心位于该点,则在定常直线飞行中当速度略有改变时,座舱操纵装置位置(3.5.2)保持不变,即 $\frac{\Delta D_m}{\Delta V}=0$	P_{ns}
3.2.14	握杆时中性点的无量纲坐标 normalized coordinate of neutral point, stick fixed	比值 l_{ns}/l,其中 l_{ns} 为握杆时的中性点(3.2.13)的位置坐标,从飞机的某个基准点向后度量。l 为俯仰力矩系数(GB/T 14410.2—2008 中 3.3.3.2)定义中的参考长度(GB/T 14410.1—2008 中 3.4.6)。 注:通常上述定义中的基准点选定为参考长度 l 所对应的某个参考弦的前缘。	h_{ns}
3.2.15	松杆时的中性点 neutral point, stick free	飞机纵轴(GB/T 14410.1—2008 中 3.1.4.1)上的一点。当飞机作定常直线飞行,座舱操纵装置(3.5.1,GB/T 14410.1—2008 中 3.7.1)松浮,而速度有微小改变时,绕该点的俯仰力矩(GB/T 14410.2—2008 中 3.3.2.4)保持不变。 注:如果飞机重心位于该点,则在定常直线飞行中当速度略有改变时,座舱操纵力(GB/T 14410.1—2008 中 3.8)保持不变,即 $\frac{\Delta F_m}{\Delta V}=0$	P_{nsf}
3.2.16	松杆时中性点的无量纲坐标 normalized coordinate of neutral point, stick free	比值 l_{nsf}/l,其中 l_{nsf} 为松杆时的中性点(3.2.15)的位置坐标,从飞机的某个基准点向后度量;l 为俯仰力矩系数(GB/T 14410.2—2008 中 3.3.3.2)定义中的参考长度(GB/T 14410.1—2008 中 3.4.6)。 注:通常上述定义中的基准点选定为参考长度 l 所对应的某个参考弦的前缘。	h_{nsf}

3.3 机动裕度和静稳定裕度 maneuver margins and static margins

编号	术　语	定义或说明	符号和单位
3.3.1	重心相对位置 relative position of centre of gravity	比值 l_{cg}/l,其中 l_{cg} 为飞机重心的位置坐标,从飞机的某个基准点向后度量;l 为俯仰力矩系数(GB/T 14410.2—2008 中 3.3.3.2)定义中的参考长度(GB/T 14410.1—2008 中 3.4.6)。 注:通常上述定义中的基准点选定为参考长度 l 所对应的某个参考弦的前缘。	h

编号	术　语	定义或说明	符号和单位
3.3.2	俯仰操纵器固定时的机动裕度 maneuver margin, pitch motivator fixed	假定飞机是在铅垂面内作准定常的等速曲线运动，且俯仰操纵器(GB/T 14410.1—2008 中 3.6.1)固定时，俯仰力矩系数(GB/T 14410.2—2008 中 3.3.3.2)对升力系数(GB/T 14410.2—2008 中 3.3.3.1)的全导数，并加上相反符号和单位。 注：此裕度等于俯仰操纵器固定时的机动点(3.2.1)P_{mc}与飞机重心之间的距离在纵轴(GB/T 14410.1—2008 中 3.1.4.1)上的投影除以参考长度(GB/T 14410.1—2008 中 3.4.6)，即 $K_{mc}=-(h-h_{mc})$	K_{mc}
3.3.3	俯仰操纵器松浮时的机动裕度 maneuver margin, pitch motivator free	假定飞机是在铅垂面内作准定常的等速曲线运动，且俯仰操纵器(GB/T 14410.1—2008 中 3.6.1)松浮时，俯仰力矩系数(GB/T 14410.2—2008 中 3.3.3.2)对升力系数(GB/T 14410.2—2008 中 3.3.3.1)的全导数，并加上相反符号和单位。 注：此裕度等于俯仰操纵器松浮时的机动点(3.2.3)P_{mcf}与飞机重心之间的距离在纵轴(GB/T 14410.1—2008 中 3.1.4.1)上的投影除以参考长度(GB/T 14410.1—2008 中 3.4.6)，即 $K_{mcf}=-(h-h_{mcf})$	K_{mcf}
3.3.4	握杆时的机动裕度 maneuver margin, stick fixed	假定飞机是在铅垂面内作准定常的等速曲线运动，且座舱操纵装置(3.5.1，GB/T 14410.1—2008 中 3.7.1)固持时，俯仰力矩系数(GB/T 14410.2—2008 中 3.3.3.2)对升力系数(GB/T 14410.2—2008 中 3.3.3.1)的全导数，并加上相反符号和单位。 注：此裕度等于握杆时的机动点(3.2.5)P_{ms}与飞机重心之间的距离在纵轴(GB/T 14410.1—2008 中 3.1.4.1)上的投影除以参考长度(GB/T 14410.1—2008 中 3.4.6)，即 $K_{ms}=-(h-h_{ms})$	K_{ms}
3.3.5	松杆时的机动裕度 maneuver margin, stick free	假定飞机是在铅垂面内作准定常的等速曲线运动，且座舱操纵装置(3.5.1，GB/T 14410.1—2008 中 3.7.1)松浮时，俯仰力矩系数(GB/T 14410.2—2008 中 3.3.3.2)对升力系数(GB/T 14410.2—2008 中 3.3.3.1)的全导数，并加上相反符号和单位。 注：此裕度等于松杆时的机动点(3.2.7)P_{msf}与飞机重心之间的距离在纵轴(GB/T 14410.1—2008 中 3.1.4.1)上的投影除以参考长度(GB/T 14410.1—2008 中 3.4.6)，即 $K_{msf}=-(h-h_{msf})$	K_{msf}

编号	术　　语	定义或说明	符号和单位
3.3.6	俯仰操纵器固定时的静稳定裕度 static margin, pitch motivator fixed	当飞机处于定常直线飞行状态，且俯仰操纵器(GB/T 14410.1—2008 中 3.6.1)固定时，俯仰力矩系数(GB/T 14410.2—2008 中 3.3.3.2)对升力系数(GB/T 14410.2—2008 中 3.3.3.1)的全导数，并加上相反符号和单位。 注：此裕度等于俯仰操纵器固定时的中性点(3.2.9)P_{nc}与飞机重心之间的距离在纵轴(GB/T 14410.1—2008 中 3.1.4.1)上的投影除以参考长度(GB/T 14410.1—2008 中 3.4.6)，即 $$K_{sc}=-(h-h_{nc})$$	K_{sc}
3.3.7	俯仰操纵器松浮时的静稳定裕度 static margin, pitch motivator free	当飞机处于定常直线飞行状态，且俯仰操纵器(GB/T 14410.1—2008 中 3.6.1)松浮时，俯仰力矩系数(GB/T 14410.2—2008 中 3.3.3.2)对升力系数(GB/T 14410.2—2008 中 3.3.3.1)的全导数，并加上相反符号和单位。 注：此裕度等于俯仰操纵器松浮时的中性点(3.2.11)P_{ncf}与飞机重心之间的距离在纵轴(GB/T 14410.1—2008 中 3.1.4.1)上的投影除以参考长度(GB/T 14410.1—2008 中 3.4.6)，即 $$K_{scf}=-(h-h_{ncf})$$	K_{scf}
3.3.8	握杆时的静稳定裕度 static margin, stick fixed	当飞机处于定常直线飞行状态，且座舱操纵装置(3.5.1，GB/T 14410.1—2008 中 3.7.1)固持时，俯仰力矩系数(GB/T 14410.2—2008 中 3.3.3.2)对升力系数(GB/T 14410.2—2008 中 3.3.3.1)的全导数，并加上相反符号和单位。 注：此裕度等于握杆时的中性点(3.2.13)P_{ns}与飞机重心之间的距离在纵轴(GB/T 14410.1—2008 中 3.1.4.1)上的投影除以参考长度(GB/T 14410.1—2008 中 3.4.6)，即 $$K_{ss}=-(h-h_{ns})$$	K_{ss}
3.3.9	松杆时的静稳定裕度 static margin, stick free	当飞机处于定常直线飞行状态，且座舱操纵装置(3.5.1，GB/T 14410.1—2008 中 3.7.1)松浮时，俯仰力矩系数(GB/T 14410.2—2008 中 3.3.3.2)对升力系数(GB/T 14410.2—2008 中 3.3.3.1)的全导数，并加上相反符号和单位。 注：此裕度等于松杆时的中性点(3.2.15)P_{nsf}与飞机重心之间的距离在纵轴(GB/T 14410.1—2008 中 3.1.4.1)上的投影除以参考长度(GB/T 14410.1—2008 中 3.4.6)，即 $$K_{ssf}=-(h-h_{nsf})$$	K_{ssf}

3.4 稳定性 stabilities

编号	术 语	定义或说明	符号和单位
3.4.1	静稳定性 static stability	飞机是静稳定的，指当飞行偏离定常飞行状态后，具有自行恢复该定常飞行状态的趋势。	
3.4.2	操纵器固定时的纵向静稳定性 longitudinal stability, motivator fixed	指当飞机俯仰操纵器的偏度(GB/T 14410.1—2008 中 3.6.12)固定时，纵向运动的静稳定性(3.4.1)。 注 1：当满足 $\frac{\partial C_m}{\partial \alpha}<0$ 飞机具有操纵器固定时的纵向静稳定性，其中 C_m 为相对于质心的俯仰力矩系数(GB/T 14410.2—2008 中 3.3.3.2)。 注 2：当推力产生的俯仰力矩(GB/T 14410.2—2008 中 3.3.2.4)为零，操纵器固定时的静稳定裕度(3.3.6)为正的飞机具有该项静稳定性。	
3.4.3	操纵器松浮时的纵向静稳定性 longitudinal stability, motivator free	指当飞机俯仰操纵器(GB/T 14410.1—2008 中 3.6.1)绕其铰链轴松浮时，纵向运动的静稳定性(3.4.1)。 注 1：当满足 $\left(\frac{\partial C_m}{\partial \alpha}\right)_f<0$ 飞机具有操纵器松浮时的纵向静稳定性，其中 C_m 为相对于质心的俯仰力矩系数(GB/T 14410.2—2008 中 3.3.3.2)，下标“f”指操纵器松浮时。 注 2：当推力产生的俯仰力矩(GB/T 14410.2—2008 中 3.3.2.4)为零，操纵器松浮时静稳定裕度(3.3.7)为正的飞机具有该项静稳定性。	
3.4.4	动稳定性 dynamic stability	飞机是动稳定的，指当飞行受到瞬时扰动或者在瞬时操纵输入作用下，能够自行恢复到原来的定常飞行状态。	

3.5 操纵装置 controls

编号	术 语	定义或说明	符号和单位
3.5.1	俯仰操纵装置 pitch control	使驾驶员应用时能够改变飞机俯仰力矩的操纵装置(GB/T 14410.1—2008 中 3.7.1)。	
3.5.2	俯仰操纵装置位移 displacement of the pitch control	按照适当选择的参考系，俯仰操纵装置(3.5.1)上一个固定参考点的位移。向前为正。	$D_{\delta m}$ 单位为米(m)
3.5.3	俯仰操纵力 force (effort) on the pitch control	驾驶员施加在俯仰操纵装置(3.5.1)上的力。向前(“前推力”)为正。	$F_{\delta m}$ 单位为牛(N)

编号	术　语	定义或说明	符号和单位
3.5.4	俯仰配平操纵装置 pitch trim control	使驾驶员应用时能够改变飞机俯仰力的操纵装置(GB/T 14410.1—2008 中 3.7.1)。	
3.5.5	滚转操纵装置 roll control	使驾驶员应用时能够改变飞机滚转力矩的操纵装置(GB/T 14410.1—2008 中 3.7.1)。	
3.5.6	滚转操纵装置位移 displacement of the roll control	(1) 杆式:按照适当选择的参考系,滚转操纵装置(3.5.5)上一个固定参考点的位移。向左为正。 (2) 盘式:滚转操纵装置(3.5.5)的旋转角度。按驾驶员位置逆时针为正。	$D_{\delta l}$ 单位为米(m) 或度(°)
3.5.7	滚转操纵力 force (effort) on the roll control	(1) 杆式:驾驶员施加在驾驶杆(3.5.5)上的横向力。向左为正。 (2) 盘式:驾驶员施加在驾驶盘(3.5.5)上的力产生的力矩除以驾驶盘半径。按驾驶员位置当该力矩沿逆时针方向为正。	$F_{\delta l}$ 单位为牛(N)
3.5.8	滚转配平操纵装置 roll trim control	使驾驶员应用时能够改变飞机滚转力的操纵装置(GB/T 14410.1—2008 中 3.7.1)。 注:在大多数情况下,滚转配平操纵装置用来减小或者消除某一特定飞行状态下的滚转操纵力。	
3.5.9	偏航操纵装置 yaw control	使驾驶员应用时能够改变飞机偏航力矩的操纵装置(GB/T 14410.1—2008 中 3.7.1)。	
3.5.10	偏航操纵装置位移 displacement of the yaw control	按照适当选择的参考系,偏航操纵装置(3.5.9)上一个固定参考点的位移。驾驶员左脚向前移动为正。	$D_{\delta n}$ 单位为米(m)
3.5.11	偏航操纵力 force (effort) on the yaw control	驾驶员施加在偏航操纵装置(3.5.9)上的力。驾驶员左脚向前蹬为正。	$F_{\delta n}$ 单位为牛(N)
3.5.12	偏航配平操纵装置 yaw trim control	使驾驶员应用时能够改变飞机偏航力的操纵装置(GB/T 14410.1—2008 中 3.7.1)。 注:在大多数情况下,偏航配平操纵装置用来减小或者消除某一特定飞行状态下的偏航操纵力。	
3.5.13	总桨距操纵装置 collective pitch control	又称升力操纵装置,驾驶员应用时能够通过改变直升机主旋翼桨叶平均安装角而调节升力。	
3.5.14	总桨距操纵装置位移 displacement of the collective pitch control	按照适当选择的参考系,总桨距操纵装置(3.5.13)上一个固定参考点的位移。向上为正。	$D_{\delta Z}$ 单位为米(m)

注:如果不至于引起混淆,3.5.1～3.5.14 给出的符号和单位中字母 δ 可以省略。

3.6 飞机特性评价使用的量 quantities used for the evaluation of aircraft behaviour

编号	术 语	定义或说明	符号和单位
3.6.1	机动力(梯度) maneuver force (gradient)	由下式定义的量： $$\frac{-\partial F_{\delta m}}{\partial n}$$ 式中： $F_{\delta m}$是俯仰操纵力(3.5.3)； n是过载(GB/T 14410.2—2008 中 3.9.1)。	单位为牛(N)
3.6.2	机动位移(梯度) maneuver displacement (gradient)	由下式定义的量： $$\frac{-\partial D_{\delta m}}{\partial n}$$ 式中： $D_{\delta m}$是俯仰操纵装置位移(3.5.2)； n是过载(GB/T 14410.2—2008 中 3.9.1)。	单位为米(m)
3.6.3	随马赫数变化的力(梯度) force by Mach number (gradient)	由下式定义的量： $$\frac{\partial F_{\delta m}}{\partial Ma}$$ 式中： $F_{\delta m}$是俯仰操纵力(3.5.3)； Ma是马赫数(GB/T 14410.1—2008 中 3.3.1.3)。	单位为牛(N)
3.6.4	随马赫数变化的位移(梯度) displacement by Mach number (gradient)	由下式定义的量： $$\frac{\partial D_{\delta m}}{\partial Ma}$$ 式中： $D_{\delta m}$是俯仰操纵装置位移(3.5.2)； Ma是马赫数(GB/T 14410.1—2008 中 3.3.1.3)。	单位为米(m)
3.6.5	随校准空速变化的力(梯度) force with respect to calibrated airspeed (gradient)	由下式定义的量： $$\frac{\partial F_{\delta m}}{\partial V_c}$$ 式中： $F_{\delta m}$是俯仰操纵力(3.5.3)； V_c是校准空速(GB/T 14410.5A—2008 中 3.6.1)。	单位为牛/(米/秒) (N/(m/s))
3.6.6	随校准空速变化的位移(梯度) displacement with respect to calibrated airspeed (gradient)	由下式定义的量： $$\frac{\partial D_{\delta m}}{\partial V_c}$$ 式中： $D_{\delta m}$是俯仰操纵装置位移； V_c是校准空速(GB/T 14410.5A—2008 中 3.6.1)。	单位为米/(米/秒) (m/(m/s))

中 文 索 引

英 文 索 引

ICS 49.020
V 04

中华人民共和国国家标准

GB/T 14410.4—2008
代替 GB/T 14410.4—1993

飞行力学　概念、量和符号
第4部分：飞行性能

Flight mechanics—Concepts, quantities and symbols—
Part 4: Flight performance

2008-07-18 发布　　2009-01-01 实施

中华人民共和国国家质量监督检验检疫总局
中国国家标准化管理委员会　发布

前　言

GB/T 14410《飞行力学　概念、量和符号》分为九个部分：

——第 1 部分：坐标轴系和运动状态变量；

——第 2 部分：力、力矩及其系数和导数；

——第 3 部分：飞机稳定性和操纵性；

——第 4 部分：飞行性能；

——第 5 部分：飞行测量；

——第 6 部分：飞机几何形状；

——第 7 部分：飞行点和飞行包线；

——第 8 部分：飞机动态特性；

——第 9 部分：大气扰动模型。

本部分为 GB/T 14410 的第 4 部分。

本部分代替 GB/T 14410.4—1993《飞行力学　概念、量和符号　第 4 部分：飞行性能》。

本部分与 GB/T 14410.4—1993 相比主要变化如下：

a) 增加了“3.8.1 续航时间”等定义；

b) 修改了“3.3.4 空中最小操纵速度”、“3.3.9 起飞离地速度”、“3.3.10 起飞安全速度”、“3.4.1 起飞滑跑距离”、“3.4.2 起飞距离”、“3.5.3 升限”、“3.7.3 能量高度”等术语的解释；

c) 增加补充了决断速度、关键发动机、进近速度的名词；

d) 修改术语和定义有引用其他章条号码的标示；

e) 增加了量纲的单位，并在符号栏注明；

f) 增加了中英文索引。

本部分由中国航空工业第一集团公司提出。

本部分由中国航空工业第一集团公司归口。

本部分起草单位：北京航空航天大学、中国航空综合技术研究所、中国航空工业空气动力研究院、中国航空工业发展研究中心。

本部分主要起草人：洪冠新、焦志强、王立新、屈香菊、张曙光、邵箭、李周复、陈玉、李云军、肖业伦、李益瑞。

本部分所代替标准的历次版本发布情况为：

——GB/T 14410.4—1993。

飞行力学　概念、量和符号
第4部分：飞行性能

1　范围

本部分规定了描述飞机飞行性能的术语和符号。

本部分适用于固定翼飞机，其他飞行器可参照使用。

2　规范性引用文件

下列文件中的条款通过本部分的引用而成为本部分的条款。凡是注日期的引用文件，其随后所有的修改单（不包括勘误的内容）或修订版均不适用于本部分，然而，鼓励根据本部分达成协议的各方研究是否可使用这些文件的最新版本。凡是不注日期的引用文件，其最新版本适用于本部分。

GB/T 14410.7—2008　飞行力学　概念、量和符号　第7部分：飞行点和飞行包线

3　术语、定义和符号

下列术语、定义和符号适用于本部分。

3.1　重量　weights or mass

编号	术　　语	定义或说明	符号和单位
3.1.1	起飞重量 take-off weight	带有为完成任务所需要的燃料量和有效装载时飞机起飞滑跑开始时的总重量。	W_{TO} 单位为千克(kg)
3.1.2	着陆重量 landing weight	飞机按规定构型、装载及剩余燃料着陆时的重量。	W_{L} 单位为千克(kg)
注：重量系指质量。			

3.2　发动机工作状态　engine conditions

编号	术　　语	定义或说明	符号和单位
3.2.1	最大加力状态 maximum augmented (afterburning) condition	发动机使用加力装置时获得最大推力（功率）的工作状态。其持续工作时间受限制。	
3.2.2	最大推力（功率）状态 maximum thrust (power) condition 起飞推力（功率）状态 take-off thrust (power) condition	发动机不起动加力装置时获得最大推力（功率）的工作状态。其持续工作时间受限制。	

编号	术　语	定义或说明	符号和单位
3.2.3	额定状态 rated condition	在较长时间限制内，发动机获得最大推力(功率)的工作状态。	
3.2.4	最大连续推力(功率)状态 maximum continuous thrust (power) condition	发动机连续使用、不受时间限制时能获得最大推力(功率)的工作状态。	
3.2.5	巡航状态 cruise condition	在给定的飞机构型、重量及飞行高度下，飞机以巡航速度飞行时所需的发动机工作状态。	
3.2.6	慢车状态 idle condition	能确保在规定的时间内稳定工作的最低转速的发动机工作状态。	
3.2.7	最大巡航推力(功率)状态 maximum cruise thrust (power) condition	发动机在巡航状态所能发出的最大推力(功率)状态。	

3.3 飞行速度 flight speeds

编号	术　语	定义或说明	符号和单位
3.3.1	最小平飞速度 minimum level speed	在给定的飞机构型和飞行高度下，飞机能维持定常水平飞行的最低速度。	V_{min} 单位为米/秒(m/s)
3.3.2	失速速度 stall speed	在给定飞机构型下，飞机能维持稳定飞行的最低速度。	V_S 单位为米/秒(m/s)
3.3.3	空中最小操纵速度 minimum control speed in air	多发动机飞机在起飞构型下，当关键发动机突然失效，而工作发动机仍在最大推力(功率)状态，飞机仅使用方向舵仍能恢复操纵，并且可维持允许的偏航或滚转角或机翼水平的定常直线飞行的最小速度。 注：旧称临界发动机。关键发动机指飞机的多台发动机中的一台，该台发动机的突然停车所引起的性能、操稳特性的恶化比其他任何一台发动机的突然停车的后果严重。	V_{MCA} 单位为米/秒(m/s)
3.3.4	地面最小操纵速度 minimum control speed on ground	多发动机飞机在起飞滑跑过程中，当关键发动机突然失效，仅用主气动操纵仍可维持操纵，飞机偏离跑道中心线的横向位移不超过规定值时的地面最小滑跑速度。	V_{MCG} 单位为米/秒(m/s)

编号	术 语	定义或说明	符号和单位
3.3.5	发动机失效速度 engine failure speed	多发动机飞机在起飞滑跑过程中关键发动机突然失效时,仅用主气动操纵即能安全起飞的最小地面滑跑速度。	V_{EF} 单位为米/秒(m/s)
3.3.6	决策速度(决断速度) decision speed	多发动机飞机在起飞滑跑过程中,关键发动机突然失效后的某一速度,在此速度,飞机既可继续起飞,又可中断起飞。	V_1 单位为米/秒(m/s)
3.3.7	抬前轮速度 rotation speed	起飞滑跑过程中,飞机前轮离地的瞬时速度。	V_R 单位为米/秒(m/s)
3.3.8	起飞离地速度 lift-off speed	起飞滑跑结束时,飞机离地的瞬时速度。最小起飞离地速度由飞机擦尾时的机身姿态角确定,并通过地面起飞试验所证实。最小离地速度与飞机的推重比和飞机的构型有关,一发失效的情况更为临界。	V_{LOF} 单位为米/秒(m/s)
3.3.9	起飞安全速度 safety speed of take-off	飞机离地后上升到规定的安全高度 10.7 m(35 ft)时所必须达到的瞬时速度。它必须等于或大于起飞构型下失速速度(3.3.2)的1.2倍及空中最小操纵速度(3.3.3)的1.1倍。	V_2 单位为米/秒(m/s)
3.3.10	巡航速度 cruise speed	飞机为执行一定任务而选定的适宜于长时间或远距离飞行的定常速度。	V_{cru} 单位为米/秒(m/s)
3.3.11	最大平飞速度 maximum level speed	飞机等速水平飞行所能达到的最大速度。	V_{max} 单位为米/秒(m/s)
3.3.12	进场(进近)速度 final approach speed	飞机着陆前下滑到安全高度时的瞬时速度。	V_{app} 单位为米/秒(m/s)
3.3.13	接地速度 touch down speed	飞机在着陆过程中,主起落架轮胎刚接触地面时的瞬时速度。	V_T 单位为米/秒(m/s)

3.4 距离 distances

编号	术 语	定义或说明	符号和单位
3.4.1	起飞滑跑距离 take-off distance on runway	飞机从起飞线开始加速滑跑到离地点所经过的地面水平距离。	L_{TOB} 单位为米(m)
3.4.2	起飞距离 take-off distance	飞机从起飞线开始,一直到安全高度所经过的水平距离。	L_{TO} 单位为米(m)

编号	术　　语	定义或说明	符号和单位
3.4.3	加速-停止距离 accelerate-stop distance	当飞机在起飞滑跑过程中加速到发动机失效速度 V_{EF} 时，关键发动机突然停车，飞机继续加速到决策速度 V_1 所经过的总的加速距离，加上驾驶员决定中断起飞后使用刹车等减速装置使飞机减速，直到完全停止所经过的距离。	L_{AS} 单位为米(m)
3.4.4	平衡场长 balance field length	关键发动机突然停车时的起飞距离与加速-停止距离相等时的机场跑道长度。	L_{BF} 单位为米(m)
3.4.5	航程 range	飞机在无风大气中，沿预定航线飞行，耗尽其可用燃料所能经过的水平距离。	R 单位为米(m)
3.4.6	任务半径 mission radius	在无风大气中，飞机以任务所需几何构型(GB/T 14410.7—2008 的 3.2.2)及起飞重量从机场起飞，沿预定飞行剖面到达某一空域，完成指定任务后返回机场，并耗尽可用燃料，机场至该空域的水平距离。	R_{min} 单位为米(m)
3.4.7	着陆距离 landing distance	飞机从安全高度开始下滑、接地、地面滑跑，直至完全停止所经过的水平距离。	L_L 单位为米(m)
3.4.8	着陆滑跑距离 landing distance on runway	飞机从接地后减速至完全停止所经过的水平距离。	L_{LR} 单位为米(m)

3.5 高度　altitudes

编号	术　　语	定义或说明	符号和单位
3.5.1	安全高度 safety height	飞机起飞结束时或最终进场结束时，应该达到的机场上空的高度。 注：起飞和着陆的安全高度可以不相同。	H_{saf} 单位为米(m)
3.5.2	巡航高度 cruise altitude	飞机以规定的巡航速度进行飞行的高度。	H_{cru} 单位为米(m)
3.5.3	升限 ceiling	飞机在规定条件下所能达到的最大飞行高度。 注：升限分为动升限和静升限。静升限又分为理论升限和实用升限。	H_m 单位为米(m)

3.6 爬升 performances related to climb

编号	术　语	定义或说明	符号和单位
3.6.1	爬升率 rate of climb	飞机单位时间内增加的高度(即飞行速度的垂直分量)。	单位为米/秒(m/s)
3.6.2	爬升梯度 gradient of climb	飞机爬升过程中,单位时间内高度变化量与前进的水平距离变化量的比值(即飞行速度的垂直分量与水平分量之比)。	

3.7 机动 performances related to manoeuvre

编号	术　语	定义或说明	符号和单位
3.7.1	定常盘旋 sustained turn	飞机在水平面内连续改变飞行方向,而高度、速度、迎角和倾斜角均不随时间变化的一种曲线运动。	
3.7.2	非定常盘旋 instantaneous turn	飞机在水平面内连续改变飞行方向而高度不变,但速度、迎角和倾斜角诸参数中有一个或几个随时间变化的曲线运动。	
3.7.3	能量高度 energy height	飞机单位重力所具有的势能与动能的总和。它等于 $H+\frac{1}{2}\frac{V^2}{g_n}$	H_{en} 单位为米(m)
3.7.4	单位剩余功率 specific excess power	飞机能量高度在飞行过程中随时间的变化率。	P_s

3.8 时间 times

编号	术　语	定义或说明	符号和单位
3.8.1	续航时间 endurance	简称航时。飞机在不进行空中加油的情况下,耗尽其本身携带的可用燃料时,所能持续飞行的时间。	

中 文 索 引

英 文 索 引

ICS 49.020
V 04

中华人民共和国国家标准

GB/T 14410.5—2008
代替 GB/T 14410.5—1993

飞行力学 概念、量和符号 第5部分：飞行测量

Flight mechanics—Concepts, quantities and symbols—
Part 5: Flight measurements

(ISO 1151-5:1987, Flight dynamics—Concepts, quantities and symbols—
Part 5: Quantities used in measurements, MOD)

2008-07-18 发布　　2009-01-01 实施

中华人民共和国国家质量监督检验检疫总局
中国国家标准化管理委员会　发布

前　言

GB/T 14410《飞行力学　概念、量和符号》分为九个部分：

——第1部分：坐标轴系和运动状态变量；

——第2部分：力、力矩及其系数和导数；

——第3部分：飞机稳定性和操纵性；

——第4部分：飞行性能；

——第5部分：飞行测量；

——第6部分：飞机几何形状；

——第7部分：飞行点和飞行包线；

——第8部分：飞机动态特性；

——第9部分：大气扰动模型。

本部分为GB/T 14410的第5部分。

本部分修改采用ISO 1151-5：1987《飞行动力学　概念、量和符号　测量中使用的量》。本部分与ISO 1151-5：1987相比增加术语“输入空速管动压”，并补充了符号的单位。

本部分代替GB/T 14410.5—1993《飞行力学　概念、量和符号　第5部分：飞行测量》。

本部分与GB/T 14410.5—1993相比主要变化如下：

a) 增加了“压强”、“真空速”等术语；

b) 删除了“3.3与标准大气有关的当量高度”、“3.4与在大气中飞机运动有关的物理量”中说明、“3.5与在大气中飞机运动有关的量的测量”，以及“3.7机载加速度表指示”术语前的说明语句；

c) 修改了“3.4.1静压”、“3.4.2静温”、“3.4.4总压”、“3.4.5正激波后的总压”、“3.4.7总温”、“3.4.8动压”、“3.5.1输入静压”等术语的名称；

d) 修改术语和定义有引用其他章条号码的标示；

e) 增加了量纲的单位，并在符号栏注明；

f) 增加了中英文索引。

本部分由中国航空工业第一集团公司提出。

本部分由中国航空工业第一集团公司归口。

本部分起草单位：北京航空航天大学、中国航空综合技术研究所、中国航空工业空气动力研究院、中国航空工业发展研究中心。

本部分主要起草人：洪冠新、屈香菊、焦志强、王立新、邵箭、张曙光、陈玉、李周复、全昌业、鲍亚平、肖业伦、李益瑞。

本部分所代替标准的历次版本发布情况为：

——GB/T 14410.5—1993。

飞行力学　概念、量和符号
第5部分：飞行测量

1　范围

本部分规定了在飞行测量中使用的术语和符号。

本部分适用于固定翼飞机，其他飞行器可参照使用。

2　规范性引用文件

下列文件中的条款通过本部分的引用而成为本部分的条款。凡是注日期的引用文件，其随后所有的修改单(不包括勘误的内容)或修订版均不适用于本部分，然而，鼓励根据本部分达成协议的各方研究是否可使用这些文件的最新版本。凡是不注日期的引用文件，其最新版本适用于本部分。

GB/T 14410.1—2008　飞行力学　概念、量和符号　第1部分：坐标轴系和运动状态变量

3　术语、定义和符号

下列术语、定义和符号适用于本部分。

3.1　大气基本特征　fundamental characteristics of the atmosphere

编号	术　语	定义或说明	符号和单位
3.1.1	空气压强(压力) air pressure	大气中指定点上的压力，它是用相对于空气静止的理想仪器测得的。	p 单位为帕 (Pa)
3.1.2	空气温度 air temperature	大气中指定点上的热力学温度，它是用相对于空气静止的理想仪器测得的。 注：热力学温度旧称绝对温度。	T 单位为开尔文或摄氏度 (K或℃)
3.1.3	空气密度 air density	大气中指定点上的一个无穷小的体积内所含的空气质量被该体积除所得的商。	ρ 单位为千克/米^3(kg/m^3)
3.1.4	相对空气密度 relative air density	大气中指定点的空气密度与基准密度之比。 通常，基准密度为在选定的标准大气中处在平均海平面上的空气密度。 若采用标准大气，则相对空气密度为 $\sigma=\frac{\rho}{\rho_0}$ 式中： $\rho_0=1.225\ \mathrm{kg\cdot m^{-3}}$。	σ

3.2 几何高度与重力势高度 geometric and geopotential altitudes

编号	术 语	定义或说明	符号和单位
3.2.1	几何高度 (相对海平面) geometric altitude (with respect to sea level)	指定点到平均海平面的距离。指定点在平均海平面以上时,该量为正。	H 单位为米(m)
3.2.2	重力势高度 geopotential altitude	几何高度为$h(P)$的P点的重力势高度,由下面关系式给出: $$H=\frac{1}{g_n}\int_0^{h(P)}g(h)\mathrm{d}h$$ 式中: $g(h)$为标准大气中自由落体加速度,是几何高度h的函数; g_n为自由落体的标准加速度。 注:积分是通过沿P点的铅垂线方向计算的。	H 单位为米(m)

3.3 与标准大气有关的当量高度 equivalent altitudes related to a standard atmosphere

编号	术 语	定义或说明	符号和单位
3.3.1	压力高度 pressure altitude	又称几何压力高度。一种重力势高度(3.2.2),在选定的标准大气中,在该高度上的压力等于指定点的空气压力。	H_p 或 h_p 单位为米(m)
3.3.2	温度高度 temperature altitude	又称几何温度高度。一种重力势高度(3.2.2),在选定的标准大气中,在该高度上的温度等于指定点的空气温度。	H_T 或 h_T 单位为米(m)
3.3.3	密度高度 density altitude	又称几何密度高度。一种重力势高度(3.2.2),在选定的标准大气中,在该高度上的密度等于指定点的空气密度。	H_ρ 或 h_ρ 单位为米(m)

3.4 与在大气中飞机运动有关的物理量 physical quantities related to motion of the aircraft in the atmosphere

编号	术 语	定义或说明	符号和单位
3.4.1	静压 static pressure	在大气中与飞机质点的瞬时位置相重合的点的空气压力。	p_s 单位为帕(Pa) 注:在不可能混淆之处,下标"s"可以省略。
3.4.2	静温 static temperature	在大气中与飞机质点的瞬时位置相重合的点的空气温度。	T_s 单位为摄氏度(℃) 注:在不可能混淆之处,下标"s"可以省略。

编号	术　语	定义或说明	符号和单位
3.4.3	静密度 static density	在大气中与飞机质点的瞬时位置相重合的点的空气密度。	ρ_s 单位为帕(Pa) 注:在不可能混淆之处,下标"s"可以省略。
3.4.4	总压 total pressure	通过等熵过程(绝热并可逆),使空气相对于飞机质点变为静止时的空气压力。	p_t 单位为帕(Pa)
3.4.5	正激波后的总压 total pressure behind a normal shock	通过正激波后的等熵过程(绝热并可逆),使空气相对于飞机质点变为静止时的空气压力。	p'_t 单位为帕(Pa)
3.4.6	空速管压力 pitot pressure	通过亚声速气流中的等熵过程或超声速气流中正激波后的等熵过程,使空气相对于飞机质点变为静止时的空气压力。 注:亚声速时 $p_p=p_t$;超声速时 $p_p=p'_t$。	p_p 单位为帕(Pa)
3.4.7	总温 total temperature	通过绝热过程,使空气相对于飞机质点变为静止时的空气热力学温度。	T_t 单位摄氏度(℃)
3.4.8	动压 kinetic pressure	旧称速压。飞机质点处的空气密度 ρ 和飞机相对于空气速度 V(GB/T 14410.1—2008 的 3.3.1.1)的平方乘积之半。此量具有压力量钢,其表达式为 $q=\frac{1}{2}\rho V^2$	q 单位为帕(Pa)

3.5 与在大气中飞机运动有关量的测量 measurement of quantities related to motion of the aircraft in the atmosphere

编号	术　语	定义或说明	符号和单位
3.5.1	输入静压 input static pressure	静压探头输入端的压力。	p_{sb} 单位为帕(Pa)
3.5.2	静压误差 static error	输入静压与静压之差 $\Delta p_s = p_{sb} - p_s$	Δp_s 单位为帕(Pa)
3.5.3	静压误差系数 coefficient of static error	静压误差除以动压 $K_{ps}=\frac{\Delta p_{sb}}{q}$	K_{ps}
3.5.4	输入空速管压力 input pitot pressure	空速管压力探头输入端的压力。	p_{pb} 单位为帕(Pa)
3.5.5	空速管压力误差 pitot pressure error	输入空速管压力和空速管压力之差 $\Delta p_p = p_{pb} - p_b$	Δp_p
3.5.6	输入空速管动压 input pitot kinetic pressure	输入空速管压力与输入静压力之差 $\Delta p = p_{pb} - p_{sb}$	Δp 单位为帕(Pa)
3.5.7	输入总温 input total temperature	总温探头处的热力学温度。	T_{tb} 单位为摄氏度(℃)

3.6 速度与马赫数 speeds and indicated Much number

编号	术　语	定义或说明	符号和单位
3.6.1	校准空速 calibrated airspeed	在标准大气海平面上，以与实际飞行瞬间空速管压力和静压之差相同的差值飞行时，飞机所具有的空速(GB/T 14410.1—2008 的 3.3.1.1)，由下面理论关系式给出 a) 若 $V_c \leqslant \sqrt{\gamma R T_0}=c_0=340.294\ \mathrm{m\cdot s^{-1}}$，则 $$p_p-p_s=p_0\left[\left(1+\frac{\gamma-1}{2}\frac{V_c^2}{\gamma R T_0}\right)^{\frac{\gamma}{\gamma-1}}-1\right]$$ b) 若 $V_c > \sqrt{\gamma R T_0}=c_0=340.294\ \mathrm{m\cdot s^{-1}}$，则 $$p_p-p_s=p_0\left\{\left(\frac{\gamma+1}{2}\frac{V_c^2}{\gamma R T_0}\right)^{\frac{\gamma}{\gamma-1}}\times\left[1+\frac{2\gamma}{\gamma+1}\left(\frac{V_c^2}{\gamma R T_0}-1\right)\right]^{\frac{1}{1-\gamma}}-1\right\}$$ 式中：$\gamma=1.4$； $R=287.052\ 87\ \mathrm{J\cdot K^{-1}\cdot kg^{-1}}$； $p_0=101\ 325\ \mathrm{Pa}$； $T_0=288.15\ \mathrm{K}$。 这些公式用来校准空速表。 注：c_0，p_0 和 T_0 分别为平均海平面上的声速、压力和热力学温度的标准值。	V_c 单位为米/秒 (m/s)
3.6.2	指示空速(表速) indicated airspeed	利用测量系统中输入端压力指示值，按校准空速的理论关系式计算，并由系统输出端给出的空速。	V_i 单位为米/秒 (m/s)
3.6.3	当量空速 equivalent airspeed	空速与空气相对密度平方根的乘积 $$V_{eq}=V\sqrt{\sigma}$$	V_{eq} 单位为米/秒 (m/s)
3.6.4	指示马赫数(表马赫数) indicated Mach number	测量系统输出端的马赫数(GB/T 14410.1—2008 的 3.3.1.3)。用下面关系式计算： a) 若 $Ma_i \leqslant 1.0$，则 $$\frac{p_{pi}-p_{si}}{p_{si}}=\left[1+\frac{\gamma-1}{2}Ma_i\right]^{\frac{\gamma}{\gamma-1}}-1$$ b) 若 $Ma_i > 1.0$，则 $$\frac{p_{pi}-p_{si}}{p_{si}}=\left(\frac{\gamma+1}{2}Ma_i^2\right)^{\frac{\gamma}{\gamma-1}}\times\left[1+\frac{2\gamma}{\gamma+1}(Ma_i^2-1)\right]^{\frac{1}{1-\gamma}}-1$$ 式中：p_{pi} 为计算机输入端的空速管压力值； p_{si} 为计算机输入端的静压力值； $\gamma=1.4$。	Ma_i

3.7 机载加速度表指示 on-board accelerometer indications

编号	术　语	定义或说明	符号和单位
3.7.1	加速度表指示 accelerometer indication	安装加速度表那点的伽里略坐标系里的加速度矢量和同一点处的自由落体的加速度矢量之差值，沿加速度表的测量轴的分量的测量结果。 注1：如果加速度表安装在只承受合力和自身重力的飞机的重心，则该分量与同一轴向的比合力的分量完全相同。比合力定义为合力 $\boldsymbol{R}$ 与飞机质量 m 之比，即 $\boldsymbol{r}=\frac{\boldsymbol{R}}{m}$ 注2：如果加速度表没有安装在只承受合力和自身重力的飞机的重心，但已知它在飞机坐标轴系中的位置与方向和飞机的姿态和角运动，则允许沿与测量轴平行的轴向测定合力的分量。	
3.7.2	纵向加速度表指示 longitudinal accelerometer indication	测量轴平行于机体坐标轴系纵轴(GB/T 14410.1—2008 的 3.1.4.1)的加速度表的指示。 注：如果加速度表用“重块”和一个弹簧简略表示，则当“重块”逆着飞机的纵轴方向移动时，该指示是正的。	a_x
3.7.3	横向加速度表指示 transverse accelerometer indication	测量轴平行于机体坐标轴系横轴(GB/T 14410.1—2008 的 3.1.4.2)的加速度表的指示。 注：如果加速度表用“重块”和一个弹簧简略表示，则当“重块”逆着飞机横轴方向移动时，该指示是正的。	a_y
3.7.4	法向加速度表指示 normal accelerometer indication	测量轴平行于机体坐标轴系竖轴(GB/T 14410.1—2008 的 3.1.4.3)的加速度表的指示。 注1：如果加速度表用“重块”和一个弹簧简略表示，则当“重块”逆着飞机竖轴方向移动时，该指示是正的。 注2：通常的习惯与上述定义的方向相反，只要有明确的规定，也可以使用。	a_z

中 文 索 引

英 文 索 引

ICS 49.020
V 04

中华人民共和国国家标准

GB/T 14410.6—2008
代替 GB/T 14410.6—1993

飞行力学　概念、量和符号
第6部分：飞机几何形状

**Flight mechanics—Concepts, quantities and symbols—
Part 6: Aircraft geometry**

(ISO 1151-6:1982/Amd 1:1984 Terms and symbols for flight dynamics—
Part 6: Aircraft geometry, MOD)

2008-07-18 发布　　　　2009-01-01 实施

中华人民共和国国家质量监督检验检疫总局
中国国家标准化管理委员会　发布

前　言

GB/T 14410《飞行力学　概念、量和符号》分为九个部分：

——第 1 部分：坐标轴系和运动状态变量；

——第 2 部分：力、力矩及其系数和导数；

——第 3 部分：飞机稳定性和操纵性；

——第 4 部分：飞行性能；

——第 5 部分：飞行测量；

——第 6 部分：飞机几何形状；

——第 7 部分：飞行点和飞行包线；

——第 8 部分：飞机动态特性；

——第 9 部分：大气扰动模型。

本部分为 GB/T 14410 的第 6 部分。

本部分修改采用 ISO 1151-6：1982/Amd 1：1984《飞行动力学　术语和符号　飞机几何形状》。本部分与 ISO 1151-6：1982/Amd 1：1984 的主要区别为增加了"飞机结构轴系、水平尾翼尾臂、垂直尾翼尾臂"等术语。

本部分代替 GB/T 14410.6—1993《飞行力学　概念、量和符号　第 6 部分：飞机几何形状》。

本部分与 GB/T 14410.6—1993 相比主要变化如下：

a） 增加了"3.1.6 部件参考轴"、"3.5.8 中心弦线长度"等术语和定义；

b） 修改了"3.5.11 机翼梯形比"为"3.5.12 机翼梢根比"等定义；

c） 修改术语和定义有引用其他章条号码的标注；

d） 增加了量纲的单位，并在符号栏注明；

e） 增加了中英文索引。

本部分由中国航空工业第一集团公司提出。

本部分由中国航空工业第一集团公司归口。

本部分起草单位：北京航空航天大学、中国航空综合技术研究所、中国航空工业空气动力研究院、中国航空工业发展研究中心。

本部分主要起草人：屈香菊、王立新、洪冠新、焦志强、张曙光、邵箭、陈玉、李周复、俞敦信、肖业伦、李益瑞。

本部分所代替标准的历次版本发布情况为：

——GB/T 14410.6—1993。

飞行力学 概念、量和符号
第6部分:飞机几何形状

1 范围

本部分规定了与飞行力学有关的、用以描述飞机几何形状的最基本的术语和符号，这些术语和符号并不能完全详细的描述飞机的形状。

本部分适用于固定翼飞机，其他飞行器可参照使用。

2 规范性引用文件

下列文件中的条款通过本部分的引用而成为本部分的条款。凡是注日期的引用文件，其随后所有的修改单(不包括勘误的内容)或修订版均不适用于本部分，然而，鼓励根据本部分达成协议的各方研究是否可使用这些文件的最新版本。凡是不注日期的引用文件，其最新版本适用于本部分。

GB/T 14410.1—2008 飞行力学 概念、量和符号 第1部分:坐标轴系和运动状态变量

3 术语、定义和符号

下列术语、定义和符号适用于本部分。

3.1 一般特性 general characteristics

编号	术语	定义或说明	符号和单位
3.1.1	飞机参考面 aircraft reference plane	飞机的主要部件相对于此面是左、右对称布置的。该面是飞机参考轴系(3.1.4)的 $z_R x_R$ 面。 注：在大多数情况下，飞机参考面与机身参考面是一致的。	$z_R x_R$
3.1.2	飞机参考点 aircraft reference point	在飞机参考面(3.1.1)上适当选择的一个点。	O_R
3.1.3	飞机参考轴 aircraft reference axis	通过飞机参考点(3.1.2)且方向向前，固定于飞机参考面(3.1.1)上的一条直线。	x_R
3.1.4	飞机参考轴系 aircraft reference axis system	固定于飞机上的轴系，原点为飞机参考点(3.1.2)，其 x_R 轴与飞机参考轴(3.1.3)一致，y_R 轴向右，z_R 轴位于飞机参考面上(3.1.1)，方向向下。 注：在大多数情况下，飞机参考轴系与机身轴系(3.4.1)是一致的。	$O_R x_R y_R z_R$
3.1.5	部件参考点 reference point of a component	在部件上适当选择的固定点。 注：下标 i 标明所属部件。	O_i
3.1.6	部件参考轴 Reference axis of a component	固连于部件上，通过部件参考点(3.1.5)在适当方向上的一条直线。	

编号	术　语	定义或说明	符号和单位
3.1.7	部件参考轴系 reference axis system of a component	右手坐标系：固连于部件上，原点在部件参考点(3.1.5)上，有三个参考轴，通常 x_i 轴向前，y_i 轴向右，z_i 轴向下。	$O_i x_i y_i z_i$
3.1.8	飞机结构轴系 aircraft structure axis system	固定于飞机上的轴系，原点为在飞机参考面上适当选择的点，x 轴在参考面内，指向后；y 轴垂直于参考面，指向左；z 轴在参考面内，垂直于 x 轴，指向下。	$Oxyz$

3.2　飞机的总体尺寸　overall dimensions of aircraft

编号	术　语	定义或说明	符号和单位
3.2.1	总长度 overall length	在飞机之外刚好接触飞机表面，且平行于飞机参考轴系(3.1.4)$y_R z_R$ 面的两个平面之间的距离。	l_R 单位为米(m)
3.2.2	总宽度 overall width	在飞机之外刚好接触飞机表面，且平行于飞机参考面(3.1.1)的两个平面之间的距离。	b_R 单位为米(m)
3.2.3	总高度 overall height	在飞机之外刚好接触飞机表面，且平行于飞机参考轴系(3.1.4)$x_R y_R$ 面的两个平面之间的距离。	h_R 单位为米(m)
3.2.4	地面总长度 ground overall length	在飞机之外刚好接触飞机表面，且平行于飞机参考轴系(3.1.4)y_R 轴，并垂直于地面的两个平面之间的距离。	l_o 单位为米(m)
3.2.5	地面总宽度 ground overall width	在飞机之外刚好接触飞机表面，且平行于飞机参考轴系(3.1.4)x_R 轴，并垂直于地面的两个平面之间的距离。	b_o 单位为米(m)
3.2.6	地面总高度 ground overall height	在飞机之外刚好接触飞机表面，平行于地平面的平面与地平面之间的距离。	h_o 单位为米(m)

3.3　地面限制角　ground limit angle

编号	术　语	定义或说明	符号和单位
3.3.1	地面限制俯仰角 ground limit angle in pitch	当飞机的主起落架和位于主起落架后面的飞机部分刚刚接触地面，没有反作用力，且 y_R 轴平行于地平面时，飞机参考轴(3.1.3)与地平面的夹角。	θ_G 单位为度(°)

编号	术　语	定义或说明	符号和单位
3.3.2	地面限制滚转角 ground limit angle in roll	飞机参考轴系(3.1.4)的 y_R 轴与地平面的夹角。当主起落架最右侧(左侧)的一个(几个)机轮和位于该侧机轮之外的飞机部分刚好接触地面,没有反作用力,且 x_R 轴平行于地平面时,y_R 轴与地平面的夹角。 注:如果飞机不对称,应给出左、右地面限制滚转角。	ϕ_G 单位为度(°)
注:当地面反作用力不为零时,可按类似方法定义地面限制角。			

3.4 机身 fuselage

编号	术　语	定义或说明	符号和单位
3.4.1	机身轴系 fuselage axis system	机身部件的参考轴系。 注1:如果机身有平行于飞机参考面(3.1.1)的对称面,x_F 和 z_F 轴在对称面内。 注2:如果机身有前、后两个对称面,其中之一平行于飞机的参考面(3.1.1),则 x_F 轴是两个对称面的交线,z_F 轴平行于飞机参考面(3.1.1)。 注3:通常机身轴系与飞机参考轴系(3.1.4)一致。	$O_F x_F y_F z_F$
3.4.2	机身轴 fuselage axis	机身轴系(3.4.1)的 x_F 轴。	x_F
3.4.3	机身参考面 fuselage reference plane	又称机身对称面。机身轴系(3.4.1)的 $z_F x_F$ 平面。	$z_F x_F$
3.4.4	机身长度 fuselage length	在机身之外刚好接触机身表面,且垂直于机身轴(3.4.2)的两个平面之间的距离。	l_F 单位为米(m)
3.4.5	机身最大横截面面积 fuselage maximum cross-sectional area	以垂直于机身轴(3.4.2)的平面切割机身所得到的机身最大横截面面积。	S_F 单位为米^2(m^2)
3.4.6	机身当量直径 fuselage equivalent diameter	面积等于机身最大横截面面积(3.4.5)的圆的直径。	d_F 单位为米(m)
3.4.7	机身长细比 fuselage fineness ratio	机身长度(3.4.4)与机身当量直径(3.4.6)之比值,即 $\lambda_F = \frac{l_F}{d_F}$	λ_F
注:对发动机短舱、副油箱,其参数定义与机身类似,并改换符号下标。			

3.5 机翼 wing

编号	术　语	定义或说明	符号和单位
3.5.1	机翼对称面 plane of symmetry of the wing	机翼部件相对于该面是左右对称配置的。该面是机翼轴系(3.5.2)的 $z_W x_W$ 面，通常与飞机参考面一致。	$z_W x_W$
3.5.2	机翼轴系 wing axis system	机翼基本部件的参考轴系。	$O_W x_W y_W z_W$
3.5.3	机翼位置 wing setting	机翼轴系(3.5.2)相对于飞机参考轴系(3.1.4)的位置。	
3.5.4	机翼展长 wing span	简称翼展。在机翼之外刚好与机翼轮廓线接触，且平行于飞机参考面(3.1.1)的两个平面之间的距离。	b 单位为米(m)
3.5.5	局部弦线 local chord line	在坐标 y_w 处，平行于飞机参考面(3.1.1)的平面，与机翼轮廓线的前缘线和后缘线两个交点的连线。	
3.5.6	局部弦长 local chord	局部弦线(3.5.5)的长度。	c 单位为米(m)
3.5.7	中心弦线 central chord line	位于飞机参考面(3.1.1)上的局部弦线(3.5.5)。	
3.5.8	中心弦线长度 centre-line chord	中心弦线(3.5.7)的长度。	c_c 单位为米(m)
3.5.9	中心弦线的角位置 angular position of the central chord line	飞机参考轴系(3.1.4) x_R 轴绕 y_R 轴旋转到平行于中心弦线(3.5.7)所转过的角度。当绕 y_R 轴正向转动时，该角度为正。	
3.5.10	基本平面 basic plane	垂直于飞机参考面(3.1.1)且包含中心弦线(3.5.7)的平面(见图1)。 注：该平面即是基本轴系(3.5.11)的 $x_b y_b$ 面。	
3.5.11	基本轴系 basic axis system	原点为中心弦线(3.5.7)之最前点，x_b 轴包含中心弦线，指向前；y_b 轴位于基本平面(3.5.10)中，且平行于飞机参考轴(3.1.4)的 y_R 轴，指向右；z_b 轴向下(见图1)。	$O_b x_b y_b z_b$
3.5.12	机翼梢根比 wing taper ratio	又称梯形比。翼梢弦长与中心弦线长度(3.5.8)之比。 注：当机翼前缘和后缘基本上呈直线形，而在翼梢区为曲线时，可引入一适当选择的翼梢弦来定义梢根比。	λ

编号	术　语	定义或说明	符号和单位
3.5.13	n%弦点 n% chord point	位于局部弦线(3.5.5)上，到前缘点距离为局部弦长(3.5.6)的 n%的点。	
3.5.14	n%弦线 n% chord line	沿展向的 n%弦点(3.5.13)的连线。 注：0%弦线即前缘线，100%弦线即后缘线，对梯形机翼，所有的 n%弦线都是直线。	
3.5.15	弦面 chord surface	由局部弦线(3.5.5)形成的面，通常该面带扭转。	
3.5.16	机翼面积 wing area	弦面(3.5.15)在基本平面(3.5.10)上投影的面积。 $$S_W = \int_{y_1}^{y_2} c'(y)\,\mathrm{d}y$$ 式中：$c'(y)$为局部弦线(3.5.5)在基本平面上投影的长度； y 为局部弦线沿基本轴系(3.5.11)的 y_b 轴的坐标； y_1 为左翼尖点或左翼尖弦沿 y_b 轴的坐标； y_2 为右翼尖点或右翼尖弦沿 y_b 轴的坐标。	S_W 单位为米^2(m^2) 注：若机翼面积选为参考面积(GB/T 14410.1—2008的3.4.5)，则 S_W 就简化为 S。
3.5.17	平均气动弦线 aerodynamic mean chord line	在包含中心弦线(3.5.7)的直线上的线段，其最前点由(3.5.19)所定义的位置决定，长度等于(3.5.18)所定义的长度。	
3.5.18	平均气动弦长 aerodynamic mean chord length	平均气动弦线的长度，即 $$c_A = \frac{\int_{y_1}^{y_2} [c'(y)]^2\,\mathrm{d}y}{\int_{y_1}^{y_2} [c'(y)]\,\mathrm{d}y}$$ 式中：$c'(y)$，y，y_1，y_2 的定义同(3.5.16)。	c_A 单位为米(m)
3.5.19	平均气动弦线最前点的坐标 coordinate of the foremost point of the aerodynamic mean chord line	平均气动弦线最前点沿基本轴系的 x_b 轴的坐标值。 $$x_A = \frac{\int_{y_1}^{y_2} c'(y)x(y)\,\mathrm{d}y}{\int_{y_1}^{y_2} c'(y)\,\mathrm{d}y}$$ 式中：$x(y)$和 y 为局部弦线的最前点沿 x_b 和 y_b 轴的坐标； $c'(y)$，y_1，y_2 的含义同(3.5.16)。	x_A

编号	术　语	定义或说明	符号和单位
3.5.20	机翼展弦比 wing aspect ratio	机翼展长(3.5.4)的平方与机翼面积(3.5.16)之比。即 $A=\frac{b^2}{S_W}$	A
3.5.21	局部几何扭转角 local geometric twist angle	局部弦线(3.5.5)与其在基本平面(3.5.10)上的投影之间的夹角(见图1)。以基本平面为准,当前缘点高于后缘点时,该角度为正。	τ_c 单位为度(°)
3.5.22	局部后掠角 local sweep angle	在弦面(3.5.15)上P点处,以下二者之间的夹角(见图2): 通过P点,且平行飞机参考轴系(3.1.4)y_Rz_R面的平面; 在P点处n%弦线(3.5.14)的切线在过P点且平行于x_Ry_R面的平面上的投影。 若过P点的切线与z_Rx_R平面的交点在P点之前,则该角为正。	Λ 单位为度(°)
3.5.23	局部有效后掠角 local effective sweep angle	在弦面(3.5.15)上P点处,以下二者之间的夹角(见图3): 过P点,且垂直于局部弦线(3.5.5)的面; 过P点的n%弦线的切线。 若过P点的切线与z_Rx_R平面的交点在P点之前,则该角为正。	Λ_{eff} 单位为度(°)
3.5.24	局部上反角 local dihedral angle	在弦面(3.5.15)上P点处,以下二者之间的夹角(见图4): 过P点,且平行飞机参考轴系(3.1.4)x_Ry_R面的平面; 在P点处n%弦线(3.5.14)的切线在过P点且平行于y_Rz_R面的平面上的投影。 若过P点的切线与z_Rx_R平面的交点在P点之下,则该角为正。	Γ 单位为度(°)
3.5.25	局部有效上反角 local effective dihedral angle	在弦面(3.5.15)上P点处,以下二者之间的夹角(见图5): 过P点的局部弦线(3.5.5)且平行于飞机参考轴系(3.1.4)的y_R轴的平面; 在P点处n%弦线的切线在过P点且垂直于局部弦线的面上的投影。 若过P点的切线与z_Rx_R平面的交点在P点之下,则该角为正。	Γ_{eff} 单位为度(°)

3.6 水平尾翼 horizontal tail

编号	术　　语	定义或说明	符号和单位
3.6.1	水平尾翼尾臂 horizontal tail arm	飞机重心至水平尾翼某个特征点的距离在飞机参考轴系(3.1.4)$x_R y_R$ 平面上的投影。该特征点可根据需要来定义。	l_H

3.7 垂直尾翼 vertical tail

编号	术　　语	定义或说明	符号和单位
3.7.1	垂直尾翼轴系 vertical tail axis system	垂直尾翼部件的参考轴系。	$O_V x_V y_V z_V$
3.7.2	垂直尾翼参考面 vertical tail reference plane	垂直尾翼轴系的 $z_V x_V$ 面。	$z_V x_V$
3.7.3	垂直尾翼位置 vertical tail setting	垂直尾翼轴系相对于飞机参考轴系(3.1.4)的位置。	
3.7.4	垂直尾翼安装角 vertical tail setting angle	在垂直尾翼轴系的 z_V 轴平行于飞机参考轴系(3.1.4)的 z_R 轴的情况下,x_R 轴绕 z_R 轴转动到平行于 x_V 轴所需转过的角度。当绕 z_R 轴正向转动时,该角度为正。	φ_V 单位为度(°)
3.7.5	垂直尾翼局部弦线 vertical tail local chord line	在坐标 z_R 处,平行于飞机参考轴系(3.1.4)的 $x_R y_R$ 的平面,与垂直尾翼前缘线和后缘线两个交点的连线。	
3.7.6	垂直尾翼局部弦长 vertical tail local chord	垂直尾翼局部弦线的长度。	c_{lV} 单位为米(m)
3.7.7	垂直尾翼弦面 vertical tail chord surface	由垂直尾翼局部弦线形成的面。	
3.7.8	垂直尾翼面积 vertical tail area	垂直尾翼弦面在飞机参考面(3.1.1)上投影的面积。 $$S'_V=\int_{z_1}^{z_2} c'_V(z)\mathrm{d}z$$ 式中:$c'_V(z)$为垂直尾翼局部弦线在飞机参考面上投影的长度; z 为垂直尾翼局部弦线沿飞机参考轴系(3.1.4)的 z_R 轴坐标; z_1 为垂直尾翼“翼尖弦线”沿 z_R 轴的坐标; z_2 为垂直尾翼下端弦线沿 z_R 轴的坐标。	S_V 单位为米^2(m^2)

编号	术　语	定义或说明	符号和单位
3.7.9	垂直尾翼平均气动弦线 vertical tail aerodynamic mean chord line	包含垂直尾翼根弦或某一局部弦线的直线上的一线段，其最前点由 3.7.11 所定义的位置决定，长度等于 3.7.10 所定义的长度。	
3.7.10	垂直尾翼平均气动弦长 vertical tail aerodynamic mean chord length	垂直尾翼平均气动弦的长度，即 $$c_{AV}=\frac{\int_{z_1}^{z_2}[c'_V(z)]^2\mathrm{d}z}{\int_{z_1}^{z_2}c'_V(z)\mathrm{d}z}$$ 式中：$c'_V(z)$，z，z_1，z_2 定义同 3.7.8。	c_{AV} 单位为米(m)
3.7.11	垂直尾翼平均气动弦线最前点的坐标 coordinate of the foremost point of the vertical tail aerodynamic mean chord line	垂直尾翼平均气动弦线最前点沿飞机参考轴系的 x_R 轴的坐标值，即 $$x_{AV}=\frac{\int_{z_1}^{z_2}c'_V(z)x(z)\mathrm{d}z}{\int_{z_1}^{z_2}c'_V(z)\mathrm{d}z}$$ 式中：$c'_V(z)$，z，z_1，z_2 定义同 3.7.8； $x(z)$ 和 z 是垂直尾翼局部弦线最前点沿 x_R 和 z_R 的坐标。	x_{AV}
3.7.12	垂直尾翼几何扭转角 vertical tail local geometric twist angle	垂直尾翼局部弦线与其在垂直尾翼轴系 z_Vx_V 平面上投影之间的夹角。 以 z_Vx_V 面为基准，当局部弦线前缘点 y_V 坐标值大于后缘点 y_V 值时，该角为正。	τ_V 单位为度(°)
3.7.13	垂直尾翼局部后掠角 vertical tail local sweep angle	在垂直尾翼弦面上 P 点处，以下二者之间的夹角： 飞机参考轴系(3.1.4)的 y_Rz_R 面； 在 P 点处 $n\%$ 弦线的切线在飞机参考轴系的 z_Rx_R 平面上的投影。 当过 P 点的切线与 x_Ry_R 面的交点在 P 点之前时，该角为正。	Λ_V 单位为度(°)
3.7.14	垂直尾翼尾臂 vertical tail arm	飞机重心至垂直尾翼某个特征点的距离在飞机参考轴系 x_Ry_R 平面上的投影。该特征点可根据需要来定义。	l_V

图 1 (机翼)局部几何扭转角

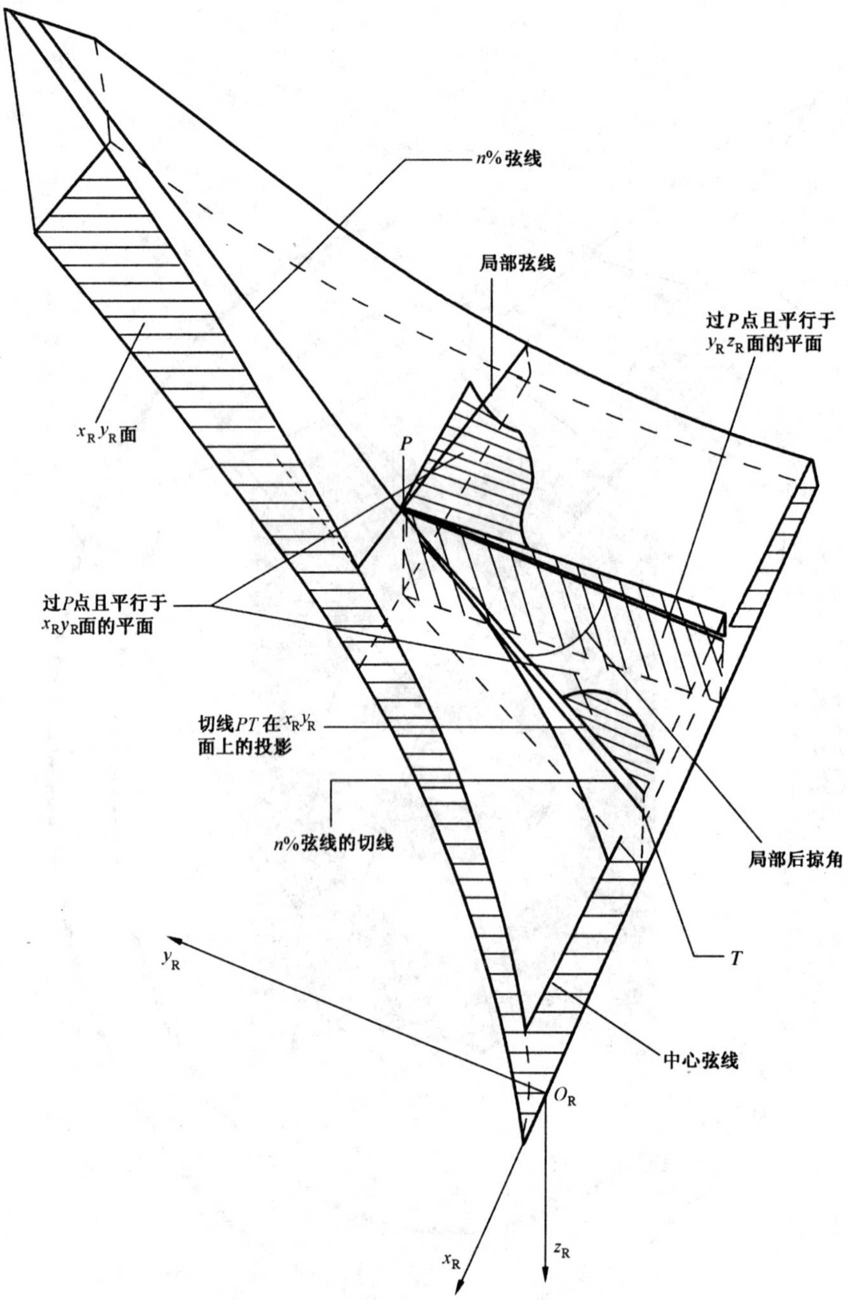
n%弦线
局部弦线
过P点且平行于
$y_R z_R$面的平面
$x_R y_R$面
P
过P点且平行于
$x_R y_R$面的平面
切线PT在$x_R y_R$
面上的投影
n%弦线的切线
局部后掠角
T
y_R
中心弦线
O_R
x_R
z_R

图 2 （机翼）局部后掠角

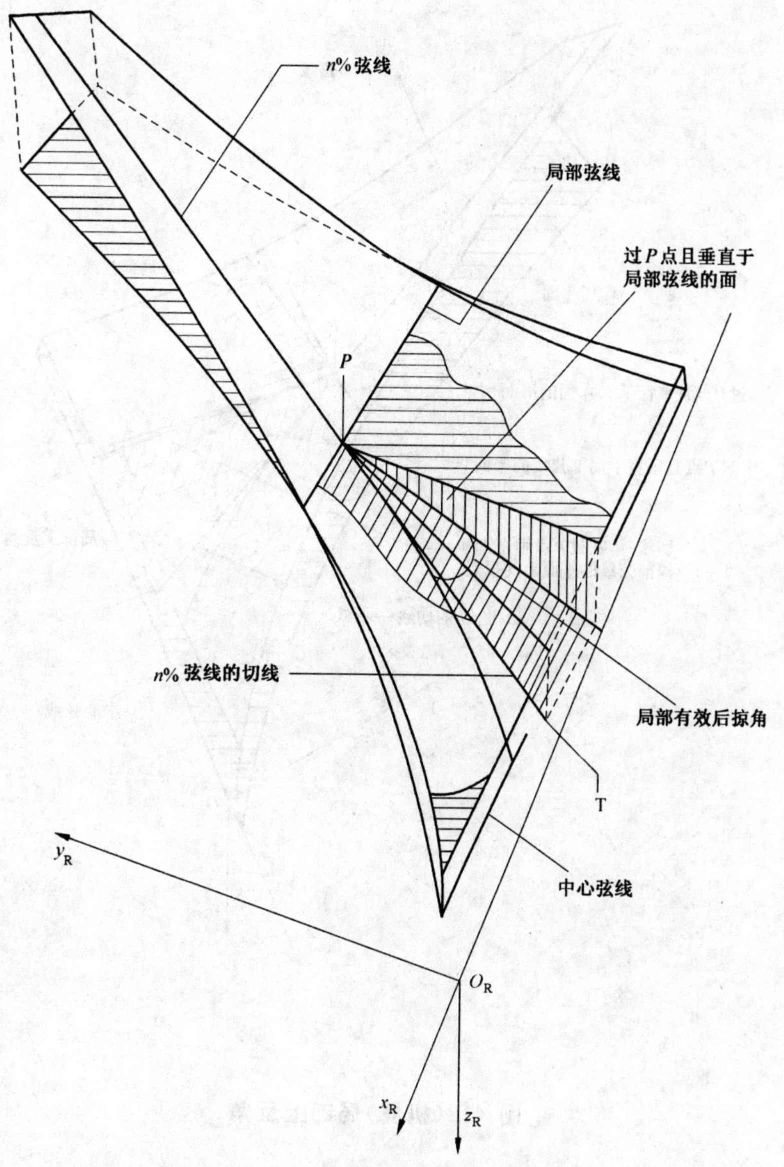

图 3 （机翼）局部有效后掠角

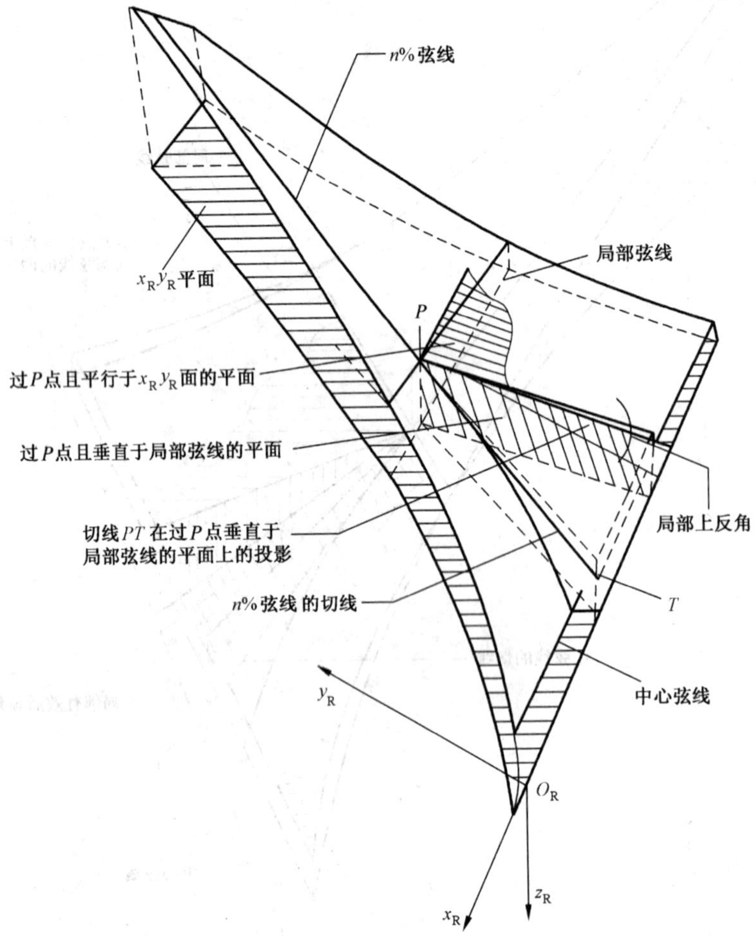

n%弦线
局部弦线
$x_R y_R$平面
P
过P点且平行于$x_R y_R$面的平面
过P点且垂直于局部弦线的平面
局部上反角
切线PT在过P点垂直于
局部弦线的平面上的投影
T
n%弦线 的切线
中心弦线
y_R
O_R
x_R
z_R

图 4 (机翼)局部上反角

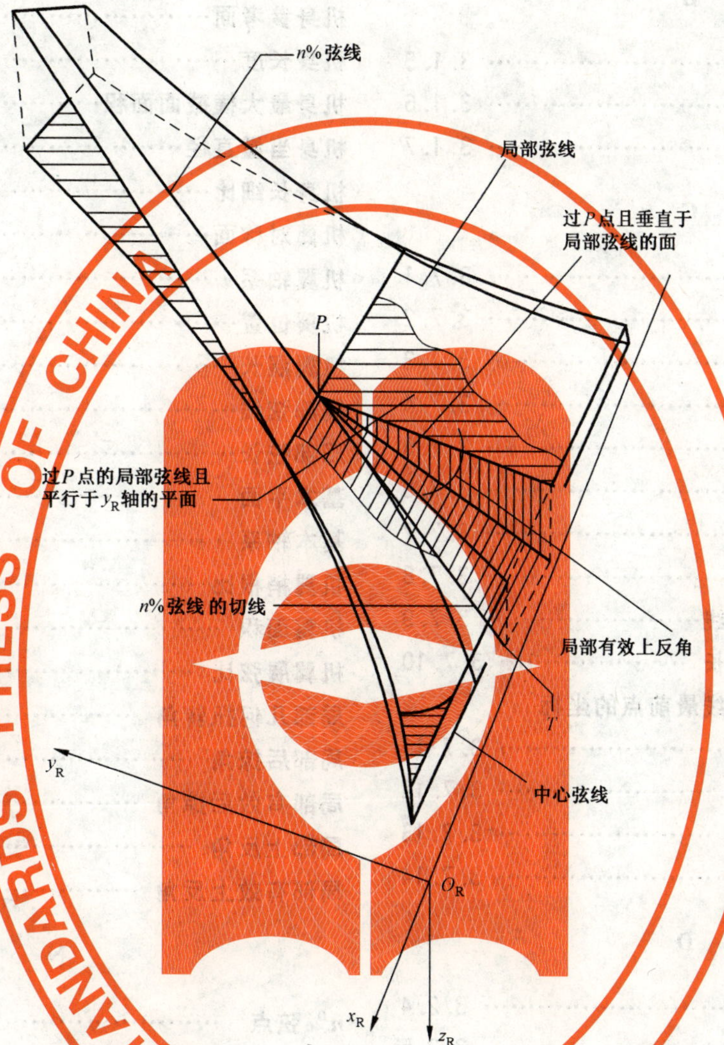

图 5 （机翼）局部有效上反角

中 文 索 引

Z

英 文 索 引

A

B

C

F

G

ICS 49.020
V 04

中华人民共和国国家标准

GB/T 14410.7—2008
代替 GB/T 14410.7—1993

飞行力学 概念、量和符号 第7部分：飞行点和飞行包线

Flight mechanics—Concepts, quantities and symbols—Part 7: Flight points and flight envelopes

(ISO 1151-7:1985, Flight dynamics—Concepts, quantities and symbols—Part 7: Flight points and flight envelopes, MOD)

2008-07-18 发布 2009-01-01 实施

中华人民共和国国家质量监督检验检疫总局
中国国家标准化管理委员会 发布

前　言

GB/T 14410《飞行力学　概念、量和符号》分为九个部分：

——第1部分：坐标轴系和运动状态变量；

——第2部分：力、力矩及其系数和导数；

——第3部分：飞机稳定性和操纵性；

——第4部分：飞行性能；

——第5部分：飞行测量；

——第6部分：飞机几何形状；

——第7部分：飞行点和飞行包线；

——第8部分：飞机动态特性；

——第9部分：大气扰动模型。

本部分为GB/T 14410的第7部分。

本部分修改采用ISO 1151-7:1985《飞行动力学　术语和符号　飞行点和飞行包线》。本部分与ISO 1151-7:1985的主要区别为调整了部分条目的顺序。

本部分代替GB/T 14410.7—1993《飞行力学　概念、量和符号　第7部分：飞行点和飞行包线》。

本部分与GB/T 14410.7—1993相比主要变化如下：

a) 增加了“3.7.1　实用飞行包线”、“3.7.2　允许飞行包线”和“3.7.2　使用飞行包线”等定义；

b) 修改了“3.6.2　有效飞行点”等术语和定义；

c) 修改术语和定义引用其他章条的标注；

d) 增加了中英文索引。

本部分由中国航空工业第一集团公司提出。

本部分由中国航空工业第一集团公司归口。

本部分起草单位：北京航空航天大学、中国航空综合技术研究所、中国航空工业空气动力研究院、中国航空工业发展研究中心。

本部分主要起草人：屈香菊、洪冠新、张曙光、邵箭、焦志强、王立新、陈玉、李周复、熊海泉、肖业伦、李益瑞。

本部分所代替标准的历次版本发布情况为：

——GB/T 14410.7—1993。

飞行力学 概念、量和符号 第7部分：飞行点和飞行包线

1 范围

本部分规定了飞行力学研究中使用的、用以确定飞机飞行状态的术语和符号。

本部分适用于固定翼飞机，其他飞行器可参照使用。

2 规范性引用文件

下列文件中的条款通过本部分的引用而成为本部分的条款。凡是注日期的引用文件，其随后所有的修改单(不包括勘误的内容)或修订版均不适用于本部分，然而，鼓励根据本部分达成协议的各方研究是否可使用这些文件的最新版本。凡是不注日期的引用文件，其最新版本适用于本部分。

GB/T 14410.5—2008 飞行力学 概念、量和符号 第5部分：飞行测量

3 术语和定义

下列术语和定义适用于本部分。

3.1 任务的实施 accomplishment of mission

编号	术 语	定义或说明
3.1.1	任务 mission	在某些限制，特别是在时间和空间的限制下，飞行应达到的目的。 注：目的和限制应在飞行计划中详细说明。
3.1.2	飞行大纲 flight program	在实用飞行包线(3.7.1)内为完成特定任务(3.1.1)所需的中间目标计划表。 注：在飞行大纲中应说明由于飞行过程中环境变化(如故障、气象条件和空中交通等)而使中间目标某些条件改变所采取的措施。
3.1.3	飞行阶段 flight phase	用以表示中间目标的飞行段。例如，起飞、爬升、巡航、下降、进场(进近)、着陆。 在定义中间目标时，应给出认定该目标已被达到的容差。并在满足容差的条件下开始执行下一飞行阶段。
3.1.4	飞行子阶段 flight sub-phase	用以表示飞行阶段(3.1.3)中基元目标的飞行阶段。例如，“起飞”阶段的“地面滑跑”、“着陆”阶段的“拉平”和“地面滑跑”。在定义基元目标时，应给出认定该目标已被达到的容差，并在满足容差的条件下，开始执行下一子阶段。 注：由于将飞行阶段分成若干个子阶段，故在子阶段中某些参数通常可视为常值(如飞机的质量特性、大气状态等)。

3.2 操纵装置、几何构型和系统状态 controls、geometric configuration and condition of systems

编号	术　　语	定义或说明
3.2.1	操纵装置 controls	位于座舱、由机组人员操纵、用于飞机飞行的一组构件。例如,驾驶杆、油门、起落架和襟翼选择手柄、自动驾驶仪或阻尼器开关,以及增压和空调控制器等。 注:同一控制装置在某个子阶段为驾驶装置(3.2.1.1),而在另一子阶段可为选择装置。例如,油门在"起飞"阶段是选择装置,而在"进场"阶段则是驾驶装置。
3.2.1.1	驾驶装置 piloting control	在飞行子阶段,为了达到某飞行子阶段(3.1.4)的目标,驾驶员遵照驾驶规则连续或间歇地操纵的操纵装置(3.2.1)。
3.2.1.2	选择装置 selector	在飞行子阶段(3.1.4)的开始,机组人员根据飞行手册选定其位置的一种操纵装置(3.2.1)。该位置在整个飞行子阶段中保持不变。
3.2.2	几何构型 geometric configuration	表示飞机不同部件相对位置,并可由选择装置(3.2.1.2)控制的一组参数。 注1:列举的参数仅限于问题所涉及的那些参数。 注2:上述定义的几何构型不要与几何状态相混淆,几何状态只是一部分。
3.2.3	系统状况 situation of the systems	用于定义与飞行力学有关的飞机系统工作特性的一组参数。 注:列举的参数仅限于问题所涉及的那些参数。

3.3 飞机状态 state of the aircraft

编号	术　　语	定义或说明
3.3.1	装载状况 situation of loads carriage	对于给定的任务(3.1.1),装载状况通过列出不同的内部或外部装载(旅客、货物、集装箱与集装箱托板、固定或应急投放的油箱、内挂物或外挂物等)及其位置来定义。这些装载将改变飞机的质量、质量分布,以及在某些情况下还改变飞机的几何形状。 注1:对于某些任务,装载状况可在过渡子阶段中改变(如投弃外挂物或投放降落伞)。(参看3.3.2.2之注1)) 注2:内部燃料不包括在这些装载之内。但对于空中加油油箱,其燃料应视为装载。
3.3.2	选定的状况 selected situation	在飞行子阶段(3.1.4)中,选定的状况用不同选择装置(3.2.1.2)的一组"位置"定义。 对每一飞行子阶段,有其相应的选定状况。对于使用飞行,该状况由飞行手册规定;而对于试验飞行,则由试飞大纲确定。 选定的状况可分为两部分:选定的几何构型(3.3.2.1)和选定的系统状况(3.3.2.2)。 注:改变选择装置"位置"的指令,可能与选择装置本身的几何位移无关,而是通过适当的信号实现。

编号	术　语	定义或说明
3.3.2.1	选定的几何构型 selected geometric configuration	在飞行子阶段(3.1.4)中,选定的几何构型是由仅与飞机几何构型(3.2.2)有关的那些选择装置(3.2.1.2)的一组"位置"来定义。
3.3.2.2	选定的系统状况 selected situation of the systems	在飞行子阶段(3.1.4)中,选定的系统状况是由仅与系统有关的那些选择装置(3.2.1.2)的一组"位置"来定义。 注1:某些子阶段称作过渡子阶段。它有以下特征:由一个或数个选择装置的"位置"变化来控制部件"位置"或改变系统状态。过渡子阶段的持续时间决定于部件位置或系统状态改变所需要的时间。例如,"放起落架"子阶段。 注2:对于某些研究,特别是对于飞行试验,在实际飞行通常不采用的某些部件位置或系统功能的情况下,研究飞机的特性是有益的。例如,研究飞机在小迎角、前缘缝翼伸出或大迎角、前缘缝翼收回情况下的飞行特性;而在实际使用飞行中,前缘缝翼的位置系由迎角和速度自动地确定。需要指出,为了描述这些特定的选择状况(3.3.2),应当通过特殊动作的选择装置使自动系统暂停工作。
3.3.3	故障状况 failure situation	在飞行子阶段(3.1.4)中,故障状况系由一组不正常的部件位置和不正常的系统功能定义。 注1:在定义飞行子阶段的故障状况时,对于不在该子阶段工作的系统的故障情况也应当加以考虑。因为它能改变此飞行子阶段或别的飞行子阶段的故障概率。 注2:按照上面的定义,余度系统的某一通道不工作,将被认为是故障,即使该系统的其余通道仍保持系统功能。此时,故障状况称作"局部故障状况"。 注3:在飞行试验、模拟器试验或训练飞行中,可以人为地产生故障或模拟故障。
3.3.4	实际的状况 real situation	在飞行子阶段(3.1.4)中,实际的状况是指选定的状况(3.3.2)和故障状况(3.3.3)的总和。 实际的状况可分为两部分:实际的几何构型(3.3.4.1)和实际的系统状况(3.3.4.2)。
3.3.4.1	实际的几何构型 real geometric configuration	在飞行子阶段(3.1.4)中,实际的几何构型是指选定的几何构型(3.3.2.1)与故障状况(3.3.3)的总和。
3.3.4.2	实际的系统状况 real situation of the systems	在飞行子阶段(3.1.4)中,实际的系统状况是指选定的系统状况(3.3.2.2)与故障状况(3.3.3)的总和。
3.3.5	飞机状态 state of the aircraft	在飞行子阶段(3.1.4)中,飞机状态是指装载状况(3.3.1)、实际状况(3.3.4)、飞机质量与质量分布之总和。 注:在某些情况下,为了计算、飞行试验或模拟飞行试验方便,将飞机状态定义成与飞行子阶段无关。

3.4 环境 environment

编号	术 语	定义或说明
3.4.1	大气状态 state of the atmosphere	在某一点，表征大气物理特性的一组参数。假定该大气不受飞机扰动的影响，但它影响飞机的运动和机组人员的行为。 通常应考虑的大气参数和某些梯度(若需要的话)有：压力、温度(GB/T 14410.5—2008 中 3.1.2)、密度、湿度、风速、湍流强度与分布、能见度、结冰情况等。所考虑的点，或是飞机当前所在点，或是飞行过程中将要经过的某个点。 注 1：一般可认为在飞行子阶段(3.1.4)中，大气状态是不变的。 注 2：大气状态可受其他飞机出现的影响。
3.4.2	大气模型状态 model state of the atmosphere	在 3.4.1 中所列各参数值定义为高度、地理坐标和时间的函数的一种大气状态。
3.4.3	大气标准状态 standard state of the atmosphere	在 3.4.1 中所列各参数值与标准大气参数值相同，且是所考虑点几何高度或重力势高度的函数的一种大气模型状态。 注 1：假定空气是清洁、干燥、相对地面静止的。 注 2：由标准状态导出的某些特殊大气状态，通常用相对于标准大气的温度增量 ΔT 来定义，并认为 ΔT 与压力高度无关。
3.4.4	大气参考状态 reference state of the atmosphere	在 3.4.1 中所列各参数值，是所考虑点几何高度或重力势高度的函数的一种大气模型状态(3.4.2)。 对所采用的参考大气应作说明。
3.4.5	跑道状态 state of the runway	在 3.1.3 中所列“起飞”和“着陆”阶段的子阶段(3.1.4)中，影响飞机运动和机组人员操作的一组物理参数。 应考虑的参数有：跑道长度、宽度、平均梯度、纵断面图、建筑材料、粗糙度、水、雪、冰等。 注 1：对活动跑道(如舰上跑道)可给出类似定义。 注 2：对水上起降飞机，可给出水面状态的类似定义。

3.5 飞行点 flight points

编号	术 语	定义或说明
3.5.1	驾驶规则 piloting rules	为完成飞行子阶段(3.1.4)任务，机组人员应设置的选择装置(3.2.1.2)的一组“位置”值，以及不同飞行参数的一组值，或者这两组参数之间所应保持的关系(通常手动或自动控制)。 涉及的参数包括对参考轨迹的相对位置、校准空速、马赫数、飞机姿态角等。 驾驶规则应同时给出容差，并应与飞行子阶段的目标容差一致。 注：驾驶规则，对使用飞行，在飞行手册中给出；而对飞行试验或模拟飞行试验，则在试验大纲中给出。

编号	术　语	定义或说明
3.5.2	驾驶工作 piloting work	遵照驾驶规则(3.5.1)机组人员在飞行子阶段(3.1.4)应当完成的工作。
3.5.3	补充规则 supplementary rules	机组人员在飞行子阶段(3.1.4)应当进行的一组操纵指令,但不包括已列入驾驶规则(3.5.1)中的那些指令。 例如,补充规则涉及到无线电的使用,检查单的读数和核准等。 注:补充规则,对使用飞行,在飞行手册中给出;而对飞行试验或模拟飞行试验,则在试验大纲中给出,或者列入空中交通管制规则中。
3.5.4	补充工作 supplementary work	遵照补充规则(3.5.3)机组人员在飞行子阶段(3.1.4)应当完成的工作。
3.5.5	飞行点 flight point (飞行情况) (flight case)	在飞行子阶段(3.1.4)所选择的一组飞行条件,包括:飞机状态(3.3.5),大气状态(3.4.1),跑道状态(3.4.5)(如果必要的话),驾驶规则(3.5.1),补充规则(3.5.3)。 注:在某些情况下,这组飞行条件可以简化。例如,简化为压力高度、马赫数、过载等。

3.6 允许飞行点 effective flight point

编号	术　语	定义或说明
3.6.1	偏差 excursion	又称偏离。在飞行子阶段(3.1.4)中,实际飞行的参数值与驾驶规则(3.5.1)在该子阶段规定的参数值之间的偶然偏差。 这些偏差可以由机组人员的偶然动作、或者系统功能失效和缺陷引起,也可由故障的扩大或者大气扰动等引起。
3.6.2	有效飞行点 effective flight point (有效飞行情况) (effective flight case)	在飞行子阶段(3.1.4)实际存在的一组飞行条件,包括:飞机状态(3.3.5),大气状态(3.4.1),跑道状态(3.4.5)(如果必要的话),驾驶规则(3.5.1)和偏差(3.6.1),补充规则(3.5.3)。

3.7 飞行包线 flight envelopes

编号	术　语	定义或说明
3.7.1	实用飞行包线 service flight envelope (authorized flight envelope)	保证安全飞行的一系列飞行点(3.5.5)的连线。 注:如有必要,可仅考虑飞行点中的飞机状态(3.3.5)、大气状态(3.4.1)和跑道状态(3.4.5)来定义实用飞行包线。

编号	术　　语	定义或说明
3.7.2	允许飞行包线 permissible flight envelope (peripheral flight envelope)	位于实用飞行包线(3.7.1)之外的一系列有效飞行点(3.6.2)的连线。这些飞行点偏离实用飞行包线的幅度,不超出某个适当选择的限制值。
3.7.3	使用飞行包线 operational flight envelope (recommended flight envelope)	为完成任务,在飞行手册中建议使用、且位于实用飞行包线之内的一系列飞行点(3.5.5)的连线。

中 文 索 引

英 文 索 引

A

C

E

F

G

M

O

P

R

S

ICS 27.040
K 58

中华人民共和国国家标准

GB/T 14411—2008
代替 GB/T 14411—1993

轻型燃气轮机控制和保护系统

Control and protective system for aero-derivative gas turbine

2008-07-18 发布　　2009-01-01 实施

中华人民共和国国家质量监督检验检疫总局
中国国家标准化管理委员会　发布

前　言

本标准代替 GB/T 14411—1993《轻型燃气轮机控制和保护系统》。

本标准与 GB/T 14411—1993 相比主要变化如下：

——修改了标准适用范围(本版的第 1 章)；

——修改了清吹要求(本版的 3.2.1.5)；

——补充了正常停机和紧急停机要求(本版的 3.2.3.2、3.2.3.3)；

——增加了同步控制、瞬时超速限制和输出功率限制要求(本版的 3.3.5、3.4.8、3.4.9)；

——补充了数字电子控制系统的性能指标要求(本版的 3.4.3.2)；

——删除了环境试验条款(1993 年版的 5.3)；

——修改了数字控制系统要求，整合成 3.1(1993 年版的第 7 章)；

——修改了保护装置中信号器和监控参数相关要求(本版的 4.3.4、4.3.5)；

——增加了环境条件要求(本版的第 7 章)。

本标准由中国航空工业第一集团公司提出。

本标准由中国航空工业第一集团公司归口。

本标准起草单位：中航世新燃气轮机股份有限公司、中国航空综合技术研究所、江苏中航动力控制有限公司。

本标准主要起草人：田祥泰、于培敏、张华、孟凡涛、俞建峰。

本标准所代替标准的历次版本发布情况为：

——GB/T 14411—1993。

轻型燃气轮机控制和保护系统

1 范围

本标准规定了轻型燃气轮机(以下简称燃气轮机)控制系统的控制功能和性能要求、保护系统的保护功能和保护装置及其试验要求。

本标准适用于地面发电和机械驱动用的燃气轮机的控制和保护,其他用途的燃气轮机可参照执行。

2 规范性引用文件

下列文件中的条款通过本标准的引用而成为本标准的条款。凡是注日期的引用文件,其随后所有的修改单(不包括勘误的内容)或修订版均不适用于本标准,然而,鼓励根据本标准达成协议的各方研究是否可使用这些文件的最新版本。凡是不注日期的引用文件,其最新版本适用于本标准。

GB/T 10489 轻型燃气轮机通用技术要求

3 控制系统

3.1 基本要求

3.1.1 控制系统应能满足燃气轮机对控制、调节、监视和保护功能的需要,同时具有高度的可靠性、安全性和可用率,应符合 GB/T 10489 的要求。

3.1.2 数字电子控制系统宜有冗余、容错和故障自诊断功能。系统硬件宜模块化、通用化,维护方便。控制软件应具有优良的实时性、容错性和安全性,编程方便、易于使用。

3.1.3 数字电子控制系统应提供良好的人机操作界面,与其他控制装置联接方便,具有可扩充性和开放性。

3.1.4 数字电子控制系统应具有标准的通讯接口。系统可通过通讯接口与外界交换数据,使用开放的、标准的通讯协议,应能很方便地融入上层系统。

3.2 控制功能

3.2.1 起动

3.2.1.1 概述

从起动辅助设备开始直至燃气轮机到达空负荷转速(慢车转速)的全过程为起动过程。起动有手动起动、半自动起动、自动起动等方式,并可具有程序起动、多次起动和特种起动等功能。

3.2.1.2 起动方式

3.2.1.2.1 手动起动装置根据供需双方一致同意的方案提供。手动起动要求操作者手动起动辅助设备,并逐步完成起动程序,直至燃气轮机到达空负荷转速(慢车转速)。

3.2.1.2.2 半自动起动是手动起动辅助设备,但操作者应通过一次操作使燃气轮机自动完成其后的全部起动过程。

3.2.1.2.3 自动起动是操作者发出起动指令,燃气轮机自动完成全部的起动过程。

3.2.1.3 起动过程

起动过程要有一套完整的起动程序来保证可靠点火,且按要求供给燃料,使燃气轮机迅速、稳定、可靠地到达空负荷转速(慢车转速)。通常,按随燃气轮机转速或时间而变化的起动曲线来供给燃料。如有需要,应能按外界大气压力和温度修正此起动曲线。也可按其他参数的变化曲线控制或修正起动燃料量。

3.2.1.4 **特种起动**

特种起动包括无外电源起动、遥控起动、应急起动和使用两种燃料的燃气轮机的更换燃料起动，供需双方可协商选定。其中对使用两种燃料的燃气轮机，需加装燃料切换开关，以便自动而及时地更换燃料。

3.2.1.5 **清吹**

3.2.1.5.1 不论起动过程是手动、半自动或自动，起动控制系统均应根据要求设置必要的自动清吹周期，保证足够的持续时间，以便燃气轮机在点火燃烧前从进气口沿气路通过排放装置(包括烟囱)排出任何可燃物，根据燃气通道自由容积或所测出的其中燃气浓度来规定清吹时间，使燃气轮机排出的气体至少三倍于整个排气系统的容积，并可采取其他预防措施。

3.2.1.5.2 当使用高挥发性的液体燃料时，除清吹外还应采取专门的保护措施。

3.2.1.6 **点火**

点火装置只是在起动期间正常供电。电路宜布置成可手动操作。点火装置应设有防止误操作的措施，必要时可将该装置电源线的两端接地。

3.2.2 **加、减负荷**

3.2.2.1 **加负荷**

加负荷可手动、半自动或自动进行，直至达到规定的功率。自动加负荷可紧接起动程序后进行，而不需其他动作。需要时，可规定加负荷的时间或速率(包括正常和紧急情况)。

3.2.2.2 **减负荷**

减负荷时要防止燃料减得太快，造成燃烧室熄火，这时的燃料供给可根据转速或时间程序来减少，应能保证最小的燃料供给量。需要时，应规定减负荷的时间或速率。

3.2.2.3 **暖机和冷机**

在加负荷或减负荷时，都要在规定负荷(或转速)下停留一定时间，以达到暖机或冷机的要求。

3.2.3 **停机**

3.2.3.1 **概述**

停机分正常停机和紧急停机。停机时要切断燃料供给，并通过排放系统放掉停机后燃料调节阀后管路中的残留燃料。

3.2.3.2 **正常停机**

正常停机是指按照一定程序进行停机，该程序根据燃气轮机的使用情况编制。可用手动、半自动或自动的方式执行。发电用和机械驱动用燃气轮机的停机步骤为：

a) 发电用燃气轮机停机步骤：
   1) 在同步转速下，有控制地卸负荷到零输出；
   2) 断开发电机出口断路器；
   3) 降低转速或适当的冷却过程；
   4) 切断燃料供给；
   5) 停止盘车不需要的辅机；
   6) 如需要则进行盘车；
   7) 停止其余辅机，如滑油泵；
   8) 恢复到起动状态。
b) 机械驱动用燃气轮机停机步骤：
   1) 有控制地卸载到最小负荷状态；
   2) 适当的冷却过程；
   3) 切断燃料供给；
   4) 停止盘车不需要的辅机；

5） 如需要则进行盘车；

6） 停止其余辅机，如滑油泵；

7） 恢复到起动状态。

3.2.3.3 紧急停机

紧急停机的要求为：

a） 紧急停机应有手动操作，也应能由保护装置自动停机。应迅速关闭燃料截止阀，切断燃料供给；

b） 除另有规定外，应提供自动方式使被驱动装置与所连接系统分开，以防止发电机逆功率运行或负荷介质倒流；

c） 也可能需要操作放气系统，以释放储存的能量；

d） 应进行正常的盘车和停机程序，对装有自动再起动装置的机组，应采取措施防止不经手动复位就自动起动。

3.2.4 防止喘振

应防止在起动、加负荷、减负荷和停机等过渡过程中引起的燃气轮机喘振。

3.3 燃料调节

3.3.1 概述

3.3.1.1 从开始点火到最大负荷状态，以及加速和减速的整个运行过程中，控制系统应能稳定地控制供往燃气轮机中的燃料。

3.3.1.2 控制要求和保持设定值精度是随特殊应用情况而变化的，应在合同中详细规定。

3.3.2 稳态转速调整

在有差调节的情况下，燃气轮机的稳态转速不等率应能调整在额定转速的2%～6%范围内，且应根据所带负荷的类型而定。

3.3.3 恒速控制

3.3.3.1 对于恒速运行的燃气轮机（特别是发电用的），应装备能感受输出轴转速的控制器。除非供需双方另行商定，该转速控制器应能将空负荷时输出轴转速调定在额定转速的95%～106%之间的任意值上。

3.3.3.2 当带动与电网同步的发电机时，在供需双方商定的时间内，转速控制器应能使输出功率从最大降至零，以便与并联运行装置上的其他转速控制器相协调。

3.3.4 变速控制

对于需要在一定转速范围内运行的燃气轮机（如气体压缩用动力装置），控制系统应能使转速在一定范围内变化。转速范围可协商确定。

3.3.5 同步控制

如果用户需要，转速调节系统应能进行同步转速控制。

3.4 性能指标

3.4.1 死区

在额定转速以及在不大于最大输出功率的任一功率时，死区应不超过额定转速的0.1%。

3.4.2 漂移

任何控制方式的转速漂移极限由供需双方共同商定。

3.4.3 转速控制系统的稳定性

3.4.3.1 燃气轮机在空载与最大负荷之间运行时，转速调节系统和燃料控制系统应能稳定地控制：

a） 被驱动设备单独运行时的燃气轮机转速；

b） 被驱动设备并列运行时进入燃气轮机的燃料量。

需要时可同时控制上述a)、b)两项。

3.4.3.2 以下几种情况，应认为输出轴转速的控制系统是稳定的：

a) 被驱动设备以持续负荷单独运行时，控制系统引起的燃气轮机转速的持续脉动，其峰间幅度不超过额定转速的0.24%，数字电子控制系统应不超过0.12%；

b) 在额定转速下工作的被驱动设备与恒速的其他设备并联运行时，控制系统引起的燃料输入持续脉动量所导致的输出功率变化，其峰间幅度不超过额定输出功率的4%；数字电子控制系统不应超过3%。

3.4.4 温度控制系统的稳定性

3.4.4.1 当燃气轮机的温度控制系统在按照外界环境条件所设定的最大极限值内运行时，控制系统应能稳定地控制燃气轮机的燃气温度。

3.4.4.2 温度控制系统引起的燃气轮机燃料输入的持续脉动量所导致的输出功率的变化，其峰间幅度不超过输出功率的6%。数字电子控制系统应使其不超过4%。

3.4.5 电功率控制系统的稳定性

3.4.5.1 对于发电用的燃气轮机，当燃气轮机的电功率控制器是在恒频母线上控制电功率的情况下运行时，控制系统应能稳定地控制输出电功率。

3.4.5.2 电功率控制系统引起的燃料输入的持续脉动量所导致的输出功率变化，其峰间幅度不超过额定输出功率的4%。数字电子控制系统应使其不超过3%。

3.4.6 机械驱动控制系统的稳定性

3.4.6.1 对于驱动机械用的燃气轮机，控制系统应能稳定地控制燃气轮机的输出功率。

3.4.6.2 在稳定的负荷状态下，控制系统引起的燃气轮机燃料输入的持续脉动量所导致的输出功率变化，其峰间幅度不超过额定功率的4%。数字电子控制系统应使其不超过3%。

3.4.7 整个系统的稳定性

在被驱动设备及其相关联系统的某些装置超控时，将影响到前述系统的稳定性。

3.4.8 瞬时超速限制

3.4.8.1 除非与用户另有商定，转速调节系统应在瞬间甩额定负荷的情况下能防止燃气轮机到达遮断转速。

3.4.8.2 转速的瞬态过程不仅与调节器性能有关，也与燃气轮机的特性、转动惯量和瞬态负荷有关。

3.4.9 输出功率限制

为了防止轴输出功率超限，可通过降低涡轮极限温度的方法，当然也可采用检测输出功率或把燃气轮机的转速作为控制参数的其他方法。

4 保护系统

4.1 保护要求

4.1.1 燃料切断

4.1.1.1 燃气轮机在任何状态下停机，除了燃料调节阀应回到最小位置外，燃料控制系统还要有独立的快速截止阀。它在任何一种停机指令下都能切断流向燃气轮机的燃料，并且在允许点火的所有条件都满足之后才能打开。

4.1.1.2 为了燃气轮机的安全，应设有旁路排放阀或多重截止阀，使得停机后燃料漏入燃气轮机的危险减至最小。

4.1.2 超速保护

4.1.2.1 在任何突然失去负荷的情况下，为防止瞬时转速超过轴系或其他被驱动设备的最大安全极限，应具备超速保护装置。应能报警，并用不通过主控制器的方法紧急关闭燃料截止阀。

4.1.2.2 在燃气轮机动力装置中，尤其是带有多轴装置的情况下，连接设备突然失去负荷时，燃气轮机可能承受很高的加速度，在超速保护动作后，转速可能继续上升，其瞬时转速可能远高于遮断转速。但在最大安全极限内，燃气轮机应不经检查而能重新正常运行，同时应注意保证所有连接设备，包括用电气、机械或液压方式相连接的各种辅助设备都能承受相应的超速。

4.1.2.3 对实际上不会出现危险超速的轴除外，每根独立的轴系都应装有超速自动保护装置，且应与带有超速保护的主控制器无关。

4.1.2.4 设备设计时应允许对超速保护装置进行试验和调整。

4.1.2.5 如果在燃气轮机中储存有热量或大量的高压空气时，除超速保护外，还应设置额外的保护。这样的保护可以采用类似排放阀或负荷电阻的形式，它们可由主控制器或超速保护装置来控制或由两者同时控制。

4.1.2.6 超速保护装置通常应调整到当输出轴转速超过额定转速7%～10%时动作。

4.1.2.7 超速保护装置应直接感受转子转速，尽量不经过中间机械零件，如软轴、减速器、离合器等。

4.1.3 过低转速保护

在燃气轮机或被驱动负荷中可能存在过低转速限制情况下，应考虑过低转速保护。

4.1.4 火警保护

应对设备提供火警监测，并要有灭火和防止重燃的措施。检测到火警时，应报警并停机，并应考虑延迟放出灭火剂，以便人员撤离。

4.1.5 熄火保护

燃烧室熄火时，需报警，并应切断燃料。可采用火焰监测器或其他措施监测。

4.1.6 控制及保护系统故障保护

当控制电路电源失电或系统发生其他故障时，应报警并考虑控制器及保护装置的动作，一般情况下，应将控制器和被控制装置置于某特定用途下最安全可靠的运行状态或停机。

4.2 保护功能

4.2.1 概述

保护系统应对可能引起燃气轮机损坏或影响其使用寿命的参数进行监测、报警、停机和显示。主要保护项目和保护功能见表1，供需双方可根据使用情况选择。

表1 保护项目和功能

序号	项目	功能	
		报警	停机
4.2.2	超速保护	△	△
4.2.3	超温保护	△	△
4.2.4	超扭保护	△	△
4.2.5	过低转速保护	△	△
4.2.6	振动保护	△	△
4.2.7	喘振保护	△	△
4.2.8	滑油压力低	△	△
4.2.9	点火不成功	△	△
4.2.10	熄火保护	△	△
4.2.11	转速悬挂保护	△	△
4.2.12	轴位移保护	△	△
4.2.13	进气过滤器压差高	△	△
4.2.14	轴承温度高保护	△	△

表 1(续)

序号	项目	功能	
		报警	停机
4.2.15	控制及保护系统故障	△	△
4.2.16	滑油冷却器出口处滑油温度高	△	—
4.2.17	滑油或燃料过滤器压差高	△	—
4.2.18	滑油供油和回油温度低	△	—
4.2.19	滑油回油温度高	△	—
4.2.20	燃料压力低	△	—
4.2.21	燃料压力高	△	—
4.2.22	燃料温度低	△	—
4.2.23	燃料泄漏	△	—
4.2.24	起动装置故障	△	—
4.2.25	油箱油位高	△	—
4.2.26	油箱油位低	△	—
4.2.27	热电偶故障	△	△
4.2.28	滑油泵故障	△	—
4.2.29	动力涡轮转速信号消失	△	△
4.2.30	燃气轮机转速信号消失	△	△
4.2.31	有危险的大气条件检测	△	△
4.2.32	辅助设备的保护	△	—
4.2.33	其他的过程或被驱动设备的功能故障	△	△
4.2.34	火警保护	△	△
注:△:信号动作;—:无动作。			

4.2.2 超速保护

在燃气轮机转速超过限定值时,应报警或停机。

4.2.3 超温保护

如燃气轮机涡轮出口处温度超过最大温度限定值,应报警或停机。设置最大温度限定值时应考虑到燃气轮机加速时所需的余量。基本负荷时和尖峰负荷时的限定值应有所不同。

4.2.4 超扭保护

由于某种原因使负荷骤增时,因超扭会造成燃气轮机损坏,要有相应的保护功能,应报警或停机。

4.2.5 低转速保护

在燃气轮机或被驱动负荷中可能存在低速极限情况下,要考虑低转速保护,应报警或停机。

4.2.6 振动保护

振动保护装置应测量各监测点上的振动参量及其变化率,如超过允许值,应报警。在超过极限值或持续一定时间后,应使燃气轮机停机。

4.2.7 喘振保护

喘振由感受相应参数的喘振监测器监视,超出限定值时应报警;如继续发展,则应停机。可通过放气或转动压气机导向叶片等方法防止喘振。

4.2.8 滑油压力低

当滑油压力低，即表明滑油系统出现故障，应报警或停机。

4.2.9 点火不成功

在点火装置出现故障或其他原因使点火不成功时，应报警并停机。

4.2.10 熄火保护

燃烧室熄火时，应报警并停机。

4.2.11 转速悬挂保护

在起动或加速时，当转速停止上升并延续一定时间后，表明转速产生悬挂，应报警或停机。

4.2.12 轴位移保护

各个轴的轴向位移的最大活动量高于限定值时，应报警或停机。

4.2.13 进气过滤器压差高

进气过滤器因堵塞或结冰而造成压差过高时，应报警或停机。

4.2.14 轴承温度高保护

具有滑动轴承的燃气轮机应装有温度监测器，测量轴承温度和回油温度。当温度高于限定值时，应报警或停机。

4.2.15 控制及保护系统故障

当控制电路电源失电或系统发生其他故障时，应报警并考虑控制器及保护装置的动作，一般情况下，应将控制器和被控制装置置于某特定用途下最安全可靠的运行状态或停机。

4.2.16 滑油冷却器出口处滑油温度高

当滑油冷却器出口处滑油温度高于限定值时，表明冷却器失效或系统中有其他故障，应报警。

4.2.17 滑油或燃料过滤器压差高

当滑油或燃料过滤器压差高于限定值时，表明过滤器堵塞，应报警。

4.2.18 滑油供油或回油温度低

当滑油供油或回油温度低于限定值时，应报警。

4.2.19 滑油回油温度高

当滑油回油温度过高时，表明滑油系统或轴承工作不正常，应报警。

4.2.20 燃料压力低

为保证燃烧室良好工作，燃料供给应具有一定的压力。如低于限定值，应报警。

4.2.21 燃料压力高

当供来的燃料压力高于限定值时，为防止出现危险情况，应报警。

4.2.22 燃料温度低

当燃料温度低于限定值时，应报警。

4.2.23 燃料泄漏

应对燃料泄漏进行检测，当出现燃料泄漏时应报警。

4.2.24 起动装置出现故障

当起动装置出现故障时，应报警。

4.2.25 油箱油位高

当滑油箱中油位高于限定值时，应报警。

4.2.26 油箱油位低

当滑油箱中油位低于限定值时，应报警。

4.2.27 热电偶故障

如热电偶的温度指示不正常，为防止燃气轮机超温，应报警或停机。还可设置各热电偶之间的温差报警。

4.2.28 滑油泵故障

在具有滑动轴承的燃气轮机上配备有两套由独立动力源驱动的油泵时，当一台油泵提供的滑油压力低于限定值，应报警，并使另一台油泵自动投入工作。

4.2.29 动力涡轮转速信号消失

当动力涡轮转速信号消失时，说明传感器或相应电路出现故障，应报警并停机。

4.2.30 燃气轮机转速信号消失

当燃气轮机转速信号消失时，也表明传感器或相应电路出现故障，应报警并停机。

4.2.31 有危险的大气条件检测

当燃气轮机在非正常的大气条件下运行时，应检测大气中所含的公害物，如超过限定值，应报警或停机。

4.2.32 辅助设备的保护

如辅助设备工作未达到要求，过程不应进行下去，应报警。

4.2.33 其他的过程或被驱动设备的功能故障

燃气轮机在运行过程中，如出现不包括在上述条文中并会导致失效的功能故障或被驱动设备出现功能故障时，均应报警或停机。

4.2.34 火警保护

检测到火警时，应报警并停机。

4.3 保护装置

4.3.1 概述

保护装置包括进行检测、报警、停机和显示的装置，用于监控可能引起损坏或缩短燃气轮机寿命的状态。应记录故障发生前、后主要参数的变化，以查清故障的原因。

4.3.2 电动、机械和手动保护

保护装置有电动、机械和手动三种形式。当电动保护失灵时，应有机械和手动紧急停机作最后保护，实行就地控制(如燃料切断)。

4.3.3 音响报警

可按需要提供一套由报警和紧急停机系统操纵的音响报警器。

4.3.4 信号器

应提供报警和停机用的信号器。停机和报警的显示信号的颜色不应相同。信号器应清楚地指出，是什么原因引起报警或停机。数字电子控制系统可由显示器完成此功能。

4.3.5 监控参数

监控的典型参数为：转速、温度、压力、振动、流量、输出功率、并网成功信号、执行机构位移、负载电流及电压、起动成功及不成功次数、正常停机及紧急停机次数、以及运行时数等，可由供需双方商定。这些参数均需实时监控并储存在历史记录中。

4.3.6 信息传递、监控、故障诊断和预测

4.3.6.1 遥控和遥测需要有在燃气轮机控制和保护系统与控制中心之间传递信息的监控设备。应规定监控设备所能处理的参数和函数，以提供与监控设备相容的信号。报警时，应能自动记录有关参数的瞬时值。

4.3.6.2 对于燃气轮机的状态监控，应有足够的参数能用于预测早期故障征兆和性能的降低，使故障得以避免，或能提供故障的延续发展的趋向信号。

4.3.6.3 为了提高故障诊断的准确度，防止误断，对有些装置可用双通道，相互校对。

4.3.6.4 冗余系统切换时，应是无扰动地过渡，同时报警。

4.3.7 保护装置的功能检查

保护装置的重要保护功能(如超速、超温等)应能在慢车状态时采用降低报警值或用模拟方法检查。

5 试验要求

5.1 性能试验

5.1.1 概述

控制和保护系统性能试验包括稳态参数的校准试验、动态性能模拟试验以及装机试验。试验项目可由供需双方协商确定。

5.1.2 校准试验

所有控制系统的功能部件都应在试验台上进行校准，使其稳态性能符合设计要求。重要的保护功能亦应进行试验和校准。

5.1.3 模拟试验

5.1.3.1 模拟试验可用计算机进行。模拟件应能模拟其在燃气轮机上的正常关系和功能。系统中的分组件或部件可分别进行试验，但这样的分开不应妨碍功能的模拟。

5.1.3.2 模拟试验前，功能部件应进行一次校准。

5.1.3.3 试验中应模拟在燃气轮机上承受的工作负荷，应提供必要的测试仪表以指示各个部件的性能及各部件之间的功能关系。用于燃气轮机发电时，可按有关标准进行甩全负荷试验。

5.1.3.4 对电子控制系统，还要进行抗干扰的模拟试验。

5.1.4 装机试验

控制和保护系统需装在燃气轮机上进行试验，测试系统性能，并重新校准，检查各项功能及稳态和动态的性能指标，以符合设计要求。

5.2 室温持久试验

控制和保护系统应按供需双方商定的时间或循环次数进行室温持久试验。

5.3 试用

应将控制和保护系统与燃气轮机配套，在现场按实用环境和负荷，作较长时间的试运行，以便考察其在实际场合下的可靠性和使用寿命。这时，系统的性能指标和各项功能应满足使用要求。具体要求由供需双方商定。

6 电气设备

6.1 电源

6.1.1 系统应采用专用电源，或不间断电源(UPS)以提高可靠性。

6.1.2 如有必要，系统的输入和输出部分应采用隔离电源，以适应恶劣的工作环境，提高抗干扰能力。并需使用单独的地线。

6.1.3 系统应优先选用交流 220 V、50 Hz 和/或直流 24 V 电源。

6.2 接地与屏蔽

6.2.1 所有控制部件的接线宜使用绝缘屏蔽电缆，电缆的屏蔽尽可能集中在一点接地。

6.2.2 所有测试仪表的导线和电源导线都应屏蔽。并与电源导线隔离。

6.2.3 屏蔽在信号源处应是浮动的，而在监控点是接地的。

6.3 配线

6.3.1 为减少运行事故，应注意配线方法。

6.3.2 为便于安装及检查，电气系统线路应尽可能安装在燃气轮机的一侧，接线端子盒应装在金属保护套内。

6.3.3 电气系统所使用的耐高温电缆，额定电压不大于 600 V，耐高温电缆预定的使用温度，在连续工作时可达 280 ℃，在短期工作时可达 400 ℃。

6.3.4 配线还应注意防振、接线端和线路的标记以及接线端连接的不对称性。

6.4 安装

系统的安装应有防振和冷却的措施。系统中所有会产生电弧的地方应密封。线路布置应考虑到在插头和插座脱开之前切断电源。重要的操作按钮和电路都要有保护措施,以防误碰。

7 环境条件

7.1 概述

在下述规定的任何环境条件下,控制装置及系统应能够稳定的持续运行。

7.2 环境温度

7.2.1 使用环境,即工作温度为 0 ℃～35 ℃。

7.2.2 储运温度为－40 ℃～50 ℃。

7.3 环境相对湿度

环境相对湿度在室内工作时为 45％～65％,在储运时为 45％～95％。

7.4 环境振动

环境引起的控制装置的振动频率 10 Hz～50 Hz,振幅 0.15 mm。

7.5 环境的大气压力

大气压力:0.086 MPa～0.106 MPa。

7.6 电磁干扰

在自然界和规定的电磁干扰情况下,装置能正常地运行。装置本身不应发出超过规定的无线电磁干扰。

8 维护和寿命

8.1 对系统应定期检查,校准并作记录。

8.2 影响寿命的外部因素有:燃料种类和牌号、成分、性质、大气和环境条件、运行方式等。并据此考虑维护的方式。

8.3 部件的寿命以能继续正常运转为指标并以现场使用者的判断为处理依据。

8.4 对控制和保护系统,应根据故障模式、失效分析及可靠性试验来确定平均无故障时间。不影响燃气轮机寿命的某些故障可不考虑。

ICS 47.020.50
U 26

中华人民共和国国家标准

GB/T 14413—2008
代替 GB/T 14413—1993

船用舷窗

Marine side scuttles

(ISO 1751:1993, Shipbuilding and marine structures—
Ships'side scuttles, NEQ)

2008-07-30 发布　　2009-02-01 实施

中华人民共和国国家质量监督检验检疫总局
中国国家标准化管理委员会　发布

前　言

本标准与 ISO 1751:1993《造船及海上结构物　船用舷窗》的一致性程度为非等效。

本标准代替 GB/T 14413—1993《船用舷窗》。

本标准与 GB/T 14413—1993 相比，主要有下列变化：

——增加了 A-0 级和 B 级耐火系列；

——删除了 A 型舷窗的加强筋；

——增加了共铰式舷窗的挂环；

——增加了 A 型和 B 型的 111、211 材料组合代号的舷窗；

——增加了试验方法、检验规则及标志、包装、运输与贮存。

本标准的附录 A 为规范性附录。

本标准由中国船舶工业集团公司提出。

本标准由全国船舶舾装标准化技术委员会归口。

本标准起草单位：沪东中华造船(集团)有限公司、中国船舶工业综合技术经济研究院、黄山船舶配件有限公司。

本标准主要起草人：吴月娟、胡祠兴、李富昌、耿海平、刘俊伟、张美玲、姚美琴。

本标准所代替标准的历次版本发布情况为：

——GB/T 14413—1993。

船 用 舷 窗

1 范围

本标准规定了船用舷窗(以下简称舷窗)的分类和标记、要求、试验方法、检验规则、标志、包装、运输与贮存。

本标准适用于海洋船舶用舷窗的设计、制造和检验;内河船舶上的舷窗亦可参照使用。

2 规范性引用文件

下列文件中的条款通过本标准的引用而成为本标准的条款。凡是注日期的引用文件,其随后所有的修改单(不包括勘误的内容)或修订版均不适用于本标准,然而,鼓励根据本标准达成协议的各方研究是否可使用这些文件的最新版本。凡是不注日期的引用文件,其最新版本适用于本标准。

GB/T 191 包装储运图示标志(GB/T 191—2008,ISO 780:1997,MOD)

GB/T 700—2006 碳素结构钢(ISO 630:1995,NEQ)

GB 712—2000 船体用结构钢

GB/T 1176—1987 铸造铜合金技术条件(neq ISO 1338:1977)

GB/T 3190—1996 变形铝及铝合金化学成分(neq ISO 209-1)

GB/T 3385 船用舷窗和矩形窗钢化安全玻璃 非破坏性强度试验 冲压法(GB/T 3385—2001,idt ISO 614:1989)

GB/T 6388 运输包装收发货标志

GB/T 10610 产品几何技术规范 表面结构 轮廓法评定表面结构的规则和方法(GB/T 10610—1998,eqv ISO 4288:1996)

GB 11946 船用钢化安全玻璃(GB 11946—2001,neq ISO 1095:1989)

GB/T 14356 船用舷窗定位(GB/T 14356—1993,eqv ISO 5780:1987)

GB/T 17384 造船及海上结构物 窗和舷窗 词汇(GB/T 17384—1998,eqv ISO 6345:1990)

GB/T 17434 船用耐火窗技术条件(GB/T 17434—2008,ISO 5797:2004,NEQ)

CB/T 3873 舷窗矩形窗密封垫料

CB/Z 92 铝合金阳极氧化处理

CB/Z 343 船用配件热浸镀锌

3 术语和定义

GB/T 17384 确立的及下列术语和定义适用于本标准。

3.1

公称尺寸 nominal size

舷窗的透光部分的圆的直径。

3.2

紧固件 fastener

保证舷窗强度及水密要求的舷窗圆孔铰链和锁紧装置中的活节螺栓的统称。

注:长圆形铰链孔的铰链不计为紧固件。

4 分类和标记

4.1 系列

舷窗分为下列系列：

a) 一般系列(N)——通常采用的装有钢化安全玻璃的舷窗；

b) 耐火系列(P)——安装于“A-0”级或“B”级耐火分隔区域，并符合 GB/T 17434 要求的舷窗。

4.2 类型

舷窗分为下列类型：

a) A 型——重型舷窗；

b) B 型——中型舷窗；

c) C 型——轻型舷窗。

4.3 代号

4.3.1 舷窗材料代号见表 1。

表 1 舷窗材料代号

材料代号	材　　料
1	铜(例：黄铜、青铜)
2	钢(例：碳素钢、铸钢)
3	铝(铸或锻铝合金)
0	无零件(例：C 型舷窗无风暴盖)

4.3.2 材料组合代号采用三位数字，表示方法如下。

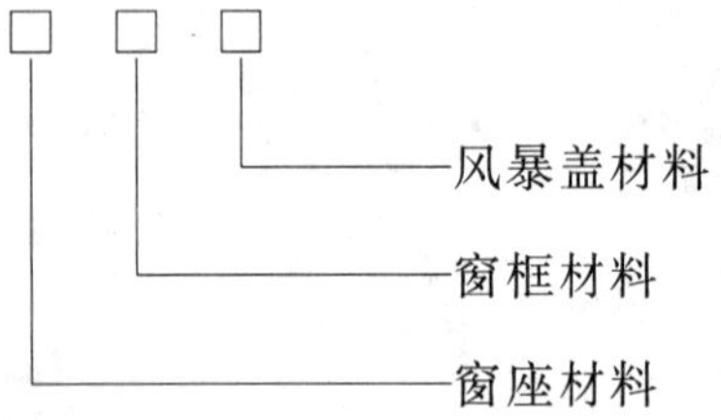

4.3.3 材料组合代号示例。

窗座为铜、窗框为铜、风暴盖为钢的材料组合代号为 112；

窗座为钢、窗框为铝、无风暴盖的材料组合代号为 230。

4.4 型式特征及适用范围

舷窗的型式特征及适用范围见表 2。

表 2 舷窗的型式特征及适用范围

系列	型式	公称尺寸 D/mm	开启方式		安装方式	材料组合代号		风暴盖开启固定方式	玻璃		适用范围
			开式	闭式		螺栓安装	焊接安装		一般系列(N)	耐火系列(P)	
一般(N)、耐火(P)	A	200、250、300、350、400	左开式(L)、右开式(R)、共铰式(S)	固定式(N)	螺栓安装(B)、焊接安装(W)	111、112	211、212、222	挂钩式(G)、棘爪式(J)	透明(Y1)、磨砂(Y2)	A-0、B-0、B-15	海船舱壁甲板或干舷甲板以下，满载水线以上允许舷侧开口部位，且要求水密和气密的处所
	B	200、250、300、350、400、450				111、112、222、333	211、212、222、233				客船舱壁甲板或干舷甲板以上的舷边或上层建筑的端部。 非客船干舷甲板上第一层上层建筑两侧和端部
	C		开式(LR)			110、220、330	210、220、230	—			客船舱壁甲板或干舷甲板以上第一层和以上各层上层建筑侧面和后端部。 非客船干舷甲板以上第一层上层建筑以上围壁侧面和后端部

注：舷窗的安装位置按 GB/T 14356 的规定。A 型舷窗的锁紧装置中，其螺母有锁紧和环形两种，根据安装部位的要求，选用时予以说明。

4.5 结构和主要尺寸

4.5.1 A 型 LB(RB)式——螺栓安装左(右)开式舷窗的结构和主要尺寸见图 1 和表 3。

单位为毫米

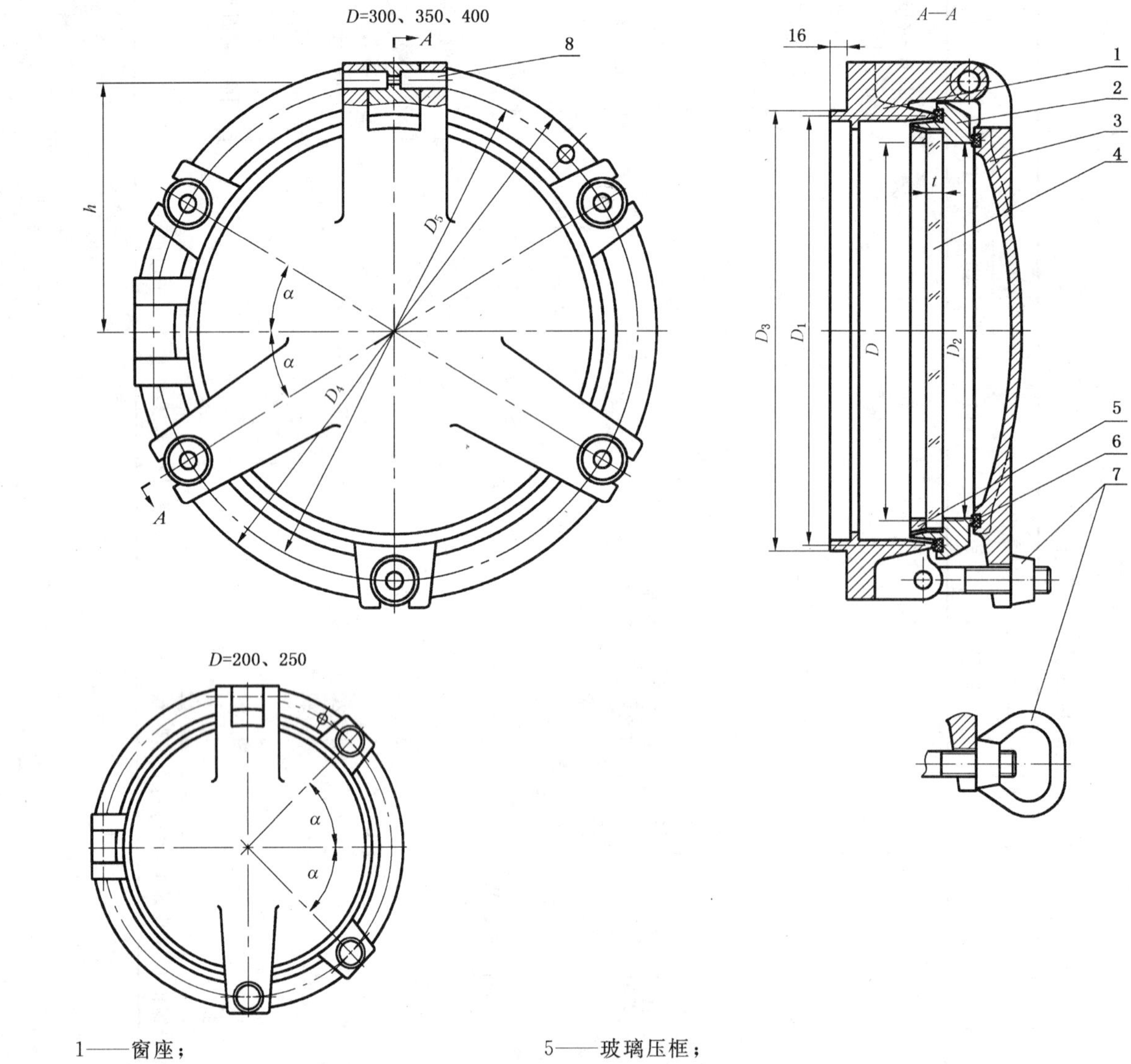

1——窗座；
2——窗框；
3——风暴盖；
4——玻璃；
5——玻璃压框；
6——密封垫料；
7——锁紧装置；
8——铰链销。

注：本图为 LB 式，RB 式与此对称。

图 1　A 型 LB(RB)式舷窗

表 3　A 型 LB(RB)式舷窗主要尺寸

单位为毫米

公称尺寸 D	D_1	D_2	D_3	D_4	D_5	h	t	α	紧固件数量		安装螺栓		围壁开孔	重量/kg
									窗框	风暴盖	规格	数量		
200	245	204	250	350	310	155	10	45°	3	2	M16	8	253	32.55
250	295	254	305	400	364	182	12	48°					308	41.66
300	350	304	360	450	414	207	15	31°		3		12	363	53.97
350	400	354	410	500	464	232							413	64.79
400	450	404	460	550	514	257	19				M18		463	77.84
注：重量以材料组合代号为 111，锁紧装置为环形螺母计。														

4.5.2 A 型 SB 式——螺栓安装共铰式舷窗的结构和主要尺寸见图 2 和表 4。

单位为毫米

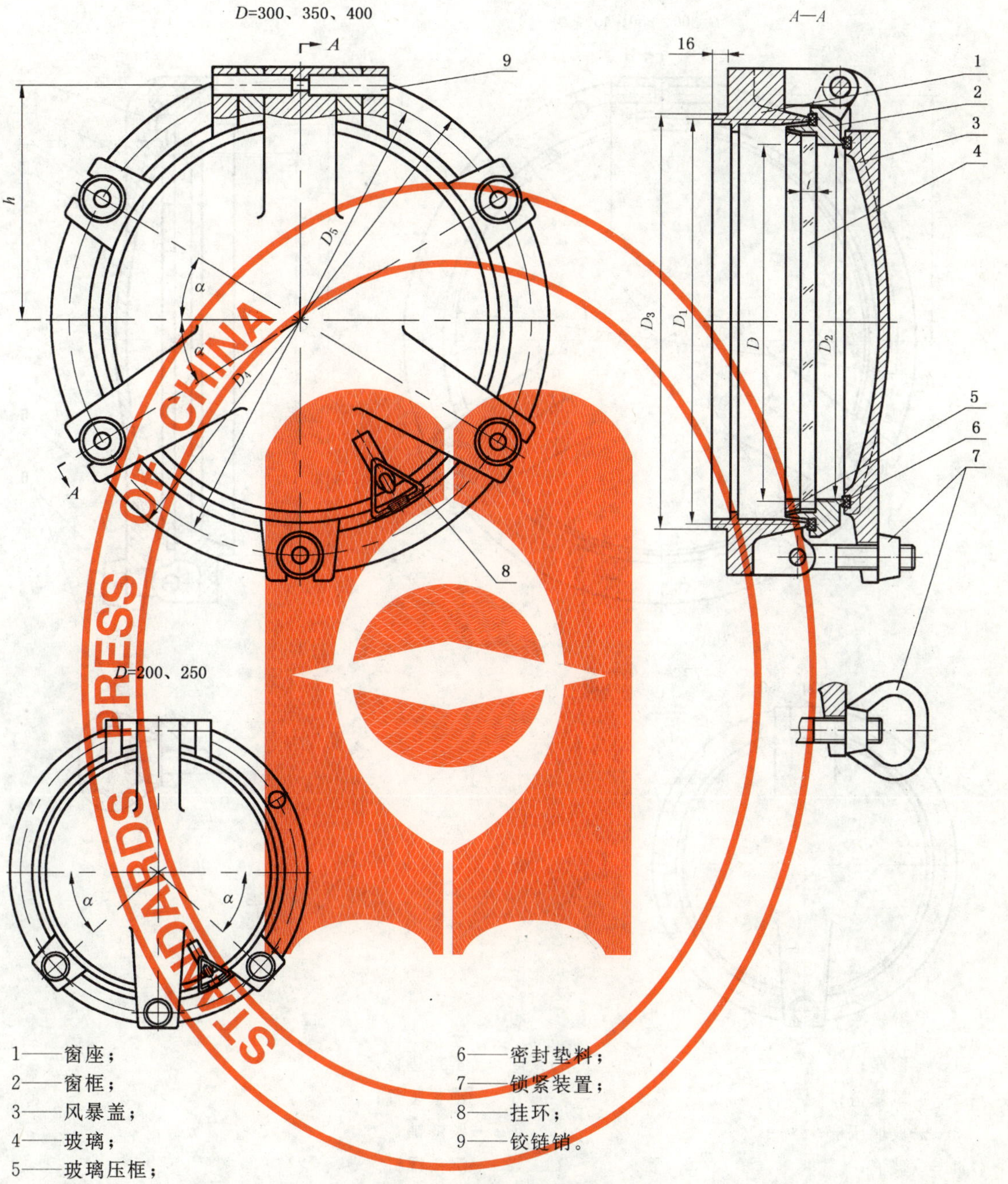

1——窗座；
2——窗框；
3——风暴盖；
4——玻璃；
5——玻璃压框；
6——密封垫料；
7——锁紧装置；
8——挂环；
9——铰链销。

图 2 A 型 SB 式舷窗

表 4 A 型 SB 式舷窗主要尺寸

单位为毫米

<table>
<tr><th rowspan="2">公称尺寸
D</th><th rowspan="2">D_1</th><th rowspan="2">D_2</th><th rowspan="2">D_3</th><th rowspan="2">D_4</th><th rowspan="2">D_5</th><th rowspan="2">h</th><th rowspan="2">t</th><th rowspan="2">α</th><th colspan="2">紧固件数量</th><th colspan="2">安装螺栓</th><th rowspan="2">围壁开孔</th><th rowspan="2">重量/
kg</th></tr>
<tr><th>窗框</th><th>风暴盖</th><th>规格</th><th>数量</th></tr>
<tr><td>200</td><td>245</td><td>204</td><td>250</td><td>350</td><td>310</td><td>155</td><td>10</td><td>45°</td><td rowspan="5">3</td><td rowspan="2">2</td><td rowspan="4">M16</td><td rowspan="2">8</td><td>253</td><td>32.67</td></tr>
<tr><td>250</td><td>295</td><td>254</td><td>305</td><td>400</td><td>364</td><td>182</td><td>12</td><td>42°</td><td>308</td><td>41.78</td></tr>
<tr><td>300</td><td>350</td><td>304</td><td>360</td><td>450</td><td>414</td><td>207</td><td rowspan="2">15</td><td rowspan="3">31°</td><td rowspan="3">3</td><td rowspan="3">12</td><td>363</td><td>54.09</td></tr>
<tr><td>350</td><td>400</td><td>354</td><td>410</td><td>500</td><td>464</td><td>232</td><td>413</td><td>64.90</td></tr>
<tr><td>400</td><td>450</td><td>404</td><td>460</td><td>550</td><td>514</td><td>257</td><td>19</td><td>M18</td><td>463</td><td>77.96</td></tr>
<tr><td colspan="15">注：重量以材料组合代号为 111，锁紧装置为环形螺母计。</td></tr>
</table>

4.5.3 A 型 NB 式——螺栓安装固定式舷窗的结构和主要尺寸见图 3 和表 5。

单位为毫米

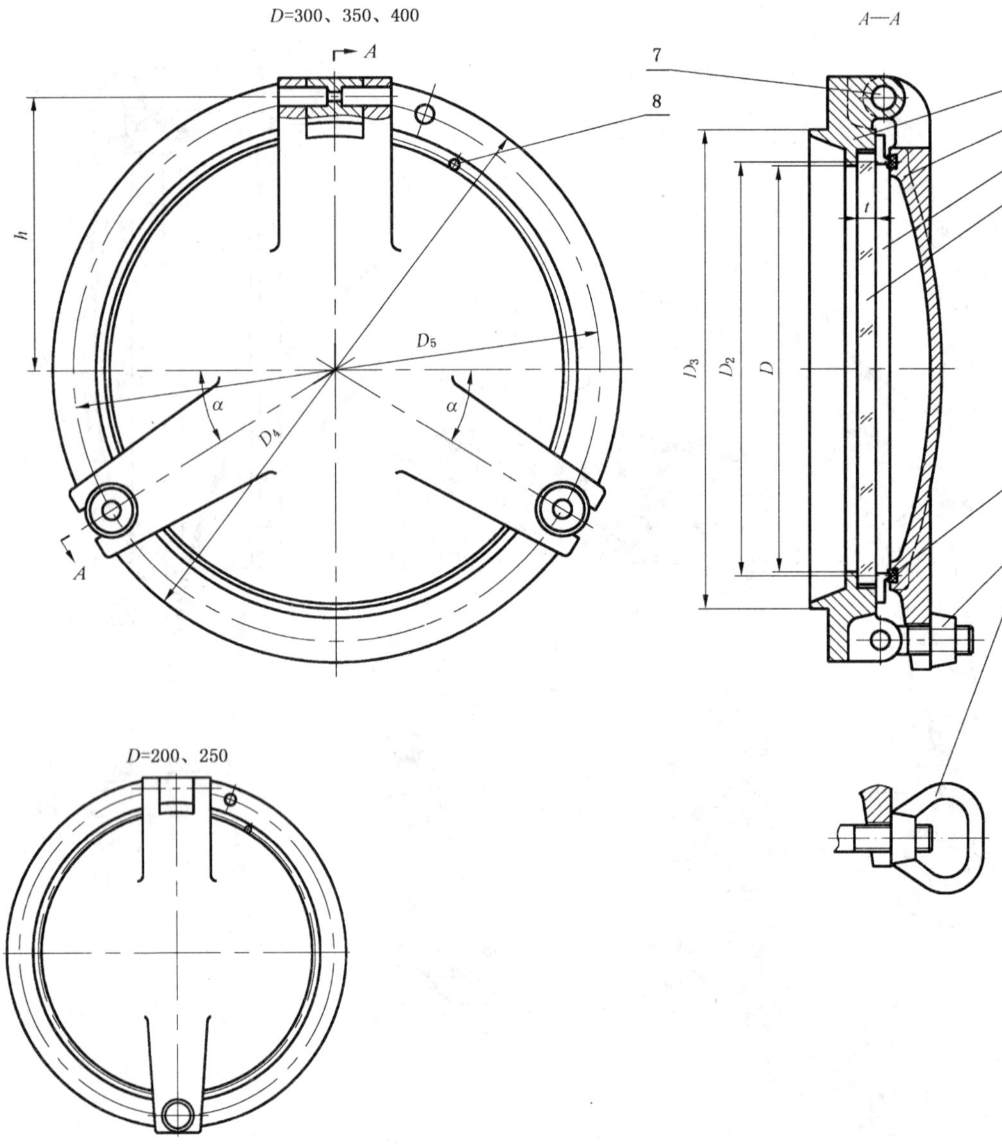

1——窗座；

2——风暴盖；

3——玻璃压框；

4——玻璃；

5——密封垫料；

6——锁紧装置；

7——铰链销；

8——沉头螺钉。

图 3 A 型 NB 式舷窗

表 5 A 型 NB 式舷窗主要尺寸

单位为毫米

公称尺寸 D	D_2	D_3	D_4	D_5	h	t	α	紧固件数量		安装螺栓		围壁开孔	重量/kg
								窗框	风暴盖	规格	数量		
200	204	250	350	310	155	10	—	—	2	M16	8	253	24.84
250	254	305	400	364	182	12						308	32.27
300	304	360	450	414	207	15	31°		3		12	363	42.83
350	354	410	500	464	232							413	51.62
400	404	460	550	514	257	19				M18		463	62.99

注：重量以材料组合代号为 111，锁紧装置为环形螺母计。

4.5.4　A 型 LW(RW)式——焊接安装左(右)开式舷窗的结构和主要尺寸见图 4 和表 6。

单位为毫米

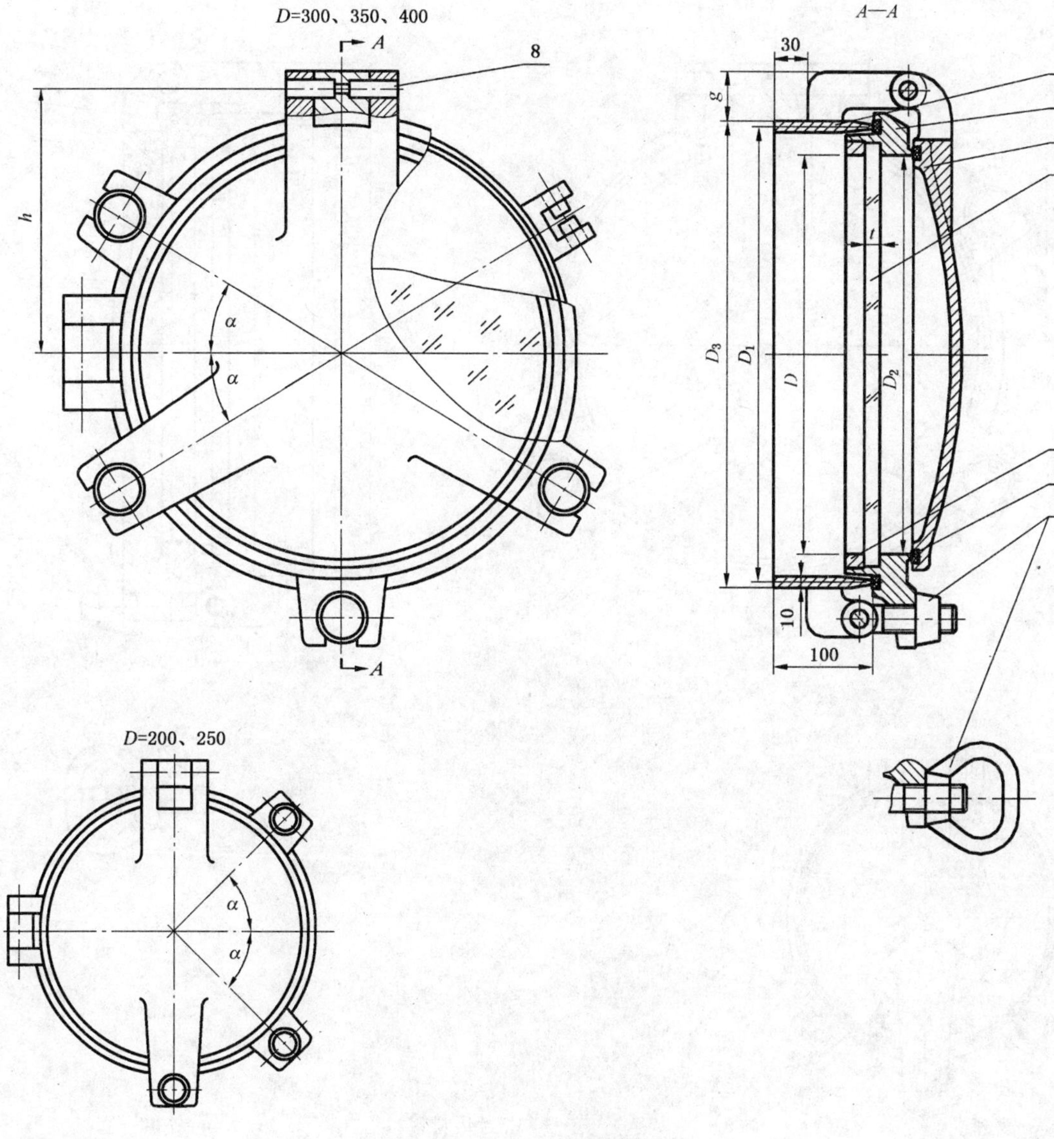

1——窗座；
2——窗框；
3——风暴盖；
4——玻璃；
5——玻璃压框；
6——密封垫料；
7——锁紧装置；
8——铰链销。

注：本图为 LW 式，RW 式与此对称。

图 4　A 型 LW(RW)式舷窗

表 6　A 型 LW(RW)式舷窗主要尺寸

单位为毫米

公称尺寸 D	D_1	D_2	D_3	h	t	α	g_{max}	紧固件数量		围壁开孔	重量/kg
								窗框	风暴盖		
200	245	204	250	155	10	45°	50	3	2	253	24.47
250	295	254	305	182	12	48°	47.5			308	31.41
300	350	304	360	207	15	31°	45		3	363	41.30
350	400	354	410	232						413	49.44
400	450	404	460	257	19					463	59.59
注：重量以材料组合代号为 211，锁紧装置为环形螺母计。											

4.5.5 A 型 SW 式——焊接安装共铰式舷窗的结构和主要尺寸见图 5 和表 7。

单位为毫米

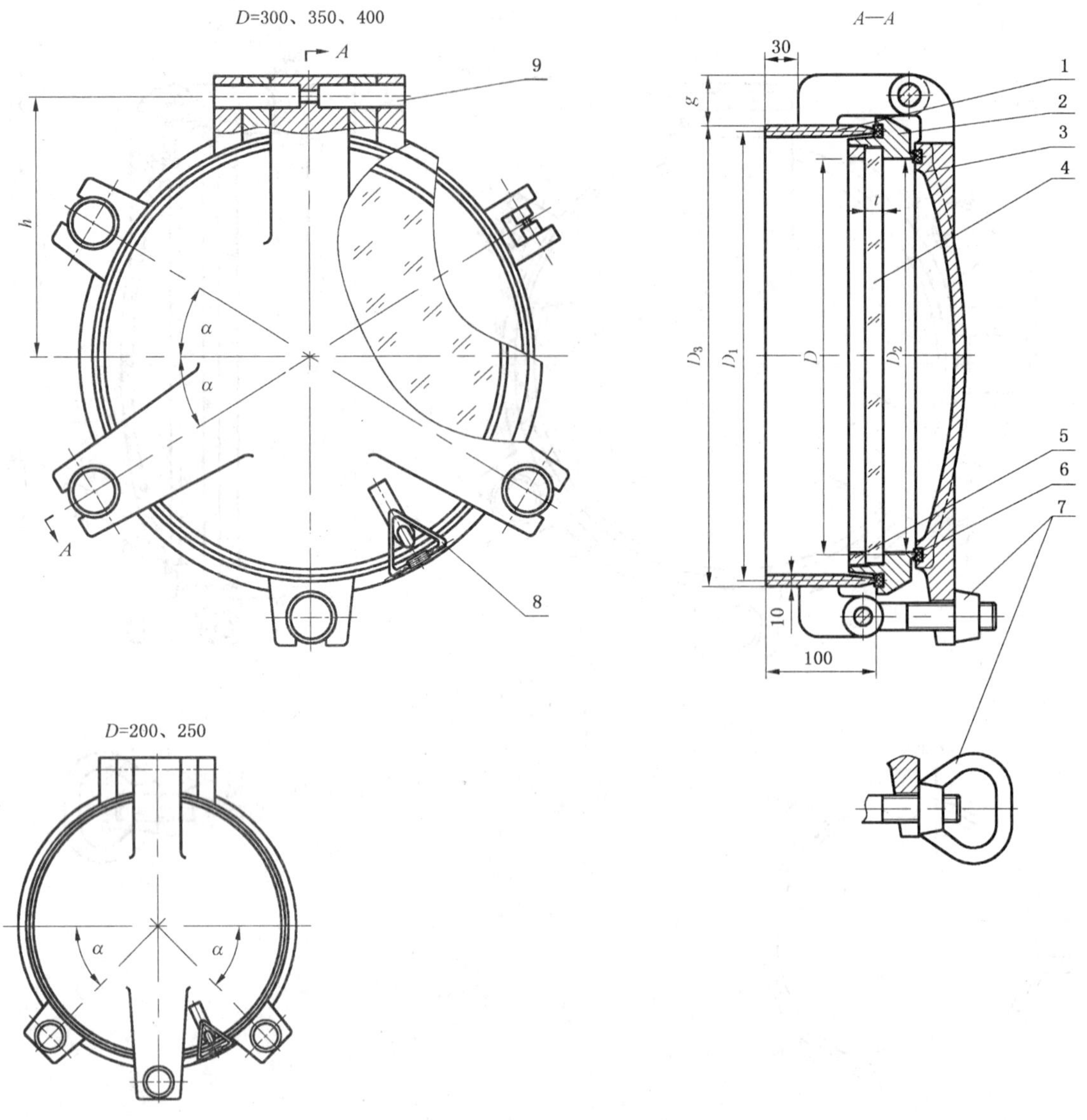

1——窗座；
2——窗框；
3——风暴盖；
4——玻璃；
5——玻璃压框；
6——密封垫料；
7——锁紧装置；
8——挂环；
9——铰链销。

图 5 A 型 SW 式舷窗

表 7 A 型 SW 式舷窗主要尺寸

单位为毫米

公称尺寸 D	D_1	D_2	D_3	h	t	α	g_{max}	紧固件数量		围壁开孔	重量/kg
								窗框	风暴盖		
200	245	204	250	155	10	45°	50	3	2	253	24.91
250	295	254	305	182	12	42°	47.5			308	31.93
300	350	304	360	207	15	31°	45		3	363	43.01
350	400	354	410	232						413	50.27
400	450	404	460	257	19					463	60.65
注：重量以材料组合代号为 211，锁紧装置为环形螺母计。											

4.5.6 A型NW式——焊接安装固定式舷窗的结构和主要尺寸见图6和表8。

单位为毫米

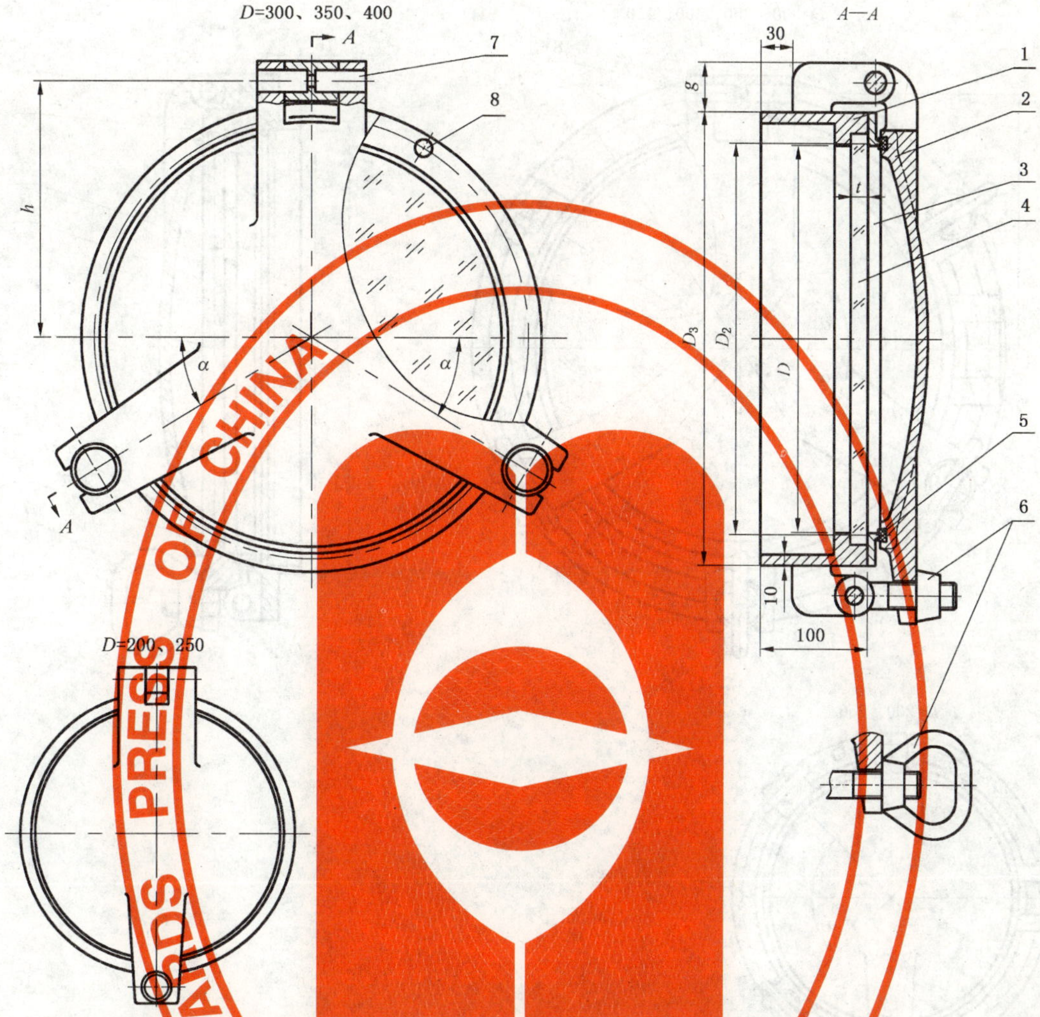

1——窗座；
2——风暴盖；
3——玻璃压框；
4——玻璃；
5——密封垫料；
6——锁紧装置；
7——铰链销；
8——沉头螺钉。

图6 A型NW式舷窗

表8 A型NW式舷窗主要尺寸

单位为毫米

公称尺寸 D	D_2	D_3	h	t	α	g_{max}	紧固件数量		围壁开孔	重量/kg
							窗框	风暴盖		
200	204	250	155	10	—	50	—	2	253	15.57
250	254	305	182	12	—	47.5	—	2	308	20.55
300	304	360	207	15	31°	45	—	3	363	27.59
350	354	410	232	15	31°	45	—	3	413	32.72
400	404	460	257	19	31°	45	—	3	463	40.93
注：重量以材料组合代号为211，锁紧装置为环形螺母计。										

4.5.7 B型LB(RB)式——螺栓安装左(右)开式舷窗的结构和主要尺寸见图7和表9。

单位为毫米

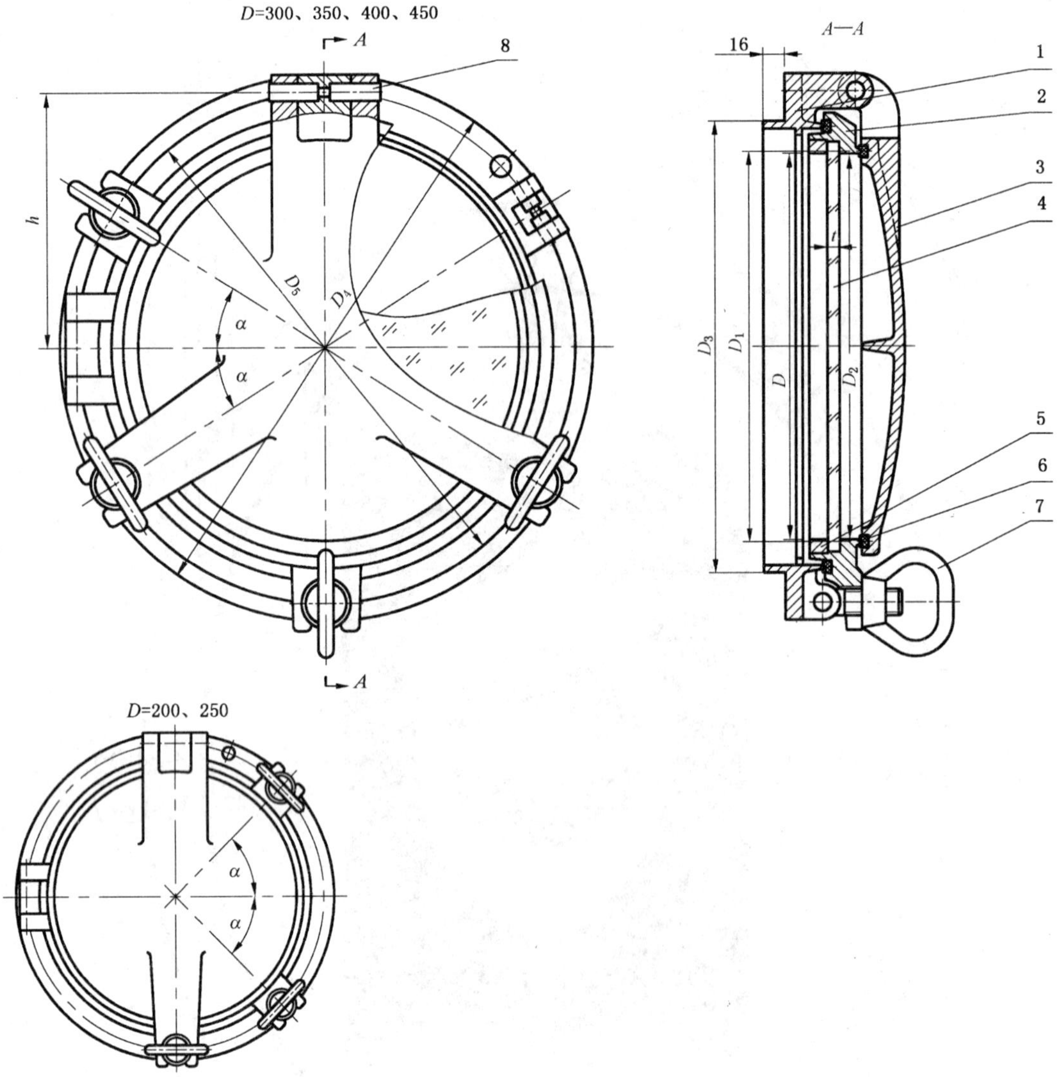

1——窗座；
2——窗框；
3——风暴盖；
4——玻璃；
5——玻璃压框；
6——密封垫料；
7——锁紧装置；
8——铰链销。

注：本图为LB式,RB式与此对称。

图7 B型LB(RB)式舷窗

表9 B型LB(RB)式舷窗主要尺寸

单位为毫米

<table>
<tr><th rowspan="2">公称尺寸
D</th><th rowspan="2">D_1</th><th rowspan="2">D_2</th><th rowspan="2">D_3</th><th rowspan="2">D_4</th><th rowspan="2">D_5</th><th rowspan="2">h</th><th rowspan="2">t</th><th rowspan="2">α</th><th colspan="2">紧固件数量</th><th colspan="2">安装螺栓</th><th rowspan="2">围壁开孔</th><th rowspan="2">重量/
kg</th></tr>
<tr><th>窗框</th><th>风暴盖</th><th>规格</th><th>数量</th></tr>
<tr><td>200</td><td>245</td><td>204</td><td>250</td><td>350</td><td>310</td><td>155</td><td rowspan="2">8</td><td>45°</td><td rowspan="5">3</td><td rowspan="2">2</td><td>M12</td><td rowspan="2">8</td><td>253</td><td>14.11</td></tr>
<tr><td>250</td><td>295</td><td>254</td><td>305</td><td>400</td><td>364</td><td>182</td><td>48°</td><td rowspan="3">M16</td><td>308</td><td>17.04</td></tr>
<tr><td>300</td><td>350</td><td>304</td><td>360</td><td>450</td><td>414</td><td>207</td><td>10</td><td>31°</td><td rowspan="4">3</td><td rowspan="4">12</td><td>363</td><td>22.62</td></tr>
<tr><td>350</td><td>400</td><td>354</td><td>410</td><td>500</td><td>464</td><td>232</td><td rowspan="2">12</td><td>32°</td><td>413</td><td>26.81</td></tr>
<tr><td>400</td><td>450</td><td>404</td><td>460</td><td>550</td><td>514</td><td>257</td><td rowspan="2">31°</td><td>M18</td><td>463</td><td>30.96</td></tr>
<tr><td>450</td><td>500</td><td>454</td><td>510</td><td>600</td><td>564</td><td>282</td><td>15</td><td>4</td><td>M20</td><td>513</td><td>36.71</td></tr>
<tr><td colspan="15">注：重量以材料组合代号为333,锁紧装置为环形螺母计。</td></tr>
</table>

4.5.8 B 型 SB 式——螺栓安装共铰式舷窗的结构和主要尺寸见图 8 和表 10。

单位为毫米

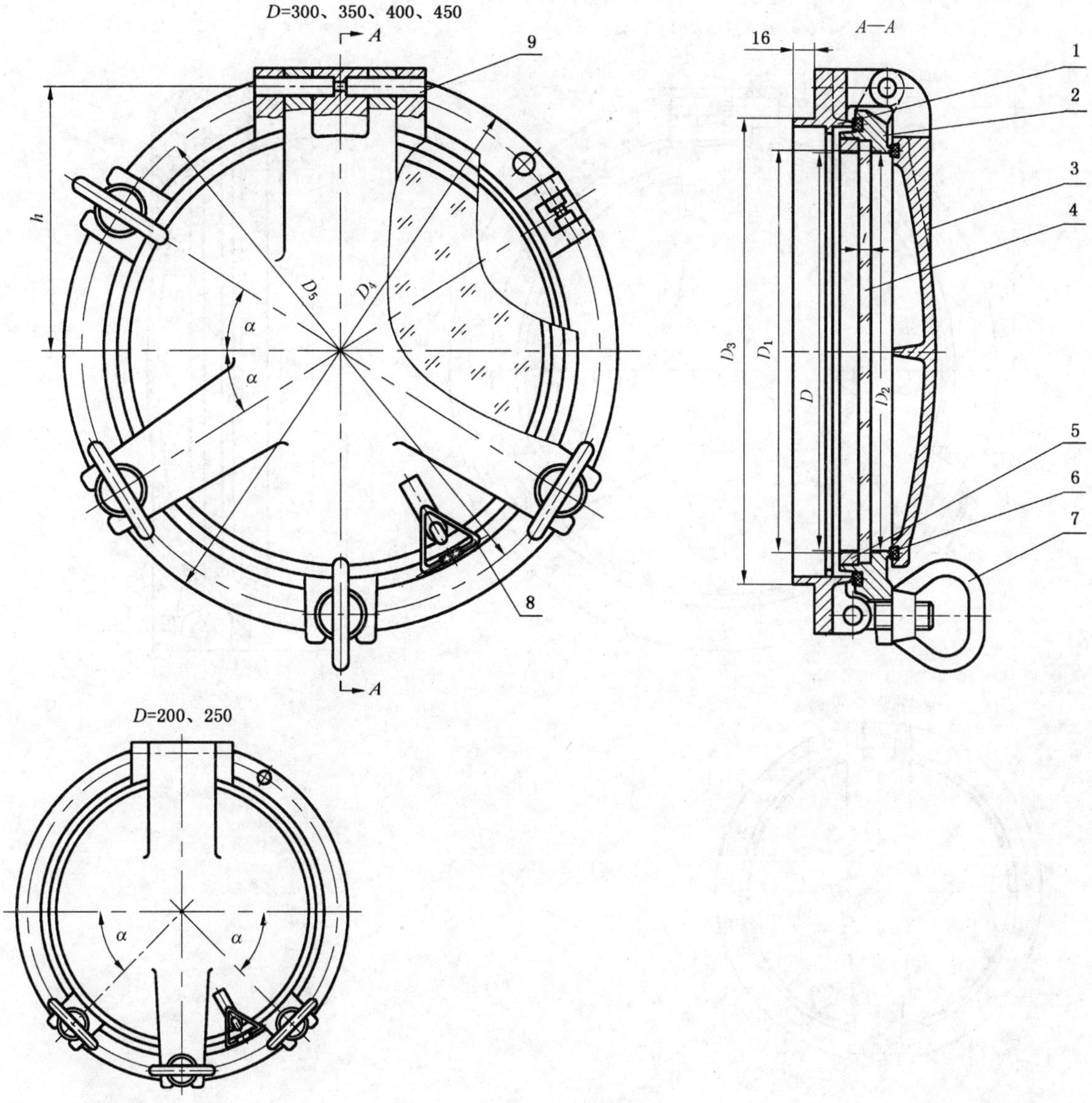

1——窗座；
2——窗框；
3——风暴盖；
4——玻璃；
5——玻璃压框；
6——密封垫料；
7——锁紧装置；
8——挂环；
9——铰链销。

图 8 B 型 SB 式舷窗

表 10 B 型 SB 式舷窗主要尺寸

单位为毫米

公称尺寸 D	D_1	D_2	D_3	D_4	D_5	h	t	α	紧固件数量 窗框	紧固件数量 风暴盖	安装螺栓 规格	安装螺栓 数量	围壁开孔	重量/kg
200	245	204	250	350	310	155	8	45°	3	2	M12	8	253	14.23
250	295	254	305	400	364	182	8	42°	3	2	M16	8	308	17.16
300	350	304	360	450	414	207	10	31°	3	3	M16	12	363	22.74
350	400	354	410	500	464	232	12	32°	3	3	M16	12	413	26.93
400	450	404	460	550	514	257	12	31°	3	3	M18	12	463	31.07
450	500	454	510	600	564	282	15	31°	4	3	M20	12	513	36.83
注：重量以材料组合代号为 333，锁紧装置为环形螺母计。														

4.5.9　B 型 NB 式——螺栓安装固定式舷窗的结构和主要尺寸见图 9 和表 11。

单位为毫米

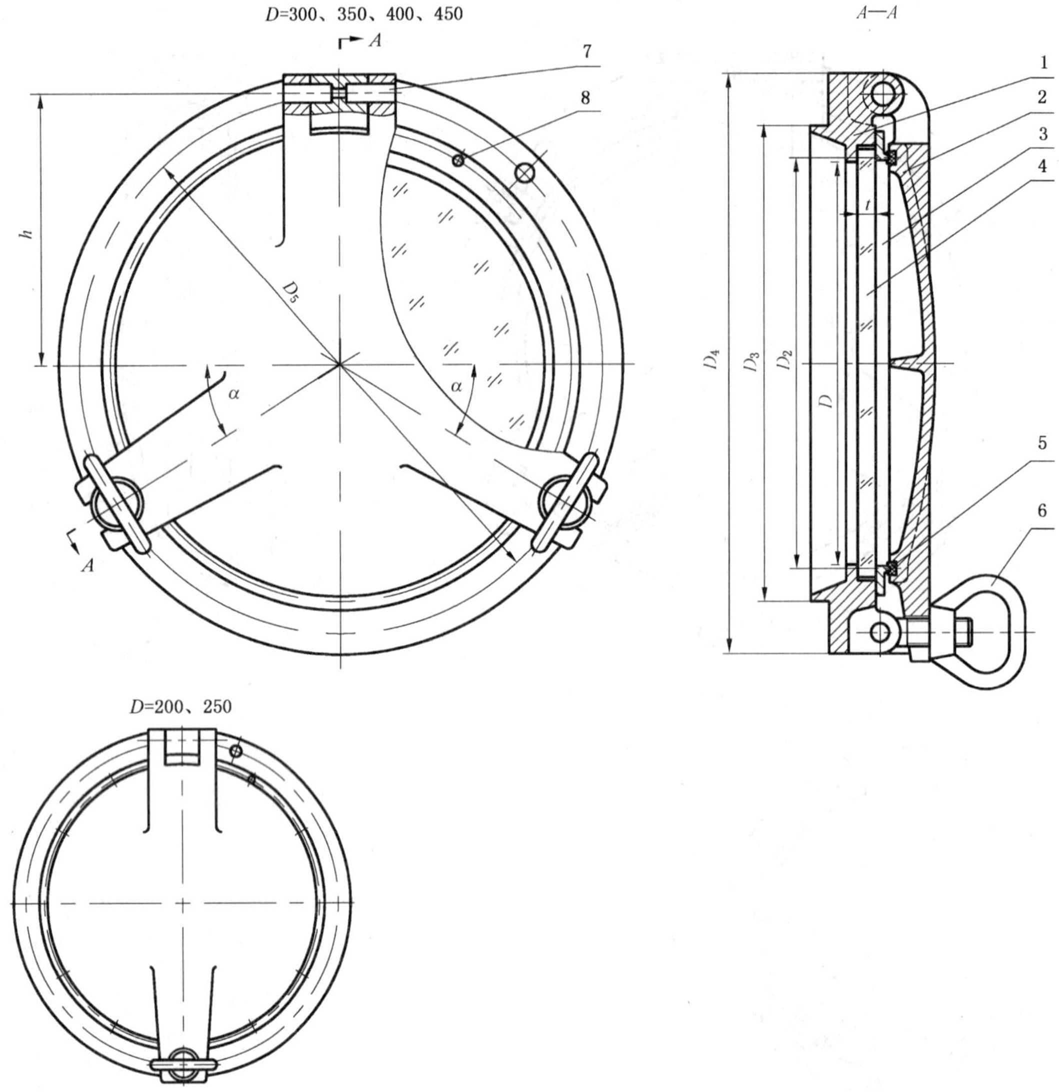

1——窗座；
2——风暴盖；
3——玻璃压框；
4——玻璃；
5——密封垫料；
6——锁紧装置；
7——铰链销；
8——沉头螺钉。

图 9　B 型 NB 式舷窗

表 11　B 型 NB 式舷窗主要尺寸

单位为毫米

公称尺寸 D	D_2	D_3	D_4	D_5	h	t	α	紧固件数量		安装螺栓		围壁开孔	重量/kg
								窗框	风暴盖	规格	数量		
200	204	250	350	310	155	8	—	—	2	M12	8	253	11.04
250	254	305	400	364	182					M16		308	13.45
300	304	360	450	414	207	10	31°		3		12	363	18.10
350	354	410	500	464	232	12	32°					413	21.77
400	404	460	550	514	257		31°			M18		463	25.40
450	454	510	600	564	282	15				M20		513	30.65
注：重量以材料组合代号为 333，锁紧装置为环形螺母计。													

4.5.10　B 型 LW(RW)式——焊接安装左(右)开式舷窗的结构和主要尺寸见图 10 和表 12。

单位为毫米

1——窗座；
2——窗框；
3——风暴盖；
4——玻璃；
5——玻璃压框；
6——密封垫料；
7——锁紧装置；
8——铰链销。

注：本图为 LW 式，RW 式与此对称。

图 10　B 型 LW(RW)式舷窗

表 12　B 型 LW(RW)式舷窗主要尺寸

单位为毫米

公称尺寸 D	D_1	D_2	D_3	h	t	α	g_{max}	紧固件数量		围壁开孔	重量/kg
								窗框	风暴盖		
200	245	204	250	155	8	45°	50	3	2	253	23.94
250	295	254	305	182		48°	47.5			308	30.35
300	350	304	360	207	10	31°	45		3	363	39.66
350	400	354	410	232	12	32°				413	47.78
400	450	404	460	257		31°				463	56.08
450	500	454	510	282	15			4		513	65.97

注：重量以材料组合代号为 211，锁紧装置为环形螺母计。

4.5.11 B 型 SW 式——焊接安装共铰式舷窗的结构和主要尺寸见图 11 和表 13。

单位为毫米

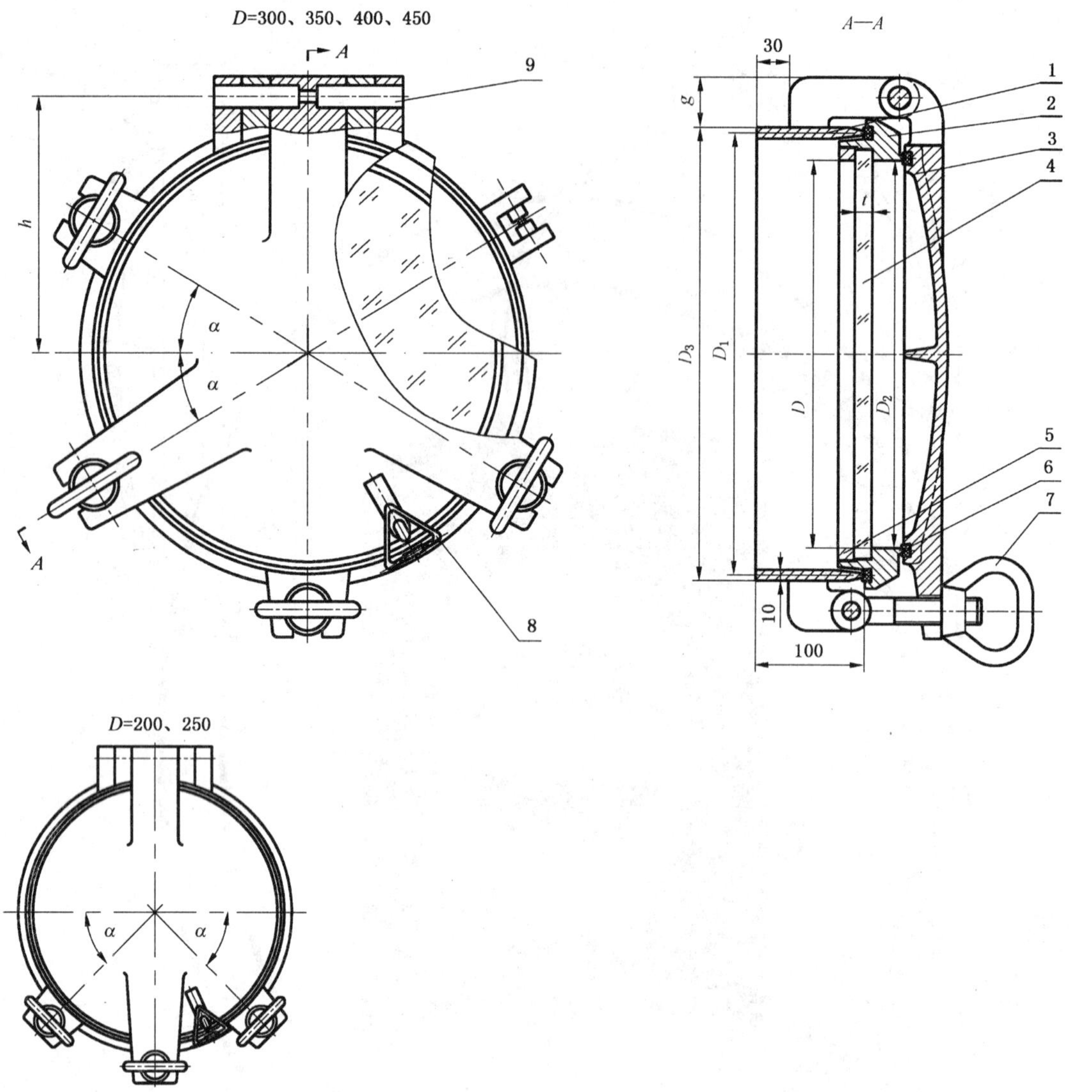

1——窗座；
2——窗框；
3——风暴盖；
4——玻璃；
5——玻璃压框；
6——密封垫料；
7——锁紧装置；
8——挂环；
9——铰链销。

图 11 B 型 SW 式舷窗

表 13 B 型 SW 式舷窗主要尺寸

单位为毫米

<table>
<tr><th rowspan="2">公称尺寸
D</th><th rowspan="2">D_1</th><th rowspan="2">D_2</th><th rowspan="2">D_3</th><th rowspan="2">h</th><th rowspan="2">t</th><th rowspan="2">α</th><th rowspan="2">g_{max}</th><th colspan="2">紧固件数量</th><th rowspan="2">围壁开孔</th><th rowspan="2">重量/
kg</th></tr>
<tr><th>窗框</th><th>风暴盖</th></tr>
<tr><td>200</td><td>245</td><td>204</td><td>250</td><td>155</td><td rowspan="2">8</td><td>45°</td><td>50</td><td rowspan="5">3</td><td rowspan="2">2</td><td>253</td><td>23.78</td></tr>
<tr><td>250</td><td>295</td><td>254</td><td>305</td><td>182</td><td>42°</td><td>47.5</td><td>308</td><td>30.13</td></tr>
<tr><td>300</td><td>350</td><td>304</td><td>360</td><td>207</td><td>10</td><td>31°</td><td rowspan="4">45</td><td rowspan="4">3</td><td>363</td><td>39.40</td></tr>
<tr><td>350</td><td>400</td><td>354</td><td>410</td><td>232</td><td rowspan="2">12</td><td>32°</td><td>413</td><td>47.56</td></tr>
<tr><td>400</td><td>450</td><td>404</td><td>460</td><td>257</td><td rowspan="2">31°</td><td>463</td><td>55.93</td></tr>
<tr><td>450</td><td>500</td><td>454</td><td>510</td><td>282</td><td>15</td><td>4</td><td>513</td><td>65.97</td></tr>
<tr><td colspan="12">注：重量以材料组合代号为 211，锁紧装置为环形螺母计。</td></tr>
</table>

4.5.12 B型NW式——焊接安装固定式舷窗的结构和主要尺寸见图12和表14。

单位为毫米

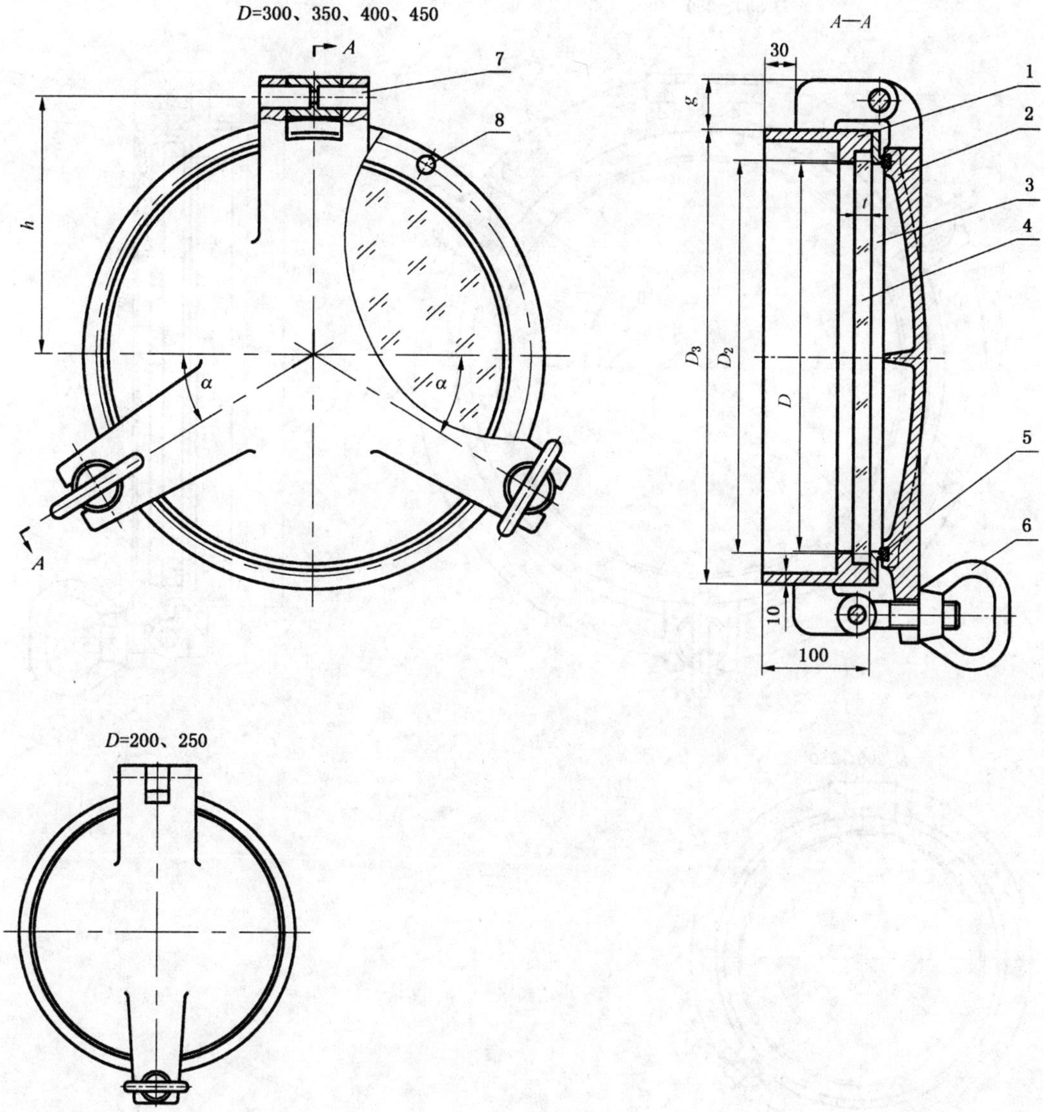

1——窗座；
2——风暴盖；
3——玻璃压框；
4——玻璃；
5——密封垫料；
6——锁紧装置；
7——铰链销；
8——沉头螺钉。

图12 B型NW式舷窗

表14 B型NW式舷窗主要尺寸

单位为毫米

公称尺寸 D	D_2	D_3	h	t	α	g_{max}	紧固件数量		围壁开孔	重量/kg
							窗框	风暴盖		
200	204	250	155	8	—	50	—	2	253	14.11
250	254	305	182			47.5			308	18.08
300	304	360	207	10	31°	45		3	363	22.85
350	354	410	232	12	32°				413	28.31
400	404	460	257		31°				463	33.85
450	454	510	282	15					513	40.87
注：重量以材料组合代号为211，锁紧装置为环形螺母计。										

4.5.13 C型LRB式——螺栓安装开式舷窗的结构和主要尺寸见图13和表15。

单位为毫米

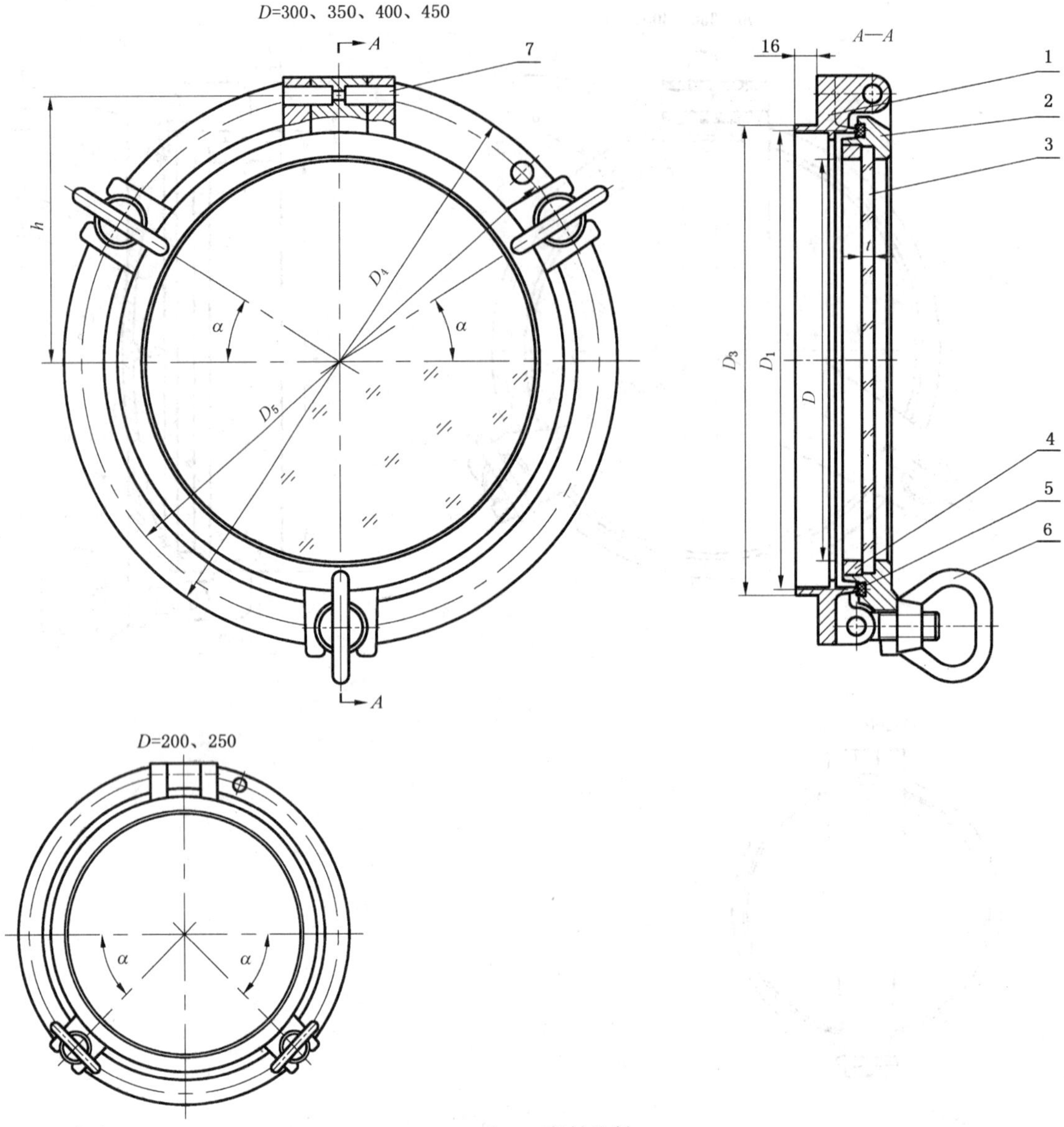

1——窗座；

2——窗框；

3——玻璃；

4——玻璃压框；

5——密封垫料；

6——锁紧装置；

7——铰链销。

图13 C型LRB式舷窗

表15 C型LRB式舷窗主要尺寸

单位为毫米

<table>
<tr><th rowspan="2">公称尺寸
D</th><th rowspan="2">D_1</th><th rowspan="2">D_3</th><th rowspan="2">D_4</th><th rowspan="2">D_5</th><th rowspan="2">h</th><th rowspan="2">t</th><th rowspan="2">α</th><th colspan="2">紧固件数量</th><th colspan="2">安装螺栓</th><th rowspan="2">围壁开孔</th><th rowspan="2">重量/
kg</th></tr>
<tr><th>窗框</th><th>风暴盖</th><th>规格</th><th>数量</th></tr>
<tr><td>200</td><td>245</td><td>250</td><td>350</td><td>310</td><td>155</td><td rowspan="2">6</td><td>45°</td><td rowspan="5">3</td><td rowspan="6">—</td><td>M12</td><td rowspan="2">8</td><td>253</td><td>10.17</td></tr>
<tr><td>250</td><td>295</td><td>305</td><td>400</td><td>364</td><td>182</td><td>42°</td><td rowspan="3">M16</td><td>308</td><td>11.94</td></tr>
<tr><td>300</td><td>350</td><td>360</td><td>450</td><td>414</td><td>207</td><td rowspan="2">8</td><td>31°</td><td rowspan="4">12</td><td>363</td><td>15.07</td></tr>
<tr><td>350</td><td>400</td><td>410</td><td>500</td><td>464</td><td>232</td><td>32°</td><td>413</td><td>17.11</td></tr>
<tr><td>400</td><td>450</td><td>460</td><td>550</td><td>514</td><td>257</td><td rowspan="2">10</td><td rowspan="2">31°</td><td>M18</td><td>463</td><td>19.93</td></tr>
<tr><td>450</td><td>500</td><td>510</td><td>600</td><td>564</td><td>282</td><td>4</td><td>M18</td><td>513</td><td>22.32</td></tr>
<tr><td colspan="14">注：重量以材料组合代号为330，锁紧装置为环形螺母计。</td></tr>
</table>

4.5.14 C型NB式——螺栓安装固定式舷窗的结构和主要尺寸见图14和表16。

单位为毫米

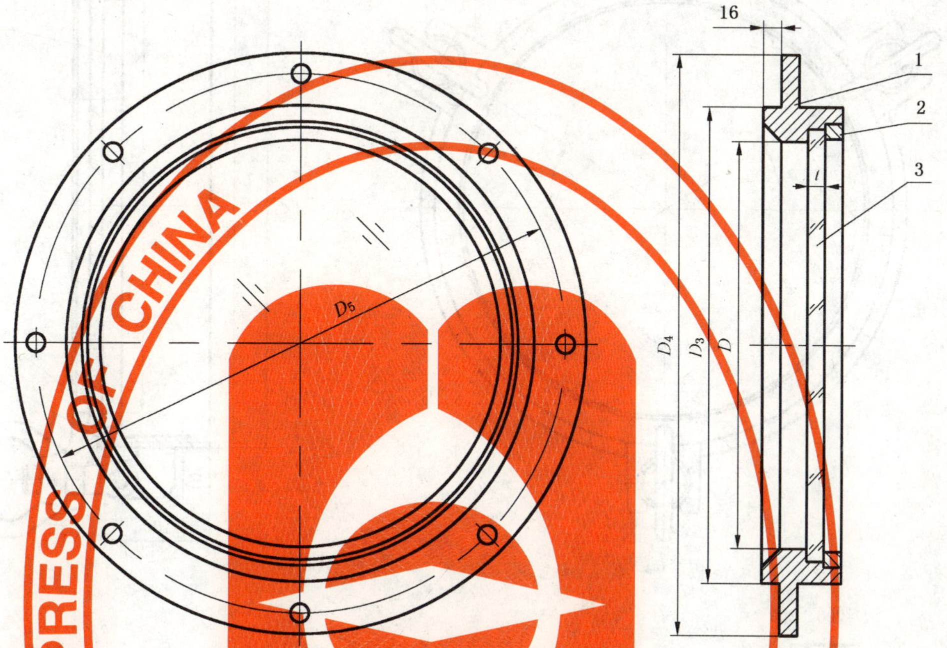

1——窗座；
2——玻璃压框；
3——玻璃。

图14 C型NB式舷窗

表16 C型NB式舷窗主要尺寸

单位为毫米

<table>
<tr><th rowspan="2">公称尺寸
D</th><th rowspan="2">D_3</th><th rowspan="2">D_4</th><th rowspan="2">D_5</th><th rowspan="2">t</th><th colspan="2">安装螺栓</th><th rowspan="2">围壁开孔</th><th rowspan="2">重量/
kg</th></tr>
<tr><th>规格</th><th>数量</th></tr>
<tr><td>200</td><td>250</td><td>350</td><td>310</td><td rowspan="2">6</td><td>M12</td><td rowspan="2">8</td><td>253</td><td>5.72</td></tr>
<tr><td>250</td><td>305</td><td>400</td><td>364</td><td rowspan="3">M16</td><td>308</td><td>7.02</td></tr>
<tr><td>300</td><td>360</td><td>450</td><td>414</td><td rowspan="2">8</td><td rowspan="4">12</td><td>363</td><td>8.78</td></tr>
<tr><td>350</td><td>410</td><td>500</td><td>464</td><td>413</td><td>10.34</td></tr>
<tr><td>400</td><td>460</td><td>550</td><td>514</td><td rowspan="2">10</td><td>M18</td><td>463</td><td>12.70</td></tr>
<tr><td>450</td><td>510</td><td>600</td><td>564</td><td>M20</td><td>513</td><td>14.62</td></tr>
<tr><td colspan="9">注：重量以材料组合代号为330，锁紧装置为环形螺母计。</td></tr>
</table>

4.5.15 C型LRW式——焊接安装开式舷窗的结构和主要尺寸见图15和表17。

单位为毫米

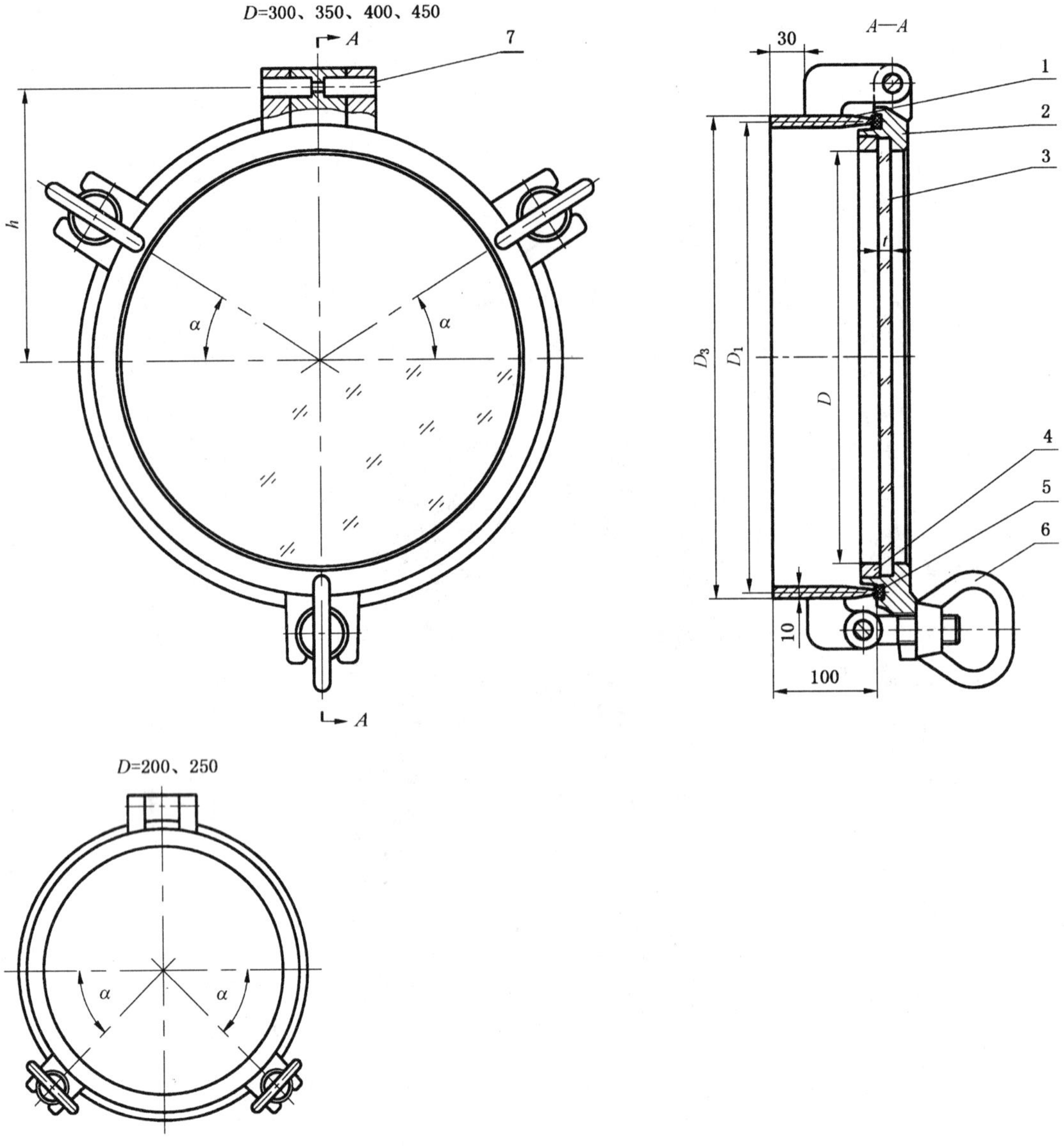

1——窗座；
2——窗框；
3——玻璃；
4——玻璃压框；
5——密封垫料；
6——锁紧装置；
7——铰链销。

图15 C型LRW式舷窗

表17 C型LRW式舷窗主要尺寸

单位为毫米

公称尺寸 D	D_1	D_3	h	t	α	g_{max}	紧固件数量		围壁开孔	重量/kg
							窗框	风暴盖		
200	245	250	155	6	45°	50	3	—	253	15.91
250	295	305	182		42°	47.5			308	18.91
300	350	360	207	8	31°	45			363	24.56
350	400	410	232		32°				413	28.46
400	450	460	257	10	31°				463	33.15
450	500	510	282				4		513	37.15

注：重量以材料组合代号为210，锁紧装置为环形螺母计。

4.5.16　C 型 NW 式——焊接安装固定式舷窗的结构和主要尺寸见图 16 和表 18。

单位为毫米

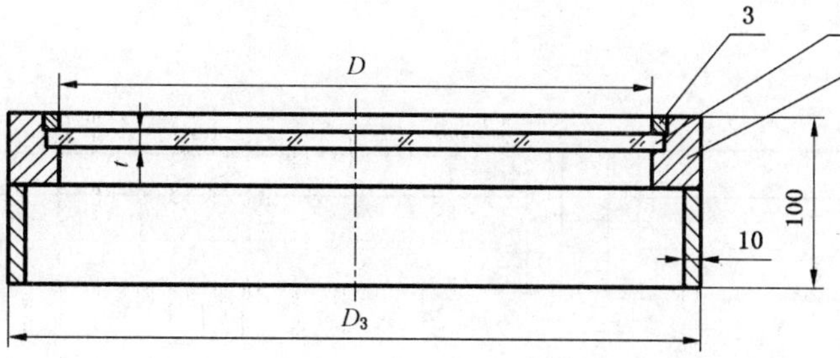

1——窗座；

2——玻璃；

3——玻璃压框。

图 16　C 型 NW 式舷窗

表 18　C 型 NW 式舷窗主要尺寸

单位为毫米

公称尺寸 D	D_3	t	围壁开孔	重量/kg
200	250	6	253	7.78
250	305		308	9.43
300	360	8	363	12.45
350	410		413	14.82
400	460	10	463	17.98
450	510		513	20.48
注：重量以材料组合代号为 210，锁紧装置为环形螺母计。				

4.6　零件

4.6.1　玻璃凹槽的结构和主要尺寸见图 17 和表 19。

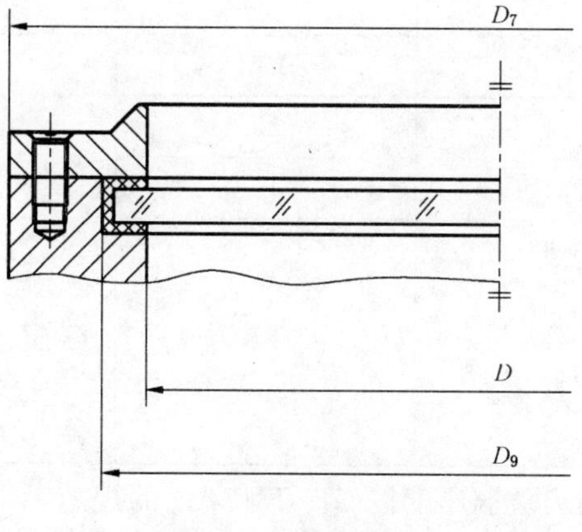

图 17　玻璃凹槽

表 19　玻璃凹槽及玻璃压框主要尺寸

单位为毫米

公称尺寸 D	D_6	D_7	D_8	D_9
200	M220×2	250	235	217
250	M270×2	305	285	267
300	M325×2	360	340	322
350	M375×2	410	390	372
400	M425×2	460	440	422
450	M475×2	510	490	472

4.6.2 玻璃压框分螺纹式和法兰式两种，其结构和主要尺寸见图 18 和表 20。

单位为毫米

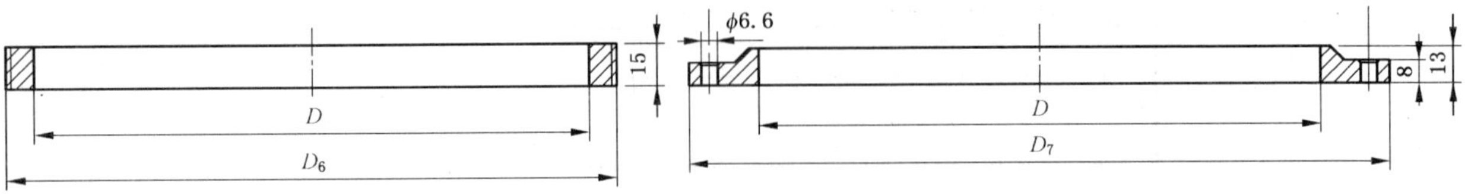

图 18 玻璃压框

表 20 一般情况玻璃厚度

单位为毫米

<table>
<tr><th rowspan="2">公称尺寸 D</th><th rowspan="2">玻璃直径 ϕ</th><th colspan="3">玻璃厚度 t</th></tr>
<tr><th>A 型</th><th>B 型</th><th>C 型</th></tr>
<tr><td>200</td><td>214</td><td>10</td><td rowspan="2">8</td><td rowspan="2">6</td></tr>
<tr><td>250</td><td>264</td><td>12</td></tr>
<tr><td>300</td><td>318</td><td rowspan="2">15</td><td>10</td><td rowspan="2">8</td></tr>
<tr><td>350</td><td>368</td><td rowspan="2">12</td></tr>
<tr><td>400</td><td>418</td><td>19</td><td rowspan="2">10</td></tr>
<tr><td>450</td><td>468</td><td>—</td><td>15</td></tr>
</table>

4.6.3 一般系列舷窗采用的透明(Y1)玻璃或磨砂(Y2)玻璃(一般磨砂一面朝外)的厚度见表 20(表 3～表 18 中 t 值按此选定)；特殊情况磨砂一面朝内安装时，其厚度见表 21。

表 21 特殊情况玻璃厚度

单位为毫米

<table>
<tr><th rowspan="2">公称尺寸 D</th><th rowspan="2">玻璃直径 ϕ</th><th colspan="3">玻璃厚度 t</th></tr>
<tr><th>A 型</th><th>B 型</th><th>C 型</th></tr>
<tr><td>200</td><td>214</td><td>15</td><td rowspan="2">12</td><td rowspan="2">10</td></tr>
<tr><td>250</td><td>264</td><td>19</td></tr>
<tr><td>300</td><td>318</td><td rowspan="4">—</td><td>15</td><td rowspan="2">12</td></tr>
<tr><td>350</td><td>368</td><td rowspan="2">19</td></tr>
<tr><td>400</td><td>418</td><td rowspan="2">15</td></tr>
<tr><td>450</td><td>468</td><td>—</td></tr>
</table>

4.6.4 耐火系列舷窗采用的耐火玻璃厚度按 GB/T 17434 的规定。

4.6.5 铰链销和活节螺栓的主要尺寸见表 22。

表 22 铰链销和活节螺栓主要尺寸

单位为毫米

<table>
<tr><th colspan="2">铰链销直径</th><th rowspan="2">活节螺栓规格</th></tr>
<tr><th>窗框和风暴盖</th><th>活节螺栓</th></tr>
<tr><td>16(20)</td><td>12、16</td><td>M20、M24</td></tr>
</table>

4.6.6 舷窗风暴盖用钢、铜材质制造时不设加强筋，用铝材制造时应设加强筋。

4.6.7 舷窗风暴盖按开启后的固定方式分挂钩式(G)和棘爪式(J)两种，其结构分别见图 19 和图 20。风暴盖开启时，舷窗中心与天花板之间的最小距离 H 见表 23。

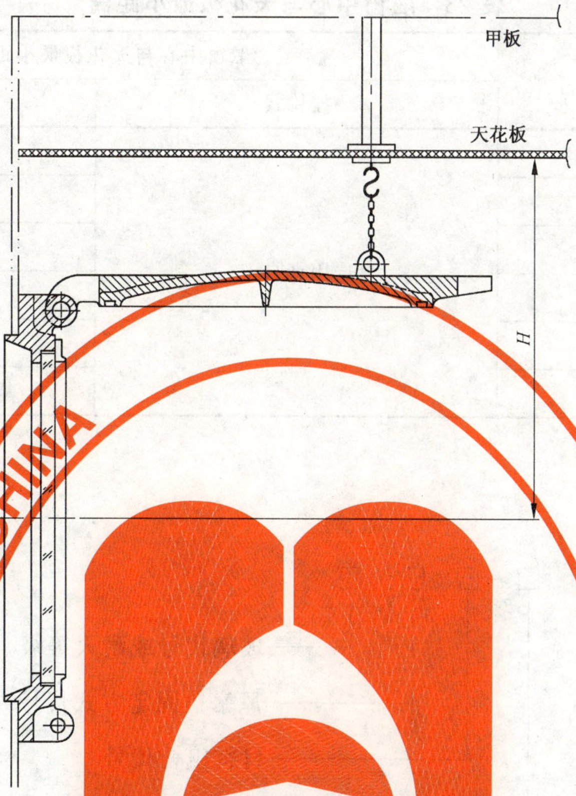

图 19 挂钩式舷窗

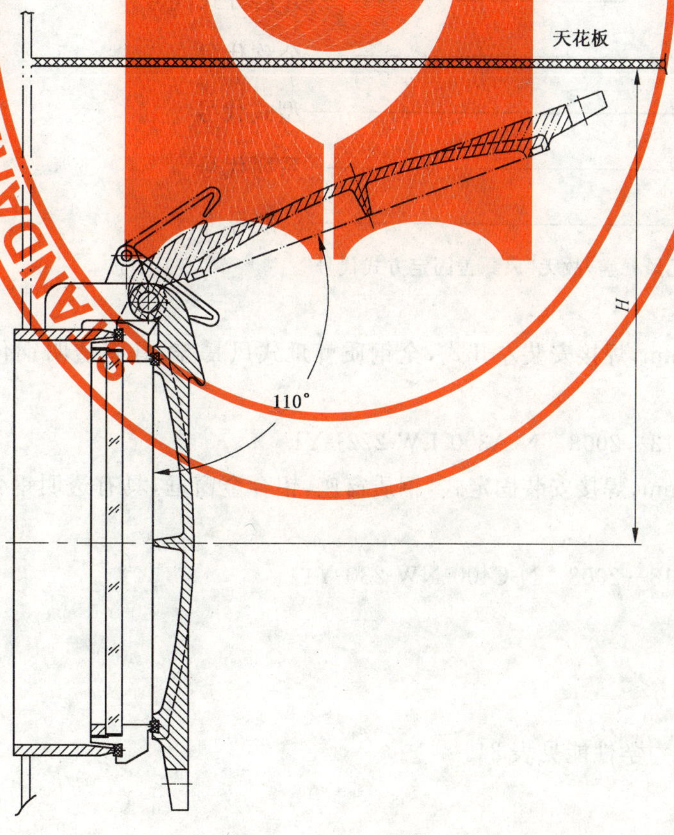

图 20 棘爪式舷窗

表 23　舷窗中心与天花板最小距离

单位为毫米

公称尺寸 D	舷窗中心与天花板最小距离 H	
	挂钩式	棘爪式
200	选用者自定	350
250		400
300		450
350		500
400		540
450		580

4.7　产品标记

4.7.1　型号表示方法

舷窗型号表示方法如下：

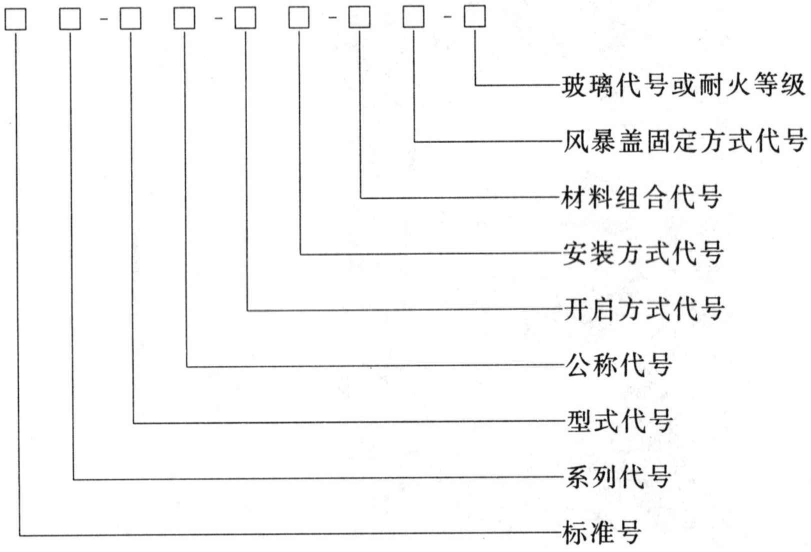

注：对于C型舷窗，无风暴盖，故无“风暴盖固定方式代号”。

4.7.2　标记示例

公称尺寸为300 mm，焊接安装左开式，全钢质棘爪式风暴盖，具有透明钢化玻璃的一般系列重型舷窗标记为：

舷窗　GB/T 14413—2008　N-A300-LW-222J-Y1

公称尺寸为400 mm，焊接安装固定式，钢质窗座，铝合金窗框，具有透明钢化玻璃无风暴盖的一般系列轻型舷窗标记为：

舷窗　GB/T 14413—2008　N-C400-NW-230-Y1

5　要求

5.1　材料

5.1.1　主要零件材料力学性能见表24。

表 24 主要零件材料力学性能

型式	最小抗拉强度 σ_b/(N/mm²)	最小延伸率 δ_5/%
A	300	15
B	180	10
C	140	3

5.1.2 舷窗锁紧装置中活节螺栓、铰链销和螺母及窗框、风暴盖的铰链销，应具有下列性质。其中铰链销可采用1Cr18Ni9不锈钢。

a) 耐腐蚀；

b) 对其他零件的耐腐蚀性无影响；

c) 力学性能见表25。

表 25 活节螺栓、铰链销材料力学性能

型式	铰链销、活节螺栓		螺母	
	最小抗拉强度 σ_b/(N/mm²)	最小延伸率 δ_5/%	最小抗拉强度 σ_b/(N/mm²)	最小延伸率 δ_5/%
A	350	20	250	14
B		15		
C	250	14	180	8

5.1.3 舷窗的窗座、窗框、玻璃压框和风暴盖用材料见表26。耐火系列舷窗的窗座、窗框和风暴盖用材料在GB/T 17434规定的温度下，其力学性能应符合表24的要求。舷窗也可选用其他材料，但其最低力学性能应符合表24的要求。

表 26 主要零件材料

零件名称	材料		
	名称	牌号	标准号
窗座	锰黄铜	ZCuZn40Mn2	GB/T 1176—1987
	锡青铜	ZCuSn3Zn8Pb6Ni1	
	船体用结构钢	A级	GB 712—2000
	铝合金	5A05	GB/T 3190—1996
窗框/玻璃压框	锰黄铜	ZCuZn40Mn2	GB/T 1176—1987
	锡青铜	ZCuSn3Zn8Pb6Ni1	
	碳素结构钢	Q235-A	GB/T 700—2006
	铝合金	5A05	GB/T 3190—1996
风暴盖	锰黄铜	ZCuZn40Mn2	GB/T 1176—1987
	碳素结构钢	Q235-A	GB/T 700—2006
	铝合金	5A05	GB/T 3190—1996

5.1.4 一般系列舷窗用钢化安全玻璃应符合GB 11946规定的要求；耐火系列舷窗用耐火玻璃应符合GB/T 17434的要求。

5.1.5 舷窗的密封垫料应符合CB/T 3873的要求。

5.2 外观

5.2.1 舷窗表面粗糙度 Ra 值应不大于 12.5 μm。

5.2.2 模锻件表面不应有裂纹、分层、烧伤等缺陷;铸件表面不应有砂眼、气孔、裂纹、疏松等缺陷。

5.3 表面处理

5.3.1 钢质零件加工后应按 CB/Z 343 的方法进行热浸锌处理,浸层厚度应不小于 45 μm。

5.3.2 铝质零件加工后应按 CB/Z 92 的方法进行阳极氧化处理,表面应呈现无光银白色。

5.4 密性

5.4.1 舷窗用直径不小于 12 mm 的喷嘴,并以压力不低于 0.2 MPa 的水冲击,冲击部位应无水珠或水迹等漏水现象。

5.4.2 舷窗进行持续 1 min 的水压冲击,之后各部位应无渗水发生。

5.5 机械强度性能

舷窗在经历表 27 规定的载荷(最大许可压力见附录 A)后,风暴盖的永久变形应不超过舷窗公称尺寸的 1%。

表 27 机械强度试验压力

型　　式	试验压力/kPa
A	240
B	120

5.6 耐火性能

耐火系列舷窗应达到舷窗所规定的耐火等级要求。

6 试验方法

6.1 材料

用检查材料牌号和质量证明书的方法检验材料,结果应符合 5.1 的要求。

6.2 外观

6.2.1 按 GB/T 10610 规定的方法测量舷窗的表面粗糙度,结果应符合 5.2.1 的要求。

6.2.2 用目视的方法检验模锻件和铸件表面,结果应符合 5.2.2 的要求。

6.3 表面处理

6.3.1 按 CB/Z 343 规定的方法测量舷窗钢质表面热浸锌的厚度,结果应符合 5.3.1 的要求。

6.3.2 按 CB/Z 92 规定的方法检测铝质表面阳极氧化处理的结果,结果应符合 5.3.2 的要求。

6.4 密性试验

6.4.1 冲水试验

舷窗安装在模拟舱壁或装船后,用直径不小于 12 mm 的喷嘴,以压力不低于 0.2 MPa 的水,在距舷窗 1m～1.5 m 处,正对舷窗密封处冲水,结果应符合 5.4.1 的要求。

6.4.2 水压试验

舷窗安装在专用的液压试验箱上,在表 28 规定的两种压力下分别进行水压试验,持压时间为 1 min,结果应符合 5.4.2 的要求。

表 28 水压试验压力

型　　式	试验压力/kPa	
	装上玻璃但打开风暴盖	不装玻璃但关闭风暴盖
A	150	100
B	75	50
C	35	—

6.5 机械强度试验

舷窗不装玻璃，关闭风暴盖夹紧，置于试验机上，试验机冲头应置于风暴盖可能与海水直接接触的一面中心位置。视风暴盖结构的需要，可在冲头与风暴盖之间垫一块直径为100 mm，厚度为10 mm的钢板，见图21。

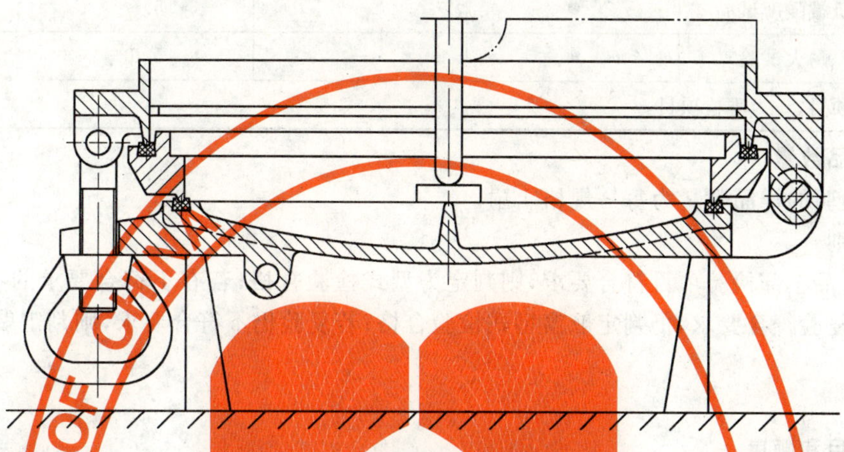

图21 机械强度试验示意

试验装置与试验程序按GB/T 3385的规定进行，并按表27施加试验载荷，卸除载荷后测量风暴盖的永久变形，结果应符合5.5的要求。

6.6 耐火试验

耐火系列舷窗按GB/T 17434的规定进行耐火试验，结果应符合5.6的要求。

7 检验规则

7.1 检验分类

舷窗的检验分类如下：

a) 型式检验；

b) 出厂检验。

7.2 型式检验

7.2.1 检验时机

舷窗有下列情况之一时，应进行型式检验：

a) 首次生产或转厂生产；

b) 结构、材料或工艺有重大改变，足以影响产品性能或质量；

c) 停产一年后恢复生产；

d) 出厂检验结果与上次型式检验有较大差异；

e) 质量检验部门提出要求。

7.2.2 检验项目和顺序

舷窗的型式检验项目和顺序见表29。

表29 舷窗型式检验项目和顺序

序号	检验项目	型式检验	出厂检验	要求的章条号	试验方法的章条号
1	材　料	●	●	5.1	6.1
2	外　观	●	●	5.2	6.2
3	表面处理	●	●	5.3	6.3

表 29(续)

序号	检验项目	型式检验	出厂检验	要求的章条号	试验方法的章条号
4	冲水试验	●	●	5.4.1	6.4.1
5	水压试验	●	●	5.4.2	6.4.2
6	机械强度试验	●	—	5.5	6.5
7	耐火试验	●	—	5.6	6.6
注：●为必检项目；—为不检项目。					

7.2.3 **检验样品数量**

舷窗型式检验的样品数量为每一规格1扇。

7.2.4 **判定规则**

舷窗所有样品全部检验项目符合要求，则判定为型式检验合格；若有不符合要求的项目，允许加倍取样后复验，若复验符合要求，仍判定舷窗型式检验合格；若复验仍不符合要求，则判定舷窗的型式检验不合格。

7.3 出厂检验

7.3.1 **检验项目和顺序**

舷窗出厂检验的项目和顺序见表29。

7.3.2 **检验样品数量**

舷窗出厂检验应逐个产品进行。

7.3.3 **判定规则**

舷窗全部检验项目符合要求，则判定为出厂检验合格。若材料检验不符合要求，则判定该批舷窗出厂检验不合格；若有其项目不符合要求的舷窗，允许返修后复验。若复验符合要求，则判定该舷窗出厂检验合格；若复验仍不符合要求，则判定该舷窗出厂检验不合格。

8 标志、包装、运输与贮存

8.1 标志

8.1.1 **产品标志**

8.1.1.1 舷窗应注明下列标志：

a) 制造厂名称或标志；

b) 舷窗产品标记；

c) 制造日期或生产批号；

d) 检验合格印章。

8.1.1.2 一般系列舷窗的玻璃应按GB/T 3385进行标志；耐火系列舷窗的玻璃应按GB/T 17434进行标志。

8.1.1.3 耐火系列舷窗的窗座或窗框内侧应注明下列标志：

a) 耐火等级；

b) 耐火试验报告号。

8.1.2 **包装标志**

8.1.2.1 包装箱上应有“防潮”和“小心轻放”等储运标志，其图形按GB/T 191。

8.1.2.2 包装箱上的收发货标志按GB/T 6388的规定。

8.2 包装

8.2.1 舷窗可采用框架木箱等方式包装。

8.2.2 置于箱内的舷窗应夹紧；玻璃外露面应垫有软性包装材料；玻璃表面铺有可剥性塑料薄膜。

8.2.3 包装箱内应附有产品合格证书。

8.3 运输

舷窗运输时应采取防振、防压和防雨措施。

8.4 贮存

舷窗应存放于通风的场所，严禁与酸、碱、盐类物质接触。

附 录 A
（规范性附录）
舷窗最大许可压力

舷窗的最大许可压力见表 A.1。

表 A.1 舷窗最大许可压力

型 式	公称尺寸/mm	玻璃厚度[a]/mm	最大许可压力/kPa
A	200	10	328
	250	12	302
	300	15	328
	350		241
	400	19	297
B	200	8	210
	250		134
	300	10	146
	350	12	154
	400		118
	450	15	146
C	200	6	118
	250		75
	300	8	93
	350		68
	400	10	82
	450		65

[a] 此处玻璃厚度适用于一般系列舷窗的玻璃和耐火系列舷窗的主玻璃。在特殊场合，磨砂玻璃要采用较厚的玻璃，见 4.6.3 及表 21。

ICS 71.040.40
G 76

中华人民共和国国家标准

GB/T 14422—2008
代替 GB/T 14422—1993

锅炉用水和冷却水分析方法 苯骈三氮唑的测定

Analysis of water used in boiler and cooling system—Determination of benzotriazole

2008-04-01 发布 2008-09-01 实施

中华人民共和国国家质量监督检验检疫总局
中国国家标准化管理委员会 发布

前　言

本标准代替GB/T 14422—1993《锅炉用水和冷却水分析方法　苯骈三氮唑的测定　紫外分光光度法》。

本标准与GB/T 14422—1993相比，在技术内容上并无差异，主要对标准的结构和文字进行了部分修改。

本标准附录A为规范性附录。

本标准由中国石油和化学工业协会提出。

本标准由全国化学标准化技术委员会水处理剂分会(SAC/TC 63/SC 5)归口。

本标准负责起草单位：天津化工研究设计院、中石化水处理药剂评定中心。

本标准主要起草人：金栋、邵宏谦、李琳。

本标准所代替标准的版本发布情况为：

——GB/T 14422—1993。

锅炉用水和冷却水分析方法
苯骈三氮唑的测定

1 范围

本标准规定了锅炉用水和冷却水中苯骈三氮唑的测定。

本标准适用于发电机内冷水和冷却水中苯骈三氮唑含量为 0.5 mg/L～5 mg/L 的测定。

2 规范性引用文件

下列文件中的条款通过本标准的引用而成为本标准的条款。凡是注日期的引用文件，其随后所有的修改单(不包括勘误的内容)或修订版均不适用于本标准，然而，鼓励根据本标准达成协议的各方研究是否可使用这些文件的最新版本。凡是不注日期的引用文件，其最新版本适用于本标准。

GB/T 6682 分析实验室用水规格和试验方法(GB/T 6682—1992，neq ISO 3696:1987)

3 方法提要

苯骈三氮唑在 259 nm 和 268 nm 处有两个最大吸收峰。水样中有机物在 259 nm 处也有吸收，故改用 268 nm 处进行直接测定，并采用经浓缩后不含苯骈三氮唑的补充水作为空白对照液，以消除上述干扰。

4 试剂和材料

本标准所用试剂，除非另有说明，仅使用分析纯试剂。

安全提示：本标准所使用的强碱具有腐蚀性，使用时应注意。溅到身上时，用大量水冲洗，避免吸入或接触皮肤。

4.1 水，GB/T 6682，三级。

4.2 氢氧化钾溶液：56 g/L。

4.3 苯骈三氮唑标准溶液：100 mg/L。

称取 0.100 0 g 苯骈三氮唑，精确到 0.2 mg。加入 1 mL 氢氧化钾溶液，使之溶解，然后转移到 1 L 容量瓶中，并用水稀释至刻度，摇匀。此溶液 1 mL 含有 0.1 mg 苯骈三氮唑。

5 仪器、设备

一般实验室用仪器和下列仪器。

5.1 紫外-可见分光光度计。

5.2 石英吸收池：1 cm。

5.3 容量瓶：100 mL。

6 分析步骤

6.1 校准曲线的绘制

分别移取 0.50 mL、1.00 mL、2.00 mL、3.00 mL、4.00 mL 苯骈三氮唑标准溶液于 5 个 100 mL 容量瓶中，用水稀释至刻度，摇匀。该系列溶液苯骈三氮唑的含量分别为 0.5 mg/L、1.0 mg/L、2.0 mg/L、3.0 mg/L、4.0 mg/L。使用分光光度计，用 1 cm 石英吸收池，在 268 nm 波长处，以水作参比测定吸光度。以苯骈三氮唑的含量(mg/L)为横坐标，相对应的吸光度为纵坐标，绘制校准曲线。

6.2 测定

将经慢速滤纸过滤后的冷却水试样直接置于1 cm石英吸收池中，以经浓缩后补充水（见附录A）为空白对照液（发电机内冷水用除盐水作空白对照），在268 nm处测定试样的吸光度。

7 结果计算

水样中苯骈三氮唑含量以质量浓度ρ计，数值以毫克每升（mg/L）表示，按式（1）计算：

$$\rho = a \qquad \cdots\cdots(1)$$

式中：

a——从校准曲线上查出的苯骈三氮唑的含量的数值，单位为毫克每升（mg/L）。

8 允许差

取平行测定结果的算术平均值为测定结果。平行测定结果的绝对差值不大于0.08 mg/L。

附 录 A
(规范性附录)
浓缩后补充水制备

取100 mL不含苯骈三氮唑的补充水于一只有刻度的250 mL烧杯中，加入相应的水处理剂，在80℃水浴上浓缩至与循环冷却水试样的浓缩倍数相近时（用体积来核算），取下，经慢速滤纸过滤后备用。

ICS 71.040.40
G 76

中华人民共和国国家标准

GB/T 14424—2008
代替 GB/T 14424—1993

工业循环冷却水中余氯的测定

Industrial circulating cooling water—Determination of residual chlorine

(ISO 7393-1:1985, Water quality—Determination of free chlorine and total chlorine—Part 1: Titrimetric method using *N*, *N*-diethyl-1,4-phenylenediamine, ISO 7393-2:1985, Water quality—Determination of free chlorine and total chlorine—Part 2: Colorimetric method using *N*, *N*-diethyl-1,4-phenylenediamine, for routine control purposes, NEQ)

2008-04-01 发布　　2008-09-01 实施

中华人民共和国国家质量监督检验检疫总局
中国国家标准化管理委员会　发布

前　言

本标准对应于ISO 7393-1:1985《水质　游离氯和总氯的测定　第1部分:N,N-二乙基-1,4-苯二胺滴定法》(英文版)和ISO 7393-2:1985《水质　游离氯和总氯的测定　第2部分:N,N-二乙基-1,4-苯二胺比色法》(英文版),本标准与ISO 7393-1:1985和ISO 7393-2:1985的一致性程度为非等效。

本标准代替GB/T 14424—1993《锅炉用水和冷却水分析方法　余氯的测定》。

本标准与GB/T 14424—1993相比,主要变化如下:

——标准名称由原来的“锅炉用水和冷却水分析方法　余氯的测定”改为“工业循环冷却水中余氯的测定”;

——取消了GB/T 14424—1993的DPD目视比色法和邻联甲苯胺目视比色法;

——范围由GB/T 14424—1993规定的0.10 mg/L～1.50 mg/L扩大为0.03 mg/L～2.50 mg/L。

本标准的附录A为资料性附录。

本标准由中国石油和化学工业协会提出。

本标准由全国化学标准化技术委员会水处理剂分会(SAC/TC 63/SC 5)归口。

本标准起草单位:天津化工研究设计院。

本标准主要起草人:白莹、刘艳飞、邵宏谦、李琳。

本标准所代替标准的版本发布情况为:

——GB/T 14424—1993。

工业循环冷却水中余氯的测定

1 范围

本标准规定了工业循环冷却水中余氯、游离氯的测定方法。

本标准适用于原水和工业循环冷却水中余氯、游离氯的分析，测定范围为 0.03 mg/L～2.5 mg/L。

2 规范性引用文件

下列文件中的条款通过本标准的引用而成为本标准的条款。凡是注日期的引用文件，其随后所有的修改单(不包括勘误的内容)或修订版均不适用于本标准，然而，鼓励根据本标准达成协议的各方研究是否可使用这些文件的最新版本。凡是不注日期的引用文件，其最新版本适用于本标准。

GB/T 601　化学试剂　标准滴定溶液的制备

3 术语和定义

下列术语和定义适用于本标准。

3.1

余氯(总氯)　total chlorine

以游离氯、化合氯或两者并存的形式存在的氯。

3.2

游离氯　free chlorine

以次氯酸、次氯酸根或溶解性单质氯形式存在的氯。

3.3

化合氯　combined chlorine

余氯中以氯胺及有机氯胺形式存在的氯。

4 *N*,*N*-二乙基-1,4-苯二胺分光光度法

4.1 原理

4.1.1 游离氯的测定

当 pH 值为 6.2～6.5 时，试样中的游离氯与 *N*,*N*-二乙基-1,4-苯二胺(以下简称 DPD)直接反应，生成红色化合物，于 510 nm 波长处，用分光光度法测定。干扰的消除见附录 A。

4.1.2 余氯的测定

当 pH 值为 6.2～6.5 时，在过量的碘化钾存在下，试样中余氯与 DPD 反应，生成红色化合物，于 510 nm 波长处，用分光光度法测定。干扰的消除见附录 A。

4.2 试剂和材料

本方法所用试剂，除非另有规定，仅使用分析纯试剂和符合 5.2.1 规定的水。试验中所需的标准滴定溶液，在没有注明其他要求时，按 GB/T 601 的规定制备。

4.2.1 水(不含氧化性和还原性物质)：

蒸馏水必须按下述步骤进行检验：取两只 250 mL 锥形瓶，第一个瓶内放置 100 mL 待检验的水及 1 g 碘化钾混合，1 min 后，加入 5.0 mL 缓冲溶液和 5.0 mL　DPD 溶液混合。在第二个瓶内放置 100 mL 待检验水样和两滴次氯酸钠溶液Ⅱ混合，2 min 后，加入 5.0 mL 缓冲溶液和 5.0 mL　DPD 溶液混合。

若第一个瓶无色，第二个瓶出现淡粉色，则水符合质量要求。

若蒸馏水不符合质量要求，必须进行下述处理：将 3 000 mL 蒸馏水置于烧杯中，加入 0.50 mL 次氯酸钠溶液Ⅰ，混匀，盖上玻璃盖，放置至少 20 h 后，去盖用 H 型紫外灯(9 W)插入水中，或在强日光下照射或与活性炭接触 10 h 以上脱氯，并按上述方法检验，如不合格，仍需重新处理。

4.2.2 碘化钾。

4.2.3 次氯酸钠溶液Ⅰ：活性氯浓度为 5.2%(质量分数)的溶液。

4.2.4 次氯酸钠溶液Ⅱ：活性氯浓度约为 0.1 g/L 的溶液。

称取约 2 g 次氯酸钠溶液Ⅰ，精确至 1 mg。用水稀释至 1 000 mL 混匀。

4.2.5 缓冲溶液：pH 值为 6.5。

用水分别将 60.5 g 十二水磷酸氢二钠($Na_2HPO_4 \cdot 12H_2O$)或 24 g 无水磷酸氢二钠(Na_2HPO_4)，46.0 g 磷酸二氢钾(KH_2PO_4)和 0.8 g 乙二胺四乙酸二钠($C_{10}H_{14}N_2O_8Na_2 \cdot 2H_2O$)溶解后，移入 1 000 mL 容量瓶中，用水稀释至刻度，摇匀。

4.2.6 *N*,*N*-二乙基-1,4-苯二胺硫酸盐(以下简称 DPD)[$NH_2\text{-}C_6H_4\text{-}N(C_2H_5)_2 \cdot H_2SO_4$]溶液：1.1 g/L。

在 250 mL 水中加入 2.0 mL 硫酸并溶解 0.2 g 乙二胺四乙酸二钠和 1.1 g 无水 DPD，用水稀释到 1 000 mL 混匀。置于棕色瓶中，防止受热。一个月后或当溶液变色时，须更新溶液。

4.2.7 硫酸溶液：1+17。

4.2.8 氢氧化钠溶液：80 g/L。

4.2.9 硫代乙酰胺(CH_3CSNH_2)溶液：2.5 g/L 或亚砷酸钠($NaAsO_2$)溶液：2 g/L。

4.2.10 碘酸钾溶液Ⅰ：$\rho(KIO_3)=1.006$ g/L。

称取 1.006 g 碘酸钾(KIO_3)，精确至 0.2 mg。溶于 200 mL 水中，移入 1 000 mL 的容量瓶，并用水稀释至刻度，摇匀。

4.2.11 碘酸钾溶液Ⅱ：$\rho(KIO_3)=10.06$ mg/L。

移取 10 mL 碘酸钾溶液Ⅰ置于 1 000 mL 容量瓶中，加 1 g 碘化钾，用水稀释至刻度，摇匀，须当天配制。

1 mL 该溶液相当于 10 μgCl。

4.3 仪器和设备

一般实验室用仪器和分光光度计。

实验中所用的玻璃器皿需用次氯酸钠溶液Ⅱ注满器皿，1 h 后用大量自来水冲洗，再用水洗净。在分析过程中，为避免污染游离氯那一组，应一组玻璃容器用于测定游离氯，另一组用于余氯的测定。

4.4 取样

4.4.1 取样瓶须用带螺纹盖的棕色细口瓶，用市售洗涤剂清洗后，再用蒸馏水冲洗。

4.4.2 敞开式循环冷却水系统，通常在进入冷却塔之前的回水管道中取样；直流水系统，在出水管处取样；对封闭水系统，则在低位取样。

为保证取样具有代表性，管道内各处应保持全部充满水，并且在正式取样之前，先放掉一些，再从有压管道中取出试样来清洗取样瓶，后将试样充满取样瓶，旋紧盖子，存放阴凉处。

4.5 分析步骤

4.5.1 试样

取样后应立即开始测定，试样须避免光照、搅动和受热。

4.5.2 校准曲线的绘制

移取碘酸钾标准溶液Ⅱ 0.00 mL、0.30 mL、1.00 mL、3.00 mL、5.00 mL、7.00 mL、9.00 mL、12.00 mL、15.00 mL、20.00 mL 分别置于 100 mL 容量瓶中，在第一个容量瓶内加 1.00 mL 硫酸溶液混匀，1 min 后加 1.0 mL 氢氧化钠溶液混匀，用水稀释至刻度，摇匀。依次将其余容量瓶逐个按同样方法操作。各容量瓶中溶液相当于余氯量分别为 0、0.03 mg/L、0.10 mg/L、0.30 mg/L、0.50 mg/L、0.70 mg/L、0.90 mg/L、1.20 mg/L、1.50 mg/L、2.00 mg/L(以 Cl 计)。

在 250 mL 锥形瓶内，加 5.0 mL 缓冲溶液和 5.0 mL DPD 溶液混匀，立即加入第一个容量瓶内的溶液(不冲洗)摇匀，控制显色时间在 2 min 内，用 3 cm 吸收池，在 510 nm 波长处，以水的试剂空白为参比测定其吸光度。

依次将其余容量瓶逐个按同样方法进行显色和测定操作。将测定各吸光度值扣除空白值后，以吸光度为纵坐标，余氯含量(mg/L，以 Cl 计)为横坐标绘制校准曲线。

注：分别制备每个标准显色溶液，以免预先加入的缓冲溶液与试剂的混合物放置时间过长，产生红色干扰。

4.5.3 游离氯的测定

在 250 mL 锥形瓶中，加 5.0 mL 缓冲溶液和 5.0 mL DPD 溶液摇匀，随后加 100.00 mL 试样溶液摇匀。控制显色时间在 2 min，用 3 cm 吸收池，510 nm 波长处，以水的试剂空白为参比，迅速测定吸光度，并从校准曲线上查得氯的质量浓度 ρ_1。

4.5.4 余氯的测定

在 250 mL 锥形瓶中，加 5.0 mL 缓冲溶液和 5.0 mL DPD 溶液摇匀，随后加 100.00 mL 试样溶液摇匀。再加 1 g 碘化钾混匀。控制显色时间在 2 min 后，用 3 cm 吸收池，在 510 nm 波长处，以水的试剂空白为参比，迅速测定吸光度，并从校准曲线上查得氯的质量浓度 ρ_2。

注：当试样溶液为强酸性、强碱性或高浓度盐时，调整加入缓冲溶液的体积，使水样 pH 值为 6.2～6.5。

4.5.5 锰氧化物干扰的校正

在 250 mL 锥形瓶中，放置 100.00 mL 试样溶液，加入 1 mL 硫代乙酰胺溶液或亚砷酸钠溶液，混匀，再加 5.0 mL 缓冲溶液和 5.0 mL DPD 溶液，混匀。用 3 cm 吸收池，在 510 nm 波长处，以水的试剂空白为参比液，立即测定吸光度。并由测得的吸光度，从校准曲线上查得相当于锰氧化物存在的氯的质量浓度 ρ_3。

若试样溶液中氯量超过 1.50 mg/L(以 Cl 计)，则适当减少取样量，但应以水稀释至 100.00 mL。

4.6 分析结果的表述

4.6.1 游离氯含量的计算

试样中游离氯的含量(以 Cl 计)以质量浓度 ρ_{FCl} 计，数值以毫克每升(mg/L)表示，按式(1)计算：

$$\rho_{FCl} = \frac{(\rho_1 - \rho_3) \times 100.00}{V} \quad \cdots\cdots(1)$$

式中：

ρ_1——按游离氯的测定查得的氯的质量浓度，单位为毫克每升(mg/L)(以 Cl 计)；

ρ_3——按锰氧化物干扰的校正查得相当的氯的质量浓度，单位为毫克每升(mg/L)(以 Cl 计)；

V——移取试样溶液的体积的数值，单位为毫升(mL)；

100.00——将试样稀释后所得试料的体积的数值，单位为毫升(mL)。

4.6.2 余氯含量的计算

试样中余氯的含量(以 Cl 计)以质量浓度 ρ_{TCl} 计，数值以毫克每升(mg/L)表示，按式(2)计算：

$$\rho_{TCl} = \frac{(\rho_2 - \rho_3) \times 100.00}{V} \quad \cdots\cdots(2)$$

式中：

ρ_2——按余氯的测定查得的氯的质量浓度，单位为毫克每升(mg/L)(以 Cl 计)；

ρ_3——按锰氧化物干扰的校正查得相当的氯的质量浓度，单位为毫克每升(mg/L)(以 Cl 计)；

V——移取试样溶液的体积的数值，单位为毫升(mL)；

100.00——将试样稀释后所得试料的体积的数值，单位为毫升(mL)。

4.7 允许差

取平行测定结果的算术平均值为测定结果。平行测定结果的绝对差值不超过 0.03 mg/L。

5 *N*,*N*-二乙基-1,4-苯二胺滴定法

5.1 原理

5.1.1 游离氯的测定

当 pH 值为 6.2～6.5 时，试样中的游离氯与 *N*,*N*-二乙基-1,4-苯二胺(以下简称 DPD)直接反应生成红色化合物。用硫酸亚铁铵标准滴定溶液滴定到红色消失为终点。干扰的消除参见附录 A。

5.1.2 余氯的测定

当 pH 值为 6.2～6.5 时，在过量的碘化钾存在下，试样中余氯与 DPD 反应，生成红色化合物。用硫酸亚铁铵标准滴定溶液滴定到红色消失为终点。干扰的消除参见附录 A。

5.2 试剂和材料

本方法所用试剂，除非另有规定，仅使用分析纯试剂和符合 4.2.1 规定的水。试验中所需的标准滴定溶液，在没有注明其他要求时，按 GB/T 601 的规定制备。

5.2.1 水(不含氧化性和还原性物质)：

同 4.2.1。

5.2.2 碘化钾。

5.2.3 次氯酸钠溶液Ⅰ：同 4.2.3。

5.2.4 次氯酸钠溶液Ⅱ：同 4.2.4。

5.2.5 缓冲溶液：pH 值为 6.5。

同 4.2.5。

5.2.6 *N*,*N*-二乙基-1,4-苯二胺硫酸盐(以下简称 DPD)[NH_2-C_6H_4-$N(C_2H_5)_2 \cdot H_2SO_4$]溶液：1.1 g/L。

同 4.2.6。

5.2.7 硫代乙酰胺(CH_3CSNH_2)溶液：2.5 g/L 或亚砷酸钠($NaAsO_2$)溶液：2 g/L。

5.2.8 硫酸亚铁铵标准滴定溶液Ⅰ：$c[(NH_4)_2Fe(SO_4)_2 \cdot 6H_2O]$约 0.056 mol/L。

配制：称取约 22 g 六水硫酸亚铁铵[$(NH_4)_2Fe(SO_4)_2 \cdot 6H_2O$](精确至 0.001 g)溶于含 5.0 mL 硫酸的 250 mL 水中，移入 1 000 mL 容量瓶内，用水稀释至刻度，摇匀，贮存于棕色瓶内。使用当天，按下述给定的操作方法标定该溶液。

标定：在 250 mL 锥形瓶内，移取 50 mL 硫酸亚铁铵溶液Ⅰ，加入 50 mL 水，5.0 mL 正磷酸和四滴二苯胺磺酸钡指示液，用重铬酸钾标准溶液滴定到紫色不褪，即为终点。硫酸亚铁铵溶液Ⅰ浓度 c_A 按式(3)计算：

$$c_A = \frac{V_B c_B}{V_A} \qquad \cdots\cdots(3)$$

式中：

c_B——重铬酸钾标准溶液的浓度，单位为摩尔每升(mol/L)；

V_B——消耗重铬酸钾标准溶液的体积，单位为毫升(mL)；

V_A——吸取被标定的硫酸亚铁铵溶液Ⅰ的体积，单位为毫升(mL)。

当 c_A 小于 0.044 mol/L 时，则应重新配制。

5.2.9 硫酸亚铁铵标准滴定溶液Ⅱ：$c[(NH_4)_2Fe(SO_4)_2 \cdot 6H_2O]$约 0.002 8 mol/L。

移取 50 mL 当天标定的硫酸亚铁铵溶液Ⅰ，置于 1 000 mL 容量瓶中，用水稀释至刻度，摇匀，移入棕色瓶中备用。

该溶液现用现配。

5.2.10 重铬酸钾标准溶液：$c[(1/6K_2Cr_2O_7)]$约 0.1 mol/L。

5.2.11 二苯胺磺酸钡$[(C_6H_5\text{-}NH\text{-}C_6H_4\text{-}SO_3)_2Ba]$指示液：3 g/L。

5.3 仪器和设备

一般实验室用仪器和微量滴定管。

微量滴定管：容积为 5.00 mL，最小分度为 0.02 mL。

实验中所用的玻璃器皿需用次氯酸钠溶液Ⅱ注满器皿，1 h 后用大量自来水冲洗，再用水洗净。在分析过程中，为避免污染游离氯那一组，应一组玻璃容器用于测定游离氯，另一组用于余氯的测定。

5.4 样品

同 4.4。

5.5 分析步骤

5.5.1 试样：取样后立即开始测定，试样须避免光照、搅动和受热。

5.5.2 游离氯的测定：在 250 mL 锥形瓶中，加入 5.0 mL 缓冲溶液和 5.0 mL DPD 溶液混匀(见 4.5.4注)，随后加 100.00 mL 试样溶液混匀，立即用硫酸亚铁铵标准滴定溶液Ⅱ滴定到无色为终点。记录所消耗标准滴定溶液的体积 V_1。

5.5.3 余氯的测定：在 250 mL 锥形瓶中，加入 5.0 mL 缓冲溶液和 5.0 mL DPD 溶液混匀(见 4.5.4注)，随后加 100.00 mL 试样溶液混匀，再加入 1 g 碘化钾混匀，显色 2 min 后，立即用硫酸亚铁铵标准滴定溶液Ⅱ滴定到无色为终点。若 2 min 内返色，继续滴定至无色为终点。记录所消耗标准滴定溶液的体积 V_2。

5.5.4 锰氧化物干扰的测定：在 250 mL 锥形瓶中，加入 100.00 mL 试样溶液和 1.0 mL 硫代乙酰胺溶液或亚砷酸钠溶液混匀，随后加 5.0 mL 缓冲溶液和 5.0 mL DPD 溶液混匀，立即用硫酸亚铁铵标准滴定溶液Ⅱ滴定到无色为终点。记录试样溶液中锰氧化物消耗标准滴定溶液的体积 V_3。

5.6 结果计算

5.6.1 游离氯含量的计算

试样中游离氯含量(以 Cl 计)以质量浓度 ρ_{FCl} 计，数值以毫克每升(mg/L)表示，按式(4)计算：

$$\rho_{FCl}=\frac{(V_1-V_3)cM}{1\,000\,V}\times10^6 \qquad \cdots\cdots(4)$$

式中：

c——硫酸亚铁铵标准滴定溶液Ⅱ的浓度的准确数值，单位为摩尔每升(mol/L)；

V_1——测定游离氯所消耗硫酸亚铁铵标准滴定溶液Ⅱ的体积的数值，单位为毫升(mL)；

V_3——测定锰氧化物所消耗硫酸亚铁铵标准滴定溶液Ⅱ的体积的数值，单位为毫升(mL)；

V——移取试样溶液的体积的数值，单位为毫升 mL；

M——氯的摩尔质量的数值，单位为克每摩尔(g/mol)(M=35.45)。

5.6.2 余氯含量的计算

试样中余氯含量(以 Cl 计)以质量浓度 ρ_{TCl} 计，数值以毫克每升(mg/L)表示，按式(5)计算：

$$\rho_{TCl}=\frac{(V_2-V_3)cM}{1\,000\,V}\times10^6 \qquad \cdots\cdots(5)$$

式中：

c——硫酸亚铁铵标准滴定溶液Ⅱ的浓度的准确数值，单位为摩尔每升(mol/L)；

V_2——测定余氯所消耗硫酸亚铁铵标准滴定溶液Ⅱ的体积的数值，单位为毫升(mL)；

V_3——测定锰氧化物所消耗硫酸亚铁铵标准滴定溶液Ⅱ的体积的数值，单位为毫升(mL)；

V——移取试样溶液的体积的数值，mL；

M——氯的摩尔质量的数值，单位为克每摩尔(g/mol)(M=35.45)。

5.7 允许差

取平行测定结果的算术平均值为测定结果。平行测定结果的绝对差值不超过 0.03 mg/ L。

附 录 A
(资料性附录)
干 扰 试 验

下面给出两种类型的干扰。

A.1 其他氯化物引起的干扰

可能存在的任何二氧化氯的一小部分都会作为游离氯被测定。这些干扰可以通过测定水中的二氧化氯进行校正。

A.2 氯化物以外的物质引起的干扰

DPD的氧化不仅是由氯化合物引起的,由于浓度和潜在的化学氧化物,反应可被其他氧化剂影响。下列物质被特别提出:溴化物,碘化物,溴胺,碘胺,臭氧,过氧化氢,铬酸盐,锰酸盐,亚硝酸盐,铁离子(Ⅲ)以及铜离子。当铜离子的质量浓度<8 mg/L,铁离子(Ⅲ)的质量浓度<20 mg/L时,该干扰可由pH值为6.5的缓冲溶液和DPD中的EDTA的加入来消除。

铬酸盐的干扰可通过氯化钡的加入来消除。

ICS 71.040.40
G 76

中华人民共和国国家标准

GB/T 14427—2008
代替 GB/T 14427—1993

锅炉用水和冷却水分析方法 铁的测定

Analysis of water used in boiler and cooling system—Determination of iron

(ISO 6332:1988, Water quality—Determination of iron—Spectrometric method using 1,10-phenanthroline, NEQ)

2008-04-01 发布 2008-09-01 实施

中华人民共和国国家质量监督检验检疫总局
中国国家标准化管理委员会 发布

前　言

本标准对应于 ISO 6332:1988《水质　铁的测定　1,10-邻菲啰啉分光光度法》(英文版),与 ISO 6332:1988的一致性程度为非等效。

本标准代替 GB/T 14427—1993《锅炉用水和冷却水分析方法　铁的测定》。

本标准与 GB/T 14427—1993 相比主要变化如下:

——删除了“4,7-二苯基-1,10-菲啰啉光度法”;

——增加了可溶性铁(Ⅱ)的内容。

本标准由中国石油和化学工业协会提出。

本标准由全国化学标准化技术委员会水处理剂分会(SAC/TC 63/SC 5)归口。

本标准负责起草单位:天津化工研究设计院、中石化水处理药剂评定中心。

本标准主要起草人:刘艳飞、金栋、邵宏谦。

本标准于 1993 年首次发布。

锅炉用水和冷却水分析方法　铁的测定

1　范围

本标准规定了锅炉用水、冷却水、原水及工业废水中总铁、总可溶性铁和可溶性铁(Ⅱ)的测定方法。

本标准适用于测定铁的质量浓度范围为0.01 mg/L～5 mg/L。铁质量浓度高于5 mg/L时可将样品适当稀释后再进行测定。

2　规范性引用文件

下列文件中的条款通过本标准的引用而成为本标准的条款。凡是注日期的引用文件,其随后所有的修改单(不包括勘误的内容)或修订版均不适用于本标准,然而,鼓励根据本标准达成协议的各方研究是否可使用这些文件的最新版本。凡是不注日期的引用文件,其最新版本适用于本标准。

GB/T 602　化学试剂　杂质测定用标准溶液的制备(GB/T 602—2002,neq ISO 6353-1:1982)

GB/T 603　化学试剂　试验方法中所用制剂及制品的制备(GB/T 603—2002,ISO 6353-1:1982,NEQ)

GB/T 6682　分析实验室用水规格和试验方法(GB/T 6682—1992,neq ISO 3696:1987)

3　原理

铁(Ⅱ)菲啰啉络合物在pH为2.5～9是稳定的,颜色的强度与铁(Ⅱ)存在量成正比。在铁浓度为5.0 mg/L以下时,浓度与吸光度呈线性关系。最大吸光值在510 nm波长处。

反应式为:

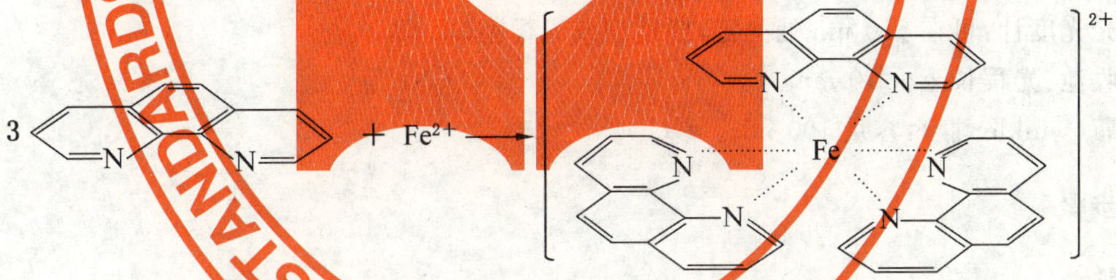

4　试剂和材料

本标准所用试剂,除非另有规定,仅使用分析纯试剂。

试验中所需杂质标准溶液、制剂及制品,在没有注明其他要求时,均按GB/T 602、GB/T 603之规定制备。

安全提示:本标准所使用的强酸具有腐蚀性,使用时应注意。溅到身上时,用大量水冲洗,避免吸入或接触皮肤。

4.1　水,GB/T 6682,三级。

4.2　硫酸。

4.3　硝酸。

4.4　盐酸。

4.5　硫酸溶液:1+3。

4.6 乙酸缓冲溶液。

溶解 40 g 乙酸铵(CH_3COONH_4)和 50 mL 冰乙酸(ρ=1.06 g/mL)于水中并稀释至 100 mL。

4.7 盐酸羟胺溶液:100 g/L。

4.8 1,10-菲啰啉溶液:5 g/L。

溶解 0.5 g 1,10-菲啰啉氯化物(一水合物)($C_{12}H_9ClN_2 \cdot H_2O$)于水中并稀释至 100 mL。

或将 0.42 g 1,10-菲啰啉(一水合物)($C_{12}H_8N_2 \cdot H_2O$)溶于含有 2 滴盐酸的 100 mL 水中。

此溶液储存在暗处,可稳定放置一周。

4.9 过硫酸钾溶液:40 g/L。

溶解 4 g 过硫酸钾($K_2S_2O_8$)于水中并稀释至 100 mL,室温下储存于棕色瓶中。此溶液可稳定放置几个星期。

4.10 铁标准贮备溶液:100 mg/L。

称 50.0 mg 铁丝(纯度 99.99%),精确至 0.1 mg。置于 100 mL 锥形瓶中,加 20 mL 水、5 mL 盐酸,缓慢加热使之溶解,冷却后定量转移到 500 mL 容量瓶中,用水稀释至刻度,摇匀。

此溶液贮存于耐蚀玻璃或塑料瓶中,可稳定放置至少一个月。

4.11 铁标准溶液Ⅰ:20 mg/L。

移取 100 mL 铁标准贮备溶液于 500 mL 容量瓶中并稀释至刻度。

使用当天制备该溶液。

4.12 铁标准溶液Ⅱ:0.2 mg/L。

移取 5 mL 铁标准溶液Ⅰ于 500 mL 容量瓶中并稀释至刻度。

使用当天制备该溶液。

5 仪器

一般实验室用仪器和下列仪器。

5.1 分光光度计:可在 510 nm 处测定,棱镜型或光栅型。

5.2 吸收池:光程长至少 10 mm。

5.3 氧瓶(winkler 瓶):容量 100 mL。

6 采样步骤

6.1 总铁

取样后立即酸化至 pH=1,通常 1 mL 硫酸可以满足 100 mL 水样的要求。

6.2 总可溶性铁

采样后立即过滤样品,将滤液酸化至 pH=1(每 100 mL 试样加 1 mL 浓硫酸)。

6.3 可溶性铁(Ⅱ)

加 1 mL 硫酸于一个氧瓶中,用水样完全充满,避免与空气接触。

7 分析步骤

7.1 总铁

7.1.1 直接测定

取 50.0 mL 酸化后的水样(6.1)作为试样。

如果存在不溶铁、铁氧化物或铁络合物,则将试样转移至 100 mL 锥形瓶中并按 7.1.2 进行预处理。

7.1.1.1 氧化

加 5 mL 过硫酸钾溶液，微沸约 40 min，剩余体积不低于 20 mL。冷却后转移至 50 mL 比色管中，并补水至 50 mL。

7.1.1.2 还原成铁(Ⅱ)

加 1.00 mL 盐酸羟胺并充分混匀，加 2.00 mL 乙酸缓冲溶液使 pH 值为 3.5～5.5，最好为 4.5。

7.1.1.3 显色

加 2 mL 1,10-菲啰啉溶液并放在暗处 15 min。

7.1.1.4 光度测量

用分光光度计于 510 nm 处以空白溶液为参比测定 7.1.1.3 溶液的吸光度。

7.1.2 分解后的总铁

移取 50.0 mL 酸化后的试样(6.1)于 100 mL 烧杯中，加 5 mL 硝酸和 10 mL 盐酸并将该混合物加热微沸。30 min 后加 2 mL 硫酸并蒸发该溶液至出现白色的氧化硫烟雾，避免煮干。冷至室温后转移至 50 mL 比色管中并补水至 50 mL。

以下按 7.1.1.2～7.1.1.4 步骤进行。

7.2 总可溶性铁的测定

移取 50 mL 试样(6.2)于 50 mL 比色管中。

以下按 7.1.1.2～7.1.1.4 步骤进行。

7.3 可溶性铁(Ⅱ)的测定

移取 50 mL 试样(6.3)于 50 mL 比色管中。

除不加盐酸羟胺外，按 7.1.1.2～7.1.1.4 步骤进行。

7.4 空白试验

用 50 mL 水代替试样，按与测定试样相同的步骤测其吸光度。

7.5 校准曲线的绘制

7.5.1 参比溶液的制备

准确移取一定体积的铁标准溶液(4.11 和 4.12)于一系列 50 mL 比色管中，制备一系列质量浓度范围的含铁参比溶液，参比溶液的质量浓度范围应与待测试液含铁质量浓度相适应。加 0.5 mL 硫酸溶液(4.5)于每一个比色管中，并用水稀释至 50 mL。

按照每一种已确定形式的铁的相应步骤(见 7.1～7.3)，用与处理试样相同的方法对参比溶液进行处理。

7.5.2 绘制校准曲线

以铁离子质量浓度(mg/L)为横坐标，所测吸光度为纵坐标绘制校准曲线。

7.5.3 校准周期

定期进行校准，对每批新的试剂要重新做校准曲线。

8 结果计算

8.1 计算

铁含量以质量浓度 ρ 计，数值以 mg/L 表示，按式(1)计算：

$$\rho = f(A_1 - A_0) \qquad (1)$$

式中：

f——校正曲线的斜率；

A_1——试样的吸光度；

A_0——空白试样的吸光度。

8.2 结果的报告

报告结果时应指明所测铁的形式：

a） 铁质量浓度为 0.010 mg/L～0.100 mg/L 时，结果应精确到 0.001 mg/L；

b） 铁质量浓度为 0.100 mg/L～10 mg/L 时，结果应精确到 0.01 mg/L；

c） 铁质量浓度大于 10 mg/L 时，结果应精确到 0.1 mg/L。

ICS 13.100
C 66

中华人民共和国国家标准

GB/T 14441—2008
代替 GB/T 14441—1993

涂装作业安全规程 术语

Safety code for painting—Terminology

2008-12-15 发布 2009-10-01 实施

中华人民共和国国家质量监督检验检疫总局
中国国家标准化管理委员会 发布

前　　言

《涂装作业安全规程》系列标准已发布的共有 12 项：

——GB 6514—2008 《涂装作业安全规程　涂漆工艺安全及其通风净化》；

——GB 7691—2003 《涂装作业安全规程　安全管理通则》；

——GB 7692—1999 《涂装作业安全规程　涂漆前处理工艺安全及其通风净化》；

——GB 12367—2006 《涂装作业安全规程　静电喷漆工艺安全》；

——GB 12942—2006 《涂装作业安全规程　有限空间作业安全技术要求》；

——GB/T 14441—2008 《涂装作业安全规程　术语》；

——GB 14443—2007 《涂装作业安全规程　涂层烘干室安全技术规定》；

——GB 14444—2006 《涂装作业安全规程　喷漆室安全技术规定》；

——GB 14773—2007 《涂装作业安全规程　静电喷枪及其辅助装置安全技术条件》；

——GB 15607—2008 《涂装作业安全规程　粉末静电喷涂工艺安全》；

——GB 17750—1999 《涂装作业安全规程浸涂工艺安全》；

——GB 20101—2006 《涂装作业安全规程　有机废气净化装置安全技术规定》。

本标准为《涂装作业安全规程》系列标准之一。

本标准代替 GB/T 14441—1993《涂装作业安全规程　术语》。与 GB/T 14441—1993《涂装作业安全规程　术语》相比主要变化如下：

——增加了“规范性引用文件”章节，本标准的修订引用了 GB/T 15236《职业安全卫生术语》中有关安全方面的术语及 GB/T 8264《涂装技术术语》中有关涂装的专业术语。

——在第 3、4、5、6、7、8 章增加了新的术语。

——对第 3、4、5、6、7、8 章中原有的术语及新增加的术语的排列顺序、结构做了调整。

——将原标准中大标题“涂层烘干作业”改为“涂层烘干”。

——将术语“静电喷枪”改为“静电喷漆(粉)枪”，并对“静电喷枪”的定义进行了补充完善。

本标准的结构根据 GB/T 1.1—2000 要求做了调整。

本标准由国家安全生产监督管理总局提出。

本标准由全国安全生产标准化技术委员会涂装作业分技术委员会(SAC/TC 288/SC 6)归口。

本标准负责起草单位：江苏省安全生产科学研究院。

本标准参加起草单位：浙江华立涂装有限公司、浙江明泉工业涂装有限公司。

本标准主要起草人：朱坚平、柏萍、张丽、吕建立、黄立明。

本标准所代替标准的历次版本发布情况：

——GB/T 14441—1993。

涂装作业安全规程　术语

1　范围

本标准规定了涂装作业安全的通用术语。

本标准适用于涂装作业，以及与此有关的生产、管理、设计、科研、教学、出版等。

2　规范性引用文件

下列文件中的条款通过本标准的引用而成为本标准的条款。凡是注日期的引用文件，其随后所有的修改单(不包括勘误的内容)或修订版均不适用于本标准，然而，鼓励根据本标准达成协议的各方研究是否可使用这些文件的最新版本。凡是不注日期的引用文件，其最新版本适用于本标准。

GB/T 8264　涂装技术术语

GB/T 15236　职业安全卫生术语

3　基本术语

GB/T 15236、GB/T 8264 确立的以及下列术语和定义适用于本标准。

3.1

涂装　painting

将涂料涂覆于物体表面，形成具有防护、装饰或特定功能涂层的工艺过程。

3.2

涂装工程　painting engineering

为实现涂料在金属或非金属表面的涂覆进行作业所涉及到的工程系统。

3.3

涂装作业　painting operations

在涂装全过程中作业人员进行的生产活动的总称。

3.4

涂装作业场所　painting location

进行涂装作业的场地和特定的周围空间。

3.5

涂装作业安全规程　safety code for painting

为消除、限制或预防涂装作业中存在的各种危险和有害因素而制定的系列职业安全卫生标准。

3.6

涂装作业场所整体安全　whole safety for painting location

涂装作业场所的各种生产设施和作业环境，符合相应的安全卫生规定，且相互协调配套，形成统一的总体安全。

3.7

有限空间　confined spaces

仅有 1～2 个人孔，进出口受到限制的密闭、狭窄、通风不良的分隔间，或深度大于 1.2 m 的只允许单人进出的通风不良空间。

同义词：密闭空间。

3.8

热工作业　hot work

焊接、气割及能产生明火、火花或灼热工艺的作业。

4　涂料及其调配

4.1

有机涂料　organic coating

主要成膜物质由有机物组成的涂料。

4.2

溶剂型涂料　solvent based coating

用有机物作为溶剂的涂料。

4.3

含苯涂料　benzene-containing coating

苯含量超过1%(体积分数)的涂料。

4.4

含铅涂料　lead-containing coating

固体分(不挥发物)中铅含量超过0.5%(质量分数,铅化合物以金属铅计)的涂料。

4.5

高固体分涂料　high-solid coating

固体分(不挥发物)含量超过60%(体积分数)的涂料。

4.6

无溶剂涂料　solvent-free coating

不含挥发性有机溶剂的涂料。

4.7

水性涂料　water-bome coating

完全或主要以水为介质的涂料。

4.8

粉末涂料　powder coating

不含溶剂的粉末状涂料。

4.9

无苯稀释剂　no-benzene thinner

苯含量不超过1%(体积分数)的稀释剂。

4.10

调漆室　mixing chamber

符合安全卫生规定的专用于调配涂料的房间。

5　涂装前处理

5.1

表面前处理　surface pretreatment

在涂料涂覆前,除去基底表面附着物或生成的异物,以提高基底表面与涂层的附着力或赋予表面以一定的耐蚀性能的过程。

同义词:表面预处理。

5.2

涂装前处理工艺　pretreatment process of painting

涂装作业中涂料施工前的整个工艺过程。一般包括手工处理、机械处理，化学处理。

5.3

脱漆剂　paint remover

能使旧漆膜溶解溶胀并从底材表面上脱去的液体或膏状物等。

5.4

金属清洗液　cleaner for metal

能清除金属底材表面上油、污等的液体。

5.5

化学处理液　chemical pretreatment solution

通过化学方法除去底材表面异物或形成转化膜的液体。

5.6

喷(抛)丸室　cabinet for shot blasting

能阻止弹丸飞出，并设置防止粉尘外逸的通风除尘净化系统，专用于喷(抛)丸作业的密闭的和有封隔装置的室体或围护结构体。

5.7

喷(吹)砂室　cabinet for sand blasting

能阻止砂子飞出，并设置防止粉尘外逸的通风除尘净化系统，专用于喷(吹)砂作业的密闭的和有封隔装置的室体或围护结构体。

5.8

脱脂　degreasing

除去基体表面油污的过程。

5.9

酸洗　picking

用酸液洗去基底表面锈蚀物和轧皮的过程。

5.10

表调　surface conditioning

把表面转化为能在以后的工序中得到适当状态的过程。

同义词：表面调整。

5.11

磷化　phosphating

利用含磷酸或含磷酸盐的溶液在基底金属表面形成一种不溶性磷酸盐膜的过程。

5.12

钝化　passivating

使基底金属表面产生钝化膜的过程。

5.13

前处理区　pretreatment area

由于前处理作业而存在危险量的易燃和可燃性蒸气、各类化学物质的雾、粉尘或积聚可燃性、腐蚀性残存物的区域。

5.14

前处理作业场所　location of pretreatment operation

为前处理作业专门设置的场地和特定的周围空间。

6 涂料涂覆

6.1

手工刷涂　manual brushing

利用漆刷蘸涂料进行涂覆的方法。

6.2

空气喷涂　air spraying

利用压缩空气将涂料雾化并射向基底表面进行涂覆的方法。

6.3

高压无气喷涂　high-pressure airless spraying

利用动力使涂料增压,然后迅速失压膨胀而雾化,达到涂覆目的的方法。

6.4

滚筒涂装　barrel enamelling

将工件装于盛有烘漆的锥形滚筒中,使滚筒转动到所有涂件都涂上后,让滚筒在受热中继续转动到涂膜干燥的涂装方法。

6.5

浸涂　dipping

将工件浸没于涂料中,取出,除去过量涂料的涂漆方法。

6.6

电泳涂装　electro-coating

利用外加电场使悬浮于电泳液中的颜料和树脂等微粒定向迁移并沉积于电极之一的基底表面的涂装方法。

6.7

静电喷涂　electrostatic spraying

使雾化涂料在高压直流电场作用下荷电,并吸附于基底表面放电的涂装方法。

6.8

静电喷漆　electrostatic spray painting

使雾化的溶剂型涂料在高压电场的作用下荷电或极化而吸附于基底表面的涂装方法。

6.9

静电喷粉　electrostatic powder spraying

使雾化的粉末涂料在高压电场的作用下荷电或极化而吸附于基底表面的涂装方法。

同义词:粉末静电喷涂。

6.10

涂漆区　painting area

由于涂漆作业而存在危险量的易燃和可燃性蒸气、漆雾、粉尘或积聚可燃性残存物的区域。

6.11

喷粉区　powder area

由于粉末喷涂作业而存在危险量、易燃易爆性悬浮状粉末或积聚粉末的区域。

6.12

流平区　flash-off area

喷漆作业后的一个开放或封闭区域,在该区域内使漆膜均匀流平并释放出溶剂蒸气。

6.13

喷漆室 spray booth

一个完全封闭或半封闭的，设有良好机械通风和照明设备的，专用于喷涂涂料的室体或围护结构体。室内气流组织能防止漆雾、溶剂蒸气向外逸散，并使其集中安全引入排风系统。喷漆室包括静电喷漆室和非静电喷漆室，有干式喷漆室和湿式喷漆室。

6.14

漆雾 paint mists

弥散在空间的雾状涂料。

6.15

过喷 overspray

喷涂过程中未附着于工件上的涂料。

6.16

漆雾去除率 removing rate of paint mists

喷漆室漆雾去除装置进出口气体中减少的平均漆雾量与进口平均漆雾量之比（以质量分数表示）。

6.17

漆渣 paint slag

未附着于工件表面的涂料残存物。

6.18

喷粉室 powder spray booth

完全封闭或半封闭的，设有良好机械通风和照明设备的，专用于喷涂粉末涂料的室体或围护结构体。室内气流组织能防止粉尘向外逸散，并使其集中安全引入回收、净化系统。

6.19

粉末回收率 recovery rate of powder

喷粉室粉末回收装置进出口气体中减少的平均粉末量与进口平均粉末量之比（以质量分数表示）。

6.20

静电喷漆室 booth for electrostatic spray painting

一个完全封闭或半封闭的、具有良好机械通风和照明设备的、专门用于静电喷漆的房间或围护结构体。室内气流组织能防止漆雾、溶剂蒸气向外逸散并使其集中安全引入排风系统。

6.21

静电喷漆（粉）枪 electrostatic spray paint(powder)gun

利用静电原理工作，并具有防护措施的喷涂液态、粉末涂料的喷枪，包括枪式、转盘式、旋杯式等。

6.22

自动喷涂机 automatic spraying equipment

能按既定的控制程序完成喷涂作业的自动化机械装置。

7 涂层烘干

7.1

涂层烘干室 paint drying oven

用加热方式使涂层进行干燥、固化的操作间。

7.2

间歇式烘干室 batch process oven

间歇地装入工件并周期地进行干燥、固化作业的烘干室。

7.3

连续式烘干室 continuous process oven

均衡地装入工件并连续地进行干燥、固化作业的烘干室。

7.4

直接燃烧加热 direct-fired

烘干室加热系统的燃烧产物进入其工作空间，并直接地接触和加热工件。

7.5

间接燃烧加热 indirect-fired

烘干室加热系统的燃烧产物与其工作空间气密地隔开，并间接地加热工件。

7.6

空气循环系统 air recirculation system

有组织地将烘干室工作空间的空气抽出并送回的整套装置，用以满足工件对流加热的要求和避免室内空气中可燃物集聚。

8 通风净化

8.1

涂装废气 waste gas of painting

涂装作业过程中产生的含有有害和易燃易爆物质的气体。包含有机废气和无机废气。

8.2

有机废气 exhaust organic gas

涂装作业过程中产生的含有有机化合物的气体。

8.3

有效通风 effective ventilation

涂装作业场所空气中有害物质浓度低于国家卫生标准规定的最高容许浓度的通风措施。

8.4

安全通风 safety ventilation

涂装作业通风区域内，在任何工作状态下任何部位易燃易爆及其他有害气体浓度均达到国家防爆标准规定的安全浓度的通风措施。

8.5

净化装置 purification equipment

除去有机废气的装置。主要包括净化设备，辅助设备，过滤器，温度、浓度、压力、报警等检测仪器，阻火防爆及安全联锁等器件。

8.6

有机废气净化 exhaust organic gas cleaning

8.6.1

燃烧净化 incineration cleaning

用燃烧方法使涂装废气中有害物质变成无害物质达到净化的方法。

8.6.2

直接燃烧净化 direct incineration cleaning

在燃烧装置中涂装废气直接作为燃料进行燃烧达到净化的方法。

8.6.3

热力燃烧净化 thermal incineration cleaning

借助外加燃料使涂装废气进行燃烧达到净化的方法。

8.6.4

催化燃烧净化　catalytic incineration cleaning

借助催化剂使涂装废气进行燃烧达到净化的方法。

8.6.5

冷凝净化　condensation cleaning

将涂装废气中有害物质的蒸气冷凝成液体，并加以收集利用达到净化的方法。

8.6.6

吸收净化　absorption cleaning

采用适当的液体吸收剂，气液相充分接触过程中，进行物理或化学吸收涂装废气中有害物质达到净化的方法。

8.6.7

吸附净化　adsorption cleaning

用固体吸附剂吸附涂装废气中有害物质达到净化的方法。

8.7

涂装废气净化率　cleaning rate of waste gas of painting

涂装废气各种净化装置进出口气体中平均减少的有害物质总量与进口有害物质总量之比（以质量分数表示）。

ICS 13.100
C 70

中华人民共和国国家标准

GB/T 14442—2008
代替 GB/T 14442—1993

毛皮生产安全卫生规程

Safety and health regulation for fur manufacture

2008-12-15 发布　　2009-10-01 实施

中华人民共和国国家质量监督检验检疫总局
中国国家标准化管理委员会　发布

前　言

本标准代替 GB/T 14442—1993《毛皮生产安全卫生规程》。

本标准与 GB/T 14442—1993 相比主要变化如下：

——更新了规范性引用文件；

——增加了厂房和工作场所职业卫生部分条款；

——删除部分条款，调整了部分文字内容。

本标准由国家安全生产监督管理总局提出。

本标准由全国安全生产标准化技术委员会(SAC/TC 288)归口。

本标准起草单位：首都经济贸易大学、中国皮革协会。

本标准主要起草人：王勇毅、郭文宏、郭建中、姜亢、林秀山。

本标准 1993 年 6 月 10 日首次发布，2008 年第一次修订。

毛皮生产安全卫生规程

1 范围

本标准规定了毛皮生产行业安全卫生的要求和技术措施。

本标准适用于将原料皮经准备、鞣制、染整及加工成裘皮或毛革两用皮的毛皮生产企业、车间和作业场所。

2 规范性引用文件

下列文件中的条款通过本标准的引用而成为本标准的条款。凡是注日期的引用文件，其随后所有的修改单(不包括勘误的内容)或修订版均不适用于本标准，然而，鼓励根据本标准达成协议的各方研究是否可使用这些文件的最新版本。凡是不注日期的引用文件，其最新版本适用于本标准。

GB 2893 安全色

GB 2894 安全标志及其使用导则

GB 5083 生产设备安全卫生设计总则

GB 15603 常用化学危险品贮存通则

GB 18218 重大危险源辨识

GB 50016 建筑设计防火规范

GB 50052 供配电系统设计规范

GB 50054 低压配电设计规范

GB 50058 爆炸和火灾危险环境电力装置设计规范

3 厂房和工作场所

3.1 厂房结构应坚固，建筑材料应具有较强的耐腐蚀和防潮湿性能；湿作业厂房应优先选用单层建筑。

3.2 厂房应具备良好的采光、采暖设施；高温、高湿和散发有害气体的厂房应适当加高，留足开窗面积。

3.3 湿作业车间的地面应符合耐腐蚀和导热性小的要求。根据水和其他液体的用量，地面应设计建造相应的排水设施，留足排水坡度并做防滑处理。

3.4 合理存放车间内的半成品毛皮，并保留适当宽度的安全通道。

3.5 原料皮仓库和作业场所应建在干燥的、不会被水淹没的地段；用地范围的选择应符合卫生防疫的有关规定；地面应有排水沟和污水排出设施；屋顶及墙壁应平整、光滑、无缝隙。

3.6 建筑防火应符合 GB 50016 的规定。

3.7 电气设备的安装、使用应符合 GB 50052，GB 50054 以及 GB 50058 的有关规定。

3.8 工业企业的总平面布置，在满足主体工程需要的前提下，应将作业场所和非作业场所分开设置；污染危害严重的设施远离非污染设施；产生粉尘的车间与产生毒物的车间分开；在产生职业危害的车间与其他车间及生活区之间设有一定的卫生防护绿化带。

3.9 作业场所不得采用循环空气作热风采暖和空气调节。

4 机器设备

4.1 安全防护装置和安全技术措施

4.1.1 使用的生产设备应符合 GB 5083 的相关规定，机器设备上可能对人造成伤害的转动零部件，如传动带、转轴、传动链、链轮、带轮、齿轮等应设防护装置。

4.1.2 机器设备上可能发生断裂、松动、脱落或机械能释放对人造成伤害的零部件，如电动机、离合器、砂轮、联接件、紧固件等应设置防护罩(套)或防松装置。

4.1.3 工作危险区应设置警戒标志，警戒标志应符合 GB 2894 要求，运转中的转鼓、转笼、划槽及电气设备等应选择栏、网、罩、盖等适宜的防护装置。

4.1.4 刀轴类机器及轴式供料机器应在供料、传送辊前设置安全防护装置。

a) 对于刀轴类机器，应在操作者易触及的刀辊、供料辊前设可调式安全活动挡板；

b) 安全活动挡板涂色按 GB 2893 的规定执行；

c) 推荐采用气动式、光线式、感应式等具有联锁装置的安全控制装置。

4.1.5 刀轴类机器装换新刀片应保证嵌装质量，经检查运转正常后方可正式使用。

4.1.6 具有液压系统的机器设备：

a) 应设过载保护装置，安全阀、溢流阀及管路必须定期校验及清洗；

b) 液压油按机器设备和季节的要求定期过滤、更换，保持清洁；

c) 最大油压不得超过系统内所使用元件的安全工作压力；

d) 压力表及显示装置应清晰、灵敏、准确、可靠。

4.1.7 电气设备和供配电线路应定期测定其主要安全参数，发现异常及时维修。

4.1.8 电器、机械设备的金属外壳和行车轨道，应保护接零并按规程要求加装重复接地装置。移动式电动工具应安装漏电保护开关或隔离变压器。

4.1.9 安全防护装置和设施应定期检修，保持良好状况，不得任意拆除或挪作它用。

4.1.10 在用压力容器应符合《压力容器安全技术监察规程》的规定。

4.2 安全操作规范

4.2.1 机器设备投入使用前，应制定安全技术操作规程。

4.2.2 机器设备应指定专人管理和维护。操作去肉机、铲软机、剪毛机、烫毛机、削薄机、脱脂机等危险性较高的机器设备的人员必须经培训后方可上岗。所有机器设备操作的人员具备所从事的生产活动相应的安全生产知识和能力后方可上岗操作。

4.2.3 开启机器设备前，操作者应做以下准备工作：

a) 清除机器上的一切杂物，使其整洁并保证工作场所清洁畅通；

b) 操作者应正确佩戴个体防护用品；

c) 检查确认安全防护装置有效可靠，紧固件、连接件完好。

4.2.4 需要试空车的机器设备，应先启动并确认紧急停车、操纵器、传动装置等灵敏可靠，一切正常后，方可正式运转操作。

4.2.5 机器设备运转过程中出现异常现象，应立即停机检查，排除故障，严禁超载运行，严禁生产过程中修理和拆卸附属装置。

4.2.6 对去肉机、剪毛机等机器的刀具进行磨刀操作时，砂轮进给应缓慢，进给量不应过大。

4.2.7 保持生产场所的清洁，注意机器设备的维护保养和良好润滑。

4.3 维修与保养

4.3.1 应建立定期检修制度，制定并实施操作工、保全工和机修工保养维修制度。

4.3.2 大、中修必须制定拆装修理操作规程及检修后的验收标准。

4.3.3 检修技术资料应完整并归档。

5 物理性职业危害的预防

5.1 防噪声、防振动的管理和技术措施

5.1.1 存在转鼓、转笼、烫毛机、剪毛机、干铲机、直毛设备等高噪声设备的车间和作业场所，工作场所操作人员每天连续接触噪声 8 h，噪声声级卫生限值为 85 dB(A)。每天接触噪声不足 8 h 的场合，可根据实际接触噪声的时间，按接触时间减半，按噪声声级卫生限值增加 3 dB(A)的原则，确定其噪声声级限值，但最高限值不得超过 115 dB(A)。

5.1.2 噪声强度差异大的设备应分区、隔离设置。

5.1.3 设置烫毛机、剪毛机、铲皮机等高噪声机器的工作场所，应合理设置机台密度。并应采取吸声、减振及佩戴个体防护用品等综合防护措施。

5.1.4 设置转鼓、转笼的工作间应采取吸声、隔声等综合降噪措施，定期检查转鼓(笼)齿轮的啮合和零件的润滑情况，发现磨损及时更换维修。

5.1.5 应定期测定有高噪声机器设备车间作业点的噪声强度，原则上每年不少于一次，并将检测结果归档、向作业人员公布。

5.1.6 定期对噪声、振动环境中的作业人员进行职业性健康检查，有禁忌证和职业病症状者，按相关规定执行。原则上进行职业性健康检查每年不得少于一次，并将检测结果纳入企业职业健康档案。

5.2 防高温、防低温、防潮管理和技术措施

5.2.1 车间作业地点夏季空气温度，应按车间内外温差计算。室内外温差的限度，应根据实际出现的本地区夏季通风室外计算温度确定，不得超过表 1 规定的数值。凡近十年每年最冷月平均气温≤8 ℃的月份在三个月及三个月以上的地区应设集中采暖设施；出现≤8 ℃的月份为两个月以下的地区应设局部采暖设施。

表 1 车间内工作地点的夏季空气温度规定

夏季通风室外计算温度/℃	22 及以下	23	24	25	26	27	28	29～32	33 及以上
工作地点与室外温差/℃	10	9	8	7	6	5	4	3	2

5.2.2 患风湿性疾病者不得从事低温或高湿作业。

5.2.3 设置烫毛和各类形式干燥的生产性热源(以下简称行业生产性热源)设备的厂房，应具有足够的高度和合理的侧窗、天窗。行业生产性热源设备宜设置在天窗下面以形成热压为主的自然通风，也可同时辅以风压自然通风。

5.2.4 行业性生产热源安装场所自然通风达不到要求时，应根据具体情况采取机械通风措施。

5.2.5 在操作方式许可的条件下，应对行业生产性热源采取一定的隔热措施。

5.2.6 高温作业场所的非采暖用供热管道应采取隔热措施。

5.2.7 蒸汽加温管道应固定，表明阀门开启和关闭状态的标志应准确、清晰、醒目。

5.2.8 露天固定作业场所，在夏季应搭设遮阳棚。

5.2.9 湿加工车间应采取有效的防潮、排潮措施，及时疏通积水、降低作业场所湿度。

5.3 防静电危害的管理和技术措施

5.3.1 应普及防静电危害知识，增进职工对静电现象和静电危害的识别能力。

5.3.2 对易产生静电危害的工序和场所，应采取防静电措施。

6 化学性职业危害的预防

6.1 防毒技术措施

6.1.1 在保证产品质量的前提下，尽可能采用无毒或低毒的工艺代替有毒或高毒的工艺进行生产。

6.1.2 对产生或存在毒物危害的工作场所应采取防毒措施，车间空气中有（毒）物质的浓度不应超过表2规定的数值。

表2 车间空气中有（毒）物质的浓度规定

序号	名称	OELs/(mg/m³)		
		MAC	PC-TWA	PC-STEL
1	铬及其化合物（三氧化铬、铬酸盐、重铬酸盐，按Cr计）	—	0.05	(0.15[a])
2	锆及其化合物	—	5	10
3	氧化钙	—	2	(5[a])
4	氯化氢及盐酸	7.5	—	—
5	硫化氢	10	—	—
6	氨	—	20	30
7	甲醛	0.5	—	—
8	甲酸	—	10	20
9	二苯胺	—	10	(25[a])
10	间苯二酚	—	20	(40[a])

a 根据超限系数推算得出。

6.1.3 用铬鞣皮的企业应尽可能使用固体铬鞣剂和利于铬吸收、能减少污染的助鞣剂，或采用铬鞣剂与合成鞣剂结合的方式鞣制；对于一般的毛皮产品，铬鞣液应循环使用，采取技术或工艺手段尽可能延长循环时间和次数；对于毛革一体的铬鞣液，应处理后再循环使用。

6.1.4 生产经营单位应采用先进设备和工艺取代手工进行褪色（漂白）、直毛、染色、揩涂、刷涂、手工喷涂、喷染等手工作业。

6.1.5 存在毒物危害的作业场所应采取通风排毒措施。下列工序的作业场所应设局部排风系统：

a) 使用三氯乙烯、四氯乙烯等有机溶剂进行脱脂；
b) 剪绒加工中的熨伸；
c) 光面毛革的涂饰；
d) 使用氨水的工序；
e) 其他需要采取局部通风措施的作业场所。

6.1.6 下列操作应在通风柜中进行：

a) 手工涂刷褪色（漂白）；
b) 刷染及喷枪手工喷染；
c) 揩涂、刷涂及手工喷涂；
d) 熨伸工序手工刷醛（酸）。

6.1.7 全面通风换气时，送风口应尽可能接近工作地点，设在有毒气体浓度较低的区域；排风口应接近有毒气体发生源，设在有毒气体浓度高的区域。

6.1.8 烫毛机后面应设置通风系统。

6.1.9 在进行涂饰时，尽量使用水溶性涂料，以减少溶剂型涂料的危害。

6.2 防尘技术措施

6.2.1 对产生或存在粉尘危害的专业场所应采取防尘措施，空气中生产性粉尘的浓度应不高于 8 mg/m^3。

6.2.2 伴有粉尘产生的工序及机器设备，例如转鼓、转笼、伸展机、勾软机、铲软机、磨里机、梳毛机、抓毛机、打毛机、剪毛机、烫毛机等，应设置适当的通风除尘系统，不得使粉尘外逸或排空。

6.2.3 收放、分类、搬运原料干皮的作业场所应有良好的自然通风。作业人员工作时应选择在上风侧作业，固定作业点应设除尘装置。

6.2.4 企业应改革工艺，采用去肉机湿刮毛、湿剪机剪毛代替生皮干抓毛和干剪毛。

6.2.5 作业开始时应先启动除尘装置，后启动生产设备；作业结束时，必须先关闭生产设备，后关闭除尘装置。

6.2.6 通风除尘系统风道应定期清理、严防堵塞。除尘设备的卸灰装置应严防漏泄，防止积尘飞扬，造成二次污染。

6.3 化学品操作和安全管理

6.3.1 密闭生产设备应采用机械加液和排液，或者使用高位槽及管道式输送液体，不应采用人工向容器内倾注液体的方法作业。

6.3.2 在抽吸腐蚀性液体前应检查系统的密封性。

6.3.3 搬运各类液体物料应小心谨慎，防止外溅。

6.3.4 重铬酸钠(钾)、甲醛、乙酸铅、苯酚、萘胺、草酸、浓硫酸、双氧水等危险化学品应在专用仓库(柜)内存放，危险化学品的存储应符合 GB 15603 规定。

6.3.5 应建立和落实危险化学品管理制度和应急救援预案。

6.3.6 盛放易挥发物料的容器必须密闭，开启使用后，应立即重新密闭。

6.3.7 对存在职业危害的作业场所，应在醒目位置设置警示标志和中文警示说明。

6.4 个体防护

6.4.1 接触有害因素的作业人员，应熟悉所接触有害物料的特性、可能产生的危害以及相应的防护知识；在领取、称量、运输和配料时，必须穿戴防护工作服和使用其他必要的防护用品。

6.4.2 下列作业的操作人员必须戴橡胶手套、护目镜和口罩：

a) 向浸皮液中加防腐剂；

b) 配制染液、涂饰浆(液)；

c) 手工染色、褪色(漂白)、涂饰；

d) 使用甲醛、氨水、双氧水、四氯乙烯、浓盐酸、浓硫酸、甲酸、乙酸、乳酸等；

e) 其他存在粉尘、有害气体的作业。

6.4.3 抢修涉及有毒物料的生产设备或抢救泄毒事故时，作业人员必须使用防毒面具。

6.5 职业健康管理

6.5.1 接触毒物的人员，其工作服和防护用品应与其他服装和物品隔开存放，并由专人负责定期对工作服的清洗和防护用品的维修。

6.5.2 接触尘毒的人员班后应进行淋浴；进食和饮水前应洗手、漱口，严禁穿工作服(或防护服)进入就餐等非作业场所。

6.5.3 禁止在有尘毒危害的作业场所进食、饮水和吸烟。

6.5.4 在有急性中毒和腐蚀性危险的作业场所，应设置急救站或急救药箱，配备具有急救知识和技能的人员，并配备相应医药器材和冲洗设备。

6.5.5 存在毒害物质的场所应建立清洁卫生制度，及时清除有毒害的污物。用于包装有毒有害物品的包装物严禁随意弃置。

6.5.6 接触尘毒的人员应定期进行职业健康检查，并将检测结果纳入企业职业健康档案。

6.5.7 发现患有职业病或有职业病症状者，按相关规定处理。

7 生物性职业危害的预防

7.1 为预防生物性职业危害，应采取技术和管理措施，并配备专职卫生防疫人员定期检测。

7.2 企业应按相关规定，做好卫生防疫工作。

7.3 购进的原料皮应具有结论为合格的检疫证明。

7.4 经检疫确定为携带传染性病菌的原料皮应在卫生防疫人员监督下及时进行消毒。与带菌原料皮接触过的正常原料皮，必须经过消毒处理才能存入原料皮仓库。

7.5 原料皮的检疫鉴定方法应符合卫生防疫的有关规定。

7.6 原料皮的初步加工应在专设的加工车间内进行，不得在原料皮仓库内进行抓毛、去头(腿、尾)等作业。

7.7 原料皮贮存、加工、运输等有关设备及场所，每年应进行两次预防性消毒，发现疫情时应立即进行全面消毒。

7.8 原料皮的消毒一般应采用环氧乙烷熏蒸法，室内和器具的消毒，也可用石炭酸溶液进行喷洒或浸泡。

7.9 在密封条件下进行环氧乙烷熏蒸消毒，应遵守有关的安全操作规定。原料皮消毒后须经 24 h 散气后方可存入仓库。

7.10 从事原料皮加工、贮存、运输的人员作业时应穿防护服，并配戴自吸式过滤防尘口罩。从事消毒工作的人员还应戴防毒面具、防护眼镜及橡胶手套。

7.11 上述人员工作期间严禁进食、饮水和吸烟；班后应在指定地点淋浴；发生手脚创伤或原因不明的局部痛痒、红肿、丘(斑)疹时，应立即就医。

7.12 作业人员应每年进行一次体检，并接种炭疽疫苗和布鲁氏杆菌疫苗各一次。

7.13 发现有炭疽病症状者，应立即报告卫生防疫部门进行检疫，查出病源，积极采取措施，严防传染病传播和蔓延。

8 防火、防爆

8.1 油料库、化学品仓库等用环氧乙烷进行原料皮熏蒸消毒的仓库、干抓毛车间、配料室、使用大量挥发性有机物的车间、有燃爆风险的其他场所应严禁明火或可能导致足够点火能量的条件出现，应配足相应的消防设施和器材，并保证其完好有效。

8.2 做好工作场所及存储区的通风防尘工作，防止由于其他粉尘引起的爆炸。

8.3 危险化学品的储存应满足 GB 15603 的要求，使用或储存量达到 GB 18218 规定的临界量时，按重大危险源的相关规定处理。危险化学品的入库、贮存和发放，应建立严格的规章制度和安全操作规程。

8.4 用环氧乙烷进行原料皮熏蒸消毒，必须在耐火等级不低于二级的密闭仓库内进行，熏蒸期间严禁火源。

8.5 毛皮工艺中使用下列化工材料时，应注意：

a) 漂白粉不得和有机物或易燃易爆物相混，贮运时切忌日光曝晒及雨淋；

b) 漂白粉、漂毛粉应放在干燥阴凉处，防止受潮受热；

c) 保险粉存放切勿受潮及置露在空气中，且不得与无机酸接触；

d) 重铬酸钾(钠)不得和有机物或酸类混放；

e) 甲酸、双氧水、氨水应存放于密闭容器，置阴凉通风处，严禁日光照射；

f) 高锰酸钾不得与有机物混放，并应避光保存。

8.6 采用溶剂法脱脂时，必须在密闭设备中进行，控制所需溶剂量；发现设备泄漏，必须及时修复；作业场所应严禁明火。

8.7 不得使用易燃易爆溶剂在没有回收装置、非密闭的转鼓中进行脱脂。

8.8 干燥通道的排气管应伸出屋顶，周围 30 m 以内不得有明火。

ICS 55.020
A 80

中华人民共和国国家标准

GB/T 14449—2008
代替 GB/T 14449—1993

气雾剂产品测试方法

Test method for aerosol products

2008-07-18 发布 2009-01-01 实施

中华人民共和国国家质量监督检验检疫总局
中国国家标准化管理委员会 发布

前　言

本标准代替 GB/T 14449—1993《气雾剂产品测试方法》。

本标准与 GB/T 14449—1993 相比，主要变化如下：

——测试内容增加了“净容量、充填率、泄漏量”；

——内压的测试温度由 25 ℃±1 ℃改为“所要求的温度，控温精度±1 ℃”；

——燃烧性的测试增加了两种测试方法，为“封闭空间点燃试验方法”和“泡沫可燃性试验方法”；

——修改了气雾剂的贮存试验方法；

——增加了净容量的测试方法；

——增加了充填率的测试方法；

——修改了喷出速率的测试方法的试验条件；

——删除了泄漏速率的测试，增加了泄漏量的测试。

燃烧性测试方法采用了联合国《关于危险货物运输的建议书：试验和标准手册》(第四版)中有关气雾剂试验方法技术内容，其他测试方法参考了美国材料试验协会(ASTM)标准。

本标准由中国包装联合会提出。

本标准由全国包装标准化技术委员会归口。

本标准主要起草单位：中山市凯达精细化工股份有限公司。

本标准参与起草单位：深圳市彩虹精细化工股份有限公司、广州保赐利化工有限公司、中山市美捷时喷雾阀有限公司、广东莱雅化工有限公司、台州绿岛化妆品有限公司、上海庄臣有限公司、河北康达有限公司、上海大造气雾剂有限公司、中山乐高派对用品有限公司。

本标准主要起草人：崔茹平、梁配辉、康震宇、梁伟明、王学民、李义庆、叶建军、刘科、王璐、郑智勇、阮慎、梁高键。

本标准所代替标准的历次版本发布情况为：

——GB/T 14449—1993。

气雾剂产品测试方法

1 范围

本标准规定了气雾剂产品的基本测试方法。

本标准适用于容量小于1 L的气雾剂产品的测试。

2 规范性引用文件

下列文件中的条款通过本标准的引用而成为本标准的条款。凡是注日期的引用文件，其随后所有的修改单（不包括勘误的内容）或修订版均不适用于本标准，然而，鼓励根据本标准达成协议的各方研究是否可使用这些文件的最新版本。凡是不注日期的引用文件，其最新版本适用于本标准。

GB/T 21630—2008 危险品 喷雾剂点燃距离试验方法

GB/T 21631—2008 危险品 喷雾剂封闭空间点燃方法

GB/T 21632—2008 危险品 喷雾剂泡沫可燃性试验方法

BB/T 0033 气雾剂产品的分类及术语

3 术语及定义

BB/T 0033确定的术语及定义适用于本标准。

4 测试内容

各种气雾剂产品可选择采用以下内容：

a) 内压；

b) 喷出雾燃烧性；

c) 内容物稳定性；

d) 容器耐贮性；

e) 喷程；

f) 喷角；

g) 雾粒粒径及其分布；

h) 喷出速率；

i) 一次喷量；

j) 喷出率；

k) 净质量；

l) 净容量；

m) 泄漏量；

n) 充填率。

5 测试方法

5.1 内压的测试

5.1.1 仪器及试验装置

a) 压力表：量程0 MPa～1.6 MPa，精度2.5级，带专用接头；

b) 计时器；

c) 恒温水浴:控温精度±1 ℃,带金属架夹。

5.1.2 测试步骤

a) 取三罐试样,按试样标示的喷射方法,排除充装操作时滞留在阀门和(或)吸管中的推进剂或空气;

b) 将试样拔出阀门促动器,置于所要求温度的恒温水浴中,使水浸没罐身,恒温时间不少于30 min;

c) 戴厚皮手套,摇动试样六次(除试样标明不允许摇动罐体者外),将压力表进口对准阀杆,产品正立放置,用力压紧,压力表指针稳定后,记下压力读数,每罐重复测试三次,取平均值;

d) 依此方法测试第二、第三罐试样。三次测试结果平均值即为该产品的内压。

5.2 喷出雾燃烧性的测试

根据产品的性质,按 GB/T 21630—2008、GB/T 21631—2008、GB/T 21632—2008 进行测试。

5.3 内容物稳定性的测试

5.3.1 试样的准备

a) 试样所采用的容器、阀门应经检验合格;

b) 试样的容器、阀门接合密封后,其封口直径、深度应检验合格;

c) 经 50 ℃水浴浸泡,应无气泡产生,其内压必须低于容器和阀门允许的使用压力。

5.3.2 试验条件及取样

a) −17 ℃～0 ℃贮存试验进行 4 周,贮存过程每周取样测试,每次取样不少于 2 罐,供试样品总量不少于 8 罐;

b) 50 ℃±2 ℃贮存试验进行 8 周,贮存过程每 2 周取样测试,每次取样不少于 2 罐,供试样品总量不少于 8 罐;

c) 对于−17 ℃～0 ℃和 50 ℃贮存试样,在样品取出后应放置让其恢复至室温后才予以测试;

d) 室温贮存试验进行 1 年,贮存过程每季度取样测试,每次取样不少于 2 罐,且每周记录贮存环境温度,供试样品总量不少于 8 罐。

注 1:上述条件在必要时,可根据不同产品需要,选择适当温度或时间。

注 2:在试验过程中若中途出现容器被蚀、变形等迹象,且在扩大检查后得到证实,则应中断试验,及时把试样清除处理,以避免事故发生。

5.3.3 测试内容

a) 理化性能指标的测试,包括气味、色泽、相态、内压以及该试样标准中的其他理化指标;

b) 功能的测试,包括试样标示的使用功能效果和试样标准中的功能指标项目。

根据检测试样结果评价内容物稳定性。

5.4 容器耐贮性的测试

气雾剂产品贮存性试验分为动态贮存和静态贮存两种试验。

5.4.1 试样的准备

a) 试样所采用的容器、阀门应经检验合格;

b) 试样的容器、阀门接合密封后,其封口直径、深度应检查合格;

c) 经 50 ℃水浴浸泡,3 min 之内应无气泡产生,其内压应低于容器和阀门允许的使用压力;

d) 对于非室温贮存试样,在样品取出后应放置让其恢复至室温后才予以测试;

e) 各温度耐贮试验的样品,先对等数量地分为两组,一组编号为Ⅰ,另一组编号为Ⅱ。

注 3:在试验过程中若中途出现容器被蚀、变形等迹象,且在扩大检查后得到证实,则应中断试验,及时把试样清除处理,以避免事故发生。

5.4.2 试样的放置方式和贮存形式

第Ⅰ、Ⅱ两组试样,均以对等数量采用正立式放置和倒立式放置。

Ⅰ组用于做动态贮存试验,Ⅱ组用于做静态贮存试验。

正立式是考察阀门与试样内容物的气相接触的状况。

倒立式是考察阀门与试样内容物的液相接触的状况。

5.4.3 试样条件及取样

对Ⅰ组试样，在贮存期间，每周取出测试。各测试内容按本标准中规定的测试方法进行测试。Ⅱ组试样按表1规定时间取出，进行测试。试验条件及测试要求示例如表1所示。

表1 气雾剂产品贮存试验示例

项目	动态贮存	静态贮存
贮存温度	室温，36 ℃	－1 ℃，室温，36 ℃，54 ℃
贮存放置方式	正立和倒立	正立和倒立
充填罐数	24(每一温度一半倒立)	144(每一温度一半倒立)
测试期限	直到完成	2年
测试频率	每周	1，3，6，12，18，24个月
每次测试所用罐数	24	24(每一温度每一放置方式)
测试内容	——泄漏量； ——内压； ——喷出速率(10 s)； ——雾粒粒径； ——阀门和罐的检查(不能正常使用时或最后检测)。	——泄漏量； ——内压； ——喷出速率(10 s)； ——阀门的检测； ——容器的检测； ——内容物的检测。

5.4.4 测试内容

a) 密封性能测试(本项仅用于Ⅱ组试样)测定贮存过程的泄漏量；

b) 测试喷出速率和雾粒粒径；

c) 检查阀门的喷雾功能及阀门部件中的金属、塑料、橡胶件有无被蚀、脆化、软化、硬化、收缩、过度膨胀等现象以及紧固性是否正常；

d) 检查容器有无变形，内壁中各部位如顶部、底部、罐身的气相和液相位置、深隙处以及同阀门相接合的部位有无腐蚀等变化；

e) 内容物的检测需要观察内容物颜色的变化、是否有沉淀物、泥状物。若发现有腐蚀或怀疑有腐蚀现象，可检测产品的水分、铁含量及锡含量。

根据测试结果评价容器耐贮性。

5.5 喷程的测试

本方法适用于喷雾型的气雾剂产品。

5.5.1 装置

a) 底座：长×宽＝1 000 mm×200 mm；

b) 标尺：长1 000 mm，刻度1 mm，平行地装于底座上方，高度可调；

c) 恒温水浴：控温精度±1 ℃，带金属架夹。

5.5.2 测试步骤

a) 取三罐试样，按试样标示的喷射方法，排除充装操作时滞留在阀门和(或)吸管中的推进剂或空气；

b) 将试样置于25 ℃恒温水浴中，使水浸没罐身，恒温30 min；

c) 戴厚皮手套，取出试样，擦干。除试样标明不允许摇动罐体者外，摇动试样六次；

d) 按试样标示的喷射方法，在标尺的刻度为零处连续喷射1 s(采用定量阀门可喷射三次)；喷射时保持雾束中心线与标尺平行和等高，记下雾束中心线在雾粒开始下坠或湍流处标尺的刻度。每罐重复测试三次，取平均值；

e) 依此方法测试第二、第三罐试样，三罐测试结果的平均值即为该产品的喷程。

5.5.3 注意事项

a) 测试时区域内应无明火；

b) 测试应于无风区域进行；

c) 试验后应通风换气，并把装置清洗干净。

5.6 喷角的测试

本方法适用于喷雾型的气雾剂产品。

5.6.1 测试装置

a) 单相交流电动机：功率 120 W，转速 1 400 r/min；

b) 调速器：1 r/min～1 400 r/min；

c) 连接杆：作为调速器与旋转盘连接用；

d) 旋转盘：有一 60° 扇形缺口，半径 150 mm；

e) 挡板：夹上 130 mm×130 mm 的牛皮纸。

5.6.2 试样的制备

为了在牛皮纸上记录雾型，需在试样中添加适当的染料，染料可以在灌装前加入，也可以通过阀门注入适量的染料溶液。对采用极性溶剂的产品，可用龙胆紫，对采用非极性溶剂的产品则可用油溶红。

对乳液的染色应防止加入物破坏乳液稳定性。

5.6.3 测试步骤

a) 取三罐试样，按试样标示的喷射方法，排除充装操作时滞留在阀门和(或)吸管中的推进剂或空气；

b) 将试样置于 25 ℃恒温水浴中，使水浸没罐身，恒温 30 min；

c) 戴厚皮手套，取出试样，擦干。除试样标明不允许摇动罐体者外，摇动试样六次；

d) 将试样定位，使阀门对准牛皮纸，并且阀门与牛皮纸中心处在同一水平线上。调节阀门与牛皮纸间的距离，使接收处于最佳状态。喷角较大的产品选择距牛皮纸 10 cm～15 cm 处喷射，喷角较小的产品距牛皮纸 15 cm～25 cm 处喷射；

e) 转动转盘，使扇形缺口转离牛皮纸中心。其后开始喷射并启动电源带动转盘，让雾束通过扇面缺口喷至牛皮纸上。调节转盘转速，使喷到牛皮纸片上的粒子密度适中以获得较完整的雾型；

f) 测试完毕取下牛皮纸，测量喷雾束在纸上留下的整体图形的直径和试样至纸片的距离。必要时，可把图形拍摄供日后分析用。测试装置示意图见图 1；

g) 依此方法测试第二、第三罐试样，三罐测试结果的平均值即为该产品的喷角。

喷角按式(1)计算：

$$\alpha = 2\mathrm{arctg}\frac{d}{2L} \qquad \cdots\cdots(1)$$

式中：

α——喷角；

d——喷雾束在纸上留下整体图形的直径，直径值取喷束在纸上所留图形纵横两向长度的平均值，单位为毫米(mm)；

L——雾束起点至牛皮纸的距离，单位为毫米(mm)。

每罐重复测试三次，取平均值。

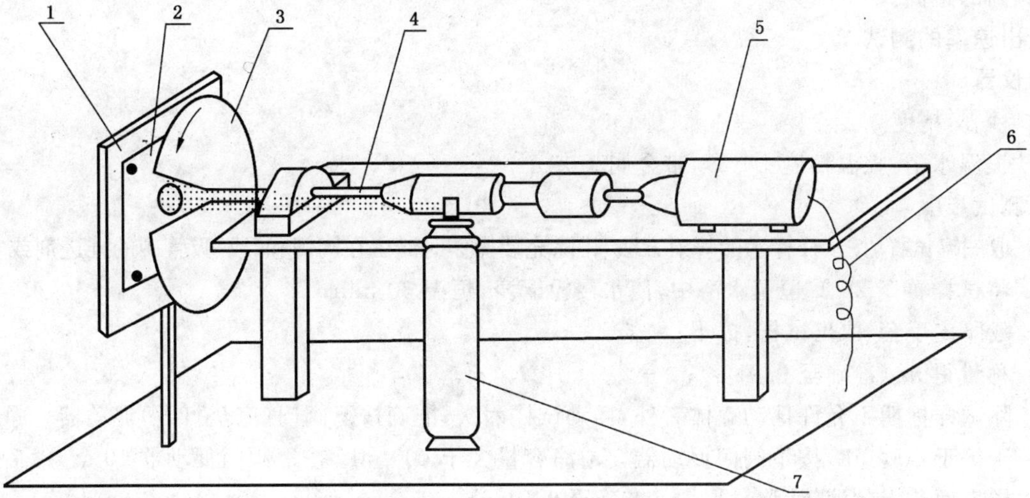

1——挡板；

2——牛皮纸；

3——旋转盘；

4——连接杆；

5——单相交流电动机；

6——调速器；

7——试样。

图 1 测试装置示意图

5.7 雾粒粒径及其分布的测定

5.7.1 方法提要

所有小微粒都对光衍射。本法以激光为光源，当喷出的雾粒进入激光束时，不同粒径的粒子以不同的角度衍射光，通过采用硅光电二极管阵列检测器测量不同角度的衍射光强度，可以测量雾粒粒径及其分布特性。

5.7.2 仪器

a) 激光衍射粒径分析仪；

b) 恒温水浴：控温精度±1 ℃，带金属架夹。

5.7.3 测试步骤

a) 取三罐试样，按试样标示喷射方法，排除充装操作时滞留在阀门和(或)吸管中的推进剂或空气；

b) 将试样置于 25 ℃恒温水浴中，使水浸没罐身，恒温 30 min；

c) 戴厚皮手套，取出试样，擦干。除试样标明不允许摇动罐体者外，摇动试样六次；

d) 按仪器操作规程开机，根据试样情况选择合适的透镜，并设定仪器的测量参数，在仪器稳定 15 min后测量背景；

e) 将试样定位，使喷射雾束中心线与激光束处于同一平面，并保持垂直，距激光束不同的距离处喷射，检查试样的遮光率。当遮光率数值达 0.1～0.5 范围时，将试样定位；

f) 再次喷射采样 5 s，测得结果，每罐重复测试三次，取平均值；

g) 依此方法测试第二、第三罐试样，三罐测试结果的平均值即为该产品的雾粒粒径。

5.7.4 报告

结果报告以直方图和列表两种形式给出。

表式结果除列出粒径分布数据外，还要求给出质量中值粒径 D(V.0.5)。

结果报告要标明透镜焦距、雾粒横切激光束的长度、遮光率、计算模式及参数等。同时亦需记录激光束至阀门的距离。

5.8 喷出速率的测试

5.8.1 仪器

a) 秒表:精度 0.2 s;

b) 恒温水浴:控温精度±1 ℃,带金属架夹。

5.8.2 测试步骤

a) 取三罐试样,按试样标示的喷射方法,排除充装操作时滞留在阀门和(或)吸管中的推进剂或空气;

b) 将试样置于 25 ℃恒温水浴中,使水浸没罐身,恒温 30 min;

c) 戴厚皮手套,取出试样,擦干;

d) 称量得 m_1(准确至 0.01 g);

e) 除试样标明不允许摇动罐体者外,摇动试样六次,准确按下阀门(完全打开)促动器。净容量小于等于 400 mL,按下阀门促动器 5 s;净容量大于 400 mL,按下阀门促动器 10 s。然后擦去试样表面沾上的液体,称量得 m_2(准确至 0.01 g);

喷出速率(X_1)按式(2)计算:

$$X_1 = \frac{m_1 - m_2}{t} \qquad \cdots\cdots (2)$$

式中:

X_1——喷出速率,单位为克每秒(g/s);

m_1——喷出前试样质量,单位为克(g);

m_2——喷出后试样质量,单位为克(g);

t——实际喷射时间,单位为秒(s)。

每罐重复测试三次,取平均值。

f) 依此方法测试第二、第三罐试样,三罐测试结果的平均值即为该产品的喷出速率。

5.9 一次喷量的测试

适用于定量阀门的气雾剂产品。

5.9.1 仪器

天平:分度值不低于 0.01 g。

5.9.2 测试步骤

取供试样品 4 瓶,除去帽盖,分别揿压阀门试喷数次后,擦净,精密称定,揿压阀门喷射 1 次,擦净,再精密称定,前后两次重量之差为 1 个喷量。按上法连续测出 3 个喷量;不计重量揿压阀门连续喷射 10 次;再按上法连续测出 3 个喷量;再不计重量揿压阀门连续喷射 10 次;最后再按上法连续测出 4 个喷量。计算每瓶 10 个喷量的平均值。

5.10 喷出率的测试

5.10.1 仪器

恒温水浴:控温精度±1 ℃,带金属架夹。

5.10.2 测试步骤

a) 取三罐试样,置于 25 ℃恒温水浴中,使水浸没罐身,恒温 30 min;

b) 戴厚皮手套,取出试样,擦干。称量得 m_3(准确至 0.1 g);

c) 除试样标明不允许摇动罐体者外,摇动试样六次,按试样标示的喷射方法喷出内容物,直到喷不出内容物为止,称量得 m_4(准确至 0.1 g);

d) 将罐打开并清除残余物,再称试样质量(空罐及构件,如玻珠等)得 m_5(准确至 0.1 g);

e) 依此方法测试第二、第三罐试样,三罐测试结果的平均值即为该产品的喷出率;

喷出率(X_2)按式(3)进行计算:

$$X_2 = \frac{m_3 - m_4}{m_3 - m_5} \times 100 \quad \cdots\cdots(3)$$

式中：

X_2——喷出率，%；

m_3——试样总质量，单位为克(g)；

m_4——喷后试样质量，单位为克(g)；

m_5——空罐及构件质量，单位为克(g)。

注 4：喷射在通风橱内进行。

注 5：若测试时温度太低，可重新放入 25 ℃水浴中加热片刻，继续再喷。

5.11 净质量的测试

5.11.1 仪器

天平：分度值不低于 0.01 g。

5.11.2 测试步骤

取三罐试样，称量得 m_6，然后按试样标示的喷射方法将内容物喷出，喷射完毕对罐开孔并清除余液，再称试样质量(空罐及构件)得 m_7。

净质量(X_3)按式(4)进行计算：

$$X_3 = m_6 - m_7 \quad \cdots\cdots(4)$$

式中：

X_3——净质量，单位为克(g)；

m_6——试样总质量，单位为克(g)；

m_7——清除余液后试样质量，单位为克(g)。

依此方法测试第二、第三罐试样，三罐测试结果的平均值即为该产品的净质量。

5.12 净容量的测试

本方法不适用于使用定量阀门和有气相旁孔阀门的气雾剂产品。

5.12.1 仪器

a) 带刻度的玻璃气雾剂试管，容量 90 mL，最小分度值 1 mL；

b) 天平：分度值不低于 0.01 g。

5.12.2 测试步骤

取试样，称其质量 m_8。装配好玻璃气雾剂试管，注意采用无吸管的阀门，通过一截长约 8 mm、内径略小于试样阀杆直径的塑料管(可采用气雾剂阀门吸管)，向玻璃试管充入 10 mL 石油气，然后装上喷头，喷出石油气至无气体出来，以带走试管中的空气，称其质量 m_9。

先将样品充分摇匀，然后用塑料管将试样和玻璃试管的的阀杆对接起来，玻璃气雾剂试管在上面，试样在下面，适当用力按压，使试样与玻璃试管相互接通，这时应有内容物从试样注入玻璃试管中，当注入的内容物占玻璃试管容积的 65%～80%时，停止按压，取下试样，称取玻璃气雾剂试管的质量 m_{10}，将玻璃气雾剂试管置于 25 ℃±2 ℃的环境中 30 min，待其中的内容物液面稳定后，读取液面的刻度 V。然后按 5.11 规定测出试样的净质量 X_3。测试装置图见图 2。

5.12.3 计算

净容量(X_4)按式(5)进行计算：

$$X_4 = \frac{X_3}{m_{10} - m_9} \times V \quad \cdots\cdots(5)$$

式中：

X_4——净容量，单位为毫升(mL)；

m_9——空玻璃气雾剂试管的质量，单位为克(g)；

m_{10}——注入试样内容物后的玻璃气雾剂试管的质量，单位为克(g)；

X_3——试样的净质量，单位为克(g)；

V——试样注入玻璃气雾剂试管中的体积，单位为毫升(mL)。

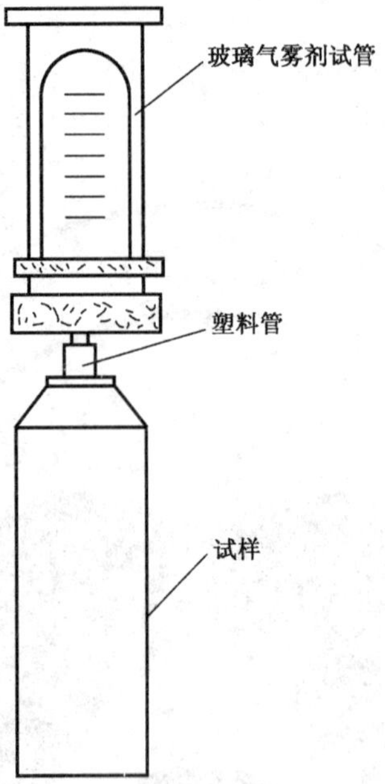

图2　净容量测定装置图

5.13　泄漏量的测试

泄漏量的测试在两种贮存温度下进行。

5.13.1　仪器

天平：精度为 0.01 g。

5.13.2　测试步骤

5.13.2.1　常温贮存泄漏量

取试样 10 罐～20 罐，按试样标示的喷射方法，排除充装操作中滞留在阀门和(或)吸管中的推进剂或空气。再分别称量得 m_{12}，在常温下贮存规定时间后，取出分别称量得 m_{13}。泄漏量(X_5)按式(6)进行计算：

$$X_5 = m_{12} - m_{13} \quad\cdots\cdots(6)$$

式中：

X_5——泄漏量，单位为克(g)；

m_{12}——常温存放前每罐质量，单位为克(g)；

m_{13}——常温存放后每罐质量，单位为克(g)。

测试结果平均值即为该产品在规定贮存时间内的泄漏量。

5.13.2.2　高温贮存泄漏量

取试样 10 罐～20 罐，按试样标示的喷射方法，排除充装操作中滞留在阀门和(或)吸管中的推进剂或空气。再分别称量得 m_{14}，在 50 ℃±2 ℃环境温度下贮存 3 个月后，取出分别称量得 m_{15}。泄漏量 X_6 按式(7)进行计算：

$$X_6 = m_{14} - m_{15} \quad\cdots\cdots(7)$$

式中：

X_6——泄漏量，单位为克(g)；

m_{14}——高温存放前每罐质量，单位为克(g)；

m_{15}——高温存放后每罐质量,单位为克(g)。

测试结果平均值即为该产品在 50 ℃±2 ℃环境中贮存 3 个月的泄漏量。

测试可根据不同要求确定温度与时间。

5.14 充填率的测试

5.14.1 仪器

a) 装置见 5.12 净容量的测试;

b) 天平:精度为 0.01 g。

5.14.2 测试步骤

取试样,称其质量 m_8。装配好玻璃气雾剂试管,注意采用无吸管的阀门,通过一截长约 8 mm、内径略小于试样阀杆直径的塑料管(可采用气雾剂阀门吸管),向玻璃试管充入 10 mL 石油气,然后装上喷头,喷出石油气至无气体出来,以带走试管中的空气,称其质量 m_9。

先将样品充分摇匀,然后用塑料管将试样和玻璃试管的阀杆对接起来,玻璃气雾剂试管在上面,试样在下面,适当用力按压,使试样与玻璃试管相互接通,这时应有内容物从试样注入玻璃试管中,当注入的内容物占玻璃试管容积的 65%～80%时,停止按压,取下试样,称取玻璃气雾剂试管的质量 m_{10},将玻璃气雾剂试管置于 25 ℃±2 ℃的环境中 30 min,待其中的内容物液面稳定后,读取液面的刻度 V。然后按 5.11 规定测出试样的净质量 X_3。往空罐内加入 25 ℃的水至满,将玻珠及阀门等构件放入罐中,吸干罐外的水后称量 m_{16}。

充填率 X_7 按式(8)计算。

$$X_7 = \frac{X_3}{m_{10} - m_9} \times \frac{V}{m_{16} - m_7} \times 0.997\,7 \times 100 \qquad \cdots\cdots(8)$$

式中:

X_7——充填率,%;

m_7——清除余液后试样质量,单位为克(g);

m_9——空玻璃气雾剂试管的质量,单位为克(g);

m_{10}——注入试样内容物后的玻璃气雾剂试管的质量,单位为克(g);

m_{16}——空罐注入水后的总质量,单位为克(g);

X_3——试样的净质量,单位为克(g);

V——试样注入玻璃气雾剂试管中的容积,单位为毫升(mL);

0.997 7——25 ℃水的密度,单位为克每毫升(g/mL)。

测试可根据不同产品要求确定恒温温度与时间。

ICS 77.140.65
H 49

中华人民共和国国家标准

GB/T 14450—2008
代替 GB/T 14450—2004

胎圈用钢丝

Bead wire

(ISO 16650:2004,MOD)

2008-05-13 发布　　2008-11-01 实施

中华人民共和国国家质量监督检验检疫总局
中国国家标准化管理委员会　发布

前　言

本标准修改采用ISO 16650:2004《胎圈用钢丝》(英文版)。附录B中列出了本国家标准章条编号与ISO 16650章条编号的对照一览表,附录C中给出了本标准与ISO 16650:2004《胎圈用钢丝》(英文版)技术性差异及其原因的对照一览表。

本标准代替GB/T 14450—2004《胎圈用钢丝》。本标准与GB/T 14450—2004《胎圈用钢丝》标准相比,主要技术差异如下:

——取消了标记示例;

——取消了表2;

——修改了钢丝强度级别的分类及抗拉强度值;

——修改了钢丝屈强比;

——取消了表5中的紫铜部分;

——表6中修改了青铜镀层厚度及增加了参考重量;

——不推荐使用紫铜。

本标准的附录A是规范性附录,附录B、附录C为资料性附录。

本标准由中国钢铁工业协会提出。

本标准由全国钢标准化技术委员会归口。

本标准主要起草单位:浙江天伦钢丝集团有限公司、贵州钢绳股份有限公司、山东诸城大业金属制品有限责任公司、天懋集团山东天轮钢丝股份有限公司、冶金工业信息标准研究院、张家港港达金属制品有限公司。

本标准主要起草人:胡建林、王金武、王玲君、陈永军、杨红英、曾国镇、戴石锋。

本标准1993年首次发布,2004年第一次修订。

胎 圈 用 钢 丝

1 范围

本标准规定了轮胎胎圈用回火钢丝的分类代号、尺寸、外形、重量及允许偏差、订货内容、技术要求、试验方法、检验规则、包装、标志和质量证明书。

本标准适用于轮胎胎圈钢丝束所用的碳素圆钢丝(以下简称钢丝)。

2 规范性引用文件

下列文件中的条款通过本标准的引用而成为本标准的条款。凡是注日期的引用文件,其随后所有的修改单(不包括勘误的内容)或修订版均不适用于本标准,然而,鼓励根据本标准达成协议的各方研究是否可使用这些文件的最新版本。凡是不注日期的引用文件,其最新版本适用于本标准。

GB/T 228 金属材料 室温拉伸试验方法(GB/T 228—2002, eqv ISO 6892:1998)

GB/T 239 金属线材扭转试验方法(GB/T 239—1999, eqv ISO 7800:1984,ISO 9649:1990)

GB/T 2103—1988 钢丝验收、包装、标志及质量证明书的一般规定

YB/T 135 镀铜钢丝镀层重量及其组分试验方法

YB/T 170.1 制丝用非合金钢盘条 第1部分:一般要求

YB/T 170.2 制丝用非合金钢盘条 第2部分:一般用途盘条

YB/T 170.4 制丝用非合金钢盘条 第4部分:特殊用途盘条

3 分类及代号

3.1 钢丝按强度级别分为两类:

a) 普通强度 NT;

b) 高强度 HT。

3.2 交货钢丝的强度级别应在订货合同中注明。

4 尺寸、外形、重量及允许偏差

4.1 尺寸

钢丝的公称直径及允许偏差和不圆度应符合表1的规定。

表1 钢丝公称直径及允许偏差

单位为毫米

公称直径	允许偏差	不圆度
$d \leqslant 1.65$	±0.02	≤0.02
$d > 1.65$	±0.03	≤0.03

4.2 外形

4.2.1 钢丝应缠绕整齐,每盘由一根钢丝组成,线盘中应用明显的标志标出钢丝头的位置和缠绕方向。

4.2.2 钢丝每盘中允许有电焊接头存在,但每盘钢丝中的接头不得超过二个,焊接点要对正磨光,并符合表1的规定,接头处的抗拉强度不得低于表2相应规格最小抗拉强度的50%(供方若能保证指标,可不做试验)。

4.3 重量

钢丝每盘重量为300 kg~500 kg。

5 订货内容

需方订货时应提供下列信息：

a） 交货重量；

b） 产品类型(强度级别)；

c） 尺寸；

d） 本标准编号；

e） 表面状态(镀层)；

f） 钢丝与橡胶粘合力(如有要求，见 6.5)；

g） 其他要求。

6 技术要求

6.1 原料及化学成分

制造钢丝用盘条应按 YB/T 170.1 的规定，其化学成分应按 YB/T 170.2、YB/T 170.4 中相应牌号的规定。供需双方也可协议规定其他化学成分的钢。

6.2 力学性能

6.2.1 钢丝的抗拉强度应符合表 2 的规定。

表 2 钢丝抗拉强度

钢丝公称直径 d/mm	R_m/MPa，不小于	
	NT	HT
$0.78 \leqslant d < 0.95$	1 900	2 150
$0.95 \leqslant d < 1.25$	1 850	2 050
$1.25 \leqslant d < 1.70$	1 750	
$1.70 \leqslant d \leqslant 2.10$	1 500	
注：抗拉强度按公称直径计算。		

6.2.2 根据双方协议，可规定不同的抗拉强度。

6.2.3 同一交货批产品抗拉强度的变化范围不能超过 300 MPa

6.2.4 断裂总伸长率

钢丝的最小断裂总伸长率为 5%。

6.2.5 屈强比

钢丝屈服强度与抗拉强度之比，NT 应大于 80%，HT 应大于 85%。

6.2.6 扭转试验

钢丝应能够承受表 3 中规定的最少扭转次数而不断裂。

表 3 钢丝最少扭转次数

强度级别	公称直径 d/mm	扭转次数/(次/360°)	试样标距/mm
NT	$d < 1.00$	50	$L = 200d$
	$1.00 \leqslant d < 1.30$	25	$L = 100d$
	$1.30 \leqslant d < 1.42$	22	
	$d \geqslant 1.42$	20	

表 3（续）

强度级别	公称直径 d/mm	扭转次数/(次/360°)	试样标距/mm
HT	$d<1.00$	50	$L=200d$
	$1.00\leqslant d<1.82$	20	$L=100d$
	$d\geqslant1.82$	15	

6.3 工艺性能

6.3.1 平直性：3 m 长的钢丝应在两条相距 600 mm 平行线内（如图 1 所示）保持平整，不得呈“S”形。

图 1

6.3.2 残余扭转

钢丝在 9 m 的长度上围绕自身轴线旋转角度不大于 360°。

6.4 金属镀层

6.4.1 表面质量

钢丝表面应镀有连续、均匀的铜层，不应有漏镀或明显的色差存在。钢丝表面应光滑，不得有锈蚀、油渍或其他残留物。

6.4.2 镀层成分

钢丝可按下列镀层交货：黄铜、低锡青铜、高锡青铜或紫铜，不推荐使用紫铜。

黄铜、青铜镀层的化学成分应符合表 4 的规定，紫铜镀层的化学成分双方协议。

表 4 镀层化学成分

镀层类别	化学成分(质量分数)/%		
	Cu	Sn	Zn
黄铜	67.0～77.0	—	23.0～33.0
低锡青铜	≥97.0	0.3～3.0	—
高锡青铜	80.0～<97.0	>3.0～20.0	—

6.4.3 钢丝镀层厚度及允许偏差应符合表 5 的规定。

表 5 镀层厚度及允许偏差

镀层类别	铜层厚度/μm	镀层参考重量/(g/kg)
黄铜	0.15±0.05	$(0.685\pm0.228)/d$
紫铜	0.12±0.05	$(0.548\pm0.228)/d$
青铜	0.12±0.07	$(0.548\pm0.320)/d$
注：d 为钢丝公称直径，单位 mm。		

6.5 钢丝与橡胶粘合力

根据需方要求，经供需双方协商并在订货合同中注明，可进行粘合力试验。公称直径 1.00 mm 钢丝按附录 A 方法测定，粘合力指标不小于 685N，其他尺寸粘合力指标由供需双方协议确定。

7 试验方法

7.1 钢丝的检验项目、试验方法及取样要求应符合表 6 的规定。

表 6　钢丝的检验项目、试验方法及取样要求

序号	检验项目	取样部位	取样数量	试验方法	其他说明
1	尺寸	任意一点	逐盘	用精度值为 0.01 mm 的千分尺测量	
2	表面质量	整盘观察	逐盘	目视	
3	拉伸试验	钢丝盘一端取样	逐盘	GB/T 228	拉伸试验标距长度为 200 mm，其他标距长度试验由双方协商
4	屈强比	钢丝盘一端取样	每批两盘	GB/T 228	
5	扭转试验	钢丝盘一端取样	逐盘	GB/T 239	扭转速度(60～90)次/min
6	平直性	钢丝盘一端取样	逐盘	将钢丝在距光滑的试验平台上方 0.5 m 的位置上落下，使钢丝自然伸开，测量平直性	
7	残余扭转	钢丝盘一端取样	逐盘	将收线工字轮一端的钢丝，拿住钢丝端头，剪掉 4～5 圈并将钢丝端头弯成 90°，转动工字轮，放出 9 m 长的钢丝，放开端头，观察钢丝的旋转角度	钢丝在检验过程中，不应与任何物体相摩擦
8	镀层成分	钢丝盘一端取样	每批两盘	YB/T 135	
9	镀层厚度	钢丝盘一端取样	每批两盘	YB/T 135	铜密度按 8.9 g/cm^3 计算
10	钢丝与橡胶粘合力	见附录 A 或有关双方协定			
注：需方有其他要求，双方协商确定。					

8　检验规则

8.1　检查与验收

钢丝的质量检查与验收由供方技术监督部门进行。必要时，需方有权按本标准规定进行检查与验收。

8.2　组批规则

每批钢丝应由同一强度级别、同一表面状态、同一尺寸规格的钢丝组成。

8.3　检验、复验与判定规则

8.3.1　钢丝的检验项目、取样数量和取样方法应符合表 6 规定。

8.3.2　逐盘提交验收的项目，其试验结果如有不合格，允许进行不合格项目的复验，合格者交货；组批提交验收的项目，试验结果如有一个试样不合格，允许在该批钢丝中抽取双倍试样进行复验。如果复验结果仍有试样不合格，则该批钢丝应逐盘进行试验，合格者交货。

9 包装、标志和质量证明书

9.1 包装

钢丝应成盘或绕工字轮交货。包装方法应符合 GB/T 2103—1988 中Ⅱ、Ⅴ类规定或根据供、需双方协议，采用其他的包装方法。

9.2 标志和质量证明书

钢丝的标志和质量证明书应符合 GB/T 2103 中的规定。

10 异议

产品交货后出现质量异议，需方应在钢丝出厂后 3 个月内向供方提出。

附 录 A
（规范性附录）
胎圈用钢丝粘合力试验方法

A.1 本试验方法是测定胎圈用钢丝从橡胶中抽出时钢丝与橡胶的粘合力。

A.2 鉴定配方和混炼工艺条件

A.2.1 鉴定配方(配比)：

2号烟片胶(两段塑炼)	100.0
1级氧化锌	25.0
硫黄	6.0
松焦油	5.0
促进剂DM	1.0
半补强炭黑	60.0
轻体碳酸钙	150.0
三氧化二铁	10.0
合计	357.0

A.2.2 混炼工艺条件

用6in炼胶机，辊温45℃±5℃，生胶400 g，加药顺序和时间如下：

生胶 $\xrightarrow{2\ min}$ DM $\xrightarrow{1\ min}$ 氧化 $\xrightarrow{2\ min}$ 碳酸钙 $\xrightarrow{10\ min}$ 松焦油 $\xrightarrow{3\ min}$ 1/2炭黑 $\xrightarrow{2\ min}$ 三氧化二铁 $\xrightarrow{1\ min}$ 1/2炭黑 $\xrightarrow{2\ min}$ 硫黄 $\xrightarrow{3\ min}$ 薄通五次 $\xrightarrow{4\ min}$ 下片

合计30 min

A.2.3 胶料停放时间2 h以上。

A.3 试验用拉力机、试样形状及夹具

A.3.1 试验按不同规格选用相应量程拉力试验机进行。

A.3.2 试样的形状、尺寸和夹具示例如图A.1所示，依据不同的钢丝尺寸选用适宜的夹具。

A.4 试样制作

A.4.1 取样

每批钢丝取样不少于3盘。

A.4.2 将清洁的胶片和钢丝按试样尺寸90 mm×50 mm×20 mm装于模具内(勿用手摸，戴手套操作)。

A.4.3 硫化条件为：硫化温度142℃，硫化时间40 min或60 min。

A.4.4 平板压力为196 N/cm^{2}以上。试样停放4 h以后进行粘合力抽出试验。

A.5 试验条件和步骤

A.5.1 试验条件

A.5.1.1 室温18℃～26℃ 。

A.5.1.2 拉力机下夹持器下降速度为(200±10)mm/min 。

A.5.2 试验步骤

A.5.2.1 调拉力机指针为零。

A.5.2.2 剪掉试样底面钢丝和上面钢丝附胶。

A.5.2.3 试样放在上夹具内，下夹持器夹紧钢丝。开动机器使下夹持器下降，直到钢丝抽出为止。记录最大负荷。

单位为毫米

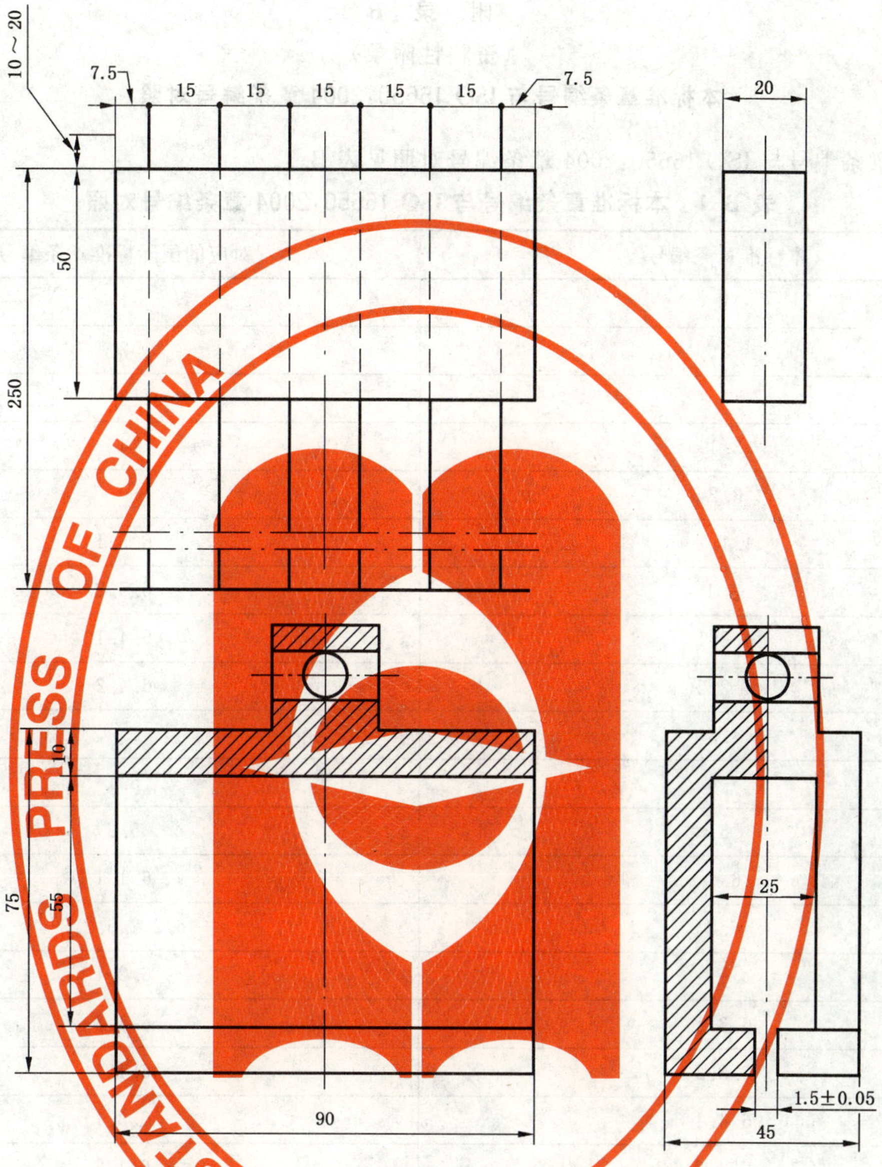

图 A.1

A.6　试验结果

A.6.1　每个试样抽出6根钢丝,以它们的算术平均值表示试验结果。

A.6.2　两个硫化点的试验结果中有一个达到指标,则该项指标即为合格。如不合格则重取样品复试。复试结果合格则该批钢丝粘合力为合格。

A.7　鉴定配方胶料物理机械性能

鉴定配方胶料物理机械性能见表 A.1(供参考)。

表 A.1　胶料物理机械性能

硫化条件,137℃	30 min
扯断强度/MPa	≥6
伸长度/%	≥300
硬　度,邵氏 A	80±5

附 录 B
（资料性附录）
本标准章条编号与 ISO 16650:2004 章条编号对照

本标准章条编号与 ISO 16650:2004 章条编号对照见表 B.1。

表 B.1 本标准章条编号与 ISO 16650:2004 章条编号对照

本标准章条编号	对应的国际标准章条编号
1	1
2	2
—	3
3.1	4
3.2	—
4.1.1	6.5.1
表 1	6.5.2
4.2.1	6.4.1
4.2.2	6.4.2
4.3	—
—	5.1
5	5.2
6.1	6.1.1
6.2	6.2.2、6.2.3
—	6.2.1
6.3.1	6.4.3
6.3.2	6.4.4
6.4.1	6.3.1
6.4.2	6.1.2
6.4.3	6.3.2
6.5	6.5.3
7.1	7.1
—	7.3.1
表 7 第 1 项	7.3.4
表 7 第 2 项	—
表 7 第 3、4 项	7.3.2
表 7 第 5 项	7.3.3
表 7 第 6 项	7.3.5
表 7 第 7 项	7.3.6
表 7 第 8、9 项	—

表 B.1（续）

本标准章条编号	对应的国际标准章条编号
表7第10项	7.3.7
8.1	7.2
8.2	—
8.3.1	7.3
8.3.2	7.4
9	8
10	—
附录A	附录A

附 录 C
（资料性附录）
本标准与 ISO 16650:2004 的技术差异及原因

本标准与 ISO 16650:2004 的技术差异及原因见表 C.1。

表 C.1 本标准与 ISO 16650:2004 的技术差异及原因

本标准的章条编号	技术性差异		
	本标准	ISO 16650:2004	原因
1	只规定碳素圆钢丝	圆形和扁钢丝	适合我国国情
2	引用标准为我国的相关标准	引用标准为 ISO 系列的相关标准	适合我国国情
表 1	允许偏差加严		考虑我国国情和使用条件
4.2.2	焊接接头处的强度不低于最小抗拉强度的 50%	焊接和热影响区的抗拉强度值至少为表 3 中抗拉强度值的 40%	用户需求
4.3	钢丝线盘重量为 300 kg～500 kg	未规定具体的数值	用户需求
6.1	只规定材料的牌号	NT:C 含量范围 0.60～0.76 Si 含量范围 0.15～0.30 Mn 含量范围 0.40～0.70 普通强度级别(NT)的 Zn、S 含量为 0.035。 HT:C 含量范围 0.77～0.90 Si 含量范围 0.15～0.30 Mn 含量范围 0.40～0.80 S 含量为<0.026， Zn 含量范围<0.020	根据我国实际情况，由于已制订行业标准，在此直接加以引用
表 2	钢丝直径 d/mm ｜ R_m/MPa，不小于 NT　HT $0.78 \leqslant d < 0.95$ ｜ 1 900　2 150 $0.95 \leqslant d < 1.25$ ｜ 1 850 $1.25 \leqslant d \leqslant 1.70$ ｜ 1 750　2 050 $1.70 \leqslant d \leqslant 2.10$ ｜ 1 500	NT N/mm^2　HT N/mm^2 1 900～2 300　2 150～2 600 1 850～2 250　2 050～2 400 1 750～2 150　2 050～2 400 1 500～1 800　2 050～2 400	考虑我国国情和使用条件
表 3	钢丝的最少扭转次数按普通强度和高强度区分： 普通强度钢丝 直径　扭转次数 $d < 1.00$　50 $1.00 \leqslant d < 1.30$　25 $1.30 \leqslant d < 1.42$　22 $d \geqslant 1.42$　20 高强度钢丝 直径　扭转次数 $d < 1.00$　50 $1.00 \leqslant d < 1.82$　20 $d \geqslant 1.82$　15	普通强度和高强度钢丝的最少扭转次数规定一样： 钢丝直径　扭转次数 $d < 1.00$　50 $1.00 \leqslant d < 1.25$　25 $1.25 \leqslant d < 1.50$　22 $d \geqslant 1.50$　20	根据目前我国原料生产状况，及用户的使用情况所确定

表 C.1（续）

本标准的章条编号	技术性差异		
	本标准	ISO 16650:2004	原因
6.3.1	不得呈“S”型	无要求	满足用户的工艺要求
6.4.1	钢丝表面应镀有连续、均匀铜层，不应有漏镀或明显的色差存在	无要求	保证产品质量的稳定性
表 4	黄铜镀层： Cu 含量为 67.0%～77.0% Zn 含量为 23.0%～33.0% 低 Sn 青铜 Sn 含量 0.3%～3.0%	黄铜镀层： Cu 含量为 60.0%～77.0% Zn 含量为 23.0%～40.0% 低 Sn 青铜 Sn 含量≤3%	用户需求
表 5	黄铜镀层厚度减小为 0.15 μm； 紫铜厚度加大为 0.12 μm； 所有厚度允许偏差加严为±0.05 μm 镀层参考重量： $(0.685 \pm 0.228)/d$ $(0.548 \pm 0.228)/d$ $(0.457 \pm 0.228)/d$ $(0.776 \pm 0.228)/d$	黄铜镀层厚度为 0.20 μm； 紫铜厚度加大为 0.10 μm； 厚度允许偏差为±0.10 μm 和±0.07 μm 镀层参考重量：无	用户需求
6.5	直径 1.00 mm 钢丝的粘合力指标不小于 685 N，其他尺寸供需双方协议	未规定钢丝的粘合力指标	用户需求
8.3.2	逐盘提交验收的项目，其试验结果如有不合格，允许进行不合格项目的复验，合格者交货；组批提交验收的项目，试验结果如有一个试样不合格，允许在该批钢丝中抽取双倍试样进行复验。如果复验结果仍有试样不合格，则该批钢丝应逐盘进行试验，合格者交货	复检应按 ISO 404 进行	考虑供需双方的利益及实际操作的可行性
10	异议	无此条款	维护供需双方的合法权益
附录 A	规定了详细的试验方法	按照 ASTMD 1871:1994 的方法	根据国情

ICS 77.140.65
H 49

中华人民共和国国家标准

GB/T 14451—2008
代替 GB/T 14451—1993

操纵用钢丝绳

Steel wire rope for control

2008-08-19 发布　　2009-04-01 实施

中华人民共和国国家质量监督检验检疫总局
中国国家标准化管理委员会　发布

前 言

本标准修改采用JIS G 3540:1995《操纵用钢丝绳》(英文版)。

本标准根据JIS G 3540:1995重新起草。与JIS G 3540:1995相比，主要技术差异如下：

——范围描述不同；

——术语、定义和种类不同；

——材料不同(本标准不包含不锈钢材质的钢丝绳)；

——钢丝绳的破断拉力、公称直径及允许偏差、参考重量不同；

——钢丝最小锌层重量不同；

——钢丝绳的捻制要求表述不同；

——试验和检查的方法不同。

本标准代替GB/T 14451—1993《操纵用钢丝绳》，本标准与GB/T 14451—1993相比作了如下修改：

——增加了“术语和定义”，钢丝绳的标记代号采用新的方法，钢丝绳公称直径用“D”表示；

——增加了“订货内容”；

——增加了1X12、1X37、8X7-WSC结构的钢丝绳；

——增加了钢丝绳按用途分类的规定，分为普通钢丝绳和柔性钢丝绳二类，相应增加了对柔性钢丝绳的技术要求、试验方法等内容；

——取消了标记示例；

——取消了制绳用钢丝的规定，钢丝用材料的规定作了修改；

——取消了钢丝的公称直径和直径允许偏差的规定，增加了组成钢丝绳的同种钢丝直径的最大值和最小值之差的规定，钢丝公称直径用“d”表示；

——对公称直径为0.50 mm的弯曲圆弧半径及弯曲次数进行了调整；

——对钢丝的最小锌层质量进行了重新分档，并对最小锌层质量进行了调整；

——调整了钢丝绳直径允许偏差和捻距的规定范围，取消了中心股钢丝和外层股中心钢丝直径加大值的规定；

——增加了经供需双方协商，普通钢丝绳可进行盐雾试验的要求和柔性钢丝绳应进行盐雾试验、疲劳试验的要求；

——增加了钢丝电接的规定；

——增加了钢丝绳的直径，1×19结构的直径范围改为1.0～5.3 mm；

——取消了钢丝绳金属总断面积的规定；

——增加了钢丝绳中钢丝的外观和直径，以及平整度的检测方法；

——调整了钢丝绳残余扭转、平直度的检测方法；

——对验收方法进行修改，规定验收期不超过九个月；

——规定对每根钢丝绳要进行不松散检查；

——对包装的方式进行了修改。

本标准由中国钢铁工业协会提出。

本标准由全国钢标准化技术委员会归口。

本标准起草单位：法尔胜集团公司、天津市金鼎线材制品科技开发公司、冶金工业信息标准研究院。

本标准主要起草人：周江、董东、冯春玲、张庆华、唐福如、邵永清、张春雷、冯平、朱维军、谷华、王玲君、戴石锋。

本标准1993年首次发布。

操纵用钢丝绳

1 范围

本标准规定了操纵用钢丝绳的分类、订货内容、技术要求、试验方法、检验规则、包装、标志及质量证明书。

本标准适用于操纵各种机械装置(航空装置除外)用镀锌钢丝绳(以下简称钢丝绳)。

2 规范性引用文件

下列文件中的条款通过本标准的引用而成为本标准的条款。凡是注日期的引用文件,其随后所有的修改单(不包括勘误的内容)或修订版均不适用于本标准。然而,鼓励根据本标准达成协议的各方研究是否可使用这些文件的最新版本。凡是不注日期的引用文件,其新版本适用本标准。

GB/T 228 金属材料 室温拉伸试验方法(GB/T 228—2002,eqv ISO 6892:1998)

GB/T 238 金属材料 线材 反复弯曲试验方法(GB/T 238—2002,ISO 7801:1984,IDT)

GB/T 239 金属线材扭转试验方法(GB/T 239—1999,eqv ISO 7800:1984、ISO 9649:1990)

GB/T 2104 钢丝绳包装、标志及质量证明书的一般规定

GB/T 1839 钢产品镀锌层质量试验方法(GB/T 1839—2003,ISO 1460:1992,MOD)

GB/T 4354 优质碳素钢热轧盘条

GB/T 8358 钢丝绳破断拉伸试验方法(GB/T 8358—2006,ISO 3108:1974,NEQ)

GB/T 8706 钢丝绳术语、标记和分类(GB/T 8706—2006, ISO 17893:2004,IDT)

GB/T 10125 人造气氛腐蚀试验 盐雾试验(GB/T 10125—1997,eqv ISO 9227:1990)

GB/T 12347 钢丝绳弯曲疲劳试验方法(GB/T 12347—1996,neq ISO 2020:1984)

3 术语和定义

GB/T 8706 中确立的以及下列术语和定义适用于本标准。

3.1

柔性钢丝绳 flexible steel wire rope

汽车电动门窗升降器及各种耐疲劳精密机械装置用的操纵用钢丝绳。

3.2

普通钢丝绳 non-flexible steel wire rope

除柔性钢丝绳外的其他操纵用钢丝绳。

4 订货内容

按本标准订货的合同应包括以下主要内容:

a) 本标准号;

b) 产品名称;

c) 种类、结构(标记代号);

d) 公称直径;

e) 数量(长度);

f) 捻向或捻法；

g) 是否要进行盐雾试验；

h) 包装方式；

i) 需方提出的其他特殊要求。

5 分类

5.1 钢丝绳按结构分为：1×7、1×12、1×19、1×37、6×7-WSC、6×19-WSC、8×7-WSC。其断面结构分别见表6～表12结构图。

5.2 钢丝绳按用途分为普通钢丝绳和柔性钢丝绳。

5.3 钢丝绳的标记代号按GB/T 8706的规定。

6 尺寸、外形、重量

6.1 钢丝绳中钢丝的公称直径与外形

6.1.1 普通钢丝绳中钢丝的直径、不圆度，组成钢丝绳的同种钢丝直径的最大值和最小值之差应符合表1的规定。

表1 普通钢丝绳中钢丝的直径

单位为毫米

钢丝直径 d	不圆度	最大值和最小值之差
≤0.15	≤0.005	≤0.010
>0.15～0.30	≤0.010	≤0.020
>0.30～0.60	≤0.015	≤0.030
>0.60	≤0.020	≤0.040

6.1.2 柔性钢丝绳中钢丝的不圆度应不大于0.005 mm，组成钢丝绳的同种钢丝直径的最大值和最小值之差不大于0.010 mm。

6.2 钢丝绳公称直径和参考重量

6.2.1 普通钢丝绳公称直径、参考重量应符合表6～表11的规定，直径允许偏差应符合表2的规定。

表2 普通钢丝绳直径允许偏差

钢丝绳公称直径 D/mm	允许偏差/%
≥0.9～1.5	$^{+10}_{0}$
>1.5～2.0	$^{+8}_{0}$
>2.0～6.0	$^{+7}_{0}$

6.2.2 柔性钢丝绳公称直径及允许偏差、参考重量应符合表12的规定。

6.3 钢丝绳的长度

6.3.1 普通钢丝绳的长度按需方要求，但应在订货单内注明，否则由供方确定。但钢丝绳的单根长度最短不应小于25 m。

6.3.2 柔性钢丝绳每个包装盘内钢丝绳总长度应不小于1 000 m，单根长度不小于100 m。如有定尺要求，可按供需双方协议交货。

7 技术要求

7.1 钢丝绳中钢丝

7.1.1 材料

7.1.1.1 普通钢丝绳中钢丝用盘条应符合GB/T 4354的规定，牌号由制造厂选择，但其硫、磷含量应各不大于0.030%。

7.1.1.2 柔性钢丝绳中钢丝用盘条及牌号由制造厂选择。

7.1.2 **抗拉强度**

7.1.2.1 普通钢丝绳应用表3中规定的公称抗拉强度级的钢丝捻制，钢丝实测抗拉强度应不低于表3中的规定。

表3 普通钢丝绳中钢丝的公称抗拉强度级

钢丝公称直径 *d*/mm	钢丝公称抗拉强度/MPa	钢丝实测抗拉强度/MPa
≤0.30	≥1 960	≥1 870
>0.30～0.50	≥1 870	≥1 770
>0.50	≥1 770	≥1 670

7.1.2.2 柔性钢丝绳应用公称抗拉强度不低于2 060 MPa的钢丝捻制，钢丝实测抗拉强度不得低于1 960 MPa。

7.1.3 **扭转**

直径大于或等于0.50 mm的钢丝应做扭转试验，钢丝的最小扭转次数应符合表4的规定。

7.1.4 **反复弯曲**

直径大于或等于0.50 mm的钢丝应做反复弯曲试验，钢丝的最小反复弯曲次数应符合表4的规定。

表4 钢丝的最小扭转次数和最小反复弯曲次数

钢丝直径 *d*/mm	弯曲圆弧半径/mm	最小反复弯曲次数/(次/180°)	最小扭转次数/(次/360°，$L_0=100d$)
$0.50 \leqslant d < 0.55$	1.75	13	34
$0.55 \leqslant d < 0.60$		11	33
$0.60 \leqslant d < 0.65$		9	32
$0.65 \leqslant d < 0.70$		7	31
$0.70 \leqslant d < 0.75$	2.50	14	30
$0.75 \leqslant d < 0.80$		13	28
$0.80 \leqslant d < 0.85$		12	26
$0.85 \leqslant d < 0.90$		11	24
$0.90 \leqslant d < 0.95$		10	22
$0.95 \leqslant d < 1.00$		9	20

7.1.5 **打结拉伸**

对于公称直径小于0.50 mm的钢丝，用打结拉伸试验代替扭转试验和反复弯曲试验。钢丝进行打结拉伸试验时，结应打在试样中间，所能承受的拉力应不低于其公称破断力的58%。

7.1.6 **锌层**

7.1.6.1 钢丝绳应用同一锌层重量级别的钢丝捻制，钢丝的锌层重量应符合表5的规定。

7.1.6.2 钢丝镀锌层应均匀连续、无裂纹和剥落现象。但锌层表面允许有少量闪光点及白色薄层和色差。

7.1.6.3 经供需双方协商，普通钢丝绳可进行盐雾试验，钢丝的镀锌层应能通过48 h的中性盐雾试验。

7.1.6.4 柔性钢丝绳应进行盐雾试验，钢丝的镀锌层应能通过中性盐雾试验的时间由供需双方协商，但至少不应低于 60 h。

表 5　钢丝最小锌层质量

钢丝直径 d/mm	最小锌层重量/(g/m^2)
≤0.15	7
>0.15～0.20	10
>0.20～0.30	15
>0.30～0.40	20
>0.40～0.50	28
>0.50	35

7.1.7　**表面质量**

钢丝表面不应有裂纹、竹节、起刺和伤痕等缺陷。

7.2　**钢丝绳**

7.2.1　**捻制质量**

7.2.1.1　钢丝绳应平直、柔软，表面光滑平整，残余扭转小。

7.2.1.2　钢丝绳中各股及股中各根钢丝应捻制紧密，不应有叠痕、凸起、折断、压扁和刮伤的钢丝。

7.2.1.3　普通钢丝绳中钢丝的接头应尽量减少，在捻制过程中不得不连接钢丝时，钢丝可用插接或电接连接。插接的钢丝端头应密封在绳股内部，不允许露在外面。插接处的钢丝允许有局部交叉。绳股中各钢丝间接头距离应不小于 10 m。柔性钢丝绳中钢丝在捻制生产中不允许电接或插接。

7.2.1.4　钢丝绳中股的捻距和股中钢丝的捻距在其全长上应均匀。单捻钢丝绳的捻距不得大于股径的 13 倍，双捻钢丝绳的捻距应为绳径的 5～9 倍。

7.2.1.5　钢丝绳应捻制成不松散，中心股钢丝和外层股中心钢丝可适当加大。

7.2.1.6　柔性钢丝绳截断后端头成平面状，中心股或丝不允许凸出，且中心股或中心钢丝缩进量应不大于 0.5 mm，切断处直径允许增大值应不超过表 12 的规定。

7.2.1.7　除非用户另有要求，钢丝绳应适当地涂敷抗磨、耐腐蚀的润滑油脂。但涂敷量要小，用白纸或白布盖在 30 cm 长的钢丝绳上捋一遍后能清楚地判别出润滑油脂即可。

7.2.2　**力学性能**

7.2.2.1　钢丝绳的最小破断拉力应符合表 6～表 12 中的规定。

7.2.2.2　钢丝绳在受力为最小破断拉力的 60%之后，其弹性伸长率和永久伸长率应不大于表 6～表 12 中的规定。

7.2.2.3　柔性钢丝绳应进行弯曲疲劳试验，经试验达到表 13 规定的疲劳次数后的钢丝绳不应断裂。经供需双方协商，也可进行其他方法的疲劳试验。

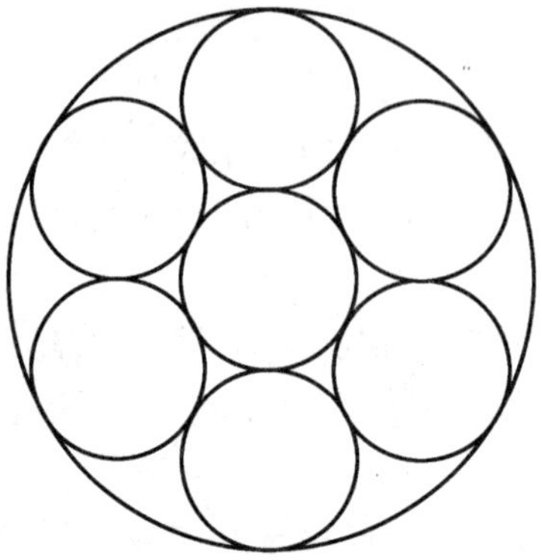

表 6　结构图

钢丝绳结构：1×7

表 6 力学性能

钢丝绳公称直径/mm	钢丝绳伸长率/% 不大于		钢丝绳最小破断拉力/kN	参考重量/(kg/100 m)
	弹性	永久		
0.9	0.8	0.2	0.90	0.41
1.0			1.03	0.50
1.2			1.52	0.74
1.4			2.08	1.01
1.5			2.25	1.15
1.6			2.77	1.42
1.8			3.19	1.63
2.0			4.02	2.05

表 7 结构图

钢丝绳结构:1×12

表 7 力学性能

钢丝绳公称直径/mm	钢丝绳伸长率/% 不大于		钢丝绳最小破断拉力/kN	参考重量/(kg/100 m)
	弹性	永久		
1.0	0.8	0.2	1.05	0.49
1.2			1.50	0.70
1.4			2.00	0.95
1.5			2.30	1.09
1.6			2.50	1.24
1.8			3.10	1.56
2.0			3.90	1.95
2.5			5.60	3.05
2.8			7.35	3.80
3.0			8.40	4.40

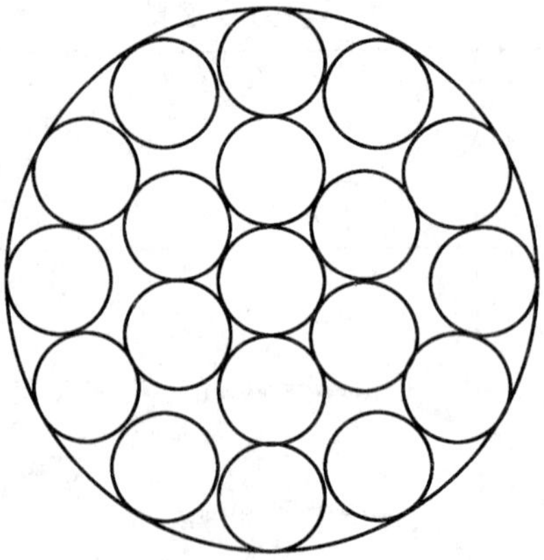

表 8 结构图

钢丝绳结构:1×19

表 8 力学性能

钢丝绳公称直径/mm	钢丝绳伸长率/% 不大于		钢丝绳最小破断拉力/kN	参考重量/(kg/100 m)
	弹性	永久		
1.0	0.8	0.2	1.06	0.49
1.2			1.52	0.70
1.4			2.08	0.96
1.5			2.39	1.10
1.6			2.59	1.25
1.8			3.29	1.59
2.0			4.06	1.96
2.5			6.01	3.07
2.8			7.53	3.84
3.0			8.63	4.41
3.2			10.10	5.10
3.5			11.74	5.99
3.8			13.72	7.23
4.0			15.37	8.00
4.5			19.46	10.1
4.8			22.1	11.6
5.0			24.00	12.6
5.3			27.0	14.2

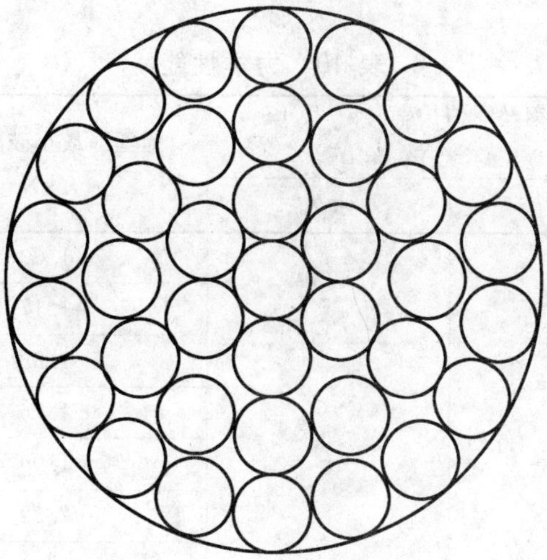

表 9　结构图

钢丝绳结构:1×37

表 9　力学性能

钢丝绳公称直径 /mm	钢丝绳伸长率/% 不大于		钢丝绳最小破断拉力 /kN	参考重量/ (kg/100 m)
	弹性	永久		
1.5	0.8	0.2	2.41	1.16
1.6			2.65	1.30
1.8			3.38	1.61
2.0			3.92	1.96
2.5			6.20	3.10
2.8			7.60	3.86
3.0			8.80	4.50
3.5			11.80	6.00
3.8			13.20	7.30
4.0			14.70	7.90
4.5			18.50	10.00
5.0			23.00	12.30

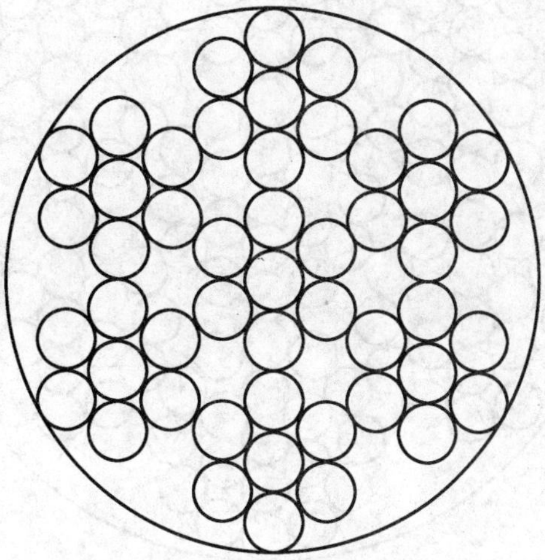

表 10　结构图

钢丝绳结构:6×7-WSC

表 10　力学性能

钢丝绳公称直径/mm	钢丝绳伸长率/% 不大于		钢丝绳最小破断拉力/kN	参考重量/(kg/100 m)
	弹性	永久		
1.0	0.9	0.2	1.00	0.50
1.1			1.17	0.58
1.2			1.35	0.67
1.4			1.76	0.87
1.5			1.99	0.98
1.6			2.29	1.13
1.8			2.81	1.39
2.0			3.38	1.67
2.5			5.45	2.37
2.8			6.45	3.34
3.0			7.28	3.77
3.5	1.1		10.37	5.37
3.6			10.68	5.68
4.0			12.92	6.70
4.5			15.89	8.69
4.8			17.79	9.73
5.0			19.79	10.83
5.5			23.19	12.68
6.0			28.11	15.37

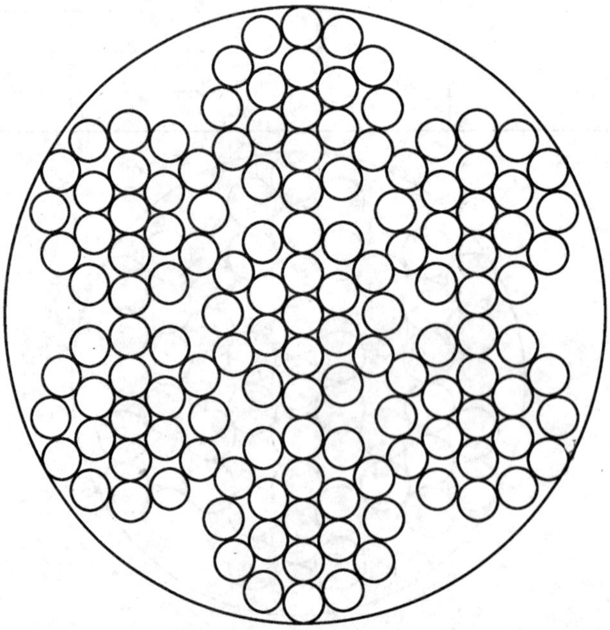

表 11　结构图

钢丝绳结构：6×19-WSC

表 11　力学性能

钢丝绳公称直径 /mm	钢丝绳伸长率/% 不大于		钢丝绳最小破断拉力 /kN	参考重量/ (kg/100 m)
	弹性	永久		
1.8	0.9	0.2	2.59	1.32
2.0			3.03	1.55
2.5			5.15	2.63
2.8			6.56	3.35
3.0			7.25	3.70
3.5	1.1		9.53	4.87
4.0			12.13	6.20
4.5			16.13	8.33
4.8			16.58	8.89
5.0			18.74	10.04
5.5			23.23	12.45
6.0			27.66	14.82

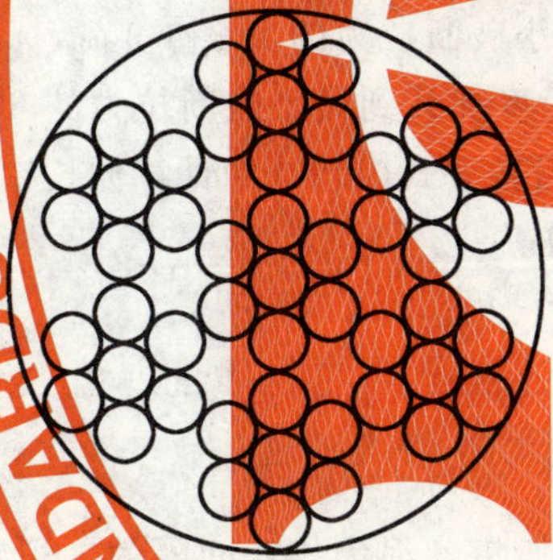

6×7-WSC

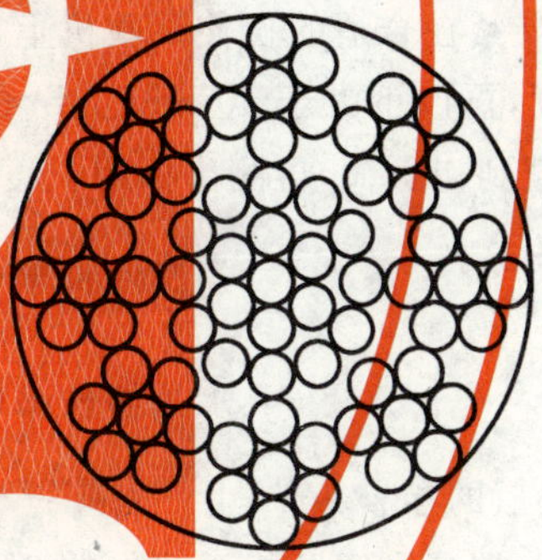

8×7-WSC

表 12　结构图

钢丝绳结构：6×7-WSC、8×7-WSC

表 12　力学性能

钢丝绳结构	公称直径	允许偏差	最小破断拉力	伸长率		切断处直径允许增大值	参考重量
				弹性	永久		
	mm		kN	%		mm	kg/100 m
6×7-WSC	1.50	+0.15 0	1.80	≤0.9	≤0.1	0.22	0.96
	1.80	+0.08 −0.08	3.00			0.25	1.34
8×7-WSC	1.50	+0.08 −0.08	1.90			0.22	0.99
	1.80	+0.08 −0.08	3.00			0.25	1.36

8 试验方法

8.1 钢丝试验

8.1.1 外观质量用手感和目测检查,也可借助放大倍数为5倍的放大镜检查。

8.1.2 钢丝直径应用分度值为0.001 mm的量具进行测量。在试样上不少于3处,每处相互垂直方向各测量1次,分别取平均值,以其最小平均值作为钢丝直径,其最大值和最小值之差、不圆度应符合6.1的规定。

8.1.3 拉伸试验按GB/T 228的规定进行。

8.1.4 锌层重量按GB/T 1839的规定进行,仲裁试验时应采用重量法。

8.1.5 反复弯曲试验按GB/T 238的规定进行。

8.1.6 扭转试验按GB/T 239的规定进行。

8.2 钢丝绳试验

8.2.1 外观质量用手感和目测检查,也可借助放大倍数为5倍的放大镜检查。

8.2.2 最小破断拉力试验按GB/T 8358的规定进行。

8.2.3 钢丝绳的直径应用分度值为0.01 mm的量具进行测量。测量应在无张力情况下,在钢丝绳的直线部位上进行,在相距至少1 m两个截面上,并在同一截面相互垂直的方向上各测量一个直径。钳口的宽度要足以跨越两个相邻的股。四次测量结果的平均值作为钢丝绳的实测直径,实测直径应符合6.2规定的允许偏差。

8.2.4 钢丝绳伸长率的测量

把钢丝绳试样夹紧在合适的拉伸试验机上,施加最小破断拉力的2%初负荷,标定250 mm以上的距离L_1为标距长度,再以不大于50 mm/min的拉伸速度加载到最小破断拉力的60%,测出此时的标距长度L_2,然后卸载到初负荷,再测出标距长度L_3,最后按公式(1)和(2)计算伸长率值:

$$弹性伸长率(\%)=\frac{L_2-L_3}{L_1}\times 100 \qquad\cdots\cdots(1)$$

$$永久伸长率(\%)=\frac{L_3-L_1}{L_1}\times 100 \qquad\cdots\cdots(2)$$

8.2.5 钢丝绳不松散的检查

将钢丝绳的任一端分别解开相互间隔的3个股(单股钢丝绳为相互间隔的3根钢丝),约有3个捻距长,当这3个股(或3根钢丝)重新捻到钢丝绳上时,钢丝绳的股(或钢丝)应不自行散开,仍能呈紧密状态。

8.2.6 残余回转的测定

去掉绳头1 m～2 m后,在离绳头大约20 cm处弯成一个约90°角,紧捏住此弯头拉出6 m长试样。然后,将钢丝绳自由端放开,让其在没有张力的情况下自由回转,其回转数不得超过3 r/6 m。

8.2.7 钢丝绳平直度的测定

8.2.7.1 普通钢丝绳

在不施加张力的情况下,将6 m长的钢丝绳放置在距离为60 mm的二条平行线中间,除绳端500 mm外,钢丝绳不得与任何一根平行线相碰,即为钢丝绳平直。

8.2.7.2 柔性钢丝绳

将1 m长的钢丝绳沿一条垂直线悬挂下垂,绳的自由端头偏离垂直线的距离(即最大弯曲度)应不大于9 cm。

8.2.8 钢丝绳平整度检查

钢丝绳表面手感光滑,无任何明显起伏变化和硬弯即为平整度合格。

8.2.9 钢丝绳中性盐雾试验按GB/T 10125的规定进行,试验过程中钢丝绳试样表面的抗磨、耐蚀油脂应完好保存。

8.2.10 钢丝绳弯曲疲劳试验按 GB/T 12347 的规定进行，包角为 90°，弯曲疲劳频率为 120 次/min，疲劳次数、试验轮直径及钢丝绳在试验时所保持的张力应符合表 13 的规定，疲劳试验用试验轮的尺寸应符合表 14 的规定。

表 13 柔性钢丝绳弯曲疲劳试验

钢丝绳结构	钢丝绳公称直径 D/mm	疲劳次数	试验轮直径 D_1/mm	施加张力/N
6×7-WSC	1.50	52 000	22.22	230
	1.80	40 000	28.58	530
8×7-WSC	1.50	65 000	22.22	230
	1.80	42 000	28.58	530

表 14 柔性钢丝绳弯曲疲劳试验用试验轮的尺寸

钢丝绳的公称直径 D/mm	钢丝绳的结构	绳轮比[a]	试验轮外径[b] C	试验轮宽度 G	试验轮直径 D_1	试验轮槽半径 Er
			mm			
1.50	6×7-WSC	15∶1	32	10	22.22	1.75
1.80		16∶1	36	10	28.58	1.32
1.50	8×7-WSC	15∶1	32	10	22.22	1.75
1.80		16∶1	36	10	28.58	1.32

[a] 绳轮比约等于滑轮直径 D_1 与钢丝绳公称直径 D 之比。

[b] $C \approx D_1 + 3D$。

9 检验规则

9.1 验收方法

9.1.1 钢丝绳出厂前的检查和验收由供方质量技术监督部门进行。

9.1.2 需方的验收可自己进行，也可委托有钢丝绳检定资格的检测部门进行。验收的依据是本标准和订货合同及供方质量证明书，验收期（从出厂日期算起）不应超过九个月。

9.2 组批规则

钢丝绳应按批验收，每批应由同一结构、同一直径的钢丝绳组成。

9.3 取样数量

9.3.1 每盘钢丝绳都应进行外观、结构、直径、捻法和捻制质量的检查。

9.3.2 在按本标准第 9.3.1 条检查合格的盘中，每 20 盘或不足 20 盘抽取 1 盘，从该盘上截取 2 根试样进行下列试验。

9.3.2.1 一根试样做钢丝绳的伸长率和最小破断拉力试验。

9.3.2.2 另一根试样做拆股钢丝试验。中心股钢丝和外层股中心的钢丝不做试验。

钢丝试样根数：

——1×7、1×12 结构钢丝绳，4 根；

——1×19、1×37 结构钢丝绳，每层 3 根；

——6×7-WSC、8×7-WSC 结构钢丝绳，从试样中任拆 1 股，6 根；

——6×19-WSC 结构钢丝绳，从试样中任拆 1 股，18 根。

每根钢丝进行直径、表面质量、拉伸、弯曲和扭转试验。

任取 3 根钢丝做锌层重量试验。

9.3.3 当一条钢丝绳截成数条(盘)交货时,则其数条亦作为一盘按 9.3.1 及 9.3.2 进行检测。如果合格(包括复试),其余各条免于试验,否则应逐条进行试验。

9.3.4 钢丝绳的中性盐雾试验和疲劳试验每批任取一根试样进行试验。

9.4 复验与判定规则

经过试验的钢丝绳,如果其中某项试验不合格时,则该盘判为不合格产品。另从该批其他盘中抽取双倍数量的盘截取试样,复验其中不合格项目。若复验仍不合格,该批判为不合格产品。但允许逐盘检验,合格者予以交货。

10 包装、标志、运输、贮存和质量证明书

10.1 钢丝绳的包装、标志和质量证明书应符合 GB/T 2104 中的要求。

10.2 每个包装件内允许缠绕的钢丝绳根数由供需双方协商,一般允许缠绕的钢丝绳根数不超过 5 根。但应注明钢丝绳的长度和做好接头标记。

10.3 包装好的钢丝绳件可以直接发运,也可以排列叠放在木托架上,用打包带紧固于木托架上发运,或装入包装纸箱里打托发运。

10.4 在运输过程中应防止钢丝绳包装件和集装箱被撞击损坏,各种运输工具装运的钢丝绳都必须加盖防雨油布、扎紧运输。

10.5 钢丝绳应贮存在干燥通风的室内。

ICS 71.100.60
Y 41

GB

中华人民共和国国家标准

GB/T 14454.1—2008
代替 GB/T 14454.1—1993

香料　试样制备

Fragrance/Flavor substances—Preparation of test samples

(ISO 356:1996, Essential oils—Preparation of test samples, MOD)

2008-07-15 发布　　　　2008-12-01 实施

中华人民共和国国家质量监督检验检疫总局
中国国家标准化管理委员会　发布

前 言

GB/T 14454《香料通用试验方法》由下列部分组成：

——第1部分：香料　试样制备；

——第2部分：香料　香气评定法；

——第4部分：香料　折光指数的测定；

——第5部分：香料　旋光度的测定；

——第6部分：香料　蒸发后残留物含量的评估；

——第7部分：香料　冻点的测定；

——第11部分：香料　含酚量的测定；

——第12部分：香料　微量氯测定法；

——第13部分：香料　羰值和羰基化合物含量的测定；

——第14部分：香料　标准溶液、试液和指示液的制备；

——第15部分：黄樟油　黄樟素和异黄樟素含量的测定　填充柱气相色谱法。

本部分为GB/T 14454的第1部分。

本部分修改采用ISO 356:1996《精油　试样制备》。本部分与ISO 356:1996相比，主要是增加了单离及合成香料试样的制备。

本部分是对GB/T 14454.1—1993《香料　试样制备》的修订。本部分与GB/T 14454.1—1993相比，主要变化如下：

——修改了第1章范围；

——删除了GB/T 14454.1—1993的第2章引用标准和4.2.4用折光仪测定折光指数的内容。

本标准由中国轻工业联合会提出。

本标准由全国香料香精化妆品标准化技术委员会归口。

本标准由上海香料研究所负责起草。

本标准主要起草人：曹怡、金其璋、徐易。

本部分所代替标准的历次版本发布情况为：

——GB/T 14454.1—1993。

香料 试样制备

1 范围

GB/T 14454 的本部分规定了对供实验室分析用的香料试样的制备原理、仪器、试剂和操作程序。

本部分适用于精油、单离及合成香料试样的制备。

本部分特别适用于不可直接进行分析的香料，这就是那些在室温下为固体或半固体的香料或那些由于含水或悬浮颗粒而混浊的香料。

本部分不适用于进行水分测定的试样。

2 原理

将硫酸镁或硫酸钠加入在室温为液体或需加热至适当温度后呈液状的香料，然后进行过滤，去除样品中水分和不溶物质。

3 仪器

实验室常用仪器，特别是下列仪器：

3.1 烘箱。

3.2 锥形瓶。

3.3 合适的过滤装置。

4 试剂

4.1 所用试剂均为分析纯试剂。

4.2 新干燥、中性的硫酸镁或新干燥的硫酸钠：硫酸镁或硫酸钠在 180 ℃～200 ℃（自连续搅拌的材料中读取温度）加热，干燥到恒重（干燥时应连续搅拌）。研磨成粉，保存在密封的干燥瓶内。

5 操作程序

5.1 精油试样的制备

5.1.1 在室温下呈固体或半固体的精油

将精油置于烘箱(3.1)中液化。烘箱的温度控制在能使精油在 10 min 内液化的最低温度。该温度通常比该精油预计的凝固点高约 10 ℃。操作过程中，特别是含醛类的精油，应避免空气进入盛有精油的容器。要做到这点，可把塞子松开一些，但不要取下。将液状的精油倒入预先在上述温度的烘箱内加热的干燥锥形瓶(3.2)中，装入量不超过锥形瓶容量的三分之二。

在以下所有操作中，保持精油在呈液状的最低温度。

5.1.2 在室温下呈液体的精油

在室温下将精油倒入干燥的锥形瓶(3.2)中，装入量不超过锥形瓶容量的三分之二。

5.1.3 精油的处理

加脱水剂[硫酸镁或硫酸钠(4.2)]于装有试样 5.1.1 或 5.1.2 的锥形瓶中，加入脱水剂的量约为精油质量的 15%。至少在 2 h 内不时地强力摇动锥形瓶。过滤试样。

为了检查脱水剂的作用，再加入约 5% 的硫酸镁或硫酸钠。

2 h 后过滤。精油应清澈透明。

在 5.1.1 的情况下，可在控制适当温度(见 5.1.1)的烘箱内进行过滤。但不要使精油在烘箱内放置超过适当的时间。

注1：操作完成后，即应进行分析。否则，过滤后的精油应保存在预先干燥的容器内，置于阴凉处，避开强光。试样应装满容器并塞紧瓶塞。

注2：某些情况下，在有关香料的产品标准中规定要用柠檬酸或酒石酸与精油一起搅动，以除去使精油变色的苯酚金属盐。

5.2 单离及合成香料试样的制备

5.2.1 一般只需过滤除去不溶杂质。操作程序按5.1进行，但不加入脱水剂。

5.2.2 需要进行脱水、脱色的样品，将在有关香料的产品标准中规定，操作程序按5.1进行。

ICS 71.100.60
Y 41

中华人民共和国国家标准

GB/T 14454.2—2008
代替 GB/T 14454.2—1993

香料　香气评定法

Fragrance/Flavor substances—Method for valuation of odour

2008-07-15 发布　　2008-12-01 实施

中华人民共和国国家质量监督检验检疫总局
中国国家标准化管理委员会　发布

前　言

GB/T 14454《香料通用试验方法》由下列部分组成：

——第1部分：香料　试样制备；

——第2部分：香料　香气评定法；

——第4部分：香料　折光指数的测定；

——第5部分：香料　旋光度的测定；

——第6部分：香料　蒸发后残留物含量的评估；

——第7部分：香料　冻点的测定；

——第11部分：香料　含酚量的测定；

——第12部分：香料　微量氯测定法；

——第13部分：香料　羰值和羰基化合物含量的测定；

——第14部分：香料　标准溶液、试液和指示液的制备；

——第15部分：黄樟油、黄樟素和异黄樟素含量的测定　填充柱气相色谱法。

本部分为GB/T 14454的第2部分。

本部分是对GB/T 14454.2—1993《香料　香气评定法》的修订。本部分与GB/T 14454.2—1993相比，主要是增加了三角评析法。

GB/T 14454.2—1993采用的是成对比较检验法，最终由评价员主观给予评定分值来判定样品是否可以、尚可、及格或不及格。此法的优点在于简单且不易产生感官疲劳，但缺点是对已知样品进行比较时，弱势评价员的判断易被专家左右，而不能做出自己的选择。

在本部分中，除保留了成对比较检验法外，我们还参照了多家企业目前执行的三角评析法和有关感官分析方法中的三点检验法，由主持者主持、小组进行，采用盲测，只记录、不讨论的方式对香料的香气进行了较为客观的评定。

本部分由中国轻工业联合会提出。

本部分由全国香料香精化妆品标准化技术委员会归口。

本部分由芬美意香料(中国)有限公司、上海香料研究所、天津春发食品配料有限公司负责起草。

本部分主要起草人：郭列军、毛天洁、金其璋、邢海鹏。

本部分所代替标准的历次版本发布情况为：

——GB/T 14454.2—1993。

香料 香气评定法

1 范围

GB/T 14454 的本部分的第一法规定了采用三角评析法来评析和判定待检试样的香气与标样之间的差别，适用于香料香气的常规控制。

本部分的第二法规定了采用成对比较检验法来评析和判定待检试样的香气与标准样品之间的差别，适用于香料香气的常规控制。

第一法 三角评析法

2 术语和定义

下列术语和定义适用于 GB/T 14454 的本部分。

2.1

三角评析法 method of triangle valuation

将 4 根辨香纸分别标记，用其中 2 根辨香纸蘸取待检试样，用另外 2 根辨香纸蘸取标样，混合这 4 根辨香纸。任意抽走 1 根，保留 3 根，让评价员找出香气不同的那根辨香纸。

2.2

湿法 wet method

对刚准备好(蘸取样品后 10 min 以内)的辨香纸进行评析，称为湿法。

2.3

干法 dry method

对准备较长时间后(30 min 以后、48 h 之内)的辨香纸进行评析，称为干法。

3 原理

将待检试样与标样进行比较，根据两者之间的香气显性差异来评估待检试样的香气是否可接受。

根据感官分析方法中三点检验法的数学统计模型，在最低的显著水平是 5%的情况下，评价员轮流独立地对准备好的辨香纸进行评析，出示抽出的辨香纸标记符号给主持者，由主持者记录，不讨论。每人进行 3 次(勿重复进行)，分别对样品的头香、体香和尾香进行评析。把每次评析都视作一次独立判定，如果为 5 人的话，共评析 15 次，如果抽出正确的辨香纸低于 9 次，则低于最低的显著水平 5%，可判断待检试样的香气与标样有差异，但在可接受范围内。因此，本方法的操作需由不少于 5 位(最佳 7 位，单数。具体的评价员数及其判断临界值见表 1)、经培训合格的或是嗅觉灵敏的评价员组成的评析小组进行。一次评析的样品量不应超过 15 个，以确保评价员集中精力。

4 评析前的准备

4.1 评析室

4.1.1 内部设施均应由无味、不吸附和不散发气味的建筑材料构成，室中应具有洗漱设备。

4.1.2 评析室应紧邻样品制备区，墙壁的颜色和内部设施的颜色应为中性色。推荐使用乳白色或中性浅灰色。

4.1.3 应控制噪声，避免评价员在评析过程中受干扰。应有适宜的通风装置，避免气息残留在评析室中。

4.1.4 照明应是可调控的和均匀的，并且有足够的亮度以利于评析。推荐灯的色温为 6 500 K。

4.1.5 温度和湿度应适宜并保持相对稳定。工作台椅应尽量让评价员感觉舒适。

4.2 评价员

4.2.1 评价员的选择

a) 评价员应身体健康，具有正常的嗅觉敏感性和从事感官分析的兴趣；

b) 对所评析的产品具有一定的专业知识，且无偏见；

c) 无明显个人体味。

4.2.2 评价员的培训

a) 挑选不同香型的样品 3 个～4 个并构成香型组（如甜香、青香、花香等），然后反复使评价员熟记；

b) 对评价员已熟记的香型进行稀释，然后让评价员排出强弱差别，可逐渐增加稀释倍数以提高辨香难度；

c) 以上培训需长期坚持，每年用盲样对评价员进行测试。

4.2.3 评价员评香前的要求

a) 每次评析前须洗手、身上不带异味（包括不使用加香的化妆品）；

b) 不能过饥或过饱；

c) 在评析前 1 h 内不抽烟、不吃东西，但可以喝水；

d) 身体不适时不能参与评香。

4.3 溶剂

需要时，按不同香料品种选用乙醇、苄醇、苯甲酸苄酯、邻苯二甲酸二乙酯、十四酸异丙酯、水等作为溶剂。

4.4 辨香纸

干净、无污染的辨香纸。用质量好的无嗅吸水纸（厚度约 0.5 mm），切成宽 0.5 cm～0.8 cm、长 10 cm～15 cm 条形。

4.5 标样（或上批次样品）和待检试样。

4.6 辨香纸支架。

5 操作程序

5.1 液体香料

5.1.1 主持者应先确保评析环境符合要求，然后通知评析小组成员，时间最好选择上午或下午的中间时段。

5.1.2 准备好标样和待检试样（可将样品倒入干净、无异杂香气的容器中），并可提前准备好干法辨香纸。

5.1.3 主持者将 4 根辨香纸不蘸取样品的一端用独特的代号/符号进行标记。

5.1.4 取 2 根标记过的辨香纸浸入标样中约 1 cm 蘸取料液，在标样容器口尽量把多余的料液刮掉，辨香纸从标样中拿出后勿将蘸有料液的一端向上竖放，避免多余的料液下淌。主持者记录其代号/符号。

5.1.5 取另 2 根标记过的辨香纸浸入待检试样中，蘸取料液的高度应与标样一致。主持者记录其代号/符号。

如果不能确保蘸取同样高度的话，最好将 4 根辨香纸都单独蘸取，避免评价员从蘸取料液的高度上进行鉴别。如果两个样品在辨香纸上出现可见的色差时,调暗评析室的亮度。

5.1.6 由主持者将 4 根蘸有样品的辨香纸交叉混合,此过程应避免蘸有样品的一端相互接触、污染。任意抽出 1 根放置一旁,保留其余 3 根辨香纸支架置在辨香纸支架上,交给评价员评析。

5.1.7 在评析时须注意,辨香纸距鼻子需保持 1 cm～2 cm 的距离,且勿让辨香纸接触鼻子,缓缓吸入。在感觉到嗅觉疲劳时,评价员可嗅一下自己的衣袖。

5.1.8 剩下的 3 根辨香纸中必然有 1 根蘸取的料液是来自不同的样品,评价员根据自己的嗅感寻找香气不同的辨香纸。

5.1.9 如评析小组集中进行评析,在评析过程中评价员应不相互讨论,且需对同一组标样和待检试样进行 3 轮蘸取和评析。每位评价员需在大约 30 min 内,每隔 10 min 寻找一次香气不同的辨香纸,主持者只记录每位评价员每一轮评析所找出辨香纸的代号/符号。

5.2 固体香料

5.2.1 固体香料可直接用干净、无异杂气的白纸标记后放置样品,直接进行评析。大块的、晶体样品应碾压粉碎后再进行评析。

5.2.2 固体香料也可用溶剂(4.3)将标样和待检试样稀释成相同浓度的溶液后,用辨香纸进行评析。

6 结果的表述

6.1 如果不是小组成员集中进行评析,评价员应根据自己的评析结果给出意见:

a) 与标样相符;

b) 与标样有一定的差异,但可接受;

c) 与标样差异明显,拒绝。

应至少有 5 位评价员参与,最终的结果应综合评价员的意见。如:5 人参加评析,1 人的意见是“拒绝”,4 人的意见是“与标样有一定的差异,但可接受”,则最终判定应为“与标样有一定的差异,但可接受”。

6.2 如果是小组成员集中进行评析,则根据三角评析时抽出的那根辨香纸是否正确来判定。如果评价员从留下的 3 根辨香纸中抽出的那根就是来自不同样品时,则结果视为正确。

6.3 结果分析

原假设:不可能根据特性强度将两种试样区别开。在这种情况下识别正确的概率为 $P_0=1/3$。

备择假设:可以根据特性强度将两种试样区分开。在这种情况下识别正确的概率为 $P>1/3$。

如果正确回答的数目小于表 1 中的临界值,则认为待检试样与标样没有显著差异,属可接受范围。反之,正确回答数大于临界值,即认为待检试样与标样在香气上有显著的差异,超出了可接受范围。

表 1 二项分布显著性表(=5%)

评价员数	评价次数	临界值
5	15	9
6	18	10
7	21	12
8	24	13
9	27	14
10	30	15
11	33	17

6.4 如果标样与待检试样的评析结果显示待检试样不在可接受的范围内，而待检试样经过验证后，确认为具有代表性的正确样品时，则再用上批次的样品与待检试样进行评析，以排除标样在被污染、陈化、变质等情况下，对待检试样的香气产生误判。

本方法为仲裁法。

第二法 成对比较检验法

7 原理

通过评香，评定待检试样的香气是否与标准样品相符，并注意辨别其香气浓淡、强弱、杂气、掺杂和变质的情况。

8 标准样品、溶剂和辨香纸

8.1 标准样品

选择最能代表当前生产质量水平的各种香料产品作为标准样品。当质量有变动时，应及时更换。

不同品种、不同工艺方法和不同地区的天然香料，用不同原料制成的单离香料，或不同工艺路线制成的合成香料，以及不同规格的香料，均应分别确定标准样品。

标准样品由企业技术、质检部门和/或顾客共同确定。

标准样品应置于清洁干燥密闭的惰性容器中，装满（或充氮气），避光保存，防止香气污染，并应符合有关部门的规定。

8.2 溶剂

需要时，按不同香料品种选用乙醇、苄醇、苯甲酸苄酯、邻苯二甲酸二乙酯、十四酸异丙酯、水等作为溶剂。

8.3 辨香纸

干净、无污染的辨香纸。用质量好的无嗅吸水纸（厚度约 0.5 mm），切成宽 0.5 cm～0.8 cm、长 10 cm～15 cm 条形。

9 操作程序

在空气清新无杂气的评香室内，先将等量的待检试样和标准样品分别放在相同而洁净无嗅的容器中，进行评香，包括瓶口的香气比较，然后再按下列两类香料分别进行评定。

9.1 液体香料

用辨香纸分别蘸取容器内待检试样与标准样品约 1 cm～2 cm（两者须接近等量），然后用嗅觉进行评香。除蘸好后立刻辨其香气外，并应辨别其在挥发过程中全部香气是否与标准样品相符，有无异杂气。天然香料更应评比其挥发过程中的头香、体香、尾香，以全面评定其香气质量。

对于不易直接辨别其香气质量的产品，可先以不同溶剂（8.2）溶解，并将待检试样与标准样品分别稀释至相同浓度，然后再蘸在辨香纸上，待溶剂挥发后按本条规定的方法及时进行评香。

9.2 固体香料

固体香料的待检试样和标准样品可直接进行香气评定。香气浓烈者可选用适当溶剂（8.2）溶解并稀释至相同浓度，然后蘸在辨香纸上按 9.1 的方法评香。

必要时，固体和液体香料的香气评定可用等量的待检试样和标准样品，通过试配香精或实物加香后进行评香。

10 结果的表述

香气评定结果可用分数表示(满分为 40 分)或选用纯正(39.1 分～40.0 分)、较纯正(36.0 分～39.0 分)、可以(32.0 分～35.9 分)、尚可(28.0 分～31.9 分)、及格(24.0 分～27.9 分)和不及格(24.0 分以下)表述。

ICS 71.100.60
Y 41

GB

中华人民共和国国家标准

GB/T 14454.4—2008
代替 GB/T 14454.4—1993

香料　折光指数的测定

Fragrance/Flavor substances—Determination of refractive index

(ISO 280:1998, Essential oils—Determination of refractive index, MOD)

2008-07-15 发布　　2008-11-01 实施

中华人民共和国国家质量监督检验检疫总局
中国国家标准化管理委员会　发布

前　言

GB/T 14454《香料通用试验方法》由下列部分组成：

——第 1 部分：香料　试样制备；

——第 2 部分：香料　香气评定法；

——第 4 部分：香料　折光指数的测定；

——第 5 部分：香料　旋光度的测定；

——第 6 部分：香料　蒸发后残留物含量的评估；

——第 7 部分：香料　冻点的测定；

——第 11 部分：香料　含酚量的测定；

——第 12 部分：香料　微量氯测定法；

——第 13 部分：香料　羰值和羰基化合物含量的测定；

——第 14 部分：香料　标准溶液、试液和指示液的制备；

——第 15 部分：黄樟油　黄樟素和异黄樟素含量的测定　填充柱气相色谱法。

本部分为 GB/T 14454 的第 4 部分。

本部分修改采用 ISO 280：1998《精油　折光指数的测定》。本部分与 ISO 280：1998 相比，主要技术差异如下：

——删除了 ISO 280：1998 的取样方法和重复性；

——增加了附录 A。

本部分是对 GB/T 14454.4—1993《香料　折光指数的测定》的修订。本部分与 GB/T 14454.4—1993 相比，主要变化如下：

——删除了 GB/T 14454.4—1993 的取样方法；

——增加了 t' 温度下和 t 温度下折光指数的换算公式；

——增加了试验报告的相关内容。

本部分的附录 A 是规范性附录。

本部分由中国轻工业联合会提出。

本部分由全国香料香精化妆品标准化技术委员会归口。

本部分由上海香料研究所负责起草。

本部分主要起草人：曹怡、徐易、金其璋。

本部分所代替标准的历次版本发布情况为：

——GB/T 14454.4—1993。

香料　折光指数的测定

1　范围

GB/T 14454 的本部分规定了测定香料折光指数的方法。

本部分适用于香料折光指数的测定。

2　规范性引用文件

下列文件中的条款通过 GB/T 14454 的本部分的引用而成为本部分的条款。凡是注日期的引用文件，其随后所有的修改单(不包括勘误的内容)或修订版均不适用于本部分。然而，鼓励根据本部分达成协议的各方研究是否可使用这些文件的最新版本。凡是不注日期的引用文件，其最新版本适用于本部分。

GB/T 14454.1　香料　试样制备(GB/T 14454.1—2008，ISO 356:1996，MOD)

3　术语和定义

下列术语和定义适用于 GB/T 14454 的本部分。

3.1

折光指数　refractive index

当具有一定波长的光线从空气射入保持在恒定的温度下的液体香料时，入射角的正弦与折射角的正弦之比。

注：波长规定为(589.3±0.3)nm，相当于钠光谱中的 D_1 与 D_2 线。

4　原理

按照所用仪器的类型，直接测量折射角或者观察全反射的临界线，香料应保持各向同性和透明性的状态。

5　试剂

5.1　所用试剂均为分析纯试剂，水为蒸馏水或纯度相当的水。

5.2　标准物质，测折光指数(RI)用的试剂，用于校正折光仪，如下：

5.2.1　蒸馏水，20 ℃时的折光指数为 1.333 0。

5.2.2　对异丙基甲苯，20 ℃时的折光指数为 1.490 6。

5.2.3　苯甲酸苄酯，20 ℃时的折光指数为 1.568 5。

5.2.4　1-溴萘，20 ℃时的折光指数为 1.658 5。

6　仪器

实验室常用仪器，特别是下列仪器：

6.1　折光仪，可直接读出 1.300 0～1.700 0 范围内的折光指数，精密度为±0.000 2。

6.2　恒温器或可恒定温度的装置，保证循环水流通过折光仪时能保持它在规定的测定温度±0.2 ℃以内。

6.3　光源，钠光。

注：用漫射日光或电灯光作折光仪光源时，应使用消色补偿棱镜。

6.4 玻璃片(供选用),已知折光指数。

7 操作程序

7.1 试样制备

按 GB/T 14454.1 的规定。试样温度要接近测定温度。

7.2 折光仪的校准

7.2.1 通过测定标准物质(5.2.1~5.2.4)的折光指数来校准折光仪(6.1)。

注:有些仪器可按仪器制造商提供的指南直接用玻璃片(6.4)调节。

7.2.2 保持折光仪(6.1)的温度恒定在规定的测定温度上。

在测定过程中,该温度的波动范围应在规定的温度±0.2 ℃内。

参考温度为 20 ℃,除了那些在 20 ℃时为非液体的香料,根据这些香料的熔点,可在 25 ℃或 30 ℃进行测定。

8 测定

将制备的试样(7.1)放入折光仪。待温度稳定后,进行测定。

阿贝折光仪的操作程序见附录 A。

9 结果的表述

按式(1)计算在规定温度 t 下的折光指数 n_D^t:

$$n_D^t = n_D^{t'} + 0.000\,4(t' - t) \qquad \cdots\cdots(1)$$

式中,$n_D^{t'}$ 是在 t' 温度下测得的读数。

结果表示至小数点后四位。

平行试验结果允许差为 0.000 2。

10 试验报告

试验报告应包括:

——所用的测试方法;

——所得到的测试结果;

——如果重复性已得到核实,最后所得到的结果。

试验报告还应该说明本部分中未规定的任何操作条件或被认为可选用的操作条件,以及可能影响测试结果的任何事件。

试验报告应包括对样品的完全鉴别所需要的所有详情。

附 录 A
（规范性附录）
阿贝折光仪的操作程序

A.1 测定前清洗棱镜表面，可用脱脂棉花先后蘸取易挥发溶剂乙醇和乙醚轻擦，待溶剂挥发，棱镜完全干燥。

A.2 将恒温水浴与棱镜连接，调节水浴温度，使棱镜温度保持在所要的操作温度上。

A.3 按7.2.1规定校正折光仪读数。重复第A.1章和第A.2章操作。

A.4 用滴管向下面棱镜加几滴试样，迅速合上棱镜并旋紧。试样应均匀充满视野场而无气泡。静置数分钟，待棱镜温度恢复到所要的操作温度上。

A.5 对准光源，由目镜观察，转动补偿器螺旋使明暗两部分界限明晰，所呈彩色完全消失。再转动标尺指针螺旋，使分界线恰通过接物镜上“×”线的焦点上。

A.6 准确读出标尺上折光指数至小数点后四位。

ICS 71.100.60
Y 41

中华人民共和国国家标准

GB/T 14454.5—2008
代替 GB/T 14454.5—1993

香料 旋光度的测定

Fragrance/Flavor substances—Determination of optical rotation

(ISO 592:1998, Essential oils—Determination of optical rotation, MOD)

2008-07-15 发布 2008-11-01 实施

中华人民共和国国家质量监督检验检疫总局
中国国家标准化管理委员会 发布

前　言

GB/T 14454《香料通用试验方法》由下列部分组成：

——第1部分：香料　试样制备；

——第2部分：香料　香气评定法；

——第4部分：香料　折光指数的测定；

——第5部分：香料　旋光度的测定；

——第6部分：香料　蒸发后残留物含量的评估；

——第7部分：香料　冻点的测定；

——第11部分：香料　含酚量的测定；

——第12部分：香料　微量氯测定法；

——第13部分：香料　羰值和羰基化合物含量的测定；

——第14部分：香料　标准溶液、试液和指示液的制备；

——第15部分：黄樟油　黄樟素和异黄樟素含量的测定　填充柱气相色谱法。

本部分为GB/T 14454的第5部分。

本部分修改采用ISO 592：1998《精油　旋光度的测定》。本部分与ISO 592：1998相比，主要技术差异如下：

——删除了ISO 592：1998的取样方法；

——增加了附录A。

本部分是对GB/T 14454.5—1993《香料　旋光度的测定》的修订。本部分与GB/T 14454.5—1993相比，主要是增加了试验报告的相关内容。

本部分的附录A是规范性附录。

本部分由中国轻工业联合会提出。

本部分由全国香料香精化妆品标准化技术委员会归口。

本部分由上海香料研究所负责起草。

本部分主要起草人：徐易、曹怡、金其璋。

本部分所代替标准的历次版本发布情况为：

——GB/T 14454.5—1993。

香料　旋光度的测定

1　范围

GB/T 14454的本部分规定了测定香料旋光度的方法。

本部分适用于测定香料的旋光度，当被测定的香料在室温下呈固体、半固体或粘度很大、颜色很深时，用香料的溶液测定。

2　规范性引用文件

下列文件中的条款通过GB/T 14454的本部分的引用而成为本部分的条款。凡是注日期的引用文件，其随后所有的修改单(不包括勘误的内容)或修订版均不适用于本部分。然而，鼓励根据本部分达成协议的各方研究是否可使用这些文件的最新版本。凡是不注日期的引用文件，其最新版本适用于本部分。

GB/T 14454.1　香料　试样制备(GB/T 14454.1—2008，ISO 356:1996，MOD)

3　术语和定义

下列术语和定义适用于GB/T 14454的本部分。

3.1

旋光度　optical rotation

在规定的温度条件下，波长为589.3 nm±0.3 nm(相当于钠光谱D线)的偏振光穿过厚度为100 mm的香料时，偏振光振动平面发生旋转的角度，用毫弧度或角的度数来表示。

注：若在不同厚度进行测定时，其旋光度应换算为100 mm厚度的值。

3.2

溶液中的旋光度　optical rotation in solution，so-called

比旋度　specific rotation

香料溶液的旋光度与单位体积中香料的质量之比。

4　试剂

4.1　所用试剂均为分析纯试剂，水为蒸馏水或纯度相当的水。

4.2　溶剂(仅在测定香料的比旋度时使用)：最好使用95%(体积分数)的乙醇。使用前应先检查所使用的溶剂的旋光度应为0°。

5　仪器

实验室常用仪器，特别是下列仪器：

5.1　旋光仪，精度至少为±0.5毫弧度(±0.03°)，用水调整到0°和180°。

旋光仪应该用已知旋光度的石英片进行校验。如果没有石英片，就用每100 mL中含26.00 g无水纯净蔗糖的水溶液来校验。此溶液在20 ℃，厚度为200 mm时的比旋度应为+604毫弧度(+34.62°)。

此仪器应在稳定状态下使用，非电子型仪器应在黑暗中使用。

5.2　光源，任何波长为589.3 nm±0.3 nm的光源均可使用，最好是钠蒸气灯泡。

5.3　旋光管，通常长度为100 mm±0.5 mm。

当测定低旋光度的浅色试样时，可使用长度为200 mm±0.5 mm的旋光管。当测定深色试样时，如有必要，可使用长度为 50 mm±0.05 mm 或 10 mm±0.05 mm 的旋光管，甚至更短的旋光管。

在 20 ℃或其他规定的温度下测定，应使用配有温度计(5.4)的双壁管，以确保水在所需温度下循环。

对于常温测定，可使用上述旋光管，也可使用其他任何类型的旋光管。

5.4 温度计，测量范围在 10 ℃～30 ℃，具有 0.2 或 0.1 ℃的分刻度。

5.5 恒温控制器，用以将试样的温度控制在 20 ℃±0.2 ℃或其他规定的温度。

6 操作程序

6.1 试样制备

如有必要对试样进行干燥，按 GB/T 14454.1 的规定。

当测定比旋度(见 3.2)时，应按有关香料产品标准中规定的浓度和溶剂(4.2)配制该香料产品的溶液。

6.2 测定

接通光源(5.2)，待其至充分亮度。

如有必要，可将试样(6.1)的温度调至 20 ℃±1 ℃或其他规定的温度[1)]，然后将试样注入同等温度的适当的旋光管(5.3)中。在恒温控制下，开始水循环，使旋光管在测试过程中保持在规定的温度(±0.2 ℃)。

将试样注满旋光管，确保管中无气泡。

将旋光管放入旋光仪(5.1)，根据仪器上的刻度读出香料右旋(+)或左旋(−)旋光度。

6.3 测定次数

同一试样至少测定三次。

三次测定的值相互之差不得大于 1.4 毫弧度(0.08°)。取三次读数的平均值即为所测结果。

非电子型旋光仪的操作程序见附录 A。

7 结果的表述

7.1 按式(1)计算旋光度 α_D^t，用毫弧度和/或角的度数表示：

$$\alpha_D^t = \frac{A}{l} \times 100 \qquad \cdots\cdots(1)$$

式中：

A——偏转角的值(见 6.3)，毫弧度和/或角的度数；

l——旋光管的长度，单位为毫米(mm)。

右旋用(+)表示，左旋用(−)表示。

当不具备水循环双壁旋光管时，应对被测香料使用合适的校正系数加以校正(例如：柑橘油类及其他一些精油的校正系数是已知的)。

注：这些校正系数将在有关香料的产品标准中给出。

7.2 按式(2)计算比旋度[α]，用毫弧度和/或角的度数表示：

$$[\alpha] = \frac{\alpha_D^t}{c} \qquad \cdots\cdots(2)$$

式中：

α_D^t——香料溶液的旋光度，按 7.1 计算；

c——香料溶液的浓度，单位为克每毫升(g/mL)。

---

1) 通常测定应在 20 ℃下进行。例外的则按照有关香料产品标准中的规定进行。

平行试验结果允许差为0.2°。

8 试验报告

试验报告应包括：

——所用的测试方法；

——试验中是否使用了香料溶液，注明溶剂的性质和香料的浓度；

——所得到的测试结果；

——如果重现性已得到核实，最后所得到的结果。

试验报告还应该说明本部分中未规定的任何操作条件或被认为可选用的操作条件，以及可能影响测试结果的任何事件。

试验报告应包括对样品的完全鉴别所需要的所有详情。

附 录 A
（规范性附录）
非电子型旋光仪的操作程序

A.1 接通光源，将光源对准旋光仪的中心轴，使由目镜观察时有清晰的视场，用蒸馏水或溶剂校正刻度盘上的零点。

A.2 将试样注入100 mm旋光管，将旋光管置于中心轴中的起偏振镜与检偏振镜间。

A.3 调整目镜，使有清晰的视场。转动检偏振镜的螺旋，直至视场中明暗两部分的亮度相同，若此时微向左或微向右转时即发生明暗度的差别。读取刻度盘上的读数，再慢慢地转动检偏振镜的螺旋，用同法再读取刻度盘上的度数两次，取三次读数的平均值，即得试样的旋光度。

ICS 71.100.60
Y 41

GB

中华人民共和国国家标准

GB/T 14454.6—2008
代替 GB/T 14454.6—1993

香料　蒸发后残留物含量的评估

Fragrance/Flavor substances—Quantitative evaluation of residue on evaporation

(ISO 4715:1978，Essential oils—Quantitative evaluation of residue on evaporation，MOD)

2008-07-15 发布　　2008-11-01 实施

中华人民共和国国家质量监督检验检疫总局
中国国家标准化管理委员会　发布

前　言

GB/T 14454《香料通用试验方法》由下列部分组成：

——第 1 部分：香料　试样制备；

——第 2 部分：香料　香气评定法；

——第 4 部分：香料　折光指数的测定；

——第 5 部分：香料　旋光度的测定；

——第 6 部分：香料　蒸发后残留物含量的评估；

——第 7 部分：香料　冻点的测定；

——第 11 部分：香料　含酚量的测定；

——第 12 部分：香料　微量氯测定法；

——第 13 部分：香料　羰值和羰基化合物含量的测定；

——第 14 部分：香料　标准溶液、试液和指示液的制备；

——第 15 部分：黄樟油　黄樟素和异黄樟素含量的测定　填充柱气相色谱法。

本部分为 GB/T 14454 的第 6 部分。

本部分修改采用 ISO 4715：1978《精油　蒸发后残留物含量的评估》。本部分与 ISO 4715：1978 相比，主要技术差异如下：

——删除了 ISO 4715：1978 的取样方法；

——增加了单离及合成香料蒸发后残留物含量的评估。

本部分是对 GB/T 14454.6—1993《香料　蒸发后残留物含量的评估》的修订。本部分与 GB/T 14454.6—1993相比，主要是增加了试验报告的相关内容。

本部分由中国轻工业联合会提出。

本部分由全国香料香精化妆品标准化技术委员会归口。

本部分由上海香料研究所负责起草。

本部分主要起草人：曹怡、徐易、金其璋。

本部分所代替标准的历次版本发布情况为：

——GB/T 14454.6—1993。

香料　蒸发后残留物含量的评估

1　范围

GB/T 14454 的本部分规定了香料蒸发后残留物含量的评估方法。

本部分适用于含有蒸发后残留物的精油、单离及合成香料。

2　规范性引用文件

下列文件中的条款通过 GB/T 14454 的本部分的引用而成为本部分的条款。凡是注日期的引用文件，其随后所有的修改单(不包括勘误的内容)或修订版均不适用于本部分。然而，鼓励根据本部分达成协议的各方研究是否可使用这些文件的最新版本。凡是不注日期的引用文件，其最新版本适用于本部分。

GB/T 14454.1　香料　试样制备(GB/T 14454.1—2008，ISO 356:1996，MOD)

3　术语和定义

下列术语和定义适用于 GB/T 14454 的本部分。

3.1

蒸发后残留物　residue on evaporation

将待测试样按有关产品标准中所规定的时间置于沸水浴上加热，蒸去其中挥发性的部分后所得到的残留物，以质量分数表示。

4　原理

4.1　精油：在沸水浴上蒸发其挥发性部分，称取残留物的质量。

4.2　单离及合成香料：在沸水浴上蒸发其挥发性部分，烘干至恒定质量后称取残留物的质量。

5　仪器

实验室常用仪器，特别是下列仪器：

5.1　沸水浴，盖板上有若干直径约为 55 mm 的圆孔。水浴锅内的水位平面在试验全过程中应保持不变，即在锅盖以下 50 mm 左右。

5.2　蒸发皿，耐腐蚀玻璃，直径约 60 mm，皿高约 30 mm。

5.3　干燥器，内装干燥剂硅胶。

5.4　烘箱，能控制温度在 105 ℃±2 ℃。

5.5　分析天平。

6　操作程序

6.1　精油

6.1.1　试样制备

按 GB/T 14454.1 的规定。

6.1.2　测定

除在有关精油产品标准中注明不同的用量外，一般称取试样 5 g±0.05 g(精确至 0.001 g)于预先经过干燥并称量的蒸发皿(5.2)中，把蒸发皿置于沸水浴(5.1)上，保持水浴稳定沸腾，放置时间将在精油产品标准中指明。在稳定的大气中和不间断的情况下操作。加热蒸发时间到达规定时间后，把带有残留物的蒸发皿外层擦干放入干燥器(5.3)内，冷却至室温，称量(精确至0.001 g)。

6.2 单离及合成香料

除在产品标准中注明不同的用量外，一般称取试样2 g(精确至0.000 2 g)于预经干燥至恒量的蒸发皿(5.2)中，将蒸发皿置于在稳定大气的沸水浴(5.1)上加热，待试样充分挥发，把蒸发皿移至105 ℃烘箱(5.4)中烘1 h～2 h。取出，移入干燥器(5.3)内，冷却至室温，称量，并继续烘至恒定质量。

7 结果的表述

按式(1)计算香料蒸发后残留物含量x，以%表示：

$$x = \frac{m_1 - m_0}{m} \times 100\% \qquad \cdots\cdots(1)$$

式中：

m_1——蒸发皿和残留物的质量，单位为克(g)；

m_0——蒸发皿的质量，单位为克(g)；

m——试样的质量，单位为克(g)。

结果保留到小数点后一位。

8 试验报告

试验报告应包括：

——所用的测试方法；

——所得到的测试结果；

——如果重复性已得到核实，最后所得到的结果。

试验报告还应该说明本部分中未规定的任何操作条件或被认为可选用的操作条件，以及可能影响测试结果的任何事件。

试验报告应包括对样品的完全鉴别所需要的所有详情。

ICS 71.100.60
Y 41

中华人民共和国国家标准

GB/T 14454.7—2008
代替 GB/T 14454.7～14454.9—1993

香料 冻点的测定

Fragrance/Flavor substances—Determination of freezing point

(ISO 1041:1973, Essential oils—Determination of freezing point, MOD)

2008-07-15 发布 2008-11-01 实施

中华人民共和国国家质量监督检验检疫总局
中国国家标准化管理委员会 发布

前　言

GB/T 14454《香料通用试验方法》由下列部分组成：

——第1部分：香料　试样制备；

——第2部分：香料　香气评定法；

——第4部分：香料　折光指数的测定；

——第5部分：香料　旋光度的测定；

——第6部分：香料　蒸发后残留物含量的评估；

——第7部分：香料　冻点的测定；

——第11部分：香料　含酚量的测定；

——第12部分：香料　微量氯测定法；

——第13部分：香料　羰值和羰基化合物含量的测定；

——第14部分：香料　标准溶液、试液和指示液的制备；

——第15部分：黄樟油　黄樟素和异黄樟素含量的测定　填充柱气相色谱法。

本部分为GB/T 14454的第7部分。

本部分修改采用ISO 1041：1973《精油　冻点的测定》。本部分与ISO 1041：1973相比，主要技术差异如下：

——删除了ISO 1041：1973的取样方法；

——增加了7.1.3中的注1和注2；

——增加了用冻点法测定精油及单离香料中黄樟油素含量、用邻甲酚冻点法测定精油及单离香料中桉叶素含量的方法。

本部分是对GB/T 14454.7—1993《香料　冻点的测定》、GB/T 14454.8—1993《香料　桉叶素含量的测定　邻甲酚冻点法》、GB/T 14454.9—1993《香料　黄樟油素含量的测定　冻点法》的合并与修订。本部分与GB/T 14454.7～14454.9—1993相比，主要是增加了试验报告的相关内容。

本部分由中国轻工业联合会提出。

本部分由全国香料香精化妆品标准化技术委员会归口。

本部分由上海香料研究所负责起草。

本部分主要起草人：徐易、曹怡、金其璋。

本部分所代替标准的历次版本发布情况为：

——GB/T 14454.7～14454.9—1993。

香料　冻点的测定

1　范围

GB/T 14454 的本部分规定了测定香料冻点、用冻点法测定香料中黄樟油素含量、用邻甲酚冻点法测定香料中桉叶素含量的方法。

本部分适用于香料冻点的测定，亦适用于对黄樟油素含量在69%以上的精油及单离香料中黄樟油素含量的测定和对桉叶素含量在45.6%以上的精油及单离香料中桉叶素含量的测定。

2　规范性引用文件

下列文件中的条款通过 GB/T 14454 的本部分的引用而成为本部分的条款。凡是注日期的引用文件，其随后所有的修改单(不包括勘误的内容)或修订版均不适用于本部分。然而，鼓励根据本部分达成协议的各方研究是否可使用这些文件的最新版本。凡是不注日期的引用文件，其最新版本适用于本部分。

GB/T 14454.1　香料　试样制备(GB/T 14454.1—2008,ISO 356:1996,MOD)

3　术语和定义

下列术语和定义适用于 GB/T 14454 的本部分。

3.1

冻点　freezing point

香料在过冷下由液态转变为固态释放其熔化潜热时，所观察到的恒定温度或最高温度。

4　原理

缓慢并逐步冷却试样。当试样从液态转化为固态时，观察其温度的变化。

5　试剂(仅限于桉叶素含量的测定)

所用试剂均为分析纯试剂，水为蒸馏水或纯度相当的水。

5.1　邻甲酚，冻点不低于 30 ℃，使用时需经蒸馏，取 190 ℃～192 ℃之间的馏分，置于干燥具玻璃塞瓶中备用，使用前需与纯桉叶素(100%)按其相对分子质量比为 108.13：154.24(邻甲酚：桉叶素)混合后校核其冻点，应为 55.2 ℃。

5.2　无水硫酸钠。

5.3　桉叶素(100%)，用无水硫酸钠干燥后备用。

6　仪器

实验室常用仪器，特别是下列仪器：

6.1　校正过的温度计，符合以下要求：

水银球长度：10 mm～20 mm；

水银球直径：5 mm～6 mm；

刻度：0.1 ℃。

这套温度计应允许可测量－20 ℃～＋60 ℃之间的任何温度。

在有关香料产品标准中将指明特殊需要的温度计。

6.2 试管，直径约 20 mm，长约 100 mm。

6.3 厚壁试管，直径约 30 mm，长约 125 mm。

6.4 冻点测定装置(如图 1)，包括一个容量约为 500 mL 的广口瓶，配有打孔的软木塞或橡皮塞，孔内塞入厚壁试管(6.3)，用另一个打孔的软木塞或橡皮塞把试管(6.2)插入厚壁试管(6.3)中。将温度计(6.1)插入试管(6.2)中，并使其水银球中心部位在液体的中心。

6.5 搅拌器，用直径约 1 mm 不锈钢丝制成，一端弯曲成环形(见图 1)。

单位为毫米

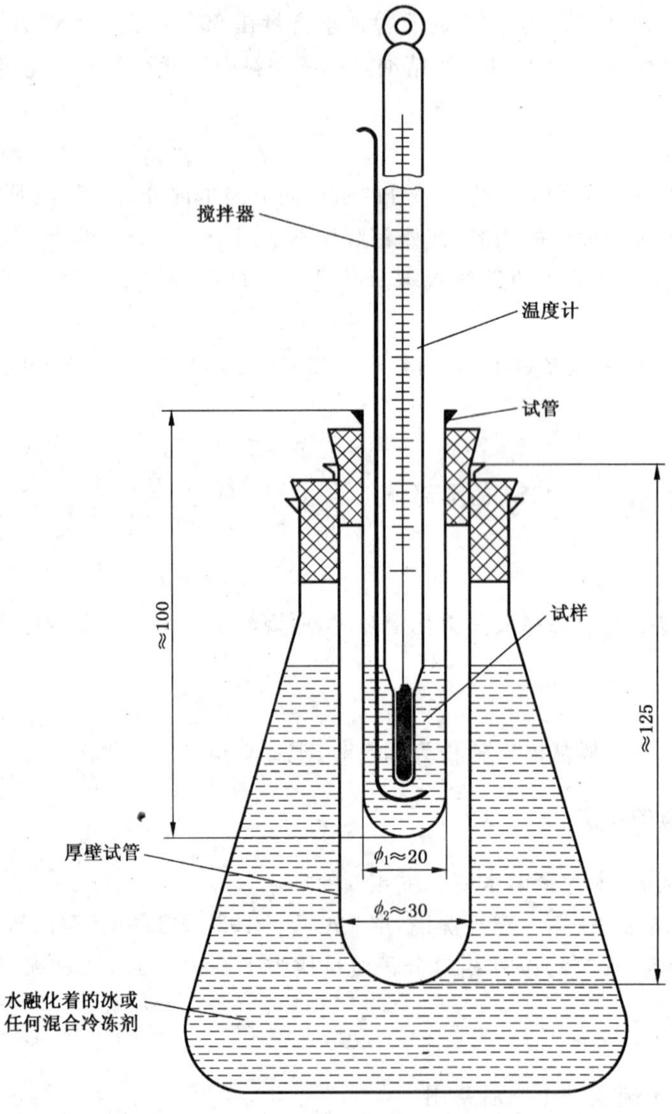

图 1 冻点测定装置图

6.6 锥形瓶，25 mL(用于桉叶素含量的测定)。

7 操作程序

7.1 冻点的测定

7.1.1 试样制备

按 GB/T 14454.1 的要求。

7.1.2 **初步试验**

如有需要，先将试样温热融化。在试管(6.2)内冷却几毫升待测试样，用搅拌器搅拌直到凝固冻结。

记下此时的温度，并置于冷处。

7.1.3 **冻点测定**

为了达到比初步试验中观察到的温度低5℃的温度要求，在广口瓶(见6.4)内加入水、融化中的冰或任何适当的混合冷冻剂。装好厚壁试管(6.3)。

在试管(6.2)中加入10 mL试样(需要时加以融化)。插入温度计并小心地把试样冷却到初步试验中所得出的温度，立即把试管(6.2)插入厚壁试管(6.3)中，使温度再降低2℃。

必要时，试样中可加入微量从初步试验中得到的固体试样作为晶种。用搅拌器连续搅拌，引起试样结晶，待温度回升，停止搅动。注意避免析出的颗粒粘附在管壁上。仔细观察温度的变化。

当温度对时间曲线上温度显示出最大值，或至少1 min保持不变时，记下所观察到的温度。

从装置中取出试管(6.2)，重新液化该试样。重复测定，直至连续两次的测试结果之差不超过0.2℃。

取最后两次读数的平均值为最终值。

注1：个别产品在测定冻点时，当温度开始回升，仍应继续搅拌，不可停止，否则冻点要偏低，例如苯甲酸苄酯等，将在有关香料产品标准中指出。

注2：有双冻点的产品，要测定双冻点，将在有关香料产品标准中指出。

7.2 **黄樟油素含量的测定**

按7.1测定试样的冻点，测定时应加入微量的晶种。按表1换算成黄樟油素的含量。

表1 黄樟油素含量换算表(以质量分数计)

温度/℃	温度及黄樟油素含量									
	.0	.1	.2	.3	.4	.5	.6	.7	.8	.9
2	—	—	—	—	69.1	69.4	69.8	70.2	70.5	70.9
3	71.2	71.6	72.0	72.3	72.6	73.0	73.4	73.7	74.0	74.4
4	74.8	75.1	75.4	75.8	76.2	76.6	76.9	77.3	77.6	78.0
5	78.3	78.7	79.0	79.4	79.7	80.1	80.4	80.8	81.2	81.5
6	81.9	82.2	82.6	83.0	83.3	83.6	84.0	84.3	84.7	85.0
7	85.4	85.8	86.1	86.4	86.8	87.2	87.5	87.9	88.2	88.6
8	89.0	89.3	89.6	90.0	90.3	90.6	91.0	91.4	91.8	92.1
9	92.4	92.8	93.1	93.4	93.8	94.2	94.6	94.9	95.2	95.6
10	96.0	96.3	96.6	97.0	97.4	97.8	98.1	98.4	98.8	99.1
11	99.5	99.8	—	—	—	—	—	—	—	—

7.3 桉叶素含量的测定

7.3.1 桉叶素含量在50%以上的试样

准确称取2.1 g±0.001 g邻甲酚(5.1)置于试管[1](6.2)中，再称入经无水硫酸钠干燥的试样3 g±0.001 g，将试管(6.2)插入厚壁试管(6.3)中，插入温度计(6.1)，搅拌至完全凝固[2]，记下回升到最高点的温度。

取出试管(6.2)置热水中搅动[3]，待试样融化后，再将试管(6.2)插入厚壁试管(6.3)中，并将厚壁试管(6.3)置于广口瓶(见6.4)中，瓶内盛低于预计冻点5 ℃～10 ℃的水。当冷却至试管(6.2)中有些微结晶，或已冷却至预计冻点时，即加速搅拌，使其迅速凝固。记下回升至最高点的温度。

从装置中取出试管(6.2)，重新液化该试样。重复测定，直至连续两次的测试结果之差不超过0.1 ℃。

7.3.2 桉叶素含量在50%以下的试样

准确称取经无水硫酸钠干燥的试样和桉叶素(5.3)各5 g±0.001 g，置于锥形瓶(6.6)中混合，称取邻甲酚(5.1)2.1 g±0.001 g和上述混合试样3 g±0.001 g，按7.3.1测定冻点。

8 结果的表述

8.1 冻点

试验结束时所观察到的最高温度即为冻点，用℃表示。精确到0.1 ℃。

平行试验结果允许差为0.2 ℃。

8.2 黄樟油素含量

测得冻点后，按表1换算成黄樟油素的含量。

平行试验结果允许差为1%。

8.3 桉叶素含量

8.3.1 桉叶素含量在50%以上的试样，测得冻点后，按表2换算成桉叶素的含量。

表2 桉叶素含量换算表(以质量分数计)

温度/℃	温度及黄樟油素含量									
	.0	.1	.2	.3	.4	.5	.6	.7	.8	.9
24	45.6	45.7	45.9	46.0	46.1	46.3	46.5	46.5	46.6	46.8
25	46.9	47.0	47.2	47.3	47.4	47.6	47.7	47.8	47.9	48.1
26	48.2	48.3	48.5	48.6	48.7	48.9	49.0	49.1	49.2	49.4
27	49.5	49.6	49.8	49.9	50.0	50.2	50.3	50.4	50.5	50.7
28	50.8	50.9	51.1	51.2	51.3	51.5	51.6	51.7	51.8	52.0
29	52.1	52.2	52.4	52.5	52.6	52.8	52.9	53.0	53.1	53.3
30	53.4	53.5	53.7	53.8	53.9	54.2	54.2	54.3	54.4	54.6
31	54.7	54.8	55.0	55.1	55.2	55.4	55.5	55.6	55.7	55.9
32	56.0	56.1	56.3	56.4	56.5	56.7	56.8	56.9	57.0	57.2
33	57.3	57.4	57.6	57.7	57.8	58.0	58.1	58.2	58.3	58.5
34	58.6	58.7	58.9	59.0	59.1	59.3	59.4	59.5	59.6	59.8
35	59.9	60.0	60.2	60.3	60.4	60.6	60.7	60.8	60.9	61.1
36	61.2	61.3	61.5	61.6	61.7	61.9	62.0	62.1	62.2	62.4

1) 所用的仪器均需非常干燥。

2) 在结晶析出前，就应开始搅动，否则当试管中有微量结晶析出，逐渐凝固时会放出部分热量，使测定结果偏低。

3) 用热水融化时，水温不得高于其冻点10 ℃～15 ℃，并注意防止水分侵入。

表 2（续）

温度/℃	温度及黄樟油素含量									
	.0	.1	.2	.3	.4	.5	.6	.7	.8	.9
37	62.5	62.6	62.8	62.9	63.0	63.2	63.3	63.4	63.5	63.7
38	63.8	63.9	64.1	64.2	64.4	64.5	64.6	64.8	64.9	65.1
39	65.2	65.4	65.5	65.7	65.8	66.0	66.2	66.3	66.5	66.6
40	66.8	67.0	67.2	67.3	67.5	67.7	67.9	68.1	68.2	68.4
41	68.6	68.8	69.0	69.2	69.4	69.6	69.7	69.9	70.1	70.3
42	70.5	70.7	70.9	71.0	71.2	71.4	71.6	71.8	71.9	72.1
43	72.3	72.5	72.7	72.9	73.1	73.3	73.4	73.6	73.8	74.0
44	74.2	74.4	74.6	74.8	75.0	75.2	75.3	75.5	75.7	75.9
45	76.1	76.2	76.5	76.7	76.9	77.0	77.2	77.4	77.6	77.8
46	78.0	78.2	78.4	78.6	78.8	79.0	79.2	79.4	79.6	79.8
47	80.0	80.2	80.4	80.6	80.8	81.1	81.3	81.5	81.7	81.9
48	82.1	82.3	82.5	82.7	82.9	83.2	83.4	83.6	83.8	84.0
49	84.2	84.4	84.6	84.8	85.0	85.3	85.5	85.7	85.9	86.1
50	86.3	86.6	86.8	87.1	87.3	87.6	87.8	88.1	88.3	88.6
51	88.8	89.1	89.3	89.6	89.8	90.1	90.3	90.6	90.8	91.1
52	91.3	91.6	91.8	92.1	92.3	92.6	92.8	93.1	93.3	93.6
53	93.8	94.1	94.3	94.6	94.8	95.1	95.3	95.6	95.8	96.1
54	96.3	96.6	96.9	97.2	97.5	97.8	98.1	98.4	98.8	99.0
55	99.3	99.7	100.0	—	—	—	—	—	—	—

8.3.2 桉叶素含量在50%以下的试样，测得冻点后，按表2换算成混合试样桉叶素的含量，按式(1)计算试样中桉叶素含量 x，数值以%表示：

$$x = 2 \times (A - 50\%) \qquad \cdots\cdots (1)$$

式中：

A——混合试样从表2中查出的桉叶素的含量。

平行试验结果允许差为0.5%。

9 试验报告

试验报告应包括：

——所用的测试方法；

——所得到的测试结果；

——如果重复性已得到核实，最后所得到的结果。

试验报告还应该说明本部分中未规定的任何操作条件或被认为可选用的操作条件，以及可能影响测试结果的任何事件。

试验报告应包括对样品的完全鉴别所需要的所有详情。

ICS 71.100.60
Y 41

中华人民共和国国家标准

GB/T 14454.11—2008
代替 GB/T 14454.11—1993

香料　含酚量的测定

Fragrance/Flavor substances—Determination of content of phenols

(ISO 1272:2000,Essential oils—Determination of content of phenols,MOD)

2008-07-15 发布　　　　2008-11-01 实施

中华人民共和国国家质量监督检验检疫总局
中国国家标准化管理委员会　发布

前　言

GB/T 14454《香料通用试验方法》由下列部分组成：

——第1部分：香料　试样制备；

——第2部分：香料　香气评定法；

——第4部分：香料　折光指数的测定；

——第5部分：香料　旋光度的测定；

——第6部分：香料　蒸发后残留物含量的评估；

——第7部分：香料　冻点的测定；

——第11部分：香料　含酚量的测定；

——第12部分：香料　微量氯测定法；

——第13部分：香料　羰值和羰基化合物含量的测定；

——第14部分：香料　标准溶液、试液和指示液的制备；

——第15部分：黄樟油　黄樟素和异黄樟素含量的测定　填充柱气相色谱法。

本部分为GB/T 14454的第11部分。

本部分修改采用ISO 1272：2000《精油　含酚量的测定》。本部分与ISO 1272：2000的主要差异为删除了ISO 1272：2000的取样方法及重复性。

本部分是对GB/T 14454.11—1993《香料　含酚量的测定》的修订，主要变化为删除了取样方法，增加了试验报告的相关内容。

本部分由中国轻工业联合会提出。

本部分由全国香料香精化妆品标准化技术委员会归口。

本部分由上海香料研究所负责起草。

本部分主要起草人：徐易、曹怡、金其璋。

本部分所代替标准的历次版本发布情况为：

——GB/T 14454.11—1993。

香料　含酚量的测定

1　范围

GB/T 14454 的本部分规定了用容量法测定香料含酚量的方法。

本部分适用于酚类为主要成分的香料含酚量的测定。

2　规范性引用文件

下列文件中的条款通过 GB/T 14454 的本部分的引用而成为本部分的条款。凡是注日期的引用文件，其随后所有的修改单(不包括勘误的内容)或修订版均不适用于本部分。然而，鼓励根据本部分达成协议的各方研究是否可使用这些文件的最新版本。凡是不注日期的引用文件，其最新版本适用于本部分。

GB/T 14454.1—2008　香料　试样制备(ISO 356:1996,MOD)

3　原理

把已知体积的香料含有的酚类化合物转化为水溶性的碱性酚盐，然后测出未被溶解的香料体积。

4　试剂

所用试剂均为分析纯试剂，水为蒸馏水或纯度相当的水。

4.1　酒石酸，粉末状。

4.2　氢氧化钾，不含氧化硅和氧化铝，5%(质量分数)水溶液。

4.3　二甲苯，不含能溶于氢氧化钾溶液(4.2)的杂质。

制备方法：加适量氢氧化钾溶液(4.2)于分液漏斗中，振摇，分层后取上层二甲苯备用。

5　仪器

实验室常用仪器，特别是下列仪器：

5.1　移液管，容量为 2 mL、10 mL。

5.2　锥形瓶，容量为 100 mL。

5.3　醛瓶，容量为 125 mL 或 150 mL，颈部长约 150 mm，具 10 mL 刻度和 0.1 mL 分刻度。刻度的零线应稍高于圆筒形颈部的底处，圆锥形壁和垂直颈部构成的角度约为 30°。

5.4　沸水浴。

5.5　玻璃棒。

5.6　分液漏斗，容量为 250 mL。

6　试样制备

按 GB/T 14454.1 的要求。

为了避免在测定时出现相间乳化，可用酒石酸按如下方法进行预处理。

——取 10 mL 以上的试样，然后加入酒石酸(4.1)，加入量为 0.02 g/mL。

——剧烈振摇，但不过滤，按照 GB/T 14454.1—2008 中 5.1.3 的规定用硫酸镁干燥。

7　操作程序

用移液管(5.1)吸取 10 mL 经制备的试样(见第 6 章)于含有约 75 mL 氢氧化钾溶液(4.2)的醛瓶

(5.3)中。

在沸水浴中加热 10 min,并至少振摇 3 次。

沿瓶壁缓缓加入氢氧化钾溶液(4.2),再加热 5 min,使未转化为水溶性的碱性酚盐的香料上升到醛瓶有刻度的颈部。为了便于分离附着在壁上的油滴,可用两手旋转醛瓶和轻敲瓶壁。

静置使分层,冷却至室温,当全部未被吸收的油相都集中到瓶颈时,读出油层的体积。

若有乳化现象发生,可用移液管(5.1)加入 2 mL 二甲苯(4.3)。用玻璃棒(5.5)搅拌乳化层并静置。若乳化现象消失,读出油层的体积。若仍有乳化现象,可在最初振摇前加入 2 mL 二甲苯重复试验。

在某些情况下,测定过程中不需要加热的,将在有关香料产品标准中规定。

8 结果的表述

按式(1)计算试样的含酚量 w,以体积分数表示:

$$w = 10(10 - V) \qquad \cdots\cdots (1)$$

式中:

V——未被吸收的油相的体积,单位为毫升(mL)。

如果测定过程中加入了 2 mL 二甲苯,则从体积 V 中减去 2 mL。

结果表示为最近似的整数。

平行试验结果允许差为 1%。

9 试验报告

试验报告应包括:

——所用的测试方法;

——所得到的测试结果;

——如果重复性已得到核实,最后所得到的结果。

试验报告还应该说明本部分中未规定的任何操作条件或被认为可选用的操作条件,以及可能影响测试结果的任何事件。

试验报告应包括对样品的完全鉴别所需要的所有详情。